Adrian Wieczorek

Konstitutive Bedingungen mentaler Repräsentation

Epistemic Studies

Philosophy of Science, Cognition and Mind

Edited by
Michael Esfeld, Stephan Hartmann, Albert Newen

Volume 52

Adrian Wieczorek

Konstitutive Bedingungen mentaler Repräsentation

DE GRUYTER

ISBN 978-3-11-138053-7
e-ISBN (PDF) 978-3-11-138055-1
e-ISBN (EPUB) 978-3-11-138106-0
ISSN 2512-5168

Library of Congress Control Number: 2024931727

Bibliografische Information der Deutschen Nationalbibliothek
Die Deutsche Nationalbibliothek verzeichnet diese Publikation in der Deutschen Nationalbibliografie; detaillierte bibliografische Daten sind im Internet über http://dnb.dnb.de abrufbar.

Druck und Bindung: CPI books GmbH, Leck

www.degruyter.com

Meinen Eltern
in Liebe und Dankbarkeit

„Was mich von jeher beunruhigt: Ist Intentionalität vom Himmel gefallen? Wenn ein Letztes: in welcher Letztheit hinzunehmen?“ (Martin Heidegger).

„For more than a century it has been customary to say that perception is something more than sensory impression, that perception is *of an object*“ (Edwin Boring).

„Was ist doch ein Lebendiges für ein köstliches, herrliches Ding! Wie abgemessen zu seinem Zustande, wie wahr, wie seiend“ (Johann Wolfgang von Goethe).

„Cognitive science – the *representational* science of mind – has nothing like a clear and universal concept of representation and this fact is holding it back“ (Hugh Clapin).

https://doi.org/10.1515/9783111380551-001

Vorwort

Die vorliegende Untersuchung ist eine überarbeitete Version meiner im Oktober 2022 an der Fakultät für Philosophie, Wissenschaftstheorie und Religionswissenschaft der Ludwig-Maximilians-Universität München eingereichten Dissertation „Die Welt vor sich. Konstitutive Bedingungen mentaler Repräsentation“.

Mein Dank gilt zuallererst meinem Erstbetreuer Prof. Dr. Thomas Buchheim (LMU München). Er hat diese Arbeit nicht nur mit stetiger Bereitschaft zum Gespräch und kritischen Anregungen sowie durch entscheidende Hinweise und Impulse an wichtigen Wegmarken begleitet. Auch war und ist seine gelebte denkerische Leidenschaft, die analytische Tiefenschärfe mit stilistischer Kreativität verbindet, mein Vorbild für die philosophische Tätigkeit. Mein Dank gilt auch und besonders PD Dr. Peter Schulte (Universität Zürich), der als Zweitbetreuer stets aufgeschlossen und geduldig für begriffliche Klärungen und Diskussionen zur Verfügung stand. Ihm verdanke ich unabdingbare Hintergrundinformationen und Korrekturen, die angesichts der so schwierigen und unübersichtlichen Debatte über mentale Repräsentation sehr hilfreich waren. Nicht zuletzt danke ich PD Dr. Christopher Erhard (LMU München) für das Drittgutachten und wichtige Hinweise für die Überarbeitung des Manuskripts.

Ein besonderer Dank betrifft die Studienstiftung des deutschen Volkes. Ohne ihr großzügiges Promotionsstipendium wäre die Dissertation in der vorgesehenen Zeit nicht möglich geworden.

Ferner danke ich für unschätzbare Anregungen, Kritik und Ermutigungen von Kollegen: Ich danke vor allem Vadim Weinstein (Universität Oulu), Mohan Matthen (Universität Toronto), Wanja Wiese (Ruhr-Universität Bochum), Ophelia Deroy (LMU München) und Tyler Burge (University of California, Los Angeles). Nicht zuletzt gilt mein Dank für die wertvolle Hilfe beim Korrekturlesen des Manuskripts Carina Jost, Neeltje Brämer, Jonas Brunnbauer und vor allem Alexander Wieczorek.

Schließlich danke ich dem De Gruyter - Verlag, insbesondere Christoph Schirmer und den Herausgebern der *Epistemic Studies*, für die rasche Aufnahme meines Buches.

München, Dezember 2023

https://doi.org/10.1515/9783111380551-002

Inhalt

C **Rückschau und Ausblick**

Einleitung

Die Wirklichkeit ist weder bezugslos noch anonym. Zu ihr gehören Lebewesen und künstliche Systeme, von denen zumindest einige eine Perspektive auf die Welt einnehmen. Perspektiven, das sind wahlweise und im weiten Sinn: Wahrnehmungs- und Auffassungsweisen, Ansichten, Standpunkte, Bilder, Modelle, Theorien und ähnliches mehr. Solche Perspektiven haben alle die Gemeinsamkeit, dass sie die Welt auf charakteristische Weise darstellen. Sie *repräsentieren* damit etwas unter ausgewählten Aspekten. Sie vermitteln den Subjekten, wie die Welt, in der sie sich verhalten, vermeintlich beschaffen ist oder sein könnte. Solche mentalen Darstellungen sind daher entweder *veridisch* (wirklichkeitsgetreu) oder *irrtümlich*. Kraft dieser informativen Zustände gehen Subjekte *über sich hinaus* und beziehen sich auf etwas, was sie selbst nicht sind. Diese bezugnehmenden und repräsentierenden Zustände sind Thema dieses Buches.

Die Fähigkeit zur *Intentionalität* oder *mentalen Repräsentation*[1] etabliert nicht nur erst einen jeweiligen Bezugspunkt in etwas anderem – nicht in sich selbst also, sondern im jeweils Wahrgenommenen, Erinnerten, Gedachten oder Besprochenen. Diese Bezugnahme auf die Welt ist zumeist auch der Maßstab dafür, wie wir uns und andere Lebewesen sich auf eine bestimmte Weise *verhalten*. Eine Person öffnet eine Schublade – weil sie glaubt, dass darin der Brief liegt; weil sie sie sich erinnert, ihn dort hingelegt zu haben; weil sie sieht, wo der Griff ist, den sie ziehen muss. Das Verhalten der Person richtet sich also je danach aus, wie die Welt für sie aussieht, wie sie die Welt repräsentiert. Sonderbarerweise kann das, „was“ diese Person repräsentiert, der jeweilige „Gehalt“ (*content*) ihrer Repräsentationen, ihr Verhalten leiten und zugleich doch irrtümlich sein: Der Griff liegt ein Stück weiter rechts als wahrgenommen; den Brief, den sie erwartet, gibt es nicht mehr; und an was sie sich erinnert, das war zu einer anderen Zeit, in einem anderen Zusammenhang. Das, was es nicht gibt und doch irgendwie präsent ist, kann bestimmen, wie sich ein Akteur faktisch verhält – Grund genug, einen eigenen Bereich des *Mentalen* anzunehmen.

Diese mentalen Repräsentationen und ihre Gehalte werden ihrerseits nicht nur dann eigens sichtbar, wenn wir eigener Irrtümer gewahr werden oder richtige Ansichten bestätigt sehen. Sie sind ursprünglicher und gerade dann bereits Thema, wenn wir uns in andere Lebewesen „hineinversetzen“ und uns dadurch das Verhalten dieser Lebewesen erklären. Mit diesem „intentionalen Standpunkt“ (Dennett

1 Ich verwende die Termini „Intentionalität“ und „Mentale Repräsentation“ hier und im Folgenden synonym, und werde in Kapitel A.III.1 diese Gleichsetzung im Sinne einer *representational theory of mind* eigens begründen.

https://doi.org/10.1515/9783111380551-003

1987), der die „Alltagspsychologie“ (Fodor 1987) und *theory of mind* (Wimmer/Perner 1983; Call/Tomasello 2008) bereits von Kindern bestimmt, erklären wir uns das Verhalten eines Akteurs durch seine jeweilige Perspektive.[2] Wir beobachten z.B. einen Frosch auf einem Seerosenblatt: Er hockt in lauernder Bereitschaft, die Augen auf seine Umgebung gerichtet. Eine Fliege saust vorüber, der Frosch fängt sie mit einem präzisen Zungenschlag. Wie *erklären* wir uns diesen eindrucksvollen Vorgang, wie plausibilisieren wir ihn uns im Nachhinein? Wir gehen zunächst natürlicherweise davon aus, dass der Frosch die Fliege gesehen hat, dass er sich in also einem subjektiven Zustand befand, der ihm bestimmte objektive Eigenschaften der Fliege – wie ihre Größe, Gestalt und Flugposition – darstellt. Wir nehmen also unproblematisch und erklärungskräftig an, dass er *kraft* dieser mentalen Repräsentation sich auf bestimmte Weise verhält und seine Beute fängt. Wir gebrauchen die Froschperspektive aber nicht nur dann, wenn sie sich durch Veridikalität (Wirklichkeitstreue) auszeichnet. Sie zeigt gerade dann ihre spezifische Erklärungskraft, wenn der Frosch die Fliege mehrfach verfehlt oder, chirurgisch oder pharmakologisch manipuliert, in einem leeren Terrarium sitzt und dennoch ein solches Jagdverhalten an den Tag legt. Der Frosch schnappt dann mit der Zunge systematisch in eine Ecke des Terrariums, obwohl sich dort keine Fliege oder ein anderes Beutetier befindet. Die Froschwahrnehmung tut also hartnäckig so, *als ob* eine Fliege auf einer bestimmten Position wäre. Der Frosch nimmt auch in einer solchen Halluzination Bezug auf etwas, sein Zustand ist *von* einer Fliege vor ihm, obwohl es diese Fliege nicht gibt. Wir rekurrieren also auf Perspektiven gerade dann, wenn der Bezug auf das Faktische fehlschlägt. Wir können nicht mehr auf die faktische Umwelt selbst rekurrieren, sondern müssen uns auf den Gehalt der Repräsentation beziehen, um das Verhalten zu erklären. Wir unterscheiden dabei zwischen der Welt, wie sie faktisch beschaffen ist, und wie sie *für* den halluzinierenden Frosch erscheint. Der Frosch repräsentiert dabei etwas, was es überhaupt nicht gibt. Im veridischen Fall ist es genau umgekehrt: Die Welt ist so beschaffen wie sie sich dem Frosch zeigt, seine Wahrnehmung der Fliege und ihrer Position ist akkurat.

Diese so selbstverständlichen wie rätselhaften Annahmen unserer *theory of mind*, mit der wir und anderen Akteuren Perspektiven zuschreiben und sie wesentlich danach beurteilen, was sie repräsentieren und ob sie die Dinge veridisch oder irrtümlich repräsentieren, verlangen keine besondere theoretische Beobachtungssituation, Experimente oder philosophische Reflexion. Wir vollziehen sie ständig und unbewusst in unserem Umgang mit anderen Menschen, Tieren und

2 Alle deutschen Zitate, die einer englischsprachigen Quelle entnommen sind, sind vom Verfasser übersetzt.

künstlichen Systemen, auch um selbst adäquat zu reagieren. Zum Beispiel dann, wenn wir am Zebrastreifen warten und dabei auf ein schnell heranfahrendes Auto und seine Fahrerin aufmerksam werden. Wir haben selbst eine Ansicht dieser Verkehrssituation, an der wir teilnehmen. Dazu zählt aber auch der intentionale Standpunkt, der zur Erschließung dieser Situation wesentlich ist: Wir repräsentieren nicht nur die Verkehrssituation und die Autofahrerin als Akteurin, sondern auch *ihre* Perspektive auf das Verkehrsgeschehen. Wir haben eine Repräsentation ihrer Repräsentation. Nur wenn wir die Autofahrerin ihrerseits durch mentale Eigenschaften charakterisieren, sie z.B. als der Verkehrsregeln mächtig, als aufmerksam wahrnehmend und als rational agierend einschätzen, können wir ihr Verhalten in Bezug auf den Zebrastreifen richtig einschätzen. Natürlich ziehen wir diese Schlüsse nicht jedes Mal aufs Neue. Unser intentionaler Standpunkt hat ein erlerntes soziales Modell interaktiven Geschehens je nach Situation zur Grundlage (siehe Newen 2015). Anders als im Froschbeispiel dient unsere Alltagspsychologie hier nicht dazu, Verhalten im Nachhinein zu erklären, sondern es *vorherzusagen*. Von dieser unserer richtigen Einschätzung hängt oft genug und meist unbemerkt unser Leben ab. Würde die Fahrerin in einem Moment menschlicher Unachtsamkeit den Bremsweg oder unsere Bereitschaft falsch einschätzen, dann hätte diese ihre irrtümliche Perspektive nicht nur enorme kausale Auswirkungen auf das Geschehen. Die Repräsentation behält auch die Deutungshoheit über die Situation. Denn würde in ihrem sozialen Umfeld und vor Gericht überlegt, warum die Fahrerin sich in diesem Moment so verhalten hat, wäre diese Erklärung wesentlich davon bestimmt, was sie in diesem Augenblick wahrgenommen, erinnert und gedacht hat und zwar in Hinblick auf Korrektheit und Irrtum. Von dieser Beschreibung ihrer (falschen) Perspektive hinge dann ihr sozialer Status und ihre mögliche Verurteilung ab. Mentale Repräsentation hat also einen maßgeblichen Einfluss auf Verhalten und entfaltet dadurch eine psychologische, ethische und juristische Erklärungskraft in verschiedenen Kontexten. Sie betrifft nicht nur das Verstehen von Lebewesen, sondern auch von Artefakten aus dem Bereich Künstlicher Intelligenz und Robotik (siehe Haugeland 1985; Dennett 1987; Ramsey 2007), die zunehmend in interaktiven, mental aufgeladenen Situationen wie dem Straßenverkehr Anwendung finden.

Wir sehen also an diesen Szenarien, dass Mentale Repräsentation aufgrund der genannten Besonderheiten einerseits eine *enigmatische Stellung* in einer natürlichen Welt von faktischen Vorkommnissen besitzt. Andererseits spielt sie zugleich eine *unabdingbare Rolle* in unserer Wirklichkeit, sowohl für den Akteur selbst als auch für das Erklären und Vorhersagen von Verhalten in diversen Wirklichkeitsbereichen. Beide Aspekte zeichnen ein genuin philosophisches Thema aus.

Folglich drängt sich gerade mit Blick auf tierische Repräsentationen die Frage auf: Was fundiert jene Stellung intentionaler Bezugnahme ursprünglich, sodass sie ihre erklärungskräftige Rolle im Kontext des Wirklichen entfalten kann? Anders gefragt: Unter welchen konstitutiven Bedingungen realisiert sich mentale Repräsentation auf einfachster Stufe? Diese Leitfrage ist Thema der vorliegenden Untersuchung. Eine Antwort scheint nichts weniger zu betreffen als „the emergence of mind on the planet“ (O'Brien/Opie 2004, 2).

Die Frage nach den Realisierungsbedingungen mentaler Repräsentation wird in der Literatur meist als „Status-Frage“ mentaler Repräsentation (*status question*) namhaft gemacht.[3] Andere Bezeichnungen sind: „Konstitutionsfrage“ (Williams 2018, 15) oder „metasemantische Theorie“ (Artiga 2016, 410). Abgegrenzt wird die Status-Frage meist von der „Gehalt-Frage“ (*content question*), die die genaue Bestimmung und Fundierung eines mentalen Gehalts betrifft:

> The question of how a physical structure comes to function as a representation is clearly different from (though related to) the question of how something that is presumed to function as a representation comes to have the intentional content it does (Ramsey 2007, xv).

Die Gehalt-Frage wird auch als „content-determinacy question“ (Neander 2017, 178, 276) oder „content grounding question“ (Ramsey 2016, 5) wiedergegeben, wobei Repräsentation und ihre Gehalte bereits vorausgesetzt werden. Wie die Begriffe andeuten, geht es hier zunächst um die Frage nach der Bestimmtheit der Gehalte, z.B. wenn wir fragen, *was* genau der Frosch wahrnimmt und wie wir prinzipiell in der Lage sind, dies herauszufinden. Das betrifft dann auch die Frage, unter welchen Bedingungen Veridikalität und Irrtum vorkommen.[4]

> Theories of content purport to explain, among other things, *in virtue of what* beliefs have the truth conditions they do have. If we knew [...] we would be better positioned to explain how it is possible for an agent to believe that which is not the case (Pietroski 1992, 267; siehe auch Millikan 2004, 81-82; Millikan 2009, 396).

Die Gehaltfrage beinhaltet auch Überlegungen darüber, durch welche Art von Beziehungen (z.B. kausaler, struktureller, statistischer Art) ein gesetzter Gehalt seine Umwelt repräsentiert und welches innere Format er dabei aufweist.[5] Schließlich kommen dabei Fragen nach der kausalen Effektivität von Gehalten in Bezug auf Verhalten auf, was das Verhältnis zwischen Mentalem und Physischem berührt.[6]

3 Siehe Schulte 2015, 124; Neander 2017, 155, 276; Williams 2018, 15-17; Zum Begriff „representational status“ siehe auch Dretske 1988, 87; Haugeland 1991, 69; Clark 1997, 146; Ramsey 2007, 23, *passim*.

4 Siehe u.a. Dretske 1986; Dennett 1987; Fodor 1987; Millikan 1984, 1989; Papineau 1984; Pietroski 1992; Ryder 2009; Schulte 2012; Neander 2017

5 Siehe u.a. Palmer 2018; O'Brien/Opie 2004; Burge 2010; 2018; Shea 2018; Williams/Colling 2018

6 Siehe u.a. Davidson 2001; Dretske 1988; 1991; Jackson/Pettit 1990; O'Brien 2015; Ganson 2020

Nicolas Shea (2013b, 497) hat angesichts dieser Fülle von Gehalt-Fragen von einer ganzen „Metaphysik des Gehalts“ gesprochen, welche das Nachdenken über Intentionalität dominiert.

Eine dritte Frage, die oft mit der Status-Frage zusammen behandelt wird, nenne ich „Definitionsfrage“, die auch als „Rollenbeschreibung“ („job description“, Ramsey 2007) ausgelegt werden kann und die überhaupt erst die phänomenologischen, begrifflichen und wissenschaftlichen Implikationen und Charakteristika der Begriffe „Repräsentation“ und „Intentionalität“ klärt. Die Definitionsfrage klärt erst, welche typischen Momente vorliegen müssen, von denen dann die konstitutiven Bedingungen aufgezeigt werden. Das betrifft vor allem die Eigenschaft, sich auf etwas intentional zu richten und es unter bestimmten Aspekten zu charakterisieren, und den Zusammenhang dieser Gerichtetheit mit Verhalten. Während der Begriff „Rolle“ bestimmte funktionale Eigenschaften von etwas anzeigt, betont „Status“ die zu erringenden (natürlichen) Realisierungsbedingungen und qualifizierenden Umstände, die diese Rolle überhaupt erst implementieren.

Zusammenfassend lassen sich drei verschiedene Fragestellungen mit Bezug auf Repräsentation abheben:

1) Was verstehen wir unter dem Begriff „Mentale Repräsentation“ bzw. „Intentionalität“? Was für eine Rolle spielen diese Ausdrücke in ihren verschiedenen Einsatzgebieten und welche typischen Charakteristika sind hier im Spiel? (***Definitionsfrage***)
2) Wir gehen davon aus, ein subjektiver Zustand S sei eine mentale Repräsentation R der Umwelteigenschaft F mit dem intentionalen Gehalt p: Warum hat R den Gehalt p und nicht q? Unter welchen Bedingungen ist p veridisch bzw. irrtümlich? Durch welche Art von Beziehung hängt p mit F zusammen? (***Gehalt-Frage***)
3) Was sind die konstitutiven Bedingungen dafür, dass S überhaupt eine Repräsentation ist? Was verleiht S zuallererst den Status R, sich intentional auf etwas zu richten und einen Gehalt mit Veridikalitätsbedingungen auszubilden? (***Status-Frage***).

Diese drei Fragen sind unterschiedlich, hängen jedoch offenbar zusammen. Status orientiert sich immer an Inhalt und Umfang der funktionalen Rolle und definiert Realisierungsbedingungen entsprechend dieser Vorgaben. Die (funktionale) Definition dieser Vorgaben wiederum muss nicht zwingend Angaben darüber machen, unter welchen Bedingungen sich diese Vorgaben realisieren. Das wird an folgendem Zitat von William Ramsey, der eine maßgebliche Rolle für das Revival der Status-Frage spielt, deutlich: „Given that theory X invokes internal representations in its account of process Y, are the internal states actually playing this sort of role, and if so, how?“ (Ramsey 2007, 34). Um eine Antwort auf diese Status-Frage zu geben, muss also vorab geklärt sein, was „diese Art von Rolle" (Ramsey) eigentlich beinhaltet. Umgekehrt wirkt sich die Status-Frage auf die Definition von Intentionalität aus. Denn Zuschreibungen repräsentationaler Zustände sind billig: Wir können z.B. eine Lichtschranke an automatisierten Wasserhähnen problemlos dadurch erklären, sie würde eine bewegte Hand in bestimmter Geschwindigkeit „wahrnehmen" oder „erkennen" und kraft dieser Perspektive auf ihre Umwelt den Wasserlauf als „Verhalten" regulieren. Dasselbe ist z.B. bei einem Bakterium der Fall, das sich phototropisch, also anhand von Lichtreizen durch ihr Milieu treiben lässt. Auch gegenüber anderen Sensoren und Steuerungsmechanismen in Pflanzen, Pilzen, Alarmanlagen oder Kühlschränken kann ein intentionaler Standpunkt wie gegenüber dem Frosch und der Autofahrerin eingenommen werden. Doch sind diese Erklärungen gerechtfertigt und repräsentieren die Lichtschranke oder das Bakterium *wirklich* etwas? Indem die Status-Frage auf diese Weise nach den realistischen Fundierungsbedingungen der repräsentationalen Rolle fragt, restringiert sie deren Einsatz und *kontrastiert* so zwischen repräsentationalen und nicht-repräsentationalen Zuständen. Peter Schulte hat sie deshalb als ausschlaggebendes Kriterium formuliert:

> [T]he status question, which concern the conditions that determine whether R is a representation in the first place [...] provide[s] a plausible criterion for distinguishing between representational and non-representational states (Schulte 2015, 124-125).

Eine Antwort auf die Status-Frage beinhaltet also auch immer eine Entscheidung darüber, wie „liberal" oder restriktiv eine Theorie in Bezug auf den Extensionsbereich von Repräsentationen sind.

Die Gehalt-Frage wiederum setzt repräsentationalen Status voraus: Damit eine Theorie beispielsweise klären kann, *welche* Umweltbedingungen ein Wahrnehmungsgehalt mit spezifischer Bestimmtheit umfasst, muss sie davon ausgehen, dass der betreffende sensorische Systemzustand S *überhaupt* in der Lage ist, sich auf etwas zu beziehen. Antworten auf die Gehalt-Frage enthalten aber zumindest indirekte Implikationen für die Status-Frage: Soll ein bestimmter Gehalt p durch informationstheoretische oder kausale Beziehungen zu einer Bedingung F ermittelt werden, setzt dies die Prämisse voraus, dass die Bestimmtheit von p und damit seine Grundverfassung überhaupt informationstheoretischer oder kausaler Natur sind und auf diese Weise bestimmt werden können. Produziert dann z.B. eine Kausaltheorie als Antwort auf die Status-Frage systematisch falsche bzw. unbestimmte Gehalte von S, ist davon auszugehen, dass die Kausaltheorie auch keine hinreichende konstitutive Bedingung für den repräsentationalen Status R bildet, sofern keine weiteren Prinzipien angeführt werden. Da Gehalte das Herz von Repräsentationen bilden, können hinreichende Prinzipien für ihre Kernmomente *prima facie* auch als hinreichende Prinzipien der repräsentationalen Natur eines Zustands verstanden werden, sofern nicht ausdrücklich gezeigt wird, dass die Status-Bedingungen gänzlich anderen Prinzipien folgen. Oft werden deshalb Antworten auf die Gehalt-Frage auch (implizit) als Kriterien für die Status-Frage verwendet, obwohl der Hauptfokus auf Gehalt-Fragen ruht.[7]

In Bezug auf solche Implikationen und eine mögliche *reductio ad absurdum* wird zwar die Gehalt-Frage und ihre Antworten behandelt werden. Doch die Status-Frage wird den Mittelpunkt dieser Untersuchung bilden, was wiederum eine vorläufige Klärung der Definitionsfrage voraussetzt. Der Grund für diesen Fokus ist nicht nur die primäre Stellung der Status-Frage, sondern auch ihre Vernachlässigung zugunsten der Gehalt-Frage. Dazu Michael Wheeler und Daniel Williams:

> Although the issue of how to specify the meanings of the representations that we (allegedly) have has received library loads of philosophical attention, the question of under what circumstances it is appropriate to engage in representational explanation at all remains curiously underexplored (Wheeler 2005, 6).
>
> [O]ne of the biggest problems with the philosophical literature on mental representation is its neglect of this [status] issue in favour of an almost exclusive concern with questions concerning content determination (Williams 2018, 19).

Gerade die „Teleosemantik" um Fred Dretske (Dretske 1988; 1995) und Ruth Millikan (Millikan 1984; 1989) hat zugunsten der Gehalt-Frage die Fundierung von Repräsentation zu wenig eigens bedacht, wie Karen Neander, eine der führenden Vertreterinnen dieser einflussreichen Strömung, bestätigt:

> The representational-*status* question is a hard question, often given short shrift by those how claim to answer it *in* answering the content-determinacy question. [...] The representational status question is relatively neglected in naturalistic theories of intentional phenomena. [...] There is no consensus on the extension of the term "representation" (Neander 2017, 276).

Diese relative Unklarheit verwundert nicht nur angesichts des herausragenden Stellenwerts der Intentionalität und ihrer rechten Deutung in der Philosophie des Geistes (siehe Schlicht/Smortchkova 2018), sondern auch angesichts der paradigmatischen Rolle und Erklärungskraft von mentaler Repräsentation als Begriff der Kognitionswissenschaften. Als „die zentrale Ressource wissenschaftlicher Psychologie" (Shea 2018, 6) hat dieser wiederum Auswirkungen auf die wissenschaftlich

---

7 Siehe Millikan 2004, 81; 2009, 396, 406; Dretske 1988, 87; Neander 2017, 276-77. Die Beantwortung der Status-Frage durch Mittel der Gehalt-Frage haben Kim Sterelny (1995, 294) gegenüber Millikan im Besonderen und Thomas Szanto (2012, 97) in Bezug auf Naturalisierungsprojekte im Allgemeinen kritisiert.

informierte, „naturalistische" Philosophie des Geistes. Ramsey stellt resümierend fest, dass trotz der Bedeutung von Repräsentation keinerlei Konsens über ihren Inhalt besteht:

> The notion of mental representation is *the* cornerstone of what often gets referred to in Kuhnian terms as the "cognitive revolution" in psychology. But mental representation hasn't been important just to psychologists. Accompanying this trend in the sciences has been a corresponding focus on mental representation in the philosophy of mind. Yet despite all of this attention (or perhaps because of it), there is nothing even remotely like a consensus on the nature of mental representation. Quite the contrary, the current state of affairs is perhaps best described as one of disarray and uncertainty (Ramsey 2007, xi).

Dieser „peinliche Skandal" (Wheeler 2006, 5) um repräsentationale Rolle und Status in Philosophie und Wissenschaft hat sich bis heute nicht verzogen, wenn wir dem Zeugnis von Marc Artiga und Miguel Sebastián, immerhin Vertreter „liberaler" Status-Bedingungen, folgen:

> Representations are puzzling entities. More than fifty years after the cognitive revolution and at a time in which representations are widely attributed in cognitive science, fundamental questions about their nature still remain unanswered. For one thing, it is not obvious what makes it the case that certain states are representations and some are not. For another, we lack a satisfactory account of what determines representational content (Artiga/Sebastián 2020, 613-614).

Was sind die Ursachen für diese konzeptuelle Verwirrung und Unklarheit trotz der Schlüsselrolle, die Perspektivität und ihre Gehalte einnehmen? Historisch gesehen haben nach dem Niedergang des Behaviorismus das Aufkommen der informationstheoretischen und evolutionstheoretischen Teleosemantik des Mentalen (siehe Dretske 1988; Millikan 1984), die Auslegung der Alltagspsychologie als computationale Symbolverarbeitung (siehe Pylyshyn 1985; Fodor 1987) und die heuristische Muster-Analyse von Verhaltensdispositionen (siehe Dennett 1987, 1991a) in den 1980er-Jahren eine Dominanz des repräsentationalen Paradigmas etabliert. Dieses wurde unter anderem auch durch einflussreiche Erklärungsstrategien der Wahrnehmungspsychologie (siehe Helmholtz 1909; Lettvin et al. 1959; Marr 2010) und der künstlichen Intelligenz (siehe Newell/Simon 1972; Haugeland 1985) begründet und gestützt. Das hat zu einem so vielfältigen wie exzessiven Gebrauch intentionaler Termini und schließlich zu einer Deflationierung von „Mentaler Repräsentation" geführt. Nach John Searle (1983, 11) gibt es „keinen missbrauchteren Begriff" und die Frage nach einer einheitlichen Natur der Intentionalität sei Robert Cummins zufolge eine „hoffnungslos unqualifizierte Frage" (Cummins 1989, 13). Diese Beliebigkeit hat eine kritische Auseinandersetzung in Form einer Absetzbewegung ins Rollen gebracht, die auf repräsentationale Erklärungen verzichten will (siehe

Churchland 1981; Stich 1983). Die prominenteste Strömung dieses Anti-Repräsentationalismus basaler Intentionalität ist der *Enaktivismus*.[8] Dieser hat zum Ziel, die Darstellungsrelation völlig oder größtenteils durch „Verkörperung" der Umwelt, „direkte" Bezugnahme oder sensomotorische „Verkopplungen" des Verhaltens mit der Umwelt ersetzen. Mentales, so der Tenor, soll primär etwas sein, was wir *tun* – das heißt, es bildet die Welt nicht ab, wie sie an sich *ist*, sondern sie wird in diesem Tun erst mit erschaffen (*en-act*):

> Experience, as I understand it, is not something that happens inside us; it is rather something we do. [...] To enact ourselves in the world is to alter the world and so, in that sense, to make it (Noë 2021).

Trotz des immer noch starken Einflusses der Teleosemantik und der Erklärungshoheit von Repräsentationen in der Hirnforschung[9] vollzieht sich gerade eine vom Enaktivismus angeschobene Trendwende zum Anti-Repräsentationalismus bzw. Neo-Behaviorismus basaler Intentionalität. Diese selbstausgerufene „Revolution" (Hutto/Myin 2013) hat auch im repräsentationalistischen[10] Lager zu einer Neubesinnung und einer Reihe von Reformversuchen durch die Frage geführt, was Repräsentation im natürlichen Kontext wirklich bedeutet.[11]

> This anti-representationalist challenge to computationalism has changed the tenor of recent writings on representation: the debate has changed, in part at least, from being about how to determine the content of representations to a debate about *what it is to be a representation* in the first place (Chemero 2000, 10-11).

---

8 Siehe Varela et al. 1991; Beer 2000; O'Regan/Noë 2001; Noë 2004, 2012, 2021; Hutto/Myin 2013, 2017; Bruineberg 2017. Der Enaktivismus hat Affinitäten zum *Naiven Realismus* bzw. *Disjunktivismus* (siehe Noë 2012, 24) – die andere „relationale" Alternativposition zu Mentaler Repräsentation, die noch erörtert werden wird. Den Anti-Repräsentationalismus teilt er mit der *Ecological Perception* (Gibson 1979 [2015]; Chemero 2009), wobei deren Beibehaltung des Begriffs „Information" kontrovers diskutiert wird (siehe Hutto/Myin 2017, 82-85).

9 Siehe u.a. O'Reilly/Munakata 2000; Frisby/Stone 2010; Hartley/O'Keefe 2014; Wiese/Friston 2021

10 Ich verwende den Ausdruck „Repräsentationalismus" meist kontextspezifischer im Sinne der Anforderung an Repräsentationen, Bedingungen oder Umstände ihrer eigenen Repräsentation wiederum metarepräsentieren zu müssen, wodurch Repräsentation eine Art selbstreflexiven Moment besitzt und Repräsentationen repräsentieren (zu dieser Verwendung siehe Burge 2010, 13). Hier und allgemeiner bedeutet „Repräsentationalismus", meist als Gegenbegriff zu „Anti-Repräsentationalismus", jedoch die These, dass Intentionalität wesentlich repräsentational verfasst ist (siehe Tye 2000; Hutto/Myin 2013; Schlicht/Starzak 2021).

11 Zu diesen Pionieren gehören: Haugeland 1991; Clark/Toribio 1994; Clark 1997; Sterelny 1995, Ramsey 2007, Burge 2010; Darauf aufgebaut oder kritisch reagiert haben dann u.a. Gładziejewski 2015; Schulte 2015; Clark 2015a; Artiga 2016, 2022; Neander 2017; Shea 2018; Ganson 2020

Aufgrund dieser Auseinandersetzung hat die Status-Frage deshalb wieder Konjunktur und muss als Chance begriffen werden, einen vernutzten Begriff wieder erklärungskräftiger zu machen:

> Perhaps representationalists should treat the "trivializing" strand of antirepresentationalism as an opportunity to develop, strengthen, and indeed reform the mainstream understanding of what representations are so that the resulting new notion is no longer subject to the trivializing arguments. In fact, something like this sort of reaction is starting to take shape in the literature (Gładziejewski/ Miłkowski 2017, 338).

Diese Reform von Rolle und Status hat nicht nur den Zweck, die Trivialisierung bis hin zur Abschaffung eines so grundlegenden Begriffs aufzuhalten, um seine Klarheit in der Philosophie des Geistes und seine scharfe Erklärungskraft in der Wissenschaftstheorie wiederherzustellen. Es kann auch nur im Interesse der Anti-Repräsentationalisten sein, dass sich ihre Vorwürfe nicht gegen einen Strohmann richten.

> Indeed, anyone seriously interested in the conceptual foundations of cognitive science must eventually grapple with what makes something a representation – perhaps most notably those who wish to argue that representations play no significant explanatory role in cognitive science (Morgan/Piccinini 2018, 129).

Ein Pionier des Enaktivismus, Alva Noë, sieht deshalb (*pace* Hutto/Myin 2013) dessen Aufgabe nicht in einer „radikalen", d.h. destruktiven Ablehnung von Repräsentation *tout court*, die schlicht gegen den deflationierten Begriff opponiere. Vielmehr gelte es, sich für eine konstruktive Absetzung der repräsentationalen Deutungshoheit zu engagieren, was ein rechtes Verständnis ihrer Rolle und ihrer Motivationsgründe voraussetze:

> [T]he real task is to rethink what representation, content and the other notions are or could be; merely to insist that experience is content-free and non-representational is not yet to break from the problem space of content and representation, but, as it were, merely to react against it (Noë 2021, 961).

Umgekehrt sollte auch gelten (*pace* Burge 2022, 502), dass die anti-repräsentationalen Modelle keine Randposition mehr bilden und einige Probleme und Alternativen bereithalten, die auch eine Verteidigung des Repräsentationsbegriff anerkennen sollte. Aus diesen Gründen können sich beide Lager darauf einigen, dass die Status-Frage heute einen bedeutungsschweren, aber immer noch zu wenig geklärten Problemfall in der Philosophie des Geistes und in der Kognitionswissenschaft darstellt, der ein wesentliches Verständnis mentaler Bezugnahme behindert. Daher kann mit Neander festgehalten werden: „A more developed answer to the representational status question is needed“ (Neander 2017, 243).

Die vorliegende Studie verschreibt sich dieser schwierigen und verzweigten Unternehmung und will einen neuen Versuch machen. Sie gliedert sich in zwei ungleiche Teile: Teil A befasst sich mit der Definitionsfrage und dies so weit, als es für die Erörterung der Status-Frage in Teil B, dem Hauptteil dieser Untersuchung, nötig ist. Dabei verfolgt sie **drei übergeordnete Ziele**:

- Eine in der Literatur bisher nicht systematisch durchgeführte Herausarbeitung der Implikationen und Prinzipien von Definitionsfrage und Status-Frage, um die Gründe, Anforderungen und Restriktionen für eine adäquate Theorie mentaler Repräsentation im natürlichen Kontext anzuzeigen (A und B.I).
- Eine erstmalige, trotz des kaum einholbaren Umfangs der Literatur möglichst umfassende und prinzipielle Beschreibung, Erörterung und Generalkritik zumindest der paradigmatischen Reaktion auf die Status-Frage, die mit dem Ausdruck „Tracking-Theorien“ namhaft gemacht ist und eine ganze Familie von Modellen umfasst (B.II).
- Schließlich den Aufbau einer auf dieser Kritik aufbauende, neuartige Antwort auf die Status-Frage, die sich als Versuch einer Synthese versteht. Sie soll einerseits die Einsichten der elaboriertesten Tracking-Versionen aufgreifen und damit zumindest einige ihrer Grundcharakteristika affirmieren, sowie andererseits die Lücken schließen, die durch die von den Status-Bedingungen der Tracking-Theorien noch unzureichend fundierten und vernachlässigten Aspekte der repräsentationalen Rolle offen bleiben. Mein Modell macht dabei fruchtbare Anleihen bei internalistischen, intellektualistischen und enaktivistischen Theorien jenseits des Tracking-Paradigmas, ohne deren revisionistische Tendenzen und anti-repräsentationalistische Aporien mit zu importieren (B.III).

Im Folgenden soll eine Überblicksdarstellung der vorliegenden Untersuchung gegeben werden, die ihren Argumentationsgang anhand der wichtigsten Etappen vorzeichnet:

In **A.I** sollen die Rahmenbedingungen für eine Definition von „Intentionalität“ und „Mentale Repräsentation“ abgegrenzt und dabei die Vorzüge einer *Rollenbeschreibung* gegenüber einer klassischen Definition herausgestellt werden. Diese Beschreibung vollzieht sich in einer *Erörterung* (des äußeren Kontexts) und der *Artikulation* (der inneren Struktur) von Intentionalität. Diese soll dabei als eine bewegliche *Konstellation* dreier Begriffspole –Gerichtetheit, Irrtumsanfälligkeit und Verhalten – eingeführt werden, die sich an *prototypischen* Beispielen wie Wahrnehmung, Meinung oder externen Repräsentationen wie Karten oder Modellen zu orientieren hat.

In **A.II** soll dann der Begriffspol des *Verhaltens* genauer untersucht werden und als Koordinationsleistung prototypisch gegenüber einem deflationären Verhaltensbegriff abgegrenzt werden, der auch lokale Regungen oder innere Aktivitäten des Organismus umfasst. Dabei wird mit der von mir *Bifunktionalität* genannten Unterscheidung zwischen einer darstellenden Funktion mit Veridikalitätsbedingungen (*veridicality conditions*) einerseits und einer verhaltensleitenden bzw. verhaltensgeleiteten Funktion mit praktisch-biologischen Erfolgsbedingungen andererseits eine Differenzierung begründet, die für die Beurteilung der Tracking-Theorien von großer Bedeutung sein wird.

Mit **A.III** wird der andere primäre Begriffspol von Repräsentation, *Gerichtetheit* oder *Intentionalität* ausführlich analysiert. Dafür soll erst einmal eine Begründung repräsentational verstandender Intentionalität gegenüber der Alternativposition, dem *Naiven Realismus*, gegeben werden. Dabei wird die *funktionale* (statt relationale) Natur der Intentionalität demonstriert. Diese Funktionalität wird dann anschließend durch eine Analyse ihrer Strukturmomente wie „Objekt", „Referenz", „Transzendenz", „Attribut", „Intensionalität", „Vermittlung", „Subjekt" und „intentionale Einstellung" entfaltet. Damit kann Kapitel A.III.2 als eine Art *Glossar* verwendet werden. Wer mit dem Repräsentationsbegriff bereits gut vertraut ist, kann Teil A, mit Ausnahme von II.2 und III.3, überspringen und zu B übergehen.

B.I geht zur Status-Frage über und diskutiert allgemeine Anforderungen an ihre Beantwortung im Rahmen des *Naturalismus*. Teil B bildet das Herzstück dieser Arbeit. Dabei sollen zunächst die Implikationen der Status-Frage geklärt und dann für eine „gelassene Naturalisierung" (Hutto/Satne 2015) plädiert werden, die eher integrativ statt reduktiv verfährt. In diesem Geist wird dann der umstrittene *Grenzbereich* eingezeichnet, der durch *drei verschiedene Grundansätze* in der Literatur – Teleologie, Komplexitätsreduktion und Abgekoppeltheit – für die Antwort auf die Status-Frage bestimmt wird. Dabei werden nicht nur die Art von „controversial cases of representation" (Artiga 2016, 407) und die „representation-hungry cases" (Clark/Toribio 1994, 403) überblickshaft präsentiert. Dadurch wird auch ein allgemeines Panorama auf typische Antwortmöglichkeiten gegeben. Daraus sollen schließlich Grenzlinien für das Forschungsfeld und seine Erkundung abgeleitet werden, wie einmal das *Sensorische* als Problem- und Realisierungsbereich für mentale Repräsentation, sowie *vier Prinzipien* der Status-Frage – Prinzipien der Emanzipation, der Autonomie, der Fähigkeit, der Sparsamkeit –, die als Leitlinien für die kommende Beurteilung von Status-Theorien dienen.

In **B.II** wird das für den Status sensorischer Repräsentation vorherrschende *Tracking*-Paradigma umfassend dargestellt: Dieses sieht basale Repräsentation der Welt generell in einer *Sensitivität* oder *Responsivität* interner Zustände eines lebendigen (oder künstlichen) Systems realisiert. „Detektoren" oder „Rezeptoren" stehen dabei in einer Beziehung der *Ko-Instanziierung* bzw. der Ko-Variation mit einer externen Umweltbedingung, auf die sie „anspringen“ oder „reagieren“. Weil sie dadurch einen bestimmten *Effekt* im Träger-System zeitigen, der für das Verhalten des Trägers von praktischem Nutzen ist, haben sie eine *normative* Komponente, die Korrektheit und Irrtum erklären soll. Solche internen Mechanismen beschreiben nach den Tracking-Theorien auf naturalistische Weise was (basale) Repräsentationen sind. Dieses Paradigma wird anhand seiner verschiedensten Versionen *ethologischer* (Millikan 1989, Artiga 2021), *kausaler* (Neander 2017), *statistischer* (Ganson 2020, Artiga 2022) *und strukturalistischer* (Ramsey 2007, O'Brien 2015, Gładziejewski/Miłkowski 2017) Natur erörtert. Diese Versionen bilden einfache Formen („starres“ oder *lineares Tracking*, II.2) sowie komplexere Erweiterungen („flexibles“ oder *robustes Tracking*, II.3), die anhand ihrer Hauptvertreter (Dretske 1988, Sterelny 1995, Shea 2018) analysiert werden. Dabei wird auch auf *antizipierendes* Tracking im Namen von *Predictive Processing* (Clark 2016, Calvo/Friston 2017) eingegangen werden.

Neben den jeweiligen Stärken dieser Theorien werden dabei vor allem drei Problemkomplexe diagnostiziert, die meine *Generalkritik* an der Mehrheit der Tracking-Theorien leitmotivisch tragen:

- Eine Verletzung der in B.I dargelegten vier Prinzipien. So wird oft der Sparsamkeitsgrundsatz verletzt und es werden repräsentationale Beschreibungen eingeführt, wo keine nötig sind. Oder es werden bestimmte Gehalte programmatisch zugeschrieben, aber ohne den zugrundeliegenden Fähigkeiten Rechnung zu tragen.
- Eine Verletzung der Bifunktionalität: Dabei wird in problematischer Weise die zu erklärende deskriptive Darstellung einer Sache (Veridikalitätsbedingungen) durch Interaktionen bzw. Manipulationen einer Sache (praktische Erfüllungsbedingungen) erklärt und auf letztere zurückgeführt.
- Eine systematische Produktion falscher bzw. absurder Gehalte durch Tracking-Theorien. Dabei wird schließlich die Gerichtetheit auf objektive Umweltverhältnisse und ihre Eigenschaften selbst – im Gegensatz zu subjektiven Affektionsbedingungen – unterwandert und einer inakzeptablen Situation Raum gegeben, die ich *reizgebundenen* bzw. *nutzengebundenen Solipsismus* der Repräsentation durch Tracking-Theorien nenne. Mit „Solipsismus“ soll nicht gesagt sein, wie sonst üblich, dass ein Lebewesen nur sich selbst repräsentiere oder es nichts anderes als dessen Repräsentationen gäbe. Vielmehr wird gezeigt, warum die Bedingungen der meisten Tracking-Mechanismen zu Zuständen führen, die *überhaupt nicht(s)* repräsentieren und stattdessen nur ihre eigenen *idiosynkratischen Stimulationsbedingungen* instanziieren. Das heißt, sie *verkörpern* nur, wie etwas auf sie *wirkt*, und repräsentieren nicht, wie es *ist* – eine Konstellation, die dem Anti-Repräsentationalismus in die Hände spielt.

Allerdings soll mit dem *konstanten Tracking* (Burge 2010, Schulte 2015) die elaborierteste Version der Tracking-Theorien vorgestellt werden, die eine Ausnahme von dieser problematischen Konsequenz bildet. Denn sie scheint prinzipiell die Anforderungen zu erfüllen, die idiosynkratischen Stimulationsbedingungen und den Solipsismus *transzendierend* hinter sich zu lassen, um sich intentional auf die Umwelt selbst zu beziehen. Ich nenne diese Transzendierungsleistung auch das *Abstraktionsprinzip*, an dem sich jede Theorie der Intentionalität messen muss. Mit konstantem Tracking werde ich ein Problem der Psychologie und der Künstlichen-Intelligenz-Forschung auf der sensorischen Ebene demonstrieren und mit konkreten Mechanismen der *Wahrnehmungskonstanten*, der *Objektivierung* und der *Heuristik* eine fundierte Lösung für dieses Problem erörtern – eine Lösung, mit der sich die besagte Transzendierung der eigenen Stimulationsbedingungen zu vollziehen und damit die Bezugnahme auf die Umwelt zu realisieren scheint.

Um ein solches „repräsentationshungriges Problem“ (Clark/Toribio 1994) anhand der Wahrnehmung zu demonstrieren, veranschaulicht der Begründer der Auditiven Szenenanalyse (*auditory scene analysis*), Albert Bregman (1990, 5-7), die außergewöhnliche Leistung des Hörens mit der diffizilen Ausgangslage eines Beobachters (=das auditorische Repräsentationssystem), der lediglich zwei Taschentücher (die Rezeptoren im Innenohr) sieht, die über zwei schmale Kanäle (die Gehörgänge) gespannt sind, die von einem See (der Klangraum) ins Ufer gegraben sind. Allein durch die Art der Bewegung der Taschentücher (die Stimulationsbedingungen) seitens der Wellen im Kanal, so Bregman, müsse der Beobachter erraten, wie viele Boote welcher Größe und Distanz zueinander sich wo auf dem See befänden. Hier gälte es ein „extraordinary decoding problem“ zu lösen und die auditive „Tiefenstruktur“ der Welt und damit die Eigenschaften der Schallereignisse „freizulegen“. Erst auf Basis dieser ambivalenten Ausgangslage zeigt sich: Irrtümer sind Teil des Systems, keine gelegentlichen Störungen. Die komplexe Struktur dieser Probleme und ihrer Lösungen machen daher repräsentationalen Status erst *relevant* und *erklärungskräftig*.

Mit der Erörterung der konstanten Tracking-Theorie sollen dann als Resultat zwei unterschiedliche sensorische Fähigkeiten voneinander abgegrenzt und begründet werden:

- „Sensitivität“ (die als „Empfindung“ bewusst werden kann), die ich als ein *probatives Sondieren von lokalen Effekten* charakterisiere. Dabei stehen für das jeweilige Lebewesen das situative Sich-Aussetzen und enaktive Hineinmanövrieren in die genannten idiosynkratischen Stimulationsbedingungen durch Medien wie Schall, Licht, Wärme, Magnetwellen, etc. im Vordergrund und noch *nicht* die intentionale Bezugnahme auf die Umwelt selbst jenseits dieser Stimulationen. Dieses Sondieren von Effekten kann in einfacher Form auftreten, z.B. in der Lichtsensitivität einer Sonnenblume, die sich zum Sonnenstand hin ausrichtet, oder bei einem Fisch, der durch entsprechende Duftreize seinen Heimatstrom wiederfindet. Auch hier soll zu sehen sein, dass, bei aller Komplexität der Verarbeitungsprozesse, der charakteristische „Abdruck" des Effekts, d.h. das Erregungsmuster des Rezeptors am Körper und nicht eine Konstellation der Umwelt (wie der Sonnenstand oder das Geruchsmolekül) die relevante Größe für das System bildet. Die Sensitivität ist deswegen nicht minderwertig, sondern meist für das Lebewesen schlicht die sparsamere, schnellere und effektivere Weise, auf die Umwelt zu reagieren. Ich werde dazu Argumente der *Situated Cognition*, der *Embodied Cognition* und des Enaktivismus für die Repräsentationstheorie fruchtbar machen.

- „Repräsentation" bzw. „Intentionalität", die als *heuristische Rekonstruktion von Umwelteigenschaften* beschrieben werden soll. Diese Rekonstruktion wird dann nötig, wenn das System mit dem Problem konfrontiert ist, dass die Sensitivität und ihre Stimulationsbedingungen keine belastbare Beziehung zur Umweltursache aufweisen und damit keine verlässliche Größe mehr bilden. Wenn bestimmte Umweltbedingungen wie z.B. Gestalten, Größen, Oberflächentexturen, oder Geräusche, Melodien und ihre Eigenschaften, keine eindeutigen Reize aussenden oder Effekte mit unzähligen alternativen relevanten Ursachen kompatibel sind, dann muss das System selbst interne Modelle (generalisierende Schemata) bilden, die diese Ursache rekonstruieren. Dazu beginnt das System, von seinen eigenen Stimulationsbeziehungen abzusehen und sie in einem Prozess der Objektivierung hinter sich zu lassen, um zu den Dingen selbst in ihrer Beschaffenheit *transzendierend* vorzudringen und eine gerichtete Perspektive auf seine jeweilige Umwelt zu entwickeln.

Mit dem Repräsentationsproblem und seiner Lösung soll der eigentliche Zuständigkeitsbereich mentaler Repräsentation erkannt und der richtige Ansatz im konstanten Trackings gestärkt werden. Auf diese Weise möchte ich einen *restriktiveren Begriff* von „Mentaler Repräsentation" bzw. „Intentionalität" gegen seine sonst heute übliche und sich als problematisch erweisende Deflationierung, Intellektualisierung und Eliminierung ins Treffen führen.

Im abschließenden Kapitel **B.III** wird auch das konstante Tracking einer Kritik unterzogen, mit der auch das gegenwärtige Tracking-Paradigma in Frage gestellt wird. Die Stoßrichtung meiner Kritik ist folgende: Die beste Tracking-Theorie ist zwar im Stande, Mechanismen und Prinzipien anzugeben, welche umwelt-spezifische Informationen *bereitstellen*. Diese Erfüllung des *Abstraktionsprinzips* bildet daher eine notwendige Bedingung für basalen repräsentationalen Status. Gleichwohl ist dieses Modell nicht hinreichend, da es im Unklaren lässt, wie diese Informationen (d.h. rein statistische oder kausale Korrelationen) innerhalb des Systems funktional *eingebettet* sind, um genuine Gehalte (d.h. Repräsentationen) zu sein. Das betrifft zum einen die Frage, wie die Information ihr referentielles (über x) und quasi-propositionales (attributionales) *Format* (x ist F) sowie dessen Möglichkeit der „Verarbeitung", „Transformation" und „Speicherung" überhaupt erst realisiert. Und zum anderen das Rätsel, wie eine reine extensionale Korrelation nicht nur von einem materiellen bzw. organischen Träger getragen (*information carrying*), sondern einem Subjekt intern so *vermittelt* oder *präsent* sein kann (*information conveying*)[12], sodass aus ihr nicht nur ein kausaler Einflussfaktor unter vielen andern, sondern ein Gehalt wird. Ich nenne dieses bisher nicht adressierte Problem von Format und Vermittlung das *Präsentationsproblem.* Ferner bleibt das *Subjekt* der Vermittlung in naturalistischen Theorien fast völlig außen vor und wird entweder mit dem organischen Träger oder dem praktischen Akteur gleichgesetzt. Auch dieses von mir zu explizierende *Vereinheitlichungsproblem* ist bisher in den Tracking-Theorien abwesend. Ohne hinreichende Antworten auf diese zwei Probleme, so meine Hauptkritik, bleibt der vermeintliche Gehalt im konstanten Tracking-Modell unzureichend fundiert und anonym: Er ist dann entweder eine gleichsam isolierte, in der Welt an sich vorkommende Proposition (siehe Frege 1918), was der Naturalisierung entgegenstünde. Oder sie wäre lediglich eine Projektion seitens eines theoretischen Betrachters in statistische Eigenschaften der Umwelt mittels hybrider Konzepte wie „Information über..." oder „informationeller Gehalt", während die Information als Korrelation bleibt, was sie ist, und nicht als Repräsentation fungiert. Das Dilemma wurzelt darin, dass das Tracking-Paradigma den Fokus auf die externe Relation zwischen System und Umwelt legt. Doch es verliert durch diesen *externalistischen* Schwerpunkt aus den Augen, dass Informationen nicht nur getragen, sondern auch vermittelt und formatiert werden müssen, sodass sie intentional *von* einem Objekt *für* ein Subjekt und damit Gehalte sind. Wird diese *internalistische* Komponente ignoriert, liefert selbst die beste Tracking-Theorie (Burge 2010) keine spezifisch repräsentationale Subjekt-Objekt-Beziehung, sondern nur eine der unzähligen Korrelationen zwischen Organismus und Umwelt.

> There is an internality about the relation between an experience and its object that seems hard to replicate in terms of "external" causal or teleological relations. Presence *to* the subject of the object of his experience seem not exhaustively explicable in terms of such natural relations. These kinds of relations hold, after all, between all sorts of things, not just brains and items in their environment (McGinn 1997, 303).

12 Diese Vermittlung wird in der Literatur immer wieder in Anspruch genommen (siehe Dretske 1988; Millikan 1989; Matthen 2005; Siegel 2011; Ganson 2020), doch kaum eigens erörtert.

Meine Kritik ist also: Repräsentation-als-Tracking scheitert entweder bereits am informationsbereitstellenden Abstraktionsprinzip oder letztlich am Präsentationsproblem und Vereinheitlichungsproblem. Die spezifisch *konstitutive* Bedeutung der Information für repräsentationalen Status ist damit noch nicht genügend erklärt. Um den Problemen dieses internalistischen *blind spot* des Tracking-Paradigmas auf den Grund zu gehen, werden die beiden Pole der Vermittlung: „Objekt" bzw. „Objektivität" und „Subjekt" bzw. „Subjektivität" eingehender als bisher in der Literatur untersucht. Dabei werden zwei Interpretationsrichtungen dieser Subjekt-Objekt-Differenz beleuchtet (Kapitel B.III.1 und III.2):

- Die *materielle* oder *mereologische* Interpretation der Tracking-Theorien, für die das „Objekt" mentaler Repräsentation generell mit der externen, äußerlich vorkommenden Umweltbedingung identisch ist. Entsprechend wird „Subjekt" mit dem Organismus bzw. mit einem seiner Teile (z.B. neuronalen Zuständen) oder dem Akteur des Verhaltens gleichgesetzt. Damit bedeutet die Vermittlung einer Information qua Gehalt nicht mehr als seine rein externe (kausale, statistische) Beziehung, seine materielle Realisierung im Organismus als Träger und kausal-praktischen Einfluss auf Verhalten, wodurch die spezifisch konstitutive Bedeutung für Repräsentation fraglich wird.
- Die *repräsentationalistische* Interpretation, die so genannt wird, weil ihr zufolge das „Objekt" der Repräsentation als *mental-unabhängig* und damit als *wahr* bzw. als *irrtümlicher Anschein* repräsentiert werden muss, um überhaupt Objekt mentaler Repräsentation zu sein.[13] Eine solche Meta-Repräsentation setzt wiederum einen Begriff des Mentalen (eine *theory of mind)* und damit ein selbstreflexives und kognitiv-begabtes „Subjekt" (eine Person) voraus. Diese Position geht auf René Descartes (2008 [1642] und Immanuel Kant (1956 [1781]) zurück, und wird in neuerer Zeit von Neo-Kantianern wie Donald Davidson (2004), Peter Strawson (2002), Gareth Evans (1985) und Alex Morgan (2018) vertreten. Sie lässt sich als ein (anti-naturalistisches) Projekt *personaler Selbstvergewisserung* charakterisieren.[14]

Um diese Extrempositionen und ihre Probleme zu vermeiden, soll schließlich eine *Reform der Mitte* versucht werden, die mentale Repräsentation weder auf rein

---

13 „a concept of objective reality in the first place" (Davidson 2004, 3); „an idea of an existence unperceived" (Evans 1985, 251); „The rough idea here is that a system only counts as having a mind when it is capable of representing features of the world *as* objective or mind-independent" (Morgan 2018, 5425)

14 In der Erörterung der repräsentationalistischen Theorie wird auch die Rolle des *Bewusstseins* für Intentionalität diskutiert (Kapitel III.1.3.2). Bis dahin soll angenommen werden, dass es nichtbewusste Repräsentationen gibt.

statistische und anonyme Tracking-Zustände noch auf kognitive Zustände selbstreflexiver Personen zurückführt. Dafür soll mit dem letzten Kapitel (B.III.2) ein *neuer und eigener Anlauf* für eine naturalistische Fundierung repräsentationalen Status gemacht werden. Dabei möchte ich zunächst (B.III.2.1) im Ausgang von Wahrnehmungskonstanten und Edmund Husserls Begriff der Horizontintentionalität einen innovativen Vorschlag zur Fundierung der *Objektivität* entwickeln. Dabei wird der Mechanismus der *Extrapolation* skizziert, durch den Information so arrangiert wird, dass sie eine temporale Gegenüberstellung, Entzweiung oder Verschiebung bildet, die nicht nur eine Differenz zwischen Subjekt und Objekt (Transzendenz) konstituiert, sondern auch die informationstheoretische Relevanz dieser Differenz erläutert. Im Anschluss daran (Kapitel B.III.2.2) wird mit einem Mechanismus, den ich *sensomotorische Intimität* nenne, ein entsprechendes Verfahren für die Konstitution der repräsentationalen *Subjektivität* vorgestellt. Dieser Mechanismus ist in der Literatur bisher nur in Ansätzen vorhanden. Dabei soll gezeigt werden, wie sich das Subjekt *als Subjekt* aus dem enaktiven Subjekt *als Akteur* bildet, ohne dabei mit diesem (funktional) identisch zu sein, sondern eine eigene spezifische Rolle für mentale Repräsentation spielt. Schließlich wird in Kapitel III.2.3 noch die basale (nicht-propositionale) *Einstellung* eines Wahrnehmungssubjekts zu einem Gehalt naturalistisch durch ein *Prinzip stimmiger Übergänge* fundiert. Damit soll ein basaler Begriff von *Wirklichkeit* weder rein als Gehalt (z.B. als „concept of objective reality", Davidson 2004, 3) noch als Moment der Einstellung, sondern als Arrangement von Gehalten ausgewiesen werden.

Dieses Buch soll ein breites Spektrum des Repräsentationalen eröffnen. Dem Leser wird ein buntes Tableau von Beispielen aus dem Tierreich, KI-Forschung und Robotik gegenübergestellt, die u.a. von lichtsensitiven Sonnenblumen, magnetotaktischen Meeresbakterien, Ameisen auf sondierten Duftpfaden und berechneten Heimwegen, visuell lokalisierenden Fröschen, regelkundigen Autofahrerinnen, selbstfahrenden Autorobotern, vorausplanenden Springspinnen, scheinbar antizipierenden Erbsen, selbstkritischen Shakespeare-Figuren, Schachcomputern, circadianen Uhren, Grashüpfern, Touring-Tests und farbensehenden Honigbienen handeln. Dabei habe ich mich bemüht, so gut es als Philosoph und angesichts der Fülle diverser Beispiele in der Literatur gelingt, die zugrundeliegenden empirischen Mechanismen zu verstehen und anschaulich zu beschreiben. Ich habe versucht, bei aller gebotenen Referenz auf empirische Fakten, genuin *philosophische* Prinzipien für den Ursprung mentaler Repräsentation herauszuarbeiten – Prinzipien, die, so meine Überzeugung, über den Ursprung in der Wahrnehmung hinaus das Geistige in seinem vielfältigen Reichtum, seiner bestrickenden Komplexität und seiner prägnanten Eleganz ein Stück weit erhellen.

A Die Definitionsfrage mentaler Repräsentation

I Rahmenbedingungen: Definition und Rollenbeschreibung

I.1 Die Unhintergehbarkeit intentionaler Terminologie

Kann es eine echte Definition der Begriffe „Intentionalität“ oder „Mentale Repräsentation“ geben? Eine solche müsste nach kanonischer Auffassung in ihrem Definiens das Definiendum nicht mehr in Anspruch nehmen. Dass dies nicht zu gelingen scheint, zeigt schon die von der Mehrheit der einschlägigen Literatur als *locus classicus* anerkannte Passage von Franz von Brentano, der Intentionalität mit Rückverweis auf die Antike (Aristoteles 2016), aber für die Philosophie des Geistes zukunftsweisend und folgenschwer charakterisiert hat als: „Beziehung auf einen Inhalt, die Richtung auf ein Object (worunter hier nicht eine Realität zu verstehen ist) oder die immanente Gegenständlichkeit“ (Brentano 1874, 115)

In diesem Sinne spricht auch Husserl, der „die Entdeckung Franz Brentanos“ (Husserl 1973 [Hua I], 79), erstmals zu einem philosophischen System der Intentionalität ausbaut, von der Eigentümlichkeit vieler mentaler Zustände, „Bewusstsein von etwas“ zu sein und auf Gegenstände „gerichtet“ zu sein (Husserl 1984 [Hua XIX/1], 353). Den beiden Vätern des Intentionalitätsbegriffs gelingt es also zumindest in ihren Erläuterungsversuchen nicht, über das Merkmal der Bezogenheit oder der Referenz auf etwas, aus dem semantischen Feld der „von“-, „auf“- und „zu“-Beziehungen herauszutreten. Die *Transzendenz* dieser Referenzialität, der „Pfeil der Intentionalität“ (Metzinger 2010, 12), der von etwas weg auf etwas zu deutet, erweist sich eher als „positives Merkmal“ (Brentano 1874, 115) denn als ein Definiens. Eine Definition scheint daher müßig.

Gleiches gilt für die Standard-Beschreibung analytischer Prägung: Daniel Dennett und John Haugeland (1987, 383) haben dafür den einflussreichen Ausdruck *aboutness* (oder „of-ness“) geprägt, um damit die Eigenschaft von intentionalen Zuständen zu benennen, „über“ etwas anderes zu sein und einen „Gehalt“ (*content*) zu besitzen. Dieser Neologismus orientiert sich mehr an Brentanos „Beziehung auf einen Inhalt“ und weniger an einer Definition. Er muss aber ebenso eine vereinfachende Veranschaulichung bleiben. Im Grunde sagt *aboutness* nichts anderes als die traditionellen Termini „Referenz“ oder „Transzendenz“. Der Terminus substantiviert lediglich die Propositionen wie „auf“ oder „von“, die wir mit intentionalem Vokabular verbinden. Er wird in der Literatur meist in beiden Aspekten wiedergegeben. [15]

---

15 „Thoughts, desires, ideas, experiences, etc. all *point to* other things, though they could also, it

https://doi.org/10.1515/9783111380551-004

Husserl zieht aus dieser Problematik die Konsequenz, dass hier ein irreduzibles Verhältnis vorliegt und eine Theorie der Intentionalität „hinter Weisen des Meinens, Bedeutens von dem und dem Bedeutungsgehalt [...] schlechterdings nichts suchen darf, was anderes wäre und anderes sein könnte als eben Meinen, Bedeuten“ (Husserl 1984 [Hua XIX/1], 186). Deshalb stehe für ihn „das Offenkundigste“ fest: „Was ‚Bedeutung‘ ist, das kann uns so unmittelbar gegeben sein, wie uns gegeben ist, was Farbe und Ton ist. Es lässt sich nicht weiter definieren, es ist ein deskriptiv Letztes“ (Husserl 1984 [Hua XIX/1], 187).

Für Thomas Szanto ergibt sich daher mit Bezug auf die an der Husserl'schen Phänomenologie orientierten Theorien der Intentionalität zwangsläufig die „irreduzible intentionale Korrelationsthese“, die er wie folgt charakterisiert:

> Die (intrinsische) Intentionalität des Bewusstseins und dasjenige, was in intentionalen Bewusstseinserlebnissen auf eine je bestimmte Art und Weise gegeben ist, stehen in einem irreduziblen, konstitutiven und unauflösbaren Korrelationsverhältnis. Das heißt, dass diese (intentionale) Korrelation explanatorisch auf keinen der beiden Korrelationspole hin unterschreitbar ist (Szanto 2012, 52).

Diese Richtung schlägt auch Searle ein, für den Intentionalität eine „Erdgeschoss-Eigenschaft des Geistes“ (Searle 1983, 26) bildet und folglich alle Definitionsversuche auf harten Grund stoßen und „zirkulär“ sind. Ihm zufolge sei der Ausdruck der Repräsentation „angenehm vage“ und bedeute „schlicht“, dass es einen „propositionalen Gehalt“ gäbe, auf den sich eine intentionale Einstellung („psychischer Modus“) wie z.B. Meinen oder Hoffen, beziehe (Searle 1983, 10-12). Dass Searle Gehalte einflussreich als Erfüllungsbedingungen wie etwa als „Wahrheitsbedingungen“ und damit als *normativ* charakterisiert hat, betont sicherlich einen zentralen Aspekt der Intentionalität. Gleichwohl führt er die normative Rolle von Repräsentation wieder auf *aboutness* bzw. auf die Referenz zurück. Veridikalität im Allgemeinen, (perzeptuelle) *Akkuratesse* und (propositionale) *Wahrheit* im Besonderen, drücken eine Erfüllungsbeziehung aus, die nur zwischen einer Repräsentation und ihrem Repräsentatum bestehen kann. Andere funktionale Entitäten wie Nägel oder Nieren haben andere Erfüllungsbedingungen eben weil sie keine intentionalen Zustände sind.

Dass diese Zirkularität auch in der heutigen philosophisch-kognitionswissenschaftlichen Literatur weiterhin besteht und dort eine Definition oder Charakterisierung von Intentionalität meistens unter Bemühung der Schlagwörter „about-

---

seems, point to themselves. Intentionality is this feature of pointing, or designating, or being about something“ (Ramsey 2007, 90).

ness" oder „Gerichtetheit" zum Leerlauf geworden ist, bestätigt auch Jean-Michel Roy, wenn er beklagt:

> The view of intentionality pervasive in the contemporary literature makes it essentially a distinctive property of mental states mainly characterized in terms of aboutness, understood as the fact of being about something [...] The notion of aboutness is itself mostly left unanalyzed, when not explicitly declared *undefinable* [...] So, the property of intentionality remains on the whole, in the contemporary literature, rather poorly *defined in the intentional idiom itself.* This is a problematic situation in many respects that cannot but reflect a theoretical embarrassment (Roy 2015, 94; Kursiv, A.W.).

Auch informationstheoretische Beschreibungen mentaler Repräsentation, die sie auf nicht-repräsentationale (statistisch-kausale) Relationen reduzieren wollen, sprechen von einem „informationellen Gehalt", von „Information, dass..." oder „Information über...".[16] Diese quasi-repräsentationalen Beschreibungen investieren dabei also wieder, wenn auch auf anderer Ebene, das „intentionale Idiom" (Roy).

Auch William Ramsey (2007), der maßgeblich dafür plädiert hat, eine Definition von Repräsentation an ihre kognitionswissenschaftliche Erklärungskraft zu binden, nimmt für diese wiederum intentionales Vokabular in Anspruch wie „Symbol" oder „Stellvertretung":

> Serving as a representation of some feature of a target domain here amounts to serving as the sort of input or output required by a sub-processor solving a problem related to that domain. The content of the representation is critical for this role *because* unless *the symbol stands for* the relevant computational argument or value, it is impossible to make sense of the sub-system as a computational sub-system doing its job (Ramsey 2007, 74; Kursiv A.W.). [17]

Nicht zuletzt aufgrund dieser „theoretischen Verlegenheit" (Roy) hat der Begriff der „Intentionalität" im Gewand der „mentalen Repräsentation" in den empirischen Wissenschaften und in der (computationalen) Kognitionswissenschaft eine schillernde Karriere gemacht. Die von Searle konstatierte angenehme Vagheit hat seinen Erfolg begünstigt, aber die Kernbedeutung des Begriffs zugunsten pragmatischer Einsatzfähigkeit jedoch weiter verwässert. Maßgebliche Vertreter der Repräsentationalen Theorie des Geistes wie Robert Cummins fühlen sich von dieser Vagheit genötigt, jede Fahndung nach einer einheitlichen Theorie der Natur von mentaler

---

16 So z.B. bei Dretske (1988), Ryder (2009), Neander (2017), Shea (2018), Schulte (2021), wobei bisweilen die statistische Beziehung auch durch eine kausale Komponente ergänzt oder ausgetauscht wird.

17 Zur Beschreibung von Repräsentation als Stellvertretung siehe: Palmer 2018, 49; Haugeland 1991, 62; Van Gelder 1995, 351, Bechtel 1998, 297, 8; Orlandi 2014, 9; Roy 2015, 97; Zur Repräsentation als "Symbol"-Verarbeitung siehe Fodor/Pylyshyn 1988,10; Fodor 1984, 31,37; Cummins 1989, 108

Repräsentation als „naiv" zurückzuweisen. Denn die Bedeutung des Begriffs sei je nach empirischem Forschungsvorhaben unterschiedlich:

> It is precisely because mental representation has different explanatory roles in "folk psychology", orthodox computationalism, connectionism, and neuroscience that it is naïve to suppose that each makes use of the same notion of mental representation. We must not, then, ask simply and naively "What is the nature of representation?"; this is a hopelessly unconstrained question (Cummins 1989, 13).

Angesichts einer vermeintlich unübersichtlichen Lage intentionaler Zuschreibungen in der Alltagspsychologie („folk psychology")[18] und in der empirischen Wissenschaft plädiert Peter Godfrey-Smith (2004, 152) für eine solche „pluralistische" Handhabe des Begriffs. Er hält einen kleinen gemeinsamen Nenner trotz unterschiedlicher Verwendungsweisen für schlicht nicht notwendig (vgl. auch Shea 2013b).

Der Begriff „Mentale Repräsentation" scheint daher nicht nur *unhintergehbar*, sondern auch *vage* und je nach Kontext *idiosynkratisch*. Deshalb eignet er sich wenig für eine klassische Definition, die seit Platon Zirkularität vermeidet und Klarheit wie Universalität fordert. Der Kognitionswissenschaftler Rick Grush hisst daher die weiße Flagge und stellt resigniert fest: Intentionalität bleibe ein „frustrierendes Enigma" (Grush 1997, 5).

I.2 Erörterung, Artikulation, Begriffskonstellation und Prototypen

Angesichts dieser konzeptuellen Schwierigkeiten ist es daher methodisch ratsam, einen anderen Weg einzuschlagen. Dabei soll das Ziel einer genuinen Definition von mentaler Repräsentation, das auf das „intentionale Idiom" verzichtet, eingeklammert werden und damit offen bleiben. Stattdessen schlage ich vor, methodisch auf eine *Erörterung* und *Artikulation* des Begriffs zu setzen, die im weiteren Fortgang dieser Arbeit eine *Rollenbeschreibung* von mentaler Repräsentation in ihrem äußeren Kontext und in ihrer inneren Struktur vorantreiben soll.[19] Diese Rollenbeschreibung soll dann an die Stelle einer Definition treten. „What we want is a job description that tells us what it is for something to function as a representation in a physical system" (Ramsey 2007, 27).

---

18 Zur „folk psychology", siehe Fodor 1987; Dennett 1987; Jackson/Pettit 1990; Ramsey 2007

19 Nach Martin Heidegger (1985 [GA 61], 33-35, 141) beginnen wir dabei mit einer „formalen Anzeige" eines Begriffs, die erstmal nur eine „Ansatzrichtung" und „Ausgangssituation" durch verschiedene „Charaktere" einer Sache vermitteln soll.

Erörtern heißt hier, ganz der Wortbedeutung entsprechend, den Repräsentationsbegriff in einem stabilen Kontext zu verorten und zu sehen, in welchen Situationen und Zusammenhängen er wie gebraucht wird, welche Rolle er in seinem durch bestimmte Parameter (physisch-mechanischer, ethologischer, statistischer, phänomenologischer Natur) geprägten Einsatzbereich spielt. Die Artikulation des Begriffs dagegen soll nicht so sehr seinen äußeren Kontext, sondern vielmehr seine innere Struktur thematisieren und seine Teilglieder und Momente abheben. Artikulation bedeutet hermeneutisch, eine Sache bei Wahrung ihrer Ganzheit analytisch zu zergliedern und nicht zu fragmentieren, da nur die Ganzheit das Verständnis der Glieder wiederum garantiert. Dabei bleiben beide methodischen Werkzeuge miteinander verbunden. Auf beiden Wegen wird deshalb in der vorliegenden Untersuchung nicht versucht, Intentionalität auf Nicht-Intentionalität hin zu überschreiten. Die Zirkularität bleibt daher zunächst eine hermeneutische Grundlage und stellt kein Hemmnis dar.

Vorbilder für diesen Ausweg aus der begrifflichen Aporie sind in der phänomenologischen Tradition Husserl und in analytischer Denkart Searle (1983) sowie vor allem Tyler Burge (2010) und William Ramsey (2007) in neuerer Zeit. Grob gesagt, neigt die phänomenologische Methode mehr zur Artikulation und die analytischere mehr zur Erörterung der Intentionalität, gerade wenn diese kognitionswissenschaftlich informiert ist.

Beginnen wir mit Husserls phänomenologischen Zugang zum Intentionalitätsphänomen. Dass eine Reduktion von Intentionalität nicht angestrebt wird, bedeutet nicht das Ende ihrer Aufklärung. Denn Husserl fügt seinem scheinbar fatalen Diktum, Bedeutung sei ein „deskriptiv Letztes“ hinzu: „Natürlich hat damit die Phänomenologie der Bedeutungen nicht ihr Ende erreicht, sondern hiermit fängt sie an“ (Husserl 1984 [Hua XIX/1], 187).

Gemeint ist für Husserl mit diesem Anfang eine „deskriptive Aktanalyse“ (Husserl 1984 [Hua XIX/1], 188), die in ihrer Ausgestaltung eine phänomenologische *Artikulation* der „Momente“ intentionaler Bezugnahme bildet. Beschreibend lässt sie zwar diese wie sie ist. Jedoch entfaltet sie dabei ihr inneres Gefüge aus „darstellenden Inhalten“, „Synthesis“, „Auffassungen“, „intentionalen Gegenständen“, etc. Dieses Auffalten hat Husserl im 5. Kapitel des Zweiten Bandes der *Logischen Untersuchungen* (Husserl 1984 [Hua XIX/1]) demonstriert. Neben der differenzierenden Artikulation der *inneren Struktur* der Bezugnahme als solcher bietet Husserls „Phänomenologische Psychologie“ (Husserl 1962 [Hua IX]) ebenfalls reiche *Erörterungen* der Intentionalität. Dazu zählt zum Beispiel die Einbettung der Sinneswahrnehmung sowohl in Verhaltungen des „Eigenleibes“ wie Augen- und Handbewegungen wie auch in „objektive Umstände“ wie Helligkeit (Husserl 1962 [Hua IX], 55-56), deren Zusammenspiel veridische bzw. irrtümliche Bewusstseinszustände erst mitermöglicht. Husserl bleibt damit seiner These von der Unhintergehbarkeit der Intentionalität treu. Er folgt damit dem phänomenologischen Grundsatz der „Reduktion" auf subjektive Erscheinungsweisen und orientiert daran alle Konstitutiva:

> Es gilt, in keinem Punkt über das Wahrgenommene als solches hinauszugehen, es rein als solches, rein in seinem subjektiven Wie der Gegebenheit zu beschreiben, andererseits aber auch nichts zu übersehen, was dafür konstitutiv ist (Husserl 1962 [Hua IX], 159).

Allerdings fordert diese reduktive Maxime einer „reinen" Phänomenologie auf bewusstseinsmäßige „Gegebenheit" nach Husserl ihren Tribut: die „Reinheit von allem Psychophysischem" wie etwa von jeglicher Vergegenständlichung der Intentionalität sowie von allem, was ihr „Stellung und Anknüpfung in der realen Natur gibt" (Husserl 1962 [Hua IX], 308). Daraus folge, so Husserl weiter, die radikale Abgrenzung zu jeder „Naturalisierung des Psychischen" nach „naturwissenschaftlicher Vorbildlichkeit" (Husserl 1962 [Hua IX], 309; siehe auch 44). Damit wird im Grunde das gesamte heutige Naturalisierungsprojekt des Geistes kategorisch zurückgewiesen. Motiviert wird dieser radikale Schritt sowohl durch die hartnäckige Unhintergehbarkeit des Intentionalen als auch durch Husserls internalistisch-reduktive Prämisse. Diese besagt, dass die Konstitution des Gegebenen als Phänomen allein von *subjektiven* Akten des Bewusstseins vollbracht wird und auch alle relevanten Ansatzpunkte für die konstitutiven Momenten *im Bewusstseinsinhalt* hinreichend aufgefunden und artikuliert werden können („Es gilt, in keinem Punkt über das Wahrgenommene als solches hinauszugehen"). Da die Naturalisierung dieser These nicht folgt und ein So-Sein der Außenwelt jenseits ihrer bewussten Gegebenheitsweisen in Anspruch nimmt, verstößt sie gegen dieses Reinheitsgebot der Phänomenologie. Aus diesem Grund kann man im Nachgang von Husserl zurecht den Eindruck gewinnen: Intentionalität sei „vom Himmel gefallen" (Heidegger 1985, [GA 61], 131).

An diesem Punkt folgt die vorliegende Methodik, ohne die Vorbildfunktion der artikulierenden Analyse aufzuheben, nicht mehr der Phänomenologie Husserl'scher Prägung, ohne jedoch einen Mittelweg preiszugeben. Was „Naturalisierung" heißen soll, wird zwar noch genauer diskutiert werden. Dass *bewusste* Intentionalität der Ersten-Person-Perspektive jedoch zumindest eine exemplarische, wenn auch nicht zwangsläufig konstitutive Form von und einen möglichen Zugang zu Repräsentation darstellt, ist schwer zu leugnen, ohne gleichzeitig revisionistisch oder zirkulär zu sein. Selbst Karen Neander, die, *pace* Husserl, für ein naturalistisches Kausalmodell der Repräsentation eintritt, geht von solchen alltäglich und introspektiv nachvollziehbaren Fällen als *explananda* aus:

> When you taste a cup of coffee, recall a white sandy beach or imagine walking on Mars, your mental state represents, is about, or refers to the taste of the coffee, the white sandy beach, or your walking on Mars (Neander 2017, 1). [20]

Daraus folgt jedoch, dass Intentionalität auf bewusster, personaler Ebene ein Prototyp unter anderen ist, und sich auf seine Weise in eine universellere Rollenbeschreibung einbringt. Ein Vertreter eines solchen Mittelwegs ist Searle. Er stellt zu Beginn seines einflussreichen Buches (Searle 1983) die fehlende wissenschaftliche Fundierung von Intentionalität fest und plädiert als Ausweg aus dieser Lage dafür, die *Rolle* der Intentionalität in Kontext und Struktur von *Verhalten* zu sehen („the correct answer lies in seeing the role of Intentionality in the structure of action", Searle 1983, x). Für eine *Erörterung* des Begriffs bedeute diese Einbettung eine Verortung eines intentionalen Zustands in

> a *Network* of other Intentional states and against a *Background* of practices and preintentional assumptions that are neither themselves Intentional states nor are they parts of the conditions of satisfaction of Intentional states (Searle 1983, 19).

Um beispielsweise eine Absicht *haben* zu können, ein Getränk aus dem Kühlschrank zu nehmen, müssten Fähigkeiten wie Stehen, Gehen, Greifen usw. vorhanden sein (Searle 1983, 143). Searle weist dabei auch auf die Gefahr hin, dieses vorintentionale *Know-how*, das durch Interaktion mit der Umwelt gewachsen ist, zu theoretischen „Annahmen" zu machen. Umgekehrt darf die Orientierung an praktischen Fähigkeiten nicht zur enaktivistischen Abschaffung von Repräsentation führen.

Eine solche *holistische* und nicht-reduktive Fundierung genuiner Intentionalität in nicht-intentionalen Kontexten hat spätestens die Begriffe intentionale „Rolle" und „Hintergrund" in die Debatte eingeführt und in ihr fest verankert.[21] Dieser Ansatz wurde schon früher unter anderem von Pionieren wie Martin Heidegger (2006) und Ludwig Wittgenstein (2003) in seinen Grundzügen entworfen.

Was die Artikulation solcher Zustände betrifft, macht Searle (1983) ebenfalls ein attraktives Angebot: „Repräsentation" und „repräsentieren" fungieren für ihn le-

---

20 Siehe auch Neanders Verweis auf das Farbensehen (Neander 2017, 137). Zu diesem Ausgang von mentalen, meist bewussten Zuständen siehe Mendelovici/Bourget 2019. Auf einen möglichen konstitutiven Zusammenhang von Bewusstsein und Repräsentation wird im Zuge der Status-Frage eingegangen werden. Dabei wird der These widersprochen, Bewusstsein sei konstitutiv für Repräsentation. Bewusste Repräsentation ist eine prototypische Version unter anderen.

21 „What has to be recognized is that [mental] models realize content only in as much as they are embedded in a certain background of goals, behavioral propensities and a network of causally related states. [...] equipped with it they become bearers of significance, imbued with semantic life" (McGinn 1989, 200).

diglich als „a shorthand for this constellation of logical notions borrowed from the theory of speech acts“ (Searle 1983, 12). Diese Konstellation der Intentionalität besteht primär aus einem jeweiligen „propositionalen Gehalt“, der seine „Erfüllungsbedingungen“ festlegt, die wiederum von einer Einstellung zu diesem Gehalt, einem „psychischer Modus“, abhängen (Searle 1983, 10-12). Auch wenn diese stark von der Sprachphilosophie geprägter Ansatz naturalistisch keine gängige Währung darstellt – der Gedanke, Intentionalität als eine *bewegliche Konstellation* unterschiedlicher aber miteinander verbundener Begriffe aufzufassen, ist für die Rollenbeschreibung festzuhalten. Die Artikulation repräsentationaler Zustände im Kontext von Erfüllungsbedingungen, Gehalten bzw. Propositionen und Einstellungen bestimmt bis heute nachhaltig das Bild von mentaler Repräsentation, auch in nicht-linguistischen Anwendungsgebieten (siehe z.B. Fodor 1987; Matthen 2010a, Morgan 2019).

Für eine allgemeine Rollenbeschreibung ist also neben der Orientierung an solchen intrinsischen Zuständen und der beweglichen Konstellation aus Gehalt, Erfüllungsbedingungen und Modus letztlich auch Searles methodisches Prinzip aufzugreifen: Wir können die repräsentationale Rolle nur dann verstehen, wenn wir uns die *umfassende Verhaltenssituation* ansehen, in der der jeweilige Akteur mittels (teils bewusster) intentionaler Bezugnahme agiert, und begriffsanalytisch unsere Konzeption dieses Kontexts ins Auge fassen. Im nächsten Kapitel werden wir daher die Verhaltenssituation herausarbeiten, in der Repräsentationen eine leitende Funktion besitzen können.

Beide beweglicheren Ansätze, kontextuelle „Rolle“ und begriffliche „Konstellation“ von Mentaler Repräsentation, finden sich in verwandelter Form auch bei Burge (2010) und Ramsey (2007, 2016) wieder. Im Gegensatz zu Searles sprachorientiertem Ansatz sind sie affiner für eine Rollenbeschreibung der Intentionalität im natürlichen Kontext. Außerdem tragen sie empirischen Funden und Erklärungsspraktiken stärker Rechnung. Beide Autoren haben maßgeblich die Debatte der letzten zehn Jahre über eine adäquate Beschreibung der repräsentationalen Rolle und der Status-Frage bestimmt.

Nach Burge (2007, 400) ist Repräsentation ein „ursprünglicher theoretischer Begriff (*a primitive theoretical notion)*“, für den er folglich keine Definition angeben kann. Vielmehr müsse er „seinen Ort durch Gebrauch finden, indem man Beispiel und Theorie verbindet“. Diese erörternde Rollenbeschreibung hängt nach Burge allerdings konzeptuell nicht in der Luft. Denn genuine Repräsentationen müssen sich in Situationen geltend machen, in denen es darum geht, „etwas richtig oder falsch zu machen (*getting things right or wrong)*“. Dieses Gelingen oder Scheitern beziehe sich nicht allein auf praktisch-biologische Normen (siehe Burge 2010, 301, 317), sondern auf Veridikalität (Wirklichkeitstreue) bzw. Irrtum. Dabei kann Veridikalität sowohl die „inkorrekte Referenz“ und „Attribuierung“ (Burge 2010, Kap. 2) als auch die intentionale Gerichtetheit auf etwas und dessen Charakterisierung meinen. Gerade die Möglichkeit des Irrtums (Illusion, Halluzination) wird konsensual als Markenzeichen von Repräsentationen erkannt – „repräsentieren" ist kein Erfolgsverb und impliziert „fehlrepräsentieren" – und die Erklärung dieser Möglichkeit bildet eine Aufgabe jeder Repräsentationstheorie der Intentionalität.[22] Wir werden auf die Repräsentation der Welt in ihrer Eigenständigkeit und in ihrer Relevanz oft erst dann aufmerksam, wenn sich ein Lebewesen irrt. Denn dann können wir nicht mehr auf die Welt und auf die faktischen Bedingungen selbst verweisen, um eine gewisse Reaktion zu plausibilisieren:

> As theoretical posits, representations are typically introduced when appeal to environmental and other conditions fail or is not illuminating [...] Representational structures *stand in* for something others than themselves and in so doing they act as *mediators* within a system or a process (Orlandi (2014, 7).

Diese von Burge an der Tradition orientierte Rollenbeschreibung setzt nun wiederum den Begriff der Repräsentation *voraus*. Dabei bleibt sie ganz explizit dem intentionalen Idiom und dessen holistischer Zirkularität verpflichtet (siehe Burge 2010, 294, 303; siehe dazu Schulte 2015, 120; Shea 2018,175). Burge verbindet die Artikulation der internen Konstellation von repräsentationalen Zuständen allerdings mit der Erörterung bestimmter Problemsituationen, in denen sie überhaupt ihre spezifische Rolle geltend machen können. Ein Beispiel dafür sind informationstheoretische Probleme, die nach Burge exklusiv vom „Erklärungsparadigma der Psychologie" beschrieben werden. So gesehen ist „Repräsentation" im genuinen Sinne für Burge ein *exklusiv* psychologischer Begriff (Burge 2010, 342; siehe dazu Ganson et al. 2014; Olin 2016; Sims 2019). Dieser Begriff zeigt sich aber erst in den besagten Problemsituationen. Sie umfassen sowohl den experimentellen intentionalen Standpunkt aus der Dritten-Person-Perspektive auf Tiere als auch die Berichte befragter Probanden über ihre bewussten Zustände (Burge 2010, 369-370, Burge 2005, 46). Damit ist Intentionalität nach Burge in *wissenschaftlicher Erklärungspraxis* fundiert. Sie soll eine rein durch alltagssprachliche oder phänomenologische Intuitionen verzerrte konzeptuelle Arbeit an Begriffen ins rechte Lot rücken. Denn nach Burge ergebe es zwar *Sinn*, davon zu sprechen, dass z.B. eine Wasserpumpe den Wasserstand „repräsentiere", dass die Pumpe „über" Wasser sei. Schließlich seien hier statistische Korrelationen im Spiel, die uns eine Erklärung dafür liefern, warum die Pumpe dann eine bestimmte Reaktion zeige (Burge 2010, 5). Doch so

22 Vgl. u.a. Brentano 1874; Husserl (1984 [Hua XIX/1]); Millikan 1984; Dretske 1986, 1988; Fodor 1987; Godfrey-Smith 1989; Searle 1993; Bickhard 1999; Davidson 2004; Ramsey 2007; Orlandi 2014; Artiga 2014

sinnvoll und heuristisch hilfreich diese Zuschreibungen im alltäglichen Verstehen sein können (siehe Dennett 1987), so problematisch werden sie bei näherer philosophischer Betrachtung, wenn ihr *Erklärungsmehrwert* gegenüber nicht-repräsentationalen Beschreibungen marginal oder rein instrumentell bleibt.

Diese aristotelische Balance zwischen der artikulierenden Begriffsarbeit und der unausweichlichen Berücksichtigung empirischer Funde und Theoriebildung (siehe Aristoteles 2016) ist eine zentrale methodische Anforderung an die repräsentationale Rollenbeschreibung. Sie ist in den letzten Jahren in der Beurteilung von Intentionalitätstheorien vorherrschend geworden. Dabei hat sie unterschiedliche Gewichtungen gezeitigt.[23]

Auch William Ramsey schlägt diesen methodologischen Pfad ein. Er kritisiert wie Burge einerseits die mangelnde naturalistische Fundierung und Abgrenzungsfähigkeit der alltäglichen, heuristischen Verwendungsweisen von „Repräsentation" (Ramsey 2007, 26). Andererseits aber richtet er den Begriff expliziter an unserem konzeptuellen Ermessen („judgment call") aus. Damit gewichtet er die sprachlich-intuitiven Implikationen des Begriffs in unserer Beurteilung der herangezogenen wissenschaftlichen Theorien etwas stärker als Burge. Diese Implikationen sollen als Maß dafür dienen, um die empirische Anwendung des Begriffs „Repräsentation" auf operative Systeme in wissenschaftlicher Praxis zu beurteilen:

> This is roughly how my analysis [of the concept mental representation] will proceed – by exploring how a representational posit is thought to operate in a system, and then assessing this role in terms of our ordinary, intuitive understanding of what a representation is and does. To some degree, this means our analysis will depend on a judgment call (Ramsey 2007, 10).

Mit diesem explizit Wittgenstein'schen Ansatz verzichtet Ramsey auf eine „gekünstelte Definition" von mentaler Repräsentation, die sich auf ein durchziehendes Merkmal („a real defining essence") richten soll. Stattdessen konzentriert er sich auf „Familienähnlichkeiten" und auf ein intuitives Verständnis für die „Grammatik" des Begriffs, die seine vielfaltige Anwendung regelt (Ramsey 2007, 8-10). Auch die Anwendung dieser Leitlinie folgt Wittgenstein (2003, [§67]): Anstatt nach einer sich durchziehenden Definition zu fahnden, sollten wir uns nach Ramsey synoptisch eher an anschauliche, alltägliche Beispiele orientieren, die da sind: derivative Repräsentationen wie z.B. Diagramme, Modelle und Karten, Informationssverarbeitungsprozesse („computation") in kognitionswissenschaftlichen Theorien und

23 Vgl. Orlandi 2014; Clark 2015a; Schulte 2015; Neander 2017; Shea 2018; Ganson 2020

künstliche Intelligenz (siehe Ramsey 2007, 10, 39-41, 190; vgl. Williams 2018, 21-22; Bermudez 2010).[24]

Mit dieser beweglicheren Vorgehensweise soll der Begriff der Repräsentation aber nicht auseinanderfallen. Um sie zu spezifizieren, wendet sich Ramsey (2007, 6) mit zwei Einwänden explizit gegen das pluralistische Argument Cummins, nach dem es keine einheitliche repräsentationale Natur geben kann:

Erstens, so Ramsey, zeige eine Analyse der wissenschaftlichen Verwendungsweisen sehr wohl „repräsentationale Kernbegriffe" auf. Sie bilden eine logische „Konstellation" – eine Referenz an Searle –, weshalb Repräsentation nach Ramsey ein „Cluster-Konzept" sein soll (Ramsey 2007, 8). Dieses mobilere und lockerere Geflecht soll erfolgsversprechender sein als eine Definition. Es umfasst für Ramsey weitgehend anerkannte Merkmale. Dazu gehören die Gerichtetheit auf etwas, die Möglichkeit der Fehlrepräsentation sowie die kausale Effektivität von Repräsentationen (Ramsey 2007, 12-19).[25] All das sind Elemente, die nicht nur zu unserem alltäglichen Verständnis von repräsentationalen Begriffen gehören, sondern sich auch in wissenschaftlicher Erklärungspraxis entfalten würden. Dabei wird das intentionale Idiom nicht überschritten.

Zweitens würde, so Ramsey, dieselbe Analyse zutage fördern, dass einige vermeintliche Typen von Repräsentation, die für Cummins zur Vielfalt und Unübersichtlichkeit des Begriffs beitragen, in Wahrheit überhaupt keine Repräsentationen sind. „Rezeptoren" oder „Detektoren", deren funktional brauchbarer „Gehalt" sich bereits als kausaler Effekt oder statistisches Korrelat von Umweltbedingungen realisiert, ohne diese auch darzustellen, gehören nach Ramsey zu diesen weit verbreiteten Pseudo-Repräsentationen. Sie seien nur dem Namen nach repräsentational.

Damit werden die Implikationen der Rollenbeschreibung für die Status-Frage ersichtlich. Mithilfe beider Argumente lassen sich Ramseys positive methodologischen Ziele herausstellen:

Zum einen, die Zentrierung des Begriffs auf seine Kernelemente anhand prototypischer Beispiele. Zum anderen, die Balance zwischen wissenschaftlicher und intuitiv-konzeptueller Anwendung intentionaler Ausdrücke in Hinblick darauf, ein scharfes und erklärungskräftiges Konzept von mentaler Repräsentation zu gewinnen. Dabei plädiert Ramsey vor allem dafür, dass diese Rolle erklärungskräftig sein muss, um genuin repräsentational zu sein. Der dabei leitende Gedanke einer er-

---

24 Die Orientierung an derivativen Repräsentationen ist nicht neu, wie Aristoteles' berühmtes Beispiel vom Eindruck des Siegels in Siegelwachs als Analogon zur Wahrnehmung zeigt (siehe Aristoteles 2016, [424a 17-24]).

25 Dieser Dreiklang findet sich auch z.B. bei Searle 1984; Millikan 1984; Dretske 1986, 1988; McGinn 1989; Clark 1997; Jacob 1997; O'Brien 2015; Neander 2017; Ganson 2020;

klärungstheoretischen Sparsamkeit ist ein wichtiges Prinzip für eine plausible Antwort auf die Status-Frage, wie wir noch sehen werden.

Der Begriff der Repräsentation soll daher eher *„prototypisch"* verstanden werden, wie Paweł Gładziejewski (2015, 69) mit Bezug auf Ramseys Strategie treffend herausstellt. Mit dieser Strategie steht Ramsey nicht allein da: Auch Searles Blick auf Sprechakte und Burges Orientierung an psychologisch beschriebenen Wahrnehmungszuständen kann als eine solche prototypische Strategie herangezogen werden, wenn es darum geht, zu klären, wo wir überhaupt *ansetzen* sollen und an welchen exemplarischen Beispielen wir eigentlich normalerweise Repräsentation verstehen und erläutern. Husserl dagegen sieht den Prototyp von Intentionalität in introspektiv zugänglichen und streng beschreibbaren Bewusstseinszuständen. All diese Prototypen haben ihr Recht und es scheint willkürlich oder ideologisch, die Rollenbeschreibung auf einen besonderen einzuschränken. Eine solche Einschränkung hätte auch Implikationen für die Status-Frage: Wenn bereits in der Rollenbeschreibung prototypische Fälle von vornherein ausgeschlossen werden, seien es phänomenologisch zugängliche Zustände oder Mechanismen der Informationsverarbeitung, dann wundert es nicht, wenn im ersten Fall z.B. eine Kausaltheorie und im zweiten Fall die Bedingung von Selbstreflexion jeweils als die einzig passende und hinreichende Fundierung empfunden wird. Daher gilt es unter Einbezug der verschiedenen Prototypen eine möglichst *konsistente* und *universelle* Rollenbeschreibung zu finden, die im Kern gleichbleibt, sich aber in verschiedene Versionen ausprägen kann.

Den in diesem Kapitel herausgearbeiteten Leitlinien, die sich an maßgeblichen Vertretern des Intentionalitätsbegriffs von Husserl bis Burge orientieren, schließt sich die vorliegende Arbeit an. Wir werden deshalb im Folgenden die repräsentationale Rolle immer in zwei Hinsichten darstellen. Intentionalität ist demnach:

- Zum einen (a) formal ein bewegliches „Cluster-Konzept" in einer begrifflichen Konstellation, die drei aufeinander bezogene Elemente umfasst: Einfluss auf *Verhalten*; die Möglichkeit von *Irrtum;* und primär die intentionale *Gerichtetheit* eines Zustands, der damit die jeweilige Perspektive eines Lebewesens (bzw. eines Systems) bildet.
- Zum anderen (b) methodologisch an *prototypischen* Zuständen wie der Wahrnehmung, der Erinnerung, der Meinung (*belief*) orientiert. Diese schreiben wir in Wissenschaft und Alltagspsychologie anderen Lebewesen zu, entdecken sie introspektiv auch uns selbst und sprechen über sie. Dieses Sprechen muss hier aber auf theoretische Kontexte (Probandenberichte, Reflexionen, Modelle, ...) begrenzt werden. Außerdem soll es sowohl durch empirisch informierte Erörterung als auch durch konzeptuell-phänomenologische Artikulation an Erklärungskraft und Klarheit gewinnen.

Entlang beider Aspekte soll für die folgende Vertiefung ein gewisser Minimalkonsens darüber hergestellt werden, was vom Gros der Literatur über Intentionalität als repräsentationale Rolle anerkannt werden kann und woran sich die vorliegende Untersuchung methodologisch orientiert. Angesichts von Ramseys Diktum, dass „there is nothing even remotely like a consensus on the nature of mental representation" (Ramsey 2007, xi) bildet eine akzeptable Rollenbeschreibung die Grundlage für das weitere Vorgehen. Eingedenk der gewonnenen methodologischen Leitlinien, soll daher wie folgt vorgegangen werden: Ich gehe zunächst von einer Bestimmung von Verhalten aus (Kapitel II), und gehe dann von diesem zur Gerichtetheit über, indem wir anhand des Irrtums für eine *repräsentationale* Interpretation intentionaler Gerichtetheit argumentieren (Kapitel III.1). Schließlich werden die einzelnen repräsentationalen Strukturmomente der Gerichtetheit artikuliert (Kapitel III.2 und III.3). Dabei soll das Ziel verfolgt werden, eine möglichst hinreichende und, soweit es Ramseys Diktum erlaubt, konsensuell belastbare Beschreibung der Intentionalität für die darauf aufbauende Betrachtung der Status-Frage zu gewinnen.

II Verhalten und Intentionalität

II.1 Der Begriff des Verhaltens

Da wir die Erklärungskraft von Intentionalität holistisch an Verhaltenssituationen gebunden haben, ist es zentral, zunächst den Begriff des Verhaltens und seine Implikationen für Intentionalität näher zu bestimmen. Verhalten hat eine besondere Stellung in der Intentionalitätskonstellation, da es evolutionär älter zu sein scheint als mentale Repräsentation. Wo diese vorliegt, ist sie jedoch nicht nur in Verhalten eingebettet, sondern für dieses auch informativ und daher auch transformativ, was sich wiederum auf die Repräsentationsfähigkeiten auswirkt. Aus Basis dieser Vorgängigkeit und Reziprozität kommt dem Verhalten eine zentrale Stellung als Hintergrundbedingung für die Aufklärung von Rolle und Status mentaler Repräsentation zu. Ich gehe zunächst (1) auf die *Ganzheitlichkeit* des Verhaltens im Unterschied zur lokalen *Regung* ein und skizziere anschließend (2) die *innere Struktur* des Verhaltens, welche Ursache, Ziel und Zweck betrifft, um dann die (3) *mentale Verursachung von Verhalten* in einer für die weitere Untersuchung ausreichenden und keineswegs erschöpfenden Weise zu umreißen.

(1) Beginnen wir mit der **Ganzheitlichkeit.** Verhalten lässt sich in einem elaborierten Verständnis als *koordinierte, nicht-periphere Reaktion des ganzen Individuums (oder einer Gruppe von Individuen)* verstehen.[26] Gerade die Möglichkeit von kollektivem Verhalten (z.B. Schwarm- oder Herdenverhalten) zeigt den zentralen Begriff der *Koordination* an, den ich in den Mittelpunkt rücke. Davon abgegrenzt ist eine periphere oder lokale *Regung,* die sich an einem einzelnen Glied oder an einer einzelnen Körperstelle eines Organismus (oder eines Kollektivs) isoliert abspielt. Beispiele dafür sind der Kniesehnenreflex, das reizbedingte Zucken des Augenlieds oder die Ausschüttung von Adrenalin in der Niere. Verhalten dagegen betrifft koordinierend das *ganze* Individuum. Es betrifft das Individuum als ein solches, umfasst es und nimmt es ein, da die jeweilige Körperbewegung eine Koordination großer Teile des Körpers erfordert. Wenn wir Verhaltensprädikate zuschreiben, z.B. in Sätzen wie „Die Spinne krabbelt über den Tisch" oder „Der Frosch schnappt die Fliege", dann ist es *die Spinne* bzw. *der Frosch,* die krabbelt bzw. schnappt. Wir sprechen korrekterweise davon, dass der Frosch *mit* der Zunge nach der Fliege schnappt, nicht dass es die Zunge ist, die (mit dem Frosch) schnappt. Bloße Regungen oder Ereignisse im oder am Lebewesen, wie z.B. der Pupillenreflex des

26 Diese prototypische Bestimmung ist inspiriert von Überlegungen bei Burge (2010, 331) und Dretske (1988, Kap.1), obwohl letzterer einen breiteren Verhaltensbegriff vertritt.

https://doi.org/10.1515/9783111380551-005

Frosches, die Aktivität eines Neurons in seinem *Tectum opticum* oder eine Muskelanspannung im Spinnenbein schreiben wir dagegen nicht dem ganzen Individuum zu. Denn diese lokalen Bewegungen sind im Unterschied zu Krabbeln und Schnappen nicht ganzheitlich integriert. Eine lokale Aktivität von Nozizeptoren im Spinnenbein unterscheidet sich von einem nicht-lokalisierbaren, koordinierten Schmerzzustand *der Spinne*. Sie ist es, die Schmerzen hat, und nicht ihr Bein. Der Schmerz kann sich fokussieren, aber auch dann hat die Spinne Schmerzen im Bein. Entsprechend ist sie es auch, die sich durch den Schmerz entsprechend verhält (z.B. sich krümmt), weil sie mit dem Schmerz in einem Zustand ist, der sie *als ein Ganzes betrifft*. Eine Gefährdung des Beins, die mit dem Schmerzzustand korreliert, geht die Spinne als ein Ganzes an, insofern ihre Fortbewegung durch die Beinverletzung bedroht ist. Das koordinierte Krümmungsverhalten wird deswegen ausgelöst, weil es die Möglichkeit realisiert, Abhilfe zu schaffen. Dasselbe beim Sehen oder Tasten (einer Beute, eines Feindes): Das Wahrgenommene betrifft den Organismus als ganzen und provoziert so Verhalten. Hier und in allen Verhaltensfällen muss das ganze Individuum in seinen Gliedern, z.B. im Kopf, in den Augen, in der Körperstellung und in unzählig andere Regungen an und im Körper integrierend koordiniert und ausgerichtet sein, um sich zu verhalten. Im Unterschied zu bloßen Regungen, die je nur den je *eigenen* Körper zugehörig sind, hat der Verhaltensbegriff im Sinne von Integration und Koordination zudem den Vorzug, auch *fremde* Körper in seine Ganzheit einzubeziehen. Das betrifft nicht nur andere Verhaltensakteure als Verhaltensziele (z.B. beim Paaren oder Angreifen) und Ko-Akteure (bei gemeinsamer Jagd, Nachwuchspflege oder Schwarmverhalten), sondern auch Werkzeuge und andere Hilfsmittel (z.B. beim Spinnennetz, beim Nestbau oder beim Tarnverhalten). Das Verhalten ist dann notwendig *mit Bezug auf*, *durch* oder *mit* etwas, das nicht zum je eigenen Organismus gehört, definiert. Wir verstehen Verhaltensweisen wie Paarung oder Angreifen nur nicht-lokal. Zum Verhalten des Akteurs gehört dann mehr als nur sein Körper, sondern auch die Umgebung. Dieser Einbezug der Welt deutet auf den Zusammenhang mit der Intentionalitätsgenese hin. Schließlich muss, *pace* Burge (2010, 332), die koordinierende Ganzheit nicht nur aktiv erfolgen, wie die passive Mobilisierungsleistung in einer Schmerz- oder Schreckreaktion zeigt. Im Gegensatz zu Neander (2017, 276) muss ein elaborierterer Begriff des Verhaltens, wie er hier in Abgrenzung zu lokalen Regungen in und am Organismus vertreten wird, deshalb erst recht keine (gerichteten) Intentionen umfassen. Er bildet einen Mittelweg, der verschiedenen Prototypen intentional informierter Reaktionen gerecht werden soll.

Der hier vertretene Verhaltensbegriff spiegelt sich auch im korrekten Sprachgebrauch wider. Nach Maxwell Bennett und Peter Hacker (2003, 71, 83) erfordert die *sinnvolle* Anwendung psychologischer Prädikate wie „sieht“, „hört“, „glaubt“, „hat Schmerzen“, etc. auf ein Subjekt notwendigerweise Anwendungskriterien (siehe auch Glock 2020). In diesem Sinne kann nur ein sich verhaltendes Subjekt anhand charakteristischer und beobachtbarer Muster sie erfüllen. Wer sie dagegen Kör-per*teilen* wie Gehirnen zuschreibt, begehe einen „mereologischen Fehlschluss" (Bennett/Hacker 2003, 68).[27] Die Zuordnung mentaler Prädikate zu Individuum ist jedoch nicht nur sprachphilosophisch begründet. Sie hat dort ihre naturalistische Fundierung, wo eine Vielzahl von Teilen und Gliedern des Individuums koordiniert, mobilisiert und engagiert werden muss, und dies eine übergeordnete, innere Kontroll- und Impulsstruktur rechtfertigt, die wir dann gerechtfertigt „Leben" bzw. „Mentales" nennen (zur „Seele" als einheitliche Integrationstätigkeit siehe Aristoteles 2016). Beispiele dafür wären Schwimmen, Wahrnehmen oder Kopfrechnen. Da diese Ganzheitlichkeit beim Kniesehnenreflex oder bei der Hormonproduktion nicht gegeben ist, ist das Subjekt dieser Regungen auch nicht das Individuum als Akteur. Das Subjekt hier ist das Knie oder die Niere. Weil der Umfang der Koordinierung weiter und enger sein kann, je nachdem wie viele Teile engagiert werden, kann ein und dieselbe Bewegung, wie z.B. das Zucken des Augenlids, je nach Kontext unterschiedlich individuiert wird. Einmal kann es ein Verhalten sein, z.B. ein Kommunikations- oder Zwangsverhalten. Das gilt vor allem dann, wenn es absichtlich und damit unter Einbezug bewusster Gedanken stattfindet oder zumindest initiiert wurde. Ein anderes Mal aber ist es nur eine periphere Regung. Im ersten Fall sagen wir, *jemand* zucke *mit* den Augenlidern. Im zweiten Fall, *das Augenlid* zucke. Dennoch scheint man metaphorisch von einem „Verhalten" des Augenlids zu sprechen, wenn man den Kontext verschiebt. Das Augenlid „verhält" sich soundso nur in abgeleiteter Weise, wenn wir es so ansehen wie ein sich-koordinierendes Lebewesen. Aus dieser Beobachtung ergibt sich: Die Ganzheitlichkeit von Verhalten ist dynamisch und vage. Aufgrund des beweglichen Rahmens der Koordinierung hat der Begriff des Verhaltens keine scharfe Grenze. Zittern z.B. kann eher unkoordiniert sein und lokal nur ein Glied betreffen (z.B. die Hand zittert) oder sich auf den ganzen Körper ausbreiten (das Lebewesen zittert). Wahrnehmen und andere intentionale Zustände (Perspektiven) sind streng genommen kein Verhalten, sondern als Repräsentationen in Verhalten eingebettet (Körperbewegung, Habitus etc.) und

27 Das Kriterium der Ganzheitlichkeit geht auf Aristoteles (2016, [408b11-18]) und Wittgenstein (2003, [§ 281,385] zurück. Auch Daniel Dennett (1991a, 30) nimmt diesen ganzheitlichen Charakter in Anspruch, wenn er die Repräsentation fundierenden „realen Muster" (*real patterns*) nicht als irgendwo im Körper befindlich, sondern „im (beobachtbaren) Verhalten des Akteurs" und damit als nicht-lokalisierbar erkennt.

für dieses mitverantwortlich.[28] Diese komplexe wie dynamische Zuordnung zu verschiedenen Ebenen wird später noch näher beleuchtet werden.

Die Ganzheitlichkeit prototypischer Zustände wie Wahrnehmen liegt auch an dem *enaktivistischen* Zusammenhang zwischen den peripheren und zentralisierten Prozessen einerseits und dem Verhalten im Wahrnehmen andererseits. So etwa beim Frosch, der die Fliege nur wahrnimmt, wenn er seine Glieder auf die Fliege hin ausrichtet und andere Verhaltensweisen vollzieht, die erneut durch die Wahrnehmung beeinflusst werden – Andy Clark nennt diese dynamische Reziprozität *action loops* (Clark 1997, 36). Wahrnehmen und andere kognitive Tätigkeiten gehen demnach über die zentrale (neuronale) Prozessierung von peripheren Reizen im Nervensystem hinaus und sind *situiert.*

(2) Nachdem die Ganzheitlichkeit des Verhaltens, d.h. seine Zuordnung zu einem *Individuum* herausgestellt wurde, soll nun seine **innere Struktur** von Ursache, Ziel und Zweck skizziert werden. Ich beschränke mich dabei nur auf wenige Punkte, die für den weiteren Fortgang minimale Hintergrundannahmen bilden sollen.

Zunächst verweist die Koordinierung des Verhaltens auf eine innere Ursache. Sie kann in einem zentralen (neuronalen) System oder in einer dezentralen Verkopplung und Mechanik der einzelnen Glieder angelegt sein. Letztere ergibt eine Koordination, die keines zentralen Steuerungssystems bedarf, sondern eine dezentrale Eigendynamik besitzt. So schwimmen z.B. Quallen, die kein zentrales Nervensystem aufweisen, durch Muskelkontraktionen recht koordiniert. Deshalb schreiben wir das Schwimmen auch der Qualle als ganzer zu. Dieses dezentrale Moment ist auch bei kollektivem Verhalten denkbar, bei dem sich eine Gruppendynamik einstellt, die kein aktives Zentrum braucht. Ganz gleich ob seine Ursache zentral oder dezentral ist: Sie ist Teil des Individuums (bzw. des Kollektiv) und kommt nicht allein durch Einwirkung von außen zustande. Diese *interne Ursächlichkeit* unterscheidet für Fred Dretske jegliches Verhalten von einem Widerfahrnis. Sie bildet das Kriterium seines sehr weiten Verhaltensbegriffs (siehe Dretske 1988, 2). Mit diesem Kriterium kann Dretske korrekt die Bewegung einer Katzenpfote durch einen Menschen (eine externe Ursache) als ein Widerfahrnis charakterisieren, d.h. als etwas, was der Katze geschieht. Dagegen kennzeichnet er dieselbe Bewegung (denselben Endeffekt) durch die Katze selbst (bzw. durch einen Teil von ihr) als Verhalten. Denn hierbei handelt es sich um etwas, was *das Lebewesen* ausführt. Es verhält *sich* und wird nicht verhalten.

28 Selbst bei Enaktivisten wie Noë (2004) muss das „sensomotorische Wissen“, um Verhalten *leiten* zu können, eine davon konzeptuell unabhängige Funktion besitzen, auch wenn es sich mit oder durch das Verhalten realisiert.

Da aufgrund dieses Kriteriums die Ganzheitlichkeit, die ich hier zumindest als prototypisch für Verhalten fixieren möchte, als nicht notwendig erscheint, kann Dretske auch davon sprechen, dass sich Pflanzen oder Maschinen verhalten.[29] Da die Photosynthese der Pflanze unkoordiniert und lokal in der Peripherie der Pflanze geschieht, zählt sie nicht als Verhalten in dem hier verstandenen Sinn. Vielmehr ist das eine Regung oder lokale Aktivität der Pflanze. Es ist etwas, was innerhalb ihres Organismus geschieht, auch wenn sie aus dem Organismus heraus geschieht. Die Ausrichtung einer Sonnenblume zur Sonne (Phototropismus) hingegen scheint koordinierter zu erfolgen. Deshalb stellt das Pflanzenverhalten eine Grauzone dar (vgl. Burge 2010, 331-332; Morgan 2018). Ein anderer Grenzfall wäre z.B. das in der Literatur als Beispiel beliebte Meeresbakterium (*Spirochaeta plicatilis*), das sich magnetotropisch an Erdmagnetfeldern ausrichtet, um in sauerstoffarme Habitate am Meeresgrund zu schwimmen (siehe Millikan 1989, Jacob 1997, Schulte 2015). Denn das Bakterium wird aufgrund eines Magnetosoms an seiner Außenseite mehr von einem magnetischen Feld ausgerichtet und weniger durch eigenes Zutun, etwa durch Koordination seiner Glieder (Magnetotaxis). Auch wenn die periphere Regung zumindest den Körper in seiner Ganzheit mitzieht und diese somit in einfacher Form koordiniert, erweckt das Bakterium den Anschein, sich nicht von einem Magneten zu unterscheiden. Und von diesem können wir sicher nicht unzweideutig sagen, dass er sich zu einem Magnetfeld verhält. Die Pflanze scheint sich einerseits zwar mit Stiel und Blättern *ganzheitlich* und aus *sich* heraus der Sonne zuzuwenden. Andererseits genügt aber wohl allein die lokale Verteilung des Wachstumshormons Auxin in den Blättern, um diese Ausrichtung peripher zu realisieren.

Warum sind wir dennoch geneigt, dem Bakterium oder der phototropischen Pflanze (primitives) Verhalten zuzusprechen? *Erstens*, weil die Bewegung nicht allein von außen kommt, sondern auch von der lebendigen Aktivität des Individuums: Das Bakterium besitzt eine Geißel, mit der es sich aus eigener Kraft fortbewegt. Die Pflanze steuert aus sich heraus ihre Ausrichtung durch circadiane Uhren und Lichtsensitivität. *Zweitens*, weil die Bewegung funktional ist, also einen biologischen Standard zum Erhalt des Lebewesens und seiner Art erfüllen muss. Verhalten scheint immer *funktionale* Bewegtheit (inkl. Ruhe) zu sein. Selbst „sinnloses“ Tun eines Tieres (z.B. im Kreis laufen) betrachten wir im Lichte möglicher Zwecke,

29 Mangels eines Kriteriums relativiert Dretske auch die Frage, ob interne Ursächlichkeit auch hinreichend ist für Verhalten und Adrenalinausschüttung z.B. etwas ist, was wir tun, mit dem Hinweis auf unterschiedliche Erklärungspraxen und der vermeintlich harmlosen Unschärfe des Verhaltensbegriffs (Dretske 1988, 5-9).

auch wenn kein Zweck vorliegt.[30] Das Herumschwenken des Magneten ist jenseits von Sinn und Unsinn. Aus diesem Grund gehört zur wesentlichen Charakterisierung des Verhaltens immer auch eine nicht-perspektivische, d.h. eine rein praktische Korrelation mit etwas, das als Erfüllungsbedingung dieses Verhalten erhält. Das Lebewesen bezieht sich darauf nicht (im intentionalen Sinne), sondern stimmt sich damit ab. Nur Lebendiges *hat* Zwecke, d.h. die Zwecke gehören intrinsisch zu seinem Erhalt bzw. zu dem seiner Art. Der Magnet ist auf nichts aus, ihn betrifft nichts, da er sich auch nicht erhalten muss. Doch Zwecke zu haben bedeutet nicht, sie auch repräsentieren zu können. Beide wesentliche zusammenhängende Aspekte, *lebendige Eigenaktivität* und *Teleologie* müssen wesentlich zur „Innerlichkeit" hinzugedacht werden, die wir mit einer *mentalen* (nicht-derivativen) Verhaltensursache in einem minimalen Sinn assoziieren (siehe Searle 1983, 22; Fodor 1987, 99). Auf beide Punkte stützen wir uns auch, wenn wir Robotern oder anderen Artefakten zwar Verhalten als koordinierte Bewegungen zuschreiben können, ihnen aber innere Ursachen dieser Bewegungen absprechen, da ihnen die *Originalität* fehlt, die mit beiden genannten Punkten realisiert ist. Sie *haben* keine Zwecke, auf deren Erfüllung sie selbst aus wären, sondern sind nur Instrumente für die Zwecke ihrer Erfinder und Benutzer. Sie sind Mittel für bestimmte Zwecke anderer. Sie selbst sind nicht von dem *betroffen*, mit was sie umgehen, ihr Erhalt ist nicht ihr Eigenanliegen, sondern das ihrer Benutzer. Sie stimmen *sich* auf nichts ab, sondern stimmen mit etwas überein, das durch die Zwecke ihrer Benutzer definiert ist, wie funktionsfähige Alarmanlagen sich nicht auf Einbrecher beziehen, sondern mit ihnen korrelieren. Im Unterschied zu ihren Benutzern *geht* es der Alarmanlage nicht *um* Einbrecher. Sie scheinen also eher Verhalten zu „imitieren" oder zu „modellieren" (im Auge des Betrachters, der da Modellierte kennt) als selbst zu vollziehen.

So notwendig jedoch lebendige Eigenaktivität und Teleologie sind, so scheinen sie für den hier vertretenen prototypischen Verhaltensbegriff noch nicht spezifisch zu sein. Es muss eine Ursache angesetzt werden, die als ein (eventuell dezentrales) *Steuerungselement* die Koordinationsleistung als eine *endogenous source of control* (Gładziejewski/Miłkowski 2017, 349) realisieren kann. Selbst ein Kollektiv muss sich minimal aus sich heraus selbst koordinieren, um sich zu verhalten, und hat entweder in einem Koordinator oder in einem gemeinsamen Bezugspunkt (einem Gedanken oder Trieb) ihr kollektives Zentrum.

30 Ich werde im Folgenden noch zwischen Zwecken und Zielen unterscheiden. Ziele sind „wertfreie", wiederkehrende End- oder Kulminationspunkte von Prozessen, sie können einen praktischen Zweck haben oder nicht. Alle Zwecke implizieren und bedürfen aber Ziele, an denen sie sich realisieren.

Aus der teleologischen Komponente des Verhaltens und einem konstanten Steuerungselement folgt schließlich, dass Verhalten zumindest potenziell *multipel realisierbar* ist. Deshalb kann es auch nicht auf die jeweils idiosynkratischen Körperbewegungen reduziert werden: Fliegenfangen erfolgt nicht nur beim Frosch stets geringfügig anders. Selbst artübergreifend realisiert es sich auf diverse Weise (Spinnennetz, Zungenbewegung, Venusfliegenfalle, etc.). Dafür sind andere Gesetze am Werk als reine Naturgesetze. So zum Beispiel Regularien, die „Prinzipien guter Gestaltung" (*principles of good design*, Dennett 1991a, 43) folgen und in teleologischen Zusammenhängen auftreten. Deshalb scheint eine rein materialistische Betrachtung von Verhalten sich unnötigerweise ihren Horizont zu begrenzen: Sie wäre nicht nur zu detailliert, mühevoll und langsam. Sie würde vor allem ein *gemeinsames Muster* übersehen, das von einer Perspektive und/oder einem Zweck als leitendem Gesichtspunkt ausgeht und daher von bestimmten Implementierungsweisen abstrahieren kann (vgl. Dennett 1987, 25-26). Wir wären zu nahe dran, so Dennett:

> There should be possible some scientific story about synapses, electric potentials and so forth that would explain, describe, and predict all that goes on in the nervous system. If we had such a story, we would have in one sense an extensional [non-intentional] theory of behavior, but one thing such a story would say nothing about was *what the animal was doing* (Dennett 1986, 55).

Folglich ist das Verhaltensmuster, das das Verhalten charakterisiert, nicht nur nichtlokal und steuernd, sondern *superveniert* auch auf den konkreten physikalischen Implementierungen.

Wir können mit diesen Beobachtungen festhalten: Verhalten muss „weit" individuiert werden, weil es nie allein auf sichtbare Effekte reduziert werden kann: Die (koordinierende) Ursache bzw. der Zweck des Verhaltens gehören zu dessen Struktur und werden in seine Identifikation und Bewertung stets miteinbezogen. Verhalten ist auch nicht mit dem Effekt bzw. nicht mit den Körperbewegungen identisch, die diesem Effekt vorausgehen. Wie Dretske (1988, 33-34) treffend klar gemacht hat, ist Verhalten weder das Produkt noch dessen Ursache. Verhalten ist vielmehr die *Herbeiführung* dieses Produkts *durch* das Individuum. Das Produkt und dessen Ursache sind selbst *Komponenten* des Prozesses, der Verhalten ausmacht. Pierre Jacob (1997, 243) spricht diesbezüglich von einem „componental view" auf Verhalten. Verhalten hat daher immer die umfassende Gesamtstruktur: *ein Individuum tut x aufgrund der inneren Ursache C* (C→x) *in Hinsicht auf einen Zweck Z.*[31]

---

31 Die Formulierung ist nicht so zu verstehen, dass der Zweck in irgendeiner Weise repräsentiert werden muss.

Folglich ist x als herbeigeführter Effekt (z.B. das Berühren der Fliege mit der Zunge) nicht selbst das Verhalten, sondern dieses ist das Tun von x durch das Individuum. Hier möchte ich zwischen Ziel und Zweck des Verhaltens unterscheiden: Der Effekt x kann als das *Ziel* des Verhaltens beschrieben werden. Dieses Ziel bildet das meist lokalisierbare Ende eines Prozesses und den abschließenden Teil der Körperbewegungen, z.B. das Berühren der Fliege mit der Zunge bzw. ihr Klebenbleiben. Der *Zweck* des jeweiligen zu herbeiführenden Ziels dagegen betrifft global das Individuum als ein ganzes bzw. seine Art. Er folgt auf basaler Ebene meist biologischen Standards (der Anpassung, des Erhalts), der mit der Zielerfüllung meistens einhergeht, aber auch unerfüllt bleiben kann. Die Zungenbewegung des Frosches hat vielleicht ihr ballistisches Ziel getroffen, der Fangmechanismus hat sich bewährt. Aber das Erhaltene kann eine zwecklose Fliegenattrappe oder eine größere Staubflocke sein. Dasselbe Ziel kann für verschiedene Zwecke eingespannt werden.

(3) Was lässt sich nun mit den bisherigen Funden über die **mentale Verursachung von Verhalten** sagen? Ein potenziell intentionaler Einfluss auf Verhalten ist streng genommen so zu verstehen, dass die interne Ursache C nicht Ursache des Verhaltens, sondern als Ursache *Teil* des Verhaltens ist. Sie geht daher nicht außerhalb des Verhaltens diesem voraus. C ist dabei nicht nur die Ursache von einer Sequenz von Bewegungen, sondern auch von Effekt x *im Zuge* der Ausübung des Verhaltens. C ist folglich die integrierte Komponente des lebendigen Prozesses oder „Zuges". Es ist Ursache von x und nicht von C→x. Der Zustand C im *Tectum opticum* des Frosches verursacht nicht das Froschverhalten, sondern eine zentrale und koordinierende Aktivität im motorischen System innerhalb des Froschverhaltens. Diese führt über weitere Aktivitäten schließlich zum Herausschnellen der Zunge (x). Die Ursache ist bereits eingeordnet in den Gesamtzug des Verhaltens. Aus diesem Grund wird Dretske die mentale Ursache von C→x in einer externen, dem Verhalten „ausgelagerten" Repräsentation verorten, die C→x überhaupt erst strukturiert.[32]

Dretske führt deshalb eine *strukturierende Ursache* („structuring cause") ins Treffen, die die Verkettung C→x überhaupt erst als *diese* Sequenz von Ereignissen installiert oder einrichtet. Sie steht im Gegensatz zu einer nur *auslösenden Ursache* („triggering cause"), die diese Einrichtung bereits voraussetzt und die installierte Sequenz nur aktiviert (siehe Dretske 1988, 37-44; siehe auch Jacob 1997, 241 und

32 „I found it necessary to distinguish the internal cause of movement, *C*, from those facts about it that *explained* its causing those movements. *C* is *inside* the system, directing traffic, but what it is about *C* that explains, or helps explain, why it directs traffic the way it does is the fact that it indicates external affairs to be one way rather than another. This is a matter of how *C* is related to things outside the system, and *C*'s relationship to external affairs is not, of course, inside the system" (Dretske 1988, 109).

Hofmann/Schulte 2014, 268). Erstere gehört deshalb nicht nur zu den wiederholbaren *Fähigkeiten* des Individuums. Sie bildet für Dretske in repräsentationalen Fällen auch den *leitenden Gesichtspunkt* in Bezug auf das, was gewöhnlich repräsentiert wird, um das Verhalten dementsprechend zu steuern: Diesen Wegweiser erkennt Dretske in der Rolle der *Indikation:* eine statistisch belastbare, „anhaltende Korrelation" (Dretske 1988, 55) zwischen C und einem Umwelttyp F. Wird eine solche Korrelation nun von einem System funktional für eine Einrichtung von Verhalten nutzbar gemacht, erhält C die indikative Funktion, F anzuzeigen. C hat damit repräsentationalen Status:

> And its causing, or being made to cause, what it does *because* it means what it does is what gives the indicator the function of indicating what it does and confers on it, therefore the status of a representation (Dretske 1988, 87).

Für Dretske erhält ein Zustand also erst dann einen repräsentationalen Gehalt, wenn seine indikative Korrelation für eine *praktische,* d.h. für eine verursachende Funktion „rekrutiert" wird (Dretske 1988, 59). Erst durch diesen „Gebrauch" wird die Indikationsbeziehung in eine Indikationsfunktion umgewandelt.[33] Die indikative Funktion, wenn auch eine Funktion eigener, nicht-praktischer Art, ist damit zwar ein *Derivat* der praktischen Funktion. Einmal installiert, erhält und behält sie aber aus dem Zusammenschluss mit dieser ihre *repräsentationale* Rolle (bis sie eventuell mittels Lernen ersetzt wird):

> Structures [...] acquire an *information-carrying* function, the job of indicating that (say) condition *F* exists, and they acquire this function (during learning) *by* causing (say) *M*, but it is not their job to cause *M* (Dretske 1991a, 115).

Dieser Gedanke einer *derivativen Eigenständigkeit* der Repräsentation ist essenziell für Dretskes Theorie. Das trifft auch dann zu, wenn Dretskes Formulierungen manchmal diese Nuance verwischen und so das Missverständnis anregen, dass die indikative Funktion eine praktische Funktion sei. Gehört das Korrelat 1) ursprünglich als Teil zum System, von dem es für Zwecke eingespannt wird, und bildet 2) eine Information, die als solche für das Verhalten, nicht nur *getragen* („information carrying"), sondern durch „Lernen" auch *als solche genutzt* wird, spricht Dretske von einer genuinen Repräsentation. Diese nennt er „Meinung" (*belief*) in einer weiten Bedeutung: „Beliefs are representational structures that acquire their

33 Wie Lynn Baker (1991, 108) treffend feststellt, ist Dretske nicht immer trennscharf, was den Unterschied von Indikation und Indikationsfunktion betrifft (siehe Dretske 1988, 84)

meaning, their maplike quality, by actually *using* the information it is their function to carry in steering the system of which they are part“ (Dretske 1988, 81).

Wir werden die Details von Dretskes informationstheoretischer Lösung noch näher erörtern. Wichtig ist hier lediglich der allgemeine Zusammenhang zwischen der Information (bzw. dem Gehalt) eines Zustands und ihrer Rekrutierung als verhaltensstrukturierende Ursache, die sie erst zu einer (potenziell) repräsentationalen Ursache macht.[34]

Was können wir für den Status der Verhaltensursache folgern? In Bezug auf den hier vertretenen umfassenderen Verhaltensbegriffs ist die Ursache des Effekts, gerade wenn sie eine Repräsentation ist, kein isoliertes Ereignis. Sie muss vielmehr als Teil eines *Zustands* des Individuums angesehen werden. Diese Zuständlichkeit kann (a) zunächst und ganz allgemein als die lebendige Aktivität oder umfassende Homöostase aller Organismen verstanden werden. Ohne diese „Infrastruktur“ könnte keine darauf aufbauende (b) verhaltenskonstitutive Koordinierung und Mobilisierung erfolgen, geschweige denn schließlich (c) die Intentionalität oder Perspektivität eines Subjekts realisiert sein. Die Zuständlichkeit schließt dabei nicht nur die momentane Verfassung des Lebewesens ein. Sie bildet auch eine „Episode“ in seiner (nicht-personalen) „Biographie“ der Lebensaktivität, deren Faden wiederum in das Leben der Art und das ihrer evolutionären Geschichte eingewoben ist.[35] Der Frosch sieht eine Fliege nur im Rahmen eines derart weitreichenden Zustands. Dieser Zustand umfasst neben einer bestimmten Körperhaltung sowohl Dispositionen wie Hunger oder Aufmerksamkeit als auch Verfassungen wie Gesundheit und Entwicklungsphase. Wir werden im Zuge der Status-Frage noch sehen, wie der Organismus in einem eigenen Entwicklungsschritt, aber immer auf Basis dieser Zuständlichkeit von (a) und (b) zu einem Subjekt spezifisch repräsentationaler Zustände wird. Er ist dann in einer funktionalen Rolle, die sich zwar von seiner (b) Rolle *qua* Verhaltensakteur unterscheidet, aus ihr jedoch entspringt und mit ihr eng verbunden bleibt. Dieser Unterschied innerhalb eines Zusammenhangs ebnet den Übergang zum folgenden Kapitel.

---

34 Dretskes Idee fungiert in meiner Arbeit nur als eine allgemeine Hypothese für mentale Ursächlichkeit, die nicht weiter diskutiert werden kann. Sie hat eine Fülle von Antworten und Kritiken provoziert: siehe Baker 1991, McLaughlin 1991; Jacob 1997, 252, Hofmann/Schulte 2014, 275.

35 Zu dieser integrierenden und individuierenden lebendigen Aktivität und ihrer episodischen Temporalität, siehe Aristoteles (2016) sowie Buchheim (2006, 38, 54).

II.2 Die Bifunktionalität der Repräsentation

Wir müssen nun genauer die derivative Eigenständigkeit herausstellen, die die Repräsentation bei Dretske offenbart hat. Dabei wird nun weniger der komplexe Zusammenhang als der wesentliche Unterschied zwischen Verhalten und Repräsentation fixiert, der für den gesamten Fortgang entscheidend sein wird.

Gemäß der Rollenbeschreibung muss gelten: Repräsentation und Verhalten sind trotz ihres ko-evolutionären Zusammenhangs strikt zu differenzieren. Sie sind *wesensverschieden*. Eine Sache in ihrer Beschaffenheit darzustellen, bedeutet nicht, mit ihr in Hinblick auf praktische Zwecke zu interagieren oder sie zu manipulieren. Eine deskriptive Repräsentation lässt die Sache wie sie ist. Sie hat kein Interesse daran, dass sich das Repräsentierte im Moment und kraft des Repräsentierens verändere, ohne von einem Skeptizismus untergraben zu werden. Eine Fliegengestalt oder die Verkehrsregeln als solche darstellen zu können, ist eine Leistung eigener Art, die nach repräsentationalen Standards betrachtet wird: Welcher Aspekt kann wie repräsentiert werden? Ist die Darstellung veridisch, d.h. ist die Umwelt auch so beschaffen, wie sie repräsentiert wird? Repräsentation und ihre mögliche Veridikalität wird *eo ipso* nicht danach beurteilt, ob das damit verbundene Verhalten erfolgreich war oder nicht. Im Gegensatz dazu beruht die „Korrektheit" von Verhalten darauf, wie förderlich bzw. wie abträglich dieses für seine jeweiligen praktischen Standards ist. Diese umfassen biologische Standards oder Normen der kollektiven Lebenswelt und der individuellen Lebensrichtung. Erhalt und Gedeihen (Gesundheit, Anpassung, Würde, Verwirklichung von Lebenszielen, etc.), sowohl für das Individuum als auch für seine Gemeinschaft und Art, zeichnen ganz allgemein diese praktischen Standards aus und bilden die Norm allen Verhaltens.

Eine Darstellung als solche hingegen ist weder förderlich noch abträglich. Erst ihre Verwendung innerhalb des Verhaltens verleiht ihr diesen Status in abgeleiteter Form. Die korrekte Repräsentation der Fliegengestalt nutzt dem Frosch für sich genommen nichts. Sie gibt nur wieder, wie die Umwelt beschaffen ist. Es kommt darauf an, was er aus dieser Darstellung macht. Dieses Verhältnis kennen wir in moralischen Situationen, wenn wir aus dem Wissen, was der Fall ist oder sein könnte, nicht ableiten können, was wir tun sollen. „Gut" bzw. „schlecht" sind keine repräsentationalen Attribute. Sie beschreiben weder Wahrnehmungen noch Gedanken hinsichtlich ihrer deskriptiven Funktion. Repräsentationale Attribute wären etwa: „akkurat", „veridisch", „irrtümlich", „kohärent" oder „wahr". Repräsentationale Standards zielen im Gegensatz zu praktischen Standards auf eine strukturelle Übereinstimmung mit der zu repräsentierenden Entität. „Richtig" und „falsch" sind also im Einzelfall als Erfüllung bzw. als Verfehlung jeweils verschiedener Standards zu betrachten. Sie bedeuten daher Unterschiedliches in Hinsicht auf Verhalten und Repräsentation. Burge hat diesen Unterschied klar hervorgehoben:

> Explanations that appeal to biological function are explanations of the practical (fitness) value of a trait or system. But accuracy is not *in itself* a practical value. Explanations that appeal to accuracy and inaccuracy - such as those in perceptual psychology- are not explanations of practical value, or of contributions to some practical end. [...] Error need not to be a failure or frustration of *any* independently identifiable biological function. [...] Evolution does not care about veridicality. It does not select for veridicality *per se* (Burge 2010, 301-303)

Dieser Stoßrichtung schließen sich auch Daniel Hutto und Glenda Satne an, indem sie zwischen zwei verschiedenen Erklärungen unterscheiden:

> The big problem is that even if evolution is, as one might plausibly suppose, enough to explain how an organismic response can be targeted at features of the world, this falls at good distance short of what is required to explain how an organism comes to have truth-evaluable mental contents, that can be true or false (Hutto/Satne 2015, 524).[36]

Schließlich bringt Galen Strawson den Gedanken eines „reinen Betrachters" ins Spiel, der zumindest die *logische* Möglichkeit von Repräsentation als unabhängig von jeglichem Tun und Zweck ins Treffen führt:

> [T]here is no incoherence in the idea of a Pure Observer who can represent and misrepresent, get things right and wrong and know it, in a way completely unconnected with its survival and wellbeing. Pure Observers immediately show the total independence of the notions of intentionality and aboutness from all notions of behaviour and (normative) function (Strawson 2004, 302).

In unseren Beispielen bedeutet daher veridische *Repräsentation für* den Frosch, die Flugbahn der Fliegengestalt und deren tatsächliche Raumposition darzustellen und somit eine (strukturelle) Übereinstimmung zwischen der Repräsentation und der faktischen Lage herbeizuführen. Erfolgreiches Verhalten dagegen heißt in seinem Fall, die Fliege zu schnappen und sich dadurch Nahrung zu verschaffen, um letztlich die eigene Erhaltung und die der Art durch Fortpflanzung zu gewährleisten. Für die Autofahrerin besteht der Erfolg des Verhaltens im rechtzeitigen Bremsen vor dem Zebrastreifen. Sie will damit ihr Fahrtziel erreichen und durch die tätige Einhaltung kollektiver Regeln weiterhin ihre Rolle in einem sozialen Kontext bewahren. Dabei bildet nicht nur die jeweilige Zielsetzung, sondern vor allem die jeweiligen Leistungen, etwa eine Fliege in ihrer Flugposition wahrzunehmen oder die Verkehrs-

---

36 Für weitere Stimmen von Befürwortern dieser Differenzierung zwischen biologisch-praktischer und repräsentationaler Funktion und ihren jeweiligen Normen siehe Hutto/Satne 2015.

regeln zu verstehen und zu erinnern, je eigene Kompetenzen und Standards. An diesen sind sie zu messen. Diese folgen anderen Gesetzen als denen, die im Schnappen oder Bremsen im Spiel sind. Um es konkret zu sagen: Sie folgen mentalen oder psychologischen Gesetzen, die eine je eigene Erklärung bedürfen (siehe Neander 2017, 118-120).

Diese *Arbeitsteilung* manifestiert sich auch in der vertrauten Tatsache, dass aus einem korrekten Sich-Darstellen der Lage noch keineswegs ein korrektes Verhalten folgt. Der Frosch kann die Fliege in ihrer Größe, Körperlichkeit und Flugbahn korrekt repräsentieren. Dennoch scheitert er daran, sie zu schnappen. Sein visuelles System steuert die nächstliegende Einheit des motorischen Systems. Diesem allerdings misslingt eine erfolgreiche Verkopplung der durch sie erbrachten Ausrichtung des Körpers und des Herausschnellens der Zunge. Der Frosch repräsentiert damit die Fliegengestalt korrekt, scheitert aber an einer praktischen Interaktion mit ihr. Nun können wir uns auch die umgekehrten Fälle denken, in denen das Fehlrepräsentieren kein Fehlverhalten zur Folge hat, sondern sogar korrektes Verhalten begünstigen kann. Die Autofahrerin schätzt den Bremsweg falsch ein, tritt aber dennoch zum richtigen Zeitpunkt auf die Bremse. Das Gebot, großes Risiko anzeigende Signale, die sich dann als „falscher Alarm" herausstellen, bis zu einem gewissen Grad viel häufiger irrigerweise für veridisch zu halten als nur in einem einzigen Fall einen richtigen Alarm zu verkennen, ist sicherlich ein evolutionäres Prinzip (vgl. Millikan 1989, 283, 288). Nicht nur gibt es Falschalarm, sondern auch förderliche und heilsame Täuschungen – man denke an Placebos oder die denkbare Möglichkeit eines Todkrankens, aus seiner Einbildung, gesund zu sein, neue Heilungskräfte zu ziehen. Darüber hinaus können Lebewesen von Trainingseffekten durch Simulation profitieren. All diese Betrachtungen führen vor Augen, dass der Zusammenhang zwischen Repräsentation und Verhalten loser ist, als der Normalfall suggeriert. Die Abweichung vom Normalfall, bei dem eine veridische (bzw. irrtümliche) Repräsentation zu einem erfolgreichen (bzw. irrtümlichen) Verhalten führt, ist keineswegs sporadisch. Deshalb muss sie zu seiner Schwankungsbreite hinzugerechnet werden. Veridikalität ist nicht hinreichend für Erfolg und umgekehrt. Was vermeintlich der Fall ist, gibt keinen Hinweis darauf, was zu tun ist. Die Differenzierung zwischen repräsentationalen und praktischen Funktionen wird uns im Zuge der Status-Frage noch weiter beschäftigen.

Repräsentation zeigt also eine genuine, aber irreduzible Korrelation mit Verhalten: Einerseits geht sie aus der Evolution des Verhaltens und der Bewährung der praktischen Zwecke ko-evolutionär hervor und leistet dabei ihren Beitrag. Dabei ist sie enaktivistisch mit diesem Verhalten verbunden. Andererseits jedoch ist Repräsentation, um diesen spezifischen Beitrag in „Arbeitsteilung" zu erfüllen, weder mit diesem Verhalten noch mit seinen Standards erfolgreicher Manipulation und Interaktion identisch. Repräsentation folgt je eigenen Standards und Mechanismen.

Wir können daher festhalten, dass Repräsentation wesentlich „janusköpfig“ ist. Um diese Zweiseitigkeit auf einen Begriff zu bringen: Repräsentationale Zustände weisen eine *Bifunktionalität* auf. Das heißt, sie stellen die Lage dar *und* bewirken (letztlich) Verhalten in Bezug auf sie. Sie sind daher sowohl *deskriptiv* als auch *präskriptiv.* Ich orientiere mich dabei lose an Clarks „*action-oriented representations*, representations that simultaneously describe aspects of the world and prescribe possible actions, and are poised between pure control-structures and passive representations of external reality“ (Clark 1997, 49; siehe auch Clark 2016, 187).[37] Und auch bereits Millikan spricht von „Pullmi-pushyu representations“, das heißt: „Simple animal signals are invariably both indicative and imperative“ (Millikan 1989, 296). Da, wie gesagt, die Deskription als solche keine Präskription entwickelt und umgekehrt, kommt es auf die (evolutionär oder durch Lernen) erfolgte Verknüpfung beider Funktionen an.

Der Unterschied wie der Zusammenhang dieser Funktionen sind zentral und im Auge zu behalten. Wir haben oben gesehen, dass die Darstellung einer Lage in ihrer Beschaffenheit etwas anderes ist als diese Lage in Bezug auf Zwecke zu manipulieren. Beides folgt je eigenen funktionalen Standards (Erfüllungsbedingungen). Zu beachten ist aber auch, dass die Repräsentation als „Komponente“ des Verhaltens auftritt und in diesem Kontext operiert. Beide unterschiedlichen Funktionen müssen daher verkoppelt sein. Das gilt vor allem dann, wenn die präskriptive Funktion *kraft* der deskriptiven Funktion agiert und wir Verhalten prototypisch auch mit Annahmen darüber plausibilisieren oder vorhersagen, *was* ein Lebewesen repräsentiert. Millikan (1989, 288) spricht diesbezüglich von einer „Kooperation“ beider Funktionen im Normalfall, also parallel geführte, aufeinander abgestimmte Operationsweisen. Repräsentationen sind wie „Karten, mit denen wir durchs Leben steuern“ (McGinn 1989, 200), auch wenn sich nicht aus der Karte allein ergibt, welcher Weg der praktisch richtige ist. Repräsentationen haben immer einen kausal-praktischen Effekt auf ein anderes System, durch den sie selektiert wurden, auf den sie qua Veridikalitätsbedingungen allerdings auch nicht zu reduzieren sind. Wir werden uns in dieser Arbeit rein auf die Erörterung und Artikulation der deskriptiven (repräsentationalen) Funktion der Perspektivität beschränken müssen. Die präskriptive (praktische) Funktion hingegen werden wir nur als Kontrastfolie benutzen. Weiterführende Zusammenhänge, die mit dem komplexen Phänomen mentaler Ursächlichkeit einhergehen, müssen genauso ausgeblendet werden wie die kaum diskutierte Frage, wie das System den Übergang

37 Die Geistphilosophie von Clark (Clark 1997, 2008, 2016) ist ein einflussreiches Beispiel für eine Reform und Inklusion des Repräsentationsbegriffs innerhalb einer vorwiegend anti-repräsentational geprägten *Situated Cognition*, die den Geist als „organ for controlling the body“ betrachtet (Clark 1997, 1).

herstellt von einer deskriptiven Darstellung dessen, was ist, hin zu einer präskriptiven Empfehlung, was zu tun ist. Diese Fragen betreffen nicht explizit den repräsentationalen Status, sondern setzen ihn vielmehr voraus. Deshalb sind sie eher der Gehaltfrage zuzurechnen.

III Intentionalität als repräsentationaler Zustand

III.1 Der Gehalt als „gemeinsamer Kern" und die funktionale Natur der Intentionalität

Bisher haben wir zu Argumentationszwecken schlicht vorausgesetzt: Intentionalität ist repräsentational durch Gehalte definiert, die einer komplexen Funktionalität entspringen. Doch ist die Annahme einer *repräsentationalen* Deutung der Intentionalität („representational theory of mind"), die sich Gehalten als Kernelement verpflichtet, nicht selbstverständlich, auch wenn sie die dominante Lesart bildet (siehe Hutto/Myin 2017, 98-99; Jacob 2019). Ich will daher zunächst auf die Grundierung von Gehalten überhaupt eingehen, die einem *Naiven Realismus* bzw. einem *Disjunktivismus* intentionaler Zustände entgegengesetzt ist. Dieser Position zufolge sind intentionale Perspektiven nicht oder zumindest nicht wesentlich durch Gehalte bestimmt. Der Naive Realismus meint, die Natur eines intentionalen Zustands liege nicht in seinem darstellenden Gehalt, sondern in einer faktischen, direkten Relation zur konkreten, externen Entität. Deshalb wird diese Position auch eine „relationistische" Theorie der Intentionalität genannt.[38] Auch die an Einfluss gewinnenden, anti-repräsentationalistischen Versionen des *Enaktivismus* offenbaren ein relationistisches Verständnis des Mentalen und bezeichnen sich bisweilen explizit als Naive Realisten.[39] Die Abgrenzung vom Naiven Realismus soll sich als wesentlich für die Rollenbeschreibung der Repräsentation und ihre Relevanz erweisen.

Ein zentraler Einsatzpunkt dafür ist wieder das Verhalten, und zwar in Bezug auf seine Beeinflussung durch *Irrtum*. Wie bereits oben herausgestellt: Die Möglichkeit des Irrtums ist ein zentrales Element in der begrifflichen Konstellation von Intentionalität. Stellen wir uns dazu vor, der Frosch schnappt augenscheinlich nach etwas, das nicht an dem von ihm anvisierten Ort vorhanden ist. Er verhält sich so, als ob eine Fliege dort für ihn da wäre. Weil jedoch keine Fliege dort *ist*, können wir nicht sagen, die Umwelt selbst in ihrer tatsächlichen Beschaffenheit (die konkrete Fliege an ihrem Ort) würde ihn dazu verleiten. Um uns sein Verhalten zu plausi-

38 Siehe dazu Nanay 2015, 154; Smith 2002, 236; Kriegel 2007, 322

39 Ausgangspunkt ist meist Gibsons (1979) Plädoyer für „direkte", d.h. nicht-repräsentationale Wahrnehmung. So hegt Noë (2012, 24) Sympathie mit dem Disjunktivismus und versteht seinen sensomotorischen Enaktivismus als einen „*actionist* (or enactive) direct realism" (Noë 2012, 65). Der „radikale Enaktivismus" von Daniel Hutto und Erik Myin (2017, 93) legt sich mit dem Konzept direkter „Ur-Intentionalität" ebenso auf die noch stärkere These fest, dass die Präsenz der Welt und die Gerichtetheit auf Objekte *wesentlich* ohne korrelative Präsentationsweisen auskommt und stattdessen relational in einer „history of interaction" wurzelt (siehe Noë 2021 für eine Diskussion).

https://doi.org/10.1515/9783111380551-006

bilisieren, nehmen wir daher an, das Froschverhalten sei *stattdessen* an eine Perspektive auf seine Umwelt gebunden. Seine Perspektive präsentiert ihm eine Fliege dort und diese Präsentation löst ein bestimmtes Verhalten aus.[40] Die Perspektive und das dabei Vermittelte ist das, was ihm unmittelbar gegeben ist. Es steht im Gegensatz zur tatsächlichen Umwelt. Da die Lage sich dem Frosch also anders darstellt als sie ist, müssen wir in diesem Fall von einer *Diskrepanz* zwischen der Lage und der Perspektive ausgehen. Dieses Missverhältnis nennen wir gewöhnlicherweise einen Irrtum: Die Dinge kommen einem Subjekt anders vor als sie wirklich sind. Wir sind in unserem intentionalen Standpunkt gleichsam darauf gefasst, dass die von uns beschriebene Perspektive eines Akteurs falsch sein kann.[41] Inkorrektheit bemisst sich an der Präsentation der Dinge in ihrer Beschaffenheit und nicht an der Interaktion mit ihnen zu bestimmten Zwecken. Dasselbe bei der Autofahrerin, die einen Fußgänger auf dem Zebrastreifen anfährt. Sie sieht dabei zwar den Fußgänger am Zebrastreifen, meint aber, er bleibe stehen. Das entspricht nicht der tatsächlichen Beschaffenheit ihrer Umwelt, der Fußgänger tritt auf die Straße. Folglich kann es weder diese Umwelt noch eine veridische Präsentation dieser Umwelt sein, die ihr Verhalten erklärt. Sie wird vor Gericht zur Verantwortung gezogen, wo man die Ursache ihres Verhaltens zu ergründen sucht. Man kommt zum Schluss, sie wäre nur deswegen weitergefahren, *weil* sie die Umwelt soundso *wahrnahm*. Die Präsentation der Umwelt war also verantwortlich, und die Präsentation irrtümlich. Wir können in beiden Fällen nicht sagen, dem Frosch bzw. der Autofahrerin sei die Wirklichkeit vermittelt oder präsentiert. *Was* ist es also, was dem Frosch bzw. der Autofahrerin im Irrtumsfall durch ihre jeweilige Perspektive vermittelt oder präsentiert wird? Ist es etwas wesentlich anderes als das, was im veridischen Fall vermittelt ist?

Nun ist es Pointe und Bedingung eines jeden Irrtums, dass die Präsentation der Dinge, die dem sich irrenden Lebewesen in seiner jeweiligen Perspektiven vermittelt ist, für dieses Lebewesen *perspektivisch ununterscheidbar* von der entsprechenden veridischen Präsentation ist.[42] Nur dadurch verfällt es dem Irrtum und

---

40 Ich verwende hier „Präsentation“ als zunächst neutralen Terminus, den sowohl Naive Realisten als auch Repräsentationalisten für die Rolle von Intentionalität akzeptieren und dann mit ihren jeweiligen Wesensbestimmungen (Relation, Gehalt) ausdeuten können (siehe Noë 2021).

41 Diese Diskrepanz lässt sich logisch auch am Verbot einer „Existenzgeneralisierung“ nachvollziehen, das gemeinhin einen Bezug auf Perspektiven indiziert (siehe Searle 1983, 22; Neander 2006, 169): Der Beobachtungssatz: „Eine Fliege sitzt auf Position (1,2,3)“ lässt den Schluss zu: „Es gibt etwas, das sitzt auf Position (1,2,3)“. Dagegen folgt dieser Schluss *nicht* aus dem Beobachtungssatz in Bezug auf den mentalen Zustand des Frosches: „Der Frosch hat den visuellen Eindruck, eine Fliege sitzt auf Position (1,2,3)“.

42 Siehe Smith 2002; Byrne/Logue 2009, xix; Martin 2004

seinem Anschein. In einer Illusion ist ebenfalls etwas vermittelt und dieses etwas ist innerhalb der Perspektive ununterscheidbar von der normalen, veridischen Erfahrung. Beide Präsentationen stellen in unseren Beispielen für den Frosch eine Fliege an einem bestimmten Ort, für die Autofahrerin eine Verkehrsregel als so-undso beschaffen dar. Das gilt ganz unabhängig davon, ob diese Präsentationen zutreffend sind oder nicht. Beide Fälle können phänomenal ununterscheidbar sein, indem sie denselben qualitativen Bewusstseinsinhalt aufweisen. Diesen Fall wollen wir hier ausschließen. Denn es handelt sich hier um Zuschreibungen aus der Dritten-Person-Perspektive. Ununterscheidbarkeit soll sich auf dasjenige beziehen, was in beiden Fällen *für* das Subjekt in der Weise vermittelt ist, dass dieses Vermittelte starr das jeweilige Verhalten steuert. Der Akteur verhält sich hier im Irrtum genauso wie im veridischen Fall und wir nehmen an, dass die Präsentation (neben anderen Faktoren *ceteris paribus)* den Ausschlag dafür gibt, warum er so agiert und nicht anders. Da die Ununterscheidbarkeit die Präsentation und den Irrtum betrifft, ist sie eine im weiten Sinne *epistemische* Kategorie: Selbst wenn beide unterschiedlich *sind*, ist dieser Unterschied perspektivistisch oder epistemisch nicht fassbar. Das heißt, es gibt *innerhalb* der jeweiligen Perspektive keine zusätzliche Instanz, die Irrtümer als solche diskriminiert und das Lebewesen prinzipiell vor Irrtum bewahrt. *In* der irrtümlichen Präsentation *selbst* blinkt keine Warnleuchte, die den Irrtum als Irrtum entlarvt. Gäbe es diese perspektivische Ununterscheidbarkeit nicht, dann gäbe es keinen Irrtum. Sie ist kein gelegentlicher Umstand, sondern eine *systematische* Tatsache.

Aus dieser perspektivistischen Ununterscheidbarkeit scheint sich hier nun eine reale und wesentliche *Gemeinsamkeit* beider Zustände aufzudrängen: Veridische wie irrtümliche Zustände kommen darin überein, Präsentationen der Sache zu sein und sich damit *in jedem Fall* von der externen, von der Perspektive unabhängig bestehenden Lage immer auch zu unterscheiden. Die beiden Perspektiven-Tokens eines Individuums, einmal im veridischen, einmal im irrtümlichen Szenario, sind kraft dieser Gemeinsamkeit vom selben *Typ*. Sie haben dieselbe epistemische Mächtigkeit und deskriptive Rolle, nur dass in einem Fall die Rolle korrekt ausgeübt wird, und im anderen inkorrekt. Dieses gemeinsame Element, das unabhängig von der konkreten Beziehung zu einer faktischen Entität ist, „sagt" oder vermittelt, was der Fall ist. Es scheint das zu sein, was wir „Gehalt" des intentionalen Zustands nennen und was den Typ der Perspektive (den intentionalen Zustand) individuiert. Welche Perspektive zu einem Zeitpunkt t^1 vorliegt, entscheidet der jeweilige Gehalt p, also das, was einem Subjekt über ein Objekt zu t^2 vermittelt wird, auch wenn die Perspektive eine Illusion ist.

Durch diese Typ-konstitutive „common-factor-Annahme" (Sturgeon 1998, Burge 2010) veridischer und irrtümlicher Zustände soll nun jede Form von *Disjunktivismus* entkräftet werden. Denn diesem zufolge sind beide Zustände von ganz radikal verschiedener Natur und haben nichts Wesentliches gemein.[43] Dem Disjunktivismus zufolge *besteht* ein intentionaler Zustand (meist als Bewusstsein im Sinne von *experience* und *awareness*) wesentlich in einer faktischen Relation zu einer wirklichen Entität, die er präsentiert – wobei Repräsentationen bzw. Gehalte in dieser Theorie entweder diese Relation nur vermitteln (McDowell 2013) oder aber ganz eliminiert werden (Brewer 2017).

> [P]erception consists most fundamentally in a relation of acquaintance directly with the constituents of the mind-independent world. [...] Acquaintance is construed as an unanalyzable conscious relation that we are enabled to stand in with such things (Brewer 2017, 2016).

Bill Brewer spricht hier auch vom *object view* im Gegensatz zum *content view* der Intentionalität. Damit ist eine irrtümliche Perspektive streng genommen keine Präsentation der Welt, sie ist gar keine Perspektive. Ein Individuum präsentiert ein reales Etwas oder es präsentiert überhaupt *nicht*. Beide Zustände sind daher „disjunkt": Eine veridische Repräsentation und eine Halluzination „teilen keinen mentalen Kern" (Byrne/Logue 2009, ix), „kein gemeinsames Element" (Hinton 1973, 22-23) oder „Wesen" (*common kind*, Martin 2004, 43), in Bezug auf ihren epistemischen oder kognitiven Status für das Lebewesen. Für den Disjunktivismus sind Intentionalitätszustände eine Art unmittelbares „Fenster", sie bilden eine direkte Verbindung zur Wirklichkeit:

> Naive realism holds that in veridical perception, there is no representational content of the perceptual state. The only "content" is the entity or entities that are perceived. These are normally physical objects or properties. They are not representational. Often metaphors are invoked: It is said with fervor that no representations lie "between" the perceiver and the objects seen. [...] On the direct realist view, seeing is supposed to involve nothing more than a simple relation between the perceiver and the objects seen – full stop (Burge 2005, 40).

Beide Thesen, der *Disjunktivismus* zwischen veridischen und irrtümlichen mentalen Zuständen, und der ihn begründende *Relationalismus* veridischer mentaler Zustände, bilden die Kernüberzeugungen des Naiven Realismus. Die Hauptmotivation und -argumentation für die disjunktivistische These ist meist zweierlei: Einmal wird Repräsentation (Gehalt) als eine Art „Schleier der Erscheinungen" diskreditiert, der sich zwischen dem individuellen Zustand und der Welt ziehen und einen Realismus untergraben würde (siehe Kriegel 2007, 310; Smith 2002, 8; Burge 2005, 29-30). Außerdem scheinen Repräsentationen in ihrer Allgemeinheit

---

43 Zum Disjunktivismus siehe Hinton 1973; Martin 2004; 2009; 2010; McDowell 2013 vs. Sturgeon 1998, Burge 2005; Shahmoradi 2016; Für einen Überblick der Diskussion siehe Byrne/Logue 2009, vii-xxiii

nicht adäquat für die „Partikularität“ der Wahrnehmung aufzukommen, dass ich auf ein bestimmtes Token bezogen bin (siehe Brewer 2017, 218).

Ich möchte im Folgenden auf vier Probleme hinweisen, die diese Position mit sich bringt: die *Erklärung der Ununterscheidbarkeit*, das *Übergangsproblem*, der *Fähigkeitscharakter* und das *Proximalitätsprinzip*. Auch hier können nur für den weiteren Fortgang angemessene (minimale) Voraussetzungen umrissen werden, da eine vertiefte Diskussion der Debatte zwischen Naivem und repräsentationalem Realismus weitaus mehr Raum verdienen würde. In dieser Kurzbehandlung sollen die Sorgen des Naiven Realisten aufgegriffen, sein disjunktivistischer Lösungsversuch aber abgewiesen werden. Mein Argument geht dabei von der Hauptthese des Naiven Realismus aus, dieser sei die introspektiv überzeugte „Grundeinstellung“ (Hinton 1973; Martin 2004) gegenüber Intentionalität und hätte deswegen nicht die Beweislast zu tragen, und stellt eine *reductio ad absurdum* dieser Hauptthese dar.

(1) Zunächst liegt die Schwierigkeit, die dieser Zweifel an der Gemeinsamkeit hervorbringt, darin, nicht angeben zu können, warum veridische und irrtümliche Zustände überhaupt *ununterscheidbar* sind oder zumindest so erscheinen. Was sind die realen Ursachen dafür, dass sich eine Illusion von einer veridischen Repräsentation für das Bewusstsein oder zumindest für das informierte Verhalten nicht nur gelegentlich, sondern hartnäckig und systematisch nicht unterscheidet? Hier einen radikalen, d.h. in die Wurzel zurückreichenden Unterschied gegen alle Intuition ins Spiel zu bringen, schiebt die Beweislast eindeutig den Disjunktivisten zu. Zudem kann eine unvermittelte „Präsenz“ der Lage selbst nicht erklären, durch was eigentlich eine veridische Ansicht der Welt ihre spezifizierende, auf bestimmte Aspekte absehende Verfassung besitzt. Die Vorstellung, Aspekte oder Perspektiven (*looks)* selbst als eigenständige Teile der Umwelt zu sehen, zu denen wir wiederum eine direkte Beziehung unterhalten (vgl. Brewer 2017, 216; Martin 2010) wirft mehr Fragen auf, als sie löst. Beispielsweise führt Brewer (2017, 224-225) eine *degraded aquaintance* in abnormalen Fällen ins Feld, bei denen dann nur „weniger bestimmte“ Aspekte der Dinge selbst „verfügbar“ wären. So wären nach Brewer der direkten Präsentation einer verschwommenen Kontur eines Felsens, weil ohne Brille betrachtet, eben nur diese unbestimmteren Aspekte „zugänglich“. Die Frage ist jedoch: Was und wo sollen diese sonderbaren Aspektentitäten sein? Der Felsen besitzt doch gerade keine verschwommene Kontur. Mit dem Aspektrealismus droht nicht nur eine Überfülle fragwürdiger Entitäten eingeführt zu werden, die sich als Quasi-Objekte und damit als der „Schleier“ dazwischenschieben würden, den die Naiven Realisten gerade verhindern wollen. Auch für ihre *aquaintance* würden wiederum Aspekte benötigt werden, wodurch sich ein infiniter Regress der Bekanntschaft ergeben würde. Schließlich würde auch der Aspektrealismus die Frage nach der Ununterscheidbarkeit beantworten müssen.

(2) Doch nicht nur die Bedingungsmöglichkeit der Illusion und der Aspekthaftigkeit intentionaler Perspektiven bliebe durch den Naiven Realismus unverständlich. Vor allem der *Übergang* von einem irrtümlichen in einen veridischen Zustand et vice versa wäre ein großes Rätsel. Würde die Autofahrerin in einem Augenblick t^1 einen Zebrastreifen auf der Straße halluzinieren, im nächsten Sekundenbruchteil t^2 aber wieder richtigerweise den grauen Asphalt und sich so ihrer Einbildung gewärtig werden, müsste sie bzw. ihr kognitives System ohne gemeinsamen Kern beider Zustände einen radikalen *Sprung* zwischen zwei *wesensverschiedenen* Zuständen vollziehen. Das auch im Falle einer geringfügigen Täuschung: Stellen wir uns vor, ihre Brille würde verrutschen und sie würde die Entfernung des Zebrastreifens sowie die Konturen der Streifen in diesem Moment verschwommen und inkorrekt sehen, beim Wiederaufsetzen der Brille allerdings wieder in einen veridischen Zustand übergehen. Dem Disjunktivismus zufolge wechselt die Autofahrerin hier zwischen zwei wesensverschiedenen Zuständen. Denn die Präsentation der Umwelt ist notwendig durch die faktische Relation zu der tatsächlichen Kontur und Anzahl des Zebrastreifens konstituiert. Dieser Wechsel scheint unplausibel. Wenn diese Kluft bestünde, bliebe völlig unklar, was die Anbindungsmöglichkeit des späteren Zustands an den vorhergehenden wäre oder wie ein höheres Vermögen beide Zustände zusammenbringt und daraus lernt. In dieser Hinsicht bliebe auch schleierhaft, wie die Halluzination des Zebrastreifens in die sonst korrekte Auffassung der Umgebung eingebettet sein könnte. Da wir ständig Korrekturen vollziehen, zwischen Irrtum und Veridikalität wechseln und lernen, bliebe in diesen Transitionen und Kreationen, ohne die gemeinsame Basis eines repräsentationalen Gehalts, fragwürdig, *was* eigentlich korrigiert bzw. zusammengebracht wird. Michael Martin (2004, 72-73, 82) muss deshalb zugegeben, dass der illusorische Fall „lediglich negativ" als Kontrast zum veridischen Fall beschrieben werden kann. Doch nicht einmal das scheint erfüllt zu sein, wenn wir nicht wissen auf welcher gemeinsamen Basis dieser Kontrast möglich wird.

Das Übergangsproblem lässt sich auch mittels eines Gedankenexperiments illustrieren, das analog zum Brillen-Beispiel steht: Denken wir uns einen Frosch, dessen Wahrnehmung den visuellen Zustandstyp mit der Präsentation F: <u>diese Fliegengestalt dort</u>[44] hat und sich dabei veridisch *de re* auf eine reale Fliegengestalt x bezieht. Der Frosch ist im veridischen Zustand F(x). Nun stellen wir uns vor, wir würden diese Fliege x durch eine für den Sehsinn des Frosches komplett ununterscheidbare Fliegengestalt y (sagen wir eine Attrappe oder eine andere Fliege) am

44 Ich folge Burge (2010) und hebe im Folgenden repräsentationale Attribute bzw. Gehalte durch Unterstreichung hervor. Zu diesen Attributen zählen nicht nur perzeptuelle wie <u>weiß</u> oder <u>streifenförmig</u>, sondern auch begrifflich-sprachliche wie <u>Auto</u> oder <u>Zebrastreifen</u>. Attribute wie <u>Auto</u> repräsentieren, sofern angewandt, Autos.

selben Ort ersetzen, ohne dass der Frosch das Auswechseln bemerkt. Der Frosch ist nun im veridischen Zustand F(y). Wir können zugeben, dass der Frosch in beiden Szenarien zumindest *teilweise* eine jeweils unterschiedliche Erfahrung (Token) aufweist. Denn die Erfahrung F(y) bezieht sich nach dem Austauschen *de re* auf die Fliegengestalt y, während Erfahrung F(x) eben mit der Fliegengestalt x verbunden ist. Hier kommen wir dem Disjunktivsten ein Stück weit entgegen und erkennen an, dass eine faktische Relation zu x die Erfahrung mit individuiert: Die eine Erfahrung richtet sich auf x, die andere auf y. Im Gegensatz zum Disjunktivsten allerdings, können wir gerade *nicht* daraus schließen, die beiden Erfahrungen hätten wesentlich nichts gemeinsam und der Frosch hätte zwei grundverschiedene *Typen* von Wahrnehmungszuständen. Wir müssten vielmehr davon ausgehen, er sähe dasselbe, in dem Sinne, dass er den gleichen Typ von Präsentation hat, nämlich F (...): diese Fliegengestalt dort. Und dieses nicht-relationale präsentationale Element in beiden Erfahrungen, die sich trotz der unterschiedlichen Relationalität nicht unterscheidet, besteht in einem *Gehalt*. Das heißt: *Was* der Frosch in erster Linie in beiden Fällen sieht, ist dasselbe. Kraft dieses vermittelten Gehalts „sagen" ihm F(x) und F(y) dasselbe *über* die Welt. Der Frosch sieht seine Umwelt in der gleichen Weise und verhält sich dementsprechend. Die Relation zur Entität x bzw. zu y wird an diesen Typ nur *okkasionell* angedockt, und verändert ihn daher nicht wesentlich in seinem Kern. Der Gehalt, das „was" und „wie" seiner Präsentation, macht den *de dicto* - Gehalt des Zustands aus. Siehe Dretske dazu pointiert:

> Although token experiences may be individuated by being experiences of a particular object, *k*, tokens of the same experience type can occur with a different *k* or with no object at all (hallucinations, dreams, imagination) [...] What determines the reference for a *de re* mode of representation (the object it is a representation of) is not *how* it is represented, but a certain external causal or contextual relation (Dretske 1995, 24).

Damit ist nicht ausgeschlossen, dass die jeweiligen *de dicto* - Gehalte in der Vergangenheit durch reale Beziehungen zu Entitäts*typen* externalistisch bestimmt sind. Werden diese Gehalte angewendet, repräsentieren sie veridisch denjenigen Token, der diese Typen instanziiert und in einer *de re* - Beziehung zu dieser Anwendung steht. Darum repräsentiert der Frosch immer sowohl universell auch *eine* Fliege, wenn er *diese* Fliege repräsentiert. Der *de re* - Aspekt gewährleistet auch bei Repräsentationen die „Partikularität" der Intentionalität, die der Naive Realist sichern will. Allerdings ist auch der *de re* - Aspekt auch diesen nicht rein relational: Die indexikalische *Anwendung* eines Gehalts auf eine Situation ist ebenfalls eine Fähigkeit (vgl. Burge 2010, 506-507). Sie ist eine Ausübung, die in einem Fall scheitern, im anderen gelingen kann. Selbst indexikale Momente wie dies oder hier sind wiederholbar und nicht durch den jeweiligen Token exklusiv konstituiert. Der Token erfüllt nur die Rolle, die die *de re* - Anwendung ausschreibt, die aber nicht ihm exklusiv gilt – selbst wenn er faktisch der einzige Token wäre, der diese Rolle erfüllen könnte.

Anders als der Disjunktivismus können wir mit dieser repräsentationalen Lesart und der Differenzierung zwischen der funktionalen und abweichungstoleranten Natur des präsentationalen *Zustands* einerseits und seiner okkasionellen und erfolgsfixierten Veridikalität andererseits auch Täuschung und Halluzination erklären. Allein das, was der Zustand im veridischen und im irrtümlichen Fall dem Subjekt präsentiert, ist informativ und ausschlaggebend für das Verhalten oder für ein kognitives Konsumentensystem: Ganz gleich, ob eine Fliege faktisch vorhanden ist oder nicht, der Frosch schnappt nach bestimmter Maßgabe seiner Wahrnehmung, weil es der Gehalt ist, der das motorische System beide Male auf gleiche Weise informiert und dem Frosch eine Fliege vermittelt. Dieses *information conveying* besteht in jedem Fall, auch wenn die Fliege nicht existiert. Wenn nun, dem Disjunktivsten zufolge, beide Zustände des Frosches nicht nur okkasionell, sondern wesentlich verschieden wären, dann müsste entweder das Verhalten verschieden sein oder dieser Wesensunterschied spielt für das Verhalten keine ausschlaggebende Rolle. Ersteres ist sichtlich nicht der Fall. Letzteres würde die Stellung von Intentionalität in Verhalten und ihre Erklärungen aus den Angeln heben.

(3) Die eigentliche Fragwürdigkeit des Disjunktivismus manifestiert sich spätestens angesichts des *Fähigkeitscharakters* von Veridikalität und Irrtum. Während beides zwar *de re* von externalistischen *Umständen* mit abhängig ist, kann ihre Vorleistung in Form von Produktion bestimmter Gehalte nicht anders als eine *Fähigkeit* des Lebewesens bestimmt werden. Eine Fliegengestalt korrekt sehen zu können, verdankt sich nicht nur okkasionell einem Umstand der Bezogenheit auf eine Entität, sondern immer auch einer bestimmten Leistung und damit einer Fähigkeit. Veridikalität ist weder eine unvermittelte „Offenbarung" oder eine „Bekanntschaft" noch ein unabhängig von der jeweiligen Fähigkeit bestehender Sachverhalt. Sie ist ein paritätisches Zusammenspiel komplexer mentaler Operationen eines Systems *mit* den Umständen, die diese Operationen ans Ziel führen. Dies steht auch im Einklang mit der wissenschaftlichen Erklärungspraxis. Nach Burge (2010, 98-99) ist Repräsentation und ihre Erfüllung psychologisch informiert. Die Psychologie orientiert sich dabei an Fähigkeiten (*capacities*). Sie geht davon aus, dass Lebewesen in wechselnden oder wiederholbaren Szenarien vor „Probleme" gestellt werden, und in Bezug auf sie Fähigkeiten ausbilden, um sie verlässlich zu lösen. Da diese Fähigkeiten aber auf *Typen* von Problemsituationen bezogen sind, nennt Burge die diese Vermögen bestimmenden Gehalte deshalb „ability-general" (Burge 2010, 242, 379). Auch die Kognitionswissenschaft versteht in ihrer Forschungspraxis Mentale Repräsentation immer als Teil von Fähigkeiten oder Kompetenzen von Individuen bzw. ihren mentalen Subsystemen:

> The primary *explananda* of psychology, however, are [...] *capacities*: the capacity to see depth, to learn and speak a language, to plan, to predict the future, to emphasize, to fathom the mental states of others, to deceive oneself, to be self-aware, and so on (Cummins 2010, 288).

Ebenso liegt unserer Alltagspsychologie die Logik zugrunde, dass die beobachteten Lebewesen etwas repräsentieren *können müssen*. Repräsentationen sind also in bestimmten Kompetenzen angesiedelt. Das intuitive Verstehen oder die wissenschaftliche Analyse dieser Kompetenzen hat ein gewisses Primat in Bezug auf ihre materielle Implementierung.

> The intentional stance is thus a theory-neutral way of capturing the cognitive competences of different organisms (or other agents) without committing the investigator to overspecific hypotheses about the internal structures that underlie the competences (Dennett 2009, 342).

Die Orientierung an Fähigkeiten erlaubt uns erst eine Verallgemeinerung und damit eine *theoretische* Erklärung des Verhaltens, die sich auf alle möglichen Fälle bezieht. Funktionalität und ihre Normativität ist *das* Fundament dieser Fähigkeitsorientierung. Diese Erkenntnis ist der Teleosemantik zu verdanken (siehe Millikan 1984, 1989; Dretske 1988, 1995; Neander 2017, Shea 2018). Wenn Fähigkeiten funktional sind, erlaubt die Normativität die Individuierung einer tätigen Ausübung der Fähigkeit durch ihre jeweilige Erfolgsbedingung auch dann, wenn die Ausübung dieser Tätigkeit scheitert. Hören z.B. ist dann auch im Irrtumsfall ein Hören und kein Nicht-Hören, das vom Hören durch einen Abgrund getrennt wäre. Diese *Inklusivität* oder *Abweichungstoleranz* der Funktionalität fehlt bei bloßen Dispositionen wie z.B. bei der Löslichkeit oder Leitfähigkeit von Materie. Hier wird die gelegentliche Leitung von Elektronen nicht als Erfolg und das gelegentliche Ausbleiben dieser Leitung nicht als Misserfolg gewertet und damit auch nicht als das Ausüben derselben Fähigkeit in beiden Fällen. Ferner gewähren Fähigkeiten erst Vorhersagbarkeit von zukünftigem und Plausibilisierung von vergangenem Verhalten. Das liegt daran, weil sie nicht mit dem realisierten Token einer Ausübung zusammenfallen, aber dennoch erhalten bleiben.

Das hat eine wichtige Konsequenz, die gegen den relationalistischen Partikularismus des Naiven Realisten spricht, demnach intentionale Zustände sich durch die Bekanntschaft mit konkreten Einzeldingen vollständig bestimmen: Fähigkeiten bestehen ihrer Natur nach auch vor und nach ihrer konkreten Ausübung, d.h. unabhängig von der Anwendung auf eine bestimmte Entität oder einen Sachverhalt *in situ*. Sie sind nicht aktualistisch, ihre Funktionalität ist per se *virtuell*. Die Autofahrerin hat nicht die Fähigkeit, diesen individuellen Fall von „Rechts vor Links" zu repräsentieren – wenn sie die Regel beherrscht, dann kann sie diese auch in potenziell vielen anderen Fällen anwenden und *dafür* lernt sie die Regel. Eine Fähigkeit ist ihrer Natur nach nicht durch einen Einzelfall individuiert, selbst wenn es zufällig nur eine Instanz eines Typs gäbe. Ihre Anwendung, die nicht an bestimmte Instanziierungen ihres Gegenstandstyps gebunden ist, ist trotz verschiedener Instanziierungen potenziell *wiederholbar*. Damit sind auch Fähigkeiten Typ-individuiert: Ihr Gelingen und Scheitern müssen sich auf ein Gemeinsames beziehen und diese Gemeinsamkeit ist nicht zufällig, sondern wesentlich für die Fähigkeit. Der Disjunktivist bestreitet aber diese gemeinsame Basis als wesentlich für intentionale Zustände und spricht diesen damit unweigerlich auch ihren Fähigkeits- und Leistungscharakter ab. Die disjunktivistische These, ein Irrtum sei gar kein intentionaler Zustand, bannt jede Inklusivität oder Abweichungstoleranz aus dem Bereich des Mentalen. Sie reduziert die Gehaltindividuation einseitig auf einen *Umstand*, und entwertet das vom Individuum Eingebrachte und Fehleranfällige als bloßes Vorspiel oder als schlicht identisch mit dem Umstand. Mit der Reduktion der Intentionalität auf eine externe Relation wird die Fähigkeit des Individuums und seine Zuständigkeit marginalisiert. Würden wir dem Disjunktivismus folgen, wäre Intentionalität infallibel und damit keine Fähigkeit, der *eo ipso* die Möglichkeit des Scheiterns wesentlich innewohnt (selbst wenn sie *faktisch* immer erfolgreich sein würde). Denn würden die mentalen Gehalte ihrer Natur nach durch die Beziehung auf individuelle Entitäten individuiert, müsste sich der Frosch im Täuschungsfall entweder auf eine Art „intermediäre Schattenentität" (Searle 1983, 17) beziehen oder auf den tatsächlichen Schatten am Seerosenblatt, der statt der Fliegengestalt seine Wahrnehmung ausgelöst hat, wenn wir den Zustand positiv erklären wollen. Überall gäbe es keine Täuschung.

Der Disjunktivismus nimmt auch der Fähigkeit ihre Kontinuität im Übergang: Nehmen wir an, Zustand (A) sei Ausdruck einer Fähigkeit. Dann müsste diese, weil sie dem Disjunktivsten zufolge als solche durch den individuellen Token und nicht durch den Typ individuiert wäre, für jeden einzelnen Umstand eine *andere* sein und folglich für unterschiedliche Zustände eigens erworben werden. (A) wäre nur die Fähigkeit für diese bestimmte Situation. Doch wie gewinnt man je eine solch hyperpartikularistische Fähigkeit? Die Autofahrerin würde nicht Typen von Verkehrssituationen lernen, sondern Einzelfälle, was das Erwerben der Fähigkeit und damit die Fähigkeit selbst *ad absurdum* führen würde: Eine Fähigkeit könnte nie scheitern, da sie im Moment der fehlenden Kontaktaufnahme zur Entität x, die sie individuiert, nicht mehr bestehen würde. Denn der Frosch würde bei jeder visuellen Täuschung blind werden und bei jedem Erfolg neu sehend. Die Autofahrerin würde jedes Mal aufs Neue die Verkehrsregeln verlieren und neu erlernen. Die sie auszeichnende Fähigkeit – wie die Repräsentation – wird aber nicht von der konkreten Situation „gemacht", sondern abgerufen und angewendet. Zudem hätten beide nur Fähigkeiten für bereits geschehene oder sich im Moment vollziehende Situationen. Dieselbe Fähigkeit könnte nie offen sein für Potentielles oder Zukünftiges. Die Offenheit für Zukünftiges scheint allerdings das Wesen jeder Repräsentation zu sein. Weil Intentionalität vom okkasionellen Disjunktivismus auf einen relationalen Umstand reduziert wird, der sich einstellt oder nicht, dürfen Zustände wie Sehen, Erinnern oder Erkenntnis streng genommen nicht mehr als Resultat eines Erlernens, Könnens oder Ausübens charakterisiert werden.

Die Konsequenzen scheinen immer absurder zu werden: Da für den Disjunktivisten die Täuschung nicht einmal eine Fehl*wahrnehmung*, sondern überhaupt keine Wahrnehmung wäre, kann er nicht erklären, was im Täuschungsfall eigentlich vorliegt, der sich so radikal vom Wahrheitsfall unterscheidet und der doch von ihm ununterscheidbar ist. Denn der Frosch sieht dem Disjunktivisten nach im nichtveridischen Zustand nicht etwas anderes als der Fall ist, er sieht gar nicht. Für den Fall, der Zustand würde sich auf gar nichts beziehen und damit gemäß dem Relationismus überhaupt kein intentionaler Zustand mehr sein: *Was* wäre es dann, was als Täuschung bezeichnet wird? Die gemeinsame Wahrnehmung darf es nicht sein, da Wahrnehmung als solche nur relational existiert oder überhaupt nicht. Täuschung findet nur im Spektrum relevanter repräsentationaler Alternativen statt. Doch wie kann ein Disjunktivist erklären, warum der Frosch, statt sich in Zustand A auf die reale Flugposition F (1,2,3) zu beziehen, in Zustand B überhaupt eine Erscheinung der alternativen Flugposition F (5,6,7) haben kann? Diese Nähe zur Alternative scheint unklar, solange nicht eine essentielle, gemeinsame Wurzel von A und B angenommen wird, die sich durch das gemeinsame Attribut F und ein Spektrum von relevanten alternativen Determinablen auszeichnet, aber in einem letzten Anwendungsschritt gabelt. Und wenn A und B diese Gemeinsamkeit entbehren, warum präsentiert sich dann dem Frosch die alternative *Flugposition* und nicht irgendetwas anderes, was genauso wenig mit A zu tun hat, z.B. Seerose oder Elementarteilchen? Befreit vom Zwang der Alternativen, wäre B schnell nicht mehr nur falsch, sondern sinnlos. Der Disjunktivist kann damit nicht mehr zwischen dem Falschen und dem Sinnlosen differenzieren. Ferner wäre die Kluft so groß, dass nicht mehr klar würde, was überhaupt als Täuschung bezeichnet werden darf, wenn B streng genommen nicht einmal eine Wahrnehmung sein darf. Denn der Frosch würde im Zustand B nicht nichts sehen. Er würde überhaupt nicht sehen. A und B bilden keinen gemeinsamen, abweichungstoleranten Bereich. Dann könnten aber auch andere Zustände wie Kristallstrukturen oder Hepatitis Irrtümer oder Halluzinationen sein, denn auch sie teilen keine gemeinsame Eigenschaft oder Fähigkeit mit A. Auch sie sind ein Nicht-Sehen. Die Verbindung zwischen direkter Intentionalität und ihren Abweichungen löst sich damit auf.

(4) Die gemeinsame Wurzel wird schließlich durch die Tatsache motiviert, dass die Alternativen und die gleichermaßen plausiblen, wenn auch oft nicht immer richtigen Wege zu ihnen, primär aus der Unterbestimmtheit oder Multivalenz einer

Ausgangslage hervorgehen.[45] Mit diesem *Proximalitätsprinzip* ist das System, bevor es eine bestimmte Perspektive auf die Welt einnimmt, auf einen proximalen Input angewiesen. Dieser kann zum Beispiel ein retinales Aktivitätsmuster s1 sein, das mit unzählig verschiedenen, aber gleichrangigen repräsentationale Alternativen kompatibel ist, z.B. mit verschiedenen Größen F1, F2,..., Distanzen G1, G2, ... und Orientierungen H1, H2, ... (siehe Boring 1946; Palmer 1999; Pizlo 2001). Dasselbe ist bei Kippfiguren (Rubin'sche Vase, Necker'sche Würfel, usw.) oder bei einer sprachlichen Äußerung der Fall („Siehst Du dort das Mädchen mit deiner Brille?"), die auf verschiedene Weisen interpretiert werden können. Diese Ausgangslage, die für das Produkt des mentalen Systems, Irrtum oder Veridikalität, dieselbe ist, macht ein „gemeinsames Element" unabdingbar und kann plausibel machen, wie es zum Irrtum gekommen ist. Burge (2005, 22) nennt diese gemeinsame Ausgangslage in der Wahrnehmung das „Proximalitätsprinzip" und die damit verbundene „Dominanz des Proximalen" (McClamrock 1995, 140) steht einem naiven Realismus diametral entgegen: Denn wie soll eine direkte, unvermittelte Beziehung zu einem Wahrnehmbaren hergestellt werden, wenn diese Entität zwar einerseits Druck, Schall- oder Lichtwellen aussendet, die die peripheren Rezeptoren aktivieren, welche wiederum diese Effekte in neuronale Muster transformieren und weiter zur jeweiligen Hirnregion leiten, dem Wahrnehmenden zu vermitteln ist, und gleichzeitig dieser Prozess für den fertigen Wahrnehmungszustand keine *wesentliche* Konstituente bilden darf? Die Wissenschaft versteht aber diesen Zustand in seiner Irrtumsanfälligkeit gerade als das Produkt einer gemeinsamen Ausgangslage und entsprechender Tendenzierungen. Sie kann damit, im Gegensatz zum Disjunktivisten, den Irrtum *positiv* erklären. Ron McClamrock führt daher das Auftreten einer veridischen Präsentation auf dieselbe proximale Wurzel als Ausgangslage zurück wie das der ununterscheidbaren irrtümlichen Präsentation:

> The intuitive argument against direct perception is a simple one [...] You can have the percept without having the objects as long as you have the right proximal stimulus; but you can't have the percept without the right proximal stimulus, even if you have the object (McCalmrock 1995, 140).

Es ist also, *pace* Martin (2004, 82) keineswegs so, dass der Disjunktivist, der die kausale Natur der Wahrnehmung akzeptiert, „keine andere Wahl" hätte, Fälle proximal-induzierter Irrtümer als rein negativ oder unbeschreibbar zu sehen und

45 Siehe Burge 2005 und Shahmoradi 2016 für dieses Argument gegen den Disjunktivismus vonseiten der psychologischen Erklärungspraxis. Das Phänomen der proximalen Unterbestimmtheit vieler distaler Bedingungen wird später eingehend diskutiert werden, es hat einen tiefen Zusammenhang mit Repräsentation überhaupt.

als solche zu verwerfen. Wie Martin (2004, 39-40) treffend zeigt, gibt es eine inkonsistente Triade zwischen a) dem Naiven Realismus, b) der kausalen Grundierung der Wahrnehmung („Experiential Naturalism“) und c), der These des gemeinsamen Kerns („The Common Kind Assumption“). Der Disjunktivist opfert c). Damit gibt er jedoch den Irrtum preis und gerät ebenfalls in Konflikt mit dem Naturalismus von b), wenn das Unterbestimmtheitsproblem und die Erklärung von Irrtum weit verbreitete Hintergrundannahmen der Wahrnehmungspsychologie bildet (siehe Burge 2005, 2010).

Zusammenfassend soll mit den Argumenten (1) – (4) demonstriert sein, warum eine „gehaltvolle“, d.h. repräsentationale Theorie der Perspektivität einem Disjunktivismus vorzuziehen ist. Letzterer verschleiert durch seine rigorose Trennlinie dasjenige, was anstelle einer veridischen Bezugnahme dem Lebewesen präsent ist. Er wirft mehr Unklarheit auf als er an luzider Erklärung beisteuert. Kurzum: der Disjunktivismus würde intentionale Fähigkeiten und Täuschungsfälle *ad absurdum* führen. Die Entität wäre die alleinige Ursache von Veridikalität in Form einer Offenbarung, direkter „Bekanntschaft“ oder „unvermittelter Präsenz“. Die „Entdeckung“ oder „Enthüllung“ der Welt (McDowell 2013, 147) ist auch bei veridischen Gehalten das Ziel. Aber sie ist nicht konstitutiver Teil intentionaler Zustände als solcher oder ist zumindest an sich kein Argument gegen Gehalte. Denn alles, was repräsentiert wird, kann falsch sein. Vielmehr besteht sie nur unter der Bedingung, wenn die Gehalte okkasionell dem Repräsentierten und seiner Beschaffenheit *strukturell entsprechen* und, im Wahrnehmungsfall, von ihm *kausal* aktiviert sind.[46] Unmittelbar präsent oder vermittelt scheinen nur Gehalte zu sein, wie noch erörtert werden wird. Intentionalität als Repräsentation besteht in jedem Fall primär in einer wiederholbaren *funktionalen Ausübung* von Fähigkeiten, die eine *Abweichungstoleranz* aushalten. Der repräsentationale Status hält den Irrtum aus, besteht auch in ihm weiter und der Gehalt zeigt sich gerade im Irrtum. Die *representational theory of mind* bewährt sich gerade in ihrer Erklärung dieser Abweichungstoleranz, die der Naive Realismus eliminiert. Die Brückenfunktion eines gemeinsamen Kern legitimiert die Annahme mentaler Gehalte als wesentlich für intentionale Zustände.[47]

46 Zur kausalen *de re*- Fundierung veridischer Wahrnehmungen siehe Grice 1961; Searle 1983; Burge 2010; Matthen 2010a. Auf die *strukturelle Entsprechung* (Ähnlichkeit zweiter Ordnung) zwischen Repräsentation/Repräsentierendem (*de dicto*) und Repräsentiertem wird ausführlich im Zuge der Status-Frage eingegangen.

47 Damit sind nur einige der möglichen Probleme und weiterführenden Diskussionen dieser Streitfragen angerissenen (siehe Brewer 2017; Byrne/Logue 2009, vii-xxix für einen Überblick). Eine vollständige Verteidigung des *content view* kann allerdings hier nicht Thema sein.

Aus dem bisherigen Gedankengang ergibt sich nun folgendes Fazit für die nachstehende Untersuchung: Wir individuieren Intentionalität als solche *funktional* als Gerichtetheit oder Orientierung auf einen Token x und damit unabhängig von seiner faktischen, erfüllten Relation mit x. In diesem Sinne sind intentionale Zustände und ihre Objekte (*de re* wie *de dicto)* als solche hinsichtlich einer faktischen Verbindung mit individuellen Entitäten *arbiträr* oder *virtuell* (in einem doppelten Sinne). Sie bleiben „offen" und nicht-festgelegt, was die Bindung an ein konkretes Token betrifft. Darin liegt ihre eigenartige Natur im Reich des Wirklichen.

> There is nothing in the content of the representation, nothing the representation *says*, which makes it about this object rather than that object or no object at all. *De re* modes of representation have their reference determined contextually (Dretske 1995, 24).

Perspektiven verlegen sich stets referentiell auf *etwas* und spezifizieren es, ohne dass dieses ihr soundso präsentiertes Objekt existieren muss (seine Funktion erfüllt und eine Entität veridisch repräsentiert). Eine Perspektive repräsentiert immer etwas *als F* – obwohl dieses Etwas nicht als F existieren muss. Repräsentation ist *als-ob* (Burge 2010, 42; Martin 2004, 41), wie Edwin Boring feststellt: „An object can be regarded as an as-if-theory of experience" (Boring 1946, 107). Damit soll hier gerade nicht eine kontrafaktische Überlegung gemeint sein, sondern lediglich die Diskrepanz zwischen der ständigen und hartnäckigen Ausübung der Repräsentation und ihrer gelegentlichen Erfüllung – eine Diskrepanz, die in Gestalt der Ununterscheidbarkeit im Gehalt selbst verhüllt ist. Ob eine Repräsentation veridisch oder irrtümlich ist, entscheidet eine Metarepräsentation. Doch wenn Irrtum möglich ist, kann nicht jede Repräsentation ihre eigene Metarepräsentation implizieren. Wenn also die basale Intentionalitätskonstellation ihre drei Pole – Gerichtetheit, Irrtum und Verhalten – gleichermaßen sichern will, muss sie repräsentational verfasst sein. Im Folgenden soll abschließend die innere Struktur des primären Pols, der Gerichtetheit, in ihrer repräsentationalen Verfassung artikuliert werden.

III.2 Repräsentation: drei Merkmale und ein terminologisches Glossar

Ziel der vorangehenden Überlegungen war, die Annahme einer Diskrepanz zwischen der realen Situation und *jedem* intentionalen Zustand des Lebewesens in dieser Situation zu begründen und damit die Annahme von Repräsentation und Gehalt erklärungskräftig zu legitimieren. Damit ist jene Diskrepanz gemeint, die nur im veridischen *de re* – Fall „überbrückt" (aber nie völlig beseitigt wird) wird, wenn das Repräsentierte realistisch beschaffen ist und sowohl ohne als auch vor der Repräsentation und deren Relation bestehen kann. Demnach ist jede Instanziierung von Perspektivität und damit von Intentionalität *als solcher* in einer nicht-relationistischen (nicht-disjunktivistischen) Interpretation immer und wesentlich durch nichts anderes als durch ihren repräsentationalen Gehalt und ihren intentionalen Modus konstituiert. Sie umfasst gerade *nicht* die repräsentierte Entität (in ihrer unabhängigen Existenz), und hat eine funktionale Natur.

„Das Repräsentierte" oder dasjenige, „was" repräsentiert wird, ist daher wie „das Wahrgenommene", „das Erinnerte", „das Gedachte" *doppeldeutig*: Es meint einerseits den Gehalt einer Repräsentation und andererseits die Entität, die veridisch repräsentiert wird. Der Frosch, der eine Fliege halluziniert, repräsentiert ebenfalls etwas, das heißt: er hat einen visuellen Gehalt. Und dieser ist es, was irrtümlich sein kann. Was veridisch oder irrtümlich sein kann, ist keine Umweltentität, sondern eine abweichungstolerante Funktion. Diese Ambivalenz ist nicht zufällig. Sie hat ihre Ursache in der perspektivischen Ununterscheidbarkeit veridischer und irrtümlicher Gehalte und der Verwechslung des funktional Vermittelten mit dem okkasionell veridisch Repräsentierten. Im Lichte der genannten Diskrepanz soll im Folgenden diese Ambivalenz der Termini „Repräsentiertes" und „Gehalt" transparent gemacht werden.

Was verstehen wir nun unter „Gehalte", welche Eigenschaften und Rollen besitzen sie, die in Naturalisierungsprojekten fundiert werden sollen? Auf welche zu erfüllenden Anforderungen an den Begriff der Repräsentation bzw. an den des Gehalts kann sich zumindest das Gros der einschlägigen Literatur einigen? Folgende längere Passage scheint mir sehr klar drei wesentliche Merkmale der Standardauffassung von Intentionalität herauszustellen:

> Central to the notion of representation is that it has *content*. On a standard understanding, contentful representation is for a representation to have a target which is represented in a way as being such that it may not be so. In having a target, the contentful representation is intentional; in representing this target *in a way*, it is intensional. [...] The account of representation endorsed by philosophers and cognitive scientists alike is one according to which representing involves describing, characterizing, picturing, things as being thus and so—where, for all that, things need not be that way. [...] In other words, representation involves specifying in a way which can be true or false, accurate or inaccurate, or something akin. Something that is specified in some way can be compared to the world, and it can either be correct or not correct, aligned or misaligned. [...] [T]his characterization resonates with the way representation is widely understood philosophically (van Es/Myin 2020, 7-8).[48]

48 Zu dieser Standardauffassung innerhalb recht unterschiedlicher Philosophien siehe auch u.a. Frege 1892; Husserl 1984 [Hua XIX/1]; Searle 1983; Dretske 1988; Dennett/Haugeland 2004; Crane 2009; Ramsey 2007; Metzinger 2010.; Burge 2010; Orlandi 2014; Neander 2017; Shea 2018

Demnach gehört zu repräsentationalen Zuständen dreierlei:

1) **Intentionalität** als die funktionale Eigenschaft eines Zustands, auf ein Ziel *gerichtet* zu sein, ein *Objekt* zu haben (*Referenz* oder *aboutness* in einem generellen Sinne).

2) **Intensionalität** (mit einem „s") als die funktionale Eigenschaft eines Zustands, dasjenige, auf das er sich richtet, mittels *Attributen* zu beschreiben, zu charakterisieren und darzustellen, d.h. sein Objekt *als* soundso seiend (in bestimmten Aspektgestalten) zu *spezifizieren.* [49]

3) **Veridikalität** *bzw.* **Irrtumsanfälligkeit** bilden den normativen Standard und den Toleranzbereich des repräsentationalen Zustands. Demnach können die Attribute eines Objekts der Beschaffenheit einer zu repräsentierenden Entität entsprechen bzw. nicht entsprechen. Die Referenz des Gehalts kann ins Leere gehen, seine Attributionen die Eigenschaften verfehlen. Repräsentationale Gehalte werden daher durch ihre Veridikalitätsbedingungen individuiert: das, was der Fall sein muss, damit der Gehalt veridisch ist. Diese bildet so das *funktionale Anforderungsprofil* der jeweiligen Repräsentation.

Wie ersichtlich werden soll, hängen diese drei Begriffe zusammen: Sie bilden drei Aspekte der Perspektivität, wie wir sie innerhalb unseres intentionalen Standpunktes in alltäglichem und wissenschaftlichem Verstehen anderen Individuen und Systemen zuschreiben. Wir gehen dabei davon aus, dass das jeweils betrachtete Individuum im Zuge seines Verhaltens 1) auf etwas gerichtet oder bezogen ist; 2) dieses etwas unter einem bestimmten Aspekt als soundso charakterisiert oder darstellt; sowie 3), dass diese sein Verhalten beeinflussende Perspektive auf die Welt in einem repräsentationalen Sinne entweder korrekt oder inkorrekt ist. Fälle, in denen die Darstellung seitens der Gehalte nicht der Beschaffenheit des Zu-Repräsentierenden verpflichtet ist bzw. diese Verpflichtung eingeklammert wird (wie z.B. in freier Vorstellung oder Fiktion), lasse ich hier im Rahmen der prototypischen Strategie außer Acht. Sie zeigen jedoch wie Gehalte im Allgemeinen und veridische Gehalte im Besonderen in jene *intentionale* („propositionale") *Einstellungen* eines *Subjekts* eingebettet sind, (Searle 1983; Fodor 1987), die ihrerseits zentrale Momente innerhalb des repräsentationalen Zustands bilden.

---

49 Repräsentationen generell als intensional zu bezeichnen, stellt eine gewisse Abweichung vom standardmäßigen Gebrauch dar. Denn diesem zufolge sind es bestimmte *Sätze* und *Kontexte*, in denen über Gehalte gesprochen wird, die intensional sind (vgl. Searle 1983, 22). Der Ausdruck „intensional" hat eine enge und weite Verwendung, wie noch gezeigt wird. Dass ein Zustand sein Objekt unter einem bestimmten Aspekt spezifiziert wie in Punkt 2) angezeigt, entspricht der weiten Bedeutung. Wie feinkörnig diese Aspektgestalt eingestellt sein soll, ob fregeanische „Gegebenheitsweisen" inkludiert werden sollen, gehört zur engen Verwendung.

Ich werde in den folgenden Kapiteln die einzelnen funktionalen Momente der Gehalte und ihrer Einbettung näher artikulieren. Dafür soll zunächst vorab ein *terminologischer Überblick* gegeben werden, der auch als eine Art *Glossar* benutzt werden kann:

(a) „Das Repräsentierte"/„das Repräsentatum" meint hier stets eine konkrete Entität – ein Token und seinen von ihm instanziierten Typ von Eigenschaften – insofern diese in eine faktische *de re*-Repräsentationsbeziehung zu einer veridischen Repräsentation *eintritt*, aber hinsichtlich ihrer repräsentierten Eigenschaften unabhängig von dieser Beziehung besteht. Es soll hier das *Ziel* (*target*) zumindest jeder potenziell veridischen Repräsentation betreffen, sei es als Zu-Repräsentierendes oder als faktisch Repräsentiertes. Ich kennzeichne solche Tokens mit den Variablen x, y, z.

(b) „Das Repräsentierende": Damit ist eine bestimmte Entität bezeichnet, d.h. der materielle Zustand eines lebendigen Individuums (oder künstlichen Systems), der als (materieller) Träger die Repräsentation als Funktion realisieren kann.

(c) „Die Repräsentation": Darunter ist stets die Funktionalität des repräsentierenden Zustands gemeint, der durch einen Gehalt und einen intentionalen Modus, den Gehalt zu haben, konstituiert ist und damit Erfüllungsbedingungen in Bezug auf das Repräsentierte besitzt. Der repräsentationale Zustand ist von (b) realisiert. Nicht der Träger, sondern der Gehalt ist das, was die Repräsentation qua Repräsentation in erster Linie individuiert. Der Gehalt hat eine zentrale Mittel- oder Scharnierstellung innerhalb des repräsentationalen Zustands. Einerseits hat er eine „weltzugewandte Seite" (McGinn 1997, 298). Das heißt, er bestimmt sich durch das, *von* dem die Repräsentation handelt (sein Objekt unter bestimmten Aspekten). Er ist damit funktional bestimmt durch Erfüllungsbedingungen seitens des Repräsentierten. Andererseits hat der Gehalt eine „nach innen blickende Seite" (McGinn 1997, 298). Das bedeutet, er ist dasjenige, was *für* etwas (ein Subjekt) präsentiert wird, das diesen Gehalt in einem intentionalen Modus *hat* oder *vermittelt* bekommt. Das Subjekt unterhält dabei zudem eine bestimmte (deskriptive oder direktive) Einstellung zum Gehalt, die festlegt, auf welche Weise es zum vermittelten Gehalt steht.

Die folgenden vier zusammenhängenden Strukturmomente machen die funktionale Binnenstruktur einer jeden Repräsentation aus. Dabei ist es entscheidend, zu verstehen, dass es keinen Gehalt gibt ohne intentionalen Modus und umgekehrt. Das heißt: Weder kommt der Gehalt als ein fertiger vor und wird erst dann einem Subjekt vermittelt noch kommt das Subjekt zu einem Gehalt hinzu. Die Rede von „Gehalt" meint hier immer den intentionalen Modus mit und umgekehrt. Beides, Gehalt und Modus, bilden erst die Veridikalitätsbedingungen.

(c1) „Gehalt“ (Objekt +Attribut/Aspektgestalt)

(c1.1) „Objekt / „Referenz“ bezeichnet *per se* nicht die repräsentierte Entität, sondern in einer *deflationistischen Lesart* eine strukturelle Komponente des Gehalts als sein „Worüber“, „Wovon“, „Worauf“ (*subject matter*, Thema, Bezugspunkt) *jeder* Repräsentation (d.h. jeden Gehalts). Das Objekt als Thema ist lediglich dasjenige, *mit* dem auf ein Repräsentiertes Bezug genommen wird. Es gehört zur Referenz (zum Gehalt qua Worauf) selbst. Objekte werden nicht wieder repräsentiert. Stattdessen bilden sie dasjenige funktionale Moment, mit dem ein Entitätstoken repräsentiert wird. Es bildet den *weltbezogenen (*oder *transzendierenden) Einheitspol* innerhalb jeder Repräsentation, der in wechselnden Aspektgestalten vermittelt wird. Ich kürze „Objekt“ formal mit der Klammer (...) ab (*gappy content*). In dieser ist eine Variable wie „x“ nur dann eingesetzt (x), wenn die Referenz sich faktisch auf einen Entitätstoken bezieht. Das ist selbst bei Fehlrepräsentation der Fall, aber nicht bei Halluzinationen. „Objekt“ präferiert damit keine bestimmte ontologische Klasse von Entitäten. Es ist als Thema oder als „Worauf“-Aspekt des Gehalts eine rein funktionale Kategorie der Repräsentation. Zu referieren, ein Objekt zu haben, auch dann, wenn diesem Objekt keine repräsentierte Entität entspricht, ist das charakteristische Merkmal intentionaler Gerichtetheit und ihrer philosophischen Problematik.

(c1.2) „Attribut/“Spezifikation“: bezeichnet *die Art und Weise*, wie ein Objekt durch Attribute in bestimmten *Aspektgestalten* (Searle 1992, 153; Crane 2009, 455) präsentiert ist. Es sind *Attribute,* die die instanziierten Typen (Eigenschaften) des partikularen Repräsentatums und ihre Konfigurationen repräsentieren. [50] „Attribut“ ist wie „Objekt“ daher ontologisch neutral. Ein Attribut ist nicht wieder das, was spezifiziert oder charakterisiert wird. Es ist ein Schema der Spezifikation (des Repräsentierten) selbst. Attribute werden mit F, G, H, ... abgekürzt. Ein Objekt in Aspektgestalt, d.h. ein Gehalt, ist daher als „F (...)“ bzw. „F(x)“ oder „x *als* F“ abgekürzt. Die Begriffe Objekt und Aspekt beleuchten nur Gesichtspunkte ein und derselben Repräsentation. Sie beschreiben die „weltzugewandte Seite“ der Repräsentation (Repräsentation *von*...).

---

50 Clare Batty (2010, 515) spricht vom „predicative view“ als Kriterium für die repräsentationale Rolle: Gehalte repräsentieren immer etwas in seinen jeweiligen Eigenschaften. Ich bevorzuge „Attribution“, da Prädikate sprachliche Attribute sind.

(c2) „Intentionaler Modus" (Subjekt + intentionale Einstellung + Präsentationsstruktur)

(c2.1) „Subjekt" soll *per se* nicht die repräsentierende Entität als Träger (b) bezeichnen, sondern, als funktionales Strukturelement, den *egozentrischen Bezugs- und Nullpunkt* innerhalb jeder Repräsentation, *für* den ein Objekt in Aspektgestalt vermittelt oder präsentiert wird. Dieses Element nennen wir normalerweise das repräsentationale „Subjekt" (S). Der Pfeil der Intentionalität eines Zustands weist zugleich von *sich* weg und bleibt dabei gleichzeitig immer auf *sich* rückgebunden. Das heißt: Repräsentation *von*.... ist immer zugleich Repräsentation *für*.... – die Gerichtetheit ist nicht anonym. Wenn jede Repräsentation *eo ipso* vermittelt, wie die Welt beschaffen ist, dann braucht es für das Vermittelte (den Gehalt) einen Adressaten, der in einer bestimmten Einstellung zum Gehalt steht. Anders gesagt: Der Satz „S repräsentiert F(x)" heißt übersetzt: „S hat einen Gehalt F(x) in einem intentionalen Modus" oder „x ist F für S". c1) und c2) sind daher komplementär: Bildet das spezifizierte Objekt den referentiellen (weltbezogenen) Identitätspol innerhalb jeder Repräsentation, stellt das Subjekt ihren egozentrischen Einheitspol und damit die „Innenseite" des repräsentationalen Zustands (der Perspektivität) dar. Gehalt und Subjekt sind nicht identisch. Denn dasselbe Subjekt kann unterschiedliche Gehalte haben oder unterschiedliche Einstellungen zum selben Gehalt aufweisen. So wie eine Entität in eine Repräsentation erst eintreten und ihr Objekt (ihr Gehalt) werden kann, so kann eine Entität (b) zum Subjekt (zum Gehalt) einer Repräsentation werden. Dass es etwas (ein „Subjekt") geben muss, was einen Gehalt in einem spezifischen Sinne „hat" und in einer besonderen Beziehung zu ihm steht, zeigt die Existenz der Einstellungen.

(c.2.2) „Intentionale Einstellung" bezeichnet die Art und Weise, wie Gehalt und Subjekt *zueinander stehen*, also wie S F(...) *hat* oder wie F(...) S *vermittelt* ist. Zum selben Gehalt F(...) kann etwas (das Subjekt S) in unterschiedlichen intentionalen Modi stehen. So kann zum Beispiel S in einem *deskriptiven* oder in einem *assertorischen* Modus stehen. Das heißt, es *ist für* S *wirklich* so, dass F(...), wie in der Wahrnehmung oder im Glauben. Andererseits kann derselbe Gehalt in einem *direktiven* Modus vermittelt werden. Das heißt, es *möge für* S so sein, dass F(...), wie z.B. im Wünschen oder Beabsichtigen. Je nach Modus wird das Subjekt, bei selbem Gehalt, sich in unterschiedlichen repräsentationalen Zuständen befinden und jeweils andere Verhaltensweisen zeigen.

(c.2.3) „Präsentationsstruktur" (oder „Attributionsstruktur") bezeichnet die Binnenrelation innerhalb des repräsentationalen Zustands zwischen Objekt und Subjekt. Jede Repräsentation ist immer und zugleich: *von* F(x) und *für* ein Subjekt S. Diese Präsentationsstruktur eines Gehaltes beinhaltet a) seine *Vermittlung für* ein Subjekt und dabei b) seine Vermittlung als *etwas* (ein Objekt) und damit als ein von S *Verschiedenes.* Ich will diese Bezogenheit innerhalb einer Differenz die *präsentationale Differenz* zwischen Objekt und Subjekt nennen. Sie bildet die „Präsenz", die einem Gehalt innerhalb eines repräsentationalen Zustands eigen ist. Sie meint kein phänomenales Qualium. Sie steht vielmehr für die Eigenart eines Objekts, in Aspektgestalt in seinem Sein- oder Eigenschaftscharakter einem Subjekt vermittelt zu werden. So sind ist bzw. ist F als die impliziten und konstitutiven Momente einer *Attributionsstruktur* jeder Repräsentation selbst anzusehen (x *ist* F). Auch in einer begrifflichen Proposition, die keinerlei phänomenalen Charakter haben muss, ist der Gehalt immer von der Form: *dass* F (x) oder x *ist* F oder F ist *Eigenschaft von* x. Wir beschreiben damit auch Wahrnehmungsgehalte, die diese basale Form aufweisen, auch wenn sie weder begrifflich noch sprachlich verfasst sind. Die Differenz macht sich auch dadurch bemerkbar, dass F nicht von S gilt, stattdessen x betrifft (das Objekt). Nicht das Subjekt ist soundso (hat das Attribut F), sondern x *ist* soundso für das Subjekt. An dieser zweifachen (referenziellen wie egozentrischen) Richtung oder Zuordnung der Attribution zeigt sich der innere und unauflösliche Zusammenhang von Repräsentation *von*... und Repräsentation *für*.....[51]. Das dem Objekt zugeordnete Element ist in x ist F ist deshalb nicht selbst Attribut, sondern Voraussetzung für Attribution. Die Präsentationsstruktur beschreibt daher die Basis-Relation des intentionalen Modus, die ein Subjekt bzw. eine Einstellung zu einem Gehalt zuallererst unterhalten muss, um verschiedene epistemische Relationen (deskriptiv, direktiv) zu ihm einzunehmen. Eine nicht-repräsentationale Relation zeigt auch eine Differenz, aber kein Relat ist dem anderen zugekehrt und vermittelt.

Um Missverständnisse oder unnötige Verdoppelungen zu vermeiden, gilt erneut: Der Gehalt, d.h. das Objekt in Aspektgestalt seiner Attribute, ist nur der Gehalt insofern er ein Vermittelter/Präsentierter ist. Das heißt, der Gehalt besteht nur im Zuge seiner Präsentation. Er *ist* die Präsentation in Hinsicht auf das darin Vermittelte und wird nicht nachträglich noch vermittelt. „Präsentation" (oder Vermittlung) eines Gehalts in dem hier terminologisch zu fixierenden Sinne (als Komponente der Repräsentation) ist deshalb nicht selbst eine Repräsentation mit Veridikalitätsbedingungen.[52] Damit bildet Präsentation das erklärungskräftige „gemeinsame Element" von Zuständen, kraft dessen diese *von* etwas *für* jemanden/etwas sind, und das so (abweichungsinklusiv-funktional) als irrtümlich und als

51 Der Ausdruck „Präsentation" betont besser als „Attribution" diese Zweiseitigkeit und auch das „ist" und „etwas" im Gehalt. Präsentation ist immer von etwas und für jemanden, sie ist weder objektlos noch anonym. Das hier synonyme „Attributionsstruktur" soll dagegen stärker die Fundierung der Attribution durch das bindende wie trennende „ist" anzeigen.

52 „Präsentation" wird daher im Folgenden nicht mehr als möglicher nicht-repräsentationaler Weltbezug eines *Naiven Realismus* verstanden, wie noch im vorherigen Kapitel.

veridisch klassifiziert werden kann. Sie schafft damit erst die Voraussetzung für eine korrekte oder inkorrekte Attribution. Präsentation betrifft nur Gehalte. Im Unterschied zur Auffassung des Naiven Realismus werden Entitäten (anders als Gehalte) gerade nicht präsentiert, sondern repräsentiert. Präsentation ist eine Binnenrelation innerhalb des repräsentationalen Zustands zwischen Gehalt und Subjekt. Durch die Realisation eines Trägers besteht die attribuierende Präsentation oder Vermittlung *für*... in einer nicht-repräsentationalen kausalen, temporalen und bisweilen bewussten (phänomenalen) oder sprachlichen (prädikativen) Binnenrelation innerhalb des repräsentationalen Zustands.

III.3 Repräsentation: Artikulation ihrer funktionalen Momente

Im Folgenden sollen sowohl das Repräsentierte als auch die einzelnen funktionalen Momente des repräsentationalen Zustands näher erörtert werden. Das Repräsentierende als Träger soll ausgelassen werden. Denn es betrifft das metaphysische Verhältnis zwischen funktionalen Eigenschaften und materiellen Realisierungsgrundlage, das hier nicht Thema sein kann.

III.3.1 Das Repräsentierte

Da die Funktionalität des repräsentationalen Zustands sich am Repräsentierten als an seiner Erfüllungsbedingung orientiert, müssen wir mit diesem beginnen. Wenn wir die Umwelt von der jeweiligen Perspektive auf sie differenzieren, können wir sie auf eine Konstellation relevanter und vor allem *repräsentierbarer Entitäten* näher aufgliedern. Entitäten werden nun allein unter dem Blickwinkel ihrer Repräsentierbarkeit betrachtet.[53] Nötig ist dafür keine generelle Ontologie. Es reicht eine Beschreibung dessen, womit jede Repräsentation zu tun hat und woran sie sich als ihr Ziel ausrichtet. Diese Beschreibung ist in der Literatur nahezu absent, obwohl der Status der Repräsentation nicht unabhängig vom Status des Repräsentierten verständlich werden kann. Im Folgenden sollen deshalb drei Charakteristika von repräsentierbaren Entitäten in Bezug auf Repräsentation herausgestellt werden: *Irreduzible Vorgängigkeit, Plastizität* und *paritätisches Determinationspotential in Hinsicht auf Veridikalität.*

---

53 Für Aristoteles (2016, [431b21]) ist alles Seiende (*ta onta*) epistemisch relativ auf Mentales, da sie kraft ihrer realen Statur entweder Wahrnehmbares oder Denkbares sind. Im Umkehrschluss ist deshalb „die Seele in gewisser Weise alles Seiende", weil sie, selbst im Kontext des Seienden vorkommend, alles Seiende potenziell darstellt.

Legen wir einen Realismus zugrunde, dann gilt: Repräsentierbare Entitäten wie das Vorkommen der Fliege, ihre physiologische Beschaffenheit und ihre momentane Flugbahn bestehen vollkommen unabhängig von der Perspektive des Frosches auf sie. Entitäten sind nicht Teil einer Repräsentationsbeziehung als solcher. Sie gehen dieser voraus, liegen schon vor, und treten gegebenenfalls in diese ein und aus. Der Ausdruck „Entität" soll dieses unabhängige Vorkommen von ihrer jeweiligen Repräsentation verdeutlichen. Es spielt dabei keine Rolle, ob diese Entitäten mental-unabhängige Vorkommnisse sind wie beispielsweise die Fliegengestalt oder ihre Raumposition, oder ob sie nur in Abhängigkeit von der Existenz von Mentalem und der Perspektivität überhaupt bestehen, wie der geistig aktive Frosch oder die Verkehrsregeln. Zentral ist also nicht die Frage, ob Entitäten mental-unabhängig oder mental-abhängig, konkret oder abstrakt sind. Zentral ist in einem minimalen Sinne und in Bezugnahme auf Repräsentation nur, dass sie *perspektivisch-unabhängig* sind: Sie gehen einer *individuellen* Perspektive[54] voraus und bestimmen die Möglichkeit mit, in sie erst einzutreten. Ich nenne diese Differenz zwischen Repräsentation und Repräsentiertem die *repräsentationale Differenz.* Durch diese erschöpfen sich Entitäten nicht in der Einzelperspektive auf sie und müssen zumindest potenziell von mehreren Perspektiven aus repräsentierbar sein.

> [T]he notion of *represented* refers to the element *of which* there is a representation, that is to say, the elements that exists independently of the relation of representation but happens to enter into it […] happens to get involved in this specific relation of representation but is also involved in many others (Roy 2015, 101-102).

Dieser zugegeben weite Begriff von repräsentierbarer Entität soll sowohl der Vielfalt mentaler Repräsentation gerecht werden, die sich nicht auf natürliche Entitäten beschränkt, als auch der allgemeinen Rollenbeschreibung entsprechen. Wir repräsentieren nicht nur Körper im Raum, sondern auch Repräsentationen selbst sowie repräsentationsbedingte Entitäten wie Artefakte, Zahlen, Institutionen, Länder, Gesellschaften, Geschichte(n), Kunstwerke, Regeln und andere „soziale Tatsachen".[55] Der recht starke Begriff der „mind-independence" würde zudem Lebewesen ausschließen, die Repräsentationen haben und von ihnen geleitet sind. Vor

54 „Individuelle Perspektive" meint einen Zustand bestimmten Gehalts in maximaler Feinkörnigkeit seiner Charakterisierungen, der von einem anderen Gehalt durch Modifikation dieser Feinkörnigkeit abgrenzt werden kann.

55 Zu solchen „sozialen Tatsachen" und ihrer Erkennbarkeit schreibt Searle (2006, 55): „Observer relativity implies ontological subjectivity but ontological subjectivity does not preclude epistemic objectivity. We can have epistemically objective knowledge about money and elections even though the kinds of facts about which one has epistemically objective knowledge are themselves all ontological subjective".

allem möchte ich der starken Intuition Rechnung tragen, dass wir auch in Bezug auf diese mental-abhängigen Dinge richtig oder falsch liegen können. Die Mittelposition der perspektivischen Unabhängigkeit deckt nun all diese Phänomene ab. Auch wenn z.B. die Verkehrsregel nicht unabhängig von *Perspektivität* überhaupt besteht, weil ihre Existenz davon abhängt, von mehreren Verkehrsteilnehmern verstanden, akzeptiert und ausgetragen zu werden. So gibt es sie dennoch vor der individuellen Perspektive der Autofahrerin auf sie.

(1) Aus der Perspektiv-Unabhängigkeit folgt als erstes Merkmal von Entitäten deshalb ihre *irreduzible Vorgängigkeit* in Bezug auf ihre Repräsentation. Dieses Merkmal umfasst drei Momente: Entitäten müssen in eine individuelle Perspektive erst eintreten, gehen nicht in ihr auf und bestimmen selbst ihre mögliche Veridikalität mit. Das Repräsentierte gibt es nicht erst dann, wenn ich auf es Bezug nehme. Die Vorgängigkeit des Repräsentierten lässt sich auch mit „Transzendenz" verbinden, wie es Tim Crane im Ausgang von Husserl zeigt:

> [I]f an intentional object exists at all, its existence "transcends" any intentional state which has it as its object. I mean this transcendence of the intentional object to imply that it is never essential to an intentional object that it is the object of any particular state of mind.(-Crane 2009, 476).

(2) Ein weiteres Merkmal der Entitäten liegt in ihrer potenziellen Mehrseitigkeit oder in ihrer *Plastizität*: Es gibt zu ihnen mehrere Perspektiven, die sie selbst mit anlegen(vgl. Pylyshyn 1985, Dretske 1986, Sterelny 1995). Die sichtbare Fliege, d.h. eine dreidimensionale Gestalt im Raum, kann vom Frosch aus gesehen in unterschiedlichen Blickwinkeln und damit in unterschiedlichen Perspektiven repräsentiert werden. Ein und dieselbe Fliegengestalt kann sich in unterschiedlichen Ansichten zeigen. Diese Möglichkeit zeigt sich nicht nur an dreidimensionalen Körpern, sondern auch an der Verkehrsregel: Sie kann nicht nur von mehreren Verkehrsteilnehmern als dieselbe erkannt und angewendet werden kann – ihre Repräsentation kann auch in ganz unterschiedliche *Weisen* (Spezifikationen) erfolgen und ist daher multipel realisierbar.

Die Mehrseitigkeit impliziert eine Token-Type-Struktur aller Entitäten in Bezug auf ihre Repräsentation. Für repräsentierte Entitäten kann daher geltend gemacht werden: Sie sind stets Einzeldinge (Tokens), die Eigenschaften im weitesten Sinne (Typen) instanziieren (siehe Neander 2017, 142; Shea 2018, 149).[56] Beide Ausdrücke

---

56 Ich folge damit Freges inklusiven ontologischem Deskriptivismus, demnach der Begriff „Existenz" lediglich den Umstand anzeigt, dass ein Gegenstand unter einem Begriff fällt, der ihn in seinem Typ qualifiziert (siehe Frege 1983, 60-62). Dies entspricht der These, „dass alles, was existiert, ein So-und-So ist" (Gabriel 2016, 124). Auf den Existenzbegriff wird noch eingegangen werden.

sollen ontologisch so generell wie möglich sein, falls es zutrifft, dass alles, was existiert, ein Token eines Typs ist. Zumindest im Horizont ihres Repräsentiert-Werdens scheint es so: Typen gibt es nur als instanziierte und Tokens sind nie nur „bare particulars". Typen werden von dem *de dicto*-Aspekt des Gehalts repräsentiert, Tokens hingegen von dem *de re* – Aspekt.

Nun können solche Typen einmalig und völlig abseits jeder Zugänglichkeit instanziiert sein. Wir nehmen ferner in Bezug auf die Repräsentierbarkeit an, dass einige Typen wiederholbar instanziiert sind. Diese Typen stellen *Muster* von Wirklichkeit („real patterns", Dennett 1991) dar und ich gehe aufgrund des Fähigkeitscharakters von Repräsentation davon aus, dass nur Muster repräsentiert werden können. Weil nur diese Plausibilisierung und Vorhersehbarkeit die wiederholende Natur von Fähigkeiten fundieren kann, besteht die Aufgabe repräsentationaler Systeme darin: mit Mustern in Kontakt zu kommen, sie durch informationstheoretische (computationale) Prozesse zu filtern und zu reduzieren, und schließlich sie systemintern abzubilden. Diese Musterung ist für die Spezifikation wesentlich. Ferner gehe ich davon aus, dass jeder plastische Token, der eine Eigenschaft instanziiert, auch mindestens eine weitere, andere Eigenschaft instanziiert. Folglich bedeutet Plastizität oder Mehrseitigkeit einer Entität zweierlei: Einheit im Sinne von *Einzelheit* eines Tokens („dieses" und nicht „jenes") und einheitliche *Konstellationen* mehrerer Typen/Eigenschaften. Jedes Etwas (qua Entität) ist die Instanziierung einer Konstellation von Eigenschaften. Ich möchte hier zumindest für sensorische Repräsentationen behaupten: Aufgrund dieser Mehrseitigkeit bildet auch die Repräsentation dieser Entitäten stets eine *Konfiguration* verschiedener Attribute, die eine solche Konstellation von Eigenschaften repräsentiert. Konfigurationen gehören zur Spezifikation durch die Repräsentation. Sie tragen der Plastizität der Entität Rechnung.

(3) Für beide Merkmale, irreduzible Vorgängigkeit und Plastizität, ist ein drittes ausschlaggebend, insofern die Entität selbst die Vielfalt der Perspektiven und deren Veridikalität *paritätisch determiniert*. Die Sache legt den vielseitigen Zugang zu sich mit an und autorisiert oder verweigert letztlich deren Richtigkeit. Umgekehrt gibt es die Entität nicht erst dadurch, dass eine Einzelperspektive auf sie Bezug nimmt. Beide Sätze gehören zum Grundsatzprogramm des Realismus.[57] Wird etwas veridisch repräsentiert, also etwas, das nicht in der Repräsentation aufgeht, die es repräsentiert, dann gilt: Die determinative Kraft hat sowohl für die Repräsentationsfähigkeit (*de dicto*) als auch für ihre veridische Anwendung *(de re)* von der zu

---

57 Der *locus classicus* zum asymmetrischen Charakter des Realismus ist Aristoteles (1998, [14b16-18]: „Die wahre Aussage ist niemals die determinative Ursache (*aitios*) des Seins der betreffenden Sache, doch die Sache scheint auf gewisse Weise die determinative Ursache für das Wahr-Sein der Aussage" (Übersetzung modifiziert, A.W.).

repräsentierenden Entität mit auszugehen. Sie kann nicht allein in der Repräsentation selbst begründet sein. Diese veridische Kraft kann vermöge kausaler *Effekte* der Entität auf ein System wirken. Sie muss in letzter Instanz auf dem *Sosein* der Entität und auf dessen zwingender (struktureller) *Korrespondenz* oder Entsprechung mit der Repräsentation gründen (*adaequatio*).

Der für diese Korrespondenz nötige gemeinsame Kontext von Repräsentierendem und Repräsentierten scheint durch ein „Prinzip durchgängiger Bestimmtheit" (Buchheim 2024) und durch eine „Stetigkeit" in den wiederholbaren, plastischen Konstellationen organisiert zu sein. An diesem Prinzip orientiert sich die Repräsentation durch eine Form der Stetigkeit entsprechenden *Kohärenz* oder „Stimmigkeit" der Attributskonfigurationen. Zum Beispiel ist die multimodale Wahrnehmung einer Fliegengestalt durch Seh- *und* Tastsinn so vorgezeichnet, dass sichtbare Oberflächen in bestimmter Entfernung auch berührbar sein müssen und die jeweilige Entität entsprechende Eigenschaften ko-instanziiert. Dieser Zusammenhang wird später in Bezug auf die *Wirklichkeit* des Repräsentierten wieder aufgegriffen.

An diesen drei Merkmalen von repräsentierbaren Entitäten wird nun Folgendes sichtbar: „Repräsentiertes" bezeichnet *keine* metaphysische Klasse von Dingen wie Zahlen, Artefakte oder Lebewesen. Es ist eine epistemologische Kategorie, die schlicht dasjenige benennt, was potenziell veridisch repräsentiert werden kann.

III.3.2 Der Gehalt: Objekt/Referenz

Wir haben bereits demonstriert, dass zu einem intentionalen Zustand in anti-relationalistischer Verfassung das Repräsentierte als faktisches Relat nicht wesentlich zur Bezogenheit gehört. Wenden wir uns daher der Repräsentation selbst und dem Gehalt zu.

Jede Repräsentation besteht aus ihrem repräsentationalen *Gehalt* und aus dessen (materiellem) Träger (*vehicle*), der diesen Gehalt als funktionale Eigenschaft instanziiert. Repräsentationale Gehalte können als Antworten auf die folgenden Fragen verstanden werden, die intentionalen Zuständen bzw. den Tätigkeiten und deren Derivaten wesentlich und sinnvoll gestellt werden, zum Beispiel: „Was wird wahrgenommen, gedacht, erinnert?" „Wie stellt sich der Sachverhalt dar?", „Worum geht es in dem Buch, in der Rede, in dem Film?", „Was sieht das Tier?", „Wie schätzt sie die Lage ein?", „Woran denkst Du?" usw. (vgl. Searle 1983, 16). Gehalte setzen sich dabei aus zwei Strukturmomenten zusammen: *Erstens*, das „Worauf", „Wovon" und „Worüber", das als *Objekt* oder als *Gegenstand* des Gehalts namhaft gemacht werden kann. Das Objekt oder der Gegenstand repräsentieren den oder die Token eines Typs, sie beziehen sich auf ein oder mehrere Entitäten qua Einzeldinge. *Zweitens*, das „Wie“ als die Art und Weise, wie sich das, worüber der Gehalt handelt, darstellt, d.h. mittels welcher *Attribute* das Objekt näher *spezifiziert* wird. Ein Attribut repräsentiert den Typ von Token.

Um das Objekt (den Gegenstand) wird es im Folgenden gehen. Es markiert die eigentümliche *Gerichtetheit*, die seit Brentano (1874) als Merkmal der Intentionalität angesehen wird:

> Suppose that it is constitutive of the nature of intentionality that one could not exemplify such mental states as loving, hating, desiring, believing, judging, perceiving, hoping, and so on, unless there was *something* to be loved, hated, desired, believed, judged, perceived, hoped, and so on. If so, then it follows from the very nature of intentionality [...] that nothing could exhibit intentionality unless there were *objects* – intentional objects – that satisfied the property Brentano called intentional inexistence (Jacob 2019, Chap. 2).

(1) Diese Objektivität der Gehalte wird meist in Gestalt einer ***transzendierenden Intentionalität*** verstanden. Gehalte gehen *über* sich hinaus und richten sich auf etwas anderes: „Phenomena with intentionality point outside themselves, in effect to something else: whatever they are *of* or *about*“ (Dennett/Haugeland 2004, 481). Diese „Bedeutung“ wird allgemein anerkannt:

> Most philosophers agree that our concepts of mental representations involve, in some way, intentionality. [...] Intentionality (in this context) refers to *aboutness*. Thoughts, desires, ideas, experiences, etc. all *point to* other things, though they could also, it seems, point to themselves. [...] Typically, mental representations are about a variety of types of things, including properties, abstract entities, individuals, relations, and states of affairs (Ramsey 2007, 16).

Nun ist diese „power to ‚point' beyond itself“ (McGinn 1997, 302) problematisch, wenn wir sie relational verstehen – als wäre der Aspekt der Gerichtetheit oder der Referenz an einem Gehalt eine faktische Beziehung. Dann wäre die „intentionale Inexistenz“ (Brentano 1874, 115) ein tatsächliches In-Sein des Repräsentierten, sei es eine physische oder eine „mentale“ Entität. Wenn also der *content view* für die Gerichtetheit aufkommen will, muss „Objekt“ als das formale „Worauf“ oder „Worüber“ des Gehalts, nach Crane zwei Merkmale aufweisen:

> [S]ince intentional objects are what we think about, desire, or hope for, and we can think about or desire or hope for things that do not exist, it follows that some intentional objects do not exist. These can be called “mere intentional objects”. [...] my use of “object” here is just a stipulation meaning, *whatever it is on which your state of mind is directed* (Crane 2009, 476).

Mit dieser weiten Bestimmung soll der Tatsache Rechnung getragen werden, dass Gehalte *stets* einen Bezugspunkt aufweisen, der auf bestimmte Weise spezifiziert wird. Sieht der Frosch eine Fliege, dann hat er einen perzeptuellen Gehalt, der eine Gerichtetheit auf etwas anzeigt, das existieren kann oder nicht. Das Objekt bleibt erhalten, die Repräsentation handelt von „etwas," ohne dass der Existenzanspruch dieses Bezugspunkts (in deskriptiver Repräsentation) gleich miteingelöst wird: „Representation is [...] like shooting. Some shots do not hit anything, but they remain shootings" (Burge 2010, 45).

Wenn also Macbeth fragt: „Is this a dagger I see in front of me?" [58], – was würden wir ihm antworten? Wir würden normalsprachlich erwidern: „Nein, das was Du vor dir siehst, ist kein Dolch, sondern nichts als eine Erscheinung (ein Gehalt) deiner Halluzination. Der Gegenstand deiner Wahrnehmung, das, worauf Du dich beziehst, gibt es nicht. Du hast lediglich eine Dolch-Halluzination und diese behauptet sich selbst gegen deinen Tastsinn!". Macbeth sieht also weiterhin und hartnäckig *etwas*, auch wenn dieses etwas nicht existiert. Die Gerichtetheit ist keine faktische Relation. Das Objekt ist keine repräsentierte Entität, da eine solche *per definitionem* nicht das Vermögen besitzt, das Prädikat „existiert nicht" sinnvoll zu erfüllen. Nur das Objekt, das „etwas" der Gerichtetheit, hat diesen eigentümlichen Status.

Wie ist dieser Status zu verstehen? Da das Objekt sowohl Existenz als auch Nicht-Existenz gleichermaßen zulässt, weist es die bereits eingeführte Abweichungstoleranz auf. Daher liegt es nahe, eine *funktionale* Deutung ins Treffen zu führen, die einen Relationalismus und die Gefahr eines „inneren" Repräsentatums oder eine „Schattenentität" (Searle) vermeiden kann. Die Lösung liegt daher in einer *deflationären* oder *reduktionistischen* Interpretation von „intentionaler Gegenstand", die „Objekt" entdinglicht und als funktionalen Moment der Referenzbeziehung selbst ausweist. Diese Lösung wurde von Husserl entwickelt:

> Der Gegenstand ist ein intentionaler, das heißt, es ist ein Akt da mit einer bestimmt charakterisierten Intention [...] Der Gegenstand ist ein „bloß intentionaler", heißt natürlich nicht: er *existiert*, jedoch nur in der intentio (somit als ihr reelles Bestandstück), oder es existiert darin irgendein Schatten von ihm; sondern es heißt: die Intention, das einen so beschaffenen Gegenstand *„Meinen"* existiert, aber *nicht* der Gegenstand (Husserl 1984 [Hua XIX/1], 427; siehe auch 439).

In diesem deflationären Sinne muss der Ausdruck „intentionales Objekt" oder kurz: „Objekt" als „existenzneutral" (Erhard 2014, 58, 254) verstanden werden. „Objekt" bedeutet damit nur das funktionale „Worauf" oder „Wovon" eines Gehalts, ohne

58 „Is this a dagger which I see before me,/The handle toward my hand? Come, let me clutch thee./ I have thee not, and yet I see thee still./Art thou not, fatal vision, sensible/To feeling as to sight? or art thou but/A dagger of the mind, a false creation,/Proceeding from the heat-oppressed brain?" (Shakespeare 2008, II. Szene, 1. Akt)

dass wir damit dessen Existenz implizieren. Macbeths „dagger of the mind“ ist kein existierender Dolch in seinem Kopf, kein mentaler Dolch, sondern er ist als Objekt ein funktionaler Moment seiner Repräsentation.

Deshalb können wir das Objekt auch als das *Thema* oder die *Referenz* als Strukturmomente des Gehalts verstehen. „Thema“ meint kein Ding, sondern ist als Referenz eine funktionale und damit abweichungstolerante Funktion und ihre Ausübung. Verschiedene Entitäten können Thema oder Bezugspunkt einer Perspektive werden, ohne mit ihr identisch zu sein. Als ein solcher Strukturmoment führt „Objekt“ damit gerade keine besondere ontologische Verpflichtung für eine bestimmte Entität mit sich, wie auch Gilbert Ryle nüchtern feststellt:

> [T]he important sounding word "object" never did have any other positive function than to be a synonym for "subject-matter" or "remark-topic". The three phrases carry the same ontological burdens – namely none (Ryle 1973, 257).

Entscheidend für den besonderen Status des Objekts ist also, es selbst auf einen funktionalen Moment des Gehalts zurückzuführen, und dabei sparsamerweise keine zusätzlichen Entitäten einzuführen. So als gäbe es z.B. den Gehalt und dann noch das Objekt, das er repräsentiert. Das Objekt ist vielmehr das präsentierte Thema (die Referenz) *am* oder *im* Gehalt. Es ist nicht etwas, was zum Gehalt dazukommt, geschweige denn etwas, was repräsentiert wird. Das Objekt ist als Referenzpunkt vielmehr das, mit dem etwas (ein Token) repräsentiert wird. Es ist lediglich eine *Figur* oder ein *Schema* der Transzendenz, die als funktionale (antirelationale) keine faktische Beziehung darstellt. Das Objekt ist offen oder virtuell, was Entitäten betrifft. Der intentionale Gegenstand oder das repräsentationale Objekt ist so gesehen ein *Verfahren* repräsentationaler Systeme, nicht mehr und nicht weniger. Das Objekt meint die „Objektivität“ (Gegenständlichkeit) einer Repräsentation im primären Sinne und damit lediglich ein Ausgreifen oder Abzielen (*pointing*). Es bildet als *Worauf-* oder *Wovon*-Aspekt einen Moment der Gerichtetheit und damit des Gehalts. Dieser Objektfunktionalismus vermeidet eine relationalistische Deutung der Repräsentationsbeziehung.

(2) Doch das Objekt soll nicht allein den transzendierenden Aspekt der Gerichtetheit einfangen, dem wir später durch die Präsentationsstruktur weiter erhellen wollen. Er hat auch der ***partikularen Intentionalität***, also der „Zuspitzung“ oder „Pointierung“ an der Referenz Rechnung zu tragen. Dieser wird vom Begriff „Thema“ stärker gewichtet, während „Referenz“ mehr die Transzendierung an der Bezugnahme betont. Das Objekt als funktionaler Moment der Repräsentation hat demnach seine eigenen Veridikalitätsbedingungen. Es muss den zu repräsentierenden *Token* betreffen, der die zu repräsentierenden Typen instanziiert. Dieser vom Naiven Realisten als „Partikularität“ (siehe Brewer 2017) bezeichnete Zug aller

Intentionalität ist nicht nur deswegen bedeutend, weil (repräsentierbare) Typen wiederholt von verschiedenen Tokens instanziiert werden können. Auf Seiten desjenigen, was die Repräsentation in dieses *de re* – Verhältnis einbringt, jenseits z.B. von kausalen oder raumzeitlichen Kontextualisierungen, ist die Rolle des Objekts in Bezug auf die Attribute. Es fungiert dafür einmal als synchroner Einheitspunkt verschiedener Attribute, und einmal als diachroner „Identitätspol" durch den Wechsel von Attributen hindurch. Dazu gehört schließlich auch die „Polarisierung" einer Differenz zum Subjekt, die aber zum transzendierenden Schema des Objektivierungsverfahrens gehört.[59] Das Objekt als partikularer Moment sammelt oder gruppiert Attribute.

III.3.3 Der Gehalt: Attribut/Spezifikation

Kommen wir zum zweiten funktionalen Moment von Gehalten, der Art und Weise, wie das Objekt dargestellt wird. Ich will dabei zunächst auf (1) *Begriffsklärung* und (2) *Format* der Intensionalität (mit „s") eingehen und abschließend (3) ihre *Rolle im operativen Kontext* der Repräsentation erörtern.

(1) Beginnen wir mit einer **Begriffsklärung**: Wenn wir die Plastizität der Token annehmen, dann können wir nicht wissen, welche Typen von Entitäten für ein Repräsentationssystem relevant sind, und damit welche Attribute einem Objekt zugeordnet werden. Wenn es keine Repräsentation eines „bare particular" in Form eines Objekts schlechthin geben kann, dann müssen wir im Gehalt immer auch eine Art „Matrix" (Palmer 2018, 55) annehmen. Diese filtert einzelne Typen gesondert heraus, ist nicht sensitiv für andere und kann sie oft auch nicht repräsentieren. Diese Form der *Intensionalität* des intentionalen Gehalts soll als *Spezifikation* des Zu-Repräsentierenden namhaft gemacht werden.[60]

Wegmarke dieses spezifizierenden Moments von Gehalten ist neben Gottlob Freges Terminus „Sinn" (Frege 1892) auch Husserls daran anknüpfender Begriff der „Materie" als „Auffassungssinn" (Hua 1984, [XIX/1], 430). Burge (2010, 30) spricht von „Attribution" (siehe auch Roy 2015, 107; Hutto/Myin 2013, 102); Searle (1993, 152) von

59 Idee und Begriff einer konstitutiven „Polarisierung" von Subjekt und Objekt in zwei korrelative „Identitätspole" innerhalb der Repräsentation stammen von Husserl, siehe Husserl (1973 [Hua I]), 79-83, 100.

60 Siehe Searle 1983, 12; Haugeland 1990, 384; Roy 2015, 107. Zum Begriff „Intensionalität" siehe Chisholm 1957 und Quine 1960, die dabei an Frege (1982) anknüpfen. „Intensionalität" ist hier bereits als eine Eigenschaft repräsentationaler Zustände definiert (siehe Neander 2006, 169) und nicht erst Sätzen vorbehalten, die über Repräsentationen handeln: „Intensionality-with-an-s is a property of a certain class of sentences, statements, and other linguistic entities" (Searle 1983, 22).

„Aspektgestalt“, so auch Dretske (1988, 64). Die letzten beiden Termini sollen hier übernommen werden: Um spezifizierend zu repräsentieren, werden einem Objekt *Attribute* wie 2 cm lang, Fliegengestalt oder Rechts-vor-Links zugeordnet, kraft derer sich ein Objekt immer in bestimmter *Aspektgestalt* präsentiert. Sowie der Gehalt immer ein Thema aufweist, so ist dieses Thema stets in bestimmter Hinsicht angeschnitten. Es wird stets *als* F (oder als G, als H) repräsentiert, was einem jeweiligen Typ eines Tokens entspricht. Die Attribute bestimmen daher wesentlich das funktionale Anforderungsprofil mit, das ein Token eines Typs zu erfüllen hat.

Das intensionale Kriterium geht auf Freges (1892) bahnbrechender Unterscheidung zwischen „Sinn“ und „Bedeutung“ zurück. Wenn Brentano der Vater des Intentionalitätsbegriffs ist, dann kann Frege – in historischer Nähe – als der Archeget des Intensionalitätsbegriffs gelten. Freges Motivation waren Identitäts- oder Wiedererkennungssätze wie „Der Morgenstern ist der Abendstern“ (a=b). Diese sind nicht einfach tautologisch, (a=a), sondern bilden einen Unterschied im „Erkenntniswert“ ab. Ich *lerne* etwas *dazu*, wenn ich jenen Satz verstehe, und ich besitze die geistige Fähigkeit, dasselbe Token (die Venus) veridisch einmal *als* F (Abendstern) und ein anderes Mal *als* G (Morgenstern) zu repräsentieren. Es geht also darum, etwas in verschiedenen Typen *wiederzuerkennen* sowie *aufschlussreiche* Schlussfolgerungen von Aussagen über (a) auf Aussagen über (b) et vice versa zu ziehen. Dies alles ist nur dann möglich, wenn sich ko-extensionale bzw. ko-referentielle Ausdrücke von etwas unterscheiden. Dieses unterscheidende Moment nennt Frege ihren „Sinn“, der neben ihrem „Erkenntniswert“ auch eine „Art des Gegebenseins“ von Gegenständen und Begriffen für jemanden explizit machen. Aufgrund des Sinns lassen sich nicht *salva veritate* Beobachtungssätze in Bezug auf referentielle Zustände durch synonyme Ausdrücke verändern. Denn es kann sein, dass ein Gehalt vorliegt, in welchem die Venus zwar *als Morgenstern*, aber nicht *als Abendstern* repräsentiert ist. Das Anforderungsprofil des ersten Satzes wird nicht durch das Profil des zweiten Satzes erfüllt.

Dass dieser „Extensionalitätstest“ und die damit gezeigte Relevanz des intensionalen Moments des Gehalts zentral ist, darüber besteht seit Frege ein Konsens. Wie genau aber diese Spezifikation verstanden werden soll, da scheiden sich jedoch die Geister:

(a) In einem allgemeinen Sinn wird Spezifikation als *Selektion* verstanden. Das heißt die Art und Weise, wie ein Gehalt repräsentiert, bestimmt sich allein dadurch, *welche* Eigenschaften seitens der Referenz „aufgelesen“ (*pick out*) werden. Deshalb besteht die Aspektgestalt eines Gehalts, die Spezifizierung der Entitäten, darin, einen *Ausschnitt* der Referenz zu liefern. Gehalte sind in diesem Verständnis nur dann verschieden, wenn die ausgewählten Eigenschaften oder Relationen *verschiedene* sind. Das gilt auch dann, wenn ihre Beschreibungen (zufällig) ko-extensional sind (vgl. Dretske 2000, 211-213).

> Different descriptions can pick out the same success condition, e.g. *fly at (x,y,z)* or *fly at my favorite location* pick out the same success condition (assuming I particularly like location (x,y,z) for some reason). Where the property picked out differs, the success conditions are different, even if those properties happen to have the same extension, e.g. *renate animal at (x,y,z) ≠ chordate animal at (x,y,z)* (Shea 2018, 149; 88).

Intensionalität besitzt in diesem Verständnis lediglich die Aufgabe, die richtigen Eigenschaften (und die damit verbundenen Veridikalitätsbedingungen) aufzulesen. Die Referenz – *welche* Eigenschaft sie auswählt – bestimmt das spezifizierende Element. Das intensionale „als" ist demnach also nichts anderes als der Ausschnitt. Es ist die Eingrenzung bzw. die Ausweitung des Referenz-Skopus. Deshalb ist auch vom „Referenzgehalt" (*referential content*) die Rede (siehe Neander 2017, 15; Shea 2018, 220).

(b) In einem besonderen, „fregeanisch" genannten Sinn wird Spezifikation dadurch bestimmt, *welche* Eigenschaft mit welcher *Gegebenheitsweise* („mode of presentation") wie ausgewählt („how those properties and particulars are picked out", Zitat Shea).[61] Wir können das *hyperintensionale* Spezifikation nennen. In diesem Sinne ist es also gerade nicht gleichgültig, mittels welcher Beschreibung eine Eigenschaft ausgewählt wird. Um Sheas Beispiel aufzugreifen: Fliege in Position (1,2,3) und Fliege auf meiner Lieblingsposition bilden hier *verschiedene* Attribute. Ihre Beschreibungen können also in intensionalen Kontexten nicht *salva veritate* substituiert werden. Hier sind die darstellenden Attribute *feinkörniger* als die Eigenschaften, die sie auslesen. Nur die richtige Eigenschaft aufzulesen, d.h. ihren Ausschnitt einzugrenzen, ganz gleich, wie die herausgegriffene Eigenschaft einem Individuum vorkommt, ist demnach also noch nicht hinreichend, um die Veridikalitätsbedingungen festzulegen.

Wie beide Verwendungsweisen genau zusammenhängen, kann hier nicht ausführlich diskutiert werden. Zumindest *prima facie* scheint es keinen wesentlichen, sondern nur einen graduellen Unterschied der *Körnigkeit* zu geben, der sich an der Frage zeigt, welche Art von Relationen und Eigenschaften in den Referenzgehalt mit einfließen sollen. Freges Unterschied lässt sich auch mit (a) so lesen, dass der Abendstern und der Morgenstern zwar dasselbe Token betreffen, dieser aber unterschiedliche Typen in Form verschiedener astronomischer Konstellationen ausbildet. Neander (2017, 171-174) zeigt dies erhellend am Sehen eines Quadrats in verschiedener Relation zum räumlichen Kontext, einmal auf einer Seite ruhend, und ein anderes Mal auf einer Kante stehend (siehe Abbildungen A.1). Hier werden zwei Objekten die visuellen Attribute quadratisch und von Größe F, ferner blau, etc. zugeordnet.

61 (Frege 1892, Husserl 1984 [XIX/1], 432ff; Haugeland 1990, 384; Burge 2010, 34-38

Abbildung A.1.1: Quadrat auf Ecke stehend

Abbildung A.1.2: Quadrat auf Seite liegend

Frege zitierend, haben beide Gehalte für Neander zwar einen unterschiedlichen „Erkenntniswert" (*cognitive significance*). Aber dieser gehe ihr zufolge *nicht* darauf zurück, dass in beiden Fällen *dasselbe* (die Quadratgestalt bestimmter Größe) gesehen wäre, damit die Referenzgehalte identisch, die Gegebenheitsweise jedoch anders sei. Vielmehr würde die Wahrnehmung auch den verschiedenen räumlichen Konstellationen in beiden Fällen Rechnung tragen. So wären auch die jeweiligen Referenzgehalte des Betrachters beim Betrachten der Quadrate in A.1.1 und A.1.2 verschiedene. Dieses Räsonnement bekräftigt, dass die Körnigkeit der Spezifikation auf dem Skopus der Selektion beruht.

Einleuchtender für (b) scheint dagegen Burges Prototyp für die Annahme fregeanischer Gehalte: Wahrnehmungskonstanten, z.B. dieselbe Gestalt in verschiedenen Orientierungen zu sehen (Burge 2010, 34-38). So legt die Fähigkeit, die runde Gestalt einer Münze zum Zeitpunkt t^1 bei Schrägstellung zum Zeitpunkt t^2 weiterhin, aber in „elliptischer Weise" zu sehen, die Interpretation nahe, dass jene verschiedenen Konstellationen zwar bestehen können – die Münze in t^2 instanziiert eine andere Orientierung als zu t^1 und daher einen anderen Typ. Dennoch aber bewirken die Typen im System durch verschiedene proximale Stimulationen einen Unterschied, den wir nicht in den Referenzgehalt hineinlegen wollen: Die Münze wird in t^1 und t^2 konstant als rund und nicht als elliptisch charakterisiert. Der Unterschied von t^1 und t^2 lässt sich daher mit der „Art der Gegebenheit" eines bestimmten Typs (runde Gestalt) verstehen. Zumindest dann würde Freges Verknüpfung der Aspektgestalt mit einem „Erkenntniswert" seine Erklärungskraft auch und gerade in der Beschreibung entfalten, wie ein bestimmter Typ (eines Tokens) unterschiedlich repräsentiert wird, und nicht wie dasselbe Token durch verschiedene Typen hindurch wiederzuerkennen ist. Hyperintensionale Spezifikation scheint also in Wahrnehmungskonstanten und damit in sehr basalen Repräsentationssystemen eine nicht unwesentliche Funktion zu haben.

Ein letzter Punkt soll ebenfalls herausstellen, dass die „Art der Gegebenheit" eben keine reine phänomenologische oder sprachliche Angelegenheit ist. Wenn wir davon ausgehen, dass viele, wenn nicht alle Repräsentationen auch kraft struktureller Entsprechungen repräsentieren, dann können wir mit dem Wahrnehmungspsychologen Stephen Palmer (2018) in diesen Entsprechungen den Vorzug erkennen, dasselbe äußere Verhältnis auf unterschiedliche Weise abzubilden (siehe Palmer 2018, 51 für Beispiele). Man denke z.B. an eine Höhenkarte zur (derivativen) Repräsentation von Topografien eines Geländes, die Farben anstelle von Höhenlinien und ihren Abständen zueinander einsetzt, wie es die Abbildungen A.2[62] illustrieren:

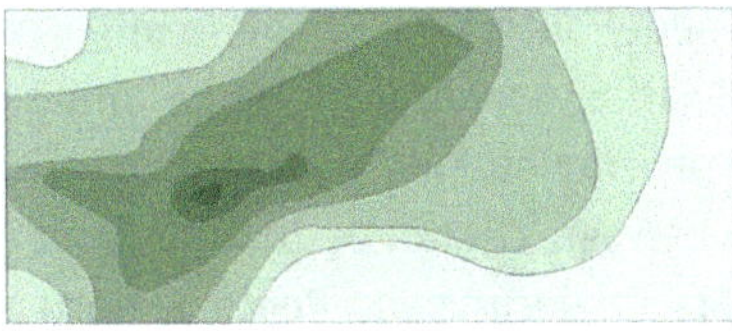

Abbildung A.2.1: Höhen-Repräsentation durch Farbe.

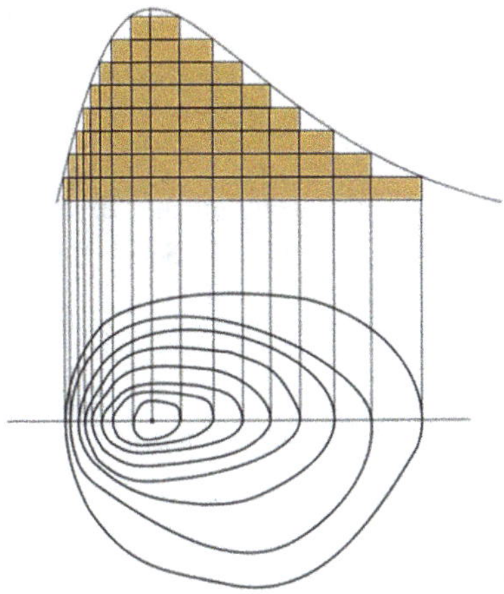

Abbildung A.2.2: Höhen-Repräsentation durch Linien

Quelle: https://commons.wikimedia.org/wiki/Category:Contour_lines_(cartography)?uselang=de (Abgerufen 30.9.2022).

Damit haben wir ein weiteres Argument für hyperintensionale Spezifikationen: Diese erlauben erst die Vielfalt, Flexibilität und Kreativität, wie unterschiedliche repräsentationale Systeme im Tierreich /und in künstlichen Netzwerken) etwas darstellen.

(2) Kommen wir zum **Format** der Spezifikation: Wir haben im Vorfeld bereits herausgestellt, was sich an den Beispielen wieder gezeigt hat: Attribute kommen normalerweise nicht alleinstehend in einem Gehalt vor, sondern bilden eine *Konfiguration* von Attributen, die eine Konstellation auf der Entitätsseite repräsentiert. Der Wahrnehmungsgehalt, den der Leser beim Betrachten der oben abgebildeten Figuren der Abbildungen A.1 normalerweise hat, ist über etwas *als quadratisch, als von Größe F, als blau, etc.* und zwar nicht schlicht summierend oder getrennt ne-

62 Nota bene: Die beiden Grafiken bilden nicht dasselbe Terrain ab.

beneinander, sondern in komplexem wie dynamischen Zusammenhängen. Dieselbe Verflechtung von Attributen wird auch in den Abbildungen A.2 sichtbar. Der Ausdruck „Konfiguration“ soll gerade auch betonen, dass das System Attribute um das Objekt als „Identitätspol“ und Schwerpunkt gruppiert, und dabei eine regelhafte und stets spezifische Ordnung instanziiert. Das Objekt hat also eine zentrale Stellung nicht nur als Thema und partikulares Moment, sondern auch als Zentrum der Attribute.

Dieser Befund ist nicht allein phänomenologisch beschreibbar oder auf die Plastizität der Entitäten rückführbar, sondern bildet auch eine Prämisse in kognitionswissenschaftlicher Praxis: Der visuelle Gehalt einer jagenden Kröte umfasst der Literatur nach stets „Konfigurationen“ von Attributen (Neander 2017, 105; Wachowitz/Ewert 1996, 881f), z.B. eine soundso bewegte Gestalt bestimmter Größe. Diese Konfiguration von Attributen, die einer Spezifizierung von Repräsentiertem entspricht, ist wohl kein Sonderfall. Es ist vielmehr die Regel. Nach Burge (2018, 96) kommen gerade perzeptuelle Attribute „im Packet“, während sprachliche Repräsentationen stärkere Abstraktionsgrade besitzen.[63] Das propositionale Urteil Die Autofahrerin sieht den Zebrastreifen gibt die Konfiguration der zahlreichen verschiedenen Attribute, die den perzeptuellen Gehalt der Autofahrerin bestimmt, nur sehr abstrakt wieder. Sie sieht nicht nur den Zebrastreifen, sondern seine konkrete Farbe, Form, Größe und Umgebung. Auch der Referenzskopus im sprachlich-begrifflichen verfassten Beobachtungssatz: Der Frosch sieht eine Fliegengestalt blendet allein auf die Fliegengestalt ab, während der *perzeptuelle* Gehalt des Frosches die Fliegengestalt nicht nur visuell (und nicht auf Deutsch oder Englisch) wiedergibt, sondern auch immer zusammen mit anderen Attributen. Beide Unterschiede machen primär den nicht-begrifflichen Gehalt (*non-conceptual content*) der Wahrnehmung aus (siehe Heck 2000, 489). Der Frosch kann die Gestalt der Fliege nur mit ihrer Oberfläche und Farbe repräsentieren, die wiederum immer schon bestimmten Lokalitäten zugeordnet werden. Diese vielfältige Einbettung und Zusammengehörigkeit von Attributen gilt auch für andere Modalitäten: Ein Vogel kann keinen Vogelruf hören, ohne die Konstellation eines Tonhöhenverlaufs zu vernehmen, der ein bestimmtes Timbre, eine Dauer, einen Rhythmus, einen Ort, etc. aufweist. Das Objekt des auditiven Systems umfasst der Hörpsychologie nach stets einen einheitlichen Kanal oder eine Spur (*channel*), die als eine Gruppierung verschiedener Typen (*perceptual grouping*) auftritt. Diese Typen sind ihrerseits wiederum Teil einer auditorischen „Szene“ (*auditory scene)* (siehe Bregman 1990, 9; Winkler/Schröger 2015, 11). Dabei fallen diese Attribute nicht auseinander und

63 Zu diesem *feature-binding* als allgemeines Charakteristikum der Wahrnehmung siehe: Treisman 1998, und Salva et al. 2014, Matthen 2005, 272; Batty 2010, 515.

stehen auch nicht als erneute Objekte assoziativ nebeneinander. Stattdessen werden sie von einem Objekt „ko-prädiziert“ (Matthen 2005, 272). Sie bilden nach Bregman eine Konfiguration, deren Genese dem „Prinzip der Zugehörigkeit“ (*Belongingness*) folgt: Repräsentationssysteme sind immer mit der Aufgabe konfrontiert, herauszufinden, welche Muster typischerweise zusammengehören, und welche getrennt auftreten (siehe Bregman 1990, 12).

Sensorische Gehalte dürfen folglich nicht künstlich abstrahiert und damit „atomisiert“ werden, nur weil ihre sprachliche Rekonstruktion durch die Wissenschaft äußerst feinkörnig sein kann. Ihre Beschreibung muss den Konfigurationen entsprechen, in denen sensorische Attribute regelhaft eingebunden sind. Dies wiederum ist an der Plastizität von Entitäten und an ihren Konstellationen orientiert.[64]

(3) Abschließend und hauptsächlich muss uns die Frage beschäftigen: Was ist **die Rolle der Spezifikation (als Selektion)** im operativen Kontext? Die Literatur hat sich bislang erstaunlich wenig explizit um diese Frage gekümmert. Ausnahmen davon sind einige Stimmen, die hier zu Wort kommen sollen. Die Existenz von „Aspektgestalten“ wird fast immer einfach vorausgesetzt. Die bisherigen ontologischen Überlegungen liefern einen Ansatz: Wenn Token plastisch vorkommen, also eine Vielzahl von Eigenschaften mitführen, die sich gegenseitig stützen wie beeinflussen (z.B. Flächen und Farben, Gestalten und Größen, räumliche Positionen, etc.) und deswegen kein Attribut alleinstehend und in *splendid isolation* von anderen Attribution auftaucht, dann ist die Funktion der Spezifikation eine zweifache: Sie besorgt (a) sowohl eine *Reduktion* des Tokens auf bestimmte Typen in Form von Mustern als auch (b) eine *Generalisierung* dieser Muster angesichts verschiedener Konstellationen der Tokens. Beide Funktionen sollen im Folgenden expliziert werden.

Zu (a): Wenn die Spezifikation eine Charakterisierung ist, dann gehört zu jeder Charakterisierung eine *Reduktion* auf bestimmte Muster. Diese „schematische“ Reduktion ist eine Grundlage aller Verhaltensforschung und beginnt bereits mit einfachen sensorischen Reflexen (siehe Lorenz 1978, 122-124). Sie kann auch als „Kodierung“ verstanden werden, was besonders in der Kognitionswissenschaft eine gängige Praxis darstellt (siehe Clark 1997, 147; Frisby/Stone 2010, 3, 18; Hartley et al. 2014). Ist das sensorische System des Frosches in der Evolutionsgeschichte mit Fliegengestalten konfrontiert, dann wirken sich durch bestimmte Medien wie Licht im Laufe der Fähigkeitsbildung bestimmte Muster des Fliegentokens auf das System aus. Andere hingegen bleiben wirkungslos. Dies ist umso erstaunlicher, insofern das

64 Wie eine genuine „Semantik“ perzeptueller Gehalte möglich ist, die sich gegen die Abstrahierungen (und Verzerrungen) von Propositionen behauptet, zeigt Burge (siehe Burge 2022).

Froschsystem mit einer Überfülle an Mustern konfrontiert ist, die mit dem Fliegentoken, dem Licht und seinem Einfluss auf den Frosch einhergehen. Mit dieser Überfülle entsteht ein Problem „kombinatorischer Explosion“ (Haugeland 1985, 178, Dennett 1987, 35), mit dem gerade die Entwicklung künstlicher Intelligenz zu kämpfen hat: Wie kann ein System festlegen, *auf was es ankommt*?[65] Dabei muss jeder repräsentationale Gehalt einer Wahrnehmung, einer Erinnerung, einer Antizipation, usw. eine filternde Matrix (einen *frame*) aufweisen. Diese ermöglicht es dem Lebewesen die erschlagende Fülle und Ansatzlosigkeit der vielfältigen Umwelteventualitäten zu reduzieren, um erst „informativ“ zu sein. Das heißt: Die *charakterisierende Informativität* eines Gehalts wurzelt in der Fähigkeit, immer sehr viel auszusparen und „auf den Punkt“ zu bringen.

Weglassen- und Ignorierenkönnen sind also für die Informativität von Spezifikationen von entscheidender Bedeutung. Der Skopus der Referenzialität muss scharf gestellt sein und in seinem Ausschnitt nur bestimmte Muster herausfiltern oder komprimieren. Repräsentationen sind äußere Regelmäßigkeiten in komprimierter, struktureller Abbildung. Sie sind elegante Formatierungen unhandlicher „Daten“ in Form dessen, was beständig auf den Organismus einwirkt. Stabilitäts- und Diskriminierungsgrad der Repräsentation müssen sich dabei in den Enkodierungen die Waage halten. Das ist ein Leitsatz bei der Investigation kognitiver Systeme und ihrer Operationen. So fordern die Kognitionswissenschaftler um Dylan Barnes:

> The need for perceptual discrimination must be balanced with the need for perceptual stability. Without an ability *to ignore* some differences between input patterns, nearly all experiences would be unique [...] Computational modeling and experimental data suggest that some cortical circuits balance discrimination and stability through the network emergent functions of *pattern* (Barnes et al. 2008, 1378; Kursiv A.W.).

Der Begriff „Muster“ soll die Balance von Stabilitäts- und Diskriminierungsgrad ausdrücken, die für die charakterisierende Informativität in Gestalt von Reduktion und damit auch von Ignoranz nötig ist. Ohne solche *de dicto* in die Systeme „eingeschriebene“ Muster und Formen wäre Zielsicherheit, Schnelligkeit und gegebenenfalls Flexibilität erfolgreichen Verhaltens der jeweiligen Individuen trotz der

65 Zu diesem „Rahmenproblem“ (*frame problem*), wie ein repräsentationales System aus allen möglichen Repräsentata die *relevanten* von den *irrelevanten* scheidet, ohne in einen infiniten Regress der Repräsentation relevanter Repräsentation zu geraten, siehe Fodor 2008, 101-118 und Wheeler 2005, 179; Das Problem findet sich aber bereits bei Heidegger (2006, 69): „Der nur ‚theoretisch‘ hinsehende Blick auf Dinge entbehrt das Verstehen von Zuhandenheit“, wobei „Zuhandenheit“ einen Begegungscharakter relevanter Ansatzpunkte meint, der nur für ein jeweiliges „Dasein“ besteht, dem es wesentlich *um etwas* (sich selbst) *geht* (vgl. Heidegger 2006, 193).

Unübersichtlichkeit und Fluktuation der Lage nicht gut erklärbar. Die Stabilität besitzt dabei auch eine gewisse Hartnäckigkeit. Denn sie hält sich an die eingeprägten, bewährten Muster, was Irrtümer nicht nur einhegt, sondern auch befördert. Das zeigt, dass zum Begriff des Musters im Zuge der Reduktion auch immer zwangsläufig eine *schematische* Natur gehört, die sich als Stereotype, Schablonen, Systeme, Ideale, Phrasen, etc. in allen Repräsentationsformen artikuliert, um Stabilität zu gewährleisten (siehe Haugeland 1991, 63). Attribute sind daher *reduktive Schemata.*

Diese Schemata sind selbst wieder interne Muster, die externe Muster der Entitätstypen mittels struktureller und kausaler Beziehungen aufnehmen und bewahren: „[T]h internal representation preserves information about the external world by virtue of having a similar structure“ (Palmer 1999, 77). Im Zuge dieser *Musterbewahrung* bleiben beispielsweise bei Karten relationale Verhältnisse des Repräsentierten durch die Verhältnisse innerhalb des Repräsentierenden erhalten:

> The utility of a map thus depends on the existence of a resemblance relation that takes points on the map into locations in the world in such a way that the spatial relations among the locations is *preserved* in the spatial relations among the points (O'Brien/Opie 2004, 10).

Diese *strukturalistische* Komponente der Muster-Schematisierung und der Repräsentation wird noch eingehender behandelt. Sie bildet aber lediglich eine spezifische Form, in der sich die Reduktion und die Wiedergabe von Mustern vollziehen kann. Ein generelles Verständnis von Mustererkennung ist nötig, um Attribute zu spezifizieren.

Dennett ist einer der wenigen Philosophen, der ausgehend vom intentionalen Standpunkt und von dessen Vorhersagekraft die ontologische Fundierung von Repräsentation durch Muster und Muster-Reduktion eigens herausgestellt hat: „The success of folk-psychological prediction, like the success of any prediction, depends on there being some order or pattern in the world to exploit“ (Dennett 1991a, 30).

Die Muster zeigen sich demnach nicht-lokal auf der Verhaltensebene, in „a reality diffused in the behavioral dispositions of the brain (and body)“ (Dennett 1991a, 45). Dennetts Position, Intentionalität an „realen Mustern“ wird, wenn auch nicht ohne Spott, „Patternalism“ (Jacob 1997, 17) oder „Surface Metaphysics“ (Seager 2000, 123) genannt. Auch wenn er meist als Instrumentalist charakterisiert wird, versteht Dennett die Muster als *realistisch* fundiert: Sie müssen „entdeckt“ oder „übersehen“ werden, sie sind kausal effektiv, begründen Fähigkeiten und stellen Korrespondenzbeziehungen her. Selbst wenn er hier selbst nicht immer klar unterscheidet, da die Realität der Muster an ihre Entdeckbarkeit gebunden zu sein scheint.[66] Dennett (1991a, 32) zufolge zeigen sich Muster in enkodierenden Systemen: Daten, wie z.B. eine Anzahl an Pixeln in einer Pixelgraphik („bit map") oder eine Reihe von Zahlen, enthalten dann ein Muster, wenn sie nicht „zufällig" bzw. „willkürlich" (*random*) angeordnet sind. Dieser Umstand liegt Dennett zufolge dann vor, wenn die Daten nicht eine Information enthalten, die durch Komprimierung auf eine kürzere, effektivere Version als die „wörtliche Wiedergabe" (*bit map*) reduzierbar ist. Das lässt sich an einem einfachen Beispiel verdeutlichen: Die *bit map* der Zahlenreihe „1010101010101010" enthält (mindestens) ein schnell sichtbares Muster. Sie ist dabei nicht zufällig strukturiert, weil sie (unter anderem) auf die algorithmische Regel „Alterniere 1 und 0" effizient reduziert werden kann. Das System reproduziert nicht einfach 1:1 die Input-Daten und gibt damit die gesamte *bit map* wieder, sondern gibt als Output gewissermaßen eine *Pointe* ihrer Struktur wieder. Jedes Schema funktioniert auf diese Weise: Nicht erst bei Karten und Modellen. Bereits beim Umgang mit den diffusen sensorischen Inputs, die die Froschnetzhaut empfängt, werden auf einen Code oder auf ein Muster, das mit Fliegengestalten korreliert, pointiert reduziert. Der Rest wird als „Noise" und Redundanz ausgeblendet.

An diesen Beispielen können wir nicht nur erkennen, dass verschiedene Muster herausgeschnitten werden, indem der Skopus verändert, und andere Konfigurationen generiert werden (z.B. die Alternation von „101" mit „010" als Muster in der Zahlenreihe). Wir können vor allem auch das immense Problem „kombinatorischer Explosion" begreifen, wenn wir uns eine viel diffusere Datenmenge, z.B. 189276474844920222 vorstellen, in der für ein System kein oder nur ein sehr schwierig zu eruierendes Muster verborgen ist. Schon Wahrnehmungssysteme sind meist mit komplexen Inputs solcher Komplexität konfrontiert und müssen sich entsprechender Schemata bedienen, die sich dann zu (irrtumsanfälligen oder völlig halluzinatorischen) Attributen ausprägen. Deshalb ist hier auch das genannte „Prinzip der Zugehörigkeit" von entscheidender Bedeutung.

Nun scheinen jedoch gerade diese Komplikationen zu zeigen, dass Reduktion *per se* nur ein notwendiges, aber kein hinreichendes Kriterium für die repräsentationale Rolle sein kann. Denn der Prozess der Datenkomprimierung (z.B. bei MP3 auf menschlich hörbare Frequenzen), der damit einhergeht, scheint ein gängiges Sparsamkeitsprinzip auch nicht-repräsentationaler Mechanismen zu sein. Die darstellende Spezifikation von etwas mittels Attributen scheint sich hier noch nicht abzuzeichnen.

66 Siehe Dennett 1987, 37-39, 43; Dennett 1991a, 50; Dennett 2009; Zur Diskussion siehe Seager 2000; Ramsey 2007, 98; Aizawa/Adams 2005.

(b) Das führt uns zum nächsten Punkt, den der *Generalisierung* oder *Kategorisierung* durch Spezifikation.[67] Attribute fungieren, wie demonstriert, als reduktive Schemata. Nun liegt die Pointe von Schemata nicht nur in ihrer vereinfachenden, sondern auch in ihrer verallgemeinernden Kraft und Anwendbarkeit, die sowohl der Stabilität als auch der Diskriminierungspotenz von Mustern Rechnung trägt. Wenn wir sowohl von der Konstellation von Entitäten und ihrer Wechselwirkungen aufeinander (z.B. in Wahrnehmungskonstanten) und der damit einhergehenden Komplikation von Input-Mustern ausgehen, dann gilt zumindest in prototypischen Repräsentationen folgende Hypothese: Ein System muss nur dann die Fähigkeit ausbilden, einen Entitätstyp zu spezifizieren, wenn dieser in verschiedenen Versionen oder Ausprägungen, die auf verschiedene Konstellationen zurückzuführen sind, in den Input-Mustern des Systems auftritt. Das System muss daher fähig sein, diese verschiedenen Versionen und Ausprägungen zu kategorisieren.[68] Demnach gilt: Wenn z.B. ein visuelles System in Grafik A.1 (siehe oben) das Blau-Sein der Quadrate repräsentiert, dann kann es dieses Blau-Sein nur dann repräsentieren und verfügt nur dann über das Attribut blau, wenn es dieses Attribut auf *mehrere* Objekte in *verschiedenen* Konfigurationen anwenden kann. Dahinter steht die Intuition, dass mit Attributen qua Schemata und den damit verbundenen Fähigkeiten eine verallgemeinernde und damit komplexitätsreduzierende Funktion einhergehen muss, um ihre Zuschreibung und ihre Erklärungskraft zu begründen. Repräsentiert das System die beiden Figuren hinsichtlich ihrer Farbe als unterschiedlich, besitzt es nicht das die jeweilige Farbe spezifizierende Attribut blau. Denn es kann das Blau-Sein nicht generalisieren, wenn sich die Konstellationen geringfügig ändern. Es „verliert" oder „übersieht" das Blau-Muster im Wechsel zwischen beiden Objekten. Dann kann aber nicht mehr von einer wiederholbaren und virtuellen *Fähigkeit* die Rede sein, Blau-Sein zu repräsentieren, wenn Blau-Sein als Typ und als reales Muster nun einmal in verschiedenen Konstellationen der Wirklichkeit existiert (an verschiedenen Körpern vorkommt) und dadurch seine charakteristische Statur behält. Dasselbe beim Beispiel der Münze: Ist ein visuelles System fähig, die runde Gestalt *als solche* zu sehen, dann verliert das System diese Fähigkeit auch dann nicht, wenn die Münze bei Schrägstellung in einer „elliptischen" Version in die proximalen Input-Daten eingeht, was sehr unterschiedliche Muster produziert. Pathologische Fälle, in denen Patienten sich überrascht zeigen, dass die Münzgestalt sich plötzlich bei Neigung elliptisch verbiege (siehe O'Regan/Noë 2001, 942) zeigen gerade, dass hier die einschlägige Fähigkeit verloren gegangen ist. Fälle im Nor-

67 Siehe Pylyshyn 1985, 7; Dennett 1987, 25; Sterelny 1995, 258; Newen/Bartels 2007, 285.

68 „Stimulus generalization is the process of generalizing stimuli into perceptual equivalence classes" (Newen/Bartels 2007, 292).

malbereich, d.h. im Bereich belastbarer Abweichungstoleranz, zeigen diese Fähigkeit gerade dann, wenn sie in einer gewissen Quote *irrtümlich* ausgeübt wird: Die Kategorisierung schlägt fehl, weil bestimmte Versionen eines Typs nicht als solche inkludiert werden.

Albert Newen und Andreas Bartels haben diese Einsicht wie folgt formuliert:

> If a system can only represent the redness of one kind of object – e.g., of cars but not of tables, chairs, houses, etc. – then it is not able to classify the property of being red, and can only discriminate red-car-situations. Furthermore, if the cognitive system can only discriminate the property of redness of a car but cannot distinguish some other property of the same object—e.g., having wheels, having a special form, being (mainly) made of metal – then it makes no sense to claim that the system is able to classify an object (Newen/Bartels 2007, 296).

Dass solche generalisierenden Fähigkeiten und ihre Verfahren nicht trivial sind, soll abschließend nicht nur das Beispiel komplexer Zahlenreihen oder der Wahrnehmungskonstanz illustrieren, sondern auch der Vergleich mit Systemen künstlicher Intelligenz. Wenn Input-Daten in verschiedenen Versionen auftreten, kommt es zum Problem der „kombinatorischen Explosion". Das mag z.B. die folgende Ziffernreihe: 2, **2**,2,2,2, 2, 2, **2**, 2... verdeutlichen, die an der Netzhaut des Lesers recht unterschiedliche Input-Daten in Bezug auf die Form der Buchstaben, Versionen von „2" generiert, aber dennoch konstant als eine Folge der invarianten Gestalt der Ziffer „2" repräsentiert wird. Hier findet eine elegante wie selbstverständliche Reduktion statt. Sie kann jedoch, bei Ausweitung der Datenmenge und der relevanten Muster, als *die* Herausforderung für alle repräsentationalen bzw. intelligenten Systeme gelten, bei deren Bewältigung natürliche Systeme den künstlichen (noch) weit überlegen sind (siehe „Rahmenproblem" oben). *Touring-Tests* bedienen sich genau dieser reduktiven Generalisierungsverfahren und ihrer Schemata zur Mustererkennung, um herauszufinden, ob ein Benutzer ein Roboter bzw. Bot oder ein Mensch ist und wie fortgeschritten eine KI-Anwendung ist. Ein bekanntes Alltagsbeispiel ist die Verwendung von Touring-Tests im Internet (sog. „CAPTCHA"[69]), die Buchstaben in verzerrter Form oder Bilder verschiedener oder unvollständiger Ausführungen von Gegenständen wie Autos oder Verkehrsschilder präsentieren und uns entsprechende Handlungsanweisungen geben. Folgende Grafiken A.3 illustrieren diese Tests:

Diese Tests eruieren die beschriebene Kompetenz der Spezifikation, Muster von Typen (hier: Gestalten von Buchstaben und Ziffern) in verschiedenen Versionen durch verschiedene Instanziierungen und in der unübersichtlichen Vielfalt akzidenteller Begleitumstände und fluktuierender Stimuli erkennen zu können. Sie

69 completely automated public Turing test to tell computers and humans apart

Abbildungen A.3.1 und A.3.2: Captcha-Touring-Tests
Quelle Abbildungen A.3: https://commons.wikimedia.org/wiki/Category:Captcha?uselang=de (Abgerufen 15.9.23).

beantworten damit die Frage aller Spezifikation und Charakterisierung der Dinge: *Worauf kommt es hier an*? Dass z.B. in den Abbildungen A.3. Buchstabengestalten sich in verschieden Größen, Orientierungen und Variationen ausprägen können, bildet eine invariante Konstellation ihres Auftretens, die das repräsentierende System erst einmal richtig zuordnen und einordnen können muss. Hier ist erstmal alles offen: Denn es ist z.B. nicht evident, dass eine verzogene Ziffer „5" durch diese Abweichung keine andere Ziffer darstellt. Es gibt ein invariantes Muster der Gestalt, auf das es bei der Erkennung der Ziffer „5" ankommt. Dasselbe bei Farb-, Orientierungs- und Größenvariationen. Nur wer diese Tests in der Regel besteht, ist im genuinen Sinne (mit Erklärungswert) auch *fähig*, Buchstabengestalten zu spezifizieren und der Captcha-Test dient genau dieser Feststellung dieser Fähigkeiten. Ist diese Fähigkeit einmal angeeignet, dann hilft sie in ihrer wiederholten Ausübung dabei, mittels Schemata schnell, präzise und flexibel für noch nie angetroffene Situationen die Umwelt zu repräsentieren, wie wir Menschen und wie viele Tiere dies in den genannten Beispielen tun. An der Generalisierung scheint sich deshalb der tiefere Sinn von Freges These, mit Aspektgestalten gehe ein „Erkenntniswert" einher, zu entfalten.

Wir sehen ferner diese Schematisierungsverfahren auch bei anderen prototypischen Szenarien am Werk, so beim Lernen von Begriffen und ihren Wörtern, was die generelle Bedeutung der Spezifikationsfunktion unterstreicht. Ein Kind mag anfangs noch nicht fähig sein, ein Wort richtig zu gebraucht. Es lernt z.B. den sprachlichen Begriff Auto und wird ihn vielleicht auf Dinge anwenden, in denen es sich hineinsitzt und die es transportieren, wie z.B. auf einen Zug. Es wird dann statt des spezifischen Begriffs Auto eine generellere Konfiguration von Attributen wie bewegt mich und lässt mich hineinsetzen verwenden. Das dauert so lange bis es lernt, spezifische Attribute zu gebrauchen und damit im eigentlichen Sinne auch erst befähigt wird, sie *falsch* zu gebrauchen, da dies eine Spezifikation voraussetzt. Auf diese Weise testen wir, analog zur Fähigkeit des konstanten Blau-Sehens oder Rund-Sehens oben, ob jemand einen Ausdruck überhaupt beherrscht: Wer im Captcha-Test die Ziffer „5" nur in bestimmten Versionen verwenden kann, kann diese Ziffer nicht lesen – er verfügt also nicht über das spezifische visuelle Gestaltattribut 5. Genauso wenig beherrscht ein Kind das Attribut Auto, wenn es es systematisch auch auf Flugzeuge oder Schiffe anwendet. Dasselbe Fehlen des Attributs liegt auch dann vor, wenn beispielsweise eine Person (oder eine KI) im Captcha-Test daran scheitert, das invariante Muster von Autos angesichts von Autos mit Straßenlampen und Autos vor Zebrastreifen zu eruieren. Die erforderliche *Kontext-Sensitivität* (siehe Wheeler 2005, 179) genuiner Generalisierungskompetenzen ist dann nicht erkennbar und damit auch nicht attributive Spezifikation von Objekten.

Attribute treten demnach nicht nur im Verbund auf, sondern *sind* auch erst innerhalb einer solchen Konfiguration die Attribute, die sie sind. Sie sind holistisch oder nicht atomisierbar. Die ontologische Fundierung von Repräsentation und ihren Entitäten in Muster und deren Regelmäßigkeit soll hier genauso die Grundlage für die Status-Frage bilden wie die informationstheoretischen Momente der Reduktion und der Generalisierung.

III.3.4 Der intentionale Modus: Präsentationsstruktur und Einstellung

Wir kommen nun zu der Struktur, in der Gehalte (Objekte und ihre Attribute) eingebettet sind. Sie konstituieren die Zuordnungsrichtung der Attribute sowohl was das *transzendierende* Objekt betrifft als auch im Hinblick auf den *egozentrischen* Rückbezug auf das Subjekt. Bevor das Subjekt im nächsten Kapitel eigens erhellt wird, soll in vier Punkten die *Präsentationsstruktur* vorgestellt und analysiert werden. Dieser Terminus ist deshalb nötig, weil der damit angezeigte Strukturmoment von Gehalten zumindest in der naturalistisch geprägten Literatur bisher unsichtbar geblieben ist. Aufgrund dieser Leerstelle soll sie im Folgenden ausführlich begründet und expliziert werden. Die Präsentationsstruktur bildet das grundlegende Verhältnis zwischen Gehalt und Subjekt und legt den Grundstein für die Art und Weise, wie das Subjekt zu ihren jeweiligen Gehalten *intentional eingestellt* ist. Zu diesen intentionalen Einstellungen gehören Wahrnehmen, Glauben, Hoffen, Wünschen, Phantasieren, etc..

Die Präsentationsstruktur bedarf zunächst einer kurzen Herleitung. Sie zeigt sich zunächst an der Transzendenz des Objekts, der Grundzug jeder *aboutness* und Gerichtetheit. In einer *repräsentationalen* Interpretation wird diese nun daran sichtbar, dass die Gehalte sich wesentlich durch einen *statuierenden* oder *präsentationalen* „dass"- bzw. „ist" – Moment des jeweiligen Objekts auszeichnen. Die veridische Wahrnehmung einer Fliegengestalt auf Position (1,2,3) beispielsweise ist ein repräsentationaler Zustand, in welchem ein Subjekt Informationen bzw. ein Gehalt präsentiert oder vermittelt (*conveyed*) wird. Diese Vermittlung zwar von den unterschiedlichsten Vertretern von Repräsentationstheorien in Anspruch genommen (siehe Dretske 1988; Millikan 1989; Matthen 2005; Ramsey 2007; Siegel 2011; Ganson 2020), aber kaum eigens erörtert. Das Vermittelte (der Gehalt) ist derart, *dass* sich für das Subjekt eine Fliegengestalt auf Position (1,2,3) befindet, dass für das Subjekt etwas auf dieser Position *ist*, dass der Gehalt (durch Attribute wie <u>ist eine Fliegengestalt</u> F, <u>hat die Position</u> G, <u>hat die Größe</u> H) auf *Eigenschaften* abzielt, also auf etwas vom Subjekt Verschiedenes und Vorgängiges. Aufgrund dieses statuierenden Charakters lässt sich zumindest für alle deskriptive Repräsentationen eine strukturelle Ähnlichkeit mit *Propositionen* behaupten:

> The content of the visual experience, like the content of the belief, is always equivalent to a whole proposition. Visual experience is never simply *of* an object, but rather it must always be *that* such and such is the case. [...] From the point of view of Intentionality, all seeing is seeing *that:* whenever it is true to say that *x* sees it must be true that *x* sees that such and such is the case (Searle 1983, 40).

In dieser Hinsicht ist es angebracht, auch der Wahrnehmung ein „propositionales" Format in einem weiten Sinne zuzusprechen:

> [O]n mature, mainstream philosophical views of propositional content, it is uncontroversial that propositional content can be had by all sorts of conceptless systems. In contemporary philosophy of perception there is in fact a widespread presumption that insofar as perception has content, that content is propositional (Morgan 2019, 319-320).

Dieser Sinn soll nur die basale *Präsentations-* oder *Attributionsstruktur* <u>x *ist* F</u> und damit den statuierenden oder präsentationalen „dass"-Moment von Gehalten zum Ausdruck bringen, der in begrifflichen Propositionen in Form von „dass-Sätzen" (*that-clauses*, Ryder 2009, 254) artikulieren lässt. Jede deskriptive Repräsentation ist durch die Attributionsstruktur „dass-artig“ verfasst. Um dabei das Missverständnis eines zwangsläufig schon begrifflichen Formats auszuschließen, soll die Attributionsstruktur nicht als eine propositionale, sondern lediglich eine *präsentationale* Struktur verstanden werden, die einem Objekt (x) Attribute (F, G, ...) zuordnet und damit präsentiert. Die Attributions- oder Präsentationstruktur <u>x *ist* F</u> muss daher noch nicht begriffliche Attribute, sprachliche Prädikate, binäre Veridikalitätsbedingungen (wahr oder falsch), Negierbarkeit, Einbettung in Schlussfolgerungen und andere logische Beziehungen, die Gehalten von Meinungen (*belief*) – kurzum: Propositionen im engeren und eigentlicheren Sinn implizieren. Solche begrifflichen Propositionen setzen dagegen die generische Attributionsstruktur voraus, gerade auch deshalb, weil nur aufgrund dieser strukturellen Ähnlichkeit Wahrnehmungsurteile möglich sind. Um also den Unterschied zu vollwertig sprachlichen Propositionen zu markieren, soll von „Attributionsstruktur“ die Rede sein, da „Attribut“ ein generischer Terminus ist, „Prädikat“ dagegen ein sprachlich-begriffliches Attribut meint.

„Präsentationsstruktur“ und „Attributionsstruktur“ sind synonym, haben aber verschiedene Akzente: Die Präsentation soll die statuierenden Strukturmomente des „ist“ und „dass“ in jedem Gehalt anzeigen, die Attribution die Zuordnung eines spezifizierenden Schemas (Attributs) zu einem Objekt. Repräsentationen implizieren Präsentationen aber nicht umgekehrt, was eine terminologische Unterscheidung nahelegt. Denn nur was die Präsentations- oder Attributionsstruktur aufweist, kann überhaupt einen äußeren Sachverhalt charakterisieren. Präsentiert werden einem Subjekt nur Objekte und ihre Attribute, repräsentiert werden dagegen allein perspektiv-unabhängige Entitäten. Präsentation ist nichts, was wiederum Veridikalitätsbedingungen unterliegt, sondern diese erst fundiert. Gehalte werden in ihren jeweiligen Repräsentationssystemen einem Subjekt präsentiert, nicht repräsentiert. Präsentation ist naturalistisch Vermittlung von Information bzw. Gehalten (*conveying*) für ein System und kann sich auch introspektiv als die phänomenale „Gegebenheit“ von Gehalten für ein bewusstes Subjekt zeigen. Auf den terminologischen Unterschied von „Präsentation“ und „Repräsentation“ wird noch weiter eingegangen werden.

Wie soll nun die Präsentationsstruktur expliziert werden? Sie bleibt in der Literatur weitestgehend unthematisiert, aus Gründen, die im Rahmen der Status-Frage noch näher erläutert werden. Drei Zugänge zur Rollenbeschreibung der Präsentationsstruktur bieten sich an. Der *erste* Zugang öffnet sich am weitgehend anerkannten Phänomen intentionaler Einstellungen eines Subjekts *zu* einem Gehalt. Der *zweite* Zugang führt über Veridikalitätsbedingungen, die von Gehalten festgelegt werden. Der *dritte* Zugang öffnet sich an der ontologischen Reflexion über das propositionale „ist“ und über den Begriff der „Existenz“ bei Kant und Frege.

Viertens und schließlich sollen Fallstricke sichtbar gemacht werden, die zu einer Intellektualisierung von Präsentation führen.

(1) Ich beginne mit der **Präsentationsstruktur für intentionale Einstellungen.** Searles Definition gilt für die Existenz solcher Einstellungen als der Referenzpunkt in der analytischen Literatur:

> [T]here is a distinction between the representative content *that you will leave the room,* and the psychological mode, whether belief or fear or hope or whatever, in which one has that representative content. [...] Within the theory of Intentional states, we will [...] need to distinguish between the representative content and the psychological mode or manner in which one <u>has</u> that representative content. [...] To say that a belief is a representation is simply to say that it has a propositional content and a psychological mode, that its propositional content determines a set of conditions of satisfaction under certain aspects, that its psychological mode determines a direction of fit of its propositional content (Searle 1983, 6, 12; Unterstreichung, A.W.).

Jerry Fodor (1987) hat diese Beziehung in einer verschlankten Form wie folgt wiedergegeben:

> For any organism *O*, and any attitude *A* toward the proposition *P*, there is a ("computational"/ "functional") relation *R* and a mental representation *MP* such that *MP* means that *P*, and *O* has *A* iff *O* bears *R* to MP (Fodor 1987, 17).

Für beide Autoren haben intentionale Einstellungen keine exklusiv begriffliche Bedeutung. Sie können für Intentionalität im Allgemeinen geltend gemacht werden. Morgan (2019, 322) hat demonstriert, wie die funktionale Rolle solcher Einstellungen *ex hypothesi* auch für primitive sensorische Gehalte anwendbar ist. Grund dafür scheint zu sein: In der entsprechenden intentionalen Einstellung gegenüber dem Gehalt im Zustand des Wahrnehmens ist eine *deskriptive* oder *assertorische* Einstellung plausibel, die den Veridikalitätsanspruch der Wahrnehmung zuallererst fundiert. Dieser stellt dabei kein exklusives Merkmal von Meinungen dar, wie Richard Heck (2000) ausführt: „Perception is not belief [...] there is yet something similar: Both purport to *represent how the world* is, both, we might say [...] have assertoric force" (Heck 2000, 508).

Der gängige Ausdruck „Kraft" (*force)* geht auf Frege zurück (siehe Frege 1892, 34) und bezeichnet die epistemische Art und Weise, wie der Gehalt unterhalten oder „gehabt" wird (*having content,* siehe Zitat Searle oben). Nach Heck besitzt die Wahrnehmung dank dieser Einstellung ebenfalls einen „präsentationalen Aspekt" (*presentational aspect*, Heck 2000, 509). Auch Mohan Matthen (2010a, 108-109) geht bei Wahrnehmungen von einer Struktur der Intentionalität aus, die aus Subjekt, Gehalt und Einstellung zu diesem Gehalt besteht („content-directed attitudes"). Den „präsentationalen" Aspekt deskriptiver Einstellungen versteht Matthen als „committing force to the content“, die die Veridikalitätsbedingungen bestimmt, und der Wahrnehmung einen *wirklichkeitsverpflichteten* Charakter verleiht: „Seeing is committing [...]: visual states purport to describe what is really there, and they are false or inaccurate if the description they offer is not actually the case“ (Matthen 2010a, 109).

Schon in dieser Darstellung sehen wir, dass dem Subjekt für seine Einstellung zuallererst ein Gehalt „angeboten“ werden muss, der *etwas* dem Subjekt vermittelt. Erst dadurch nimmt das Subjekt zu dem Gehalt eine Einstellung ein, mittels welcher der Gehalt als assertorische Beschreibung (und nicht als Fantasie oder Hoffnung) verbindlich fungiert.

Dass diese in der Literatur übersehene Präsentationsstruktur zwar immer mit einer konkreten Einstellung auftritt, aber nicht mit ihr zusammenfällt, sondern ihr vielmehr zugrunde liegt, zeigt vor allem die Variation der Einstellungen:

> The accuracy conditions of my *imagining* or *remembering* a pencil in front of me differ to those for *perceiving* it precisely because of the particular way the intentional mode partly determines them, whereas the content remains constant (Schlicht 2018, 2468).

> Suppose you see a cube, and it looks red and cubical. Here your experience presents it as being the case that there is a red cube before you. Contrast a hope that there is a red cube in front of you. The *properties* of being red and cubical figure in the content of the hope. But in hoping that *there is* a red cube in front of you, it need not be presented to you as being the case that there is a red cube in front of you (Siegel 2011, 48; Kursiv, A.W.).

An diesen Beispielen zeigt sich die Präsentations- oder Attributionsstruktur als zugrundelegender Angelpunkt, um den verschiedene Repräsentationsformen angeordnet sein können. Da Erinnerung oder Hoffnung zwar ebenfalls assertorisch aber eben auch kognitiv sind, vergleichen wir dazu Wahrnehmung mit einem anderen sensorischen Modus. Das Ziel dabei ist, die invariante Präsentationsstruktur als zugrundeliegender Angelpunkt sichtbar zu machen. Betrachten wir dazu, wie Matthen (2005, 2010a) die Ungleichheit von visuellem Sehen (*looking*) und visueller Vorstellung (*imagination*) beschreibt:

> When I look down at my hands right now, it looks as if they are working on a black computer keyboard. There is something about my visual state that makes it seem as if the keyboard is really there, and that it is really black. My visual state would be inaccurate, or false, if this were not the case. When I am relaxing in an armchair, I can close my eyes and summon up a fairly detailed and vivid image of my hands on a black keyboard. This state of visual imaging is different from my present visual state. It does *not* make it seem as if the keyboard is really there, or that it ever was, or that it is really black (Matthen 2010a, 107).

Nur Sehen sei „assertorisch“ und vermittle ein „Gefühl der Präsenz“ (*a feeling of presence*) [70], das dem obigen Zitat nach als *Wirklichkeitssinn* interpretiert werden kann.

> Visual states produced by *looking* have an implied assertation operator – they convey to us an act of sensory classification performed by the visual system on an object that is present. By contrast, visual states produced by visual imaging have no such operator. However, states produced by looking can be *descriptively* the same as states of visual imagining; that is, they may present the same visual features in the same places (Matthen 2005, 306; siehe auch Ferretti 2018).

Diese Darstellung bestätigt den Unterschied zwischen Präsentationsstruktur und intentionaler Einstellung, ohne jene eigens zu thematisieren. Demzufolge lassen sich zwei Sinne von „Präsenz“ explizieren: Denn die „Präsenz“[1] im assertorischen Modus der Wahrnehmung („feeling of presence“ oder *Wirklichkeitssinn*) ist nicht identisch mit der „Präsenz“[2] im „deskriptiven“ Element, das Wahrnehmung und Vorstellung teilen, indem sie „Eigenschaften“ („features“) vermitteln („convey“) oder präsentieren („present“): Der „deskriptive“ Modus bei Matthen kann mit der Repräsentationalität beider Zustände, ihrem Haben von Gehalt identifiziert werden (siehe Matthen 2005, 300). Verwirrenderweise meint Matthens Begriff „deskriptiv“ hier also lediglich Repräsentation qua Gehalt und nicht den assertorischen Modus. Ich dagegen verwende in der weiteren Untersuchung, der Literatur folgend, „deskriptiv“ und „assertorisch“ synonym, da Deskription immer einen Veridikalitätsanspruch erhebt. Stelle ich mir meine Hand auf der Tastatur nur vor, beschreibe ich nichts, sondern mir sind lediglich Objekte unter gewissen Attributionen präsent, aber diese Präsentationsstruktur ist von einer nicht-assertorischen Einstellung begleitet, die den Veridikalitätsanspruch einer Beschreibung einklammert. Bloße Vorstellungen repräsentieren damit zwar – der Gehalt stellt Entitäten wie eine Hand auf einer Tastatur dar – aber sie beschreiben nichts im Modus der Wirklichkeit.

Aus Matthens Beispiel und meiner Analyse lässt sich folgern, dass die verschiedenen Einstellungen ein gemeinsames Element – die Präsentationsstruktur, „Präsenz“[2] – aufweisen müssen, um „denselben Gehalt zu teilen“ (Zitat Matthen). Die Präsentationsstruktur *begründet* damit im assertorischen Fall zuallererst einen Veridikalitätsanspruch. Das zeigt die Eigenständigkeit und Relevanz der Präsentationsstruktur. Doch was Gabriele Ferretti für die Präsenz[1] oder Wirklichkeit in as-

---

70 Diese Rede soll nicht bedeuten, alle assertorische Wahrnehmung sei bewusst oder ein bloßes „Gefühl“. Letzteres hat bei Matthen primär epistemische Bedeutung („semantic significance“, Matthen 2010a, 110, *passim*), was schon der Stellenwert der Einstellungen für die Bildung von Veridikalitätsbedingungen angezeigt hat.

sertorischer Einstellung geltend macht, kann noch stärker für die Präsentationsstruktur (Präsenz²) behauptet werden: „the visual feeling of presence is a crucial feature of vision that is largely unexplored in philosophy of perception, and poorly debated in vision neuroscience" (Ferretti 2018, 113).

Wie lässt sich die Präsentationsstruktur auf den Punkt bringen? Zwei Belege sind hier aussagekräftig: In einer luziden Abhandlung über den Tastsinn vertritt Matthen die Ansicht, dass sich innerhalb der Wahrnehmung eine konstitutive *Differenz* oder *Alterität* zwischen Subjekt und Objekt entfaltet, die gleichzeitig eine Bezugnahme impliziert:

> [T]the term "perception" marks awareness of something distinct from the subject herself or her body. The qualities that H [eine haptische Wahrnehmung] presents are attributed to things outside the body, in peripersonal space, and not to the experience itself (Matthen 2021, 199).

Auch für Colin McGinn sind Wahrnehmungen wesentlich *gegenwendig*, das heißt sie sind „of something other than the subject and they are like something for the subject" (McGinn 1997, 298) – wobei der Rückbezug nicht allein phänomenal-qualitativ sein kann. Searle beleuchtet diese gegenwendige Differenz oder Alterität, wenn er durch sie intentionale Zustände von bloßen Gefühlen abgrenzt:

> When I have a conscious experience of anxiety, there is indeed something my experience is an experience of, namely anxiety, but this sense of "of" is quite different from the "of" of Intentionality, which occurs, for example, in the statement that I have a conscious fear of snakes; for in the case of anxiety, the experience of anxiety and the anxiety are identical; but the fear of snakes is not identical with snakes. It is characteristic of Intentional states, as I use the notion, that there is a distinction between the state and what the state is directed at or about or of (Searle 1983, 2).[71]

Diese gegenwendige Alterität von Subjekt und Objekt entsprechen der Präsentation und dem, was ich die *präsentationale Differenz* genannt habe. Sie ist eine Binnendifferenzierung zwischen Subjekt und Objekt. Diese Differenz artikuliert sich als Präsentationsstruktur im „dass" und „ist" jeden Gehalts. Auch wenn sie immer in eine Einstellung eingebettet ist, fällt sie nicht mit dieser zusammen. In *jeder* Art von Repräsentation wird ein Objekt einem Subjekt vermittelt, was eine Differenz voraussetzt. Die Präsentation betrifft daher ein grundlegendes Verhältnis zwischen Subjekt und Objekt, das jedem Modus zugrundeliegen muss. Sie gehört wesentlich zur Transzendenz der Objektivität.

71 Siehe auch bereits Thomas Reid 1863, 313 und Kant ([1781] 1966, 400, 81 [B 376, B33] zu bezuglosen (nicht-transzendierenden) "sensations" bzw. "Empfindungen".

Spezifizieren wir dieses Verhältnis näher: Das Objekt und seine präsentationale Differenz zu einem Subjekt verdankt dieser Präsentationsstruktur überhaupt erst seine Rolle als transzendenter Aspekt intentionaler Gerichtetheit (Referenz), durch den Zustände *vom individuellen Zustand weg* weisen („pointing"). Durch die präsentationale Differenz ergibt sich die bereits angedeutete „Polarisierung" eines Objektivierungsverfahrens. Im Zuge dessen kristallisiert sich erst das „Wovon" oder „Thema" des Objekts als etwas vom Subjekt („für wen", „wessen Standpunkt") Verschiedenes heraus. Auch dadurch ergibt sich erst die Zuordnungsrichtung der Attribute, die *eo ipso* dem Objekt und nicht dem Subjekt zugewiesen werden. Ohne diese Entzweiung wäre *a priori* innerhalb einer Repräsentation nicht vermittelt, dass es um etwas *Anderes*, geschweige denn um ein „Etwas" überhaupt geht. Es wäre also *nichts* vermittelt. Die Präsentation liefert erst die funktionale Kategorie des *Etwas* (der Bezugnahme) als funktionales Schema, das das Objekt in seiner Rolle als Einheits- und Konfigurationspol von *Attributionen* erst ermöglicht. Andernfalls könnte sich die *aboutness* weder auf die Welt beziehen noch auf das Subjekt dieser Bezugnahme zurückverweisen. Das „Objekt" wäre nur einheitlich und gruppierend, aber ohne präsentationale Differenz zum Subjekt. Es wäre damit kein referentieller Aspekt. Die Präsentationsstruktur soll also der Tatsache Rechnung tragen, dass es in jeder *aboutness* mit dem Objekt eine bestimmte Voreinstellung des „Betreffs" gibt, wie Tim Crane richtig hervorhebt:

> A desire is a desire *for* something, not a desire *about* something. But clearly my desire concerns something other than itself, just as my thought about Odysseus concerns something other than itself. And it is the nature of this "concerning" which is the focus of the study of intentionality (Crane 2009, 476).

Wie auch bei Matthen, McGinn und Searle setzt bei Crane diese Betroffenheit wiederum die Alterität des Objekts für das Subjekt („something other than itself", Zitat Crane) voraus, die zugleich aber einen Bezug innerhalb der Differenz ausdrückt. Diese komplexe Einheit aus Differenz und Zuordnungsrichtung prägt die präsentationale Differenz wesentlich und zeigt ihre zentrale Bedeutung für Repräsentation überhaupt.

(2) Um die Relevanz dieser Binnenstruktur jeden Gehalts weiter zu untermauern, gehe ich auf die **Präsentationsstruktur für Veridikalitätsbedingungen** ein. Es soll zu sehen sein, dass für die Existenz von Veridikalitätsbedingungen und damit für ein breit anerkanntes Hauptmerkmal von Gehalten (siehe Searle 1983; Dretske 1988; Burge 2010; Hutto/Myin 2013) die Präsentationsstruktur notwendig ist. Dazu nehme ich Susanna Siegels (2011) Begründung des *Content View* als Ausgangspunkt.

Die bisherige Rede einer „Vermittlung“ von Gehalten bzw. Information ist in der Literatur bereits vorgeprägt, doch kaum eigens in seiner Relevanz herausgestellt. Siegel dagegen versteht Gehalte (a) als Zustände mit Veridikalitätsbedingungen, welche (b) einem Subjekt *vermittelt* sind: „Contents are true or false, and the contents of an experience are conveyed to the subject by her experience“ (Siegel 2011, 28).

Diese Vermittlung ist näher zu analysieren. Doch vorab ist zu beachten: Die Rede, dass Gehalte „vermittelt“ sind, mag den Eindruck erwecken, dass Gehalte bereits existieren und anschließend vermittelt werden. Wie der folgende Gedankengang zeigt, sind Gehalte *eo ipso* vermittelt bzw. Informationen, die vermittelt sind, *sind* Gehalte. Sie sind das Vermittelte (die vermittelte Information) und bestehen nur im Zuge der Vermittlung. Ebenso irreführend ist die repräsentationalistische Rede davon, dass Repräsentationen – und nicht Gehalte – einem Subjekt vermittelt werden und dabei dem Subjekt etwas „sagen“ oder „Zeichen“ für das Subjekt sind (siehe z.B. McDowell 1994, 198). Richtig ist vielmehr: Repräsentationen sind vermittelte Gehalte, sind Gehalte *für* ein Subjekt. Beide Missdeutungen sind fernzuhalten, um einen Regress *ad infinitum* zu vermeiden.

Zunächst lassen sich mit Siegel drei Formen von Vermittlung herausstellen:

> We can distinguish between three ways in which a content can be conveyed to the subject by her experience. First, a content is conveyed by experience if it would be a content of explicit beliefs that are natural to form on the basis of visual experience. Second, a content is conveyed to the subject by her experience if it enables the experience to guide bodily actions. [...] Finally, a content is conveyed to the subject by her experience if it is manifest to introspection that it is a content of experience (Siegel 2011, 28, 51).

Da wir von nicht-kognitiven und nicht-bewussten Repräsentationen ausgehen, liegt der Fokus auf der zweiten Bedeutung, die allerdings mit Blick auf die Bifunktionalität spezifiziert werden muss, wenn die Wahrnehmung (*experience*) *als Wahrnehmung* Verhalten steuert und daher vor dieser Steuerung vorliegt. Die Rede von der Vermittlung von Gehalten für ein Subjekt ist keineswegs idiosynkratisch: Wie wir bereits gesehen haben, verlangt Dretske (1988, 52) von einer genuinen Repräsentation, dass sie ubiquitäre Information nicht nur trägt, sondern auch nutzt („exploit“) und auch Ramsey (2007, 136) unterscheidet zwischen Informationstragen (*carrying information*) und Informationsverarbeitung (*processing information*). Nach Todd Ganson (2020, 6), der diese Vorschläge explizit teilt, haben Repräsentation durch Gehalte eine informationsvermittelnde Rolle („information-conveying role“), da jeder Zustand durch statistisch-kausale Relationen informationell, aber noch nicht repräsentational ist.

Doch warum *müssen* nun Gehalte als Veridikalitätsbedingungen immer vermittelte (*conveyed*) sein? Im Folgenden soll ein Argument in vier Schritten entfaltet werden.

Warum die Vermittlung nötig ist, zeigt, *erstens*, der Mangel im folgenden hypothetischen Argument für die Existenz von Gehalten in Wahrnehmungen, das ohne vermittelte Veridikalitätsbedingungen auskommen will (kurz: [AGO]). Denn es führt zu Eigenschaften, die offensichtlich keine Gehalte sind, und stellt damit eine *reductio ad absurdum* dar.

[AGO, (vgl. Siegel 2011, 34)]:

P1) Alle Wahrnehmungen sind veridisch oder irrtümlich.
P2) Wenn repräsentationale Zustände veridisch oder irrtümlich sind, dann haben sie Veridikalitätsbedingungen. Veridikalitätsbedingungen sind Bedingungen, die erfüllt sein müssen, damit die Zustände veridisch sind.
→ C) Alle Wahrnehmungen haben Veridikalitätsbedingungen.

In unserem Beispiel: Eine Wahrnehmung einer Fliegengestalt auf Position (1,2,3) ist veridisch oder irrtümlich. Die Wahrnehmung hat Bedingungen, die erfüllt sein müssen, damit die Wahrnehmung veridisch ist. Die Wahrnehmung ist nur dann veridisch, wenn eine Fliegengestalt auf Position (1,2,3) ist (Bedingung F). Das ist dann erfüllt, wenn dem Gehalt das von ihm Zu-Repräsentierende entspricht und von diesem verursacht ist. Die Wahrnehmung ist AGO zufolge jedoch auch nur dann veridisch, wenn diese Fliegengestalt z.B. Lichtwellen reflektieren kann (Bedingung Q), wenn die Photorezeptoren der Frosch-Netzhaut auf diese Lichtwellen anspringen (Bedingung R), wenn gilt: 2+2=4 (Bedingung S), wenn die optischen Gesetze gelten (Bedingung T), und unzählig weitere Hintergrundbedingungen erfüllt sind.

Wenn wir nun annehmen, die Veridikalitätsbedingungen schlechthin seien die Gehalte der Wahrnehmungen oder hinreichend für sie, dann erweist sich AGO als mangelhaft. Denn die Wahrnehmung einer Fliegengestalt auf Position (1,2,3) scheint nicht den Gehalt zu haben, dass Lichtwellen reflektiert werden oder die optischen Gesetze gelten. Zahllose Bedingungen müssen gegeben sein, damit die Wahrnehmung veridisch ist. Allerdings scheint allein Bedingung F oder irgendeine andere *spezifische* Bedingung der Gehalt der Wahrnehmung zu sein. Deshalb können Veridikalitätsbedingungen schlechthin keine Gehalte sein (vgl. auch Siegel 2006, 362) Andernfalls wären die Veridikalitätsbedingungen nicht anders als z.B. „Bläuebedingungen“ (Siegel 2011, 30): Bedingungen, die erfüllt sein müssen, damit etwas blau ist. Diese Bedingungen, z.B. eine bestimmte Reflektanzeigenschaft B bilden keine Gehalte. Doch selbst wenn es mit B eine spezifische Bedingung geben würde und nur diese wäre die ausschlaggebende Bläuebedingung, wäre sie nicht der repräsentationale Gehalt der Bläue. B bildet lediglich die Realisierungsbedingung von Bläue als intrinsische Eigenschaft. Die Repräsentation von F muss selbst viele Eigenschaften aufweisen, um eine veridische Repräsentation von F zu sein, aber es repräsentiert diese Erfüllungsbedingungen deshalb noch nicht. Umgekehrt ist die repräsentierte Eigenschaft nicht die Eigenschaft der Repräsentation. Eine Wahrnehmung *von* F muss also nicht selbst F sein.[72] Die Veridikalität als *Wirklichkeitstreue* von Repräsentation ist weder Wirklichkeitsgarantie für die repräsentierten Entität noch ist ihre repräsentationale „Treue" all diesen Garanten verpflichtet.

Was fehlt uns mit AGO also? Was muss hinzutreten, damit Bedingung F der Gehalt der Wahrnehmung wird und nicht lediglich eine Realisierungsbedingung unter unzählig anderen bleibt? – F scheint einem Subjekt *vermittelt* sein zu müssen. F scheint *für* S präsent zu sein, und dies in einer Weise, wie B für die Bläue nicht ist. Repräsentationale Zustände scheinen folglich immer vermittelte Veridikalitätsbedingungen aufzuweisen. Nur diese bilden den Gehalt der Zustände. Die Vermittlung erfordert ein Vermitteltes (ein Objekt in Aspektgestalt) und etwas, dem etwas vermittelt wird (ein Subjekt). Ohne dieses Zulassungskriterium würde der Frosch nicht nur die Fliege, sondern auch seine eigenen Nerven und die optischen Gesetze „sehen", von jedem einzelnen Mikroereignis des Sehvorgangs ganz zu schweigen. Ein solcher „Gehalt" würde schließlich durch eine derartige Hypertrophie seine ihm wesentlich zukommende Gerichtetheit und Spezifikation einbüßen und in sich zusammenbrechen. All das gilt auch für den Begriff der „Information": *Schlechthin* können Informationen keine Gehalte sein, weil auch sie lediglich kausale oder statistische Korrelate sind. Auch diese sind unzählig und das gemeinsame Auftreten von Bläue mit anderen Bedingungen enthält nichts, was Bläue *über* diese Bedingungen, im Sinne einer referentiellen Spezifikation, und folglich *veridisch* macht.

Doch damit noch nicht genug. Denn Siegels Argument hat bisher nur plausibel gemacht, dass Veridikalitätsbedingungen *vermittelt* sind. Doch wie muss die Vermittlung spezifiziert werden, damit sie *Veridikalitäts*bedingungen – und nicht Realisierungsbedingungen wie B – vermittelt? Die Vermittlung scheint dafür, *zweitens*, in eine intentionale Einstellung eingebettet sein zu müssen, in der das Subjekt zu den Veridikalitätsbedingungen seines Gehalts eine spezifische Relation einnimmt. Damit die Vermittlung eine deskriptive oder direktive Einstellung zum Gehalt ermöglicht, muss mit der Präsentationsstruktur das Subjekt eine Differenz zwischen sich und dem Objekt in Aspektgestalt voraussetzen. Denn nur sie ermöglicht es, dass der Gehalt von *etwas* und von *seinen Eigenschaften* (und nicht vom Subjekt, seiner Einstellung) handelt. Damit wird diese Attribution (x *ist* F) in deskriptiver Einstellung als der Fall seiend präsentiert, und in direktiver Einstellung als noch zu realisierender Fall. *Veridikalitäts*bedingungen eines Zustands können

72 „Redness is not a feature of my visual experience but part of the conditions of satisfaction; the experience is *of* something red, but is not itself a red experience" (Searle 1983, 131).

also nicht einfach darauf reduziert werden, was faktisch der Fall sein muss, damit dieser Zustand veridisch ist (vgl. die „Bläuebedingungen“).

Siegel scheint diesen Punkt ebenfalls erkannt zu haben. Denn ihr plausibler Vorschlag für die Verbesserung von AGO läuft darauf hinaus, dass in der Wahrnehmung *instanziierte Eigenschaften* („clusters of properties as being instantiated“) als das Vermittelte fungieren sollen (Siegel 2011, 45). Sie spricht daher von einer „Präsentation“ von Eigenschaften (*presentation*) in der Wahrnehmung und in ihren Gehalten. Dann aber greift die Präsentationsstruktur und ihre präsentationale Differenz: Wenn das Veridische an einem Zustand nicht wie seine anderen, intrinsischen Eigenschaften (wie Bläue oder Neuronenfeuer) sein soll, dann erfordert der Zustand *als Repräsentation* eine interne Differenzierung oder Polarisierung zwischen etwas an sich selbst (ein Subjekt) und einem davon verschiedenen Etwas (ein Objekt), das aber zugleich *für* dieses idiosynkratische oder subjektive Moment soundso *ist*. Der Zustand muss daher fähig sein, das Etwas zu vermitteln, dem gewisse *Eigenheiten* oder *Charakterisierungen* in Form von Attributionen („properties as being instantiated“) zugeschrieben werden können. Das wiederum setzt eine Binnendifferenzierung voraus. Nur dadurch scheint der Zustand erst einen Gehalt zu haben, also eine gemeinsame Komponente zu besitzen, die *auf* etwas (Anderes) referiert und es dabei spezifiziert. Dies scheint für Veridikalitätsbedingungen überhaupt, ganz gleich ob in Wahrnehmungen oder propositionalen Einstellungen, zu gelten. Gehalte sind daher immer (a) vermittelte und (b) präsentational vermittelte, um Veridikalitätsbedingungen sein zu können.

Drittens, wenn „Vermittlung“ Eigenschaften betrifft, bedarf sie einer weiteren Konkretisierung, die bei Siegel ausbleibt. Denn sie ist dann keine rein *praktische* „Vermittlung“, weil in dieser es *per se* nicht darum geht, wie die Dinge hinsichtlich ihrer Eigenschaften beschaffen sind, und deshalb *Veridikalitäts*bedingungen ausbildet, sondern wie sie in Hinsicht auf bestimmte Zwecke manipuliert werden können. Siegels zweite Definition von „Vermittlung“ ist daher zu spezifizieren: („a content is conveyed to the subject by her experience if it enables the experience to guide bodily actions“, siehe Zitat oben). Denn die praktischen *Erfüllungs*bedingungen eines praktisch bewerteten Zustands beziehen sich nicht spezifisch darauf, was der Fall ist, sondern was zu tun ist und wie mit Dingen in dieser Hinsicht manipulierend interagiert werden soll. Das Fangen der Fliegen *per se* (und damit die Erfüllung der praktischen Anforderung) scheint überhaupt keine Vermittlung für ein Subjekt in einem repräsentationalen Sinne darzustellen. Ihre Vermittlung oder Präsentation in Gestalt eines Gehalts ist auch in einer Halluzination gegeben, in der praktisch nichts „vermittelt“ ist. In vielen Fällen können zwar praktische Erfüllungsbedingungen (die gefangene Fliege) veridische Erfüllungsbedingungen (Es gibt eine Fliegengestalt auf Position (1,2,3)) voraussetzen, fallen aber mit ihnen nicht zusammen (siehe „Bifunktionalität“).

Viertens, dass die Erfüllungsbedingungen veridischer Repräsentationen *per definitionem* Tatsachen oder Eigenschaften *sind*, erklärt noch nicht, wie Repräsentationen überhaupt Tatsachen oder Eigenschaften *betreffen* können. Die den *content view* erhellende und begründende Möglichkeit des Irrtums zeigt: Die attributive Präsenz (das „ist") innerhalb des Gehalts, das die Veridikalitätsbedingungen erst fundiert, kann nicht allein durch das faktische Existieren einer Entität erklärt werden. Denn jene ist auch im Irrtumsfall gegeben, dieses gerade nicht. *Eine* Sache ist es, dass es etwas gibt, das F ist, unabhängig von jeder Repräsentation. Eine *andere* Sache ist es, dass in einer Repräsentation vermittelt wird, dass etwas F ist. Die erste Bedingung ist nicht hinreichend für die letzte, vice versa. Eine Fliege mag auf einer bestimmten Position befindlich sein oder nicht – *beide* Möglichkeiten sind kompatibel mit der Tatsache, dass *für* den Frosch die Fliege dort *ist*. Und genau diesen Unterschied zwischen faktischer Existenz und Präsentation eines Gehalts (und damit Repräsentation von Existenz) muss jede repräsentationale Theorie des Mentalen Rechnung tragen:

> [T]the traditional earnmark of the intentional is the puzzle that what is intentional apparently stands in relation to something else [...] which something can be described, yet which something may or not *be* (Millikan 1984, 95).

Da das existentiell-faktische „ist" (*be*) im Irrtumsfall nicht gegeben ist, eine „Beschreibung" mit Veridikalitätsbedingungen aber ein „ist"-Moment in Bezug auf „etwas anderes" („something else") *a priori* impliziert, muss den Beschreibungen eine Präsentationsstruktur eingeschrieben sein, wenn das repräsentationale Modell von Intentionalität wahr ist. Der Begriff „Präsentation" soll also lediglich dem „ist"-Moment Rechnung tragen, der in jeder Attribution impliziert ist. Kathleen Akins hat in Bezug auf die Konstitution von mentaler Repräsentation von einem „ontologischen Projekt" gesprochen:

> [A]boutness constitutes something like an ontological "capacity", an ability to impose stability, order, and uniformity upon a conception of the world (and sometimes the world itself) on the basis of stimuli that do not themselves exhibit these properties. [...] It does not matter whether, in the world, these stabilities and uniformities actually exist [...] To conceive of types and tokens, place and objects as existing at all, given our sensory access to the world, is a fantastically difficult task. Call this the *ontological project* (Akins 1996, 368-369).

Da der Begriff „ontologisch" eine anspruchsvolle kognitive Reflexion auf das, was ist, insofern es ist, insinuiert, ist der Ausdruck hier problematisch. Doch im Geiste bin ich mit Akins einig. Mentale Repräsentation ist in ihrem Kern mit der *Vermittlung* von „types and tokens, place and objects as existing at all" (Akins) verbunden und nur *daraus* können sich Veridikalitätsansprüche auf das faktisch

Existierende oder kontrafaktische Möglichkeiten ableiten. Ich würde daher eher von einem *ontischen Projekt* sprechen, das als Gerichtetheit und seiner Perspektivität einen Weltentwurf bildet: Nur kraft Repräsentation hat ein Lebewesen erst eine Welt „vor sich" (auch wenn dieses Objekt nicht existieren muss). Doch ohne Präsentationsstruktur wäre kein Objekt einem Subjekt vermittelt und wir wüssten nicht, wie unzählige Realisierungsbedingungen zu sehr wenigen Veridikalitätsbedingungen (deskriptive Gehalte) werden.

(3) Gleichwohl bildet das ontologische Projekt einen erhellenden Zugang zur **Präsentationsstruktur mit Hinblick auf „Existenz".** Im Folgenden soll daher die spezifische *Transzendenz* oder „Äußerlichkeit" des Objekts in der Präsentation mit Blick auf Räumlichkeit und Wirklichkeit genauer spezifiziert werden.

Wenn die Präsentationsstruktur eine Voraussetzung der Veridikalität von Attribuierungen ist, kann das für jene charakteristische „ist" oder „existiert" kein Attribut eines Objekts sein. Es ist also keine Bestimmung, die einen zusätzlichen Informationswert in Bezug auf etwas und auf dessen Eigenheiten mit sich bringt. Meine Grundthese ist: Das „ist" charakterisiert oder spezifiziert etwas nicht näher, sondern *ermöglicht erst die Attribution*, ganz gleich ob diese raumzeitliche oder abstrakte Eigenschaften repräsentiert. Das „ist" bildet eine Binnendifferenz, die dem Verhältnis der irreduziblen Vorgängigkeit von Entitäten in Bezug auf das Subjekt entspricht. Bei Immanuel Kant, einem Hauptvertreter des ontologischen Projekts, wird diese Unterscheidung bereits entwickelt. Auch in Akins Beschreibung schwingt ein *räumlich-wirklicher* Sinn von „ist" oder „Existenz" mit, den Kant von einem *logischen* Sinn unterscheidet:

> Sein ist offenbar kein reales Prädikat, d.h. ein Begriff von irgend etwas, was zu dem Begriffe eines Dinges hinzukommen könne. Es ist bloß die Position eines Dinges, oder gewisser Bestimmungen an sich selbst. Im logischen Gebrauche ist es lediglich die Copula eines Urteils [...] das Wörtchen: ist, ist nicht noch ein Prädikat obenein, sondern nur das, was das Prädikat *beziehungsweise* aufs Subjekt setzt (Kant 1956, [1781] [B626-627]).[73]

Betrachten wir diese zwei Sinne von „Existenz"[74] genauer: Für Kant geht es im logischen Sinn von „ist" lediglich um die Beziehung des „Gegenstands" (Objekt) in Bezug auf die „Setzung" durch „meinen Begriff" und damit um meine Weise, das Objekt als solches mit seinen Attributen (bei Kant: Prädikaten) vermittelt zu bekommen. Das Sein drückt daher nur eine Binnendifferenz innerhalb des repräsentationalen Zustands (bei Kant: des Urteils) aus. Deshalb setzt es nicht „obenein"

73 „Subjekt" meint bei Kant, was hier „Objekt" bedeutet: Referenz, Wovon der Repräsentation, *subject matter.*

74 Zu diesen beiden Sinnen bei Kant siehe Gabriel (2016, 99)

etwas hinzu, sondern beschreibt die „Setzung“. Das „ist“ ist hier eine Komponente der Attribution selbst und nicht wieder ein Attribut.[75] In diesem „Begriff“ eines Objekts, so Kant, drücke das „ist“ daher die bloße „Möglichkeit“ aus, „daß ich dessen Gegenstand als schlechthin gegeben (durch den Ausdruck: er ist) denke“ (Kant 1956, [1781], [B 627]).

Diese „*Gegebenheit*“ bedeutet bei Kant gerade keinen naiven Realismus, sondern die Vermittlung eines Objekts für ein Subjekt in einer Repräsentation („Vorstellung“), eine Vermittlung, die auch im Fall eines Irrtums vorausgesetzt werden muss, da sonst unklar wäre, *was* irrtümlich wäre. Die Vermittlung artikuliert sich im „ist“ bzw. „dass“ jeden Gehalts.

Erst diese *präsentationale* oder *attributive* Bedeutung von „ist“, die an der Kopula zutage tritt, schafft erst die Bedingung dafür, dass der soundso spezifizierte Gegenstand (z.B. hundert Taler in Kants Beispiel) einen anderen, *räumlich-wirklichen* Sinne von „ist“, (seine „Position“) erhalten kann. In beiden Fällen kommt nichts zum Objekt hinzu, das heißt, es wird ihm kein „reales“, d.h. bei Kant kein sachliches oder ihn in seinen Eigenschaften bestimmendes Attribut beigelegt. Ich gebe deshalb Kants „real“ als „sachlich“ und nicht als „wirklich“, „die Wirklichkeit betreffend“ wieder. Das Attribut ist ein Taler bestimmt etwas in seiner Sachheit, was oder wie es ist. Das *begriffliche* Attribut ist wirklich fügt dieser Sachheit des Taler-Seins nichts hinzu, ich lerne damit nicht mehr darüber, was oder wie etwas beschaffen ist. Hundert wirkliche Taler sind sachlich nichts anderes als Hundert mögliche Taler. Die Modalitäten wirklich, möglich, etc. gehören ebenfalls zum intentionalen Modus, aber zur Einstellung: Derselbe Gehalt (dort sind hundert Taler) kann im für den zweiten Sinn relevanten assertorischen oder deskriptiven Modus der Meinung (*belief*) unterhalten werden, in denen die hundert Taler als wirklich präsentiert werden, während eine nicht-assertorische Einstellung hypothetischen Vorstellens sich auf andere Weise zu diesem Gehalt verhält und Taler gegeben sind (*etwas* ein Taler *ist*), aber nicht als wirklich präsentiert werden. Der Taler-Gehalt wird dann anders „gehabt“ (Searle), was jedoch seine Präsentation in beiden Fällen voraussetzt.

Der präsentationale Sinn, der uns hier interessiert, ist also früher, indem er nur erklärt, wie einem Objekt überhaupt Attribute zugeschrieben (F(x), (x) *ist* hundert Taler) werden und dadurch als vom Subjekt verschieden, innerhalb seines Begriffs,

75 Nach Freges *Dialog mit Pünjer über Existenz* (Frege 1983, 60-75) beschreibt „Existenz“ bzw. „existiert“ in der kopulativen Form nur „die Form der Aussage“ (Frege 1983, 69). Auf Intentionalität generell angewendet, beschreibt es die Form oder das funktionale Schema von Gehalten. Wie für Kant ist nach Frege „Existenz“ kein reales Prädikat, betrifft also nicht, was einem Gegenstand zukommt, sondern klassifiziert vielmehr einen Begriff (ein Attribut) und zwar dahingehend, ob unter diesen Begriff ein Gegenstand fällt oder nicht (vgl. Frege 1983, 61).

erst als transzendenter Gegenstand „gegeben“ oder „gesetzt“ wird. Diese Setzung „*beziehungsweise* aufs Subjekt [hier: Objekt]“ ist der intentionalen Referenz inhärent: Sie richtet erst die intentionale Beziehung *auf* ein Objekt aus und gibt der *aboutness* ihre charakteristische Richtung. Sie scheint daher nicht an ein „logisches“ Urteil mit begrifflichen Attributen (Prädikaten) gebunden zu sein, sondern zeigt sich auch in der assertiven Einstellung der Wahrnehmung, die *von* etwas ist, das für das Subjekt dieser Einstellung soundso *ist* (und dennoch nicht existieren muss). Auch in der Halluzination der Fliegengestalt fungiert ein „ist“ als die Voraussetzung für die Veridikalitätsbedingungen dieses Zustands. Anders als für Kant scheint mir der zweite, „wirkliche“ Sinn von „ist“ *a priori* zunächst einmal nur ein ist-der-Fall-Sein auszudrücken, ohne sich auf die *räumliche* Wirklichkeit beschränken zu müssen.[76] Denn Kants Erläuterung, dieser Sinn von „ist“ würde „die Position eines Dinges oder gewisser Bestimmungen an sich selbst“ (Zitat oben) bedeuten, meint streng genommen zweierlei: Erstens, dass die „Bestimmungen an sich selbst“ auf die realen *Eigenschaften* eines Dinges abzielt. Zweitens, dass diese Eigenschaften aber *keineswegs räumliche* Positionen sein müssen. Zwar scheint die Wirklichkeit von hundert Talern mit ihrer räumlichen Existenz *de facto* zusammenzufallen, da Geldmünzen oder andere Wertobjekte in einem materiellen Kontext realisiert sind. Dennoch verstehen wir die Wirklichkeit des Geld*werts* als eine „soziale Tatsache“ (Searle 2006), die nicht in dieser räumlichen Form existiert, aber dennoch zu den „Bestimmungen“ der Taler als Taler gehört. Der Präsentationsstruktur des „ist“ entspricht durch die Binnendifferenz zwischen Subjekt und Objekt nur die irreduzible Vorgängigkeit von Entitäten (die in der jeweiligen Repräsentation kein Attribut ist, also nicht repräsentiert wird[77]). Dies gilt ganz unabhängig davon, ob diese dann im zweiten Sinne durch ein räumliches oder abstraktes Attribut als wirklich aufgefasst werden.

Gleichwohl ist es bei Kant so, dass der räumliche Sinn von „ist“ eine stark konstitutive Funktion für die Äußerlichkeit oder Alterität des Objekts hat. Denn für Kant konstituiert sich die Intentionalität der Anschauungen von nicht-repräsentationalen Empfindungen gerade durch den Raum als Sinn für „Äußerlichkeit“:

> Vermittelst des äusseren Sinnes, (einer Eigenschaft unsres Gemüths) stellen wir uns Gegenstände als ausser uns, und diese insgesamt im Raume vor. [...] Denn damit gewisse Empfindungen auf etwas ausser mich bezogen werden [...] dazu muß die Vorstellung des Raumes schon zum Grunde liegen (Kant 1956 [1781], [B37-38]).

---

76 Auf diese Interpretation von „ist“ wird im Zuge „neo-kantischer“ Antworten auf die Status-Frage (Evans 1982, Strawson 2002, Morgan 2018) noch näher eingegangen.

77 Die irreduzible Vorgängigkeit *kann* natürlich, auf der Ebene von Kants zweitem Begriff von „Existenz“ auf einer Metaebene eigens repräsentiert werden.

Diese Differenzierung wie auch Priorisierung soll meine Bezeichnung „räumlich-wirklich“ namhaft machen, wobei der Bindestrich das Verhältnis offenlässt. Damit ist es auch mit Freges neutralerem Ansatz der Begriffserfüllung kompatibel. Dieser für Kants (und Freges) genuin „ontologisches Projekt“ der Wissensfundierung relevante räumlich-wirkliche (zweite) Sinn von „ist“ und die damit verbundene Frage, ob die repräsentierten hundert Taler, Pegasus oder eine Fliegengestalt wirklich existieren (zweiter Sinn von „ist“) setzt die Setzung von Objekten in bestimmter Attribution in Abgrenzung zum Subjekt (erster Sinn von „ist“) innerhalb verschiedener Einstellungen und Repräsentationsarten voraus. Ich benötige eine attributive Struktur um mir ein Ding in seiner „Position oder gewisserer Bestimmungen an sich selbst“ vorzustellen. Mit Frege gesprochen: Existenz als „Begriff zweiter Stufe“ verlangt im Voraus einen Begriff erster Stufe und damit eine „funktionale“ Struktur, die überhaupt Gegenständen Begriffe attributiv *zuordnet*. Zu beachten ist, dass der zweite Sinn von „ist“ in dieser *ontologischen* Betrachtung Freges als ein Attribut fungiert, das kognitive Selbstreflexion auf die basalen Gehalte (die Begriffe erster Stufe, das präsentationale „ist“) voraussetzt und noch nicht in Wahrnehmungen vorkommt. Die Wahrnehmung als *ontisches* Projekt dagegen *repräsentiert* ihre Objekte selbst nicht wieder *als* wirklich, ihr „Wirklichkeitssinn“ ist keine Meta-Repräsentation: Die Wirklichkeit wird durch den Modus der assertorischen Einstellung eingebracht und ist keine Spezifikation, sondern betrifft eine Form der Vermittlung von Gehalten. Wie dieser primitive Wirklichkeitssinn als „Stimmigkeit“ von Gehalten zustandekommt, wird im letzten Kapitel dieser Untersuchung beschrieben werden.

Wir halten fest: Der präsentational-attributive (erste) Sinn und der räumlich-wirkliche (zweite) Sinn von „ist“ dürfen nicht vermischt werden. Während der erste Sinn als *Gegebenheit* eines Objekts die Präsentation von Gehalten bedeutet (bei Matthen: Präsenz^2), die allen Einstellungen und repräsentationalen Zuständen zugrunde liegen muss, meint der zweite Sinn als *Wirklichkeit* (bei Matthen: Präsenz^1) die deskriptive oder assertorische Einstellung, die einen besonderen Modus dieser Gegebenheit arrangiert. Angenommen, der Frosch fantasiert in einem Fall von einer Fliege, dann ist ihm, wie im Falle der Wahrnehmung, als Subjekt der Fantasie ein Objekt gegeben oder vermittelt, aber dieser Gehalt wird in beiden Fällen unterschiedlich unterhalten und zeitigt je andere Verhaltensweisen. Auf beiden Ebenen ist „ist“ kein Attribut, sondern strukturiert auf der Gehaltebene die Attribution und zeichnet im anderen Fall die Einstellung aus. Daher wird das „ist“ auch nicht vom Subjekt im selben Zustand wiederum repräsentiert, weil es die Voraussetzung für Repräsentation bildet.

(4) Schließlich sollen **intellektualistische Fehldeutungen der Präsentationsstruktur** und des Existenzphänomens auf basaler Stufe aufgezeigt werden. Ich gehe auf Kant und Freges Deutung auch deswegen ein, um eine andere, mögliche

Interpretation von „ist" durch das Attribut mental-unabhängig aus der Präsentationsstruktur herauszuhalten.[78] Wir haben gesehen: Diese drückt lediglich eine präsentationale Differenz zwischen einem vermittelten Objekt und einem Subjekt aus. Alle Gehalte sind perspektivisch so verfasst, dass das Objekt nicht auf das Subjekt oder auf dessen Spezifikationsmöglichkeiten rückführbar ist, da andernfalls die Vermittlung von etwas für etwas/jemanden nicht mehr gegeben ist. Im Gegensatz dazu meint „Unabhängigkeit vom Mentalen" (*mind-independence)* bereits eine spezifische und reale Eigenschaft einer repräsentierten Entität. Es meint eine bestimmte Relation (kausaler) Realisierungsbedingungen zwischen unterschiedlichen Entitäten, eine Beziehung nicht zwischen dem Subjekt und dem Objekt innerhalb einer Repräsentation, sondern zwischen einer jeweiligen Repräsentation und dem Mentalen als solchem. Um diese Beziehung eigens zu repräsentieren, muss das repräsentierende System in der Lage sein, *erstens,* das begriffliche Attribut mental, innerhalb einer *theory of mind,* verstehen und anwenden zu können, und *zweitens,* dieses Attribut einem Objekt in Bezug auf dessen Existenzbedingungen negierend zuordnen können. Diese ontologischen Anforderungen scheinen nicht für Repräsentation überhaupt gelten zu können, da sie perzeptuelle Gehalte nichtkognitiver Lebewesen ausschließen. Auch wenn das Repräsentierte perspektivisch unabhängig *ist,* heißt das nicht, dass das System diese Eigenart oder Voraussetzung des Repräsentierten eigens repräsentieren können muss, um überhaupt zu repräsentieren.[79] Eine Wahrnehmung einer Fliege könnte dann nur veridisch sein, wenn sie ihre eigenen Bedingungen wahrnimmt, was auch angesichts der *sensorischen* Natur des Wahrnehmbaren nicht möglich scheint. Vor allem scheint dabei ein gleitender Übergang zwischen (a) der Präsentation qua Differenz eines Objekts in Bezug auf das Subjekt (eine Art „subject-independence"[80]) und (b) der Repräsentation dieses Objekts als unabhängig von Repräsentation schlechthin („mind-independence") stattfinden. Doch dieser anspruchsvolle Übergang bedarf einer Begründung. Ivan Ivanov (2021) hat im Geiste der Kantischen „Setzung" von einem *„positing intentional mode* gesprochen und auf jenen problematischen Übergang hingewiesen:

> Since one would expect a positing intentional mode to constrain the character of its objects in general, it is not out of the question that one such mode would posit the mind-independence

78 Siehe Strawson 2002; Evans 1985; Davidson 1982, 1999, 2004; Morgan 2018.

79 Die intellektualistische Position, derzufolge Repräsentation wiederum ihre eigenen Voraussetzungen repräsentieren muss, nennt man auch „Repräsentationalismus" (siehe Burge 2010, 13). Sie wird im Zuge der Status-Frage eingehender erörtert werden.

80 Siehe Siegel (2006, 355). Ich finde „perspektivische Unabhängigkeit" passender, wie sie in A.III.3.1 vorgestellt wurde.

> of its objects. It might be that the intentional mode constitutive of perceptual experiences would posit not just the existence of the objects apparently perceived, but also their independence of *any* experience (Ivanov 2021, 14936; Kursiv, A.W.).

Er verweist dabei auf Penelope Mackie (2020), die damit die These einer „absolute mind-independence" identifiziert, die nicht mit „particular mind-independence"[81] (Subjekt-Unabhängigkeit bzw. perspektivische Unabhängigkeit) verwechselt werden darf:

> It is sometimes said that ordinary perceptual experience presents its objects as not depending for their existence on that particular perceptual episode, or as not depending for their existence on the perceiver who has the experience (See, for example, Siegel [2006, 356–7]). […] But even if it could be established that ordinary perceptual experience has this feature, it would be a gross *non sequitur* to conclude, without further argument, that it has the AMI [absolute mind-independence] feature (Mackie 2020, 457).

Ist die Wahrnehmung keine *theory of mind* und ein Zustand, in der ein Subjekt einen intentionalen Modus zum Gehalt unterhält, der in einer deskriptiven Einstellung und des zugrundeliegenden Präsentationsstruktur besteht, dann präsentiert letztere das Objekt in seinen Aspektgestalten (Fliegengestalt auf Position (1,2,3)) lediglich als verschieden vom Subjekt der Repräsentation. Die Attribute werden immer Etwas (der Fliege als Objekt) zugeschrieben. Das bedeutet zwangsläufig, dass weder das Subjekt noch seine Wahrnehmung von diesem Etwas diese Attribute besitzen kann. Das ist noch keine selbstreflexive Repräsentation der Wahrnehmung *als* Wahrnehmung (bzw. *als* Repräsentation). Das Subjekt wird dabei nicht *als mental* repräsentiert, sondern bildet lediglich den Nullpunkt oder egozentrischen Pol innerhalb der Repräsentation, der bei wechselnden Objekt-Aspekt-Strukturen invariant bleibt. Die Präsentation des Objekts in seinem „ist", bedeutet lediglich den Moment der Repräsentation, welcher der irreduziblen Vorgängigkeit als ihrer Voraussetzung entspricht, ohne diese Voraussetzung wiederum zu repräsentieren. Das „ist" und sein Objekt werden nicht repräsentiert, sondern sind präsentierte Voraussetzungen der Repräsentation und ihrer korrekten bzw. inkorrekten Attribuierungen.

81 Mackie (2020, 457) definiert sie als „an awareness of objects and features that do not depend for their existence on that experience or on its subject".

III.3.5 Der intentionale Modus: das Subjekt der Repräsentation

Mit den bisherigen Ausführungen scheint plausibel zu werden, dass die Existenz intentionaler Einstellung und deren Vielfalt eine Präsentation von Gehalten verlangen. Da es keine „anonyme“ Präsenz, keine Gegebenheit oder Vermittlung *für* nichts und niemanden gibt, folgt notwendigerweise die Existenz eines funktionalen *Subjekts*, das diese Rolle eines „Adressaten“ der Vermittlung spielt. Wie im Rahmen der Status-Frage zu sehen sein wird, stellt neben der Präsentationsstruktur auch die Subjektivität eine der wesentlichen Elemente dar, die für die naturalistische Repräsentationstheorie zum vernachlässigten Problemfall wird.

Wie lässt sich Subjektivität objektiv fassen? McGinn hat von einer „Janusköpfigkeit“ der perzeptuellen Intentionalität gesprochen, auch wenn er dabei eher an Bewusstsein denkt:

> [P]erceptual experiences are Janus-faced: they point outward to the external world but they also present a subjective face to their subject: they are of something other than the subject and they are like something for the subject (McGinn 1997, 298)

Prototypisch zeigen bewusste Zustände („personal-level“) eine „triadische“ Struktur der Repräsentation, wie sie Uriah Kriegel beschreibt:

> [A] theory of personal-level representation will have to account not only for the *representation-of* component of personal-level representation (the relation between *x* and *y*), but also for its *representation-to* component (the relation between *x* and *z*) (Kriegel 2012, 109).

Diese inwendige Bezogenheit sieht Nicholas Georgalis (2006) aus phänomenologischer Warte sogar als „die fundamentale Tatsache der Repräsentation“: „For any item r to represent a particular item t, there must be an agent s *to whom* r represents t“ (Georgalis 2006, 126). Nun plädiert Georgalis für eine *notwendige* Rückführung von Repräsentation – und damit auch von Subjektivität – auf Bewusstsein (siehe auch Mendelovici 2018). Im Rahmen der prototypischen Strategie bilden aber bewusste Repräsentationen nur *ein* Beispiel für die repräsentationale Rolle. Nichtbewusstseinsorientierte Zuschreibungen aus der Dritten-Person-Perspektive und ihre Erklärungskraft bilden die Mehrzahl einer *theory of mind* (Wimmer/Perner 1983; Fodor 1987; Dennett 1987).

Da wir also an dieser Stelle den notwendigen Zusammenhang zwischen Intentionalität und Bewusstsein ausklammern und später eigens entkräften wollen, soll anhand von Veridikalitätsbedingungen und am Format der Attribution, (1) ein *funktionales* Verständnis von Subjektivität, komplementär zur Deflationierung von „Objekt“ als funktionales Schema, vertreten werden. Dabei soll sich das Subjekt als *egozentrischer Bezugs- und Nullpunkt* innerhalb des intentionalen Modus, also als

Gegenpol zum Objekt innerhalb der präsentationalen Differenz, erweisen. Damit gewinnen wir eine formale Mindestanforderung, die als Brücke sowohl bewusste als auch nicht-bewusste Zustände verbinden kann. Anschließend (2) soll Subjektivität von einer speziellen Form von selbst-referentiellen Gehalten, von den sogenannten *de se* - Gehalten unterschieden werden.

(1) Paradigmatisch für das **funktionale Verständnis von Subjektivität** ist erneut Kant, der gegen eine Unauffindbarkeit (à la David Hume) oder Zersplitterung des Subjektiven argumentiert hat:

> Das: Ich denke, muß all meine Vorstellungen begleiten *können*, denn sonst würde etwas in mir vorgestellt werden, was gar nicht gedacht werden könnte, welches ebensoviel heißt, als die Vorstellung würde entweder unmöglich, oder wenigstens für mich nichts sein. Diejenige Vorstellung, die vor allem Denken gegeben sein kann, heißt *Anschauung*. Also hat alles Mannigfaltige der Anschauung eine notwendige Beziehung auf das: *Ich denke*, in demselben Subjekt, darin dieses Mannigfaltige angetroffen wird. [...] Denn die mannigfaltigen Vorstellungen, die in einer gewissen Anschauung gegeben werden, würden nicht insgesamt *meine* Vorstellungen sein, wenn sie nicht insgesamt zu *einem* Selbstbewusstsein gehörten (Kant [1781] 1956 [B131-132]).

Dieses Argument ist nicht neu. Bereits Platon hat im *Theaitetos* für die Existenz eines integrierenden Elements – das er gewöhnlich „idea“ nennt – plädiert, das als einheitliches Zentrum vielfältiger Wahrnehmungen fungiert. Dafür hat er folgendes Bild ins Treffen geführt:

> Unheimlich wäre es auch, mein Sohn, wenn diese mancherlei Wahrnehmungen wie im hölzernen Pferde in uns nebeneinanderlägen, und nicht alle in irgendeiner einheitlichen Form (*eis mian tina idean*), du magst es nun „Seele“ oder wie auch immer nennen, zusammengespannt wären (*synteinei*), kraft der wir dann vermittelst jener [der peripheren Sinnesorgane] qua Werkzeuge wahrnehmen, was nur wahrnehmbar ist (Platon 1970, [184d]; Übersetzung modifiziert, A.W.)

Subjektivität hat hier erkennbar eine *integrierende* und *zentrierende* Funktion in Bezug auf Wechsel und Vielfalt möglicher Gehalte, d.h. auf Objekte und ihre Attribute. Dieser Veränderlichkeit muss in einem einheitlichen Moment der Repräsentation verankert oder indiziert sein. Ohne diesen Moment, so Kant, „würde ich ein so vielfärbiges verschiedenes Selbst haben, als ich Vorstellungen habe“ (Kant 1956, [1781] [B133-134). Mit Bezug auf Kants Argument resümiert Tobias Schlicht:

> [T]he spontaneous mental function, understood as an act of integration, can only be apprehended in its relation to the various representations which must be given for the "I think" to accompany them. This is equivalent to saying that it must be possible for the representations to be *integrated* in the same (total state of) consciousness. Consequently, the possible

> self-consciousness resulting from the performance of this function is not a consciousness of self as object, but as subject (Schlicht 2018, 2457).

Damit hat auch das Subjekt eine besondere Form des „Betreffs" (Crane), insofern alle Repräsentationen nicht nur auf ein jeweiliges Objekt vorausweisen, sondern dieses dabei in gegenwendiger Alterität oder „januskpöpfig" (McGinn) auf ein Subjekt rückbezogen bleibt.

> The notion of self at work here is obviously a formal and abstract one. Every experience is always lived through *by* a certain subject; it is always an experience *for* a certain subject. The self is, consequently, understood as the pure subject, or ego-pole, that any episode of experiencing necessarily refers back to. It is the subject of experience rather than the object of experience (Zahavi 2005, 104).

Mit Blick auf diese Integrationsfunktion scheint es mir hier nicht entscheidend, ob wir vom Bewusstsein ausgehen (wie Zahavi) oder nicht: Das Subjekt ist rein *formal* definiert und ich sehe angesichts der bisherigen Gründe nicht, warum diese vereinfachende Polarität allein eine Sache des phänomenalen Bewusstseins bzw. Selbstbewusstseins wäre.

Mit Bezug auf diese funktionalistisch-formale Interpretation von „repräsentationales Subjekt" im intentionalen Modus können wir daher hier erstmal einklammern, welche (natürliche) Tatsache für die besagte Integration auf basaler Stufe verantwortlich ist, und welche diese Funktion erfüllt. Prototypisch scheint es sogar nicht weniger bedeutend, ein Subjekt nicht-bewusster intentionaler Einstellungen anzunehmen und ein Subjekt bewusster Zustände zu sein: Aus Sicht der Beschreibung der explanatorischen Rolle von Intentionalität entfaltet demnach der Begriff des Subjekts sich stärker innerhalb der funktionalen Konstellation des intentionalen Modus und seiner Einstellungen. Wir haben mit Bezug auf Verhalten herausgestellt, das es *das Individuum* ist, das wahrnimmt, erinnert, denkt, wünscht, und so fort (siehe Kapitel A. II.1) und ihm daher qua *Subjekt* der Wahrnehmung ein Objekt in Aspektgestalt vermittelt ist. Dieser Status kann anderen Lebewesen aus der Dritten-Person-Perspektive plausibel und erklärungskräftig zugeschrieben werden, ohne gleichzeitig wissen zu müssen, „wie es ist" (Nagel 1974) diese Gehalte phänomenal und introspektiv vermittelt zu bekommen.

Wenn wir also dem Tier eine Perspektive zuschreiben, dann schreiben wir ihm *eo ipso* einen egozentrischen Bezugs- und Nullpunkt zu, *dem* und *nur dem* die Gehalte gegeben sind. Dann stellt sich neben der Einheitlichkeit diese exklusive Rückbezogenheit bei der Präsentation von Gehalten als ein entscheidender funktionaler Moment von Subjektivität heraus, der bisher leider nur aus der Ersten-Person-Perspektive thematisiert worden ist und unter dem Ausdruck *mineness* (siehe Howhy 2007; Schlicht 2018; Bruineberg 2017) firmiert. Dan Zahavi hat diesen Ausdruck scharf wie folgt im Ausgang von Einstellungen bestimmt:

> Although the various modes of givenness (perceptual, imaginative, recollective), differ in their experiental properties, they also share certain features. One common feature is the quality of *minenness*, that is, the fact that the experiences are characterized by a first-personal givenness that immediately reveals them as one's own. [...] Obviously, this form of egocentricity must be distinguished from any explicit I-consciousness. I am not (yet) confronted with a thematic or explicit awareness of the experience as being owned by or belonging to myself. The minenness is not something attended to (Zahavi 2005, 124).[82]

Um die Subjektivität aufzuweisen, hebt Zahavi treffend den Aspekt der „Gegebenheit" hervor (siehe auch Zahavi 2005, 120), den wir oben mit Kant der Präsentationsstruktur zugewiesen haben. Doch die verschiedenen Gegebenheitsweisen („modes of givenness") sind nicht nur „erfahrungsmäßig" („experiental") verschieden und identifizierbar. Sie sind auch funktional in Gestalt verschiedener *Einstellungen* beschreibbar, die wir aus der Dritten-Person-Perspektive einem Lebewesen zuschreiben: Der Frosch nimmt wahr, das heißt, *ihm* ist qua Subjekt ein sensorischer Gehalt in deskriptiver Einstellung gegeben. Das präsentierte Objekt ist nicht einfach nur „da", sondern *betrifft ihn* (und keinen anderen). Die Gegebenheit lässt sich in Form der Präsentation von Gehalten auch für repräsentationale Zustände generell, bewusster oder nicht-bewusster Natur, in Anspruch nehmen. Das gilt vor allem, wenn Gehalte nicht einfach anonym und freischwebend (wie Frege'sche „Gedanken" oder verstreute Perzepte im geistigen trojanischen Pferde) vorkommen, sondern stets notwendig in intentionalen Modi eingebettet, d.h. vermittelt sind. Dann scheint es plausibel, auch in nicht-bewussten Einstellungen (z.B. der Wahrnehmung) eine jeweilige *Egozentrizität* des Subjektiven anzunehmen, von denen *mineness* nur eine bestimmte Version ist, und die die Betreffsrichtung vom Objekt weg- und auf das Ziel seiner Vermittlung zurücklenkt.

Diese Betroffenheit gilt umso mehr, als dass gerade Wahrnehmungsgehalte aufs Engste mit koordinierten Verhaltensweisen sensomotorisch verknüpft sind, wie wir sie bereits beschrieben haben. In diesem Sinne identifizieren Olaf Blanke und Thomas Metzinger (2008, 8) *mineness* aus einer experimentellen Dritten-Person-Perspektive mit einer „global control", die einer Koordinationsleistung in Bezug auf den *ganzen* Körper entspricht und deshalb eine Zuschreibung einer Repräsentation

82 Neben dieser *selbstreferentiellen* Dimension des Subjekts soll auch eine *narrative* Konzeption des Selbst ausgeschlossen werden, in der das Subjekt sich selbst repräsentiert und sich in einen stimmigen Geschehenszusammenhang mit anderen Dingen als "Gravitationszentrum" einbettet (siehe Dennett 1991c). Das egozentrische Subjekt geht diesem Voraus (siehe Zahavi 2005, 106-108, 129 und Hohwy 2007).

zu einem Subjekt erst fundiert. Störungen dieser Funktionalität, z.B. bei Somatoparaphrenie, durch die Betroffene eigene Körperglieder anderen Personen zuordnen und sich dementsprechend verhalten (Blanke/Metzinger 2008, 9), sind keine rein introspektiven Funde mehr. Schließlich kommt diese Egozentrizität, in der die Gehalte ihren invarianten Bezugs- und Nullpunkt besitzen, nicht erst durch eine „Reflexion" zustande. Denn diese setzt, *erstens*, bereits eine Zugehörigkeit voraus, was auf das Subjekt bezogen ist und was nicht, und verlangt außerdem einen subjektiven Bezugspunkt des reflexiven Akts. *Zweitens*, als Resultat, *wird* dadurch das Subjekt zu einem Objekt („I-consciousness"). Ausgehend von der einfachen Wahrnehmung eines Objekts, z.B. des blauen Himmels, warnt daher Schlicht:

> It would be problematic to suppose that only such an act of reflection *makes* the experience *mine*, or brings mineness into existence so to speak; the experience has been presented as *mine* already, it only exists as *mine*. But the pre-reflective self-consciousness is not a consciousness of an *object* akin to the blue sky; it is rather a consciousness of oneself as subject. This is to be contrasted with a consciousness of oneself as *object* (Schlicht 2018, 2451).

Bevor jemand sich auf sich selbst als Wahrnehmenden beziehen kann, hat bereits die Wahrnehmung des blauen Himmels einen Gehalt. Er ist einem Subjekt dieser Wahrnehmung vermittelt („the experience has been presented as mine", Zitat Schlicht). Dabei kann diese Vermittlung nicht auf eine Selbst-Reflexion zurückgehen, da diese bereits eine Zuordnung zu einem Subjekt erfordern würde und überdies aus dem Subjekt *als Subjekt*, bezogen auf einen Gehalt, ein *Objekt* der Reflexion machen würde. Christopher Peacocke hält in diesem Sinne ebenso fest: „[O]wnership of an experience is more fundamental than self-ascription of that experience. Ownership explains proper self-ascriptions" (Peacocke 2015, 176).

Aus all diesen Gründen können wir von einer *minimalen* Konzeption der Subjektivität ausgehen, die das nicht-objektive Element oder den Gegenpol hervorhebt, den jede *Perspektivität* aufweisen muss:

> A more cautious construal of intentionality might be the observation that my experience is from a *point of view*. Subjectivity, for now, should be limited to just that, the idea of a viewpoint. [...] A thing cannot appear to us expect from a point of view (Llyod 2004, 252-253).

Zusammengefasst ist das Subjekt demnach nicht mehr und nicht weniger als der funktionale *egozentrische Bezugs- und Nullpunkt* des intentionalen Modus. Es bildet also nicht nur einen der einheitsstiftenden „Identitätspole" verschiedener Gehalte, sondern auch einen Betreff- und Bezugspol der Vermittlung, der dem Objekt als Gegenpol innerhalb der Präsentationsstruktur gegenübergestellt ist (siehe auch Husserl 1973 [Hua I], 79-83, 100). Gibt es eine funktionale Invarianz auf Seiten der Repräsentation *von...*, muss es eine funktionale Invarianz auf Seiten von Repräsentation *für*.. geben, die sowohl die Einheitlichkeit als auch die egozentrische Rückbezogenheit und Relevanz der Gehalte qua Gehalte sicherstellt. Das Subjekt ist dasjenige, was durch die Präsentationsstruktur eine Einstellung zum Gehalt unterhält und in dieser Funktion *eo ipso* vom Konsumenten kausaler oder praktischer Effekte von Gehalten verschieden ist, wie noch erläutert werden wird. Umgekehrt gilt daher auch: Das Subjekt ist nicht ein isoliertes Residuum, sondern als Subjekt der Referenz und seiner *aboutness* immer auf etwas bezogen und als wesentliche Hintergrundvariable aller Repräsentation im Spiel. Intentionalität ist wesentlich „bipolar" (Lloyd 2004, 253) – ein Umstand, den die naturalistische Repräsentationstheorie sträflich vernachlässigt, wie in Teil B gezeigt werden wird.

(2) Wenn diese minimalen Anforderungen für repräsentationale Subjektivität („minimal self") zutreffend sind, dann ist es nun entscheidend, einen Kategorienfehler zu vermeiden und das Subjekt gerade *nicht* mit dem ***de se*** **-Aspekt** bestimmter Gehalte zu identifizieren. Schon Kant hat bemerkt, dass im Rahmen der funktionalen Rolle des Subjekts „ich dasjenige, was ich voraussetzen muß, um überhaupt ein Objekt zu erkennen, nicht selbst als Objekt erkennen könne" (Kant [1781] 1956 [A 402]).Wir haben gesehen, dass auch Blanke & Metzinger, Zahavi und Schlicht vor einer vorschnellen Identifikation des Subjekts mit einem Objekt warnen. Diese Vorsicht ist nicht nur in der irreduziblen Vorgängigkeit des vermittelten Objekts begründet: Dasjenige, dem etwas in Aspektgestalt vermittelt wird, kann nicht wiederum das Vermittelte sein. Auch in der Meta-Repräsentation des Selbstbezugs ist das Objekt ein anderes als das Subjekt der Reflexion. Zudem gilt die Richtung des Betreffs von Attributen: Subjekte von Attribution sind in basaler Repräsentation nie dasjenige, dem etwas zugeschrieben wird. Subjektivität besteht demnach in ihrer intentionalen Ausprägung als Referenz auf etwas *Anderes* (Transzendenz, *aboutness*) und nicht in einer selbstreferentiellen „thematic or explicit awareness of the experience as being owned by or belonging to myself" (Zahavi 2005, 124). Die Selbstbezogenheit (*mineness*) wird also nicht erst durch *Attribute* wie ist meins oder gehört zu mir repräsentiert. Sie gehört nicht zum Gehalt qua Objekt in Aspektgestalt, sondern zum intentionalen Modus, d.h. zur *Vermittlung* des Gehalts in Bezug auf dasjenige, was eine Einstellung zum Gehalt unterhält. Als funktionale Komponente der Präsentationsstruktur und ihrer gegenwendigen Differenz konstituiert das Subjekt erst das „ist" der Attribution mit und wird nicht selbst mit einem „ist" bedacht. Die Zugehörigkeit ist damit keine Attribution *de se* (siehe Peacocke 2015). Andernfalls droht ein Regressproblem, da jede Attribution wiederum auf ein Subjekt zurückweist, dem das attribuierte Subjekt qua Objekt vermittelt wird.

Was bedeutet eine Repräsentation *de se*? Der *de se* – Moment gehört, wie der *de dicto* - oder der *de re* - Aspekt, zu Gehalten.[83] Er ist damit Teil der Veridikalitätsbedingungen bestimmter Repräsentationsformen, in denen das Subjekt von einer Attribution charakterisiert wird, also die Betroffenheitsrichtung sich also selbstreflexiv zurückbiegt, damit aber gerade das Subjekt zum Objekt macht und repräsentational wird:

> What is distinctive of *de se* content in a mental state or event is that the correctness condition for the state or event concerns the very subject who enjoys that state or event, and it concerns that very subject in a non-derivative way (Peacocke 2015, 169).

So sind Wahrnehmungen oder Erinnerungen dadurch ausgezeichnet, dass derjenige, der diese Wahrnehmungen oder Erinnerungen hat, sich in diesen Repräsentationen selbst als Teil des Kontexts repräsentiert, auf den sich auch die *de re* -Aspekte der Repräsentationen beziehen. Dieser Kontext umfasst raumzeitliche und praktische Beziehungen in Gestalt einer *Indexikalisierung*:

> To have *de se* forms, to be *ego-centrically indexed*, a memory's representational content must meet two conditions: It must include an element that indicates the rememberer in such a way as to mark other entities referred to by the content as being in relation to the rememberer's position or perspective. And the element must mark other entities so referred to by the content, as being of immediate relevance to the rememberer's needs, aims, or perspective (Burge 2013, 409).

Wenn ich mich z.B. an den Fall der Berliner Mauer 1989 erinnere, dann ist mir im Modus der Erinnerung ein Gehalt vermittelt, der *mich* als Objekt in den gleichen raumzeitlichen Kontext attributiv einrückt, wie dasjenige Objekt, auf das sich *de re* die Erinnerung (den Mauerfall 1989) bezieht. Meine Erinnerung repräsentiert mich, meine Position und meine Perspektive, als in einer bestimmten raumzeitlichen Relation der Indexikalität zu diesem Ereignis stehend. Der Gehalt der Erinnerung enthält als Veridikalitätsbedingungen meine Position und Perspektive in Bezug zu dem Ereignis. Das System bildet indexikalische Attribute (damals, im Jahre 1989, in Berlin, dort an der durchbrochenen Mauer, ich leibhaftig dabei, bzw. vorm Fernseher dabei zur gleichen Zeit, etc.) und der generierte deskriptive Gehalt kann kraft dieser Attributionen falsch sein: Ich war nicht dabei, ich bilde es mir ein, dabei gewesen zu sein, ich bringe etwas durcheinander, z.B. durch *de dicto* - Gehalte des Träumens, von indexikalischen Fotografien und Videoaufnahmen, Erzählungen.

83 Die folgenden Ausführungen sollen nur eine Skizze sein, um den Kontrast deutlich zu machen. Siehe Peacocke 2015 für einen Überblick über die diversen Probleme, Fragestellungen und Illusionen, die sich mit *de se* Gehalten auftun.

Die Erinnerung kann nur richtig sein, wenn ich tatsächlich in dieser bestimmten raumzeitlichen Konstellation mit der *de re* - Entität stand. Dieser strenge, selbstinvolvierende Sinn von Erinnerung (*experiental memory*, Burge 2013, 407) ist nicht gegeben in der Erinnerung an Fakten, die mich nicht involvieren, z.B. meine Erinnerung, *dass* 1989 die Mauer gefallen ist.[84] Diese Erinnerung enthält keine weitere Attribution, die das Subjekt, sein Dabeisein, seine Perspektive beträfe und kann deshalb ohne ein solches *de se* – Element akkurat sein. Was von der Erinnerung im strengen Sinn gilt, findet auch beim Wahrnehmen statt: Ein Tier oder ein Mensch kann nur das wahrnehmen, was seine Wahrnehmung auch verursacht, zu dem es also *ipso facto* in bestimmten raumzeitlichen Beziehungen steht, z.B. eine bestimmte Entfernung und Orientierung, die den *de se* – Aspekt seiner Wahrnehmung umfasst: „Perception is prototypically *de se. De se* elements in vision indicate the perceiver as at the origin of vision's spatial and temporal representational frameworks" (Burge 2013, 409; siehe auch Peacocke 2015, 169).

Räumlich visuelle, auditorische und taktische Wahrnehmungen scheinen zumindest *de facto* Repräsentation des jeweils eigenen Körpers und seiner Stellung zu den gesehenen Entitäten zu involvieren, wenn das *de re* -Repräsentierte räumlich kontextualisiert ist und die Wahrnehmung zumindest dessen egozentrische Stellung zum Wahrnehmenden repräsentiert (siehe Matthen 2010a). Die besonderen Bedingungen der einzelnen *de se* - Modalitäten müssen uns hier jedoch nicht interessieren.[85] Entscheidend ist der *selbstreferentielle* Index, den *de se* – Gehalte wesentlich markieren.

Es ist nun von zentraler Bedeutung, dass in diesen Formen von *de se* – Repräsentation das Subjekt dieser Repräsentation nicht strikt identisch ist mit dem Repräsentierten. Denn ist das Subjekt *de se* wiederum das Repräsentierte und damit Teil des Gehalts, dann muss es auch hier ein ursprünglicheres Subjekt geben, welches eine Beziehung zu diesem Gehalt unterhält und *für* das dieser Gehalt als für einen egozentrischen Bezugs- und Nullpunkt des repräsentationalen Zustands vermittelt wird. Die repräsentierte Entität in *de se* – Gehalten scheint der Organismus qua situierter Körper und/oder die je eigenen Perspektiven zu sein, die diesem Körper zugeordnet werden. Dieses Repräsentatum kann aber auch hier nicht das Subjekt sein, das sich erinnert oder wahrnimmt. Dieses bleibt stets dasjenige, *für* das der Erinnerungs- oder Wahrnehmungsgehalt präsentiert wird. Es bleibt daher hinter dem Gehalt zurück, den es vermittelt bekommt. Selbst die

84 Hier wird meist zwischen *episodischer* und *semantischer* Erinnerung unterschieden (siehe Matthen 2010a, 109).

85 Bekannt ist z.B. Searles (1983, 49) starke These, Wahrnehmung sei „selbstreferentiell", weil es „Teil der Erfüllungsbedingungen" sei, dass die Wahrnehmung vom veridisch Wahrgenommenen *verursacht* sein müsse.

propriozeptive Wahrnehmung des je eigenen Körpers hat ihr entsprechendes Subjekt als Nullpunkt der Perspektive auf den Körper, das in einem irreduziblen Verhältnis zum Objekt steht.[86] Wird dem Subjekt *de se* ein (raumzeitliches oder mentales) Attribut zugeschrieben, dann ist es damit bereits Objekt der Repräsentation.

In jedem Fall brauchen also auch Einstellungen in Bezug auf *de se* – Gehalte ihre Subjekte. Selbst wenn minimale Subjektivität sich *de facto* erst im Zuge räumlicher bzw. propriozeptiver *de se* Wahrnehmung realisieren sollte[87], bleibt die funktionale Rolle des *repräsentationalen* Subjekts stets die eines egozentrischen Bezugs- und Nullpunkts in Bezug auf die Vermittlung von Gehalten und der jeweiligen Einstellung zu diesem. Die Frage, wie diese Egozentrik in ihrer Funktionalität realisiert ist, inwiefern also der Organismus *qua Subjekt* auftritt, wird uns im Zuge der Status-Frage beschäftigen.

---

86 Blanke und Metzinger (2008) präsentieren einige klinische Beispiele, in denen diese Repräsentationen irrtümlich sind, z.B. die Zuordnung der eigenen Hand zu anderen Personen (bei Somatoparaphrenie) oder die zweifache, „verdoppelte" Lokalisierung des eigenen Körpers (bei Heautoskopie). Auch hier muss es ein Subjekt der deskriptiven Einstellung zu solchen Körper-Gehalten geben, die auch im Modus der Fantasie fungieren könnten.

87 Zu dieser neo-kantianischen These siehe Strawson 2002; Evans 1982; Blanke/Metzinger 2008

B Die Status-Frage mentaler Repräsentation

I Rahmenbedingungen: Naturalisierung, Grenzfragen und Prinzipien

Im vorangehenden Teil A der vorliegenden Arbeit habe ich eine systematische Beschreibung der *repräsentationalen Rolle* entworfen und damit eine Antwort auf die Frage, was es eigentlich heißt, dass ein Zustand etwas repräsentiert. Im folgenden Teil (Teil B) geht es um die daran anschließende Hauptthematik dieses Buches, nämlich um die Frage, unter welchen konkreten Bedingungen sich diese Rolle in der natürlichen Welt realisiert und lebendige Zustände überhaupt *repräsentationalen Status* gewinnen. Wie bereits bei der Handhabe der Definitionsfrage, beginne ich auch hier (Kapitel I) mit den Rahmenbedingungen in Gestalt einer „formalen Anzeige" der Status-Frage (I.1) und ihrer Vertiefung durch methodologische Prinzipien und Umgrenzung ihres Extensionsbereichs (I.2-4), bevor in den folgenden Kapiteln (II und III) bisherige und eigene Antworten auf die Status-Frage erörtert werden.

I.1 Rolle und Status mentaler Repräsentation

Betrachten wir die repräsentationale Rolle in prototypischen Fällen, dann erwarten wir die beschriebene Konstellation dreier Pole: einen verhaltenseffektiven inneren Zustand, der sich durch eine intentionale Perspektivität auszeichnet, die irrtümlich sein kann und deshalb durch ihren „Gehalt" typisiert wird. Wir haben dann die innere Gliederung der Gehalte und des intentionalen Modus freigelegt. Doch allein mit diesen Erwartungen und der Gliederung repräsentationaler Zustände, wissen wir aber nicht in gleicher Weise, ab wann und unter welchen Umständen diese Intentionalitätskonstellation genuin vorliegt, worin also ihre anfänglichen und konkreten *Erwerbs- und Implementierungsbedingungen* bestehen. Damit fragen wir auch danach, an welcher Grenzlinie primitive oder minimale Perspektivität und Veridikalität sich erstmalig zeigt.

In der Literatur wird diese Status-Frage oft als gleichbedeutend mit oder als Teil der Definitionsfrage verwendet, wobei „Rolle" und „Status" nicht weiter unterschieden werden. So Haugeland, der diese Begrifflichkeit meines Wissens als erster hervorhebt: „representing is a functional *status* or *role* of a certain sort, and to be a representation is to have that status or role" (Haugeland 1991, 69). Da Haugeland außerdem beides von „Prozessen" abgrenzt, scheint er nahezulegen, dass jene Begriffe weniger mit den inneren Operationen der Dinge als mit unseren Betrachtungsweisen auf sie zu tun haben (siehe Dennett 1987). Der Ausdruck „Status" legt, anders als „Rolle", jedoch eine gewisse Auszeichnung nahe, die nicht allem zuteil

https://doi.org/10.1515/9783111380551-007

wird, wie Haugelands Ausschluss einfacher Tropismen wie dem Sich-Ausrichten einer Pflanze zum Licht (Phototropismus) nahelegt. Status muss also durch eine besondere Bauart und Funktion des jeweiligen Systems *errungen* werden, wie Gładziejewski treffend fordert:

> [O]ne cannot formulate a theory of representational mechanisms by either simply proclaiming a given class of mechanisms as representational, or by looking at what sorts of mechanisms are actually described as representational in cognitive-science practice. A mechanism needs to *earn* its representational status by virtue of having a functional and structural architecture (Gładziejewski 2015, 68).

Mit diesem „Verdienst" ist also eine gewisse Exklusivität verbunden, die Zuschreibung von Status muss nicht-triviale Auflagen für ihre realistische Fundierung erfüllen. Dazu gehört, dass ein solcher Status sich in gewissen Merkmalen manifestiert, die uns Betrachtern diese Anerkennung abnötigt. Wir verbinden folglich mit repräsentationalem Status realistischerweise nicht eine bloße Projektion *unserer* Erklärungsweisen, sondern eine reale Fähigkeit des Beobachteten, durch die es erst seine jeweilige repräsentationale Rolle ausüben kann. Status liegt zumindest dem Naturalisierungsprojekt des Mentalen nach nicht im Auge des Betrachters oder im Gebrauch eines Benutzers, sondern drückt eine bestimmte *Qualifikation* oder *Stellung* des Lebewesens (bzw. des Systems) in seinem jeweiligen Wirklichkeitskontext aus. In Bezug auf solche „Auflagen" für interne Zustände, spricht Williams (2018), *contra* Haugeland, von der Status-Frage korrekter als „Konstitutionsfrage", die zum Thema habe „how psychological mechanisms are supposed to operate to qualify as representational" (Williams 2018, 15; siehe auch Gładziejewski 2015, 67)

Damit verknüpft Williams pointiert die Operationalität mit der Konstitution von Repräsentation. Sein Begriff „Konstitutionsfrage" (Williams 2018, 15) trifft auch das Anliegen von Burge (2010), der mit Ramsey (2007) die Frage nach der Naturalisierung und Eingrenzung von repräsentationalen Fähigkeiten am stärksten vorangetrieben hat. Dabei formuliert Burge folgende Leitfrage: „Under what conditions does accurate – objective – representation of the physical world begin?" (Burge 2010, xi). Damit ist die Status-Frage am pointiertesten formuliert.

Der Akzent im Begriffsinhalt von „Status" soll deshalb auf den *Erwerb einer Stellung* und ihrer Rolle liegen, womit die konkreten Bedingungen dieser Qualifikation auszubuchstabieren sind und die *Authentizität* (Echtheit, Eigenwüchsigkeit) vermeintlicher repräsentationaler Zustände überprüft werden kann. Das Kriterium ist also das Junktim folgender Fragen: „Given that theory X invokes internal representations in its account of process Y, are the internal states actually playing this sort of role, and if so, how?" (Ramsey 2007, 34).

Qualifikation und Authentizität fordert auch Morgan von einem richtigen Verständnis der Status-Frage:

> We might adopt the intentional stance with respect to automatic faucets and interpret them as "recognizing" the hands that trigger them, but this gloss is superfluous when it comes to understanding *how* automatic faucets *actually work* (Morgan 2014, 227; Kursiv, A.W.).

Im selben Geiste hat Clark deshalb die Status-Frage so angelegt, dass die intentionale Rolle mit konkreten Implementierungsweisen in einem physikalischen Akteur und seinen Mechanismen verknüpft ist:

> The status of an inner state as a representation thus depends not so much on its detailed nature [...] What counts is that it is *supposed to* carry a certain type of information and that its role relative to other inner systems and relative to the production of behavior is precisely to bear such information (Clark 1997, 146).

Entscheidend ist hier nicht nur der Schwerpunkt auf „Rolle" anstatt auf „Natur", sondern vor allem die Einbettung dieser Rolle „innerhalb des Systems". Die Rolle als Status betrifft die authentische *Operationalität* des Akteurs, nicht die Sichtweise des Beobachters und seiner Heuristik, wie Clark betont (vgl. Clark 1997, 148). Auch Ramsey setzt diesen wesentlichen Akzent, wenn er von der *job description challenge* mentaler Repräsentation spricht. Sie liegt nicht nur in deren adäquater Rollenbeschreibung, sondern in Realisierungsbedingungen dieser Funktionalität innerhalb systemischer Prozesse und damit in der Frage „how something can play a representational role *inside* a given cognitive system" (...) *within* a cognitive agent – in the context of psychological processes" (Ramsey 2007, 23).

Morgan hat im Fahrwasser von Ramsey diese Erweiterung der Definitionsfrage durch Operationalität wie folgt charakterisiert: Sie muss sowohl die definierten funktionalen Charakteristika erfüllen als auch die materiell-operationale Grundlage, d.h. die „Mechanismen" für die Ausübung der Funktionen erfüllen.

> [S]howing that the sub-personal states posited by a cognitive theory satisfy a genuinely representational job description isn't just a matter of showing that they exhibit the various puzzling intentional properties of representations ascribed by common sense; it's also a matter of showing that the theory is able to explicate, in broadly mechanistic or "naturalistic" terms, *how* those states exhibit those properties (Morgan 2014, 218).

Naturalistisch im Sinne von „mechanistisch" muss hier demnach den Rückbezug auf die prinzipielle Implementierung funktionaler Fähigkeiten und ihre operationale Ausübung meinen, ohne die eine Funktion nicht realistisch fundiert werden kann:

> By "mechanistic", I simply mean an explanation that appeals to physical or perhaps what are often called 'syntactic' states and processes. A mechanistic explanation accounts for some capacity or aspect of the mind by showing how it comes about through (or is realized by) struc-

> tures, states and operations that could be implemented in physical processes (Ramsey 2007, 25).

Nach Gualtiero Piccinini und Carl Craver (2011, 291) sind mechanistische Erklärungen „dekompositorisch", sie zerlegen eine Fähigkeit in funktionale und strukturelle Teile. Hier wird erkennbar, dass mechanistische Erklärungen strukturell-prozessual gedacht sind und daher nicht rein physikalistisch verfahren. Auch wenn sie nach ihrem inneren Aufbau artikuliert werden können, müssen sie im Kontext von *Fähigkeiten* erörtert werden:

> A central feature of "mechanism" is the belief that functional explanations are ultimately descriptions of the activities of mechanisms and their component parts. Functional explanations do not float free but are ultimately constrained by the underlying structures of mechanisms. [...] A mechanism is defined as a system whose capacity as a whole explains a phenomenon. The system's capacity is, in turn, explained by the organization of its component parts, their structure and their causal properties (Lee 2018, 609).

Die „mechanische" Fundierung von Intentionalität ist folglich operational und nicht allein physikalisch definiert. Zur Operationalität der Rolle gehören auch Prinzipien guter Gestaltung und Normativität, wie bereits herausgestellt wurde. Folglich soll repräsentationaler Status unter dem Leitstern einer „Naturalisierung des Geistes" nicht als hermeneutisches Werkzeug, sondern, wie wir früher gesehen haben (siehe Kapitel A.III.1), als reale *Fähigkeit* von Lebewesen ausgewiesen werden. Fähigkeiten operieren real und Betrachter-unabhängig. Sie müssen erworben und aufrechterhalten werden können. Sie begrenzen jede mögliche repräsentationale Zuschreibung durch die kritische Nachfrage: *Kann* das vermeintlich repräsentationale System auch (die betreffende Entität) repräsentieren? Können z.B. Magnetosome in Meeresbakterien komplexe und spezifische Sachverhalte wie den magnetischen Norden repräsentieren? Oder sind dafür aufwendigere (begriffliche) Fähigkeiten nötig, die ein Magnetosom gar nicht aufbringen kann? Fähigkeiten sind mit realen Mechanismen und ihrer operationalen Ausübung durch das System verbunden.

Vom Chor dieser Stimmen wird also nicht primär danach verlangt, anzugeben, was wir von einer Repräsentation und ihrer Rolle erwarten (Definitionsfrage), worauf meist Gehalt, Veridikalitätsbedingungen, Einfluss auf Verhalten, etc. genannt werden, sondern wie wir uns ihre Einbettung und Operationalität in konkreten Systemen *in situ* denken müssen. Es geht nicht nur darum, wie wir uns im Sinne des „intentionalen Standpunkts" einen Vorgang als repräsentational *vorstellen* können und was ein System tun *soll*, damit es diese Erwartungen erfüllt. Vielmehr wollen wir nun wissen, *wie* – in prinzipieller, philosophischer Hinsicht – Repräsentationen in einem System *tatsächlich funktionieren* und aus welchem natürlichen Einzugsbereich diese Operationen überhaupt entspringen können. Ansonsten droht Intentionalität zwar eine in sich stimmige Theorie zu sein, die aber keine entsprechende Basis in einer zweifellos kausal und evolutionär getriebenen Natur findet. Funktionale Forderungen in Bezug darauf, was ein System unter bestimmten Umständen tun soll (z.B. den magnetischen Norden zu repräsentieren), sind schnell bei der Hand, bleiben aber lediglich *programmatisch*, wenn nicht angegeben wird, wie diese Funktionalität prinzipiell auch *ausgeübt* werden kann. In diesem Sinne ist die Status-Frage zu verstehen:

> *There needs to be some unique role or set of causal relations* that warrants our saying some structure or state serves a representational function. [...] These roles and relations should enable us to *distinguish the representational from the non-representational* and should provide us with conditions that delineate the sort of job representations perform, qua representations, in a physical system. I'll refer to the task of specifying such a role as the "job description challenge" (Ramsey 207, 26-27; Kursiv, A.W.).

Fassen wir zusammen: Die Status-Frage ist diesen Stimmen zufolge, *erstens*, ein *Naturalisierungsprojekt*, d.h. sie befragt Repräsentationen nach ihrem „Platz in der natürlichen Ordnung" (Ramsey), welche von den Basisentitäten der Naturwissenschaften aufgebaut ist. Die Tendenz zur „Naturalisierung des Geistes" (Dretske 1995) begann in den 1980er Jahren durch Pionierarbeiten vor allem von Millikan (1984, 1989) und Dretske (1981, 1988), sowie ferner von Fodor (1987), Cummins (1989) und Papineau (1984), die sich an nomologischen, informationstheoretischen und biologischen Paradigmen orientieren. Diese Ecksteine einer naturalisierten Philosophie scheinen nicht in Frage zu stehen, wie Millikan apodiktisch klarstellt: „That our theory of the world has to be a totally naturalist theory I am not prepared to argue" (Millikan 1984, 87). Dretske hat diese Ausrichtung als eine theoretische Anschlussfähigkeit der Philosophie für empirische Methoden definiert:

> Naturalism in philosophy – as I understand it – has the goal of articulating the application conditions of puzzling concepts (like *knowledge* and *perception*) so that empirical (scientific) methods can be used to answer questions we have about the things to which we apply these concepts (Dretske 2000, x; vgl. Dretske 1981, xi).

Zweitens ist die Status-Frage ein *Kontrastierungsprojekt*, das einen Teil der im liberalen intentionalen Standpunkt als repräsentational erscheinenden Zustände als unauthentisch identifiziert und anderen Erklärungen zuweist, während der andere Teil als genuine Repräsentationen klassifiziert werden. Damit soll zumindest ein plausibles Modell entwickelt werden, anhand dessen wir entscheiden können, bei welchen (basalen) Zuständen unsere repräsentationalen Erwartungen einerseits nur bequeme und nützliche Projektionen sind („Die Wasserpumpe misst den Wasserstand", „Blitze zielen auf höhergelegene Punkte") und bei welchen sie andererseits sich authentisch in Form realer Mechanismen und Prinzipien an der Sache selbst zeigen. Mit der Frage nach dem *Grenzgebiet* mentaler Repräsentation geht die Frage nach der unklaren *Extension* dieses Begriffs einher.

Beide Tendenzen, *Naturalisierung* und *Kontrastierung*, bilden zusammen den Kern der Status-Frage. Wie Gładziejewski treffend bemerkt, werden meist Debatten darüber geführt, ob in einer Reihe von kognitiven Phänomenen eine Repräsentation bzw. eine repräsentationale Erklärung überhaupt fruchtbar wäre (Kontrastierung), ohne dass die Realisierungsbedingungen klar seien, die dafür erfüllt sein müssen (Naturalisierung). Er unterscheidet dazu zwei Probleme unterschiedlicher begrifflicher Ordnung:

> The first, rather obvious problem is that of whether the notion of internal representation is actually useful in our attempts to explain cognitive phenomena. Let us call it the "first-level problem". However, the second problem – the one whose importance, I think, is not appreciated enough in the literature – pertains not to whether representations should figure in (true) explanations of cognition, but to the question of *how we should even construe the very nature of representational explanations*. Let us call this latter issue the "second-order problem" (Gładziejewski 2015, 64).

Es ist also klar, dass die Naturalisierung der Status-Frage der Kontrastierung gegenüber eine gewisse Priorität genießt, da erst jene eine Handhabe bietet, das genuin Repräsentationale an einem Phänomen zu identifizieren. Die Status-Frage fungiert als Kriterium für authentische Repräsentation und damit als Kontrastierungswerkzeug:

> [T]he status question, which concern the conditions that determine whether R is a representation in the first place […] provide[s] a plausible criterion for distinguishing between representational and non-representational states (Schulte 2015, 124-125).

Mit der Status-Frage verbinden wir folglich konkrete Bedingungen, die die Hürde bilden, die eine jede echte Repräsentation als solche genommen haben muss. Diese Naturalisierungs-bedingungen sind, wie gesagt, keineswegs nur physikalistischen Reduktionsstrategien vorbehalten, sondern bilden einen Schnittpunkt der Kompetenzbereiche von verhaltensbiologischen, psychologischen und neurowissenschaftlichen Erklärungsparadigmen. Im Folgenden sollen die Anforderung der Naturalisierung konkretisiert werden, bevor die Kontrastierung bzw. Extensionsfrage Thema wird.

I.2 Für eine „gelassene Naturalisierung“ mentaler Repräsentation

Es muss nun die beschriebene Tendenz der „Naturalisierung“ in der Status-Frage behandelt werden, indem **drei Merkmale** angeführt werden: *Natur*, *Spezifizität* und *Systematizität*.

(1) Die Frage nach der „Natur“ der Intentionalität wird von Burge als ein *genuin philosophisches* Projekt verteidigt, insofern es der Philosophie des Geistes nicht darum geht, Implementierungsdetails der Operationalität darzulegen, wie das die Kognitionswissenschaft tut, sondern aristotelisch das *prinzipielle* „Was-Sein“ dieser Prozesse und Zustände auf Basis von Prinzipien angeben zu können (vgl. Burge 2010, 58). Dies scheint eine Grundanforderung an jede Theorie der Intentionalität zu sein, wie Angela Mendelovici fordert: „A *theory of intentionality* is a theory that describes the deep nature of intentionality, where intentionality's *(deep) nature* is what it really *is*, metaphysically speaking“ (Mendelovici 2018, 21).

Auch Karen Neander (2017, 16) verschreibt sich der Frage: „[W]hat *is* the aboutness relation?“. Was sich an dieser platonischen Was-Frage entzündet, ist die „Pointe“ oder die *raison d'être* von Intentionalität in ihrem natürlichen Kontext, wobei erst einmal offen bleibt, welche Arten von Entitäten zu einer solchen Natürlichkeit gehören. Gerade auch weil sich diese primitive Natur in sehr verschiedenen Bereichen und Verzweigungen des Tierreichs (Arthropoden, Vögel, Fische, Säugetiere) teils unabhängig voneinander entwickelt hat, konnte sich das Wesen in ganz unterschiedlichen Ausprägungen und Operationalitätsweisen artikulieren. Rückführungsversuche auf bestimmte Mechanismen laufen daher Gefahr, das Ganze durch einen seiner Teile zu erklären. So sei zwar nach Burge (2010, 58) die DNA-Struktur eines Baumes mit dafür verantwortlich, was das Baum-Sein ausmache, jedoch nicht mit diesem identisch. Wie sollen wir diesen nicht mehr eigens weiter ausgeführten Hinweis von Burge deuten? Ich denke, indem wir fragen, was „Baum-Sein“ eigentlich und prinzipiell bedeutet. Es umfasst ausdauernde Verholzung, die sich in Wurzel, Stamm und Krone ausbildet, die damit verbundene spezifische Einbettung in ein Habitat und nicht zuletzt die Organisationsform eines lebendigen Organismus, all seine Komponenten zugunsten einer gemeinsamen Ausrichtung auf Selbsterhalt und Fortpflanzung zu integrieren. Wir sehen eine komplexe Konstellation von Typen. Im Baum-Sein verdichten und verbinden sich daher viele Tendenzen dauerhaft, wie Linien zu einem Knoten in einem Netz. Dieses *meshwork* (Ingold 2008) komplexer und holistischer Strukturen machen das Baum-Sein aus und gerade ein solches dynamisches „Wesen“ (vgl. „Hauswesen“ oder „Justizwesen“) ist das Phänomen, für das *konstitutive* Bedingungen aufgewiesen werden sollen. Herauszufinden, *was* etwas ist, bedeutet, einen Knoten im Wirklichkeitsnetz einzuordnen. Die zu Beginn genannten methodologischen Leitlinien, *Erörterung* einer Sache in ihrem Wirklichkeitskontext und *Artikulation* ihrer inneren Strukturen, beziehen sich hier nun auf Wesen und Natur. Dieser breitere, formalere Sinn von „Natur" in „Naturalisierung" soll der hier leitende sein. Im Sinne des vielschichtigen Kontexts des Wesens passt methodisch der von Hutto und Satne vorgeschlagene *„gelassene Naturalismus"* in Bezug auf die Ursprungsfrage von Intentionalität:

> For Relaxed Naturalists, the philosophical agenda is to clarify the nature of some *explanandum* by investigating the findings of a wide range of relevant empirical sciences. Thus, when it comes to explaining the origins of content Relaxed Naturalists are free to appeal to (...) anthropology, developmental psychology, comparative psychology, cognitive archaeology, social neuroscience and so on (Hutto/Satne 2015, 530).

Der „gelassene Naturalismus" entspricht dem *horizontalen* Ansatz des Aristoteles, für die Konstitution einer Natur multifaktoriell unterschiedliche und multiple Aspekte ihrer Ursächlichkeit (formale, „materielle", impulsgebende und funktionale Ursachen) anzunehmen (siehe dazu auch Buchheim 2006). Ein derart „integrierender" Naturalismus (Piccinini/Craver 2011; Bermudez 2010) der kognitionswissenschaftlich inspirierten Philosophie versteift sich auch nach Shea nicht vorrangig auf ein Reduktionsprojekt, z.B. im Sinne einer systematischen Rückführung des Mentalen auf physikalische Prozesse, sondern entdeckt *„illuminating explanatory connections* between representational content and properties that are non-semantic, non-mental and non-normative" (Shea 2013b, 497; Kursiv, A.W.).

Man darf daher behaupten, dass sich die genannten Wissenschaften selbst nicht als rein physikalistisch verstehen und der naturalistische Verweis auf Wissenschaften nicht automatisch deren Rückführung auf Physik bedeutet. Der gelassene Naturalismus soll daher im Sinne eines Neo-Aristotelismus auch als ein *horizontaler Naturalismus* verstanden werden, weil er die „erhellenden erklärungskräftigen Verbindungen" (Shea) zwischen verschiedenen Phänomenen auf gleicher Ebene einer reduktiven (*vertikale*) Rückführung der Phänomene aufeinander bzw. auf eine einzige nicht mehr weiter analysierbare Ebene (z.B. des Bewusstseins oder der physikalischen Gesetze) vorzieht. Auch in diesem Sinne soll in dieser Untersuchung der Begriff des „Natürlichen" verstanden werden:

> To make any headway we must forgo attempts to provide purely reductive explanations in favour of explaining how it is possible to that content could arise in the natural world. Instead of trying to naturalize [i.e. reduce] content we should seek to explain the natural origins of content (Hutto/Satne 2015, 530).

Für diesen integrierenden, nicht-reduktiven Ansatz hat der einflussreiche Wahrnehmungspsychologe David Marr ein passendes Bild: „To understand vision by studying only neurons is like trying to understand bird flight by studying only feathers: It just cannot be done“ (Marr 2010, 27). Wie der Vogelflug selbst – als Ganzes im Auge behalten und nicht in Einzelteile aufgelöst – umfassend in seine Situation und ihre Wirklichkeit eingebettet ist und daher sein „Wesen“ nur *in situ* entfaltet, so holistisch und komplex muss auch das Repräsentieren der Umwelt durch ein Lebewesen verstanden werden. Dieser Ansatz ist nicht allein metaphysisch fundiert, sondern entspringt teilweise realen Problemen aus der wissenschaftlichen Praxis: Wie die Neurowissenschaftler Jolien Francken und Frank Slors (2018) an einem konkreten Fall demonstrieren, besteht ein „Übersetzungsproblem“ (*translation problem*) zwischen unseren holistisch verstandenen, lebensweltlich eingebetteten Begriffen der Alltagspsychologie (wie z.B. dem Begriff des Lügens) einerseits und Daten einer fMRT-Bildgebung des Gehirns (z.B. beim Einsatz von Lügendetektoren) andererseits (siehe dazu schon Cummins/Poirier 2004). Allein an den fMRT-Daten lässt sich weder wissen, dass es sich bei den gemessenen Hirnaktivitäten um das komplexe, nicht-lokalisierbare und holistische *Verhalten* des Lügens handelt, noch lässt sich ableiten, *was* Lügen ist. Eine umfassende Einbettung in einen gemeinsamen Begriffsrahmen, in welchem sich beide Bereiche erhellend und mit Mehrwert verbinden lassen, ist also zu entwickeln. Andernfalls droht nach Marr ein Kategorienfehler:

> The key observation is that neurophysiology and psychophysics have as their business to *describe* the behavior of cells or of subjects but not to *explain* such behavior. What are the visual areas of the cerebral cortex are actually doing? What are the problems in doing it that need explaining, and what level of description should such explanations be sought? (Marr 2010, 15)

Wir sehen am gelassenen Naturalismus, dass „Natur“ hier in einem *inklusiveren* Sinne aufgefasst wird als in einem meist physikalistisch enggeführten Begriff von „Natur“ als physische Materie. Sie umfasst, in Bezug auf Repräsentation und ihrer Realisierung, phänomenologische, funktionale, physiologische, ökologische, behaviorale und informationstheoretische Aspekte, die sich auf komplexe Situationen von Verhalten sowie auf die Evolutionsgeschichte der Arten beziehen. So ist die in dieser Untersuchung vertretene ontologische Grundannahme, Gehalte seien spezifische Muster (*real patterns*), die ihrerseits Muster abbilden würden (Dennett 1987; 1991a), ihrer Fundierung in neuronaler Aktivität genauso aufgeschlossen wie ihrer Beschreibung in Informatik, Psychologie und Phänomenologie. Die Muster und ihre regulären Orientierungspunkte sind wieder bewegliche Knoten im *meshwork* des Wirklichen und nicht diskrete, lokalisierbare Einheiten. Dieser integrierend-inklusive Naturalismus ist in zweierlei Weise „offen“: Einerseits ist er verschiedenen Aspekten und Disziplinen aufgeschlossen und fordert ihre Verbindung; andererseits verfolgt er dabei nicht den traditionell philosophischen Totalanspruch, Intentionalität *restlos* erklären zu wollen, sei es durch radikale Rückführung auf physikalische Vorgänge (Fodor 1987, 97) oder Bewusstsein (Mendelovici 2018). Dieser Totalanspruch bildet nicht nur eine starke und meist ungeklärte metaphysische Annahme, ein Bekenntnis oder eine Grundeinstellung. Nach Burge (2010, 297) ist sie vor allem ein Hemmschuh für die Philosophie des Geistes, den sie allein durch Orientierung an den „freien Erklärungsgeist" abstreifen kann, ohne dabei ihren spezifischen Aufgabenbereich „Natur" aufgeben zu müssen.

Wie Wheeler (2005, 5) treffend ins Feld führt, gründet dieser unverkrampfte, metaphysisch aufgeschlossene Begriff von Naturalisierung nicht zuletzt in der Überzeugung, dass Philosophie und Naturwissenschaft ein „Kontinuum" bilden können, insofern beide zwar unterschiedliche, aber dennoch „konsistente" Erklärungsformen anbieten. Dazu gehört meiner Einschätzung nach aber auch, dass nicht-physikalistischen Aspekten keine ontologisch minderwertigere Ausgangslage eingeräumt wird, das Kontinuum also nicht allein vertikal verstanden wird. Muster, Prinzipien und Organisationsformen sind in einem metaphysisch „gelassenen" Naturalismus genauso als wirklich anzusehen wie physikalische Zusammenhänge. Sie bilden mit ihnen eher eine horizontal-gleichrangige als eine vertikal-hierarchische Ordnung der Wirklichkeit. In diesem Geist bilden z.B. funktionale Erklärungen nicht nur privativ gedacht „elliptische" oder „skizzenhafte" Erklärungen, in denen strukturelle (z.B. neurophysiologische) Komponenten „ausgelassen werden" („sketches of mechanisms"), wie Piccinini und Craver (2011, 284) allzu positivistisch nahelegen. Vielmehr stellen sie ontologisch eigenständige Fähigkeiten *(capacities)* mit je eigenen Standards (Ausführ- und Wiederholbarkeit, Normativität, etc.) und je eigener Erklärungskraft dar, ohne die wir keinen Bezugspunkt hätten, für was und wo wir vermeintlich „harte" Strukturen suchen.

Ähnliches gilt für Bewusstsein und introspektive Intuitionen. So argumentieren Mendelovici und Bourget (2014, 332) für eine naturalistische Integration phänomenologischer Befunde wie folgt: Entweder Bewusstsein lässt sich auf materielle Verhältnisse zurückführen oder nicht. Wenn ja, dann ist Bewusstsein problemlos Teil der naturalistisch verstandenen Wirklichkeit. Wenn nicht, und Eliminativismus keine plausible Option ist, bildet ein rein materielles Verständnis von Natur diese nicht akkurat ab. Damit sei zumindest in Bezug auf die *ontologischen* Voraussetzungen reduktiver Theorien deren Vorteil gegenüber phänomenologischen Erwägungen nicht erkennbar, so das Argument. In Bezug auf einen *methodologischen* Naturalismus sei ferner fraglich, ob rein reduktive Theorien einen Erklärungsmehrwert besitzen, falls sie nicht in der Lage sind, die *Explananda* korrekt und vollständig wiederzugeben. Auch an diesem Punkt ließe sich eine falsche Entweder-Oder-Alternative entlarven, die meist auf eine ontologische Grundverpflichtung in Form eines ideologischen Bekenntnisses hinausläuft, die dem explanatorisch offenen Geist zuwiderläuft. Denn „physisch" oder „naturalistisch" ist primär keine inhaltliche Beschreibung – nichts in der Welt ist so beschaffen – sondern bezieht sich auf den Stand einer oder mehrerer Wissenschaften und ihrer Verpflichtungen darauf, was es im Blickfeld einer definierten Methodik (wahrscheinlich) gibt und was nicht. Überdies ist es fraglich, ob wir ohne Intuitionen, also von einer rein theoretischen oder modellinternen Warte aus, gegen Intuitionen an sich argumentieren können und die letztliche Beurteilung durch einen *jugdement call* (Ramsey) vermeiden können. So steht zwar Shea unseren eigenen bewussten Intuitionen über Gehalte skeptisch gegenüber und verkündet:

> A theory of content is answerable not to intuition, but to the role representations play in explaining behavior. The rat finds its way back to food in a maze because it accurately represents its position and the location of food (Shea 2018, 28.; siehe auch Schulte 2012, 487).

Doch was ist hier mit „Intuition“ gemeint? Assoziative Tendenzen oder sprachliche Gewohnheiten in Bezug auf Begriffsgebrauch? Auch hier scheinen falsche Gegensätze konstruiert zu werden, insofern auch das Paradigma der Verhaltenserklärung kontinuierlich auf vortheoretische Erwartungen bezüglich anderer Lebewesen zurückgeht (*intentional stance*), ohne die wir nicht einmal wissen würden, wo wir *ansetzen* müssten, um unsere vortheoretische und meist erfolgreiche Erklärung des Rattenverhaltens in einer kognitionswissenschaftlichen Weise zu vertiefen. Es ist nicht die Wissenschaft, die uns diesen Standpunkt erst beibringen muss. Überdies scheint die pauschale Absage an einen intuitiven Zugang zu Gehalten dazu zu führen, dass wir auch keinen kompetenten *prätheoretischen* Zugang zu Theorien über Gehalte mehr besitzen. Dann bliebe aber unklar, von welcher Position aus wir dann noch diese Theorien bewerten und miteinander vergleichen können (siehe Mendelovici 2018, 49). Wir wüssten nicht, wie wir empirische Funde klassifizieren sollten. Eine naturalistische Theorie (primitiver) Intentionalität, die völlig inkompatibel wäre mit dem, was wir phänomenal-introspektiv und damit in *prototypischen* Fällen als intentional ansehen, hätte deshalb ein Erklärungsdefizit und gibt sich den Anschein des Revisionismus (siehe Ryder 2009). Sie sollte zumindest anschlussfähig für erhellende „Verbindungen“ auf horizontaler Ebene sein, wie sie Shea selbst fordert.

(2) Das Umfassende und Komplexe der Natur droht sich allerdings viel zu weit zu verzweigen. Aus diesem Grund greifen wir von Burge eine zweite Bedingung von Naturalisierung auf, nach der die Bausteine der Konstitution in erster Linie *spezifisch* sein müssen (siehe Burge 2010, 58). Denn viele Bedingungen für Repräsentation sind zwar notwendig, z.B. für das Sehen einer sichtbaren Entität die Reflektanz von Lichtwellen, die damit verbundenen physikalischen und optischen Umstände und ihre Gesetzmäßigkeiten. Damit sind aber keineswegs die Tatsachen benannt, die zu einer hinreichenden Charakteristik des genuin repräsentationalen Aspekts des

Sehens gehören. An dieser Spezifizität konstitutiver Bedingungen scheitern oft Reduktionsprojekte, die aus falscher ontologischer Sparsamkeit zwar zutreffende, aber meist *zu generische* Eigenschaften angeben, meist nach der Denkfigur, der zu untersuchende Gegenstand sei „nichts anderes als...". Jerry Fodor hat die Motivation solcher metaphysischen Reduktionsprojekte in einer berüchtigten Textpassage wie folgt formuliert:

> I suppose that sooner or later the physicists will complete the catalogue they've been compiling of the ultimate and irreducible properties of things. When they do, the likes of *spin*, *charm*, and *charge*, will perhaps appear upon their list. But *aboutness* surely won't; intentionality simply doesn't go that deep. It's hard to see, in face of this consideration, how one can be a Realist about intentionality without also being, to some extent or other, a Reductionist. If the semantic and the intentional are real properties of things, it must be in virtue of their identity with (or maybe of their supervenience on?) properties that are themselves *neither* intentional *nor* semantic. If aboutness is real, it must really be something else (Fodor 1987, 97).

Hier spricht der nicht-gelassene, rein vertikale Naturalismus, der eine kategoriale Rückführung einer Sache auf „etwas anderes" zur Bedingung für ihr Verstehen macht. Fodor ist sich im Jahr 1987 sehr sicher, was den zukünftigen Inklusionsgrad der Wissenschaft und ihre ontologischen Verpflichtungen angeht. Mit Blick auf die heutige Kognitionswissenschaft kann behauptet werden, dass solche Reduktionsprojekte nicht das erfüllt haben, was sie damals versprochen haben. Wir werden aber genauer betrachten, wie erfolgreich diese Projekte in Bezug auf Intentionalität sind, da die Tracking-Theorien weitestgehend reduktive Ansätze verfolgen. Festzuhalten ist zunächst, dass konstitutive Bedingungen keineswegs *tiefe* Erklärungen sein müssen, wie Fodor mit Blick auf einen physikalischen „Grund" fordert („intentionality simply doesn't go that deep"). Das zeigen auch zeitgenössische Reduktionsprojekte. So fordert Alyssa Ney von einem philosophischen Physikalismus weniger, dass er „vollständig" als dass er „maximal" sein muss. Dazu müssten drei Vorzüge erfüllt sein:

> Its explanations are broader in the sense of covering more phenomena. Its explanations are deeper in tracing the constitutive bases of phenomena further than other explanatory schemes. Its explanations are more precise in having more mathematical specificity [...] than those of other explanatory schemes (Ney 2020, 210).

Doch durch diese Verbreiterung, Vertiefung und Abstraktionszunahme wird zwar vielleicht eine konstitutive Grundlage erreicht und genau beschrieben, aber gleichzeitig droht mit diesem Fundamentalismus eine *Übergeneralisierung*, die die spezifische „Pointe" einer Sache zu verwischen droht. Dass wir in einer Natur, z.B. des Hörens oder des Vogelflugs, auch entsprechend tiefe und breite physikalische Muster finden, die mathematisch präzise beschreibbar sind, heißt noch *nicht*, dass diese Muster auch die für die Sache wesentlichen sind. Auch hier geraten wir in Übersetzungsprobleme. Erklärungskraft kann daher durch Tiefe, Breite und Detailliertheit auch *vermindert* werden. Das zeigt auch Dennetts Beispiel vom „Super-Physikalisten", der den intentionalen auf einen physikalischen Standpunkt reduzieren will und jede Kausalkette verschiedener Verhaltensweisen und ihrer wechselnden Umstände durchspielt. Er *übersieht* dabei jedoch genau die weniger genauen, aber spezifischeren und systematischeren Muster, die eine höhere und effektivere Erklärungskraft besitzen, die er durch Zusammenschau der einzelnen Stränge entdecken könnte.[88] Diese Muster sind gerade nicht „tief" in Fodors und Neys Sinne, sondern entsprechen Dennetts *surface metaphysics.* Die restlose Reduktion einer Natur X auf Natur Y kann deshalb folglich nur dann erklärungskräftig sein, wenn sie auch spezifisch und nicht übergeneralisierend vorgeht.

(3) Zur zuspitzenden Spezifizität kommt als dritte und letzte Auflage für die Naturalisierung die Forderung nach generalisierender *Systematizität* (siehe Burge 2010, 57). Denn nach Burge kann die Frage, ob ein vorliegender Zustand repräsentational ist oder nicht, keineswegs auf *ad hoc*-Bestimmungen gründen, die in einem konkreten Fall (argumentativ) hilfreich, aber keineswegs für eine ganze Reihe von Fällen belastbar und anschlussfähig sind (vgl. Schulte 2015, 124; Ramsey 2007, 34). So darf der repräsentationale Aspekt eines beobachteten Geschehens keineswegs nur Projektion „praktischer Bequemlichkeit" (Dennett 1987; Burge 2010, 293) sein oder zwar etwas Reales darstellen, das jedoch in Bezug auf das zu erklärende Verhalten nur akzidentell ist (vgl. Clark 1997, 148). Nach Burge hat der Begriff Repräsentation eine „ausgezeichnete Stelle in unserem Wissen von der Welt" (Burge 2010, 293) und aus diesem Stellenwert ergibt sich das Wesen unserer Repräsentation von Repräsentationen: Denn wir erklären uns mit dem intentionalen Standpunkt viele Verhaltensweisen, die Implikationen von Veridikalität und Irrtum sowie überhaupt Fragen, die sich an Gehalten und ihren Relationen orientieren, wie z.B. Fragen der Logik oder der Epistemologie. Burge gibt wenig Auskunft darüber, wann genau diese Systematizität erfüllt ist. Doch wenn wir uns den Stellenwert von Repräsentation (bzw. Gehalt) betrachten, dann scheinen solche systematischen Begriffe ihre Erklärungskraft vor allem zwei Eigenschaften zu manifestieren: Sie stehen *erstens* mit anderen Begriffen in einer Kohärenzbeziehung und viele Relationen laufen in ihnen zusammen. Und *zweitens* sind sie imstande, in sehr unterschiedlichen Situationen, Vorbedingungen und Umständen eine Erklärungskraft zu entfalten. Die Begriffe Elektron oder Luftdruck zum Beispiel verdanken ihre wissenschaftliche

88 In Dennetts Gedankenexperiment (nach Robert Nozick) sind es imaginierte Marsmenschen, die wie der Laplacesche Dämon alle physikalischen Stränge der Wirklichkeit kennen und vorhersagen können (vgl. Dennett 1987, 25)

Potenz einer solchen Stellung als Nexus oder Knoten unterschiedlichster Erklärungen wie die von der Leitfähigkeit von Metallen, von Strahlungseigenschaften, meteorologischen Vorhersagen, medizinischen Diagnosen und funktionalen Beschreibungen. Solche Konnektivität und Vielseitigkeit der Anwendungsbedingung bilden, *pace* Fodor und Ney, im horizontalen Naturalismus die eigentliche „Tiefe" eines Begriffs im Sinne seiner stabilen Einbettung in die Wirklichkeit. Sie geht z.B. dem Begriff Der nächste Baum zum singenden Onkel Harry (ein Beispiel von Burge) deutlich ab. Ein solcher Begriff ist derart überspezifisch, *ad hoc* und idiosynkratisch fundiert, dass er nicht in systematischen Erklärungen fungieren kann. Er beschreibt keinen stabilen Knoten im *meshwork* der Wirklichkeit, also kein „Wesen", sondern eine recht kontingente und einstrahlige Verbindung. Eine Antwort auf die Status-Frage darf also den universell und systematisch verwendeten Begriff „Repräsentation" nicht zu sehr an bestimmte Bedingungen knüpfen, sodass er lediglich für wenige Fälle einsetzbar wird. Kandidaten für Status-Bedingungen können nicht lediglich für einzelne empirische Phänomene und Mechanismen gelten, die nicht für die Breite und Tiefe an Fähigkeiten repräsentativ sind, die wir mit dem Attribut mental erklärungskräftig auf einen gemeinsamen Nenner bringen.

Während also Spezifizität die generische Breite der Natur-Bedingungen aufs Charakteristische einschränkt, übt die Systematizität der Erklärung auf ihre Spezifizität wiederum eine begrenzende Wirkung aus. Diese drei Punkte bilden ungefähre methodologische Wegweiser für die Naturalisierung von Intentionalität, wie sie hier nur *grosso modo* bestimmt werden kann. Die Erklärungskraft von Status-Bedingungen darf also weder übergeneralisierend noch zu spezifisch sein und muss gleichzeitig eine nicht-reduktive „Tiefe" der Einbettung in eine höchstgradig vernetzte Wirklichkeit an den Tag legen.

I.3 Der umstrittene Grenzbereich mentaler Repräsentation: drei Grenzsteine

Nachdem das Naturalisierungsprojekt und seine Leitlinien in groben Konturen umrissen worden sind, soll nun die *Kontrastierung* und damit die *Extensionsfrage* in ihren Grundzügen angegangen und anschließend die verschiedenen Grenzziehungen erläutert werden. Der Grenzbereich zwischen repräsentationalen und nicht-repräsentationalen Zuständen ist tief umstritten. Neander (2017, 276) zufolge besteht „kein Konsens über den Anwendungsbereich des Begriffs ‚Repräsentation'". Es werden sogar regelrechte „Repräsentationskriege" („representation wars", Clark 2015b; Adams 2018) über dieses Territorium geführt. Wir haben bereits mit Gładziejewski gesehen, dass diese Konflikte auf Missverständnisse beruhen könnten, solange kein Konsens darüber besteht, welche Rolle Intentionalität eigentlich spielen soll und wie diese Rolle in der natürlichen Welt implementiert ist. Doch wo lässt sich dieses Territorium verorten und wo kann Repräsentation beginnen?

Für das Abstecken des ungefähren Grenzbereichs können wir mit Marc Artiga (2016, 407-409) zunächst eine Reihe von „controversial cases of representations" benennen, die er „C-States" nennt. Diese bilden keine natürliche Art, sondern *schillern* gewissermaßen zwischen einer repräsentationalen und einer starren Reiz-Reaktion-Erklärung. Reiz-Reaktion wird bisweilen als „Rezeption", die Aktivität von Rezeptoren (Ramsey 2007), als „Informationsregistrierung" (Burge 2010) oder als „Tracking" (Orlandi 2014, Mendelovici/Bourget 2014, Morgan 2018) bezeichnet.[89] An der Möglichkeit, der Reiz-Reaktion repräsentationalen Status zuzuschreiben, zeigt sich die Ambivalenz des repräsentationalen Schemas. Denn die schillernden Beschreibungen von „C-States" beziehen sich nach Artiga meist auf einfach vorhersagbare, wenig komplexe Verhaltensmuster. Er führt als Beispiel die in der Verhaltensbiologie sehr beliebten und gut erforschten Stichlinge (*Gasterosteidae*) an (Artiga 2016, 408; siehe auch Dretske 1988, 103). Dabei handelt es sich um wenige Zentimeter große Fische, deren Männchen in der Paarungszeit sich auf der Bauchunterseite feuerrot färben und in Reaktion auf diesen Farbreiz aus Rivalität aggressiv aufeinander reagieren („rot sehen"). Ein anderes Beispiel für „C-States" ist Artiga zufolge das neuronale Erregungsmuster einer männlichen Libelle, wenn es ein Weibchen visuell registriert.

Die Kontroverse entzündet sich nun an der Unklarheit darüber, welche Art von Mechanismus sich hinter der beobachtenden Verhaltensweise verbirgt: Legen wir unsere intentionale Rollenbeschreibung zugrunde, so wissen wir *prima facie* nicht, ob der Stichling für sein Verhalten als Vermittler entweder eine Perspektive besitzt, die ihm ein Objekt (z.B. das Männchen dort) unter bestimmten Aspekten (z.B. als rotgefärbt und als Rivale) präsentiert und kraft ihres Informationsgehalts Anlass und Maßgabe seines Angriffsverhaltens bildet. Oder ob ihm diese intentionale Objekt-Aspekt-Struktur abgeht und stattdessen seine Photorezeptoren auf die Reizung durch Lichtwellen eines bestimmten Spektralbereichs hin anspringt und einen mit dieser Aktivität eng verschalteten Angriffsreflex auslöst. Liegt hier und in ähnlichen Fällen Intentionalität vor und wenn ja, durch welche Bedingungen lässt sie sich begründen? Oder reagiert der Stichling auf den Rot-Reiz wie eine Lichtschranke auf Infrarot? Oder ist beides, Repräsentation und Reaktion, dasselbe und Sehen von etwas nur eine bestimmte Form der Reiz-Reaktion? Diese Unklarheit ist nach Artiga eine „bemerkenswert schwierige Frage". Diese Schwierigkeit bildet das Herz der Status-Frage. Auf Basis dieses Kontrastes charakterisiert Kim Sterelny sie

89 Der Begriff „Tracking" wird später eigens prominent behandeln werden. Er schließt auch nichtstarre, flexible Mechanismen der Ko-variation mit ein.

als den Versuch „to explain the distinction between organisms that represent their environment, and those that merely react to it" (Sterelny 1995, 252).

Die Fragestellung, wo Reaktion aufhört und Repräsentation beginnt und ob sich beide unterscheiden, ist ab diesem Punkt nur grob skizziert. Am kontroversen Beispielfall des Stichlings lassen sich aber bereits **drei Grenzsteine** oder Landmarken ausmachen, die das umstrittene Territorium zwischen repräsentationalen und nicht-repräsentationalen Zuständen ungefähr markieren sollen. In diesem Dreieck bewegt sich die Debattenlage um die Status-Frage und die jeweiligen Antworten auf die Status-Frage können an dieser oder jener Grenzlinie oder dazwischen verortet werden. Die folgenden Kapitel dienen daher als Überblick über die gegenwärtige Debattenlage.

I.3.1 Die intrinsische Teleologie von Repräsentation

Der *erste* Grenzstein scheint die *intrinsische Teleologie* des Geschehens zu sein, wie sie die „Teleosemantik" höchst einflussreich präsentiert hat.[90] Der spätere Dretske (1988, 1995, 2000) hat den von ihm eingebrachten informationstheoretischen Aspekt (siehe Dretske 1981) mit dem teleologischen Gedanken Millikans verbunden und kraft dieser Synthese einen bis heute maßgeblichen Standard etabliert: „The fundamental idea is that a system, *S*, represents a property, *F*, if and only if *S* has the function of indicating (providing information about) the *F* of a certain domain of objects" (Dretske 1995, 2).

Wir haben bereits in Kapitel A.II.1 Dretskes Modell skizziert: „Information" oder „Indikation" (*indication*) ist nach Dretske gleichbedeutend mit dem Grice'schen Begriff der „natürlichen Bedeutung" (*natural meaning*) (Dretske 1988, 55-57; vgl. Grice 1957). Sie beruht weiter auf einer „anhaltenden Korrelation" (*persistent korrelation*) zwischen Zuständen, Ereignissen oder Eigenschaften. Aufgrund der ausufernden Transitivität der Korrelationsbeziehung (Cummins/Poirier 2004, 23) ist diese für Dretske nur „anhaltend", wenn sie einen *Erklärungswert* entfaltet, der nicht nur hermeneutisch gemeint ist, sondern etwas an der Sache selbst entdeckt. Dadurch realisiert sich in solchen Korrelationen ein Informationswert, der für Dretske an sich, ohne Beziehung auf einen Interpreten, vorkommt (Dretske 1988, 55; Dretske 1981, vii). Ein Beispiel wäre Rauch, der eine belastbare und erklärungskräftige Korrelation mit Feuer an den Tag legt und deshalb nach Dretske Feuer indiziert oder bedeutet. Wie ein „Rohstoff", so Dretskes Ausdruck, wird dieser In-

90 Vgl. Millikan 1984, 1989, 1993; Dretske 1988, 1995; Papineau 1984; Neander 2013, 2017; Schulte 2012, 2015; Artiga 2016; Shea 2018, Ganson 2020

formationswert von Korrelationen dann von einem Lebewesen für seine Zwecke *funktional* abgebaut und „ausgebeutet". Indikatoren repräsentieren demnach das und nur das, was sie *indizieren sollen.*[91]

Mit dieser Einhegungsstrategie sucht Dretske ein Problem seiner früheren Arbeit (Dretske 1981) zu korrigieren, die allein auf „natürliche Bedeutung" setzt: Denn insofern etwas mit allem möglichen belastbar korreliert, tendiert ein Dretske'scher Indikator eher dazu, sich an Information zu übersättigen und so zum nichtssagenden „Geräusch" (*noise*) zu werden. Dadurch kommt nicht nur die feinkörnige Aspektgestalt eines intentionalen Zustands abhanden, sondern auch die Möglichkeit des Irrtums (Dretske 1986). Denn wenn ein Zustand stets das repräsentiert, was ihn faktisch verursacht, kann dieser Zustand nie falsch sein.

Die teleologische Einbettung von informationstheoretischer Indikation ist von der Teleosemantik Millikans (1984, 1989) beeinflusst, die in der Status-Frage allerdings primär auf den „Gebrauch" von „Korrespondenzen" setzt, ganz gleich, ob diese informationell sind oder nicht:

> Indeed, a good look at the consumer part of the system ought to be all that is needed to determine not only representational status but representational content. [...] Although a representation always is something that is produced by a system whose proper function is to make that representation correspond by rule to the world, what the rule of correspondence is, what gives definition to this function, is determined entirely by the representation's consumers (Millikan 1989, 286).

Auch wenn Millikan betont, dass Produzenten- und Konsumentenfunktion „kooperieren" müssen, um Gehalt zu generieren, verschiebt sie doch die Bifunktionalität völlig („determined entirely", Zitat Millikan) auf letztere. Im Unterschied zu Dretske ist für sie daher nicht entscheidend, dass der produzierte Zustand Informationen trägt. Er repräsentiert akkurat eine Bedingung dann und nur dann, wenn ihre Präsenz in der evolutionären Geschichte *oft genug* für Erhalt der Art förderlich war und damit als die „Normalbedingung" oder „historisch optimale Bedingung" (Millikan 1989, 285) für den *Erfolg der Konsumentenfunktion* fungiert. Vorläufer des Mechanismus haben kraft ihrer Korrespondenz mit dieser Bedingung einen Überlebensvorteil gehabt und sich damit, zusammen mit dem Mechanismus, evolutionär durchgesetzt. Deshalb ist für die spezifische Erklärung des Mechanismus die „Normalbedingung" die ausschlaggebende, und nicht diejenige, die nur als Mittel

---

91 Damit Information als solche sich von einer rein kausalen Relation emanzipieren kann, weicht Dretske (1988, 1986) dahingehend von der teleosemantischen Orientierung auf phylogenetische Evolutionsprozesse ab, insofern *ontogenetisch* durch „Lernen" verschiedene epistemische Pfade zu einer relevanten Bedingung angelegt werden müssen, damit Information als solche genutzt wird. Darauf wird genauer eingegangen werden.

dazu dient, jene zu erreichen. Mit dem Konzept der „Normalbedingung“ und ihrer Kopplung an biologischen Erfolg muss nach Millikans Modell, anders als bei Dretske, die Korrespondenz mit der Umwelt daher keine „anhaltende“ Beziehung sein, weil praktischer Erfolg sich auch selten oder trotz falschen Alarms einstellen kann (Millikan 1989, 283). *Wie* diese Beziehung durch die Produzentenfunktion für die Konsumentenfunktion bereitgestellt wird, kann letzterer deshalb gleichgültig sein – für den Konsumenten zählt nur das brauchbare Produkt, nicht die Produktionsweise. Millikans Status-Bedingung ist daher allein am (brauchbaren) Resultat oder Effekt eines Zustands festgemacht, wie Shea festhält:

> It is not part of the evolutionary function for the effect to have been caused in a particular way. So it does not follow from teleosemantic's reliance on evolutionary functions that representations must carry correlational information. Unmodified teleosemantics is entirely output-based (Shea 2007, 409).

Dieses Modell wird an einem einfachen Beispiel anschaulich: Das bereits erwähnte Meeresbakterium (*Spirochaeta plicatilis*) wird kausal durch Magnetwellen des Erdpols ausgerichtet, um kraft dieses Richtungssinns zum Meeresgrund und damit in förderliche sauerstoffarme Habitate zu schwimmen. Nach Millikan (1989, 290) repräsentiert das Bakterium die Lage der sauerstoffarmen Habitate. Denn diese ist die für die Konsumentenfunktion ausschlaggebende „Normalbedingung“ und nicht die Magnetwellen oder der magnetische Pol. Nur weil die Vorfahren des Bakteriums sich mit dem Magnetsinn glücklicherweise oft genug in die zuträglichen Milieus von Sauerstoffarmut bewegt haben, hat sich der Mechanismus evolutionär bewährt. Der Magnetsinn und sein Korrelat fungieren zwar als die Produzentenfunktion, doch sie treten als Mittel oder Medium hinter dem zurück, auf was es biologisch ankommt. Denn vom brauchbaren Effekt und seinem Konsumenten her betrachtet ist es nach Millikan am Ende für die Evolution des Bakteriums gleichgültig, auf welche Weise die Normalbedingung verfügbar gemacht wird. Entscheidend ist, dass diese biologischen Prinzipien für die *Gehaltfrage* bei Mechanismen wie dem Meeresbakterium für Millikan zugleich Prinzipien der Naturalisierung und Kontrastierung von repräsentationalem *Status* bilden (siehe Millikan 2009, 406).

Weil jedoch Repräsentation intuitiv gerade in der oben genannten produktiven Zugangsermöglichung und ihrer Entdeckung von Umweltbedingungen Entdeckung (z.B. von Sauerstoffarmut) zu liegen scheint und der praktische Gebrauch dieser Entdeckung (z.B. Schwimmverhalten und Aufenthalt im sauerstoffarmen Milieu) bifunktional zu differenzieren ist, haben sich Absatzbewegungen innerhalb der Teleosemantik gebildet. Mit ihnen wird Millikans Konsumenten-Teleosemantik mit Ansätzen konfrontiert, die Dretske näher liegen und die informationstheoretische Produzenten- oder Inputfunktion stärker gewichten, um repräsentationalen Status zu fundieren (Schulte 2012, 2015; Neander 2006, 2017; Shea 2007, 2018, Ganson 2020). Diese verschiedenen Modelle innerhalb der Teleosemantik werden noch eingehend erörtert werden.

Ab hier lässt sich für unseren Überblick über den Grenzbereich feststellen: Die intrinsische Teleologie von Intentionalität scheint unabhängig von der jeweiligen Gewichtung der beiden Funktionen als Ausgangslage für „minimal mind“ Konsens zu sein. Je nach Gewichtung ist sie eher durch ethologisch-evolutionstheoretische Ansätze („Millikan-Schule“) oder durch kognitionswissenschaftlich-informationstheoretische Paradigmen („Dretske-Schule“) geprägt. Aufgrund dieser breiten Verankerung wird die Teleosemantik wird von Vertretern deshalb als „probably the most promising and sophisticated metasemantic theories of representation“ (Artiga 2016, 411) betrachtet: „Teleosemantics [...] is hard to resist“ (Neander 2017, 96). Der entsprechende Photorezeptor des Stichlings zählt nur deshalb überhaupt als „C-State“, weil seine Aktivität auf einer Korrelation bzw. Korrespondenz mit roten Flecken an Rivalen beruht, die zum Erhalt des Lebewesens ausgebeutet werden kann. Steine oder Gaswolken bilden keine kontroversen Fälle. Damit scheint es eine systematische Begründung zu geben, warum wir dem Photorezeptor repräsentationalen Status zuschreiben. Wie wir schon in Kapitel A.II.2 skizziert haben: Originale (mentale) Repräsentation ist ursprünglich eine Komponente lebendiger Eigenaktivität, die stets an Eigen- und Arterhalt und damit an Zielen oder „Sollwerten“ jenseits des Faktischen orientiert ist. Denn die beständige Gegenbewegung zur Entropie ist nur durch Verhalten gewährleistet, das *zuvorkommend* mit den relevanten Umweltbedingungen korrespondieren muss (siehe Friston 2009; Wiese/Metzinger 2017). Ein Stein oder eine Gaswolke dagegen erhalten sich nicht, beides hat keine Integrität und zerfällt kontinuierlich, und bildet aufgrund dieser Ziellosigkeit auch keinen Grenzfall. Jeder originäre „C-State“ als Kandidat für repräsentationalen Status muss also notwendigerweise bereits diese *teleologische* Hintergrundqualifikation erfüllen. Intentionalität umfasst damit Umstände, die für das Lebewesen biologisch relevant sind und die nach mit ihnen koordinierten Zuständen verlangen, um adäquates Verhalten zu ermöglichen. Hier hat die Teleosemantik für die Naturalisierung des Geistes Maßstäbe gesetzt, die einen Standard bilden, der zumindest als Basistheorie schwer zu umgehen ist.

Die Teleosemantik ist damit sicherlich eine *systematische* Theorie naturalistischer Status-Bedingungen. Die Frage ist jedoch, ob mit ihr die Status-Frage auch *spezifisch* beantwortet wird, ob sie hinreichend zeigen kann, „how teleology turns into truth conditions“ (McGinn 1989, 148). Hier sind Zweifel angebracht.

Denn, *erstens*, markiert das teleologische Kriterium in allgemeiner Form einen sehr weiten und durchlässigen Bereich dessen, was als Repräsentation gilt. Dieser umfasst zunächst *individuelle* Verhaltenszustände der orientierten Fortbewegung wie sie in allen Organismen vorkommen, wie z.B. das Sich-Ausrichten an Reizen wie

Wärme, Licht, Magnetfelder, chemische Stoffe, etc. und deren räumlicher Verteilung, wie es als Nastie, Tropismus oder Taxis in Pflanzen, Bakterien, Amöben, usw. vorkommt. Repräsentation und Veridikalität wären demnach bereits auf sehr niedriger Entwicklungsstufe angesiedelt und der Schritt über allgegenwärtige funktionale Kausalität hinaus nicht oder wenig erkennbar. Denn das Kriterium schließt zumindest in genereller Fassung übermäßig viele *subindividuelle* Zustände und Regungen ein, die ebenfalls eine intrinsische Teleologie im Lebewesen aufweisen. Dazu zählen z.B. die Blutzuckerregulation durch die Bauchspeicheldrüse, der Hustenreflex, Pigmentbildung auf der Haut, usw., die wir intuitiv nicht repräsentational oder mental nennen würden und uns auch nicht fragen, was genau der Pankreas oder die Haut repräsentiert, um die erwähnten Mechanismen zu verstehen. Schließlich beträfe das Kriterium auch, wenngleich in derivativer Form, sensorische Mechanismen wie Thermostate, Bewegungssensoren oder Rauchmelder. Ist die Sensoraktivität der Lichtschranke am automatisierten Wasserhahn in ihrer *Natur* dasselbe wie die Wahrnehmung einer bewegten Hand? Intentionalität wäre demnach kein besonderes Phänomen komplexer Realisierungsbedingungen mehr, sondern beinahe „überall" und geradezu synonym mit lebendigen Prozessen und artifiziellen Input-Output-Mechanismen, was in einem „Pansemantizismus" (Fodor 1990, 92) zu münden droht – eine Trivialisierung, die die Erklärungskraft des Repräsentationsbegriffs zumindest *prima facie* untergräbt.[92] Wie Neys (2020) Physikalismus droht auch die biologische Repräsentationstheorie „tiefer" und „breiter", aber damit auch zu beliebig zu sein.

Wie wir, *zweitens*, mit der Bifunktionalität in der Rollenbeschreibung herausgestellt haben (Kapitel A.II.2), kann die Funktionalität der Repräsentation aufgrund ihrer biologischen Einbettung nicht ohne Weiteres wiederum rein biologisch beschrieben werden: Weder ist die Veridikalität der Repräsentation von F identisch mit Erfolg der Interaktion mit F, noch fällt der deskriptive Gehalt, was der Fall ist, mit dem praktischen Standard, was nützlich oder erforderlich ist, zusammen.

Vor allem jedoch bleibt, *drittens*, noch unklar, wie eine explizit nicht-intentionale und gewöhnliche Korrespondenz- oder Wahrscheinlichkeitsrelation (der Information) sich durch bloßen Gebrauch in eine nicht-gewöhnliche, repräsentationale Relation (der *aboutness*) verwandelt. Hutto und Myin sprechen deshalb vom *hard problem of content*:

> The crucial thing to note is that adding informationally sensitive users or consumers of information to the story leaves covariance relations unaltered; they remain just what they are and

92 Zum „Problem der zu breiten Anwendung" siehe auch: Sterelny 1995, 256; Chemero 2009, 54; Burge 2010, 304; Shea 2013b, 499; Schulte 2015, 119; Artiga 2016, 2022

> where they are. They are not converted into naturally occurring contentful relations by the addition of users that exploit them for certain purposes (Hutto/Myin 2013, 72).

Stellen sich diese noch genauer zu entwickelnden Einwände als triftig heraus, dann steht die Frage im Raum, ob dieses erste, sicherlich notwendige teleologische Kriterium in seiner generellen Version auch hinreichend für die Konstitution von genuiner Repräsentation sein kann und so die Leitlinie der Spezifizität erfüllt.

I.3.2 Repräsentation als Komplexitätsreduktion

Als verneinende Antwort darauf hebt ein *zweiter* Grenzstein hervor, dass derartig „mechanische" und „blinde" Reflexe auf eine Umweltbedingung, wie sie der Stichling an den Tag legt, zu Recht den Verdacht nährt, hier sei noch keine mentale Repräsentation dieser Bedingung anzutreffen. Denn einer starren und eng mit spezifischen Inputs verbundenen Reiz-Reaktion fehle die *Komplexität* und *Flexibilität,* die wir mit repräsentational gesteuertem Verhalten verbinden würden (Sterelny 1995, 251, 261; Dretske 1986; Clark 1997, 142): „The function of cognition is to enable the agent to deal with environmental complexities" (Godfrey-Smith 1998, 3). Die bisher besprochenen Fälle des Stichlings oder des Meeresbakteriums erfordern selbst für „liberale" Repräsentationalisten keine komplexen Reduktionsmechanismen: „C-states also include the internal states of cognitively unsophisticated organisms, i.e. organisms that clearly lack any kind of complex brain, like amoeba, flatworms or mosquitoes" (Artiga 2016, 408).

Doch wo liegt die Schwelle zu dieser Status-verleihenden Komplexität? Nach Peter Godfrey-Smith (1998, 24) besteht sie in „Heterogenität". Diese lässt sich als Veränderbarkeit und Variabilität, Unsicherheit und Unordnung ausbuchstabieren. Das ist eine sehr allgemeine Definition, die aber für die ungefähre Markierung des Grenzbereichs ihren Zweck erfüllt. Die bisher besprochenen Reiz-Reaktionen scheinen, zumindest *prima facie,* in diesem Sinne wenig komplex zu sein: Ein passgenauer Rezeptor wird durch einen proximalen Reiz aktiviert, der in einem sehr spezifischen kausalen Korrelationsverhältnis mit der relevanten distalen Umweltbedingung steht, die den jeweiligen Reiz aussendet.[93] Der Rezeptor löst daraufhin ein bestimmtes Verhalten aus, das dieser Bedingung praktisch-funktional gerecht zu werden sucht. Sowohl der Input als auch der Output dieses Mechanismus

---

93 Was „distal" und „proximal" bedeutet, wird noch genauer erörtert werden. Hier soll allein der Unterschied zwischen einer Umweltbedingung in ihrem So-Sein und ihrem idiosynkratischen Effekt auf ein Rezeptorsystem als Erklärung ausreichen.

scheinen starr miteinander verbunden zu sein, ihr Weg ohne Abzweigungen und Varianten (vgl. Shea 2007, 406). Der Stichling, das Bakterium und die Libelle reagieren nicht verschieden auf dieselbe Bedingung oder einheitlich auf jeweils verschiedene Bedingungen. Sie reagieren jeweils auf gleiche Weise auf einen sehr spezifischen Input, an den ihr Verhalten „gekoppelt" ist, ein Begriff, der noch genauer analysiert wird:

> [A]ll of them [the C-States] are *coupled*, that is, they are states that are usually triggered by a very specific cue and have a tight connection with an output system [...] Likewise, releasing mechanisms in cognitively unsophisticated organisms provide very determinate responses to specific cues (Artiga 2016, 408).

Auch das jeweilige Verhalten simpler Organismen wie Amöben oder Stechmücken würden ähnlich einfach gestrickte oder „homogene" Muster an den Tag legen, so Artiga, was der hervorgehobenen Heterogenität der Komplexität widerspricht. Bezugspunkt scheint in all diesen Fällen eher ein proximaler, subjektiver Oberflächenreiz als eine distale, objektive Entität in der Umwelt zu sein (Sterelny 1995, Burge 2010), die sich dank ihrer kausalen *Plastizität* in sehr unterschiedlichen Reizen und damit proximalen Versionen melden kann. Intentionalität soll daher dort ins Spiel kommen, wo sie Komplexität *reduzieren* und *generalisieren* muss (siehe Kapitel A.III.3.3), um eine Vermittlerrolle zu spielen. Andere einflussreiche Autoren teilen diesen restriktiveren Ansatz. So interpretiert Clark (1997, 147.) Reiz-Reaktions-Mechanismen nicht-repräsentational als Kopplungen, die auf „adaptiver Verschaltung" (*adaptive hookup*) beruhen, welche wiederum eine „funktionale Koordinierung" mit einer „spezifischen Umwelteventualität" erbringt. Das entspricht dem ersten Grenzstein. In diesem Sinne sind sowohl das Rotfärben des Stichlings als auch die Reaktion darauf *dasselbe*, nämlich eine biologische Anpassungsreaktion (Das gilt umso mehr, desto freigiebiger „Verhalten" deflationär im Sinne einer lokalen Regung verstanden wird). Spezifisch repräsentationaler wäre Clark zufolge nur derjenige Fall, wo eine Koordinierung hinreichend „komplex" ist, d.h. wo sie in Bezug auf „eine ganze Reihe von Umwelteventualitäten" etabliert werden muss. Komplexität spezifiziert also die scheinbar zu generellen Bedingungen des ersten Kriteriums.

Nun hat jedoch Komplexität *tout court* nicht nur den Makel, ein vager Begriff zu sein, sondern auch unbestimmt zu lassen, in welcher Hinsicht und in Bezug auf welche Bedingungen und Systeme sie besteht. Aus diesem Grund scheint die Reaktion auf komplexe Umweltbedingungen noch nicht das Kriterium der Spezifität zu erfüllen, wie Sterelny klarstellt: „Not every adaption to complexity is a representation: size or digestive generalization may be adaptions to complexity without being representations" (Sterelny 1995, 253; siehe Burge 2010, 425). Clark bestimmt daher die Hinsichten genauer und definiert zusammen mit Josefa Toribio die Komplexität als Prädikat für die Beziehung zwischen den distalen Umweltbedingungen und den proximalen Reizen, mit denen sie auf das Lebewesen sensorisch einwirken: „The problem [of representation] requires the agent to be selectively sensitive to parameters whose ambient physical manifestations are complex and unruly (for example open-endendly disjunctive)“ (Clark/Toribio 1994, 419).

Komplexität betrifft demnach das Verhältnis von distalem und proximalen Reiz, wobei letzterer die Komplexitätslast trägt, da nur dieser vom System unmittelbar aufgenommen werden kann. Clark und Toribio zufolge sind solche komplexen Reize unübersichtlich, diffus oder flüchtig. Angesichts dieser unübersichtlichen Reiz-Bedingungen („ambient physical manifestations“, Zitat oben), reserviert Clark (1997, 147) Repräsentation deshalb für die *Reduktion* proximaler Komplexität (siehe Kapitel A.III.3.3): Die unübersichtliche und diffuse Reihe zwinge das mentale System des Lebewesens erst und überhaupt zur Herstellung eines informationstheoretischen „Kodes“, der sowohl diese Mannigfaltigkeit der Reihe *generalisierend* auf einen gemeinsamen Nenner bringe als auch für andere Systeme „lesbar“ mache. Erst nach solcher Kodierung von Umweltbedingungen und seine Lesbarkeit für Verhaltenssysteme, so Clark weiter, könne man von einem „Gehalt“ sprechen (siehe auch Dennett 1987; 1991a). Anhand der Annahme solcher Kodierungen, so Clark weiter, ergäbe sich dann für die wissenschaftliche Erforschung des Verhaltens die „Verpflichtung“, innere Strukturen auszumachen, die als jene Gehalte individualisiert werden, und die „generellen Kodierungsschemata zu entziffern, in denen sie fungieren“ (Clark 1997, 148). Damit fixiert Clark am Muster der Kognitionswissenschaften das spezifische und systematische Erklärungsparadigma von Repräsentationen. Mit seinem erweitert computationalen Ansatz scheint er deshalb die spezifizierende Funktion der Repräsentation genauer zu charakterisieren als es das biologisch allgemeine und mental unspezifische Input-Output-Modell des Reiz-Reaktions-Schemas tut. Denn dieses lässt den Vermittlungsprozess behavioristisch gerade im Unklaren („Blackbox“ des Mentalen), solange der spezifische „Output“ der Interaktion mit Normalbedingungen förderlich ist. In Clarks Sinne verstehen auch die Wahrnehmungswissenschaftler John Frisby und James Stone (2010, Kap. 1) Repräsentationen als „Beschreibungen“ durch einen „Aktivitätscode“, der eine externe Bedingung „explizit macht“. Dieses Explizieren erfordere, so Frisby und Stone, mehr als die Reaktion auf äußere Intensitätsreize wie sie bei einem Fotoapparat, dessen Fotopapier bzw. Bildsensor sich durch Helligkeitseinwirkungen verändere, der Fall sei. Da diese Reaktion viel zu unbestimmt sei, könne sie nur die Ausgangslage für perzeptuelle Repräsentation von Gestalten, Strukturen, räumlichen Verhältnissen etc. sein.

Eine solche Verklammerung von diffusen Reizbedingungen und generalisierender Komplexitätsreduzierung scheint die Qualifikation für repräsentationalen

Status zu markieren. Damit wird die Klasse der „C-States" nach Clark und Toribio durch „representation-hungry cases" (Clark/Toribio 1994, 403) restringiert. Auf diese Weise lassen sich mögliche „C-States" disqualifizieren.

Ein Beispiel wäre die Kontrastierung zweier Orientierungsvermögen von Ameisen. Gewöhnliche Ameisen finden auf einer reinen Reiz-Reaktions-Ebene durch „Duft-Pfade", also mittels Pheromon-Markierungen, auf den weitläufigen Ameisenwegen und ihrer konstanten und spezifischen Reizung von Rezeptoren „blind" zu ihrem Nest zurück. Hier ist keine Flexibilität erkennbar: Die gewöhnliche Ameise bzw. ihr olfaktorisches System „klebt" starr an einem hochspezifischen proximalen Duftreiz, d.h. an seinem Molekülprofil und seiner Passung mit dem jeweiligen olfaktorischen Rezeptor.[94] Weil hier ein Reiz konstant ausgestrahlt und auf die Sensoren des Lebewesens einwirken muss, einem Leuchtfeuer vergleichbar, heißt diese primitive und weit verbreitete, reiz-basierte Navigationsfähigkeit auch *Beaconing* (vgl. Burge 2010, 498, Rescorla 2018, 34).

Es gibt aber auch ungewöhnliche Ameisen mit komplexitätsreduzierenden Orientierungsvermögen. Die Wüstenameise (v.a. Arten von *Cataglyphis* und *Melophorus*) ist ein interessanter Fall für die Kognitionswissenschaft. Ihre Navigationsfähigkeit der „Pfadintegration" (*path integration*) bildet einen elaborierten „C-State" und das Problem, das sie löst, ist potenziell „repräsentationshungrig".[95] Anders als ihre gewöhnlicheren Verwandten muss die Wüstenameise nämlich aufgrund der Spärlichkeit etwaiger Funde im Umfeld ihrer Einöde weite, chaotische Kreise ziehen, um die Chancen auf einen Treffer zu erhöhen. Da sie gleichzeitig aufgrund der extremen Hitze des Wüstenbodens (bis 70 °C) für die Suche jedoch nur wenig Zeit hat, um nicht zu verenden, kann sie nicht auf dem gleichen, verschlungenen Weg zurückgehen und auch sonst steht ihr kein direkter „Duft-Pfad" zum Nest zur Verfügung, mit Ausnahme einer Duftmarke direkt am Nesteingang. Erstaunlicherweise kehrt die Ameise jedoch systematisch auf einem fast geraden Weg zum Bau zurück. Wenn also, im Unterschied zum *Beaconing*, ein eindeutiger und gekoppelter Reiz fehlt, der sie zum Bau zurückleitet, wie gelingt diesem abenteuerlichen Tier dieser direkte, lebensnotwendig verkürzte Nachhauseweg in ihrer wüstenbedingt wahrlich reiz-losen und daher „unübersichtlichen Umwelt" (Wehner 2008, 104)? Die Antwort liegt in der Kodierung durch Pfadintegration. Die Ameise enkodiert im Laufe ihres diffusen Ganges aus einer komplexen Reihe von

---

94 Zu solchem „Odor Tracking" siehe allgemein Vickers 2000, DeBose/Nevitt 2008, Cardé/Willis 2008 und Jacobs et al. 2015; Zu Ameisen und ihrer Olfaktion siehe Sterelny (1995) und Neander 2017, 136, 162.

95 Zur kognitionswissenschaftlichen und philosophischen Beschreibung und Diskussion der Fähigkeiten von Wüstenameisen siehe Wehner 2008; Wittlinger et al. 2007 und Gallistel 1990, 59; ferner Newen/Bartels 2007, 294 und Burge 2010, 499.

Reizsignalen ihrer Beinmuskulatur („Hodometer") und ihren Körperdrehungen sowie der Polarisierung des Sonnenlichtes („Kompass") Informationen. Sie „berechnet" aus diesen Parametern Kodierungen wie Distanz und Richtung, aus denen ein Vektor-Code entsteht, der sie in ihren Bau zurückleitet. Experimentelle Arbeit zeigt Berechnungs*fehler* auf (siehe Wehner 2008), dessen fehlleitender Einfluss auf das Verhalten angesichts der extremen Umstände meist tödliche Folgen hat. Dieser Vektor-Code kann folglich als Komplexitätsreduktion einer diffusen und mangelhaften Reiz-Lage gelten und erfüllt auch andere Anforderungen der repräsentationalen Rolle. Dadurch scheint er dem zweiten Grenzstein zufolge als eine sensorische Repräsentation zumindest der *direkten Richtung* aufgefasst werden zu können. Was genau diese impliziert, verlangt jedoch eine vorsichtige wie sparsame Beurteilung: Die Richtungsrepräsentation muss nämlich noch nicht, *pace* Newen/ Bartels (2007, 294) die höherstufigere Repräsentation einer „Strecke" und ihrer „Wegpunkte" innerhalb einer „kognitiven Karte" der Umgebung bedeuten (vgl. Wehner 2008, 107.; Rescorla 2018, 36). Die Wüstenameise hat also nicht zwangsläufig eine Raumrepräsentation, in der allozentrisch einzelne Orte nach Richtung und Distanz zu anderen Orten und zur egozentrischen Position der Ameise eingezeichnet sind. Gleichwohl gilt: Das reiz-lose, scheinbar generalisierende und daher *systemisch fehleranfällige* „Schätzen" und „Antizipieren" in der Pfadintegration scheint ein schlagendes Kriterium für mentale Repräsentation und Veridikalitätsbedingungen zu sein.

Das Kriterium der Komplexität ist wie der erste Grenzstein natürlich ebenso hilfreich wie vage. Denn es ist nicht klar, wie spezifisch diese Komplexität bestimmt ist. Wir wissen an dieser Stelle noch nicht, mit welcher problematischen Mannigfaltigkeit (z.B. Beleuchtungs-schwankungen) ein Rot-Rezeptor des Stichlings in Wahrheit eventuell umgehen muss, um rote Flecken treffsicher diskriminieren zu können. Da es um eine philosophische Betrachtung geht, die nicht für jeden Einzelfall psychologische Untersuchungen betreibt, müssen die von Godfrey-Smith und Clark vorgeschlagenen recht allgemeine Kriterien für Komplexität konkretisiert werden. Stellt z.B. das Verdeckt-Sein (*noise*) eines spezifischen und vorhandenen Duftreizes durch eine Unmenge anderer Duftreize an den Rezeptoren bereits einen Fall von Unübersichtlichkeit im Sinne Clarks dar und macht daher schon Repräsentation nötig (vgl. Burge 2010, 408, 425 mit Carvalho 2014, 62)? Sind also das Herausfiltern und Gewichten solcher Stimuli, wie es auch die gewöhnliche, duftgeleitete Ameise tut, bereits Fälle von Komplexitätsreduzierung und Enkodierung? Wenn ja, dann lebten bereits diejenigen unzähligen Organismen in komplexen Umwelten, die olfaktorisch chemische Stoffe diskriminieren und es wäre von einem umstrittenen Status-Territorium keine Rede mehr. Auch wäre der Bezugspunkt kein distaler, sondern ein proximaler Reiz. Wenn das Herausfiltern und Gewichten dagegen keine Enkodierung wäre, lässt sich immer noch einwerfen, warum der Begriff „Repräsentation" überhaupt an Komplexität geknüpft wird und nicht auch bereits für sehr einfache, starre und unflexible Reiz-Reaktionen berechtigterweise gelten kann, wie es die Teleosemantik fordert. So spricht Shea (2007, 406) schlicht von „stimulus-bound representation", versteht „Repräsentation" also nur als ein dem ersten Kriterium verpflichteter Gattungsbegriff, der verschiedene Arten zulässt. Der vorgeschlagene Ansatz ist also mit dem Problem konfrontiert, je nach Standpunkt entweder zu systematisch oder zu spezifisch zu sein.

I.3.3 Repräsentation als „Abgekoppeltheit"

In Reaktion auf diese Unklarheiten können wir einen *dritten* Grenzstein angeben, der diese Unsicherheit dahingehend auflöst, indem Repräsentation radikal ganz vom Reiz-Input getrennt wird. Dieser Ansatz wird meist mit den Begriffen *„Abgekoppeltheit"* (*decouplability*) oder *„Offline-Verarbeitung"* (*offline-processing*) verknüpft - eine Idee, die immer mehr Zuspruch wie auch unterschiedliche Interpretationen erfahren hat.[96] Haugeland hat in einer für das Revival der Status-Frage einflussreichen Passage diesen Gedanken anhand einer Sonnenblume, die vom Sonnenlicht selbst und nicht von einer Repräsentation der Sonne ausgerichtet wird (Phototropismus), wie folgt umrissen:

> If the relevant features are reliably present to the system (via some detectable signal) whenever the adjustments [of the sunflower] must be made, then they need not represent it or its position, because the tracking can be guided directly by the sun itself. But if the relevant features are not always present (detectable), then they can, at least in some cases, be represented; that is, something else can stand in for them, with the power to guide behavior in their stead (Haugeland 1991, 62).

Diese, in Haugelands eigenen Worten, „skizzenhafte und dogmatische Bemerkungen" über mangelnde „verlässliche Präsenz" können in unterschiedlicher Weise interpretiert werden (siehe Chemero 2009, 55). In einem *engen* Verständnis von „abgekoppelt" (*decoupled*) ist ein kausaler Reiz wirksam, aber dieser ist nicht spezifisch genug für die distale Bedingung. Z.B. wird eine Gestalt im Licht gesehen, aber es gibt keinen Gestalt-spezifischen Lichtreiz, weshalb die Gestalt deshalb in diesem Sinne von einem spezifischen Reiz abgekoppelt ist. In einem *weiten*, gängigeren Verständnis meint „abgekoppelt", dass die relevante Umweltbedingung sich überhaupt nicht durch Reize meldet und daher kausal „absent" ist. Das ist z.B. bei

96 Vgl. Cantwell-Smith 1996; Clark 1997, 144; Grush 1997; Chemero 2000; Chemero 2009, 55; Gallagher 2008, 356; Wheeler 2008, 374 ; Orlandi 2014, 122; Gładziejewski 2015, 76.

Strauchpappelart *Lavatera cretica* der Fall, die sich über Nacht zum Sonnenstand am Morgen ausrichtet (siehe Calvo/Keijzer 2011). Auch hier lässt sich unterscheiden, ob die Bedingung entweder nur temporär oder prinzipiell kausal ineffektiv ist.

Haugelands Kriterium ist daher in gewisser Weise auch auf unsere Wüstenameise anwendbar, da es schlicht keinen spezifischen Reiz gibt, mit dem der direkte Weg sich melden könnte und folglich „detektierbar" wäre (enge Bedeutung). Allerdings bleibt die Berechnung ihrer Pfadintegration auf konstante Reizung seitens ihrer Beinmuskulatur und Sonnenlicht angewiesen. Die oben genannte Reiz-Reaktions-Mechanik des Stichlings oder der gewöhnlichen Ameise entspricht der „Detektion" in der Haugeland-Passage. Folglich besteht die Pointe der Repräsentation im Lichte der „Abgekoppeltheit" darin, dass die fehlende sensorisch-kausale „Präsenz" einer Entität überhaupt erst eine *Kluft* aufreißt, die von genuin repräsentationalen Fähigkeiten wieder *überbrückt* werden soll. Auch Brian Cantwell-Smith hat in diesem Sinne die Gegenstände von Intentionalität für diejenigen Bedingungen reserviert, die außerhalb der „effektiven Reichweite" durch konstante kausale Reizung stehen: „Intentionality is a way of exploiting local freedom or slop in order to establish coordination with what is beyond effective reach" (Cantwell-Smith 1996, 208).

In Cantwell-Smiths Beispiel besteht diese „Freiheit" für ein Kaninchen, das den gerade noch gesehenen Wolf erst dann repräsentiert, wenn dieser hinter dem Stein verschwindet und damit aus dem Bereich direkter Reizeinwirkung auf die Retina des Kaninchens heraustritt. Auf diese Weise wird das kausale Band zwischen dem Wolf und seiner visuellen Stimulation des Kaninchens gekappt und die *Repräsentation* über den Wolf „springt ein", um die Koordination zum Wolf weiter zu gewährleisten (*offline-processing*). In diesem Sinne wird die „Abgekoppeltheit" von der Umweltbedingung in einem weiten Sinne als ihre „Absenz" interpretiert, die in einer Unterbrechung des „konstanten kausalen Kontaktes" (Chemero, Orlandi) besteht:

> An element or mechanism realizes the property of decouplability just when the system in which it figures has been designed precisely so that that element or mechanism may become activated in the absence of its usual eliciting stimuli (Wheeler 2008, 374).

Nico Orlandi sieht darin den Ursprung repräsentationalen Status: „The presence of a representational mind starts surfacing in an organism when there is independence between what the organism does and what is given to it" (Orlandi 2014, 59). Repräsentation ist demnach also da in seiner eigentlichen natürlichen Rolle, wo die (verlässliche) Präsenz einer Sache durch proximale Reize ausbleibt und Ersatz nötig ist. Hier wird das Wort „Repräsentation" also wörtlich genommen: als Wiederherstellung oder Wiedergabe der Präsenz von etwas, wobei vorausgesetzt wird, dass es die Absenz des Reizes ist (und nicht die mangelnde Spezifizität), die diese Wiederherstellung nötig macht. Da die Welt nicht im Reiz gegeben ist, muss sie *rekonstruiert* werden. In dieser abgekoppelten Rekonstruktion der Welt liegt der Akzent der Bedeutung von „Re-präsentation" (Cantwell-Smith 1996, 351), in der der Bindestrich die überbrückte Lücke markiert. Auch der oft synonym verwendete Begriff *Modell* (*mental model;* siehe Johnson-Laird 1983; McGinn 1989) ist gerade dort erklärungskräftig und keine heuristisch bequeme Metapher, wo die absenten Realbedingungen durch Rekonstruktion *simuliert* werden müssen (Grush 1997; Ramsey 2007). Eine Repräsentation bzw. ein Modell fungiert in diesem Sinne als Stellvertreter und erhält daraus seinen Status. Im Deutschen hat gerade der Ausdruck „Vorstellung" diese Bedeutung von „Repräsentation" und ist oft dessen Synonym: Ich stelle mir die Gestalt des Eifelturms gerade dann (aktiv) vor, wenn ich sie (temporär) nicht sehe, wenn sie meine Netzhaut nicht durch proximale Reize affizieren kann und als Gegenstand meiner visuellen Perspektive fungiert. Oft sind gerade bestimmte Entitäten ausschließlich in dieser Weise „präsent", z.B. die Zahl 3, die Springerregeln im Schachspiel, die zukünftige Straßenüberquerung oder die Mondlandung von 1969. Diese Dinge sind *systematisch* „abwesend", weil sie keine Reize aussenden können und Gegenstände des begrifflichen Denkens, der Erwartung und der Erinnerung sind. In diesem Verständnis von „Repräsentation" werden Wahrnehmungen aufgrund ihrer kausalen Bindung an einen präsenten Gegenstand oft gerade von Vorstellungen abgegrenzt. Letztere werden dann höheren Fähigkeiten wie Denken (Strategie, Schlussfolgerungen), Erinnerung oder Einbildungsvermögen vorbehalten. „Mentale Repräsentation" wird deshalb bisweilen ausschließlich in diesem Sinne verstanden. Was „absent" ist, bleibt also unterschiedlich interpretierbar. Es verwundert daher nicht, dass Vertreter der Abgekoppeltheit Repräsentation weniger im Reich funktionaler Kausalität und mehr im Bereich höherstufiger kognitiver Fähigkeiten ansiedeln (vgl. Clark/Toribio 1994) oder nur als Komponente „narrativer Praktiken" innerhalb „soziokultureller Normen" dulden (Hutto/Myin 2017, 206-208; Van Es/Myin 2020; siehe schon Davidson 1999). Das Vorliegen kausal-dynamischer Gekoppeltheit (*direct coupling*) ist für Vertreter des Anti-Repräsentationalismus mentaler Zustände bereits ein schlagendes Indiz für ihre These, da überhaupt keine Lücke zwischen Akteur und Umwelt klaffe, die ein internes Modell schließen müsste.[97] Die Welt, so Rodney Brooks' (1991) Slogan der *Situated Robotics*, sei selbst ihr bestes Modell, und nach James Gibsons einflussreicher *Ecological Perception* (1979, 228) ist jegliche „Information", die der Wahrnehmende braucht, in den Stimulationen und im enaktiven Umgang mit der Um-

97 Siehe Gibson 1979; Varela et al. 1991; Brooks 1991; Van Gelder 1995; Chemero 2000, 2009; Hutto/Myin 2013, 2017; Bruineberg et al. 2018

welt „direkt verfügbar“ und muss nur „aufgenommen“ (*pick up*) werden, ein Zugang zur Welt müsse nicht erst durch re-präsentierende Brückenschläge hergestellt werden. Dass gerade der Enaktivismus diese repräsentationale Kluft zwischen Subjekt und Objekt, Organismus und Welt vehement kritisiert und sich durch diese Kritik definiert, zeigt, wie stark das Kriterium der Abgekoppeltheit repräsentationalen Status bestimmt.

Das dritte Kriterium weicht viel radikaler vom Reiz-Reaktions-Schema ab als die ersten beiden: Der Stichling ist gerade an einen präsenten und verlässlichen Reiz seitens der Rotfärbung seiner Rivalen „gekoppelt“ (Artiga), er braucht also demnach diesen nicht zu repräsentieren. Scheint diese Interpretation im Falle des Stichlings plausibel, bringt sie jedoch gleichzeitig erhebliche Kosten mit sich, weil sie die Grenzlinie radikal verschiebt: Denn mit ihr scheinen zwar die kontroversen „C-States“ einfacher Organismen abgeräumt zu werden, jedoch andere, als repräsentational anerkannte Fähigkeiten dem umstrittenen Territorium zugeschlagen zu werden. Denn dann bildet die Wahrnehmung, die sich als sensorische Fähigkeit *per definitionem* gerade durch konstanten kausalen Kontakt mit Reizen von anderen, kognitiven Repräsentationen zu unterscheiden scheint, keine Form von Repräsentation. Ist dann die Welt, wenn sie einem Lebewesen im Hier-und-Jetzt seiner Verhaltenslage durch sensorische Reize auf den Leib rückt, wie sie gesehen, gehört und berührt wird, keine repräsentierte Welt?[98] Hat die Wahrnehmung, die gerade und exemplarisch die Möglichkeit von Illusionen zeigt, keine Gehalte, die genau diese Illusionen erklären? Und bildet dann das, *was* wir (und andere Tiere) wahrnehmen oder erinnern – weit vor aller soziokulturellen Praxis des Behauptens und Bewertens – nicht dasjenige, was primär als veridisch und irrtümlich aufgefasst wird und als Stütze für die Entwicklung unserer Begriffe von Wahrheit und Wirklichkeit fungiert? Beides zu bejahen, scheint in einen inadäquaten Intellektualismus in Bezug auf die Status-Frage zu münden, der die Anforderungen an Repräsentation revisionistisch in die Höhe treibt.

Daher ergibt sich aus dem Überblick folgendes Fazit: Während das erste Kriterium zu „liberal“ zu sein scheint und übergeneralisierend die Grenze zu verwischen droht, die uns interessiert, wirken das zweite Kriterium zu vage für eine Grenzziehung und das dritte Kriterium zu restriktiv und damit überspezifisch. Oft wird der Streit zwischen dem ersten und den beiden anderen Kriterien als der zwischen „Liberalen“ und „Chauvinisten“ beschrieben[99], wobei letzterer Begriff ein negatives Framing besitzt und ich eher von „liberalen“ oder „deflationären“ Positionen auf der einen Seite und einem Spektrum moderat „restriktiver“ bis hin zu

---

98 Siehe Gallagher 2008, 357; Wheeler 2008, 374.

99 Siehe Sterelny 1995, Morgan 2018, Ganson 2020; Artiga 2016, 2022;

„intellektualistischen“ Ansätzen auf der anderen Seite sprechen möchte. Um diesen *representation war* um umstrittenes Territorium genauer nachvollziehen und eventuell auflösen zu können, betrachten wir im Folgenden die methodologischen Anforderungen, die eine klare Grenzziehung erfüllen müsste.

I.4 Umgrenzung des Gebiets: Prinzipielle Anforderungen an eine Antwort

In einer Zusammenschau der Anforderungen in Gestalt von Naturalisierung und Kontrastierung der Intentionalität und in Ansehung der drei Grenzsteine können wir das umstrittene Territorium der Status-Frage klarer eingrenzen und vier Prinzipien als methodologische Leitlinien einzeichnen: das **Sensorische als Problembereich** und die Prinzipien der **Emanzipation**, der **Autonomie**, der **Fähigkeit** und der **Sparsamkeit**.

I.4.1 Das Sensorische als Problembereich primitiver Intentionalität

Die Frage, wann erstmalig repräsentationale Zustände bzw. ihre Erklärungen genuin wirksam werden, betrifft aus einer entwicklungstheoretischen Perspektive zuerst einmal ganz allgemein einen bestimmten *Problembereich* auf den die Evolutionsgeschichte irgendwann mit der Genese von Intentionalität als *Problemlösung* reagiert hat. Den Problembereich haben Clark und Toribio (1994, 419) als Domäne „repräsentationshungriger Probleme“ bezeichnet. Nur wo dieser Bedarf aufgrund bestimmter Defizite sich geltend macht, soll er mit repräsentationalen Erklärungen gestillt werden. Mit diesem problemorientierten Ansatz zu konstitutiven Bedingungen soll die Erklärungskraft von repräsentationalem Status fundiert werden. Dafür müssen die oben genannten Prinzipien der Spezifizität und der Systematizität zum Einsatz kommen, die helfen, den „Ort“ von Repräsentationsmechanismen, d.h. ihren natürlichen angestammten Kontext, und damit ihr „Wesen“ nicht zu eng und nicht zu weit einzugrenzen.

Da die kontroversen Fälle sich nun entweder am Typ oder an der Präsenz bzw. Absenz von proximalen Reizen entzünden, ist dieser genuine Problem- und Forschungsbereich, in dem wir im Folgenden die Status-Frage ansiedeln, der des ***Sensorischen*** und damit der ***Wahrnehmung*** (im zunächst weiten Sinne). Es scheint unstrittig, dass das Sensorische das erste Unterscheidungsvermögen bildet, kraft dessen sich ein Lebewesen in seiner jeweiligen Umwelt orientiert und verhält. Doch in welchem Bezug das Intentionale zu diesem Sensorischen steht, bleibt unklar und damit Gegenstand der Auseinandersetzung: Während es für die Teleosemantik bereits in einer allgemeinen, funktionalen Korrelation von Rezeptor, Reiz und relevanter Umweltentität angelegt ist, sehen die Vertreter der „Abgekoppeltheit“ gerade im Fehlen oder Ausfall solcher Rezeptoren erst die Stunde der Repräsentation gekommen.

Am Sensorischen scheiden sich also die Geister. Es bildet das umstrittene Grenzterritorium der Status-Frage. Folglich muss die Status-Frage hier ansetzen. Sie konkretisiert sich damit in einer systematischen Auseinandersetzung mit der Frage, ob sich Intentionalität und Repräsentation bereits bei „konstanten kausalen Kontakt“ mit sensorischen Medien (Licht, Schall, Druck) realisiert und, wenn dies der Fall ist, wie dieser Ursprung des Mentalen im Sensorischen konstitutiv auszusehen hat. Als möglichen Ursprungsbereich des Mentalen konzentrieren wir uns also auf *Wahrnehmung*, die wir fortan in einer engeren und zugleich minimalen Bedeutung wie folgt verstehen: als *sensorische Repräsentation* (siehe Burge 2010, Orlandi 2014). Unterschiedliche sensorische Vermögen eignen sich deshalb besonders als kontroverse Fallstudien, da sie, zusammen mit anderen Beispielen, das Verhältnis von Reiz und Repräsentation – von Sensibilität und Intentionalität, von „Fühlen“ und Wahrnehmen, von Affekt und Bezugnahme, von Reiz und Modell – erst fragwürdig machen. Das Sensorische verlangt demnach eine genauere Explikation, deren Bestimmungen für die weitere Untersuchung der Status-Frage maßgeblich sein sollen.

Wir können mit Ben Philipps (2017) zwei grundlegende Kriterien für das Sensorische bzw. der Wahrnehmung ausmachen: (1) *reizbasierte Kontrolle* und (2) *Modulspezifizität*.

(1) Das erste Kriterium bildet das der **reizbasierten Kontrolle** (*stimulus-control*) der auftretenden Wahrnehmungstoken: „[A] process is perceptual just in case it has the function of producing representations of environment entities by being causally controlled by those proximal stimuli that these entities produce“ (Philipps 2017, 7).

Dieses Prinzip bringt die oben genannte *Kopplung* an den proximalen Reiz noch einmal zur Geltung: Die Repräsentation einer distalen Bedingung F, die ein Lebewesen wahrnimmt, ist wesentlich von der effektiven kausalen Einwirkung der von F ausgehenden *proximalen Reize* unter Normalbedingungen in einem bestimmten raumzeitlichen Kontext abhängig. Um F wahrzunehmen, muss das Wahrnehmende seine peripheren Sinnesorgane den kausalen Reizen aussetzen, die von F auf diese Organe einwirken. Demzufolge nimmt das Kaninchen den Wolf gerade nicht wahr, befindet sich nicht in einem sensorischen Zustand im genuinen Sinn, wenn der Wolf sich verbirgt und den kausalen Einfluss unterbricht. Die Vorstellung des Wolfes ist dann abgekoppelt, sie ist nicht mehr von den kausalen Reizen des Wahrgenommenen kontrolliert oder gebunden. Alle nicht-sensorischen Repräsentationen können in diesem Sinne auftreten und aufrechterhalten werden, ohne auf solche Reizung angewiesen zu sein, z.B. der Begriff Wolf (ein *natural kind*) in einer Proposition oder die Erinnerung an einen Wolf.

Mit diesem Kriterium gehen wichtige Eigenarten der Wahrnehmung einher. Wie wir bereits gegen den Naiven Realismus bemerkt haben, sieht McClamrock eine „Dominanz des Proximalen" am Werk (McClamrock 1995, 140), die Burge (2005, 22) das „Proximalitätsprinzip" nennt, insofern das Wahrnehmungssystem maßgeblich auf den proximalen Stimulus in den peripheren Organen und seine Informationen bezogen bleibt, z.B. das Sehen auf die Erregung der Netzhaut, das Hören auf die auditorischen Mechanorezeptoren in der Hörschnecke (Haarzellen) oder das Tasten auf die taktilen Mechanorezeptoren der Haut.

Mit dieser Angewiesenheit geht eine interne *Varianz* des Wahrnehmungszustands einher, den Siegel „perspektivische Verbundenheit" genannt hat (Siegel 2006, 358): Ändern sich, z.B. aufgrund der Veränderung des räumlichen Standpunkts oder der Normalbedingungen, die proximalen Reize, so ändert sich, zumindest die Art und Weise, wie etwas wahrgenommen wird. Wir denken an den hyperintensionalen Aspekt, unter dem die runde Gestalt einer Münze wahrgenommen wird, wenn sie nicht mehr frontal, sondern schräg zum Betrachter steht. Die retinale Projektion erscheint „elliptisch" (siehe Kapitel A.III.3.3.).

Wir können diese unabdingbaren proximalen Affektionsbedingungen durch die traditionelle Wahrnehmungspsychologie mit dem „Kern" der Input-Muster identifizieren, der von einem „Kontext" umgeben ist:

> For descriptive purposes it is convenient to say that the sensory data that contribute to a perception can be divided into a core and its context. The *core* is the basic sensory excitation that identifies the perception, the connects it most directly with the object of which it is a perception. The *context* consists of all the other sensory data that modify or correct the data of the core as it forms the perception (Boring 1946, 100).

Die Wahrnehmungspsychologie hat zudem dergleichen Entitäten, die sich durch kausale Effektivität auszeichnen, als *„Oberflächeneigenschaften"* klassifiziert.[100] Demnach müssen sensorische Eigenschaften vor nicht-sensorischen oder zumindest weniger unmittelbaren Eigenschaften repräsentiert werden: „Visible surfaces are the environmental entities that actually interact with light to determine the optical information that is projected onto the retina" (Palmer 1999, 201). Diese Einsicht hat sich selbst eine bestimmte Version der Teleosemantik zu eigen gemacht:

> [T]the idea is that the perceptual system must begin with the surface features of a perceived object that are presented to the perceptual system. It must begin with the hide of the cow, not

100 Siehe Palmer 1999; Neander 2006; Schulte 2012; Schlicht/Starzak 2021.

> its inner nature, and with the side of the cow facing the perceiver, not the parts hidden from view. [...] And any theory that entails that the toad's perceptual system *only* represents the stimulus as nutritious violates this principle (Neander 2006, 190).

Eine generelle Definition dieser Eigenschaften ist schwierig, und eher negativ. Als distale Reize wirken sie unmittelbar auf sensorische Medien ein, deren proximale Reize wiederum die Rezeptoren erreichen, oder sie wirken direkt auf die Rezeptoren wie im Falle haptisch wahrnehmbarer Oberflächen. Demnach muss ein sensorisches System in direkten kausalen Kontakt mit Oberflächeneigenschaften stehen, um sie zu repräsentieren. Als Repräsentata umfassen sie nicht nur gesehene oder betastete Oberflächen, sondern auch Schallereignisse, und womöglich andere kausal affizierende Entitäten wie Duftstoffe, Temperatur, Magnetwellen, etc. Die Oberfläche einer Fliege reflektiert Licht oder übt Druck aus, ihre Disposition als Froschnahrung tut das nicht. Da auch die Nahrung eine kausale Kraft hat, z.B. auf die Größe der Fliege, ist der direkte Einfluss der Oberflächeneigenschaft auf das Medium zentral. Den Oberflächeneigenschaften stehen nicht-sichtbare „*Tiefeneigenschaften*“ gegenüber, z.B. wesentliche Eigenschaften wie die Natur einer Sache (*natural kinds*), funktionale, dispositionale, historische Eigenschaften (siehe Schulte 2012) sowie Affordanzen (*affordances*) als Aufforderungs- und Angebotscharaktere (siehe Gibson 1979). Die Größe und Entfernung der Fliege, die Oberflächeneigenschaften ihres Körpers, scheinen durch die unmittelbare Kopplung an das jeweilige Medium kausal sensorisch detektierbar zu sein, das Fliege-Sein oder die Nahrhaftigkeit, die „in“ ihr steckt, dagegen nicht in derselben Weise. Dasselbe beim Hören eines Vogels: Die Wahrnehmung eines trällernden hellen Pfeiftons <u>zizi-tütütütü</u> ist qualitativ und funktional unterschieden von der Attribuierung des Tons mit dem Begriff <u>Gesang einer Blaumeise</u> (eine Tiefeneigenschaft) oder der Affordanz, die mit diesem Ton einhergeht. Dasselbe gilt beim Sichtbaren: Tiere sehen Farben von Körpern mannigfaltiger Gestalt und Größe, z.B. einer reifen Frucht oder einer prächtigen Balztracht, auch wenn diese Oberflächeneigenschaften *für sich genommen* keinen evolutionären Mehrwert haben.[101] Nur die damit verbundenen (aber variablen) Tiefeneigenschaften, z.B. der Nährwert der Frucht oder der Paarungsbereitschaft, erfüllen diese Funktionalität. Aus der Tatsache, dass Tiere und Menschen nie Geräusche hören bzw. farbige Gestalten sehen, ohne gleichzeitig von ihnen auf eine bestimmte Weise durch Affordanzen dispositional angeregt zu werden oder (sofern möglich) begrifflich zu kategorisieren, folgt *nicht*, dass es keine spezifischen Geräusch- bzw. Farbrepräsentationen gibt. Die jeweilige Affordanz des

101 Nach Ophelia Deroy ist gerade Farbensehen ein klarer Kandidat „for something which is *genuinely* perceptual“, da es, im Gegensatz zu höherstufigen Eigenschaften, stark von Farbsignal und Signalverarbeitung abhänge (vgl. Deroy 2013, 88).

zizi-tütütütü der Blaumeise mag für jagende Katzen und Tierliebhaber sehr unterschiedlich sein, die Wahrnehmung beider hat aber einen gemeinsamen, *sensorischen* Kern. Durch die Reduktion des Wahrnehmbaren auf verhaltensrelevante Tiefeneigenschaften (Millikan 1989; Artiga 2016; Ganson 2020) bzw. Affordanzen (Gibson 1979; Chemero 2009; Hutto/Myin 2017) droht nicht nur ein unplausibler Partikularismus, sondern geradezu eine Eliminierung von Oberflächeneigenschaften (siehe Schulte 2012).

(2) Das zweite Prinzip nach Philipps (2017, 8) ist das der **Modulspezifizität** reizbasierter Kontrolle (*modularity-specificity*). Es ergibt sich aus dem bisher Gesagten: Wenn Wahrnehmungen von Reizen kontrolliert werden, diese aber bestimmte kausale Gesetzmäßigkeiten und Relationen zwischen Oberflächeneigenschaften einerseits und für deren Effekte zuständigen peripheren Rezeptoren andererseits bilden, dann verästelt sich das Sensorische immer in *Module*, die durch diese Relationen definiert sind und die psychologischen Fähigkeiten eines Systems ausmachen und begrenzen.[102] Z.B. hängt die *visuelle* Wahrnehmung einer Fliege von den Reflektanzeigenschaften der Fliegenoberfläche und ihre Konturen in Bezug auf Lichtwellen ab, während die *auditorische* Wahrnehmung der Fliege durch Vibrationseigenschaften ihrer Flügel und deren Einfluss auf Schallwellen bestimmt wird. Nur durch diese verschiedenen Kanäle lässt sich strenggenommen *Sehen* von *Hören* unterscheiden. Ein Wahrnehmungssystem muss sich also nicht nur der Einflussbarkeit einer Entität überhaupt aussetzen, um sie wahrzunehmen, sondern sich auch in bestimmte kausale Pfade „einhaken" können. Es zeichnet die Vielfalt des Sensorischen im Allgemeinen gerade auf einfacher Stufe aus, sich im Laufe der Evolution auf das Einfangen sehr spezifischer Effekte spezialisiert zu haben, z.B. Magnetfelder oder organische Molekülverbindungen.

Die Existenz eines *Kontexts*, sei es in Gestalt von top-down-Einflüssen auf die Verarbeitung proximaler Inputs oder in multimodaler Beeinflussung, scheint *per se* kein Einwand gegen diese beiden herausragenden Merkmale des Sensorischen zu sein (siehe Philipps 2017, 7,10). Selbst wenn zahlreiche nicht-sensorische Faktoren (Begriffe, Erinnerungen, etc.) auf die Wahrnehmung Einfluss nehmen (z.B. *high-level perception*), scheint mit den beiden Merkmalen zumindest ein invarianter und stabiler *Kern* erhalten zu bleiben, der die Wahrnehmung auch unter Beeinflussung als Wahrnehmung und dann in ihren verschiedenen Modulen charakterisiert. Selbst wenn ich etwas als Blaumeise *hören* will, also meine sensorische Wahrnehmung des zizi-tütütütü sich mit einem Begriff von einer Tiefeneigenschaft (Gesang der Blaumeise) verbindet, dann muss ich *mich* mit meinem rezeptiven Körper in eine kausal adäquate Standardsituation manövrieren, in der die Stimme

102 Zu weiteren Bestimmungen dieser „psychologischen Fakultäten" siehe ausführlich Fodor 1983.

des Vogels als eine bestimmte Oberflächeneigenschaft meine Haarzellen im Innenohr affizieren kann. Andernfalls habe ich höchstens eine nicht-sensorische Repräsentation der Stimme wie eine Vorstellung oder Erinnerung, die aber in ihrer Form und Varianz nicht davon abhängt, was mich am Ohr erreicht.

I.4.2 Vier Prinzipien: Emanzipation, Autonomie, Fähigkeit und Sparsamkeit

Mit dem skizzierten Bereich „repräsentationshungriger Probleme", ihrer Lösungsstrategien und der ungefähren Definition des Sensorischen lassen sich schließlich vier Leitplanken formulieren, in deren Korridor der hier angestrebte Antwortversuch auf die Status-Frage entwickelt werden soll. Diese Prinzipien scheinen mir von den meisten Vertretern *de facto* anerkannt zu werden oder anerkannt werden zu müssen, weshalb sie einen Standard für die kritische Evaluation der jeweiligen Antworten auf die Status-Frage bilden können. Da dieser Standard in der Literatur nicht definiert wird, soll er hier erstmals prinzipiell umrissen werden.

Erstens, soll zu sehen sein, wie Wahrnehmung zwar auf eine nicht-repräsentationale Ebene direkter kausaler Reizung oder Teleologie angewiesen bleibt, sich aber dennoch durch substanziell verschiedene, eigenständig und genuin repräsentationale Verfahren von ihnen *emanzipieren* muss und damit primitive Intentionalität in die Wirklichkeit einbringt. Dieses von mir sogenannte ***Emanzipationsprinzip*** folgt der Leitidee, dass die Wahrnehmung als primitive mentale Repräsentation eine nicht-repräsentationale Ebene in Anspruch nehmen muss, auf der sie einerseits erst einen festen Standpunkt gewinnt, andererseits jedoch von dieser Basis aus Mechanismen eigener Art entwickelt, ohne sich von diesem tragenden Grund völlig „abzukoppeln". Allgemein gesprochen: Das Sich-Emanzipierende braucht, um sich zu emanzipieren, zugleich dasjenige, wovon es sich emanzipiert. Wenn sich kausale Funktionalität im Allgemeinen von sensorischer Repräsentation unterscheiden soll, dann gilt: Basale visuelle, auditive und haptische Wahrnehmung räumlich-zeitlicher Verhältnisse wie Richtung, Entfernung, Gestalt, Größe, Bewegung und Struktur oder das propriozeptive Lagebild des jeweils eigenen Körpers im Raum geht als *sensorische* Repräsentation aus primitiveren Bedingungen systematisch hervor. Es bleibt dabei jedoch auf ihre konstante Affektion angewiesen und geht als ein referierendes und spezifizierendes Modell distaler Verhältnisse letztlich doch über sie hinaus. Wie genau diese primitive nicht-repräsentationale Ebene beschaffen ist, bleibt auf dieser methodischen Ebene erstmal offen. Dem Emanzipationsprinzip zufolge muss lediglich erklärungskräftig, d.h. systematisch wie spezifisch, nachvollziehbar sein, wie Repräsentation durch verschiedene Tierarten und Sinnesmodalitäten hindurch aus nicht-repräsentationalen Ausgangsbedingungen herauswächst und sich fortan als eigene Wirklichkeitsstufe –

„Mentales“, *mind* in seiner repräsentationalen Form – behauptet. Um diesen schöpferischen Vorgang „von unten“ zu gewährleisten, muss sich meine Antwort auf diejenigen Zustände früher Wahrnehmung konzentrieren, die nicht bereits höherstufige repräsentationale Vermögen voraussetzen.

Da die Emanzipation nicht festlegt, was das basale Niveau ist, muss betont werden, dass mit dem Emanzipationsprinzip auch ein liberales Modell wie die Teleosemantik nicht von vornherein ausgeschlossen wird.[103] Denn auch dieses verwendet, um ein Bild von Dretske zu gebrauchen, nicht-repräsentationale „Zutaten“, um ein „Rezept“ für Intentionalität zu entwickeln: „If all goes well, when the process is complete, the result will be a system with internal resources for representing […] its surroundings“ (Dretske 2000, 223). Auch hier muss also systematisch und spezifisch gezeigt werden, wie sich Repräsentation von einer nicht-repräsentationalen Ebene emanzipiert und auf einer neuen (emergenten) Ebene vollwertig zustandekommt. Mit bloßer Hoffnung auf eine gleichsam magische Genese dieser Natur („If all goes well…“), also ohne Beschreibung nachvollziehbarer Schritte zum repräsentationalen Status, ist es nicht getan und es droht das *hard problem of content* (Hutto/Myin 2013, 72), wie es oben skizziert wurde (siehe I.3.1): Die basale Ebene bleibt dann was sie ist, und die Emergenz von repräsentationalem Status kommt nicht in Gang.

Zweitens ist es erforderlich, dass diese Emanzipation durch das Wahrnehmungssystem autonom und intrinsisch bewerkstelligt werden muss. Einem solchen ***Autonomieprinzip*** nach dürfen keine höherstufigen kognitiven Vermögen als konstitutive Bedingungen eingeführt werden. Jedes vorgreifende Implizieren von sprachlich-logischen Fähigkeiten, „internalisiertem Wissen“ (*tacit knowledge*) oder „subjektiven“ Repräsentationen und vermeintlichen Evidenzen (z.B. „sense data“, „images“) muss unterbleiben, wenn diese Formen wiederum repräsentationalen Status voraussetzen (siehe Burge 2010). Entscheidend ist jedoch: Selbst wenn solche intellektuellen Fähigkeiten vorliegen sollten, bedeutet ihr *kausales* Eindringen in ein Wahrnehmungsmoduls („*cognitive penetration*“, siehe Deroy 2013; Vetter/Newen 2014) noch nicht ihre *konstitutive* Bedingung, solange die beeinflusste Fähigkeit prinzipiell auch ohne diesen Einfluss in einem Kernbereich operierend denkbar ist, indem sie Oberflächeneigenschaften repräsentiert. Durch Erfahrung eine rote Herzform röter zu sehen als ein benachbartes Quadrat von derselben Farbe bedeutet beispielsweise nicht, dass rote Formen zu sehen eine vorrangig nicht-perzeptuelle Fähigkeit ist. Ebenso ist anzunehmen, dass kein Sinn vollständig unabhängig von anderen Sinnen operiert, sodass die gegenseitige Beeinflussung *multimodal* auf der perzeptuellen Ebene bleiben kann und sparsamerweise nicht

103 Ich danke Peter Schulte für den Hinweis, diesen Punkt klarzustellen.

zwangsläufig *kognitive* Fähigkeiten in Anspruch genommen werden müssen (siehe Deroy 2013).

Darüber hinaus müssen die primitiven Repräsentationen dahingehend autonom sein, insofern sie authentisch-original repräsentieren, es sich bei ihnen also weder allein um instrumentalistische *Projektionen* eines „intentionalen Standpunkts“ handeln darf noch ihr Status erst dadurch erworben wird, dass sie selbst repräsentiert werden, wie das bei derivativen Repräsentationen wie Bildern, Karten, Modellen etc. der Fall ist. Dieser Anspruch auf eine nicht kognitiv-subventionierte und authentische Repräsentationsleistung kann im Bereich des Sensorischen geltend gemacht werden. Da bei den angesprochenen Grenzfällen die Annahme höherstufiger Vermögen wie Meinung oder Schlussfolgerung unplausibel ist, werde ich mich auf den Aspekt der Projektion konzentrieren: In den einfacheren Fällen tierischer Fähigkeiten vom Bakterium über die Ameise bis zum Fliegensehen des Frosches besteht die Gefahr, Strukturelemente der erkennenden (theoretischen) Repräsentation oder des prototypischen Repräsentationsmodells für Strukturelemente zu erkennenden Mechanismus zu halten. So könnte die möglichweise fehlleitende Metapher, das Gehirn operiere wie der Wissenschaftler, der es untersucht, wörtlich verstanden werden (vgl. dazu Hutto/Myin 2017, 64; Bruineberg et al. 2018) oder das Repräsentieren sei wesensgleich mit der Sprache oder dem Computer, mit dem es modelliert wird. Mit dieser vielgestaltigen und schwer aufzuspürenden Projektion wäre die zu sichernde Authentizität primitiver Intentionalität untergraben.

Drittens beziehen sich beide Prinzipien wesentlich auf die jeweilige ***Fähigkeit*** des betreffenden Lebewesens, die sich in entsprechenden Mechanismen und ihren Operationsweisen niederschlägt. Wir haben bereits früher den Wert von Fähigkeiten für funktionale Beschreibungen herausgestellt (siehe Kapitel A.III.1). Mit Verweis auf die Naturalisierung von Intentionalität haben wir zudem einen „gelassenen“, d.h. horizontalen und multifaktoriellen Ansatz vorgeschlagen, der sich an der Einbettung des ganzen Lebewesens *in situ* orientiert. Die jeweiligen funktionalen Zuschreibungen die mit „Repräsentation“ als Rollenbegriff verbunden sind, müssen sich immer daran messen lassen, ob sie, frei nach Husserl, die „großen Scheine“ programmatischer Forderungen in das „Kleingeld“ prinzipiell beschriebener Mechanismen auszahlen können, freilich ohne zu spezifisch zu sein. Zuschreibungen repräsentationaler Attributionen müssen sich also nach dem richten, was ein Lebewesen tatsächlich zu können *im Stande sein* muss. Es reicht *nicht* zu sagen, das System repräsentiert bereits deswegen eine spezifische Bedingung, weil es diese eben repräsentieren soll (z.B. weil es eine Normalbedingung seines Erhalts ist). Das dritte Prinzip richtet sich also gegen bloß *programmatische* Status-Bedingungen, für die vor allem funktionalistische Theorien anfällig sind. Auch hier spielt für die rechte Beurteilung die Kausalitäts- und Modulspezifizität der Mechanismen eine Rolle, wenn ein angesetztes Repräsentatum keine unmittelbare kausale Kraft entfalten kann oder das System keinen spezifischen Sensor besitzt.

Diese Orientierung an Fähigkeiten steht auch im Einklang mit der Erklärungspraxis der Kognitionswissenschaften:

> What cognitive science aims to do after all, is to explain cognitive capacities like episodic memory, visual perception, concept acquisition, reasoning, sensorimotor integration, imagery, or mindreading exhibited by complex, human or non-human cognitive systems [...] This means that representations function as explananda in mechanistic explanations that answer how-questions about cognitive capacities (Gładziejewski 2015, 66).

> One might agree that folk psychological ascriptions of intentional mental states are meant to rationalize behavior but question whether this is their role in cognitive science. In the latter case, the aim is to explain the psychological capacities of humans and (in the case of cognitive neuroethology) other creature (Neander/Schulte 2021, Kap. 3.2).

Viertens und von ebenso zentraler Bedeutung folgt aus einer problemorientierten Herangehensweise an repräsentationalen Status, die sich zudem so emanzipatorisch wie nötig und autonom wie möglich vollzieht, ein Prinzip der ***Sparsamkeit***. Systeme innerhalb evolutionärer Dynamiken bringen bestimmte Lösungen mit einem Minimum an energetischen Aufwand zustande und bleiben daher „konservativ" in Bezug auf dasjenige, was Veränderung nicht notwendig macht und Mehraufwand nicht rechtfertigt: „Mother Nature is a stingy, opportunistic engineer who takes advantage of rough correspondences whenever they are good enough for the organism's purposes, given its budget" (Dennett 1991b, 122).

In diesem veränderungsgeizigen Geist fordert auch Dretske (1988) der „economy of effort" Rechnung zu tragen, wie sie z.B. in der Betrachtung der bereits oben beschriebenen Stichlinge angebracht scheint:

> The fish react similarly to a variety of objects of similar coloration: painted pieces of wood elicit aggressive behavior in the males and sexual interest in the females. But in the fish's natural habitat the correlation is good enough. [...] So why develop more expensive receptor hardware for representing conspecifics *as* conspecifics (i.e. as sticklebacks) when representing them *as* objects with a red underside works well enough? (Dretske 1988, 103).

Clark (2008, 12, 221) spricht diesbezüglich von der Frage nach der „Verteilung kognitiver Kosten", insofern das System auf sparsamere Weise in vielen Fällen die Erklärungskraft von den internen Informationsmechanismen auf die Umwelt „abladen" oder „auslagern" kann, um (vermeintlich) repräsentationale Aufgaben zu lösen – ein zentrales methodologisches Prinzip der *Situated Cognition* (siehe auch Clark 1997). Beispiele sind meist bestimmte Verhaltensweisen, mit der die Umwelt so transformiert, dass sich aus diesem Arrangement bereits eine informationstheoretisch günstigere Ausgangslage ergibt. Die Umwelt selbst, die Enaktion und die

Verkörperung nimmt dann die Last von unseren Schultern (oder besser: unseren Hirnen). Ein schönes Beispiel dafür geben Philipp Robbins und Murat Aydede in Gestalt vom richtigen Packen von Einkaufstüten:

> As items come off the conveyor belt and enter the work space, skilled grocery packers often rapidly sort them by category (heavy, fragile, intermediate) into distinct spatial zones prior to placing each item in a bag. This procedure significantly decreases load on working memory relative to the alternative of mentally calculating the optimal placement of each item as it enters the work space, without the benefit of external spatial cues (Robbins/Aydede 2008,6).

Zu solchen entlastenden Umstrukturierungen zählt nicht nur das Einrichten der jeweiligen Umwelt mit hilfreichen Stützen (*scaffolds*) oder Artefakten wie Werkzeugen, Infrastruktur, Architektur oder sprachlichen Zeichen (siehe Clark 1997, 45). Das Prinzip des kognitiven *offloading* von Informationslast interner Verarbeitung in äußere Verhaltensweisen und Umweltstrukturen ist weniger intellektuell als es den Anschein hat. Denn jedes (repräsentational geleitete) Verhalten scheint nicht nur eine praktisch-zweckorientierte, sondern auch eine *erschließende* Funktion („exploratory activity", O'Regan/Noë 2001, 940) aufzuweisen, die darin liegt, Informationen durch Manipulieren der Umwelt freizulegen und somit der Repräsentation in die Hände zu spielen. Dieses „epistemische Verhalten" (*epistemic action,* Kirsh/Maglio 1994, 514) ist beispielsweise schon beim Erkundungsverhalten von Tieren der Fall. Das Anlegen von Pfaden durch Begehen derselben transformiert das jeweilige Habitat auf eine Weise, dass die jeweiligen Orientierungspunkte nicht eigens jedes Mal erinnert werden müssen. Bereits das simple Zuhalten auf eine Reizquelle im *Beaconing* nutzt gewisse Eigenschaften des Mediums aus, um die relevanten Informationen nicht eigens generieren zu müssen, sondern findet sie einfach im Verlauf des Gradienten vor. Wo die Umwelt dagegen verarmt bis abgekoppelt ist, scheint eine interne Erschließungsleistung plausibler, wie das Beispiel der Wüstenameise zeigt.

Mit diesem Prinzip lassen sich also Repräsentationen vermindern bis eliminieren, wo wir geneigt sind, sie einzusetzen, und Verhalten kann durch direkte Kopplung mit der Umwelt erklärt werden. Wir werden sehen, dass sich damit gerade in Bezug auf einfache Organismen Status-Zuschreibungen einsparen lassen. Das bedeutet aber gerade nicht, dass Repräsentationen nicht sparsam sein können. Gerade was die Komplexitätsreduzierung proximaler Reize betrifft, kann erst ein einheitlicher „Kode" oder ein vorausgreifendes „Modell" eine elegante und letztlich effiziente Lösung darstellen (siehe Dennett 1987, 35).

Matthew Sims hat den Sparsamkeitsgrundsatz im Bereich des Mentalen („principle of cognitive economy") wie folgt präzisiert:

> [The] principle of cognitive economy states that we should expect a cognizer to expend only as much cognitive energy as it is necessary to get the job done. In other words, overly complex solutions are to be avoided where more frugal ones are available that provide the same results (Sims 2019, 1042).

Diese vier Prinzipien sollen die *Erklärungskraft* fundieren, die stark mit der repräsentationalen Rolle in einem breit naturalistischen Paradigma verknüpft ist. Sie werden im weiteren Verlauf deshalb immer wieder in Anspruch genommen und gegebenenfalls konkretisiert. Im Folgenden werde ich aus der beinahe unübersehbaren Fülle der naturalistischen Repräsentationstheorien ein paradigmatisches Modell in seinen verschiedenen Versionen herauskristallisieren und mithilfe der nun transparenten gemachten Prinzipien beurteilen.

II Tracking-Theorien mentaler Repräsentation

II.1 Die Familie der Tracking-Theorien

II.1.1 Ko-Instanziierung und Effekt: Kernelemente von Tracking-Theorien

Überblicken wir das Territorium, das durch die drei Grenzsteine (Teleologie, Komplexitätsreduktion, Abgekoppeltheit) ungefähr kartiert ist, dann lässt sich für den Bereich *sensorischer* Repräsentation eine Linie ausmachen, die quer durch das umstrittene Gebiet verläuft und ein breit dominierendes Paradigma („the most influential theories“, Morgan 2018, 5407) für die Frage bildet, worin basale Intentionalität unter naturalistischen Vorzeichen ihren Anfang hat. Dieses Paradigma soll im folgenden Kapitel (B.II) der Status-Untersuchung erörtert und kritisiert werden. In einer allgemeinen, die verschiedenen Versionen umspannenden Form lässt es sich charakterisieren als ***Tracking***-Theorien mentaler Repräsentation: Ein Zustand *p* eines sensorischen Produzentensystems *S* hat repräsentationalen Status, genau dann wenn:

(1) die Instanziierung von p in einer speziellen *externen Relation* (kausaler, statistischer und/ oder struktureller Natur) mit der Instanziierung einer Entität *F* steht. Diese Relation nenne ich die *Tracking-Relation;*

(2) p als Relat dieser Relation in einem durch mit F synchronisiertes, d.h. ko-instanziiertes bzw. ko-variierendes *Anspringen* besteht, d.h. einen kausal verursachten Zustandswechsel von S bildet, und damit auf F *reagiert.*

(3) diese Reaktion *funktional* ist, insofern p's Ko-Instanziierung mit F normalerweise (oft genug) einen *Effekt* auf ein praktisches Konsumentensystem K als Träger von S ausübt, für das die Interaktion mit F bzw. einer mit Feinhergehenden Bedingung G förderlich ist. Damit wird p durch die diejenigen Bedingungen individuiert, auf die es reagieren *soll.*

Für den Status von Intentionalität und Veridikalität genügt es demnach also, wenn p kraft dieser speziellen Verbindung mit F, die normativ fundiert ist, sich als Relat dieser Relation mit F einstellt, um veridisch in Bezug auf F zu sein. F zu repräsentieren heißt: p regt sich normalerweise nur dann, wenn F instanziiert ist. Ich möchte diese simple Vorstellung sensorischer Repräsentation ***Sensitivität*** (oder bisweilen Responsivität) nennen und der Konvention folgend, S einen ***Detektor*** (oder Sensor) von F. S repräsentiert durch p F, indem es F *detektiert* bzw. auf F *reagiert* (*respond*).[104]

104 „[T]he idea of a tracking or responding state (the terminology varies)“ (Orlandi 2014, 4). Siehe

https://doi.org/10.1515/9783111380551-008

Bestimmen wir die Bedingungen näher: F ist als Tracking-Relat in (1) meist eine Eigenschaft der Umwelt, die von einem Token x instanziiert ist. Die Orientierung von Detektoren an Eigenschaften nennt Akins die *detection thesis*, die eine „extrem starke universale Annahme" in den Wissenschaften bilde (Akins 1996, 360) und mit dem „ontologischen Projekt" einhergehe. Auch Dretske (1988, 75) und Neander (2017, 159) sprechen von einer „Eigenschaftssensitivität" von Detektoren, die eine Beziehung zu „a specific object, property or state of affairs in the external world" (Morgan 2018, 5407) eingehen. Detektoraktivität bildet das andere Relat, p, welches F in diesem Modell dann und nur dann repräsentiert, wenn es F funktional „verfolgt", also kraft (1) und (3) normalerweise immer da aktiv wird, wo und wann F instanziiert ist.[105] Detektoren wie p sind in ihrer Aktivität mit Bedingungen wie F abgestimmt und damit in ihrer Ko-Präsenz (inklusive geringfügiger Zeitversetzungen) synchronisiert. Sie springen dabei an oder schlagen aus, wenn ihrer jeweiligen kausalen Disposition gemäß entsprechende Reize auf sie einwirken, die Teil von (1) sind und dies unter festgelegten Normalbedingungen (3) passiert. Sie „fangen" damit eine relevante Umweltbedingung mit „ein", die in diesen Normalbedingungen und ihrer Relation mit S mitvorkommt. – Die Beschreibung ist perfekt naturalistisch, indem sie auf mehr oder minder unkontroverse Größen empirischer Wissenschaft rekurriert: Repräsentationaler Status und Gehalt werden von p hinreichend realisiert, wenn p einen Zustandswechsel des sensorischen Systems S bildet, der mit einem Zustandswechsel einer Umweltbedingung F bzw. G ko-variiert und dabei in das Spektrum normal/abnormal-inklusiver Zustände fallen kann, das einen förderlichen Effekt für den Konsumenten K von p hat.

Zum Wesenskern der Tracking-Theorien gehört daher, dass sie die transzendente Gerichtetheit („aboutness", „of-ness") von intentionalen Zuständen, *über* oder *von* F zu sein, naturalistisch auf das *Reagieren auf* F zurückführen und so als eine Ko-Instanziierung auslegen. Repräsentationaler Status durch Tracking realisiert sich diesem Paradigma nach bereits also in einer sehr allgemeinen Rolle, nämlich in einer *funktionalen Koordination* (Clark 1997, 147) eines Systems mit seiner Umgebung, wie wir sie im vorherigen Kapitel schon angedeutet haben. Ganson bringt diese Idee auf den Punkt:

> The need to distinguish internal representations from mere causal mediators is particularly salient when we consider so-called *receptor or detector representations* in biological organ-

---

auch „response state" (Neander 2017), „sensory information registration" (Burge 2010), „detector" (Artiga 2022).

105 „Tracking" ist damit weitaus generischer zu verstehen als eine seiner Arten, nämlich das *lokalisierende* Verfolgen von Körpern oder Ereignissen im Raum, z.B. eines bewegten Körpers (*body-tracking*) oder einer Schallquelle (siehe Burge 2010, 458).

> isms. We can offer a preliminary characterization of a receptor as something that has been set up to be set off by a stimulus. […] When an organism's exteroceptors are set off by stimulus conditions, the receptors issue sensory signals with the job of coordinating an organism's outputs with environmental conditions (Ganson 2020, 2).

Begriffe aus dem Maschinenbau, dem Behaviorismus und der Neurophysiologie wie „Anspringen", „triggern", „Aktivierung", „Reaktion" oder (semantischer gesprochen) „Signal"-Aktivität in repräsentationalen Beschreibungen von sensorischen Mechanismen gehören zum charakteristischen Idiom der naturalistischen Tracking-Theorien. Das Anspringen „signalisiert", „sagt", „bedeutet" durch (3) etwas, hat also Gehalt – so zumindest die Annahme der Theorien in genereller Form. F ist, so die Theorie, dabei die Referenz (das Objekt) von p und macht dessen Gehalt mit aus, die Normativität soll die Anfälligkeit für *Irrtum* sicherstellen: p (fehl)repräsentiert F, wenn p anspringt, obwohl kein F bzw. G präsent ist.[106]

Der Begriff „Tracking-Theorien" (bzw. „Detektion") ist in der Literatur bereits festgehalten, in seinen generellen Prämissen über die Natur der repräsentationalen Rolle und der Veridikalität aber nur von wenigen Autoren bisher eigens und systematisch analysiert worden.

> Tracking theories of intentionality claim that intentionality is a tracking relation, where tracking is a matter of detecting, carrying information about, or otherwise corresponding with states or items in the environment. […] Tracking theories arguably remain the most popular theories of intentionality today (Mendelovici/Bourget 2014, 326, 325).

> [P]roponents of naturalizing intentionality arrived at a shared conception of what a naturalistic theory of content should look like, and indeed of the very nature of intentionality. They conceptualized intentionality as a special kind of causal-informational relation between an internal state – a representation – and a distal entity, where the internal state has the function of responding to, or *tracking*, the distal entity. If the internal state *fails* to track that entity, it can be evaluated as *incorrect* or *inaccurate*. Theories in this broad family have been aptly dubbed "tracking" theories (Morgan/Piccinini 2018, 128).

Tracking-Theorien in ihrer allgemeinen Form gehen auf die bahnbrechenden Arbeiten von Millikan (1984, 1989) und Dretske (1981, 1986, 1988) zurück, aber auch Stampe (1977), Papineau (1984), Fodor (1987, 1990) und Cummins (1989) haben zu ihrer breiten Etablierung beigetragen.[107] Sie bilden weiterhin das weitaus ein-

106 „Detectors misrepresent when they are set off, but the state they are supposed to detect is absent" (Artiga 2022, 662).

107 Es scheint plausibel, die diversen Quellen der Tracking-Theorien in den Arbeiten zur externalistischen Referenztheorie von Hilary Putnam (1975) und Saul Kripke (1980) zu verorten, im institutionalisierten Behaviorismus Wittgensteins (2003) (vgl. Millikan 1984, 1, 86), in der Informati-

flussreichste Paradigma für repräsentationalen Status – und damit auch den Hauptgegner der Anti-Repräsentationalisten (siehe Hutto/Myin 2013, 18) – und sind in neuerer Zeit in verschiedenen Hinsichten ausgebaut worden, auch und gerade in Hinblick auf kognitionswissenschaftliche Erklärungskonzepte.[108] Dretske (1995) und Tye (2000) argumentieren überdies für Tracking-Theorien repräsentationalen Bewusstseins („Repräsentationalismus" von Erfahrung).

Nach Morgan (2018) und Michelle Montague (2010) besteht die verbindende Motivation all dieser Theorien in der Inanspruchnahme zweier nicht-intentionaler Bausteine, die ich oben mit (1) und (3) charakterisiert habe:

> The most detailed and influential theories that emerged from this project differ in detail but share an overall family resemblance. Most fundamentally, they characterize representations as "internal" states that stand in a causal or informational relation to a specific object, property or state of affairs in the external world. [...] The most influential theories emerging from that tradition held, roughly, that the content of a representation is determined by the entity in the external world that it has the function to responding to, or *tracking* [...] These theories have been aptly dubbed "tracking theories" (Morgan 2018, 5407).

> Philosophers [of naturalizing intentionality] pointed to the example of tree rings tracking the age of trees (an entirely non-mental phenomenon) to ground the sense in which intentionality could be a natural relation. Internal states of the brain were thought to track the presence of specific external conditions in a fundamentally similar way, and to carry information about the environment in virtue of this tracking relation. Different theories expanded on this basic idea, diverging in their more detailed expositions of the tracking relation (Montague 2010, 765).

Das Augenmerk der Tracking-Theorien gilt also: *Erstens*, der überwiegend nicht-zirkulären Eruierung einer speziellen, natürlichen Relation zwischen System-*internen* und System-*externen* Zuständen, die der Referenz mentaler Repräsentationen Rechnung tragen soll (siehe auch Morgan 2018, 5424); sowie, *zweitens*, der „Besonderheit" dieser Relation, „normativen Anforderungen" zu unterliegen, adäquat und das heißt: *naturalistisch* zu begegnen (siehe dazu auch Kriegel 2007, 312).

Wie schon früher und auch von Morgan (2018, 5408) hervorgehoben, kann in diesem Naturalisierungsprojekt die Gehalt-Frage mit der Status-Frage verschwimmen oder die konstitutive Gehalt-Relation fungiert meist als auch eine Status-qualifizierende. Denn die einmal reduktiv ausgewiesene Rolle funktionaler Reaktion, für die dann der richtige Gehalt fixiert werden soll, kann aufgrund der „breiten" (naturalistischen) Bedingungen zumindest in ihrer generellen Form von sehr vielen

onstheorie von Claude Shannon und Warren Weaver (1949) und vor allem in den Pionierarbeiten der Neurowissenschaft zur *feature detection*.

108 Siehe Neander 2006, 2013, 2017; Sterelny 1995, 2003; Burge 2010, 2022; Schulte 2012, 2015, 2018; Shea 2007, 2018; Artiga 2016, 2021, 2022; Ganson 2020.

Systemen bzw. ihren Teilen erfüllt werden. Dies gilt gerade dann, wenn Gehalte ethologisch durch die biologisch relevanten Bedingungen identifiziert werden und Beziehung (1) sehr allgemein gehalten wird. Folgendes Beispiel von Artiga beschreibt sehr anschaulich, wie problemlos sich diese einflussreichste Version der Tracking-Theorie (à la Millikan) die Realisierung einer Repräsentation aufgrund der beiden genannten Bausteine vorstellt:

> Cockroaches and crickets, for instance, possess a set of short appendages at the rear of their abdomen called "cerci". Cerci are slender filiform hairs sensitive to air movements. When air moves at a high speed and reaches a certain threshold, a set of neurons are automatically activated, and cockroaches perform a range of evasive behaviors. According to teleosemantics, this neuronal activation means something like *there is a predator around*, since it is the fact that in some cases a predator was around that explains the utility of this evasive behavior, and hence accounts for the selection of the mechanism. When there was no predator, this behavior was just a waste of time and energy (Artiga 2014, 269; siehe auch Artiga 2022).

Doch das vorwiegend *biologische* Projekt normative Organismus-Umwelt-Relationen zu fixieren, erklärt noch nicht, warum wir hier von Anspringen und Ko-Instanziierung im Sinne von (2) sprechen. Ramsey (2007) hat diesbezüglich auf die entscheidenden *kognitionswissenschaftlichen* Wurzeln des Paradigmas hingewiesen. Er spricht mit Blick auf Tracking treffend von einer „Rezeptor-Vorstellung“ (*receptor notion*) von Intentionalität. Anders als der Ausdruck vermuten lässt, reicht Tracking in diesem Sinne dabei aber über die Aktivität von Rezeptoren an der sensorischen Peripherie eines Organismus hinaus:

> At the heart of the receptor notion is the idea that because a given neural or computational structure is regularly and reliably activated by some distal condition, it should be regarded as having the role of representing (indicating, signaling, etc.) that condition. Such structures are viewed as representations *because* of the way they are triggered to go into particular states by other conditions (Ramsey 2007, 119).

Doch die Rezeptor-Vorstellung der Intentionalität bleibt unthematisch, was ihre Relevanz für die Status-Frage noch erhöht: „Unfortunately, in the scientific literature there is not much in the way of explicit exposition of this representational notion, despite its widespread appeal“ (Ramsey 2007, 119).

Wie sind „Detektion“ und „Tracking“ in wissenschaftlicher Verwendungsweise genau zu verstehen? Sie umfassen mehr als nur starre, minimal enkodierte Reiz-Reaktionen, die auf sehr spezifische Stimuli angewiesen sind, auch wenn diese naturgemäß die Mehrheit bilden.[109] Die Begriffe sollen hier ein bestimmtes philosophisches Verständnis von Repräsentation als solche anzeigen, keine spezifische

109 Zu dieser engeren Bedeutung von „Detektor“ siehe Artiga 2022.

Klasse von „Detektoren“ in neurowissenschaftlicher Terminologie. Wie ist diese Vorstellung Ramsey zufolge motiviert? Ramsey verortet es in den kognitionswissenschaftlichen Pionierarbeiten zur *feature detection* (Lettwin et al. 1959; Hubel/Wiesel 1962). Dabei wurden *rezeptive Felder* in den Nervensystemen von Fröschen und Katzen ausgewiesen: Solche Rezeptoren-Netzwerke bestehen aus einem Verbund aktiver Zentren und hemmender Umgebungen (oder umgekehrt), dessen Reaktion auf einer nachgeschalteten Ebene weniger Zellen konvergiert. Dadurch werden Gewichtung und Reduktion proximaler Reize ermöglicht und damit eine reduzierend-generalisierende Reaktion auf bestimmte Umweltbedingungen erreicht. Diese sensitiven Netzwerke wurden deshalb von ihren Entdeckern folgenschwer zu „Käfer-Detektoren“ oder „Kanten-Detektoren“ erklärt, wie am notorischen Beispiel des jagenden Frosches deutlich wird:

> We have been tempted, for example, to call such convexity detectors "bug perceivers". Such a fiber responds best when a dark object, smaller than a receptive field, enters that field, stops, and moves about intermittently thereafter. [...] Could one better describe a system for detecting an accessible bug? (Lettwin et al. 1959, 1951).

Mit diesem Aufsatz *What the Frog's Eye Tells the Frog's Brain* ist schon im Titel erkennbar, wie sich der Begriff der Rezeption zu einem Begriff der (veridischen) Detektion von Eigenschaften und Umweltbedingungen transformiert. Mit diesem bis heute vielleicht einflussreichsten Aufsatz der Neurowissenschaft wird die *receptor notion* der Intentionalität aus der Taufe gehoben und vom Detektionsbegriff weiter ausgehend auch auf komplexe Leistungen des sensorischen Systems, jenseits peripherer Rezeption, angewendet. *Feature detection* erstreckt sich auf alle Bereiche der sensorisch-repräsentationalen Domäne: von Wärme, chemische Stoffen, Helligkeitskontrasten (*luminance contours*), Kanten (*edge* detection), räumliche Verhältnisse (*spatial cells,* siehe Hartley et al. 2014) bis hin zu Gesichtern, Stimmen und anderen komplexen Entitäten (siehe Ramsey 2007, 123).[110] Wir sehen hier, wie die Identifikation ganzheitlicher Zustände der Wahrnehmung und anderer mentaler Aktivitäten durch mit Umweltbedingungen ko-instanziierter, lokaler Hirnaktivität nahegelegt wird. So hält Horace Barlow mit Bezug auf die Entdeckungen der Detektoren fest:

---

110 Wie weit solche spezifische Repräsentation-durch-Neuroaktivität allerdings reicht, ist auch hier umstritten, wie die Kontroverse um das ironische Beispiel der „Großmutterzellen“ oder „Jennifer Aniston-Zellen“ zeigt, welche auf die entsprechenden Entitäten ansprechen sollen und dabei eine sehr komplexe Konfiguration von Attributen (*feature binding*) bilden müssten (siehe Howard 2012, 166).

> Thinking is brought about by neurons and we should not use phrases like "unit activity reflects, reveals, or monitors thought processes", because the activities of neurons, quite simply *are* thought processes (Barlow, zitiert nach Marr 2010, 13).

Zentral ist also die alle sensorischen Mechanismen umspannende Vorstellung, die wesentliche Rolle von Repräsentation mit den korrespondierenden oder ko-variierenden Aktivierungs-mustern (*activation patterns*) zu identifizieren. Ramsey fasst diese Grundidee der Tracking-Theorien treffend zusammen:

> This basic idea, that neural structures should be viewed as having the job of detecting or representing because they *respond* in a reliable manner to certain conditions, has become a common assumption in the cognitive neurosciences (Ramsey 2007, 120; Kursiv A.W.).

Um diese Deutungstendenz von Repräsentation im Lichte neuronaler Detektion zu untermauern, sei noch eine anschauliche Passage aus einerm der *textbooks* computersimulierter Neurowissenschaft von Randall O'Reilly und Yuko Munakata angeführt, in der sie das *Wesen* von Neuronen beschreiben:

> The central idea we use to explain what the neuron is doing is that of a **detector**. As a simplification, we can think of a neuron as detecting the existence of some set of conditions, and responding with a signal that communicates the extent to which those conditions have been met. Think of a smoke detector, which is constantly sampling the air looking for conditions that indicate the presence of fire (O'Reilly/Munakata 2000, 24; Hervorhebung im Original).

Die Autoren schließen daher daraus, dass solches funktionales „Signal"-Geben durch selektive Aktivität mit Repräsentation *identisch* ist:

> The specialized nature of neural detectors is also important in enabling us to refer to the **representation** of a given neuron. This term has a somewhat controversial history, but it is widely used in a way that is roughly consistent with the idea that a neuron's representation is simply that which it detects. Thus the neuron that detects an oriented bar at a given position is said to *represent* an oriented bar at a given position (O'Reilly/Munakata 2000, 25; Hervorhebung im Original).

Neuronale Aktivität ist demnach „detecting the existence of some set of conditions" und diese starke und voraussetzungsreiche These bildet eine der Grundannahmen der Neurowissenschaft geistiger Phänomene.[111]

---

111 „In the neuroscientific literature the term ‚representation' is often used just in case there is neural ‚detector' of some type of environmental stimulus, which need not be particularly unruly" (Ryder 2009, 241); „[T]he leading concept of representation in cognitive science is the *detector*" (Williams/Colling 2018, 1946); Siehe auch Artiga 2016, 409 sowie Frisby/Stone (2010, 3-18) für eine weitere solche Beschreibung.

Diese kognitionswissenschaftlichen Paradigmen und ihre Termini sind nicht nur deshalb relevant, weil sie die Tracking-Theorien entscheidend geprägt haben und umgekehrt, sowie entscheidende Bezugspunkte gerade für die neueren Versionen bleiben (siehe z.B. Neander 2017 und Shea 2018). Sie sind selbst wiederum Tracking-Theorien, insofern der begriffliche, vor-empirische Rahmen, in welchem sie empirische Funde erst ausschreiben und einordnen, eine Prämisse darüber impliziert, *was* basale Repräsentation eigentlich ist und von welcher Art und in welchem Wirklichkeitsbereich die entsprechenden empirischen Befunde sein müssen. Dass dieser begriffliche Vorgriff keineswegs selbstverständlich oder alternativlos ist, zeigen z.B. rein phänomenologische Perspektiven wie Mendelovicis (2018) „radikal internalistische" (phänomenale) Konzeption von Intentionalität, die explizit gegen Tracking-Theorien in Stellung gebracht wird.[112]

Die allgemeinen Bedingungen der Tracking-Theorien (1)-(3) sollen nun etwas genauer beschrieben werden und anschließend die Hauptgliederungspunkte ihrer „Familienähnlichkeit" (Morgan) fixiert werden:

Wie die Analogie mit dem Rauchmelder zeigt, muss die Tracking-*Relation* (1) nicht auf eine bestimmte materielle Implementierung festgelegt sein. Tracking ist vorwiegend „task-level" (Orlandi 2014, 118; Marr 2010; Shea 2018), es beschreibt also eine Funktionsweise. Das Anspringen oder Reagieren kann sich auch auf nicht-neuronalem Weg realisieren und muss nicht Typ-identisch mit ihr sein. So ko-variiert schon das bereits angesprochene Magnetosom des Meeresbakteriums mit der Richtung magnetischer Felder bzw. Sauerstoffarmut oder die Strauchpappel auf das Sonnenlicht. Analoge Mechanismen im Feld der Sensorik, in denen Sensitivität nicht neuronal realisiert ist, sind Legion. Zudem lassen sich die neuronalen Mechanismen *mutatis mutandis* auf Systeme künstlicher Intelligenz übertragen. Gerade die Analogisierung von lebendigen mit artifiziellen Systemen und Modellen hat zur Festigung der Detektionstheorie erheblich beigetragen und die Gruppe anschaulicher Prototypen in Richtung „minimaler" Responsivität verschoben (siehe Bermudez 2010).

Relation (1) ist als externe Tracking-Relation zwar privilegiert, umfasst jedoch gewisse Umstände und Hintergrundbedingungen, die die Situation gleichzeitiger Instanziierung konstituiert, also festlegt, unter welchen Voraussetzungen sich (1) überhaupt einstellt. Dretske (1981, 115) spricht hier von *channel conditions* und man kann die Tracking-Beziehung als einen solchen „Kanal" definieren, in welchem eine externe Bedingung einem internen Zustand (als Teil eines bestimmten Moduls) zugeführt oder vermittelt wird. Der Kanal definiert daher, welche Art von *episte-*

112 Zu Theorien „phänomenaler Intentionalität" siehe auch Husserl 1992; Montague 2010; Szanto 2012; Erhard 2014

mischen Pfad (Dretske 1986) ein System benutzt, um F zu detektieren. Er bestimmt also das sensorische Modul der Detektion. So wäre ein spezifischer Lichtreiz (mitsamt seinen Hintergrundbedingungen), der von einer Bewegung ausgeht, ein bestimmter Kanal oder Pfad, den ein visuelles System benutzt. Ein Schallereignis, das in dieser Bewegung seine Ursache hat und die Rezeptoren eines auditiven Systems aktiviert, wäre ein anderer Pfad. Die Funktionalität (3) der Relation legt dabei fest, welchen förderlichen Effekt sie und ihr charakteristischer Weg zum System *normalerweise* („oft genug") für den jeweiligen Konsumenten K besitzt, auf was p also anspringen *soll.* Die relevante Ko-Instanziierung von p und einer Bedingung F umfasst dabei einen gewissen „Kontext", der die Systematizität von (1) sicherstellt, damit p's Aktivität also geordnet und regelhaft erfolgt. Dan Ryder hat diesen regulären Kontext in seiner minimalen Form mit Berufung auf Millikans recht anspruchslose Anforderungen („articulation")[113] anhand eines Beispiels verdeutlicht:

> The metal detector beeps when it is brought near metal; on some views this means that it represents the presence or absence of metal here now. The beeping varies in the following ways: presence/absence, time, and place; these variations map onto the presence/absence of metal, the time, and the location. [...] Systematic relations are a common requirement for something to count as a mental representation (Ryder 2009, 241).

Dieser Kontext der Ko-Instanziierung geht in den Gehalt von p ein, und macht in den Augen der Tracking-Theorien sein Mindestmaß an Attribution und der *re*-Indexikalisierung aus. Tracking operiert stets *in situ.* Es funktioniert nur unter bestimmten, lokalen Bedingungen, die seine Richtigkeitsbedingungen ausmachen. Um Fs aufzuspüren und zu verfolgen, ist der Detektor so gebaut oder gewachsen, dass er weder auf die Absenz von F-Tokens noch auf jegliches F-Token zu beliebiger Zeit an beliebigem Ort anspringen soll. In auf Kausalität bezogenen Interpretationen besorgt die Kausalrelation diese lokale, raumzeitliche Kopplung, aber der „sehr restringierte Operationsbereich" (Orlandi) scheint überhaupt die Verlässlichkeit und hohe Spezifizität von Detektoren zu fundiere. Tracking ist meist eng mit Reizen *gekoppelt.*

> Tracking states of a system are states that operate in a very restricted domain – for example, a subpersonal transformation – and that are not de-coupled from their causal origin. They require contact with that they stand for, consequently acting as simple reliable mediators (Orlandi 2014, 59).

---

113 Am Beispiel eines Bieber, der mit seinem Schwanz auf das Wasser schlägt, um zu warnen: „The representation is articulate: properly speaking, it is not a splash but a splash-at-a-time-and-a-place" (Millikan 1989, 88).

Die Funktion von S in (3) ist dabei die einer Produzentenfunktion: S hat die Funktion, F zu *detektieren* und bifunktional kraft des resultierenden Produkts p für den Konsumenten K in brauchbarer Form „verfügbar" zu machen (z.B. für motorische Interaktion, Bewusstsein oder Kognition) und damit die *Vermittlung* von Information zu fundieren. S hat nicht die Aufgabe von K, auch wenn S durch K letztlich getragen (materiell realisiert) und (evolutionär) ko-entwickelt wurde. S soll nur einen deskriptiven Bezug herstellen, welcher *dann* präskriptiv die Interaktion mit einer praktischen Bedingung erst möglich macht oder zumindest begünstigt. Da aber die Detektion von F in dieser praktischen Hinsicht kein Selbstzweck ist und K schließlich ausschlaggebend ist für Bewährung und Erhalt des gesamten Systems, in das S eingebettet ist, hängt die Produzentenfunktion von der erfolgreichen „Kooperation" (Millikan) mit der Konsumentenfunktion ab (Bifunktionalität).

Einfache und weitverbreitete Mechanismen von Tracking finden wir daher in jeglicher Art von lebendiger und artifizieller *Sensorik* verschiedener Stufen: Bewegungssensoren, optische Rauchmelder, Richtungssensoren, circadiane Uhren, Thermostate, Mechanorezeptoren, Echolote, Feuchtigkeitssensoren, Blutzuckersensoren, Magnetosome, usw. In den meisten Fällen trifft ein spezifischer Reiz auf die Rezeptoren, die dann in entsprechender Weise getriggert werden und so den Reiz bzw. die distale Reizquelle „verfolgen". So springt z.B. der Bewegungsdetektor p in einer Fliege an, wenn durch Lichtreize mindestens zwei Photorezeptoren s1 und s2 gleichzeitig aktiviert werden. Da ein Bewegungseffekt s1 und s2 naturgemäß nicht gleichzeitig aktiviert, sorgt ein Verzögerungsfilter (*delay filter*) zwischen z.B. s1 und p für eine bestimmte Mindestzeitspanne (z.B. wenige Millisekunden).[114] Damit springt p auf eine Bedingung F hin an, die in der Interaktion einen funktionalen Effekt für ein Konsumentensystem (z.B. ausweichendes Flugmanöver der Fliege) zeitigt. Die Aktivität von p exemplifiziert damit ein simples, bivalentes (1,0, „On-Off") Tracking von F. Dieser Mechanismus kann bei verschiedenen Input-Effekten (Schall, Druck, etc.) verwendet werden. Das beliebte Beispiel der Venusfliegenfalle reagiert auf taktile Bewegungseffekte auf der Fangblattinnenseite.[115]

Tracking-Theorien erstrecken sich jedoch weit über solche einfachen und starren („linearen") Reiz-Reaktion-Mechanismen von p und unterscheiden sich in der Art und Weise, wie p zustande kommt. Denn p kann auch ein *komplexer* informationeller Zustand, d.h. Ergebnis bestimmter Enkodierungsprozesse sein (zweiter Grenzstein). Ein sensorisches System kann „robuster" (und damit verlässlicher) detektieren, insofern es nur auf eine Konjunktion verschiedener Reize

114 Für die Funktionsweise solcher paradigmatischer Bewegungssensoren –„Reichardt Detektoren" – siehe Green 2017, 164 sowie Borst 2014, 362 zur Bewegungsdetektion bei Insekten.
115 Siehe Dretske 1988, 90; Sims 2019, 1042; Schulte 2021, 7.

hin anspringt, z.B. ein Bewegungssensor in Schlangen oder Alarmanlagen, der nur dann aktiv wird, wenn sein Wärmerezeptor *und* sein Photorezeptor auf die jeweiligen Reize eines bewegten und lebendigen Körpers reagieren. Auf einer weiteren Komplexitätsstufe hängt z.B. ein Richtungsdetektor eines olfaktorischen Tracking-Systems von einer summierenden und gewichtenden Enkodierung von Rezeptorinformationen auf der sensorischen Peripherie ab, um einen Zustand zu generieren, der mit der Richtung eines Duftgradienten relativ auf den Organismus verlässlich ko-variiert. Ein Konsumentensystem wie das motorische System kann kraft dieser Kovariation die Duftspur einer relevanten Bedingung im Raum verfolgen.[116] In noch komplexerer Form können auch Wahrnehmungskonstanten im Horizont von Tracking verstanden werden, insofern konstante Muster distaler Eigenschaften innerhalb variierender Muster proximaler Reize detektiert werden. Auch hier kann die ko-variierende Intern-Extern-Relation als umfassende Beschreibung dessen verwendet werden, was hier im Wesentlichen passiert:

> When we compare visual size constancy in humans with prey-detection in the Venus flytrap, we find that both mechanisms generate internal states that (normally) "track" instantiations of external properties. Mechanisms for visual size constancy generate internal states that track the sizes of objects, while the Venus flytrap's prey-detection mechanisms track the presence or absence of prey (or movement) (Schulte 2021, 13).[117]

Auch hier bleibt Tracking seiner Funktion der Ko-Instanziierung mit dem Auftreten von Eigenschaften („the presence or absence of prey“, Zitat) treu. Der Zustand springt eben konstant an, trotz Variation seiner Inputs. Deshalb können Tracking-Zustände durchaus in einem Sinne „abgekoppelt“ sein, (*pace* Orlandi 2014, 30, 122), wenn die Tracking-Relation nicht durchgehend kausal sein muss, Unterbrechungen aber allein den temporären Ausfall des Sensorischen kompensieren (Siehe *dritter Grenzstein*, B.I.3.3). Im bereits genannten Beispiel des Kaninchens, das den gerade noch gesehenen Wolf weiterhin repräsentiert, ist eine Tracking-Beschreibung möglich, dem zufolge ein Zustand dann ein- und anspringt, wenn der kausale Kontakt nur unterbrochen (absent) ist, und so weiterhin den Wolf detektiert. Dasselbe lässt sich auch von Tracking-Zuständen behaupten, die, wie Wahrnehmungskonstanten, durch ihre Aktivität unvollständige oder unzuverlässige Reize kompensieren (Vgl. Clark/Toribio 1994, 419-420). Gerade in einer teleosemantischen Auslegung der Tracking-Relation spielt es keine Rolle, ob die detektierten Eigenschaften kausal wirksam oder „nicht-nomisch“ (Fodor 1986) sind (z.B. der Gehalt

116 Siehe Dretske 1988, 93 und Burge 2010, 424 für eine allgemeine Beschreibung solcher Lokalisierungsdetektoren in Taxen und Tropismen; DeBose/Nevitt 2008 für empirische Details bei solchem olfaktorischen Tracking in Fischen und Vögeln.

117 Siehe auch Schulte 2018, 360; Sterelny 1995 und Morgan 2018

Feind in der Nähe, siehe Artigas Beispiel oben). Dagegen ist Abgekoppeltheit in Gestalt von kontrafaktischen Gedanken oder Vorstellungen (siehe Clark/Toribio 1994; Shea 2018, 114) nicht mehr als „Tracking" zu bezeichnen, insofern hier, anders als beim Kaninchen, der Verfolg einer im unmittelbaren Kontext vorhanden Bedingung nicht mehr das Ziel ist. Der Bezug auf das Sensorische bleibt dennoch erhalten.

Folglich spannt sich über Zustände, die Umweltbedingungen „verfolgen", trotz erheblicher Unterschiede im Komplexitätsgrad informationeller Verarbeitung die sehr liberale Tracking-Beschreibung. Der Begriff „Tracking" ist, dank seiner Herkunft aus neurowissenschaftlicher Forschung und Anwendung auf derivative Repräsentationen, sehr inklusiv. Darin wurzeln sein Erfolg und seine Extension. Daher wird klar, dass Tracking-Theorien eine Art Familie oder Dachtheorie bilden und unterschiedliche Abstufungen und Theorien unter sich vereinen können. Diese Versionen lassen sich systematisch gliedern, und zwar anhand von zwei Kriterien: Komplexitätsgrad und Natur der Tracking-Relation. Beides ist zentral für die unterschiedlichen Antworten auf die Status-Frage innerhalb dieser Theoriefamilie:

Erstens, beschreiben Tracking-Theorien *lineare* (starre) und *robuste* (flexible) Tracking-Mechanismen:

(a) Lineare Detektion ist auf jeweils einen einzelnen (*single-cue*), modulspezifischen Kanal oder Pfad innerhalb der speziellen Tracking-Relation (1) zwischen p und der relevanten Entität F beschränkt, wie z.B. die Detektion einer Bewegung durch einen spezifischen Lichtkontrast.

> A detection agent is an organism equipped with only detection systems [...] which enable them to track [...] salient features of the environment. But they do so via a single channel. For each feature of the environment that they register, they only use a single cue (Sterelny 2003, 13).

Bei Linearität kommt es jedoch weniger auf die Gegebenheit eines einzelnen Reizes als solchen an (*pace* Sterelny 2003, 14; vgl. Burge 2022, 61). Vielmehr zählt seine informationelle oder kausale *Belastbarkeit* (siehe Dretske 1988; Shea 2018), allein durch seine proximalen Eigenschaften, d.h. seine Dispositionen in Bezug auf die Aktivierung des entsprechenden Detektors, dem sensorischen System zu ermöglichen, eine brauchbare Relation auch mit der relevanten Umweltentität F zu unterhalten. Lineare Detektion ist damit *starr* oder *unflexibel*, insofern sie sich auf den proximalen Reiz bzw. seinen Effekt auf das jeweilige System in Bezug auf eine relevante Umweltbedingung verlassen kann und dabei bleibt. Das schließt jedoch eine informationelle Verarbeitung des Reizes, die aber herausfilternd auf den *single cue* und seine Information bezogen bleibt, nicht aus.

(b) Robuste Detektion bedient sich mehrerer, verschiedener (linearer) Kanäle (*multiple-cue)*, sei es (b1) modulübergreifend wie z.B. die Detektion von Bewegung durch Licht- *und* Schallreize; oder modulspezifisch (b2), wie die Detektion ein und derselben distalen Bedingung F durch eine von ihr verursachte Reihe unterschiedlicher proximaler Reize (b2.1), z.B. die konstante visuelle Detektion ein und derselben Größe F trotz verschiedener proximaler Netzhautgrößen in variierender Distanz. Oder die Detektion von F erfolgt durch einen einzelnen proximalen Reiz, der nicht spezifisch mit F, sondern zugleich auch mit relevanten alternativen Bedingungen G, H, etc. belastbar korreliert und damit „mehrdeutig" ist (b2.2). Das passiert z.B. beim Ausgang von einer einzigen proximalen Netzhautgröße, die mit F, aber auch mit G und H kompatibel ist. Hier ist ein weiterer Kanal nötig (z.B. Distanzinformationen), wenn p mit F (und nicht mit G oder H) ko-variieren soll. Robuste Detektion ist somit flexibel oder nicht-starr, es verfügt über diverse epistemische Pfade zur selben Entität.

Tracking-Theorien können sich mit und innerhalb von robuster Detektion dadurch unterscheiden, ab welchem Komplexitätsgrad sie bereit sind, repräsentationalen Status zuzuschreiben. Es gibt daher Anhänger innerhalb des Detektionsparadigmas, die (graduelle oder kategoriale) Unterschiede zwischen repräsentationalen und nicht-repräsentationalen bzw. repräsentationaleren Tracking-Zuständen begründen. Die Mehrheit dieser restriktiven Minderheit vertritt die These, dass nur robuste Detektion repräsentationalen Mehrwert besitzt und lineare Theorien zumindest Schwierigkeiten haben, zentrale Merkmale von Gehalt und Status überhaupt adäquat sicherzustellen. Auf diese Fragestellungen hin wird lineares und robustes Tracking beleuchtet werden.

Zweitens gilt, dass die spezielle externe Tracking-Relation (1), die p und F verbindet, sowohl in linearer als auch in robuster Form unterschiedlich beschaffen sein kann. Vier Versionen zeichnen sich in der Tracking-Familie dabei ab:

Millikan (1984, 1989) begründet eine ***ethologische Theorie***[118] von (1), der zufolge die Produktionsweise von p nicht wesentlich ist, weil sie nicht in die ausschlaggebende, *verhaltensbiologische* Erklärung, warum p existiert, eingehen muss. Zustand p muss, um die Normativität von (3) zu erfüllen, mit F in einer (allgemein gehaltenen) „Korrespondenz"-Beziehung stehen. Zustand p erfüllt dann seine Bifunktionalität, indem er sowohl den jeweiligen Bedingungen des Konsumenten als auch der externen Bedingung F entspricht. Die sehr liberale Anforderung Millikans und ihrer Vertreter an (1) ist also: Ihr internes Relat p muss *brauchbar* sein, indem es benutzbar durch den Konsumenten ist und dabei F erschließt, sodass F als Normalbedingung fungieren kann (Millikan 1984, 95; Millikan 1989, 286). Dieses

118 Zur Ethologie und ihrer Prinzipien siehe Lorenz 1978, 31-33

Verständnis ist wohl das allgemeinste, denn es fordert von der Beziehung von p zu F nur eine regelhafte Ko-Instanziierung, ganz gleich, wie sie zustande kommt. Im millikanischen Modell gibt es zwar eine Mindestmaß an produzenten- oder inputbestimmender Auflagen, die die „Kooperation" beider Funktionen sicherstellen soll: ein Minimum an (struktureller) Entsprechung oder „Mapping" zwischen p und F (siehe Millikan 1984, Kapitel 6) oder ein Sender-Empfänger-Modell (Artiga 2014, 2016). Letztlich sind jedoch alle millikanischen, d.h. ethologischen Korrespondenzmodelle primär an Tracking-Relationen mit Eigenschaften orientiert, deren Ko-Instanziierung oft genug und unmittelbar die *praktische* Funktion erfüllen. *Ethologische* Korrespondenz à la Millikan ist aus diesem Grund „vollkommen Output-basiert" (Shea 2007, 409), oder besser: „Nutzen-basiert" (*benefit-based*) im Unterschied zu „Reiz-basiert" (*stimulus-based),* um eine sehr hilfreiche Unterscheidung von Jacob (1997, 115) zu bemühen.

***Kausale* Tracking-Theorien** (Neander 2006, 2017) verstehen (1) so, dass F dann und nur dann repräsentiert (detektiert) wird, wenn es p verursacht. Neander interpretiert diese Beziehung als informationell. p *trägt* also nur dann *Informationen* über F, wenn F die kausale Ursache von p ist. Ist p eine Repräsentation von F, dann ist p ein funktionaler *response state* in Bezug auf F. Die Tracking-Relation (1) ist hier also eine Kausalkette. So wird der Wärmerezeptor einer Pflanze durch einen bestimmten Temperaturreiz kausal aktiviert und reagiert so funktional auf die Umgebungstemperatur. Kausale Modelle sind daher, anders als bei Millikan, primär „Reiz-basiert". Sie bestimmen die Tracking-Relation durch Oberflächeneigenschaften oder Bedingungen, die S in seiner Produzentenfunktion auch diskriminieren kann.

***Korrelationale* oder *statistische* Versionen der Tracking-Relation** bilden heute die Mehrheit. Sie verstehen Relation (1) ebenfalls informationell, aber in einem umfassenderen, probabilistischen Sinn: p trägt Informationen über F, wenn die Instanziierung von p die Wahrscheinlichkeit erhöht, dass F instanziiert ist – ganz gleich, wie verlässlich diese Korrelation ist.[119] Um den damit drohendenden Überfluss an Information einzuhegen, startet Dretske (1988, 55) mit einem stärkeren Informationsbegriff, insofern er für Indikation eine „anhaltende Korrelation" verlangt, die Erklärungsmehrwert schafft (vgl. auch Dretske 1981, 73). In diesem Sinne knüpft auch Shea (2018, 151) ethologisch die Information-als-Gehalt an das Potential „unmittelbarer Erklärung" von Verhaltenszielen. Die Wahrscheinlichkeit kann in einem Sinne in Form realer Verwirklichungstendenzen (Propensität) und nomologisch fundierten Möglichkeiten und Frequenzen vorliegen oder in einem anderen Sinne im Lichte des bayesschen Wahrscheinlichkeitsverständnisses interpretiert

119 Siehe z.B. Shea 2007, 421; Burge 2010, 316; Schulte 2021, 14; Ganson 2020, 36.

werden, sodass das Tracking-Paradigma auch in der *Predictive Processing* – Theorie Anwendung findet, auf die noch eingegangen werden wird.[120] Der statistische Informationsbegriff kann kausale Information miteinschließen, Vertreter differenzieren dann aber meist p's informative Rolle von seiner kausalen Rolle. Statistische Theorien können daher Reiz-basiert (Burge 2010, Schulte 2012, 2018) oder Nutzenbasiert sein (Shea 2018, Ganson 2020).

Strukturalistische **Tracking-Theorien** bestimmen die Korrespondenzbeziehung systematischer und gehen von einer strukturellen Entsprechung zwischen p und F aus: p ist in seiner inneren Struktur so verfasst, dass es in einer homomorphen oder isomorphen Beziehung zur internen Organisation von F steht.[121] So steht der Krümmungsgrad des Bimetallstreifens in einem Thermostat in einer strukturellen Beziehung zum Temperaturgradienten der Umgebung und repräsentiert dem Tracking-Modell zufolge erst dadurch Temperaturanstieg bzw. -abfall (siehe O'Brien 2015). Kombinationen mit den anderen Tracking-Relationen sind gängig: Da strukturelle Entsprechungen sehr weite Anwendungsgebiete haben, werden sie meist von kausalen oder statistischen Relationen kontextualisiert, um belastbare Pfade zu bilden oder als restringierendes oder notwendiges Element der jeweiligen Basistheorie hinzugefügt.[122]

In allen diesen Konkretisierungen erkennen wir den Wert der naturalistischen Tracking-Relation für Repräsentation: All diese Theorien spezifizieren sie als eine Innen-Außen-Relation in der Form, dass dem System S kraft eines internen Zustands p eine externe Bedingung F *vermittelt* wird. S verfügt unmittelbar nur über p (als intern-verbauten, lokal effektiven Bestandteil), z.B. ein neuronales Aktivitätsmuster oder einen Photorezeptor. Es setzt daher nicht allein auf die interne, sondern auf die externalistischen Eigenschaften von p, d.h. auf den Umstand, dass p der äußeren, entfernten und eigenständigen Bedingung F (wie die Position eines Angreifers oder die Farbe einer Blüte) strukturell entspricht oder mit ihr raumzeitlich kausal oder statistisch abgestimmt ist. Die Tracking-Relation erscheint daher als ein natürliches Medium, *über* welches F im Normalfall *für* das System erschlossen und daher repräsentiert wird.

---

120 Siehe Friston 2009; Hohwy 2013; Clark 2015a, 2015b, 2016; Wiese/Metzinger 2017; Calvo/Friston 2017; Bruineberg et al. 2018

121 Siehe z.B. Palmer 2018; O'Brien/Opie 2004; O'Brien 2015; Ramsey 2007; Gładziejewski/Miłkowski 2017; Williams/Colling 2018; Facchin 2021.

122 Siehe Ramsey 2016; Neander 2017; Shea 2018.

II.1.2 Zwei Herausforderungen für Tracking-Theorien: Unbestimmtheit und Pansemantizismus

Im Folgenden sollen zwei zentrale Probleme für Tracking-Theorien im Allgemeinen vorgestellt werden, die in der darauffolgenden Diskussion einzelner Modelle eingehender diskutiert werden. Sie betreffen zwar oft primär die Frage nach der Bestimmung des Gehalts einer gegebenen mentalen Repräsentation und sekundär deren Implikationen für die Status-Frage. Doch, wie bereits angedeutet, hat die Gehalt-Frage wichtige Konsequenzen für die Status-Frage. Die *Strategie*, die im weiteren Fortgang verfolgt werden soll, ist daher diese: Angenommen, ein systeminterner Tracking-Zustand p sei eine mentale Repräsentation einer externen Bedingung F bzw. G. Wenn der Gehalt von p durch eine Theorie T nicht eindeutig bestimmbar hinsichtlich zentraler Merkmale wie Referenz, Spezifizität oder Veridikalität ist; wenn sich widersprüchliche oder absurde Konsequenzen in Bezug auf die eigenen Erklärungszielen von T auftun; und wenn keine weiteren, eigenen Status-Bedingungen aufgeführt werden – dann gibt es ohne explizite Status-Bedingungen durch T keinen plausiblen Grund, p weiterhin einen intentionalen Gehalt und damit repräsentationalen Status durch T zuzubilligen. Die Annahme von Status durch Kriterien von T darf nicht zu Ergebnissen führen, die den eigenen Ansprüchen von T zuwiderlaufen.

(1) Die erste Herausforderung betrifft das vieldiskutierte Problem der ***Unbestimmtheit*** von Tracking-Gehalten, das alle Vertreter beschäftigt.[123] Es ist eine Folge der Eigenschaftssensitivität der *detection thesis*. Selbst wenn die Tracking-Relation durch die Normativitätsanforderung restringiert wird, scheint sie, so der Vorwurf, in all ihren Versionen entweder zu viele alternative Eigenschaften oder Bedingungen miteinzuschließen und damit *nicht spezifisch (genug)* zu sein. Oder sie ist spezifisch, produziert aber dann die *falschen Gehalte*, die den eigenen Kriterien zuwiderlaufen. Das Problem ist offensichtlich: Wenn p in S anspringt, reagiert es nicht nur auf F, sondern auch noch auf unzählig andere (relevante) ko-instanziierte Bedingungen, z.B. ko-extensionale Eigenschaften von F, Disjunktionen (F oder G oder...), proximale Effekte von F oder Kausalketten von F zu S. Die Folgen sind verheerend: Der vermeintliche Gehalt p scheint zu unbestimmt, um zielsicher auf eine bestimmte Bedingung auszugreifen und andere unzählige auszublenden. Die Frage ist also: Wie kommt S zu der richtigen Entsprechung, Korrelation oder Ursache, ohne dass dafür schon ein veridischer Gehalt vorausgesetzt wird? Unter welchen nicht-zirkulären und naturalistischen Bedingungen ist also sichergestellt,

---

123 Siehe Dretske 1986; Godfrey-Smith 1989; Fodor 1990; Pietroski 1992; Price 2001; Ryder 2009; Schulte 2012; Neander 2017, Shea 2018.

dass p F feinkörnig genug repräsentiert, damit es überhaupt veridisch repräsentiert und damit auch fehlrepräsentiert? Das Unbestimmtheitsproblem wird daher oft im Kontext diskutiert, wie Irrtum, als Charakteristikum repräsentationaler Zustände möglich ist (siehe auch Dretske 1986; Jacob 1997, 93; Davidson 1999).

Godfrey-Smith (1989, 535) hat einen Standard geschaffen, als er die Herausforderung der Unbestimmtheit in zwei Aspekte geteilt hat, *vertikale* und *horizontale* Unbestimmtheit (siehe auch Neander 2017, 219):

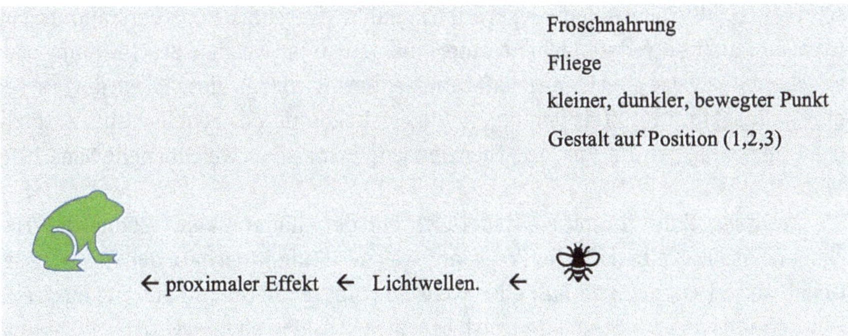

Abbildung B.1: Eine Illustration der vertikalen und horizontalen Ebene von Unbestimmtheit

Erstens, Unbestimmtheit kann auf der „vertikalen" Ebene der Tracking-Relation auftreten: Angenommen, es ließe sich entscheiden, welches Token x innerhalb der Tracking-Relation repräsentiert wird. Das Token x bildet eine Konstellation verschiedener Typen. Welche Eigenschaften F, G, H, ... von x werden von S spezifiziert, sodass es eine objektive Tatsache gibt (die Feinkörnigkeit des Gehalts), die darüber entscheidet, ob p veridisch ist oder irrtümlich? Angenommen x sei eine Fliege (F), habe aber als plastische Entität auch noch viele andere Eigenschaften (G, H, ...). Auf welche Eigenschaft soll p, ein Zustand im *Tectum opticum* des Frosches, anspringen und so den Gehalt der Tracking-Repräsentation feinkörnig genug konstituieren? Repräsentiert das visuelle System des Frosches die Fliege als Fliege auf Position (1,2,3) oder als kleiner, dunkler, bewegter Punkt auf Position (1,2,3)? Oder vielmehr als Froschnahrung auf Position (1,2,3) oder eine Disjunktion wie Fliege oder Froschnahrung? (siehe Schulte 2012, 484). Repräsentiert das Anschlagen einer Kompassnadel (oder des Magnetosoms) die Lage des magnetischen Nordpols als Lage des Nordpols oder als Aufenthaltsort von Eisbären, weil eben Eisbären zufällig dort beheimatet sind? (siehe Dretske 2000, 211). Hier ist die Annahme, dass all diese Eigenschaften in gleicher „Distanz" (Godfrey-Smith) innerhalb der Tracking-Relation zum System stehen und auf dieser Stufe relevante und möglicherweise ko-selektierte Eigenschaften bilden. Doch diese inklusive Gleichrangigkeit widerspricht der exklusiven Privilegierung der Intensionalität (mit „s") von Gehalten.

Auf der vertikalen Ebene sind daher die Unterprobleme der a) *Spezifizität* und der b) *Disjunktion* angesiedelt (vgl. Shea 2018, 149): a) Ist es systematisch begründbar, ob p überhaupt eine einzige Bedingung (und damit auch eine scharfe Disjunktion einzelner Bedingungen) spezifisch repräsentiert? b) Kann das System vermeiden, dass der Gehalt von p eine Disjunktion mehrerer Bedingungen beinhaltet? Beide Fragen verneinen zu müssen, würde jede Theorie der Repräsentation empfindlich schwächen. Wird in einem hyperintensionalen (fregeanischen) Verständnis von Intensionalität noch dahingehend unterschieden, unter welcher Beschreibung oder Gegebenheitsweise eine Eigenschaft repräsentiert wird (z.B. diese Fliege dort vs. das einzige Insekt im Umkreis von einem Meter), bekommt das Problem eine zusätzliche Dimension, der die Tracking-Theorien jedoch meist ausweicht (siehe Shea 2018, 149).

Zweitens, Unbestimmtheit findet sich auf der „horizontalen" Ebene der Tracking-Relation: Sie betrifft die Frage, auf welcher Stufe innerhalb der Relation der Gehalt fixiert ist, d.h. wie nah oder weit die transzendierende Referenz ausgreift. Wie können wir z.B. entscheiden, ob p in seiner kausalen oder statistischen Relation auf eine *distale* Bedingung F (z.B. die Oberflächeneigenschaften der Fliege), auf eine noch weiter von S entfernte, also *distalere* Bedingung (z.B. der Proteingehalt der Fliege oder die Hintergrundbedingungen ihrer Präsenz) oder auf nichts dergleichen und nur auf eine, eng an S gekoppelte *proximale* Bedingung q (z.B. den Lichteffekt in Bezug auf die Froschretina oder retinale Aktivität) anspringen soll? (vgl. Price 2001, 106; Schulte 2018).

Um diese Problemebene richtig zu erfassen, ist zunächst eine Klärung dessen nötig, was „distal" im Gegensatz zu „proximal" bedeutet – eine Klärung, die in der Literatur nur vereinzelt vorgenommen wird. Nach Nico Orlandi ist eine Bedingung distal, „if it is a persisting property or entity that abstracts from the continuously changing proximal conditions" (Orlandi 2014, 59). Dem ist ergänzend hinzuzufügen, dass die proximalen Bedingungen nicht notwendigerweise fluktuierend sein müssen. Allein die Tatsache der *Abstrahierbarkeit* der Bedingung von der durch das jeweilige System bedingten idiosynkratischen Reizung ist entscheidend. Neander (2017, 229) gibt zwar keine Definition von „distal", bemüht aber das Beispiel einer gesehenen Kuh als distales Objekt, das im Gegensatz zu den proximalen Lichtwellen und retinalen Eindrücken steht, und drückt damit eine gängige Unterscheidung aus (siehe Jacob 1997; Burge 2010; Schulte 2018, 2021). Doch diese Bestimmung ist nicht scharf genug. Denn nach ihr fungieren Entitäten wie Lichtwellen schon wieder als ein distales Umweltereignis in Relation zur Netzhaut. Hier soll deshalb für einen *engeren* Begriff plädiert werden, der später noch näher bestimmt wird: Distal ist dasjenige, was jenseits der idiosynkratischen Affektionsbedingungen liegt und davon klar als deren Ursache abgegrenzt werden kann. Die Kuhgestalt und die von ihr reflektierten Lichtwellen sind distal, die retinale Stimulation, die von diesen herrührt, proximal. Damit wird nicht nur die Eigenschaftssensitivität der *detection thesis* beim Wort genommen, sondern auch verschiedenen Wahrnehmungsmodulen Rechnung getragen: Denn in diesem Sinne ist auch die Gestalt einer Oberfläche, die haptisch repräsentiert wird, distal, obwohl nicht die typisch „distale“ Entfernung besteht, die beim Sehen oder Hören der Fall ist und doch stellt sich dasselbe Problem wie dort (siehe Matthen 2021). Das Distale soll daher hier dasjenige bezeichnen, was in seinen objektiven *Eigenschaften* jenseits der Affektion beschreibbar ist. Das Proximale dagegen ist als subjektiver (idiosynkratischer) *Effekt* immer relativ auf die tatsächliche Stimulation und die dafür bereitliegenden kausalen Dispositionen. Proximal beschreibt etwas in Relation dazu, wie es auf ein System idiosynkratisch *wirkt*, nicht wie es an sich *ist*. Der Effekt beschreibt eine Vermengung zwischen dem, das wirkt und dem das reagiert. Der Effekt ist das Einwirken und das Anspringen zugleich bzw. die Bezogenheit beider Dispositionen aufeinander. Eine Repräsentation von etwas als Ursache dagegen wäre bereits eine distale Repräsentation.

Kommen wir damit zum Problem der horizontalen Unbestimmtheit zurück. In prototypischen Fällen gehen wir davon aus, dass Repräsentationssysteme durch ihre spezifizierende Rolle (siehe A.III.3.3) bestimmte Bedingungen in einer transitiven Relation nicht nur *abstrahieren*, sondern auch *privilegieren* und damit andere Erfüllungsbedingungen als uninformativ *abblenden* müssen, um eine spezifische Aspektgestalt zu ermöglichen. Nur so wird ein intensionaler Kontext erzeugt: Frösche nehmen Fliegen als *bestimmte Gestalten und Größen* wahr und liegen daher nicht falsch, wenn sie gleichzeitig unfähig sind, dieselben Fliegen als *Zweiflügler* zu klassifizieren. Doch diese vertikale Abblendung muss durch eine horizontale fundiert sein, um überhaupt von basaler Intentionalität sprechen zu können. Pierre Jacob demonstriert diese horizontale Abblendung an einer typischen Referenzleistung der Wahrnehmung am Beispiel des Sehens eines Elefanten:

> The firing of receptors on the retina […] is a necessary step in the causal chain leading from the elephant to the visual experience, without which no visual experience would occur. Why do we see the elephant, not the firing of the receptors on our retina? (Jacob 1997, 66; siehe auch Stampe 1977).

Betrifft die vertikale Ebene die Probleme der Spezifizität und der Disjunktion, lässt sich die horizontale Ebene vor allem auf die Frage nach der angemessenen *Distalität* von Tracking-Zuständen verallgemeinern. Die Stellenbeschreibung von Tracking betrifft meist distale Bedingungen, die also in gewisser Entfernung von und Eigenständigkeit gegenüber dem System existieren. Selbst beim bescheidenen Magnetosom des Meeresbakteriums erinnert uns Millikan: „It is worth noting that what is represented by the magnetosome is not proximal but distal; no proximal stimulus is represented at all" (Millikan 1989, 291). Da „proximale Gehalte" meist dem distalen Erklärungsziel zuwiderlaufen oder überhaupt problematisch sind (wie noch zu sehen sein wird), bedroht dieses *Distalitätsproblem* (Neander 2017; Schulte 2018) damit Referenz als solche, da letztere nicht alles einschließt, womit p bzw. S in der Umwelt notwendigerweise verbunden ist:

> If the problem of distal content poses any special problem, it is to distinguish *the content* of a given mental representation from whatever serves to carry information about it to its representation, on an occasion when such information is carried by one means or another. If so, the task involved in solving the problem cannot be to distinguish among different *kinds* of representational contents (Neander 2017 230; Kursiv A.W.).

Folglich lässt sich das Unbestimmtheitsproblem im Kern in der ausufernden *Transitivität* der kausalen, strukturellen und statistischen externen Beziehung der Tracking-Relation verorten (Jacob 1997, 94; Cummins/Poirier 2004, 23). Reagiert p auf F, reagiert es auch gleichzeitig (funktional) auf weitreichende oder ko-extensionale Bedingungen G, H sowie auf proximale Bedingungen. Kausale Bedingungen hängen in ihrer Verkettung von Ursache und Wirkung voneinander ab, wie fallende Dominosteine. Homomorphien und statistische Korrelationen bilden ein dichtes Netz, das sich weit über den gegebenen Kontext der Tracking-Aktivität spannt. Die Aktivität des Photodetektors in einer circadianen Uhr z.B. springt nicht nur auf den unmittelbaren proximalen Lichteffekt an, sondern auch auf die Sonne und ihre astronomische Stellung im Jahresverlauf, die eine förderliche Wirkung auf die Regelung des Wachstumszyklus oder Schlaf-Wach-Rhythmus zeitigt. Jede dieser Stufen instanziiert wiederum viele ko-extensionale, *prima facie* relevante Eigenschaften (so steht z.B. die Sonne in einer bestimmten Entfernung zum Organismus, hat bestimmte Strahlungseigenschaften, etc.). Doch repräsentationale Spezifikationen scheinen prototypisch gerade charakteristischerweise *intransitiv* oder *intensional* zu sein: Ich sehe nur den Elefanten (d.h. in seiner Gestalt, Größe, Oberfläche, Position) und weder sehe ich dabei proximale Effekte noch die Disposition der Elefantenhaut, eine komplexe Menge von Lichtwellen auf mein Auge zu werfen. Dasselbe lässt sich von einem Tier aus der Dritten-Person-Perspektive sagen, z.B. von einem Löwen, der einen Elefanten jagt. Meine Wahrnehmung bildet keine Disjunktion, sie schillert auch nicht zwischen verschiedenen Eigenschaften des Elefanten hin und her und das nicht allein deshalb, weil sie sich introspektiv so zeigt: Nur in der bestimmten Konfiguration jener Attribute und der Referenz auf distale Beschaffenheiten bestehen einigermaßen bestimmbare Veridikalitätsbedingungen der Wahrnehmung. Nur durch diese können wir berechtigt behaupten, der Löwe greift den Elefanten an, *weil* er ihn intensional *als* soundso groß, geformt und auf einer bestimmten Position sieht – würde der Gehalt transitiv alle möglichen anderen Informationen beinhalten und damit hypertroph werden, wäre er zu nichts zu gebrauchen. Sein intentionaler Status hängt an seiner Intensionalität *vice versa.*

Theorien der Repräsentation müssen daher zeigen können, welche dieser (förderlichen oder ausschlaggebenden) externen Bedingungen aus den Veridikalitätsbedingungen durch welche Fähigkeiten, d.h. *vom System selbst*, „herausgehalten“ werden können. Die von den naturalistischen Tracking-Theorien beanspruchten nicht-intensionalen und inklusiven Beziehungen scheinen daher trotz funktionaler Einhegung Gehalte in ihrer Exklusivität und Feinkörnigkeit zu gefährden. Tracking-Theorien müssen daher erheblichen Aufwand betreiben, um den Standardanforderungen der Status-Frage gerecht zu werden, also zu zeigen, wie sich genuiner *Gehalt* in sensorischen Systemen wie S von solcher Transitivität in autonomer, sparsamer, fähigkeitsorientierter Weise emanzipieren kann. Weder ausufernd transitive noch hyperintensionale Gehalte à la Frege sind für basalen Status erstrebenswert.

(2) Kommen wir zur anderen Herausforderung und zum Problem des ***Pansemantizismus*** (Fodor 1990, 92) bzw. „Pan-Repräsentationalismus“ (Ramsey 2007, 28) oder der allzu „breiten Anwendung“ intentionaler Beschreibungen (Schulte 2015).[124] Aufgrund der breiten und tiefen Relationen, die ihre naturalistischen Methoden zulassen, scheinen Tracking-Theorien geradezu zu dem Vorwurf einzuladen, mit repräsentationalen Status viel zu „liberal“ umzugehen und mit dieser *Laisser-faire-*Politik intentionaler Erklärungen sie ungebührlich zu deflationieren. „Several philosophers have pointed out that tracking theories still encompass many states that don’t seem to function as representations. [...] Tracking theories thus seem to *over-generalize*“ (Morgan/Piccinini 2018, 129). Was ist jedoch das Problem mit einer sehr liberalen Zuschreibung von repräsentationalem Status? Auch hier lassen sich zwei Aspekte abheben:

Erstens, die extreme Spreizung der Begriffsextension scheint zu *mangelnder Spezifikation* zu führen. Ist es nicht revisionistisch oder zumindest kontraintuitiv, Zuständen, welche sehr weit entfernt scheinen von prototypischen Fällen, ebenfalls repräsentationalen Status zu schreiben zu müssen und so unseren intentionalen Standpunkt radikal zu erweitern?

> Virtually all biological and organic systems, including plants and other very simple mechanisms have features that evolved in response to environmental pressure – that is, features that lawfully co-vary with some stable worldly fact and that have the function of doing so (Orlandi 2014, 52).

---

124 Siehe Sterelny 1995; Clark/Toribio 1994; Ramsey 2007; Burge 2010; Orlandi 2014; Schulte 2015; Morgan 2018.

Folgende Intuition motiviert das Problem: Es scheint zumindest einen Widerstand zu geben, wenn wir aufgefordert werden, den mit der Luft verlässlich ko-variierenden Flügel eines Vogels (eine „verkörperte Repräsentation"?) oder das Magnetosom des Bakteriums in Hinblick auf ihre *repräsentationale Natur* genauso verstehen zu müssen, wie wir normalerweise den Sehsinn des Vogels oder eine chemische Theorie über Sauerstoff verstehen. Der Übergang zwischen Detektion und Verhalten bzw. Regung wird damit fließend. Mit dieser Spreizung läuft eine allzu liberale repräsentationale Theorie des Geistes dann Gefahr, das repräsentationale Moment so weit auszulegen, dass es in eine nicht-repräsentationale, enaktivistische Form der „Kopplung" oder „dynamischen Interaktion" (Varela et al. 1991; Chemero 2009; Hutto/Myin 2013) übergeht und damit sich selbst abschafft, da bei diesen Relationen nicht mehr erkennbar ist, ob sie eine intentionale Darstellung der Umwelt oder eine „direkte" (relationalistische) Interaktion mit der Umwelt bilden. Mit der nivellierten Extension von repräsentationalen Status geht ferner die Extension ihres charakteristischen semantischen Feldes einher: Sollen wir dann fragen, was der korrekte Gehalt dieser Zustände ist, *was* also z.B. der Flügel „wirklich" repräsentiert? Sollen wir dann diese unzähligen und unscharfen Zustände ebenfalls als veridisch oder irrtümlich bewerten und dies mit theoretischem Erklärungsanspruch? Daraus scheint sich eine kognitive Überforderung zu ergeben, die dem Prinzip der Sparsamkeit zuwiderläuft. Angesichts solcher Einwände müssen Tracking-Theorien sich selbst mit der Frage konfrontieren, ob sie nach ihren eigenen Ansprüchen diese allzu liberale Extension und ihre Implikationen überhaupt akzeptieren wollen oder können. Die Crux ist also, dass wir einerseits zwar eine breite und tiefe, also *systematische* Erklärung all dieser Vorgänge besitzen, die richtig sein kann, aber gleichzeitig die *spezifische* Charakterisierung und Pointe der Repräsentation innerhalb dieser gemeinsamen Gattung verfehlt. Sollten diese Einwände bloße Intuitionen sein, die auf hergebrachter Begriffsverwendung oder gar auf einem Anthropozentrismus mentaler Fähigkeiten beruhen, muss zumindest das liberale Lager der Tracking-Theorie sie als solche ausräumen.

Zweitens, die Frage nach dem *Erklärungsmehrwert*: Wenn wir davon ausgehen, dass die Annahme realistisch fundierter Begriffe durch sparsamere Erklärungen reduziert oder gar eliminiert wird, dann sollten wir den Begriff „Repräsentation" und das intentionale Idiom, das er mit sich führt (Gehalt, Referenz, Veridikalität, etc.) nur da verwenden, wo nicht-intentionale Erklärungen weniger erklärungskräftig sind. Diese Anforderung an repräsentationalen Status hat sich gerade in neuerer Zeit immer mehr zu einem Standard entwickelt.[125] Denn eine übermäßige

125 Siehe Fodor 1987; Dennett 1987; Haugeland 1991; Clark/Toribio 1994; Ramsey 2007; Newen/Bartels 2007; Burge 2010; Schulte 2015; Artiga 2016, 2022.

Verwendung läuft Gefahr, an Spezifizität einzubüßen und deflationär verwendet zu werden. Was *gewinnen* wir, wenn wir z.B. dem Bakterium eine Perspektive auf Sauerstoffarmut bzw. Magnetwellen zuschreiben? Was kann diese Beschreibung *besser* (spezifischer, systematischer) *erklären* als eine simple Kausalerklärung, die durch funktionale Standards in ihrer Normativität gesichert wird? Was *lernen* wir über das jeweilige Verhalten *dazu*, wenn es repräsentational geleitet ist? Überdies hat ein repräsentationales konzeptuelles Paradigma für eine wissenschaftliche Praxis andere Implikationen für die Frage, welche Art von empirischen Funden überhaupt gesucht werden sollen. So zeigen z.B. die Kognitionswissenschaftler Walter Freeman und Christine Skarda (1990), wie sehr der Übergang von einer intentionalen zu einer nicht-intentionalen Perspektive auf empirische Funde ihre Forschung über den Geruchssinn positiv verändert hat. Dieselbe Umwälzung beträfe auch unseren vortheoretischen intentionalen Standpunkt, mit dem wir letztlich nur relativ wenigen Dingen auf diesem Planeten eine Perspektive zuschreiben und uns in diese hineinversetzen, um Verhaltensweisen systematisch zu plausibilisieren und vorherzusagen – ein Standpunkt, der bei den meisten anderen Dingen hingegen vielleicht nur in einem heuristisch bequemen, aber nicht realistisch fundierten Sinn verwendet wird. Wenn z.B. die bescheidene Zimmerpflanze, die wir pflegen, *mit* der Zeit, *im* Licht und *in* der feuchten Erde wächst und gedeiht, dann nehmen wir an, sie stimme dabei ihr Streben und Bilden durch Tracking-Zustände mit dem Tag-Nacht-Rhythmus und der Verfügbarkeit von Energie und Nährstoffen funktional ab. Die Ko-Instanziierung nützt ihr, sie kann in die Relationen eintreten, die ihr förderlich sind. Hat sie dann dafür notwendigerweise Zustände, die Zeit, das Licht und die Nährstoffe als solche repräsentieren – Zustände, die wir identifizieren *müssen*, um das Pflanzenwachstum erst richtig zu *verstehen*, wie Vertreter der „Pflanzenkognition" (Calvo/Keijzer 2011; Morgan 2014; Calvo/Friston 2017) fordern? *Verkennen* wir unsere Zimmerpflanze gründlich, wenn wir sie nicht genauso wie die Katze ansehen, die unter ihren Blättern auf der Lauer liegt? Dieselbe Skepsis gilt für den Vogelflug: Da die Tragfläche des Flügels mit den Bedingungen der Luft beim Fliegen erstaunlich gut abgestimmt ist und wir die Ursache dieser Passung nachvollziehen wollen, sollte die Biomechanik dann systematisch Veridikalitätsbedingungen des Flügels in ihre Erklärungen einfließen lassen? Ist die Struktur des Flügels derart, dass sie *richtig* liegt, wie sie die sie umgebende Luft abbildet, und selbst wenn das wirklich gezeigt werden könnte, was würden diese Gehalte am Verhalten *ändern*? Sowohl in Bezug auf die Zimmerpflanze als auch den Vogelflug könnte sich repräsentationaler Status als unnötige Glosse herausstellen und die Operationalität des Geschehens würde ohne Gehalte auskommen. Wie beim ersten Punkt scheinen die Tracking-Theorien die Beweislast in solchen „c-states" zu tragen.

In der Zusammenschau dieser Probleme ergibt sich nun folgendes Spannungsfeld, das eine Art *Dilemma* für die Tracking-Theorie bildet und im Folgenden begründet werden soll: Kausale Theorien scheinen Gehalte wesentlich enger und in Einklang mit kognitionswissenschaftlichen Erklärungen von Diskriminationsfähigkeiten eingrenzen zu können, laufen jedoch dabei Gefahr, *zu begrenzte* und damit zu *Reiz-gebundene* Gehalte zu generieren, sodass umweltbezogene Referenz (Distalität) gefährdet wird. Statistische und strukturalistische Theorien wiederum verorten Gehalte umfassender in Bezug auf Konsumenten und deren Entwicklung, generieren dabei jedoch *zu weite* (zu distale) und damit zu *Nutzen-gebundene* Gehalte, die sich von den individuellen Diskriminationsfähigkeiten und ihren Mechanismen abzukoppeln drohen. Weshalb sich die vermeintlichen Gehaltzustände in Wahrheit am Ende nicht als Repräsentationen des Individuums herausstellen und nur durch die erfolgreiche praktische *Interaktion* mit einer Bedingung und *nicht* durch deren Repräsentation individuiert werden.

Sind beide Hörner des Dilemmas triftig, dann scheinen Tracking-Theorien letztlich in eine besondere und noch spezifizierende Art von (reiz-gebundenen oder nutzen-gebundenen) *Solipsismus* zu münden, welcher mit ihrem *repräsentationalen* Anspruch auf Referenz und Darstellung objektiver Umweltbedingungen nicht in Einklang zu bringen ist. Dieser Solipsismus bedeutet nicht, ein Lebewesen würde „allein sich selbst" repräsentieren, wie die philosophische Verwendung des Begriffs „Solipsismus" insinuiert. Wie ich diesen Begriff hier verwende, geht er noch weiter und konstatiert, dass ein Zustand überhaupt nicht repräsentiert, weil er die Fähigkeit zur Transzendierung seiner Zustände schlicht nicht nötig hat, um den ihm von den Tracking-Theorien zugeschriebenen praktischen Effekt zu gewährleisten. Der Solipsismus vieler Tracking-Theorien bedeutet daher fehlende Intentionalität. Die Sensitivität ist dann „blind" und liegt nicht falsch, weil sie auch nichts darstellt. Nicht die *Repräsentation* einer äußeren Bedingung, sondern allein die geeignete *Stimulation* des jeweiligen Körpers und die dadurch herbeigeführte Interaktion mit jener Bedingung reichen aus, um ein Detektorsystem zu generieren und zu bewähren. Die meisten Tracking-Zustände reagieren demnach sparsamerweise eher auf *Effekte* als auf *Eigenschaften* von Bedingungen. Ihre Rolle liegt eher in einer nicht-repräsentationalen, ubiquitären „Responsivität" auf Bedingungen als in ihrer repräsentationalen „Detektion" hinsichtlich ihrer objektiven Beschaffenheit. Diese Diagnose und der Vorwurf eines Solipsismus qua Bezugslosigkeit (Nicht-Intentionalität) soll in der weiteren Untersuchung als *Generalkritik* der meisten Tracking-Theorien verfochten werden. Im Folgenden sollen die einzelnen Theorien im Lichte dieser Thesen erörtert werden.

II.2 Lineare (starre) Tracking-Theorien

II.2.1 Ethologische Sensitivität

Ich werde im Folgenden in einem ersten Schritt (1) Millikans Theorie *ethologischer Korrespondenz* vorstellen und (2) anschließend *Kritik* an ihrem Modell erörtern, die, ausgehend von einem Gedankenexperiment Paul Pietroskis, zwei Prinzipien gegen Millikans Konsumenten-Teleosemantik ins Feld führt: das Prinzip (a) *geteilter Verantwortung* und (b) die Orientierung an *kognitionswissenschaftlicher Praxis.*

(1) Beginnen wir mit Millikans **ethologischer Korrespondenztheorie**: Wie bereits skizziert, schließt Millikan von Prinzipien der Gehalt-Bestimmungen (Gehaltfrage) zu konstitutiven Bedingungen für den Status einer Repräsentation[126], indem sie von einer bifunktionalen Korrespondenzbeziehung ausgeht. Diese Position fasst sie *in nuce* wie folgt zusammen:

> Intentional icons are devices that are "supposed to" map *thusly* onto the world in order to serve their direct proper functions; that is, Normally they do map so when serving these functions. And they are devices that are supposed to be used or "interpreted" by cooperating devices. Thus they exibit a sort of "ofness" or "aboutness" (Millikan 1984, 95; vgl. Millikan 1989, 286).

Die Korrespondenzbeziehung („mapping") wird dabei primär am Konsumenten und seinen praktischen Standards ausgerichtet, um originale repräsentationale Systeme zu identifizieren:

> [W]hat makes a thing an inner representation is, near enough, that its function is to represent. [...] the way to unpack this insight is to focus on representation *consumption*, rather than representation production. It is the devices that *use* representations which determine these to be representations, and, at the same time [...] determine their content. [...] What it is then for a system to use a representation *as* a representation? (Millikan 1989, 283-284; siehe auch 286).

Um letztere Frage zu beantworten, nimmt Millikan an, dass das Konsumentensystem einen internen Zustand *p* „auffasst" oder „versteht" (Millikan 1989, 286). Ein Verstehen, das als ein pragmatisches *Knowhow* eines „Gebrauchs" bestimmt, welche externe Bedingung (F, G, H, ...) repräsentiert werden soll – die Nähe zur prag-

---

126 Millikan verwendet den Begriff „Repräsentation" in einem anspruchsvolleren (aber nicht immer scharfen) Sinne, der eher robusten Tracking-Theorien zugeordnet ist. Ich verwende den Ausdruck synonym zu „Intentionalität" und „intentional icon" in Millikans Sinne, da dieser für sie bereits die hier relevante Referenz und Veridikalität impliziert, wie das folgende Zitat zeigt (siehe auch Millikan 2009, 406)

matischen Sprachphilosophie ist nicht von ungefähr. Millikans Verweis auf eine „Sprache des Konsumentensystems" (Millikan 1989, 286) ist systematisch gemeint: Denn die Konventionalität einer Sprache erlaubt es, beliebige Entitäten als „Zeichen" (Millikan 1989, 286) für beliebiges aufzufassen und daher davon zu abstrahieren, welche Eigenarten diese Entitäten unabhängig von ihrem Gebrauch aufweisen. Daraus folgt für Millikan: Kausalität und statistische Information „fällt als vollkommen irrelevant heraus" (Millikan 1989, 286).[127] Diese *Gebrauchstheorie* basaler Intentionalität überschreibt für Millikan p's Status als Produkt von etwas:

> Although a representation always is something that is produced by a system whose proper function is to make that representation correspond by rule to the world, what the rule of correspondence is, what gives definition to this function, is *determined entirely* by the representation's consumers (Millikan 1989, 286; Kursiv, A.W.).

Zu dieser Korrespondenz gehört neben der „Normalität" von F für den Konsumentengebrauch jedoch auch eine entsprechende interne „Form" von S (Millikan 1989, 287), eine Eignung, die es S erlaubt, mit F zu ko-variieren: S ist so „komponiert", dass es zwischen relevanten Alternativzuständen wechseln können muss, z.B. bivalent zwischen p und q. Dazu gehört für Millikan auch der raumzeitliche Kontext der Aktivität des Tracking-Zustands (siehe Kapitel II.1.1), denn das jeweilige „Zeichen" könne nur dadurch „artikuliert" (Millikan 1989, 287). Dieser artikulierende „Kontext" (sofern nicht völlig unbestimmt oder entgrenzt) bestimmt zwar den Gebrauch von p als Zeichen von F mit, ist aber sehr minimal gefasst, da jedes Auftreten von p in einem biologischen System an sich raumzeitlich bestimmt ist.

Millikans Stoßrichtung in dieser Zeichenbildung ist die mehrfach hervorgehobene Priorität des Konsumenten und damit der *praktischen* Funktionalität für Gehalt und Status. Die „Kooperation" zwischen Produzenten und Konsumenten fällt gänzlich zugunsten letzteren aus: Dieser „diktiert" (Jacobs 1997, 120) geradezu die Bedingungen von Repräsentation und die „Regeln" der Korrespondenz. Für den Konsumenten ist es dabei am Ende gleichgültig, *wie* der Effekt (der Repräsentation) zustande kommt, den er gebraucht. Dies zeichnet die *output based* Teleosemantik Millikans aus (siehe Shea 2007, 409). Diese starke These hat zweierlei zur Folge:

Erstens, der Gehalt wird völlig durch die „Normalbedingung" für die Funktionsausübung des Konsumenten von p in S bestimmt. Sie bildet diejenige (nicht-

127 Nicht nur hier zitiert Millikan ihr Vorbild Wittgenstein (ohne das Zitat als solches zu kennzeichnen), der mit seinem Käfer-Beispiel den nicht-privaten und nicht-internalistischen Aspekt der Bedeutung durch Gebrauch illustriert: „Das Ding in der Schachtel gehört überhaupt nicht zum Sprachspiel [...] Nein, durch dieses Ding in der Schachtel kann ‚gekürzt werden' [...] dann fällt der Gegenstand als irrelevant aus der Betrachtung heraus" (Wittgenstein 2003 [§293]).

statistische) Bedingung, die in den Vorläufern des Konsumenten in der evolutionären Vergangenheit oft genug sowie spezifisch zu dessen Erhalt und Gedeihen beigetragen hat. Da dieser Konsument in basalen Fällen meist dasjenige Subsystem ist, dem wir die Ausübung biologisch förderlichen *Verhaltens* zuschreiben (z.B. das motorische System), liegt die Rolle der Repräsentation und ihrer Gehalte in ihrer Identifizierbarkeit als *explananda* von Verhalten.[128]

Zweitens, wenn der repräsentationale Status des internen p völlig vom Gebrauch bestimmt werden kann – wie eine Sprache jegliches zum Zeichen erheben kann – und *jeder* Organismus interne Zustände aufweist, die als Korrespondenten von Normalbedingungen seines Verhaltens fungieren, können zumindest *prima facie* im Grunde *alle* sensorischen Systeme S intentionale Systeme sein (vgl. Sterelny 1995, 286; Burge 2010, 549).

Millikans Ansatz bildet daher eine *ethologische* Version der Tracking-Theorie, welche in Bezug auf Status und Gehalt von Repräsentationen einen im weiten Sinne „pragmatischen" Ansatz verfolgt. Intentionale Erklärungen sind nur eine Art ethologische Verhaltenserklärung und finden daher einen breiten Extensionbereich, der mit dem gesamten Tierreich zusammenfällt. In dieser ethologischen Leseart von Intentionalität ist auch das Meeresbakterium mit seiner Magnetotaxis ein repräsentationaler Akteur und bildet, mit den unzähligen Detektoren dieser Art, die breite Untergrenze des mentalen Gebiets, an der sich jede triftige Status-Theorie orientieren müsse:

> The intentionality that characterizes […] simple tropisms of this kind is the limiting case of intentionality. It is intentionality in the way zero is a number. If your theory doesn't count in these cases you will find that it fails to account for any of the obvious cases either (Millikan 2009, 406) .[129]

Diese selbstbewusste Antwort auf die Status-Frage gründet auf Millikans ethologische Lösung der Gehalt-Frage. Denn das Magnetosom repräsentiert nach Millikan nicht den magnetischen Norden oder Magnetwellen, sondern eine *konsumentenrelative Eigenschaft*: die Richtung von Sauerstoffarmut, da diese die Normalbedingung für das Verhalten bildet:

---

128 Siehe auch Price 2001; Shea 2018; Artiga 2021, 2022

129 Wie Morgan/Piccinini (2018, 129) betonen, zeige allein die weitgespannte Diskussion über das Wie und Was eines magnetsensitiven Gehalts innerhalb der Tracking-Familie, wie sehr diese damit Millikans Prämisse, ein Mechanismus wie das Magnetosom habe überhaupt Gehalt (und damit Status) implizit akzeptiert habe.

> What the magnetosome represents is only what its *consumer* require that it corresponds to in order to perform *their* tasks. Ignore then how the representation (a pull-in-a-direction-at-a-time) is normally produced (Millikan 1989, 290).

Ethologische Repräsentationalität wird hier auf den Punkt gebracht: Auch wenn das Magnetosom für seinen *modus operandi* die Funktion hat, auf Magnetwellen zu reagieren („respond“) und auch wenn Sauerstoffarmut hier als solche keinen „kausalen Faktor“ bildet – es würde letztlich das Fehlen der Korrespondenz mit letztere den entscheidenden Ausschlag dafür geben, ob sich das magnetotaktische Schwimmverhalten des Bakteriums evolutionär durchgesetzt hat oder nicht (vgl. Millikan 1989, 291). *Gebraucht,* im doppelten Sinne des Wortes, wird an p seine Korrespondenz mit der Richtung von Sauerstoffarmut F. Erst diese Bedingung *spezifiziert* die ethologische Erklärung. Allgemeine Bedingungen, die ebenfalls zu dem Erfolg des Verhaltens beitragen, werden durch diese *immediate explanation* ausgeschlossen: Hintergrundbedingungen wie z.B. die physikalischen Gesetzmäßigkeiten magnetischer Felder oder bestimmte Druckverhältnisse im Wasser sind nach Millikans Theorie zu wenig spezifisch, um zu erklären, warum das Bakterium gerade diesen Weg schwimmt. Sehr genaue Bedingungen wie Sauerstoffarmut in bestimmter Tiefenposition (x,y,z) oder in Konzentration H sind wiederum zu spezifisch, um die förderliche Ko-Instanziierung von p und F zu erklären (siehe Shea 2018, 150; Neander/Schulte 2021, Kapitel 3.2.). Synonyme Beschreibungen oder Eigenschaften, die selbst das Explanandum enthalten (z.B. förderlich) haben keinen (alternativen) Erklärungswert und führen nicht zu vertikaler Unbestimmtheit.

Folglich scheint Millikan mit diesem klaren Kriterium nicht nur Anforderungen wie Systematizität *und* Spezifizität (siehe Kapitel B.I.4.2), sondern auch Feinkörnigkeit und Fehlrepräsentation sicherstellen zu können – beides Problemfelder von Tracking-Theorien. Irrtum – und damit Akkuratesse – von S realisiert sich in Bezug auf diejenige Bedingung, die der Konsument letztlich braucht, und nicht durch dasjenige, mit was S alles sonst noch korreliert. Das hat eine wichtige Implikation: Es spielt für Status und Gehalt letztendlich (spezifisch) keine Rolle, ob das Repräsentierte in irgendeiner Form *diskriminiert* werden muss. Sauerstoffarmut muss nicht von Sauerstoffreichtum unterschieden werden, um repräsentiert zu werden. Für Millikan wäre es erst eine *repräsentationale* Dysfunktion, wenn das Magnetosom zwar weiterhin perfekt die Richtung von Magnetwellen unterscheiden könnte, dabei aber in sauerstoffreiche Gewässer treiben und damit die Normalbedingung verfehlt würde. Dieselbe Erklärungshoheit des Gebrauchs beim wesentlich komplexeren visuellen Systems des Frosches: Es repräsentiert nach Millikan Froschnahrung auf Position (x,y,z), und fehlrepräsentiert auch in Umständen, in denen es auf kleine, schwarze, bewegte Punkte systematisch anspringt, die keine Nahrung sind, sondern Fliegenattrappen oder vorbeihuschende Staubflocken. Denn der

Fangmechanismus hat seine *raison d'être* letztlich darin, eine Korrespondenz mit Froschnahrung auf einer bestimmten Position zu nutzen. Mit was er sonst noch korreliert, könne dem sensorischen System gleichgültig sein, die Evolution selbst erledigt diese *Abstraktionsleistung* vom Produzenten und dessen Ursachen:

> [T]he systems that use, that respond to, the frog's fly detector signals, don't care at all whether these correspond to anything black or ambient or specklike, but only whether they correspond to frog food [...] So the firing means frog food (Millikan 1991, 163).[130]

(2) Gehen wir nun zur **Kritik an Millikans Modell** über. Gerade die beschriebene ethologische Abstraktion vom Produzenten und seinen Diskriminierungsfähigkeiten hat in alternativen Tracking-Theorien eine kritische Absetzbewegung von Millikan ausgelöst, die sich unter anderem an Paul Pietroskis (1992) einflussreichem Gedankenexperiment bezüglich des ethologischen Ansatzes entzündet hat. Ich werde daher im Folgenden zunächst auf einen generellen Einwand gegen die ethologische Tracking-Theorie eingehen: Selbst wenn Millikans ethologische Korrespondenztheorie Unbestimmtheit von Gehalten durch Spezifikation der Normalbedingung erfolgreich vermeiden könnte, würde ihre Theorie dennoch die *falschen* Gehalte generieren, da sie sich dabei zu sehr am Konsumenten-System und weniger am Diskriminationsvermögen des Produzenten orientiert.

> Millikan purports to show how intentional phenomena are continuous with certain non-intentional, but in some sense "purposive", phenomena studied in evolutionary biology. But, I argue, Millikan's account has the following consequence: A system can have the belief that P is instantiated without having *any* systematic ability to tell whether or not P is instantiated (Pietroski 1992, 268).

Pietroski (1992, 273) illustriert diesen Kritikpunkt anhand eines vielzitierten Gedankenexperiments: Ein imaginäres Volk, die „Kimu", leben in der Ebene unterhalb eines Hügels. Ursprünglich farbenblind, hat ihr visuelles System schließlich einen Farbdetektor entwickelt: Jeden Morgen klettern sie den Hügel hinauf, weil dort ein bestimmter Rotton (z.B. den der Morgenröte) in ihnen einen visuellen Zustand auslöst, der mit Wohlbefinden verbunden ist. Genau zu dieser Zeit treiben ihre einzigen Feinde, die „Snorfs", im Tal ihr Unwesen. Da der visuelle Zustand der Kimu (bzw. ihrer Vorfahren) im Laufe ihrer Entwicklung die Verhaltensweise gefördert

130 Vgl. Schulte 2012, 486. Das visuelle System des Frosches operiert mit Wahrnehmungskonstanten, detektiert Fliegengestalten also *robust* (Schulte 2012, 489; Neander 2017). Da Millikan nicht wesentlich zwischen starren und robusten Tracking-Relationen unterscheidet, ist der Komplexitätsgrad in diesem Beispiel für die Argumentation in diesem Kapitel zweitrangig.

hat, das Tal zu diesem Zeitpunkt zu verlassen, um sich an der Röte auf dem Hügel zu freuen, hat sich dieser Zustand evolutionär durchgesetzt.

Nennen wir als potenzielle Gehaltbeschreibungen eines visuellen Zustands p, Rotton in dieser Richtung F und Abwesenheit von Snorfs in dieser Richtung G. Was nehmen die Kimu wahr? Nach Millikans ethologischer Tracking-Theorie besteht der Gehalt von p in G: p detektiert (repräsentiert) die Abwesenheit von Snorfs, nicht den Rotton. Denn nur G bildet die Nutzen-orientierte Eigenschaft, die die erfolgreiche Selektion von p spezifisch erklärt. Die Kimu nehmen die Abwesenheit von Snorfs wahr, die Diskrimination von F spielt für den mentalen Gehalt keine Rolle.

Pietroski widerspricht Millikan. Für ihn steht eines fest: p ist nicht über G, sondern über F. Seiner Argumentation zufolge zeitigt ihre Erklärung zunächst einmal kontraintuitive Konsequenzen: Nach Millikans ethologischen Erklärung würden die Kimu, sobald sie die Morgenröte am Berg aufblitzen sehen, folgendes „glauben“ (repräsentieren): Dort sind keine Snorfs. Und sie würden schließlich nur deswegen aufbrechen, weil sie glauben, dass dort keine Snorfs sind (vgl. Pietroski 1992, 276). Der Gehalt ihres Zustands hätte also rein gar nichts mit Röte zu tun, wir haben nach Millikan keinen Grund, ihnen einen (bewussten) Gehalt zuzuschreiben, den wir durch Introspektion glauben zu haben, wenn wir die Morgenröte oder andere rote Dinge sehen. Vor allem aber hätte er nichts mit der Diskriminationsfähigkeit der Kimu zu tun, selbst wenn sie direkt mit einem Snorf konfrontiert wären:

> Put a snorf in front of a kimu, and the kimu will not – unless a certain wavelength of light is also present – run away; and if snorfs happen to be red, then according to Millikan, kimus will think that packs of snorfs are snorf-free zones. Kimus can, at least under many circumstances, reliably discriminate red things from blue things; but they can't reliably discriminate snorfs from non-snorfs. Kimus, we may suppose, quite literally wouldn't know a snorf from a hole in the wall (Pietroski 1992, 276).

Für Pietroski sind diese Konsequenzen von Millikans Erklärung „radikal revisionistisch“ (Pietroski 1992, 277). Dadurch verschiebt sich die Beweislast auf Seiten des ethologischen Modells. Jenseits ihrer eigenen Theorie würde uns Millikan jedoch nach Pietroski keinen unabhängigen Grund dafür liefern, die gewöhnliche Orientierung an Diskriminationsfähigkeiten und introspektiven Erwägungen in dieser radikalen Weise aufzugeben und ihre Gehalt-Bestimmung systematisch zu übernehmen. Doch ihre Theorie beträfe nicht nur die Idiosynkrasieren der Kimu, sondern ist verallgemeinbar: Frösche können in keiner Weise Fliegen (nährstoffreiche Dinge) von gleichaussehenden Nicht-Fliegen visuell unterscheiden, dafür jedoch einigermaßen verlässlich ihre Größe, Bewegung und Position. Dennoch spielt letzteres keine Rolle in Millikans Ansatz, es „fällt heraus“. Für eine veridische Bewertung von p zähle nur: Dort ist eine Fliege (bzw. etwas Nahrhaftes).

Dennoch scheint Pietroskis Argument eher in die richtige Richtung zu weisen als das ethologische Modell wirklich zu Fall zu bringen. Denn sein Gedankenexperiment zeigt erstmal nur, wie sehr sich ein ethologischer Ansatz von einer durch Phänomenologie und *theory of mind* informierten (Selbst-)Zuschreibung von Gehalten entfernen kann. Pietroskis Argument stützt sich stark auf Intuitionen.[131] Damit ist jedoch nur *ein* Prototyp angesprochen, was Millikans biologischer Ansatz nur schwer akzeptieren wird. Wie lässt sich also Pietroskis Befund besser systematisch einordnen und zu einem Argument für einen diskriminativen Ansatz ummünzen?

Ich möchte zwei Prinzipien anführen, die Pietroskis intuitive Priorisierung von Diskriminationsfähigkeiten in intentionalen Erklärungen fundieren sollen: Das Prinzip (a) *geteilter Verantwortung* und (b) die Orientierung an *kognitionswissenschaftlicher Praxis.*

(a) Das **erste** Prinzip betrifft Dretskes (1986) Idee ***geteilter Verantwortung*** für biologisch-inspirierte repräsentationale Erklärungen (siehe auch Jacob 1997, 117). Dretske geht dabei von folgender Problemstellung im Ausgang von Millikan aus: Falls das sensorische System repräsentiert, was es *braucht* (seine „Normalbedingung"), macht das System dann etwas *falsch*, wenn es sensorisch auf eine Bedingung reagiert, die es nicht braucht, ja die sogar schädlich wäre? Die Frage ist also, wie Irrtum (und damit Veridikalität) in einer ethologischen Konzeption zu erklären ist und welcher Standard dafür maßgebend sein soll. Damit soll eruiert werden, so Dretskes Strategie, zu was das System eigentlich *fähig* sein muss.

Nehmen wir also mit Dretske an, gewisse Normalumstände der Tracking-Relation seien in bestimmten Fällen nicht gegeben: Wir locken z.B. ein Meeresbakterium mit einem Magneten Richtung Wasseroberfläche (Dretskes Beispiel) oder tauchen die Snorfs in Rotlicht. Ist der Magnetosomzustand p dann *inakkurat*, wenn er auf ein Magnetfeld (G) reagiert, das unter abnormalen Umständen nicht mit der ethologischen „Normalbedingung" Sauerstoffarmut (F) belastbar korreliert? Und *irrt* das visuelle System des Kimu, wenn es die Röte (G) detektiert, die zufällig ein Snorf (F) vor ihm reflektiert? Allgemeiner gefragt: Sind die jeweiligen *sensorischen* Systeme in diesen Szenarien für die abnormalen Umstände verantwortlich zu machen, ist der Fehler ein *deskriptiver*, liegt also darin, wie die Umwelt für diese jeweiligen System sich darstellt? Wir fragen also, ob die diskriminierende Sicherstellung der praktisch ausschlaggebenden Korrelation zwischen F und G noch im Aufgabenbereich der Detektion liegt. Dretske würde zumindest für lineare Detektoren all diese Fragen verneinen. Er ist skeptisch gegenüber einer pauschalen

131 „[P]lausibility is all we have to go on" (Pietroski 1992, 276). Siehe Schulte 2012, 487, und Shea 2018, 154 zu dieser Achillesverse von Pietroskis Argument.

praktischen Überanforderung an die jeweiligen Detektionssysteme und weicht damit von seinem Vorbild Millikan ab:

> Getting things right about what you need to know is often a *shared* responsibility. You have to get G right and G has to get F right. Hence, even if it is F that you need, or need to know about, the function of the perceptual system may be only to inform you of G. If we think about the bacterium's sensory system in this way, then *its* function is to align the organism with the prevailing magnetic field. It is, so to speak, the job of magnetic north to be the direction of oxygen-free water (Dretske 1986, 30).[132]

Eine solche Interpretation im Sinne geteilter Verantwortung scheint sich spezifischer an den *Fähigkeiten* des jeweiligen sensorischen Systems sowie an der *Sparsamkeit* evolutionärer Entwicklung zu orientieren, beides Leitlinien der Status-Frage (siehe Kapitel B.I.4.2). Dretske illustriert das auch mit einem anderen Beispiel, dem Konsum Vitamin C-reicher Nahrung: Nach Millikans Modell repräsentiert ein Lebewesen bestimmte Objekte *als reich an Vitamin C* (F), falls diese Eigenschaft die Normalbedingung bildet. Doch Dretskes Arbeitsteilung mahnt sparsamere Fähigkeiten an: „Representing things as lemons or oranges will do quite nicely" (Dretske 1986, 32). Denn Lebewesen können ein ganzes Leben zubringen, weil sie genug solcher Früchte erkannt und gegessen haben, ohne jemals irgendetwas von Vitamin C oder dergleichen gehört zu haben. In diesem Punkt „vertrauen wir der Natur" (Dretske), die ihren Teil beisteuert, was eine sparsamere Kooperation erfordert. Und Sparsamkeit, der „geizige Opportunismus" der Natur (Dennett 1991b, 122), ist ein evolutionäres Prinzip, das die Teleosemantik schwer umgehen kann (siehe Dretske 1988, 103).

Nach dieser Interpretation ist die biologisch entscheidende Korrelation also gewissermaßen *delegiert* oder *ausgelagert*. Sie liegt damit nicht mehr im Aufgabenbereich des Detektors, sondern bildet die praktische Erfüllungsbedingung, die sich eben mit der Instanziierung von G einstellt oder nicht. Sie gehört demnach zu den externen Umständen der biologisch definierten Normalbedingung, nicht zu den internen Gehalten der Detektion. Die Aufgabenteilung entspricht damit der *Bifunktionalität* (siehe Kapitel A.II.2): Wird das Magnetosom mittels eines Magneten in ein sauerstoffreiches Habitat gelockt und verendet, ist dies ein *praktisches* und kein *deskriptives* Scheitern. Das wird auch erkennbar, wenn wir z.B. Exemplare einer Zitronenart auffinden würden, die kein Vitamin C enthält. Repräsentiert unser

---

132 Da Dretske selbst einen ethologischen Ansatz verfolgt, zieht er daraus den Schluss, dass Gehalt-Bestimmung in einer starren, linearen Tracking-Relation unklar ist, da wir immer eine Stufe in der horizontalen Ebene finden, die korrekt detektiert wird und mit der Normalbedingung korreliert, sodass der starre Detektor nie etwas falsch zu machen scheint (siehe Dretske 1986, 32-34). Auf Dretskes robustes Modell wird später eingegangen werden.

visuelles System dann, dass diese Zitronen Vitamin C enthalten, und irrt damit? Oder hat es uns einfach die Zitronen *gezeigt*, d.h. ihr spezifisches *Aussehen*[133] sensorisch vermittelt, anstatt ihre „inneren Werte“? Wie würde letzteres nach dem Prinzip der Arbeitsteilung einem *visuellen* System gelingen, sodass es einen Konsumenten darüber informieren kann? Doch diese Frage unterschätzt die „konservative“ Seite der Natur: Das jeweilige sensorische System tut in beiden Szenarien, was es immer tut: Es springt auf etwas an, das in der sparsamsten Beschreibung seiner Funktion dasjenige ist, was den Konsumenten oft genug zu seinem Erfolg hingeführt hat – aber dieses Hinführen bezieht sich primär auf Faktoren, die in seiner sensorisch-deskriptiven Macht und damit funktionalen Aufgabe stehen, nach der wir seine Natur beurteilen. Für alles weitere trägt es keine Verantwortung. Dem Konsumenten muss nicht auch noch eigens beschrieben werden, was er braucht, denn er verschafft sich dieses durch Interaktion.

Nach einer solchen Gehalt-Bestimmung durch Diskriminationsleistung ist der Detektor nur ein „Trittbrettfahrer“ der Korrelation – diese Korrelation herzustellen ist nicht seine spezifisch *repräsentationale* Leistung, sondern die des Konsumenten (*pace* Price 2001, 111). Er ist ein Trittbrettfahrer seiner Selektion, weil es zufällig – d.h. jenseits der Verhaltens-steuernden Macht des sensorischen Systems – so *ist*, dass das, was gelb und zitronenförmig ist, Vitamin C enthält, bzw. dass der Bereich von Sauerstoffarmut von der Kausalkette vom Nordpol zum Magnetosom durchquert wird. Doch diese Tatsache muss dem jeweiligen System nicht *präsent* sein. Nicht zufällig ist hingegen die Tatsache, dass das System systematisch auf das Aussehen von Zitronen bzw. auf Magnetwellen anspringt. Und bei dieser Tatsache kann die deskriptive Aufgabe des Detektors enden. Dretske setzt also bei Millikans Gebrauchskriterium an und führt es *ad absurdum*.

Nun ist ein Gegeneinwand zu berücksichtigen. Denn das ethologische Tracking-Modell könnte das Prinzip geteilter Verantwortung im Rahmen der „Kooperation“ akzeptieren, aber dennoch darauf beharren, dass die Diskriminierungsfunktion des Detektors nicht den Gehalt individuiert. Es könnte reklamieren, dass der Hinweis auf eine spezifisch „intentionale“ oder „psychologische“ Erklärung, wie ihn Kritiker der ethologischen Theorie für ihre Gehalt-Bestimmungen beanspruchen,[134] eine *petitio principii* darstellt, da er eben in genuiner Weise genauso für die ethologischen Prädikate geltend gemacht werden kann. Die Frage, was „intentional“ heißt, steht gerade zur Debatte. Und allein aus der Aufgabenteilung zwischen Diskrimination und Konsumption folgt noch *nicht*, dass nur erstere die repräsentationale

---

133 „the surface appearances of things“ (Neander 2017, 119) im Sinne der Oberflächeneigenschaften.
134 Zu dieser begrifflichen Vereinnahmungsstrategie: Pietroski 1992, 278; Neander 2006, 186; Schulte 2012, 494.

Leistung exklusiv für sich verbuchen können. Denn erst die ethologische Korrespondenzbeziehung der Tracking-Relation mit F erlaubt es, so dann der Gegenvorschlag, dass p mit der Normalbedingung in Entsprechung gebracht wird und nur so evolutionär sich durchsetzen kann. Die Sensitivität für G (die diskriminierte Bedingung) ist durch die Ko-Instanziierung mit F ein Mittel zu F. In diese Richtung scheint Millikan in einer Replik auf Pietroski zu argumentieren, wenn sie insistiert, dass die Kimus Snorfs repräsentieren, denn erstere „do get local natural information each morning about the direction of fewer snorfs" (Millikan 2009, 406). Dasselbe sei auch bei Magnetosome in Bezug auf Sauerstoffarmut der Fall, so Millikan.

Um dieses Gegenargument eines *non sequitur* zu entkräften, ist es zunächst legitim zu fragen, was genau dem jeweiligen Detektor in seiner Operationalität *vermittelt* wird, wenn eine solche Vermittlung als eine Mindestanforderung an repräsentationale Gehalte geltend gemacht werden kann. Wir gehen davon aus, dass repräsentationale Zustände kraft ihrer Gehalte einem System irgendwie „zeigen" oder „sagen", wie die Welt aussieht, wie sie beschaffen ist. Millikan stimmt dieser Mindestanforderung zu, insofern Gehalte dem System erst „gegeben" (*proffer*) werden müssen, um „verstanden" zu werden: „[T]he part of the system which consumes representation must understand the representations proffered to it" (Millikan 1989, 286). Diese Gehalte repräsentieren nicht nur Sachverhalte, sondern vermitteln sie dem jeweiligen Subjekt: „Consider the magnetosome. It *tells* which is the direction of oxygen free water" (Millikan 1989, 296; Kursiv A.W.). Selbst wenn für Millikan solche einfachen sensorischen Systeme „both indicative and imperative" (Millikan 1989, 296) und damit bifunktional sind, sind sie eben *auch* („equally") anzeigend, und damit deskriptiv. Auch hier gilt, dass sie etwas „sagen", also einen Gehalt vermitteln.[135] Darüber hinaus hat diese Vermittlung ein bestimmtes *Format*, in den genannten Fällen eine sensorisch-perzeptuelle. Was sie „sagen", vermitteln sie nicht auf Deutsch oder Englisch. Was und wie wird also dem jeweiligen sensorischen System sparsamerweise vermittelt, damit es seine Aufgabe erfüllen kann? Muss die ethologische Theorie auf die Frage nach einer solchen Operationalität eine Antwort geben, dann scheint es unwahrscheinlich, dass wahrnehmende Wesen, auch wenn sie mit dem Aussehen und Geschmack von Zitrusfrüchten oder der Morgenröte konfrontiert sind, stattdessen Gehalte haben *müssen*, die ihnen etwas über Vitamin C oder Snorfs vermitteln. Wenn der Kimu auf einen rötlichen Snorf zuläuft, dann erklären wir dieses Verhalten gerade damit, dass ihm in diesem Moment eben die Präsenz von Röte vermittelt wird und er kraft dieses Gehalts so

---

135 So macht auch Price (2001, 104) in Berufung auf Millikans „indikativen Gehalt" geltend, dass „the sensory device is taken to signal the occurrence of some state of affairs". Siehe auch Schulte (2012, 486 FN 8) zu Millikans deskriptiver Funktion.

handelt. Nichts in seinem Zustand scheint auf Snorfs hinzuweisen, was seine Unbekümmertheit erklärt. Hier wird erkennbar, warum es plausibel ist, die spezifisch *repräsentationalen* Fähigkeiten nicht der Konsumentenseite zuzuschlagen: Denn der Konsument profitiert allein von der praktischen *Interaktion* mit seiner Normalbedingung F (z.B. das Essen von Vitamin C, das Sich-Distanzieren von Snorfs). Repräsentation und ihre Wirklichkeitstreue bestehen dagegen in einer *deskriptiven* Vermittlung dessen, was objektiv der Fall ist (z.B. Farbe und Gestalt von Zitronen, der Ort der Röte).

Das vermeintliche Gegenargument des Ethologen fällt damit selbst einem *non sequitur* zum Opfer: Aus der von Millikan korrekt angeführten Tatsache, dass Kimu „do get local natural information each morning about the direction of fewer snorfs" (Millikan 2009, 406) folgt gerade *nicht,* dass sie diese Informationen (oder andere Korrespondenzen in Millikans Theorie) auch vermittelt bekommen und eigens kooperativ ausbeuten können müssen, sodass von einer Repräsentation von Snorfs die Rede sein könnte. Eine uneingeschränkt ethologische Spezifizierung von Gehalten wird durch die Prinzipien der Sparsamkeit und der Fähigkeit beschränkt.

Damit kommen wir nun dem Hauptargument gegen Millikan näher. Denn wird die Bifunktionalität akzeptiert – Millikan kann schwerlich das informierende „Sagen" (*telling*) auf das informierte Verhalten und seine Interaktion reduzieren – dann folgt daraus nicht, dass die Normalbedingung der Interaktion auch repräsentiert (beschrieben) werden muss. Der Bifunktionalität zufolge ist es ein Kategorienfehler, die Erfüllungsbedingungen der einen Seite auf die der anderen Seite zu reduzieren. Die Verbindung zwischen der Oberflächen – und einer Tiefeneigenschaft G und F mag zum evolutionären Erfolg dieser „Kooperation" beitragen. Daraus folgt aber *nicht,* dass diese Verbindung oder, noch weitgehender, *allein* die Tiefeneigenschaft repräsentiert werden muss. Die Verbindung von F und G und damit auch das Relat der Tiefeneigenschaft kann an die Umwelt *ausgelagert* werden, solange sie belastbar besteht. Denn das sensorische System muss für den Erfolg des Konsumenten diesem keineswegs pauschal auch noch das vermitteln, was es braucht. Es muss lediglich das Verhalten so steuern, dass es oft genug in den Interaktionsbereich der Normalbedingung (des Brauchbaren) kommt. Es muss, wenn überhaupt, dem Konsumenten also nur das „zeigen", was mit der Normalbedingung *einhergeht*, aber dieses Einhergehen auch noch zu garantieren oder zu spezifizieren ist nicht spezifische Aufgabe des deskriptiven Systems, ohne den Sparsamkeitsgrundsatz zu verletzen.

Millikans Ansatz läuft also Gefahr, repräsentationale Funktionen viel stärker zu spezifizieren, als das für den Nutzen-Effekt des Konsumenten überhaupt *nötig* ist. In diesem Sinne ist es keineswegs folgerichtig, vom bloßen *Brauchen* einer Bedingung F (praktische Interaktion) auf ein deskriptives *Repräsentieren* von F (d.h. die Vermittlung eines Objekts bzw. etwas, das soundso *ist*) zu schließen. Dieser Fehlschluss ist jedoch als kontrafaktisches Argument sehr verbreitet. So plädiert Morgans für die Repräsentation des Tag-Nacht-Rhythmus durch circadiane Uhren in Pflanzen auf Basis der Brauchbarkeit: „It's the fact that the clock can be *accurate* with respect to the current phase of the day-night cycle. If a plant's clock were not accurate, the plant would likely shrivel and be eaten" (Morgan 2018, 5420). Was für die Pflanze nicht gilt, gilt selbst beim offensichtlich repräsentationalen Kind nicht: Nur weil das Kind Kalorien braucht und Kuchen dafür zweitrangig sind, heißt das noch nicht, dass ihr irgendetwas *über* Kalorien vermittelt wird.[136] Das Kind muss hier nicht wissen, was es braucht. Das wird auch klar, wenn wir uns fragen, wie das Kind *lernen* kann, dass Zitrusfrüchte Vitamin C enthalten, oder dass Vitamin C gesund ist, und warum es diese Erschließung von etwas nach Millikan nicht mehr nötig zu haben scheint, nur weil es dieses von vornherein braucht. Ferner scheint sich ein derartiges Übergewicht des Konsumenten angreifbar für den Vorwurf zu machen, hier müsste ein mysteriöser „Homunkulus" im Konsumentensystem am Werk sein, der von vornherein irgendwie „wissen" oder „verstehen" muss, auf was es für diesen ankommt (Dretske 1988, 83; Jacob 1997, 122; Neander 2017, 276). Schließlich scheint bei Millikan unklar, wie ein radikal Nutzen-orientierter Ansatz überhaupt einen Zugang dazu findet (bzw. finden muss), was unabhängig und interesselos von ihm der Fall ist, wie z.B. die Präsenz einer bestimmten Menge von Sauerstoff oder Kalorien. Die keineswegs solche Feststellungen treffende Interaktion sieht darüber hinweg.

Die ethologische Theorie scheint damit wesentliche Eigenschaften von Repräsentationen, die sie erklären will, zu untergraben, wie auch Sheas Beitrag zum Streit über den genuinen Froschgehalt zeigt:

> Properties like being small and black do not cause the frog to survive and reproduce. It is because something nutritious was captured the behavioural disposition was selected. This excludes *little black thing* (Shea 2018, 150).

Dieser Gedankengang *schließt* aber auch Sheas ethologischen Gehalt Fliege auf Position 1,2,3 oder fliegendes nahrhaftes Objekt auf Position (Shea 2018, 153) gerade *aus*, da weder das bloße Vorkommen einer Fliege als Fliege noch ihre Position *an sich* dem Frosch irgendetwas bringen. Erst die Tatsache der Interaktion ist förderlich und der für den Arterhalt treibende Faktor. Auf welcher Position die Fliege vor dem Verhalten eingeschätzt worden war, ist für die Akkuratesse der Darstellung entscheidend, aber nicht für das Verhalten selbst. Für dieses ist es gleichgültig, wie

---

136 Dasselbe beim Frosch: „[T]oads do [not] need to know about toad food *as such*. What matters [ecologically] is whether they eat the food, not whether they represent it as such" (Neander 2006, 190).

es zustande kam. Die ethologische Abstraktion vom Wie der Repräsentation schießt damit über ihr Ziel hinaus. Sie lässt sich daher nicht durchhalten, ohne ihre eigenen Anforderungen an Repräsentation, wie die akkurate Darstellung einer Umweltbedingung, zu unterwandern.

In diesem Licht betrachtet ist es dann auch weit weniger klar, anders als Millikan (1989, 291; 2009, 405) behauptet, dass in Fällen wie dem Magnetosom distale Bedingungen spezifiziert werden müssen (Distalitätsproblem): Gerade in starren Mechanismen, in denen die relevante (distale) Normalbedingung (z.B. Sauerstoffarmut) eine einigermaßen belastbare Korrelation mit proximalen Reizen (z.B. den Effekt von Magnetwellen auf das Magnetosom) aufweist, kann sich das sensorische System in Hinsicht auf das, was es vermittelt, mit letzterem begnügen und dennoch den Konsumenten zur Normalbedingung führen. Da Millikan nicht erklärt, wie der Aufwand, eine distale Bedingung als solche zu vermitteln, trotz sparsamerer Pfade zum Konsumenten-Erfolg, bewerkstelligt wird, scheint die ethologische Theorie für das Distalitätsproblem nur ein *programmatisches* Ziel, aber nicht die Lösung zu formulieren (siehe auch Price 2001, 111). Distalität von Gehalten scheint deshalb stärker an Diskriminations-fähigkeiten gebunden zu sein, als an dem bloßen Bedürfnis nach distalen Bedingungen. Doch nicht nur Distalität und damit die *horizontale* Ebene von Bestimmtheit ist betroffen: Auch die *vertikale* Unterscheidbarkeit droht bei der ethologischen Konsumenten-Dominanz zu verwischen und damit das Disjunktionsproblem zu befeuern: Selbst wenn es gelingen sollte, eine bestimmte Stufe innerhalb der horizontalen Ebene festzuhalten, z.B. ein bestimmte Entität wie eine Fliege, ist es für die erfolgreiche Interaktion mit der Fliege vollkommen *irrelevant*, ob diese Entität sich als Fliege oder als Protein-Träger oder als schwarze Gestalt bestimmter Größe und Entfernung *darstellt*. Für den Konsumenten zählt schließlich nur, dass er mit der Fliege – dieses Objekt als Träger von Eigenschaften – erfolgreich interagieren kann. Er kann also, weil nur am Effekt eines Gehalts orientiert, davon abstrahieren, wie die Fliege vor und unabhängig dieser Interaktion ist.

> All that's required for frog snaps to be functional is that they normally succeed in getting the flies into the frogs; and, so long as the little black dots in the frog's Normal environment are flies, the snaps do this equally well on either account of their intentional objects (Fodor 1990, 106).

Um meine Kritik auf den Punkt zu bringen: Millikan und Vertreter der ethologischen Theorie schließen fälschlich von der Relevanz der Normalbedingung für das Verhalten auf eine Art *Meldepflicht* des Detektors in Bezug auf die Normalbedingung, ohne gleichzeitig die Ressourcen für die *Fähigkeit* zu dieser Vermittlungsleistung bereitzustellen. Damit werden die naturalistischen Anforderungen an die

Status-Frage nicht gebührend erfüllt, sondern sogar *intellektualisiert.* Damit scheint Millikans konsumentenorientierte Abstraktionsleistung den repräsentationalen Status *ad absurdum* zu führen. Den Frosch als *Konsumenten* muss strenggenommen nur kümmern, wie er mit der Fliege umgehen und sie zu seinen Gunsten *manipulieren* kann, nicht wie oder was sie *an sich ist*, nämlich eine Fliege oder nahrhaft. Deshalb schreiben wir Verhaltensweisen selbst auch keine Gehalte zu, sondern nur ihren Ursachen. Millikans Theorie scheint sich also gefährlich nah am Anti-Repräsentationalismus des Enaktivismus zu bewegen.

Wir haben also mit diesem Prinzip der *Arbeitsteilung*, das sich stärker an *sparsamer Fähigkeit* orientiert und eine *Absage an eine Meldepflicht* gegenüber der Normalbedingung formuliert, ein vielseitiges Argument gewonnen, ethologische Theorien grundlegend zu kritisieren. Die Zuschreibung sensorischer Gehalte mithilfe von Oberflächeneigenschaften wie im Falle der Kimu beruht daher nicht auf der Hinzunahme von zusätzlichen Fähigkeiten wie Bewusstsein (*pace* Shea 2018, 154) oder Meinung (*pace* Millikan 2009, 405), sondern, im Gegenteil, auf ökonomischeren Konzeptionen.

(b) Die Restriktion auf Oberflächeneigenschaften muss weiter begründet werden, um Millikans einflussreiche Theorie zu entkräftigen. Ein weiteres Argument für die Bindung von Gehalten an Diskriminationsleistungen bildet ein zweites Prinzip, das intentionale Erklärungen mit einer ***kognitionswissenschaftlichen Perspektive*** abstimmt. Neander (2006, 2017) und Schulte (2012, 2018) haben im Ausgang von Pietroski darauf hingewiesen, wie das Gros der Kognitionswissenschaften die spezifische Leistung von sensorischen Systemen wie die des Frosches beurteilt und dabei auf Oberflächeneigenschaften als Alternative zu ethologischen Eigenschaften hingewiesen:

> [T]he idea is that the perceptual system must begin with the surface features of a perceived object that are presented to the perceptual system. It must begin with the hide of the cow, not its inner nature, and with the side of the cow facing the perceiver, not the parts hidden from view. [...] And any theory that entails that the toad's perceptual system *only* represents the stimulus as nutritious violates this principle (Neander 2006, 190).

Den Oberflächeneigenschaften stehen nicht-sichtbare Tiefeneigenschaften gegenüber, wie bereits erörtert (siehe bereits B.I.4.1). Wir werden von letzteren nicht sensorisch affiziert, sie weisen nicht den unmittelbaren Kontakt mit dem jeweiligen Medium auf, den die Oberfläche eines Körpers und die Rezeptoren eines Wahrnehmenden besitzen. Das *Sensorische* des Sehsinns eruiert die Oberfläche der Fliege, ihrer Farbe, Ausdehnung, räumlichen Gestalt, und nicht ihre Nahrhaftigkeit, die als Normalbedingung fungiert. Nehmen wir eine ethologische Interpretation an, dann hätten wir eine ganze Reihe von alternativen Gehalten: Der Gehalt <u>Nahrhaftigkeit</u> ließe sich auch als Gehalt <u>kausale Disposition, Frösche mit Kalorien zu ver-</u>

sorgen verstehen (siehe (siehe Schulte 2012, 491 und Price 2001, 109). Ebenso wären Fliege, Beute, proteinreich Gehalte von Tiefeneigenschaften genauso wie *affordances* wie essbar oder erreichbar (vgl. Neander 2017, 117).

Nun spricht zwar *a priori* nichts dagegen, dass Tiere dergleichen repräsentieren können. Nur gibt es keinen Grund, dies für *sensorische* Mechanismen wie des Bakteriums oder des Frosches anzunehmen: In solchen Fällen, so Neander (2006, 189), müsste eine Fähigkeit zur *Schlussfolgerung* angesetzt werden, die, ausgehend von sensorischen „Prämissen" in Bezug auf Oberflächeneigenschaften, auf die Tiefeneigenschaften schließt, also die Verbindung zwischen beiden inferentiell erschließt. Wir haben jedoch oben bereits demonstriert, dass diese ethologisch wertvolle Verbindung nicht eigens repräsentational garantiert werden muss. Hinzu kommt jetzt: Eine solche quasi-logische Erschließungsleistung ist auch nicht in Einklang mit der *kognitionswissenschaftlichen* Perspektive auf sensorische Systeme solcher Stufe (Neander 2017, 117). Denn um eine essenzielle Eigenschaft wie Fliege oder eine funktionale Eigenschaft wie kausale Disposition, Frösche mit Kalorien zu versorgen jeweils *als solche* zu detektieren, erfordere komplexe kognitive Abstraktionsfähigkeiten, die der Frosch nicht besäße (Neander 2006, 188; siehe auch Schulte 2012, 493).[137] Überdies müsste dann der Frosch für seine Schlussfolgerung zunächst einmal auch Oberflächen repräsentieren, was das ethologische Tracking aber gerade *ausschließe*.[138] Diese Konsequenz sei inakzeptabel, so Schulte:

> [D]oes a content ascription that excludes these surface properties [being dark, being in motion] pass the provisional test? The answer, I maintain, is "no". Our best scientific explanations of the frog's prey-catching behavior describe the frog as representing surface properties (Schulte 2012, 489).

Der Zustand des Frosches p im *tectum opticum* hat demnach auf Basis experimenteller Diskriminationstests in seiner allgemeinen Form wahrscheinlich die Attributskonfiguration: rechteckige Gestalt konstanter Breite und variierender Länge, die sich parallel zu ihrer Längsachse bewegt (oder kurz: wurmartige Gestalt) zum Gehalt, jedenfalls zeige der jagdbereite Frosch für diese Kombination von Eigenschaften in seinem Blickfeld die spezifischste Sensitivität (siehe Neander 2017, 103; Wachowitz/Ewert 1996, 881).

---

137 Wie solche kausalen Dispositionen von Tieren erschlossen werden, zeigt Schulte am Beispiel von Krähen und einer kognitiven Problemstellung. Wann „essentielle" Attribute wie Fliege attribuiert werden, zeigt Neander (siehe Neander 2017, 120).

138 Neander 2006, 189; Schulte 2012, 489; Price 2001, 111. Siehe auch Sheas Froschgehalt-Bestimmung oben, der zufolge die Ethologie „excludes *little black thing*" (Shea 2018, 150).

Neander und Schulte verweisen also in ihrer Argumentation ebenfalls auf den *Erklärungserfolg* solcher Gehalte in wissenschaftlichen Experimenten zum Froschverhalten, der zumindest ein „provisorischen Testverfahren" biete. Allein der genannte Ausschluss dieser Gehalte scheint den Ausschlag zu geben. Die ethologische Theorie disqualifiziere sich damit selbst.

In diesem Sinn hat der kognitionswissenschaftliche Blickwinkel den Vorteil, die jeweiligen *Mechanismen* zu identifizieren, in denen diese Vermittlung durch Tracking realisiert wird. Damit wird, *pace* Millikan, das *Wie* der Repräsentation weitaus wesentlicher für die Antwort auf die Frage, *was* repräsentiert wird, als das *Warum* des Verhaltenserfolgs. Letzteres scheint zwar aus einer Perspektive der Alltagspsychologie und praktischen Erfolgsbedingungen heuristisch im Vordergrund stehen zu können, auf der theoretischen Ebene jedoch der Komplexität evolutionärer Arbeitsteilung nicht gerecht zu werden. Gerade *Fähigkeiten* sind stark an ihre Produktionsweise gebunden, von der ethologische Theorien fälschlicherweise meinen, abstrahieren zu können.

> One might agree that folk psychological ascriptions of intentional mental states are meant to rationalize behavior but question whether this is their role in cognitive science. In the latter case, the aim is to explain the psychological capacities of humans and (in the case of cognitive neuroethology) other creature (Neander/Schulte 2021, Kap. 3.2).

Dieser Punkt hat auch unmittelbare Konsequenzen für die Status-Frage. Letztlich besteht für Millikans Nutzen-orientierte Korrespondenztheorie die Gefahr, dass der ethologische Ansatz sich selbst zum Opfer fällt und nicht nur von der Diskriminierungsweise abstrahiert, sondern damit gleich von einem *repräsentationalen* (deskriptiven) Weg zum Konsumenten, wie die Nähe zum Enaktivismus schon angedeutet hat. Wir können uns unzählige Mechanismen vorstellen, die die erforderliche Koordination mit einer externen Bedingung herstellen, ohne dafür in einem einleuchtenden Sinne irgendwas darstellen zu müssen. Das scheint Millikans eigenen Ansprüchen zuwiderzulaufen und nicht nur die Unbestimmtheitsproblematik, sondern auch die andere Herausforderung des *Pansemantizismus* nicht abschütteln zu können:

> I think her [Millikans] account is even more liberal than she intends. It might make any organism a representing system. For all will have some mechanisms tuned to features of their environment on which others depend. [...] The production of saliva in the mouth adapts the digestion system to the receipt of food. So it mediates between our mechanisms of ingestion and digestions: our digestive system can only fulfill their function normally, if saliva is correlated with food. Yet surely this is a nonrepresentational mechanism. I think the relations between many merely physiological mechanisms will meet Millikan's conditions (Sterelny 1995, 286).

Diese Kritik scheint mir triftig zu sein: Die ethologischen Auflagen für die „Korrespondenz“ mit einer Bedingung sind derart allgemein, dass Speichel (kraft seiner Inhaltstoffe und Dispositionen) zur Nahrung „passen“ kann und auf sie derart „abgestimmt“ ist, dass dadurch ein Kau- oder Verdauungsverhalten ermöglicht wird und sich bewährt. Dabei kann die Anpassung komplex sein – Speichel enthält eine Vielzahl verschiedener hochadaptiver Stoffe – ohne offenkundig oder mit Mehrwert eine intentionale Erklärung zu fördern. Die spezifische „Kooperation“ zwischen Produzenten und Konsumenten kann rein kausaler Natur sein. Doch wir gewinnen nichts, wenn wir glauben müssen, der Speichel sei korrekt oder irrtümlich. Millikans Kriterium einer Meldepflicht über die Normalbedingung nimmt uns jedoch die Mittel aus der Hand, dieser Zuschreibung zu widerstehen.

Was folgt nun aus diesen Einwänden? Die Probleme mit Millikans Tracking-Theorie, haben, auch im Ausgang von Pietroskis Kritik, zu einer Art teleosemantischem „Schisma“ geführt. Neander (1995) hat deshalb zwischen einer „high-church“ und „low-church“ Teleosemantik unterschieden, die ich zur Zusammenfassung auf Tracking-Theorien allgemein anwenden will, da all die hier behandelten Versionen zur teleosemantischen Familie gehören:

Ethologisches Tracking („high-church“) orientiert Status und Gehalt von Repräsentation im Gefolge Millikans primär am Konsumenten und an den *Tiefeneigenschaften* der Dinge, d.h. an der Verhaltensfunktion und ihrer Normalbedingung. Dies ist unabhängig davon möglich, ob die Tracking-Relation nach ihrer Natur (kausal, informationell) oder ihrem Komplexitätsgrad (linear, robust) näher spezifiziert wird. Die Verhaltenserklärung bildet das oberste Ziel.[139]

Diskriminatorisches Tracking („low-church“) fokussiert sich dagegen auf die *Oberflächeneigenschaften*, d.h. auf die Reize emittierenden Außenseiten praktisch relevanter Entitäten. Es orientiert Status und Gehalt der Repräsentation nicht primär am Verhaltenserfolg, sondern in den sensorischen Unterscheidungsvermögen des Produzenten, die diesem Verhalten dienlich sein können – natürlich übernehmen auch hier Repräsentationen mehrheitlich die Rolle des *Explanans* von Verhalten (siehe Schulte 2015, 132; 2019, 341).[140]

So wie Millikan als die Archegetin der ethologischen Tracking-Theorien gelten kann, so ist Neander diejenige Philosophin, die der diskriminatorischen, kogniti-

139 Vertreter sind neben Millikan: Dretske 1986, 1988; Price 2001; Shea 2018; Artiga 2016, 2021, 2022; Ganson 2020.

140 Vertreter sind Neander 2006, 2017; Schulte 2012, 2015, 2018; Jacob 1997; Pietroski 1992. Burge (2010) bildet einen Grenzfall, da seine Objektivitätstheorie für originären Status zwar mit der kausalen („low-church“) Teleosemantik kompatibel ist (vgl. Schulte 2015), „Repräsentation“ jedoch nicht als biologischen, sondern *psychologischen* Begriff versteht. Burges Modell wird ausführlich diskutiert werden.

onswissenschaftlich orientierten Tracking-Theorie den Weg geebnet hat.[141] Ihre Theorie kausaler Sensitivität in (Neander 2017) ist die bis dato wohl elaborierteste Version einer „low-church" Teleosemantik („a pathbreaking work", Garson 2018, 733) und soll deshalb im Folgenden ausführlich erörtert werden.

II.2.2 Kausale Sensitivität

Ich beginne mit (1) einer allgemeinen Charakterisierung von Neanders Modell von sensorischer Repräsentation als *kausaler Responsivität,* das anschließend (2) im Horizont der Probleme von Pansemantizismus und Distalität *kritisch gewürdigt* wird. Schließlich (3) soll diese Kritik auf den Punkt gebracht werden, indem ein von mir sogenannter *„reizgebundener Solipsismus"* diagnostiziert wird, der zeigen soll, dass das Kausalmodell die Referenzialität von Repräsentation nicht konstituieren kann.

(1) Wie ist Neanders Modell ***kausaler Responsivität*** zu verstehen? Die Abgrenzung zu Millikans Theorie ist dafür hilfreich: Im ethologischen Ansatz spielt das *Wie* der Repräsentationsproduktion und ihres Resultats keine Rolle für den Gehalt. Die Evolution (und damit der Konsument) ist „blind gegenüber den Mechanismen, mit denen diese Effekte generiert werden" (Shea 2007, 131). Neander konzediert, dass zwei verschiedene Mechanismen mit demselben Adaptionseffekt nicht evolutionär unterschieden werden. Doch daraus folge nicht, dass die Art und Weise, wie dieser Effekt zustande komme, nicht Teil der Funktion sein kann: „This is because doing something randomly is *not* always as adaptive as doing it in response to certain causes" (Neander 2017, 131). Ein Mechanismus wie die gezielte Ausschüttung von Melatonin (und die dadurch auftretende Ermüdung) als kausale Reaktion auf Dämmerlicht sei adaptiver in Bezug auf Erholung durch Schlaf, als eine zufällige Ermüdungsreaktion zu jenem Zeitpunkt. Der Adaptionseffekt wird gerade aufgrund des Melatonin-Mechanismus erreicht, der sich deshalb evolutionär behauptet. Doch der ethologische Ansatz kann Neander zufolge einwenden: Der Effekt dieses funktionalen Mechanismus, die Schläfrigkeit zum Beginn der Nachtzeit, sei das, was den adaptiven Beitrag liefere und nicht der Ausschüttungsmechanismus selbst (vgl. Neander 2017, 132). Dieses Argument kann eine gängige Unterscheidung von Eliot Sober (siehe Sober 1984, 97-99) beanspruchen und behaupten, es gäbe zwar eine Selektion *von* (*selection-of*) beiden Elementen des funktionalen Zustands: seines Mechanismus sowie seines Effekts. Aber nur der Effekt sei dasjenige, *hinsichtlich* dessen die Selektion erfolge (*selection-for*). Der Mechanismus dagegen sei lediglich

141 „Karen Neander is the leading proponent of low church teleosemantics" (Shea 2018, 160).

ein „Trittbrettfahrer" (*free rider*), der im Schlepptau dessen mitgezogen wird, auf das es ankommt.[142]

Doch dieser Einwand ist zu pauschal. Neander weist zurecht darauf hin, dass die Art und Weise, wie eine Repräsentation produziert wird, kein Trittbrettfahrer ist, sondern entscheidend dafür sein kann, warum der Effekt der Repräsentation selektiert worden ist. So ist das kausale Anspringen auf Oberflächeneigenschaften der Fliege im Froschsystem nicht vergleichbar mit z.B. dem Grün-Sein des Balles in Sobers Beispiel: Letzteres sei dort vollkommen irrelevant bei der Selektion von Bällen, ersteres dagegen wesentlich beim erfolgreichen Fangen von Fliegen und analog zum Einbringen von Bällen bestimmter Größe. *Pace* Millikan und ihren Mitstreitern schließe die Produktionsweise den Effekt also gerade nicht aus, dass *mittels* der kausalen Detektion der Effekt eingetreten ist. Der Effekt habe sich auf diese Weise evolutionär gegenüber bloß zufälligen Herbeiführungen des Effekts bewährt und durchgesetzt (vgl. Neander 2017, 133).

Es ist deshalb nach Neander plausibel, von einer „Reaktionsfunktion" *(response function)* auszugehen, die im Zentrum eines Modells kausaler Sensitivität steht: „Mechanisms have response functions if they were selected to do something in response to something else" (Neander 2017, 147). Diese *kausale Responsivität* wird von Neander wie folgt definiert:

> To *respond* to something (as I use the term "respond" here) is to be caused by something to do something. For example, to say that a visual system changed into a RED-type state in *response* to an encounter with a red visual target (due to its redness) is to say that the visual target's instantiating red caused (i.e. causally triggered) the system to change into a RED-state (Neander 2017, 127).

Reaktionsfunktionen sind kausale Rollen oder Dispositionen sensorischer Zustände, für die diese selektiert worden sind („selection-for"). *Was* sie also *tun* sollen, ist die Präsenz von etwas zu detektieren, d.h. unter Standardbedingungen in einen Zustand überzugehen, der von etwas anderem kausal ausgelöst wird. Neander nennt diese Ursache für normative Zustände, in Abgrenzung zu Millikans Normalbedingung, die *Normalursache* des sensitiven Zustands, ohne sich auf bestimmte Gesetze der Kausalität festzulegen. Eine „weitere Funktion" bestehe, so Neander, im „Gebrauch" dieses Detektors. Hier sei dann der Effekt dieser Detektion relevant um eine bestimme Normalbedingung zu erfüllen. Derselbe Detektor kann damit unterschiedliche Funktionen besitzen (vgl. Neander 2017, 137). Damit ist die bifunk-

142 In Sobers Beispiel: Soll das Ziel sein, durch Löcher bestimmter Größe nur kleine Bälle auszusortieren, die kleinen Bälle aber nun einmal alle grün sind, findet zwar eine Selektion *von* Grün-Sein und Kleinheit statt („of"), aber nur eine Selektion *hinsichtlich* der Kleinheit („for"). Hier ist das Grün-Sein des Balles der Trittbrettfahrer.

tionale Arbeitsteilung sichergestellt: Die *repräsentationale* Funktion von R, von C verursacht zu werden, bezieht sich auf die Normalursache. Dagegen bezieht sich die *praktisch-biologische* Funktion von R, einen bestimmten Effekt auszuüben, auf die Normalbedingung. Neander spezifiziert die Arbeitsteilung also durch folgende Hierarchie: R übt seine praktische Funktion aus, *indem* es seine repräsentationale Funktion ausübt. Der Frosch soll die nahrhafte Fliege schnappen, indem er auf ihre Oberflächeneigenschaften funktional reagiert (siehe Neander 1995, 130). Indem also die Diskriminationsfähigkeit fundiert wird, wird schließlich das Verhalten erklärt. Die Repräsentation erhält ihren Erklärungswert nicht allein ethologisch aus dem Effekt, den sie zeitigt, (*pace* Millikan), sondern auch dadurch, *wie* sie produziert wird.

Mit diesem Modell kann Neander Pietroskis exemplarische Interpretation der Kimu-Gehalte aufnehmen, aber die Teleosemantik bewahren, indem eine **k**ausal-informationelle Version der **T**eleosemantik (bei Neander: „CT") unseren (introspektiven) Intuitionen über unsere Wahrnehmungsgehalte und der wissenschaftlichen Orientierung an Oberflächeneigenschaften Rechnung trägt und sich somit als Opposition zur ethologischen Version in Stellung bringt:

> We see the world as richly and subtly colored, for instance. Yet it is hard to see how colors could ever be the Normal conditions for the use of visual representations. It is always the heat of the fire, the risk of disease in the presence of blood, the nutrients in the ripe berries, or some other such thing, that is more crucial to fitness than the redness of a visual target as such. [...] In my view, it is *a huge mistake to* think that the contents of mental representations are the Normal conditions for their use, at least where the contents of nonconceptual sensory-perceptual representations are concerned. But, in any event, teleosemantics per se does not force this choice on us (Neander 2017, 137.; siehe auch 162; Kursiv, A.W.).

Betrachten wir im Folgenden dieses Modell kausaler Sensitivität näher. Neander bestimmt es in seiner Basisversion („CT") in eleganter Prägnanz:

> A sensory-perceptual representation, R, which is an (R-type) event in a sensory perceptual system (S), has the content *there's C* if and only if S has the function to produce R-type events in response to C-type events (in virtue of their C-ness) (Neander 2017, 151).

Hier lassen sich drei wichtige Bausteine abheben, die für die spätere Kritik an Neander zentral werden:

(a) Für Neander ist „CT" vor allem *kausales* Tracking: Die kausale Ko-Instanziierung eines internen Zustands R und eines externen Zustands C konstituiert, zusammen mit einer normativen Komponente bereits das repräsentationale Verhältnis. Wenn S funktional auf C anspringe (*response*), d.h. in einen Zustand R wechsle, der „normalerweise" von C kausal herbeigeführt wird, dann repräsentiere R damit C – C sei der „triggering cause" von R (Neander 2017, 151-153). Das externe

Repräsentatum aktiviert sein Repräsentiert-Werden in Gestalt eines internen, kausalen Effekts, der von einem System funktional rekrutiert wird. Das Modell liefert damit eine generelle Antwort auf die Frage nach der Natur von Intentionalität in Neanders Projekt: „what *is* the aboutness relation?“ (Neander 2017, 16): Die „Transzendenz“ intentionaler *Referenz* als eine kausale Tracking-Relation naturalistisch ausbuchstabiert: „A sensory-perceptual representation refers to what is supposed to cause it“ (Neander 2017, 149)

(b) Um diese primitive „aboutness“ zu sichern, versteht Neander die Kausalrelation außerdem *informationell*: Ein Ereignis A trage Informationen über ein anderes Ereignis B, wenn A von B verursacht wird (vgl. Neander 2017, 142). In ihrem Modell fällt zumindest für sensorische Repräsentation Information und Kausalität zusammen. Dies begründet sie mit der Heterogenität des Informationsbegriffs, der sie durch die Einschränkung auf den kausalen Informationsbegriff als unser „alltäglich-intuitives Verständnis“ von Information zu entkommen sucht. Leider will sie nicht eigens erläutern, warum sie andere, namentlich statistische Ansätze „problematisch“ findet, und warum diese „auf jeden Fall“ nicht dem Alltagsverständnis entsprächen (vgl. Neander 2017, 139, 143). Neander versteht Information daher „deflationär“: Es würde auch genügen, allein von kausalen Relationen zu sprechen (vgl. Neander 2017, 145; vgl. Stampe 1977). Dennoch hält sie zumindest terminologisch am Informationsbegriff fest, weil sie Wert darauf legt, mit kognitionswissenschaftlichen Erklärungen in Einklang zu stehen, welche der Informationsverarbeitung (*information processing)* eine zentrale Stellung einräumen (vgl. Neander 2017, 83-85). Vor allem liefere Information bereits eine Art „aboutness“ (*information about*) in Gestalt von „informationellen Gehalt“ (Neander 2017, 6-7). Damit teilt Neander mit allen informationellen Tracking-Theorien eine zentrale Grundannahme.

(c) Schließlich sei diese informationelle Kausalität „*Eigenschaftssensitiv*“ (Neander 2017, 159) (vgl. die *detection thesis* in Bezug auf Eigenschaften, B.II.1.1). Die Normalursache C verursache dabei R „kraft ihres C-Seins“ (vgl. Neander 2017, 143). Für Neander ist die Instanziierung einer Eigenschaft ein Ereignis, das sich in einer Existenzannahme widerspiegelt („there’s C“). Demnach könne ein Ereignis wie der C-Token, so Neander, auch mehrere verschiedene Eigenschaften z.B. Q instanziieren – also „plastisch“ sein in meiner Terminologie. Jedoch sind nicht alle diese Eigenschaften auch kausal-wirksam in Bezug auf das sensorische System, wie kontrafaktische Überlegungen demonstrieren.[143] Die kausale Eigenschaftssensitivität ist

143 Neander (2017, 271) stellt dieses Räsonnement wie folgt dar: „c causes e in virtue of c being a C-type event rather than in virtue of c being a Q-type event if and only if:
i. c causes e.

also ein wichtiges Werkzeug für Neander, um der Problematik der vertikalen Unbestimmtheit in Gestalt des *disjunction problems* (vgl. Fodor 1990, Mendelovici 2013) entgegenzutreten. Es verhindert, dass alternative, vom selben Token lokal ko-instanziierte Eigenschaften des C-Tokens wie Q ebenfalls in den Gehalt ein- und seine Feinkörnigkeit unterwandern. C kann R also *qua* C verursachen, womit für Neander Spezifikation gesichert und ein Überfluss nicht kausal-effektiver Tiefeneigenschaften aus dem Gehalt herausgehalten werden kann (siehe Neander 2017, Kap. 7).

(2) Kommen wir nun zu einer **kritischen Würdigung** von Neanders kausalem Tracking-Modell. Dieses scheint zunächst einen großen Fortschritt gegenüber der ethologischen Tracking-Theorie zu erreichen: Die Kausalität verhindert ein transitives Ausufern der Korrespondenzbeziehung auf Bedingungen, die ein System nicht diskriminieren kann und damit gewissermaßen zufällig antrifft (wie z.B. die Magnetotaxis auf Sauerstoffarmut trifft). Es hegt die Dominanz des Konsumenten und des Nutzen-orientierten Einsatzes ein, indem sie die Relevanz der Produktionsmechanismen begründet. Und es legt den Fokus auf kausal wirksame und damit klarer als objektive Umweltbedingungen erkennbare Oberflächeneigenschaften der Dinge, was nicht zuletzt eine fruchtbare Verbindung zu den Kognitionswissenschaften herstellt. Dennoch soll im Folgenden zu sehen sein, warum auch diese Tracking-Theorie zu unerwünschten bzw. problematischen Gehalten führt und repräsentationalen Status ins Unkenntliche deflationiert.

Zwei Herausforderungen können hier herausgestellt werden: Das Problem des (a) *Pansemantizismus*, der Repräsentationen und ihren Erklärungsmehrwert trivialisiert. Und die Crux mit dem (b) *Distalitätsproblem*, das die von Neander erwünschte Referenz auf distale Umweltbedingungen und ihre Eigenschaften in Frage stellt. Obwohl Neander sich primär auf die Gehaltfrage konzentriert und von dort aus eine Antwort auf die Status-Frage umreißt, beginne ich dennoch mit (a), um das *Abstraktionsprinzip informationeller Verarbeitung* herausstellen, welches alle (naturalistischen) Repräsentationstheorien berücksichtigen müssen. Denn auch Neander muss durch ihr Interesse an der Gehaltfrage systematisch zeigen können, wie sich repräsentationaler Status von nicht-repräsentationalen Bedingungen, z.B. bloßer Kausalität, emanzipiert.

(a) Die **erste** Herausforderung stammt von Ramsey (2007) in Bezug auf die Status-Frage (siehe auch Sterelny 1995 und Burge 2010) und betrifft das ***Trivialisierungs- oder Pansemantizismusproblem.*** Im Zuge seiner „job description challenge" mentaler Repräsentation (Ramsey 2007, 24-26) fordert Ramsey von kognitionswissenschaftlichen Beschreibungen kausaler Mechanismen, die genuin in-

ii. had c instantiated C but not Q, e would have occurred, and
iii. had c instantiated Q but not C, e would not have occurred".

tentionale Rolle in ihrem Erklärungsmehrwert herauszustellen. Dazu gehört, dass der Unterschied zwischen der kausalen und der informationellen Funktion eines Mechanismus klar erkennbar ist. Dass beides nicht dasselbe ist und die kausale Rolle ohne die informationelle Rolle ausgeübt werden kann, macht Ramsey an Beispiel eines Baumes klar, der als Schattenspender gepflanzt werden soll:

> Here, I would be exploiting a certain nomic regularity – between the length of the tree's shadow and the position of the sun – to assign the tree (or its shadow) a certain job; namely, to keep me cool. On the realist reading of information, the tree's shadow also carries a considerable amount of information. [...] However, given the way I am *in fact* using the tree's shadow, the information it carries is entirely irrelevant to its functional role (Ramsey 2007, 136).[144]

Wenden wir dieses Beispiel auf Detektoren an[145], dann ist keineswegs klar, wie und warum ein kausaler Sensor, der auf eine Umweltbedingung F reagieren soll und damit einen Nutzer-orientierten Effekt zeitigt, dafür die von ihm verkörperten F-relativen Informationen als solche ins Spiel bringen muss. Ziehen wir Dretskes Beschreibung des Mechanorezeptors in der Venusfliegenfalle hinzu, der seine repräsentationale Tracking-Funktion genau durch diese informationelle Rolle erworben habe. Für Dretske ist die Sache klar:

> [T]here is every reason to think that this internal trigger was selected for its job because of what it indicated, because it "told" the plant what it needed to know (i.e. *when* to close its leaves) in order to effectively capture prey (Dretske 1988, 90).

Dretske beansprucht also nicht nur einen kausalen Effekt, sondern damit auch zugleich eine Präsentation oder Vermittlung von Information als *structuring cause.* Darauf erwidert Ramsey, eine solche repräsentationale Vermittlung („telling") sei nicht erkennbar:

> It is far from clear why we should think that the internal trigger has the job of "telling" the plant anything. While the nomic dependency may serve as a structuring cause in such cases, it doesn't follow that any sort of information or natural meaning is a structuring cause (Ramsey 2007, 135).

---

144 Ein anderes, oft diskutiertes Beispiel Ramseys ist der Schlagbolzen einer Feuerwaffe, der auf das Ziehen des Abzuges reagiert und auf das Zündhütchen einwirkt (Ramsey 2007, 138). Hat der Schlagbolzen Gehalt? (siehe Shea 2018, 30).

145 Analog zum Baumschatten, ließe sich an photoprotektive Moleküle in den Melaninen der Haut denken, die auf UV-Photonen funktional anspringen (in einen bestimmten Zustand übergehen) und diese Energie in Wärme umwandeln, wodurch ein gesundheitsförderlicher Effekt gezeigt wird.

Neanders reagiert auf dieses Mehrwertargument von Ramsey. Sie billigt ihm zwar diese Anforderung zu, entgegnet dann aber:

> But [Ramsey's] important point is compatible with the required nontrivial explanatory purchase of representational explanations depending on the nontrivial explanatory purchase of that on which the representations supervene. [...] In any event, some normative aboutness is posited in cognitive science as soon as information-processing or information-carrying functions are posited (Neander 2017, 85).

Neander bezieht sich hier vor allem auf das Supervenienz-Verhältnis zwischen intentionalen und nicht-intentionalen Erklärungen und nimmt gerade die kognitionswissenschaftliche Praxis, Informationen ins Spiel zu bringen, in Anspruch. Ich denke, dass beides Ramseys eigentlichen Punkt verfehlt. Denn Ramseys eigenes Beispiel für eine genuin repräsentationale Rolle superveniert ebenfalls auf nicht-intentionalen Strukturen.[146]

Die Pointe seines Arguments scheint eine andere zu sein, die in Ramseys Beispielen selbst nicht ganz klar zur Geltung gebracht wird: Sie scheinen nämlich auf einen weitverbreiteten Fehlschluss hinzudeuten, der darin liegt, automatisch vom ubiquitären *Tragen* von Information (*carrying information)* durch einen Zustand p auf das Ausbeuten oder Nutzen dieser Information als solcher (*processing information*) in p durch ein System zu schließen. Das wird besonders deutlich, wenn wir annehmen, dass die Information, die der Baum (oder ein gewöhnlicher Sonnenschirm) in seiner kausalen Reaktion auf das Sonnenlicht trägt, gerade für *uns* (qua kognitive Betrachter) explizit eine Rolle spielen muss, wenn wir den Schattenwurf berechnen. Diese informationelle Rolle scheint für den Schattenwurf des Baumes auf die Veranda selbst aber nicht diese Rolle zu spielen. Der Baum scheint sich nicht durch einen informationsverarbeitenden Prozess auszuzeichnen und deshalb gepflanzt worden zu sein.

Wie geht Neanders Sensitivitätstheorie mit diesem Trivialisierungs- oder Pansemantizismusproblem um? Sie beschreibt ausführlich die „Informationsverarbeitung" (*information processing*) im Froschbeispiel (vgl. Neander 2017, 105-109) und angesichts der Robustheit kausaler Wege (Konstanzmechanismen) scheint es hier angebracht, von Informationsverarbeitung in Ramseys Sinne zu sprechen. Doch ihre Theorie gilt für Sensorik und Wahrnehmung überhaupt. Hier kann Neander dann in ihrer Replik auf Ramseys Herausforderung nicht pauschal an das Para-

146 Ramsey (2007, 195) geht dabei von einem Mechanismus struktureller Korrespondenz aus, der kausal-abgekoppelt ist, und so als eine Art „Karte" seine Umwelt repräsentiert, kraft dessen ein Verhalten gesteuert wird. Er spricht von „S-Repräsentation" (*stimulus representation*), ein Terminus, der meines Wissens auf Cummins (1991, 113) zurückgeht. Auf diese S-Repräsentationen wird noch eingegangen werden.

digma „normativer Aboutness" in der Kognitionswissenschaft („as it is currently practiced", Neander 2017, 85) appellieren, weil Ramsey diese Praxis gerade in Frage stellt. Vor allem scheint es problematisch, dabei an „information-processing or information-carrying functions" (Neander 2017, 85) zu appellieren, die „gesetzt" (*posited*) werden, wenn wir gerade den Unterschied beider Funktionen betonen, Neander jedoch zwischen diesen hin- und herwechselt (siehe auch Neander 2017, 84-85). Neander ist sich zwar im Klaren, dass allein ein solcher Verweis ihr Modell nicht beweist (siehe Neander 2017, 87). Dennoch könnte man eine prinzipielle Begründung dafür erwarten, *warum* die Wissenschaften eigentlich erfolgreich sind, wenn sie Informationsverarbeitung ins Spiel bringen. Sie gibt folgende Auskunft:

> One reason the term "information" is used in cognitive science is that it is an agreed-upon name for a relation that is unknown, ill understood or at any rate controversial. [...] Part of the point is also to conceive of a cognitive system as one that has the function to produce inner natural signs of variable outer features of the environment, and to use these signs to adapt the creature's response to these features (Neander 2017, 83-84).

Neanders Antwort ist nicht wirklich überzeugend. Denn, *erstens*, wird an die Unklarheit eines für sie gleichwohl erklärungskräftigen Begriffs appelliert und, *zweitens*, ein quasi-repräsentationaler Status („signs of variable outer features", „use these signs") impliziert, den Ramsey gerade in Frage stellt. An dieser Unklarheit des Informationsbegriffs bzw. Zirkularität setzt Ramsey zurecht seine Kritik an (vgl. Ramsey 2007, 26).[147] Ohne eine solche Begründung reaffirmiert Neanders Ablehnung einer restriktiveren Anwendung von „Repräsentation" (Ramsey 2007, 88) deshalb lediglich den Status quo. Ferner scheint ihr Modell keine prinzipiellen Gründe aufzubieten, die verhindern, dass die Reaktion des Baumes (bzw. des Photoprotektors) auf das Sonnenlicht und seinen Einfallswinkel dabei Informationen „über" die Sonne verarbeitet, um seine Funktion auszuüben. Wenn die Allgegenwart von Konsumentensystemen Repräsentation als ethologisches Tracking in diesem Sinne trivialisiert, dann scheint in Neanders linear-kausaler Diskriminationstheorie die ubiquitäre Präsenz kausaler Reaktionsfreudigkeit dieselbe Konsequenz zu haben. Die Frage nach dem spezifischen Gehalt eines sensorischen Mechanismus steht mit Ramseys Herausforderung also immer unter dem Vorbehalt, dass sich diese Frage als überflüssig herausstellen könnte, insofern unklar ist, ob hier überhaupt Informationen als solche genutzt werden.

Umgekehrt muss die Gehalt-Frage immer schon ein ungefähres Status-Kriterium implizieren, wenn die Auswahl der Beispiele nicht willkürlich sein soll und

147 Diese Verworrenheit um den Informationsbegriff erkennen auch die radikalen Enaktivisten als Achillesverse der naturalistischen Repräsentationstheorie, siehe Hutto/Myin 2013, 36, 57.

Gehalte als Gehalte in einem entsprechenden, intentional-qualifizierenden Kontext verwurzelt sein müssen. Wie geht Neanders CT-Modell mit dieser Herausforderung um? Schulte formuliert sie für Neander (und die Teleosemantik im Allgemeinen) durch zwei Kriterien: *Konsistenz* und *Systematizität*.

> Is it possible to give a satisfactory answer to the status question that is coherent with the teleosemantic approach to the content question? In other words, the question is whether teleosemanticists have the resources to provide a plausible criterion for distinguishing between representational and non-representational states that is (a) consistent with their theory, and (b) not ad hoc, i.e. not an unconnected add-on to teleosemantics that is introduced for the sole purpose of getting the right results (Schulte 2015, 124).

Neander ist sich der Gefahr einer Trivialisierung oder Unkenntlichmachung von repräsentationalem Status bewusst. Doch ihr Verhältnis zur Status-Frage ist ambivalent. Status-Bedingungen sind zwar in ihrem an Millikan und Dretske anknüpfenden Anspruch, ihr CT-Modell sei eine „Erklärung von Intentionalität auf einfachster Stufe“ (Neander 2017, 6), impliziert. Um Ramseys Mehrwertargument aufzugreifen, appelliert sie an die Erklärungskraft eines nicht-intentionalen Explanans im „basalsten Fall“ von Repräsentation (Neander 2017, 85, 88). Doch worin besteht dieser? Neander will sich nicht systematisch auf die Status-Frage einlassen. Sie gesteht die Beschränkungen ein, die ihr kausales Tracking-Modell diesbezüglich aufweist (vgl. Neander 2017, 155). Sie skizziert dennoch eine Antwort.

Neander distanziert sich zuerst vom Liberalismus in der Status-Frage (siehe Artiga 2016), den CT nahelegt. Angesichts des Pansemantizimusproblems stellt der Liberalismus für sie nur eine Verlegenheitslösung dar („ad hoc“, Neander 2017, 277).

> It is an option to bite the bullet and maintain that the protease *is* indeed a representation of the protein. [...] But I would prefer to find a less liberal account, since this does look like biting the bullet in the face of despair of discovering a better, less liberal, analysis (Neander 2017, 277-278).

Der Liberalismus erfüllt deshalb Schultes zweites Kriterium, das der Systematizität, für teleosemantischen Status nicht.

Um beide Kriterien zu erfüllen, spezifiziert Neander CT zunächst wie folgt: Die kausale Sensitivität muss dahingehend erweitert werden, dass die funktionale Tracking-Relation eine *strukturelle* Korrespondenzbeziehung zum Detektierten aufweist. In diesem Sinne können die internen Verhältnisse der Zustände von S untereinander die äußeren Verhältnisse derjenigen Gruppe von Umweltbedingungen widerspiegeln, die S detektieren soll. Sie weisen dann nicht die gleichen Eigenschaften auf, sondern sind nur analog zu diesen, sie unterhalten eine „Ähnlichkeit zweiter Ordnung“ („second-order similarity“, Neander 2017, Kap. 8). Sie liefert damit eine Erweiterung ihrer Basistheorie, die in einer *analogen Responsivität* von Detektoren liegt („causally driven analogs teleosemantics" oder „CDAT"). Interessanterweise ist für Neander nun diese Erweiterung von CT eher Ausdruck seines repräsentationalen *Status* und weniger seiner Gehalt-Bestimmung:

> [W]e might characterize a natural representational system as one that has been adapted by natural selection to mirror or model variable aspects of an organism's environment to enable variable adaptive responses to it by the organism (Neander 2017, 178).

Repräsentationen sind dem CDAT-Tracking zufolge daher *kausal-effektive Analoga* oder *Strukturentsprechungen*. Dieser Vorschlag erfüllt damit Schultes Voraussetzung der Konsistenz, da kausale Relationen strukturelle Entsprechungen bilden können. Man denke z.B. an einen Fußabdruck im Sand oder die Proportionalität zwischen Luftdruck- und Höhengradient. Aus diesem Grund bildet diese Qualifikation aber auch keine klar erkennbare Grenzlinie:

> [T]he answer to the question of representational status […] does not sharply divide representational systems from nonrepresentational systems when we move from considering, for instance, chemical messengers in our bodies and information processing in plants, to considering the information processing in the cognitive systems of toads, rats, primates, and so on. In my view, it is reasonable to think of the distinction between nonrepresentational and representational systems as a graded one (Neander 2017, 178).

Neanders Antwort plädiert also für einen *Gradualismus* in Bezug die Frage, wann ein Tracking-Mechanismus repräsentational ist. Ein Tracking-Mechanismus sei schlicht „repräsentationaler" als ein anderer auf einem „Spektrum", das von Hormonen bis zu Primaten reiche (vgl. Neander 2017, 277). Diese Antwort auf die Status-Frage ermöglicht ihr einen Umgang mit Ramseys Einwand, ohne zugleich ihre Konsistenz mit CT aufzugeben, durch die auch die Sensorik von exokrinen Drüsen als „minimales" Modell etwas gilt:

> The pancreas has the function to produce protease in response to protein entering the digestive tract. The more protein there is, the more protease will be produced, when the pancreas is functioning properly. Thus the protease sent from the pancreas to the gut might be said to model, and have the function to model, the amount of protein entering the digestive tract. But the modelling of the environment is *minimal*, and so we need not to take this modelling very seriously as a case of a representational system as such (Neander 2017, 277; Kursiv, A.W.).[148]

An Neanders Gradualismus entscheidend, dass wir nun nicht mehr sagen können, das Pankreas *ist* im selben Sinne *schlechthin* repräsentational, wie wir sagen, das

148 Siehe Schulte 2015, 125 für ein ähnliches Beispiel.

Sehsystem des Frosches *ist* repräsentational und somit dieses Prädikat kategorial verstehen. Denn dann wäre der Pankreas entweder vollumfänglich repräsentational (wie der Frosch) oder er wäre überhaupt nicht repräsentational („all or nothing requirement", Neander 2017, 277). Da für Neander eine liberale Status-Theorie diesen kategorialen Ansatz verfolgt und damit sehr primitiven Mechanismen wesentlich dieselbe Intentionalität zuschreibt wie prototypischen Systemen, kann sie diese unerwünschte Konsequenz durch den Gradualismus vermeiden.

Wie überzeugend ist Neanders Gradualismus repräsentationalen Status? Beginnen wir mit dem Kriterium der *Konsistenz*: Da CDAT sich nur dann von CT unterscheidet, wenn es eine strukturelle Tracking-Relation eigens ausbeutet, muss erörtert werden, wie dieser Gebrauch von struktureller Ähnlichkeit zustandekommt. Diese Diskussion wird in Kapitel II.2.4 erfolgen und wir werden sehen, dass Neander am Beispiel einer Schmerzskala (vgl. Neander 2017, 181) CDAT zwar richtig und erklärungskräftig auffasst, aber gerade dadurch Zweifel bestehen, ob und wie kausale Detektoren wie das Pankreas diese Auflagen erfüllen. Wir gehen also zwar von Konsistenz aus, ziehen aber den für Neander problemlosen Übergang von CT auf CDAT in Zweifel. Wenn wir daher Neanders Status-Vorschlag zumindest Konsistenz mit ihrer Antwort auf die Gehaltfrage zubilligen können, sind Zweifel angebracht, ob er auch *systematisch* ist und keine ad hoc – Lösung darstellt. Denn Neander scheint keine Begründung dafür zu geben, was an CDAT spezifisch repräsentational ist. (Wir werden auf strukturalistisches Tracking noch genauer eingehen). Vor allem aber bleibt offen, wie eine *erklärungskräftige* Gradualität von „Repräsentation" aussieht, warum wir also etwas *besser* (und nicht schlechthin!) verstehen, wenn wir es repräsentational verstehen. Doch es ist nicht klar, wie selbst in einer *minimal* intentionalen Erklärung die kausal-analoge Reaktion eines Zustands (z.B. des Pankreas) über ein Informationstragen hinausgeht, sodass Information als solche genutzt und verarbeitet werden. Verzichtet Neander völlig auf diesen Aspekt funktionaler Information und reduziert diese deflationär auf eine brauchbare Kausal- und Ähnlichkeitsrelation, dann bleibt unklar, welchen Aspekt dieser Relation wir *übersehen*, wenn wir sie nicht mit „Gehalt" und „Aboutness" verstehen. Dieser Aspekt soll in einer nicht-zirkulären Erklärung nicht wiederum intentional sein. Doch es fehlt der spezifische *Ansatzpunkt* im weiten Feld eines so allgegenwärtigen nicht-intentionalen Phänomens wie das funktionaler Kausalreaktionen, der uns nötigt, gerade dort und nicht woanders, die Supervenienz einer minimalen Repräsentation zu verorten. Und dieser Ansatzpunkt ist beim bloßen Informationstragen einer Kausalrelation noch nicht erkennbar. Anders gefragt: Warum sollen wir, wenn auch abgestuft, überhaupt das „intentionale Idiom" (Jean-Michel Roy) benutzen, wo Vokabular der Kausalität und der strukturellen Ähnlichkeit völlig ausreicht? Das Pankreas reagiert mittels einer strukturellen Ähnlichkeit auf den Proteingehalt als kausale Ursache, wie der weiche Sand mit einem

Abdruck auf den Fuß reagiert. Das dabei oft genug ein weiterer Effekt ausgeübt wird, ist keine spezifisch repräsentationale Angelegenheit. Inwiefern gilt das Pankreas dennoch als minimal repräsentational und damit Teil des Spektrums? Weil das Pankreas sich innerhalb eines Organismus „verhält“? Dann wäre jegliche organische Reaktion nach CDAT graduell *besser* verstanden, wenn wir ihr Veridikalitätsbedingungen zuschreiben würden. Damit kommt Neander über die Trivialisierungsproblematik des Liberalismus nicht hinaus.[149]

Das heißt: Selbst eine gradualistische Theorie von repräsentationalen Status müsste angeben können, wie die Information „über“ einer umgrenzten, spezifischen Bedingung (z.B. den Proteingehalt im Magen) als solche genutzt und enkodiert wird und somit erklärungskräftig zum Gehalt wird. Gerade von einem nicht-trivialen, systematischen Gradualismus könnte mit Recht gefordert werden, dass der Anstieg von Repräsentationalität nicht linear verläuft und „wichtige Schwellen“ (Dennett 2000, 347) erkennbar sind, die Fähigkeiten erst als solche und ihre emanzipatorischen Schritte von der jeweils niedrigeren Stufe markieren. Neander weist zwar auf den Unterschied zwischen „natürlich-faktischer“ Information (vgl. Grice 1957, Dretske 1988) und „intentionaler Information“ hin (Neander 2017, 6-9, 84). Nur letzterer sei repräsentational und habe Veridikalitätsbedingungen. Von der statistisch-kausalen Information wissen wir nach Neanders eigenen Maßstäben dagegen zumindest, dass sie *keine* Intentionalität ist, da sie auch jenseits von Organismen und Verhalten vorkommt. Es bleibt in ihrer Theorie allerdings unklar, wie ein solch *kategorial* anmutender Übergang stattfindet. Wenn Neander von einer „minimalen“ Repräsentationalität des Pankreas ausgeht (Neander 2017, 277), impliziert diese „Primitivität“ nicht nur negativ Einfachheit und mangelnder Entwicklung, die wir vom anderen, komplexeren Ende des Spektrums von Repräsentation erfassen. Sie impliziert auch eine positive Behauptung einer überschrittenen Schwelle, die wir „von unten“, d.h. an der nicht-intentionalen Nachbarschaft des gradualen Spektrums erkennen können. Vermag Neander diese Emanzipationsleistung primitiver Repräsentationalität nicht anzugeben, scheint auch CDAT nur eine Verlegenheitslösung zu bilden, die aus ihrer Gehaltfrage abgeleitet wird. Erkenntnismehrwert muss klar erkennbar sein, ansonsten droht das kausale Tracking-Modell ein *instrumentalistisches* Rezept zu sein, das lediglich realistische

149 Wie das Pankreas-Beispiel zeigt, ist auch Neanders Verständnis von „Verhalten“ zu beliebig, um hier einer Trivialisierung von intentionalen Erklärungen entgegenzuwirken. Neander meint, dass ein elaborierter Verhaltensbegriff für repräsentationalen Status zirkulär sei, da er Intentionen beinhalte (vgl. Neander 2017, 276). Doch wie der von mir favorisierte, ganzheitliche Verhaltensbegriff (siehe Kapitel A.II.1) zeigt, muss das nicht der Fall sein. Würde Verhalten in einem ganzheitlichen Sinne definiert und ein weiteres Kriterium bilden, würde die Reaktion des Pankreas nicht repräsentational sein, weil das Pankreas sich nicht verhält.

Zutaten verwendet. Selbst wenn ein kausaler Zustand die Information, die er trägt, tragen soll (funktional ist), dann bleibt immer noch offen, wie sich dieses funktionale Tragen von Information in ein Ausbeuten spezifischer Information als solcher und damit schließlich in ein repräsentationales „Sagen" oder „Vermitteln" transformiert (Neander 2017, 8). Der Gradualismus könnte deshalb auch auf einer impliziten *Projektion* (z.B. einer Protein-Repräsentation des Physiologen) beruhen, wenn das Spektrum intentionaler Zustände auf Basis der eigenen *naturalistischen* Annahmen gerade in den Bereich der Gegenstände erweitert wird, der die Extension des naturalistisch Akzeptablen wiederum bestimmt.

Doch diese ihre eigenen Annahmen könnten für Neander zum Bumerang werden. Hierzu liefert wieder der Verweis auf die Kognitionswissenschaften eine Antwort (siehe Garson 2018, 732). Die Information, die ein linear kausaler Mechanismus mit sich führt, könnte sich nach Sobers Terminologie (siehe oben) selbst als ein evolutionärer „Trittbrettfahrer" (*free rider*) entpuppen. Die Information wäre dann etwas, was zwar auch selektiert wird, aber nicht woraufhin (*selection-for*) sie selektiert wird und so entweder ungenutzt bleibt oder nicht ausschlaggebend ist für das Verhalten, das der Mechanismus bewirkt.[150]

> In a typical case of animal behavior, every link in the causal chain stretching from stimulus to response will carry information about the environment. Representations are supposed to be more than just causal mediators which happen to carry information. Representationalists need to distinguish cases where information is doing important explanatory work from cases where information is simply along for the ride (Ganson 2020, 2).

Demnach wäre vor dem Hintergrund der Sparsamkeit Neanders informationelle „Glosse" zu kausalen Beziehungen überflüssig. Der Ausdruck *„information about"* hätte keinen Erklärungswert, die Kausalbeziehungen blieben, *was sie sind*, auch wenn sie funktional genutzt werden: kausale Beziehungen. Und *als* kausale Beziehungen werden sie dann genutzt, was auch die ontologisch sparsamere Variante wäre: warum hier noch zusätzliche Begriffe und Entitäten generieren?

Durch diese Unveränderlichkeit würde Neanders Theorie das *hard problem of content* (Hutto/Myin 2013, 72) nicht vermeiden können, das das Emanzipationsprinzip leitet. Sie würde damit CT's Erklärungsmehrwert als *repräsentationale* Theorie drastisch mindern. Soll dieses Nutzen von Information hingegen „minimal" repräsentational sein, kann dafür nicht wiederum auf Information als Zutat zurückverwiesen werden, wenn „Information" und „Kausalität" konzeptuell nicht unterschieden werden. Anders gesagt: Neanders Gradualismus verträgt sich nicht

---

150 Damit eröffnet sich eine offene Flanke für Millikans Einwand, Informationen seien lediglich „zufällige Nebenerscheinungen" von funktionalen Effekten (siehe Millikan 1989, 283).

mit ihrem Naturalismus, von *klarerweise nicht-intentionalen* Zuständen auszugehen. Er entfaltet *innerhalb* des repräsentationalen Spektrums Erklärungsmehrwert, liefert aber nicht das „Rezept“ (Dretske), das die Status-Frage als *Kontrastierungsprojekt* verlangt. Auch wenn Neander explizit kein Buch über diese Frage geschrieben hat, scheint mir diese Erklärungslücke auch ein Problem für ihre Methode der Gehaltbestimmung darzustellen.

Wie könnte eine mögliche Verteidigungslinie zugunsten des kausalen Trackings aussehen? Ich möchte ein das Kausalmodell *ergänzendes Kriterium* anbieten, das für Status und Gehalt von kausalen Detektoren ausschlaggebend sein kann: Es ließe sich argumentieren, dass in jeder Sensorik, also selbst im Fall des Pankreas, die Kausalkette charakteristischerweise nur als eine Art „Medium“ für die relevante Normalursache fungiert und damit die Information über eine Eigenschaft sich von der Kausalrelation, die diese Eigenschaft zum Detektor unterhält, „emanzipieren“ muss, um relevant zu werden. Schließlich individuiert auch Neander den Gehalt von p mit den Oberflächeneigenschaften der Dinge selbst und nicht mit ihren Kausalketten zu den jeweiligen Detektorsystemen. Die relevante Eigenschaft F (z.B. der Proteingehalt im Magen) setzt zwar als solche (qua F) die Kausalkette bis zum jeweiligen System S in Gang, fällt aber nicht mit dieser Relation zusammen. Sie soll „in“ ihrem kausalen Effekt in Gestalt eines „informationellen Gehalts“ über F für ein Detektorsystem zugänglich sein. Das Kriterium für die Nutzung und Verarbeitung von Information als solche und die damit erfolgte Transformation in einen (feinkörnigen) repräsentationalen Gehalt bestünde dann in der *Abstraktion* von der jeweiligen Kausalkette und ihren proximalen Effekten durch das System selbst.[151] Wenn eine distale Bedingung *per definitionem* eine „persisting property or entity“ bildet, die „abstracts from the continuously changing proximal conditions“ (Orlandi 2014, 59), dann muss *das sensorische System* selbst zu dieser Abstraktionsleistung *fähig* sein. Mit dieser für alle Referenz charakteristische „Transzendierung“ (siehe Kapitel A.III.3.2) des Mediums auf eine spezifische (distale) Bedingung hin wäre Information als solche systemrelevant und Referenz auf die Außenwelt fundiert: Das System muss die unzähligen und komplexen Informationen proximaler Effekte auf bestimmte Weise verarbeiten, um zu spezifisch-distaler Information und damit zur Umweltursache erst zu gelangen, um diese Information dann auch eigens zu nutzen. Diese Anforderung ist selbst für liberale Status-Theorien selbstverständlich – wenn auch durch diese kaum erfüllt, wie wir noch sehen werden:

> If the system often successfully produces a world-involving outcome by exploiting the information that internal components carry *about external world affairs* and this process has been

151 Zu distaler *Beschaffenheit*, proximalem *Effekt* und der nötigen Abstraktion von letzterem auf erstere siehe B.II.1.2.

> designed or maintained by some stabilizing process, this should be enough for securing the explanatory bite of content attributions (Artiga 2022, 657).

Ich möchte diese Anforderung das ***Abstraktionsprinzip informationeller Verarbeitung*** nennen, und es primär auf kausale (d.h. nicht-abgekoppelte) Systeme anwenden. Es soll für die gesamte folgende Beurteilung von Tracking-Theorien der Intentionalität ein Kriterium bleiben. Auch wenn Neander dieses Prinzip nicht als solches herausstellt, anerkennt sie mit dem Distalitätsproblem die damit verbundene Aufgabe zumindest als einen ersten richtigen Schritt (vgl. Neander 2017, 41).

(b) Diese Aufgabe bildet dann zugleich eine **zweite,** noch substanziellere Herausforderung für ihre kausale Tracking-Theorie: das ***Distalitätsproblem.*** Denn Neander müsste dann zeigen, wie einem Trackingsystem diese Abstraktion gelingt, um transzendierend-referentiell die distalen bzw. F-spezifischen Informationen zu extrahieren und eigens nutzbar zu machen. Selbst wenn also eine externe Bedingung F kraft F (und nicht G oder H) einen internen Detektorzustand p verursacht und p die Funktion hat, auf F anzuspringen, bleibt dreierlei zu beantworten:

a) Warum reagiert p funktional gerade auf die distale Bedingung F und „stoppt" an dieser Stelle, anstatt transitiv auf eine *noch distalere* Bedingung G anzuspringen, die die nächste Stufe in der Kausalkette, aber keine Oberflächeneigenschaft bildet? (*Problem der Weitsichtigkeit*)
b) Warum reagiert p funktional nicht primär auf die ganze lineare *Kausalkette* zwischen F und q, dem proximalsten, unmittelbarsten Effekt, wenn diese Verkettung die Verbindung zwischen q und F sicherstellt?[152] (*Problem der Unübersichtlichkeit*)
c) Warum reagiert p funktional nicht primär allein auf den *proximalsten*, unmittelbarsten Effekt q, wenn doch dieser allein die (lineare) Verbindung zu F sicherstellt? Das ist besonders akut für „CT", weil die Responsivität von p auf q wesentlich näher, unmittelbarer und sparsamer ist als auf das entferntere, distale F (*Problem der Kurzsichtigkeit).*

All diese Alternativen ergeben sich aus der kausal-informationellen Natur der Sensitivität. Wenn Referenz ein Merkmal aller Intentionalität ist, dann hat die Horizontalität (Distalität) der Gehaltbestimmung für Neander mit der Konstitution eines Gehalts überhaupt zu tun:

> If the problem of distal content poses any special problem, it is to distinguish *the content* of a *given* mental representation from whatever serves to carry information about it to its repre-

152 Also Konjunktionen der einzelnen Kettenglieder wie: q, q*, ...F bzw. logische-inverse Rückschlüsse wie: Wenn q, dann q*, dann......, schließlich F.

> sentation, on an occasion when such information is carried by one means or another. If so, the task involved in solving the problem cannot be to distinguish among different kinds of representational contents (Neander 2017, 230) [Kursiv A.W.].

Selbst wenn Neander die Herausforderung von Ramsey meistern und Informationsverarbeitung von bloßem Informationstragen begründen sollte, hebt mit dem Distalitätsproblem die Frage ihr Haupt, wie und warum das System distal-spezifische Information privilegieren und zugänglich machen kann. Neander muss also zeigen, dass ihre Gehalt-Theorie nicht zu „Fehlsichtigkeit" und schließlich „Blindheit" überhaupt führt: Sie muss weitsichtige Gehalte (a) vermeiden und darlegen, warum p (als Repräsentation) auf eine exklusive distale Bedingung wie F exklusiv und spezifisch reagiert und dabei nicht über das Ziel hinaus geht und auf noch distalere Gehalte sich bezieht; sie muss unübersichtliche Gehalte (b) vermeiden und zeigen, wie der Gehalt p nicht durch die feinmaschige Kausalkette übermäßig konjunkt bzw. zu kleinteilig wird; schließlich muss sie kurzsichtige Gehalte (c) ausschließen und angeben können, wie der Gehalt nicht durch den proximalen Reiz seine Reichweite und Referenzfähigkeit in Bezug auf die Außenwelt überhaupt einbüßt. Diese Fragen haben unterschiedliches Gewicht: Denn in Fragestellung a) setzen wir voraus, dass das System überhaupt spezifisch zu distalen Bedingungen vordringen kann, dabei jedoch über das Ziel hinausschießt. Fragestellungen b) und c) sind bedeutend gefährlicher für jede kausale Theorie der Repräsentation *ab ovo*, da mit ihnen überhaupt Distalität und Spezifizität der Gehalte auf dem Spiel stehen. Diese Problematik geht seit jeher mit Kausaltheorien der Referenz einher.[153]

Wie sind diese Fragestellungen motiviert? Zumindest *prima facie* lässt sich mit Blick auf lineare Detektoren in ihrem *modus operandi* diese Privilegierung und Abstraktionsleistung zumindest aus dem Blickwinkel seines Mechanismus in autonomer Tätigkeit nicht erkennen: Nehmen wir z.B. lichtsensitive Bewegungsmelder wie eine Lichtschranke oder eine negative Lichtreaktion auf einen plötzlichen Schatten, wie sie in fast allen visuellen Systemen anzutreffen sind und deren Grundprinzip auch in anderen sensorischen Medien vorliegt: Eine plötzliche Bewegung, z.B. eines Angreifers, löst eine plötzliche Änderung der Lichtverhältnisse aus, was wiederum in einem Hell-Dunkel-Kontrast im Lichtdetektor sich kausal niederschlägt. Ganson illustriert dergleichen am Beispiel von Muscheln:

153 „Not every thing causally related to that photograph is depicted by it […] Nor am I seeing every thing causally related to my present visual state. I am not now seeing my optic nerves. At best, it is only those things causally related in certain specific ways that comprise the objects represented, seen, known, or named" (Stampe 1977, 82.).

> [S]ome molluscs quickly close their shell in response to a sudden absence of light, a protective response known as *the shadow reflex*. The stimulus condition (sudden onset of darkness) triggers an excitatory response in dedicated photoreceptors and the photoreceptor signals bring about the protective response (closing of the shell) (Ganson 2020, 9).

Auf den ersten Blick scheint Neanders Kausaltheorie an der Distalitätsproblematik zu scheitern. Selbst wenn Kausalität viele mögliche Repräsentata auf der vertikalen Ebene ausschließt, springt ein kausaler Responder in seiner horizontalen Tracking-Relation mit dem kausalen Universum dennoch auf alles in dieser Kausalkette bzw. auf die Kette im Ganzen an. Worauf es dann funktional ankommt, scheint dann eben lediglich *auch* in dieser Kette vorkommen zu müssen, also ein Glied unter anderen zu sein. Doch aus dieser notwendigen *Inklusion* eines Kettenglieds durch kausale Responsivität folgt nicht, dass der Responder ein Glied (die distale Bewegung) aus dieser Kette *privilegiert*, spezifisch herauslöst und damit die anderen Glieder informationell *ausblendet*, sodass der Gehalt distal-spezifisch wird (siehe II.1.2). Das System „hakt" sich lediglich an der nächstgelegenen Stelle der praktisch nützlichen Kausalkette ein (*adaptive hookup*, Clark 1997, 147). Angenommen es gäbe dennoch eine *Exklusivität* kausaler Reaktion in CT, dann würde das System eher auf den unmittelbarsten proximalen Effekt dieser Kette auf seine sensorische Oberfläche reagieren. Der Informationsbegriff wird dann zum Bumerang für Neanders Theorie:

> [I]f mental states have a higher statistical dependence with their most proximal cause while their function and content concern a distal feature, it is not obvious that the notion of information is actually playing any important role in a theory of representation (Artiga/Sebastián 2020, 622).

Distale Referenz und Spezifizität des vermeintlichen Gehalts (Bewegung eines Angreifers) könnte dann durch *unser* Betrachterwissen um die relevante Bedingung hineinprojiziert sein: Es ist nicht klar, dass die Muschel von Informationen bezüglich der inneren Aktivität ihres Photorezeptors auf eine äußere Ursache wie Licht abstrahieren muss oder kann. Es ist noch weniger klar, dass die Muschel vom Licht als „Medium" abstrahieren muss, um die distale Bewegung „in" diesem Medium zu erschließen. Ist diese Unklarheit begründet, dann können wir zurecht daran zweifeln, dass linear-kausale Systeme wie lichtsensitive Bewegungsmelder (oder das Magnetosom, der Pankreas, Thermosensoren, basaler Geruchssinn, etc.) überhaupt die Umwelt selbst repräsentieren. Sie sind allein „Detektoren" äußerer Bedingungen, weil repräsentationale Wesen bestimmte kausale Aktivitäten so betrachten oder benutzen. Damit scheint das Distalitätsproblem die Achillesverse jeder kausalen Tracking-Theorie zu sein.[154]

Neander ist sich dessen bewusst und begegnet diesem vielgestaltigen Unbestimmtheitsproblem auf horizontaler Ebene mit ihrem „Distalitätsprinzip", welches ihr Responsivitätsmodell („CT"/ „CDAT") absichern soll. Für Beschreibungen, bei denen wir von einem distalen Gehalt ausgehen – für Neander ein entscheidendes Charakteristikum sensorisch-perzeptueller Systeme (Neander 2017, 220) – würde demnach gelten:

> In that case, R refers to C rather than the more proximal Q, if the system responsible for producing Rs was adapted for responding to Qs (qua Qs) by producing Rs as a means of responding to Cs (qua Cs) by producing Rs, but it was not adapted for responding to Cs as means to responding to Qs (Neander 2017, 222).

Dieses „*Asymmetrieprinzip*" ist als Antwort auf das Abstraktionsprinzip informationeller Verarbeitung zu verstehen. Denn es stellt eine gewisse Ziel-Mittel-Hierarchisierung heraus, die den transzendierenden „Durchgang" durch die Kausalkette sicherstellen und die proximalen Reize hinter sich lassen soll. Insofern dem kausalen Verständnis nach Q Information über C trägt, aber C nicht über Q, reagiert das System nicht auf C, um auf Q zu reagieren, sondern reagiert auf Q, um auf C zu reagieren. Daraus folgt zweierlei für Neander: *Erstens,* das sensorische System hat *auch* die Funktion auf das proximale Q zu reagieren. *Zweitens,* diese funktionale Reaktion auf Q hat keinen Gehalt, da sie nur die Funktion eines kausalen Mittlers (*causal intermediary*) spielt. Das Froschsystem soll z.B. *auch* auf proximale Lichtmuster, die auf die Retina treffen, reagieren, von unmittelbarem Wert für den Konsumenten sei aber gewissermaßen die „letzte" oder „höchste" kausal-effektive Eigenschaft (Schulte 2018, 357). Denn auf diese reagiert S funktional und mit ihr ist die Normalbedingung (z.B. Nahrhaftigkeit) ko-instanziiert. Diese Eigenschaft ist die Oberflächeneigenschaft C (z.B. wurmartige Gestalt). Nur letztere bildet deshalb den Gehalt des Detektorsystems.

Diese Antwort ist zwar prinzipiell zutreffend und sicherlich eine Antwort auf das Distalitätsproblem, scheint aber folgende Crux zu enthalten: Neander scheint auf anderer Stufe einen *entscheidenden Fehler* zu wiederholen, den sie selbst der ethologischen Theorie vorgeworfen hat. Das Asymmetrieprinzip rekurriert nämlich allein auf das faktische Resultat der Anpassung („was adapted"), ohne zu zeigen, *wie* das System zu diesem Resultat kommt. Dem Abstraktionsprinzip nach müsste sie Prinzipien angeben, wie ein kausaler Respondersystem ein Ziel ausweist und dann

---

154 „The main difficulty of Neander's view has always been the distality problem" (Artiga 2015, 680) Siehe auch Ryder 2009, 263; Schulte 2018, 350; Garson 2018, 732.

diesen „Weg“ oder epistemischen Pfad zur distalen Bedingung durch Zweck-Mittel-Hierarchisierung eigentlich beschreiten kann, anstatt mit dem Asymmetrieprinzip nur zu konstatieren, *dass* es diesen Weg geht. Denn ein Weg von p zu C ist durch seine Richtung *per definitionem* asymmetrisch, einzelne Teilstücke sind nur Mittel zum Ziel. Ihr Prinzip scheint folglich nur die innere Struktur des Explanandums widerzugeben und damit nur *programmatisch* oder *ad hoc* zu sein. Doch die Fähigkeit zur Beschreitung dieses Weges vom proximalen Reiz zur (richtigen) distalen Bedingung ist nichts anderes als die Referenzfähigkeit der perzeptuellen Intentionalität selbst. Es muss am System S selbst erkennbar sein, dass es allein mit dem Mittel funktionaler Responsivität eine Bedingung F privilegiert, obwohl es ebenfalls zugleich auf alles zwischen F und S anspringt.

Damit diese Kritik an Neanders Theorie der Distalität (und damit der Repräsentationalität) gerechtfertigt ist, müssen folgende Fragen beantwortet werden: Wie gelingt es einem kausal-analogen System, diese Zweck-Mittel-Hierarchisierung auch durchzusetzen? Kann Neanders voll ausgebaute Theorie (CT/CDAT + Asymmetrieprinzip) die Alternativbeschreibungen a), b) und c) abwehren?

Beginnen wir mit dem Problem **„weitsichtiger Gehalte“** (a): Neander ist sich des Problems zu weitreichender Referenz („overly distal“, Neander 2017, 222) für Kausaltheorien bewusst, insofern die Reaktion auf Oberflächeneigenschaften selbst zu einem Mittel für ein noch höheres Ziel, die Detektion von Tiefeneigenschaften, erklärt werden könnte:

> Since the response to the distal configuration of visible features is a means to feeding the toad, and was selected for that reason, one might think that appealing to the informational asymmetry in relevant response functions will push us toward the conclusion that toad food as such is, after all, what is represented (Neander 2017, 223).

Ethologische Kritiker könnten demnach also Neanders Asymmetrieprinzip für ihre eigenen Gehalt-Bestimmungen instrumentalisieren:

> [Neander] argues it is *by* reacting to worm-like motion that states react to more distal features, and not vice versa. However, we could use a parallel argument to conclude that the toad's sensory states are supposed to react to worms *by* reacting to worm-like figures (Artiga 2015, 680).

Wie Neander (2017, 223) zurecht erwidert, ergibt sich dieser Vorwurf nicht aus dem Asymmetrieprinzip selbst. Denn dieses sei an die Basistheorie CT gebunden, der zufolge die Sensitivität nur auf *kausal*-wirksame Eigenschaften anspringt, nicht auf Tiefeneigenschaften (siehe auch Schulte 2018, 357). Die horizontale Transitivität der Tracking-Relation wird dadurch auf weniger distale Eigenschaften eingeschränkt.

Allerdings hat Schulte (2018, 358) ein anderes, kraftvolles Gegenargument vorgebracht, das zeigt, wie selbst das kausal fundierte Asymmetrieprinzip unweigerlich Tiefeneigenschaften als Reaktionsziele und damit als Gehalte generiert: Man stelle sich vor, so Schultes Gedankenexperiment, gewisse Insekten würden sich rot färben, weil sie eine bestimmte Menge von Kalium aufgenommen haben. Eine Froschart hätte sich diesbezüglich evolutionär so entwickelt, dass sie diese Insekten nur dann jagt, wenn sie diese Rotfärbung an den Tag legen, weil sein Konsumentensystem von der Aufnahme von Kalium profitiert. Die Tiefeneigenschaft der Insekten, Kaliumgehalt, ist hier zugleich eine kausal-effektive Eigenschaft der Insekten in Bezug auf den Sehsinn des Frosches und die Normalbedingung seines erfolgreichen Jagdverhaltens. Nach Neanders Prinzip müsste sich also die Sensitivität für Röte als ein Mittel für die Sensitivität für Kalium unterordnen. Der Frosch „sähe" dann den Kaliumgehalt der Insekten. Dieses für Neander heikle Gedankenexperiment ist weniger hypothetisch als es Schultes exotisches Beispiel suggeriert, wenn wir bedenken, wie systematisch Tiefeneigenschaften auf Oberflächeneigenschaften kausal einwirken können. So wirkt sich der Nährstoff- oder Giftgehalt von potentieller Nahrung oft auf die Oberflächeneigenschaften der Nahrung aus, oder der Status der Fruchtbarkeit oder der Krankheit verändert gezielt das Aussehen eines Artgenossen.[155] Neanders Modell scheint solche zu „weitsichtigen" Gehalte, die ihre Orientierung an Oberflächeneigenschaften konterkarieren, nicht verhindern zu können, da ihr Modell zu stark auf Kausalität ausgerichtet ist, um die engen kausalen Verbindungen zwischen Oberflächen- und Tiefeneigenschaften zu kappen. Die Transitivität kausaler Responsivität droht Neanders Gehaltbeschreibung zu unterlaufen.

Eine mögliche Einschränkung dieser ausufernden Transitivität bestünde in der Orientierung an dem jeweiligen sensorischen Medium: Wenn wir davon ausgehen, dass der jeweilige Detektor in Neanders Theorie nur in einem bestimmten Kontext und epistemischen Pfad (z.B. den der visuellen Verarbeitung) operiert, dann wirken nur die Oberflächeneigenschaften (z.B. Röte) spezifisch auf die Rezeptoren und weitere Informationsbahnen (z.B. auf die Netzhaut und die Sehbahn). Dafür spricht Neanders Ausrichtung an bestimmten Wissenschaften, die sich auch durch solche Kontexte individuieren, und ihre detaillierte Beschreibung des visuellen Systems im Frosch. Dazu müsste die Basisversion (CT) in ihrem Kausalitätsbereich modifiziert werden.

155 Schulte (2018, 359) verweist auf den Hörsinn, der primär Schallereignisse und nicht ihre Quellen (Vibrationseigenschaften von Oberflächen, eine plötzliche Dichteänderung der Luft, etc.) repräsentiert.

Dennoch wäre auch hier die strikt kausale Ausrichtung von Neanders Modell in Konflikt mit ihren gewünschten Gehalten. Denn wie Ganson (2021) in Bezug auf die Wahrnehmungspsychologie und gegen reine Kausaltheorien demonstriert, sind einige Aspekte einfachen Sehens wie Distanz oder Orientierung, ferner Schatten und verdeckte Rückseiten nicht unmittelbar kausal wirksam, weshalb er für eine statistisch geprägte Informationsverarbeitung („nomic-correlational theory of perception") plädiert. Auch wenn hier ebenfalls zu weitsichtige Gehalte drohen, zeigt das Argument doch erneut die Hauptproblematik von Neanders Theorie, nämlich der stipulierten Gleichsetzung von Information und Kausalität. Denn es ist zwar richtig, dass für den alltäglich-intuitiven Informationsbegriff das statistische Verständnis nicht das „alleinige" sein könne (vgl. Neander 2017, 143). Gleichwohl würde nach Neanders Ansatz selbst die stärkste Ko-Instanziierung zweier Eigenschaften nicht als informativ im eigentlichen (kausalen) Sinne gelten. Doch selbst ein primitives sensorisches System kann durch Konditionierung lernen, die schwarzgelbe Warntracht der Wespe mit einem Angriff zu verbinden, ohne dass die Färbung selbst den Angriff verursacht hat (siehe Ganson 2020, 4). Es scheint daher willkürlich, eine scharfe Trennlinie zwischen informationell-kausalen und nicht-informationelle-statistischen Mechanismen ziehen zu wollen. Neander macht nicht ausreichend klar, wie kausal-informationelles Tracking verhindern kann, dass Information statistischer Art auch in sensorischen Fällen ihren Platz behauptet und nicht-kausale, womöglich distalere Faktoren in den Gehalt miteinfließen lässt. Folglich scheint das Asymmetrieprinzip die ungewollte „Weitsichtigkeit" distaler Gehalte nicht verhindern zu können, weil es nur die innere Verlaufsform des Weges, aber nicht sein abruptes Ende im erwünschten distalen Gehalt begründet.

Nach Schulte (2018, 359) kann Neander die richtige Distalität nur durch den systematischen Einbezug von *Wahrnehmungskonstanten* sichern: Wenn die Kausalkette zwischen F und p nicht-linear ist, und dieselbe Oberflächeneigenschaft eine Reihe sehr verschiedener proximaler Reize (Q, Q*, ...) verursacht, oder ein bestimmter proximaler Reiz Q eine Disjunktion von F und plausiblen kausalen Alternativen zu F bildet, ist es plausibel, dass S die proximalen Reize trotz ihrer Verschiedenheit auf eine gleichbleibende distale Bedingung hin prozessiert.[156] Damit würde zwar das vorgeschlagene Abstraktionsprinzip informationeller Verarbeitung eine Operationalitätsgrundlage bekommen. Gleichwohl wäre der Anwendungsbereich limitiert: Denn eine solche Konkretion der informationellen Abstrahierung bloßer Kausalität ist bei komplexer Sensorik wie des Frosches am Werk, aber nicht bei den einfacheren Formen linearen Trackings, die uns hier in-

156 Zu dieser Strategie: Dretske 1981; Clark/Toribio 1994; Sterelny 1995; Burge 2010. Dazu später mehr.

teressieren. Schulte (2018, 362) selbst schränkt ein, es könne nur für Mechanismen angenommen werden, in denen die Psychologie bereits Wahrnehmungs-konstanten anerkennen würde. Und Neander (2017, 227-230) sieht bei den meisten Wahrnehmungskonstanten distale Gehalte bereits vorausgesetzt. Wahrnehmungskonstanten haben also keinen Anspruch darauf, die vermeintliche Referenz von Detektoren und ihre distalen Gehalte (z.B. Bewegung, Sauerstoffarmut, Proteingehalt) im Allgemeinen abzusichern und damit abstrahierende Informationsverarbeitung im Sensorischen überhaupt zu plausibilisieren. Doch damit scheint Neander eine mögliche Verbesserung ihrer Distalitätstheorie auszuschlagen. Damit steht dann aber auch die Fähigkeit eines CDAT-Detektorsystems zur gerichteten Referenz auf Eigenschaften externerer Entitäten in Frage.

Neanders Modell scheint uns also direkt zu dem zweiten Problem, dem der **„unübersichtlichen Gehalte"** (b) zu führen: Kann eine kausale Tracking-Theorie zumindest ausschließen, dass S zum funktionalen Ziel hat, nicht auf die einzelnen Glieder, sondern auf die gesamte Kausalkette zwischen dem unmittelbarsten proximalen Reiz Q und der externen Bedingung F anzuspringen? Diesem Einwand nach reagiert das System nicht hierarchisierend auf eine spezifisch-gesonderte Bedingung F innerhalb bzw. am Ende der Kette, sondern die relevante Bedingung, für die das System sensitiv sein soll, ist eine ganze *Konjunktion* von kausal-effektiven Bedingungen. Denn nur wenn sich normalerweise die ganze Kette einstellt und kein Glied fehlt – denn in jeder Kette führt bereits der Ausfall eines einzelnen Gliedes zu ihrem Ende – dann stellt sich p und damit der Effekt ein, für den p selektiert worden ist. Asymmetrie wäre als eine strukturelle Eigenschaft jeder Kausalkette vorausgesetzt, wenn in der spezifischen Richtung der kausalen Folge jedes Glied ein kausales Mittel zum nächsten Glied bildet. Die Folge wäre damit ein „unübersichtlicher" Gehalt (z.B. Q, Q*, ... F): Entweder ist diese Konjunktion, in ihre einzelnen Glieder aufgespaltet, zu zahlreich und detailliert für plausible und erfüllbare Veridikalitätsbedingungen. Oder der Gehalt bestünde in einer kompakt abgegrenzten, intern komplexen Kette (als eine spezifische Vermittlungsbedingung V) zwischen einer Normalbedingung und dem jeweiligen sensorischen System. Sie bestünde z.B. zwischen einem Magnetfeld, das in sauerstoffarme Wasser hineinwirkt, und den Oberflächen des Magnetosoms. V wäre dann zwar eine bestimmte, intern asymmetrisch strukturierte Bedingung, schöbe sich aber wie ein Hindernis vor die Oberflächeneigenschaften. In beiden Szenarien ist nicht erkennbar, wie ein einfaches sensorisches System transzendierend über die einzelnen Kettenglieder bzw. die kausale Zwischenbedingung als solche (und ihre Informationen) elegant „hinwegsehen" und eine spezifisch-distale Bedingung als Ziel privilegieren kann. Deshalb nährt sich der Verdacht, der Eindruck einer distalen Repräsentation von F durch CT beruhe auf einer Projektion des Begriffs von Ursache und dessen Platzierung auf einer vom Betrachter abstrahierten und privilegierten Position in der Kausalkette.

Neander könnte nun folgende Verteidigungslinie gegen diese Alternativbeschreibungen einschlagen: Eine Konjunktion der einzelnen Kettenglieder bzw. eine komplexe Vermittlungsbedingung zu privilegieren sei zu wenig sparsam und verstoße damit gegen ein Prinzip evolutionärer Entwicklung. Die Alternative wäre also: Da S zwar auch auf alle diese Zwischenbedingungen funktional reagiert, privilegiert S nur eine Bedingung, nämlich F, die überdies von all diesen Zwischenbedingungen der Normalbedingung noch am nächsten stünde. Die Transitivität der Reaktion auf Q zur Reaktion auf F kostet S schließlich weniger, da sie durch die Kausalkette selbst gewährleistet ist. Die Glieder, sei es einzeln oder im Verbund, repräsentieren zu müssen, wäre zu aufwendig und würde komplexe Fähigkeiten erfordern.

Dieser Einwand würde allerdings Neander wenig helfen und sie in ein Dilemma führen. Denn um zu weite Gehalte zu vermeiden, könnte diese Vermeidungsstrategie letztlich direkt in die letzte Herausforderung (c) münden, das Problem **„kurzsichtiger" Gehalte**: Wenn in einer linearen Kausalkette die Verbindung zwischen dem unmittelbarsten proximalen Q und F bzw. der Normalbedingung sichergestellt ist, ist es gerade unter dem Vorzeichen der Sparsamkeit nicht erkennbar, warum das System F privilegieren bzw. diskriminieren muss. In der evolutionären Vergangenheit kann es den Vorläufern des Systems genügt haben, wenn sie sich allein in einer von F ausgehenden linearen Kausalkette (z.B. Schall- oder Magnetwellen) in demjenigen horizontalen Kettenglied „eingehakt" haben, das sowohl der Reaktionsfähigkeit bequem am nächsten steht als auch eine belastbare Kausalbeziehung mit der Normalbedingung unterhält. Und diese Bedingung ist in diesen Fällen meist eine proximale Bedingung Q. Wenn Neander sich für kausalgebundene Diskrimination ausspricht, kann sie also schwerlich die ethologische und nicht-kausal wirksame Normalbedingung dazu benutzen, den Gehalt näher in deren Einflussbereich zu verschieben. Wenn Neander sich auch für die feinkörnige Privilegierung einer einzelnen Bedingung aus der Kausalkette als Gehalt (und nicht für Kette im Ganzen bzw. die Konjunktion ihrer Glieder) einsetzt, dann kann sich das System auch auf dasjenige Glied der Kette festlegen, das in unmittelbarer kausaler Reichweite steht. Wenn sie schließlich zugeben muss, dass S *auch* auf Q reagiert, führt daher Sparsamkeit zu dem evolutionären Ergebnis, dass S sich auf das proximale Q *beschränken* kann und in seiner referentiellen Reichweite nicht weiter ausgreifen muss.

Nehmen wir ein Beispiel, das klarerweise Neanders Repräsentationskriterium erfüllt: Reagiert eine Pflanze phototropisch oder durch circadiane Uhren auf den Sonnenstand und richtet sich nach ihm aus (siehe Morgan 2018; Calvo/Keijzer 2011) folgt daraus nicht, dass ihre sensorische Funktionalität auch den Sonnenstand als Ziel privilegieren muss und folglich einen Gehalt aufweist, der durch den Sonnenstand spezifisch individuiert ist. Sie scheint keinem Irrtum zu erliegen, wenn sie sich zu einer Wärmelampe drehen würde. Denn ist der diskriminatorische Ansatz der maßgebliche, dann reicht es für die Pflanze, auf den *Oberflächeneffekt* bestimmter Lichtmuster auf die räumliche Verteilung ihrer Photorezeptoren hin anzuspringen. Für die Hinwendung zur Sonne muss sie keine Sonnenstand-spezifischen Informationen verarbeiten, auch wenn ihre kausalen Zustände diese Informationen billigerweise mitführen. Sie „trackt" nicht die Sonne als solche, wenn „Tracking" hier repräsentational verstanden werden soll, sondern reagiert sehr begrenzt und idiosynkratisch auf Oberflächeneffekte, die letztlich, zum Glück des Konsumenten, von der periodisch verlässlichen Sonnenposition herrühren. Sollte Informationsverarbeitung stattfinden, betrifft sie auch nicht die distale Richtung des Sonnenlichts, sondern idiosynkratrische Faktoren wie die Gewichtung der Intensitäten proximaler Effekte auf unterschiedlichen Pflanzenteilen. Die Pflanze vertraut ganz darauf, wie sie selbst affiziert wird, um sich auf die Umwelt anzupassen. Dasselbe bei Bewegungsmeldern, die lediglich auf die Sukzession eines Lichteffekts anspringen müssen, um einen Effekt zu zeitigen, der für einen Konsumenten, der mit Bewegung interagiert, brauchbar ist.

Nach dem erläuterten Prinzip der Aufgabenteilung ist in der kausal-linearen Sensorik die spezifische Information bezüglich Oberflächeneigenschaften bzw. Normalbedingungen keine Aufgabe des Systems. Neander ist also mit dem Dilemma konfrontiert, dass sie, um zu „weite" Gehalte zu verhindern, Prinzipien in Anschlag bringen muss, die in vielen Fällen unweigerlich in zu „nahe" Gehalte münden Nach Neanders eigenen Beispiel (Neander 2017, 136, 162) springen in für die Nesthygiene zuständigen Ameisen olfaktorische Rezeptoren auf Ölsäure an, die mit für das Hygieneverhalten der Ameise Normalbedingungen wie Tod oder bakterielle Infektion in Verbindung steht. So tragen diese Ameisen im Normalfall tote oder kranke Körper anderer Ameisen fort, da diese Ölsäure verströmen. Doch entgegen Neanders eigener Gehaltbeschreibung (der Detektorzustand habe den Gehalt <u>Ölsäure</u>), müsste der olfaktorische Detektorzustand in der Ameise nach Problem (a) die Oberflächen der toten oder kranken Körper, die diesen Geruch tragen bzw. verströmen, oder sogar die Tiefeneigenschaften (z.B. Tod, Krankheit) zum funktionalen Ziel erheben, insofern es möglich ist, dass beide die kausalen Ursachen der Präsenz von Ölsäure bilden und die Detektion von Ölsäure nur als Mittel fungiert. Wird (a) ausgeschlossen – womit Neanders Asymmetrieprinzip Mühe hat – dann wäre eine Beschreibung im Sinne von Problem (c) möglich und *sparsamer*, nach der der Detektor lediglich den charakteristischen proximalen *Effekt* dieser Säure auf den jeweiligen Rezeptor, anstatt die Säure selbst (eine bestimmte Molekülverbindung), diskriminieren soll. Vereinfacht gesagt: Wirkt der Effekt der Ölsäure in einer bestimmten Konzentration auf den Rezeptor, wird das Hygieneverhalten ausgelöst. Eine große Zahl von primären Sinneszellen bestimmten Typs verfügen in ihrem Bau über eine entsprechende Passung mit der Molekülstruktur eines Stoffes und ihre Aktivität konvergiert in nur wenigen sekundären Sinneszellen, die damit eine hohe Sensitivität für den jeweiligen Stoff aufweisen (vgl. Cleland/Linster 2005, 801). Der olfaktorische Sinn der Ameise ist „blind" für die Säure als solche und ist damit erfolgreich. Er kann allein darauf vertrauen, wie ein Stoff auf seine Rezeptorenoberfläche *wirkt* und muss nicht darüber informieren, wie etwas *jenseits* von diesem Effekt *beschaffen ist*. Der olfaktorische Sinn ist komplex. Deshalb ist es auch unklar, warum Neander meint, das Pankreas repräsentiere Protein. Es reagiert eher auf Protein-Effekte, ohne dass es dabei diese Effekte als distale Ursachen repräsentiert. Wie schon die frühe Neurowissenschaft scheint Neander die Rezeption auf etwas mit der Detektion von etwas zu vermischen, als wäre Ursache und Effekt, objektive Eigenschaft und subjektive Stimulation dabei schon klar informationell geschieden und müsste nur noch aufgegriffen und verarbeitet werden.

(3) Bringen wir diese Kritik am Kausalmodell mit dem Begriff des **reizgebundenen Solipsismus** zum Abschluss: In all den beleuchteten Fällen „registriert" oder „detektiert" der Detektor funktional die Art und Weise, wie er vom Reiz affiziert wird. Doch auch diese Redeweise ist noch irreführend. Denn strenggenommen und in Wahrheit *verkörpert* der Detektor eher seine eigenen *idiosynkratischen Stimulationsbedingungen*, die mit einer ethologischen Normalbedingung verkoppelt sind. Ich wähle hier und im Folgenden den Ausdruck „verkörpern" um die repräsentationale Residuen in Termini wie „information registration" (Burge 2010, 325) eigens anzuzeigen und zu entfernen. „Registrierung" erweckt, entgegen Burges Absicht, wieder den Eindruck, es werden externe Vorkommnisse oder Tatsachen bzw. Informationen als solche zur Kenntnis genommen oder aufgefasst. Dagegen *ist* der Detektor und seine Aktivität partiell der Effekt, *instanziiert* partiell seine eigenen proximalen Stimulationsbedingungen, die es ohne ihn nicht gibt und die auf ihn zugeschnitten sind. In einer anderen Passage ist Burge deutlicher:

> Unless there is a systematic distinction in the animal's psychology between the effect of nature on the animal and the way things are independently of the animal's inner impressions in a wider environment, there is no representation (Burge 2010, 522).

Die Trennung zwischen Effekt und Ursache ist damit *für* das System noch nicht gegeben. Damit wird noch einmal das Abstraktionsprinzip als Leitidee für die Konstituierung der repräsentationalen Referenz zum Ausdruck gebracht. Sie findet sich auch in phänomenologischen Betrachtungen: Auf ein *bewusstes* Wesen angewendet, das z.B. warm oder hungrig fühlt, bezieht sich die Sensorik als „Empfindung (sensatio)" nach Kant „lediglich auf das [bewusste] Subjekt, als die Modifikation seines Zustandes", bzw. auf „die Art, wie wir von Gegenständen affiziert" werden (Kant [1781] 1966, 400, 81 [B 376, B33]). [157] In diesen Zuständen ist nichts „über" Temperatur, Blutzucker oder *qualia*, sie bilden keine Gegenständlichkeit, durch die sie transzendierend über sie auf etwas anderes hinausweisen, selbst wenn dieses etwas nicht existiert.[158] Sie richten sich daher referentiell auf nichts, sondern verkörpern nur einen lokalen Effekt mit gewissen Qualitäten. Wichtig ist, dass in nicht-bewussten, nicht-selbstreferentiellen Wesen, wie sie hier Thema sind, sich ein sensorischer Zustand auf überhaupt nichts und damit auch nicht auf sich selbst bezieht. Die Wärme- oder Hungerqualität des Gefühls dürfen nicht wieder als intentionale Objekte hypostasiert werden.

Dasselbe bei nicht-bewussten sensorischen Mechanismen: Die proximal-bedingte „Kurzsichtigkeit" – die also *sensu stricto* keine „Sicht" ist – tut der erfolgreichen Funktionsweise dieser basalen Detektionsmechanismen keinen Abbruch, weshalb kausale Sensitivität nach Neanders elaborierter Theorie genuinen repräsentationalen Status hier nicht hinreichend zu fundieren scheint oder zumindest die Referenzfähigkeit in Bezug auf externe *Eigenschaften* oder *objektive Bedingungen* unterwandert. Das gilt auch für objektive Beschaffenheiten des Reizes, *bevor* er auf den Rezeptor trifft, wie z.B. die Umwelttypen Licht oder Wellenlänge: Aus dem bloßen Kausalmodell wissen wir nicht, wie lineare Sensitivität diese Bedingungen als solche von ihren Effekten auf das System differenziert (abstrahiert) und Gehalte wie Licht oder Blau generiert, zumal es fragwürdig ist, ob das sensorische System überhaupt die Ressourcen hat, Licht als solches zu repräsentieren bevor es Größen oder Gestalten „im" Licht repräsentiert (siehe McDowell 1994, 198). Aufgrund der Bindung der Rezeptoraktivität an seine idiosynkratischen Affektions- oder Stimulationsbedingungen lässt sich hier keine klare Grenze zwischen dem Effekt *vor* und *während* der Stimulation ziehen. Der Effekt ist eine Vermengung von Wirkung und Reaktion bzw. die Bezogenheit der jeweiligen Dispositionen dazu (siehe Kapitel B.II.1.2). Selbst wenn es diese Differenzierung gibt, wird sie nicht vom System ohne Weiteres autonom (ohne die Projektion *unserer* Differenzierung) vollzogen, zumal für die Detektorfunktion diese Bedingung in ihrer Beschaffenheit überhaupt nicht

157 Siehe auch Reid (1863, 313), Searle (1983, 2) und O'Regan/Noë (2001, 942) für eine solche Unterscheidung zwischen *Sensitivität* (sensation) als idiosynkratische Stimulationsbedingung und *Wahrnehmung* (perception) als Kategorisierung der Umwelt.

158 Siehe auch Matthen zu dieser „Immanenz": „An itch is an itch because it feels like an itch; it is different from a tickle because it feels different. There is nothing more to be known about this; an itch is not what it is because (for example) it represents the secretion of a histamine" (Matthen 2021, 203). Natürlich betrifft das das Jucken als Jucken. Dass wir dieses Jucken (wie auch Schmerzen) an einem bestimmten Ort verspüren liegt an der *propriozeptiven* Repräsentation („body-schema"), die vom Jucken selbst zu differenzieren ist. Das Körperschema repräsentiert nicht sich selbst, sondern den räumlichen Körper.

relevant sein muss, im Gegensatz zu der Art und Weise, wie die Bedingung auf ihn wirkt bzw. ihre Disposition dazu.

Damit steht die „Eigenschaftssensitivität“, die nicht nur Neander für ihr Modell reklamiert, in Frage. Es geht dann nicht mehr nur um das Unbestimmtheitsproblem und die Frage, auf *welche* Eigenschaft eines Tokens das System anspringt, sondern ob es überhaupt für Eigenschaften als solche sensitiv sein kann. Damit wächst auch die Skepsis in Bezug auf die Frage, worin die *Veridikalität* der kausalen Gehalte eigentlich bestehen soll, wenn das System nicht in der Lage ist bzw. sein muss, externe Eigenschaften oder Bedingungen von den proximalen, idiosynkratischen Bedingungen der eigenen Affizierbarkeit zu abstrahieren. Ryder macht zwar klar, dass der Informationsbegriff durch seine propositionale Struktur („carries information *that*...“) diese Evaluierung in einem ersten Schritt *prima facie* zulässt und deshalb von den Tracking-Theoretikern gewählt wird: „Note that the formulation in terms of that-clauses makes information *truth-evaluable*“ (Ryder 2009, 254). Der kausale Detektor soll Repräsentation vermitteln, was *der Fall ist* und sich auf das F-*Sein* beziehen[159]. Er springt jedoch nur auf seine Ursache F hin an – was nicht heißt, das er seine Ursache repräsentieren kann, weil er dadurch von ihrem Effekt abstrahieren müsste. Informiert er, in einer sparsameren Erklärung seiner Diskriminierung, nur „darüber“, wie er selbst kausal affiziert wird? Nein, er informiert nicht über *etwas* (...), dem er ein Attribut (F) beilegt – er informiert überhaupt nicht, sondern zeitigt einen bestimmten Effekt. Die bloße (lineare) kausale Responsivität eines Systems kann somit, auch weil eine systematische Begründung für Gewinn und Ausbeute spezifischer Informationsgehalte fehlt, dem *assertorischen* Charakter, das dass-Moment der Repräsentation auch von sensorischen, nicht-begrifflichen Repräsentationen (siehe Heck 2000) nicht hinreichend Rechnung tragen. Mit dem mangelnden Abstraktionsprinzip fehlt auch eine Begründung darüber, wie die bloße kausale Aktivität ein Objekt aufweist, dem es bestimmte Attribute zuschreibt und somit der irreduziblen Vorgängigkeit als auch den Eigenschaftscharakter von Entitäten Rechnung trägt. Die *Präsentationsstruktur* des intentionalen Modus, die allererst eine Einstellung zu einem Gehalt und damit Veridikalitätsbedingungen in Bezug auf distale Eigenschaften fundiert (siehe Kapitel A.III.3.4), fehlt in Neanders Kausalmodell völlig. Wie Information *für* ein Subjekt vermittelt ist und eine Attri-

159 CT: „A sensory-perceptual representation, R, which is an (R-type) event in a sensory perceptual system (S), has the content *there's C* if and only if S has the function to produce R-type events in response to C-type events (in virtue of their C-ness)“ (Neander 2017, 151, Unterstreichung A.W.). Auch wenn Neander dieses „there's“ primär lokalisierend und nicht im Sinne einer Existenzbehauptung („existential operator“) verstehen will (Neander 2017, 152), überzeugt dieser Schluss nicht: Denn es ist als deskriptiver Gehalt *eo ipso* assertorisch, d.h. gibt an, *dass* etwas auf einer bestimmten Position *ist*.

butionsstruktur aufweist, bleibt schon deshalb unthematisch, weil Neanders Modell bereits mit der Abstraktion der zu bereitstellenden Information Schwierigkeiten hat. Auch auf eine Theorie des *Subjekts*, das nicht mit dem praktischen Konsumenten identisch ist, verzichtet Neander, sodass unklar bleibt, *was* eigentlich Gehalte hat.

Zusammengefasst: Für die Operationalität eines kausalen Detektors nach Neanders Modell ist allein entscheidend. wie etwas *auf* ihn *wirkt*, nicht wie *etwas* (objektiv) *für* ihn (subjektiv) *ist*. Der Detektor hat keinen Eindruck von etwas, er ist ein Eindruck als kausale Folge von etwas, wie der Fußabdruck im weichen Sand oder das Siegel im Wachs. Die *receptor notion* (Ramsey 2007) darf nicht das sich verselbstständigende „Bild" (Wittgenstein 2003, [§ 115) sein, das die scharfe und erklärungskräftige Zuschreibung von repräsentationalem Status „gefangen" hält. In diesem Sinne bezeichnen die Ausdrücke „Sensitivität" oder „Responsivität" besser, was kausale Tracking-Zustände in Wirklichkeit *tun*, was ihre Rolle ist, wohingegen „Detektion" die Entdeckung oder Feststellung einer Bedingung insinuiert und daher bestimmte repräsentationale Erwartungen mitschwingen lässt, die allerdings nicht vom *modus operandi* der linearen Detektoren eingelöst werden.[160] Vielleicht ist es dieses begriffliche Framing, aufgrund dessen wir diese Erwartungen – und mit ihnen Gehalte – in die jeweiligen Mechanismen hineinprojizieren. Wir verstehen dann Reaktion auf etwas als die Entdeckung von etwas. Damit scheint gerade das Kausalmodell an einer Erklärung des hier im Mittelpunkt stehenden Phänomens vorbeizuzielen: Dass es Zustände gibt, die einem Lebewesen vermitteln, wie die Welt als solche aussieht, wie Dinge in ihren *Eigenschaften* beschaffen sind, Zustände, die wir „Repräsentationen", „Perspektiven", „Sichtweisen", „Darstellungen", „Beschreibungen" etc. nennen und die einen Gehalt haben und sich selbst auf eine von ihnen äußere Sache referentiell transzendieren.

Worin liegt also der „Solipsmus" dieser linearen Detektoren? Ein rein sensitives System muss sich auf nichts beziehen. Es kann in einem doppelten und terminologischen Sinne des Wortes derartig von einem proximalen Reiz „gebunden" sein, dass ihm diese Bindung einerseits ein sparsames wie effektives Interagieren mit spezifischen Umweltbedingungen ermöglicht und seinen evolutionären Erfolg erklärt. Andererseits ist ihm jedoch dabei eine externe Welt in ihrer objektiven Beschaffenheit „verhüllt" (obwohl sie nie „entdeckt" war), weil diese hinter ihren kausalen Effekten zurücktritt und sich nicht als solche im Detektor geltend machen muss. Ein linear-kausales System muss sich nicht von dem Stimulationsbedingun-

---

160 „[T]to *detect* a state of the environment, as distinct from merely reacting by design to a proximal stimulus" (Sterelny 1995, 261). Auch wenn „Detektion" bzw. „Detektor" vielleicht irreführend dazu beigetragen hat, die Tracking-Theorie sprachlich als Repräsentationstheorie zu framen, dennoch im Sinne der Tracking-Mechanismen weiterverwenden.

gen emanzipieren, an die es gebunden ist. Wenn Neander Millikans Meldepflicht von Tiefeneigenschaften zurecht und wirkungsvoll eine Absage erteilt, dann gelten die gleichen Gründe analog auch für den Verzicht auf Oberflächeneigenschaften. So wenig wie der Frosch die Fliege als Fliege erkennen, und dadurch die eigene Wahrnehmung transzendieren muss, (da Fliege eine Tiefeneigenschaft ist), so wenig muss eine Pflanze den Stand der Sonne repräsentieren, und dabei die verlässlichen Effekte des Sonnenlichts an sich selbst auf deren distale Ursache zurückverfolgen.

Ich möchte meinen Einwand gegen das bisher erörterte Tracking-Modell der Repräsentation daher den Vorwurf eines *reiz-gebundenen Solipsismus* nennen, der für die Mehrheit kausal-sensorischer Detektionsmechanismen geltend gemacht werden kann. Die genaue Bedeutung des mangels Alternativen verwendeten Begriffs „Solipsismus" durch Reizgebundenheit ist wesentlich, da der Begriff normalerweise für Repräsentationen verwendet werden, die etwas darstellen und einen Veridikalitäts- oder Geltungs*anspruch* beinhalten (x *ist* F), aber allein („solus") das eigene Selbst („ipse") betreffen und damit subjektive Repräsentationen sind. Hier dagegen soll der Begriff „Solipsismus" durch den spezifizierenden Zusatz „reiz-gebunden" diesen Anspruch auf transzendierende Referenz von vornherein in Abrede stellen. Die Pflanze oder das Bakterium als reiz-gebundener Solipsist repräsentiert überhaupt nichts. Dieser Vorwurf eines Solipsismus soll als eine *Generalkritik* an der Tracking-Theorie der Repräsentation festgehalten werden und wird weiterhin eine Rolle spielen.[161]

---

161 Karen Neanders Theorie bildet die derzeit elaborierteste Kausaltheorie der Repräsentation, was eine ausführliche Erörterung erforderte. Dennoch soll Jerry Fodors (1987, 106-110) Theorie *asymmetrischer Dependenz* nicht unerwähnt bleiben. Sie gehört zu den kausalen Tracking-Versionen. Die Tracking-Relation wird hier durch eine Hierarchie von kausalen Gesetzmäßigkeiten konstituiert. Der Gehalt von p wird in Bezug auf F und nicht auf G determiniert, wenn das kausale Gesetz, durch welches G p verursacht, vom kausalen Gesetz, demzufolge F p verursacht, abhängig ist aber nicht umgekehrt, also abnormalen Umstände umfasst, die von normalen abhängen. So repräsentiert ein System eine Kuh und keine Pferde, weil das Gesetz der gelegentlichen Verursachung des Gehalts Kuh durch Pferde asymmetrisch abhängig ist von dem der Verursachung von Kuh durch Kühe. Ich werde hier nicht auf Fodors Modell eingehen, da es hinter dem derzeitigen Einfluss der Teleosemantik zurückfällt. Ich vermute aber, dass es gerade in Bezug auf das Distalitätsproblem mit ähnlichen Problemen wie Neanders Modell konfrontiert sein könnte. Denn die gesetzmäßige Ursache scheint nicht spezifisch in distalen Eigenschaften wie Kuh-Sein liegen zu müssen, sondern kann sich auf deren kausale Stimulationseffekte beschränken, von denen abnormale Effekte asymmetrisch abhängen.

II.2.3 Statistische Sensitivität

Im Folgenden soll die Version linearen Trackings erörtert werden, die sich auf den gängigeren, den statistischen Informationsbegriff stützt. Weil durch diesen keine exklusive Restriktion auf kausale Eigenschaften mehr gegeben ist und sie meist miteinschließt,[162] stehen Informationen über Tiefeneigenschaften bzw. Normalbedingungen dem verarbeitenden System hier also offen. Aus diesem Grund wird der Fokus auf ethologische Modelle statistischer Tracking-Relationen. Diese sind durch die Verwendung des Informationsbegriffs nicht nur stärker als Millikan mit den Kognitionswissenschaften abgestimmt. Sie geben auch Gelegenheit, auf weitere Gegeneinwände der ethologischen Schule gegen den Diskriminationsansatz der *low church* einzugehen.

Die Grundlage bildet ein statistischer Informationsbegriff in einer allgemeinen Version: „The *informational content* of a signal consists of how the signal affects probabilities. The *quantity of information* in a signal is measured by how far it moves probabilities" (Skyrms 2010, 34). Ein Zustand (oder Ereignis) *A* erhält demnach Information, die mit einem Zustand (oder Ereignis) *B* korreliert oder ko-variiert, wenn, und nur wenn, das Gegebensein von *A* die Wahrscheinlichkeit des Gegebenseins von *B* verändert (*move probabilities*), d.h. Pr (B/A) ≠ Pr (B).[163] A und B können, aber müssen in diesem Modell nicht in einem Kausalverhältnis zueinanderstehen (siehe Facchin 2021, 5482).

Ein prominenter Vertreter einer linearen, statistischen Tracking-Theorie ethologischer Prägung ist Todd Ganson (2020). Für ihn ist die Ramsey-Herausforderung die Vorlage dafür, den repräsentationalen Erklärungsmehrwert des statistischen Informationsbegriffs gegenüber kausal-funktionalen Beschreibungen à la Neander geltend zu machen (siehe Ganson 2020, 2). Da sich Ganson diesbezüglich explizit auf Dretskes ethologisches Informationsmodell stützt, soll dieses zunächst als Grundlage vorgestellt werden. Dretskes bahnbrechende Arbeit *Knowledge and the Flow of Information* (1981) hat die analytische Philosophie des Geistes vollends mit dem Informationsbegriff (siehe Shannon/Weaver 1949) vertraut gemacht, sein Verständnis der repräsentationalen Tracking-Relation als funktionale *Indikation* (Dretske 1988) soll im Folgenden (1) als die *Basisversion* für die statistische Tracking-Theorie – als Analogon zu Neanders Kausalmodell –vorgestellt werden.[164] Diese

162 So vertritt Schulte (2015, 2018) einen statistischen Informationsbegriff innerhalb der „low-church" Teleosemantik, der damit Information nicht auf Kausalität reduziert.

163 Siehe Shea 2018, 76; Shea et al. 2018; Schulte 2021, Artiga/Sebastián 2020.

164 Neben Ganson (2020) stützt sich auch Shea (2018, 21, 87) explizit auf dieses Modell, steht aber auch Dretskes robuster Lösung näher. Dretskes Indikationstheorie wird als Referenz bzw. Grundlage informationeller Detektor-Theorien anerkannt (so z.B. bei Ramsey 2007, Morgan 2014, Facchin 2021).

Basisversion soll Ramseys „Stellenbeschreibung" (*job description*) für informationsverarbeitende Prozesse noch einmal informationstheoretisch erörtern. Im Anschluss daran wird (2) *Gansons lineare Version von Dretskes Indikationsmodell* diskutiert. Nach einer kritischen Erörterung soll schließlich (3) gezeigt werden, dass das ethologisch-statistische Tracking ebenfalls zu einem Solipsismus führt, der als *nutzengebundener Solipsismus* namhaft gemacht wird.

(1) Beginnen wir mit **Dretskes Basismodell statistischer Repräsentation.** Wie früher bereits skizziert, ist „Indikation" (*indication*) nach Dretske (1988, 55) gleichbedeutend mit „natürlicher Bedeutung" (*natural meaning*). Sie bildet eine „objektive Ware", die wie ein Rohstoff nur abgebaut und genutzt werden muss. Voraussetzung für diese Brauchbarkeit sei nach Dretske jedoch nur eine „anhaltende" Korrelation (*persistence,* Dretske 1988, 57) zwischen den Relata, da nur in dieser engmaschigen Bewegung von Wahrscheinlichkeiten ein systematischer *Erklärungswert* vorliegt. Er gründet vor allem, jedoch nicht ausschließlich in einer „gesetzmäßigen Abhängigkeit" (*lawful dependency*) des einen Relats vom anderen:

> Chance correlation between two variables, no matter how prolonged, are not enough. In order for one thing to indicate something about another, the dependencies must be genuine. There must actually be some condition, lawful or otherwise, that *explains* the persistence of the correlation (Dretske 1988, 57).

In diesem Sinne „zeigt" Feuer Rauch „an", Jahresringe „meinen" das Alter der Bäume, und eine dunkle Wolke „bedeutet" nahenden Regen. Das Indizierte steht dabei in lokaler Nähe zum Indizierenden, um erklärungskräftig zu sein, insofern das Feuer eben nicht irgendeinen Rauch zu irgendwelchen Zeiten und Orten meint („local validity", Dretske 1988, 47). Durch dieses kontextuelle Analog von Millikans „Artikulation", kann ein Zustand ein belastbares Informationsnetz aufweisen, das sich durch reguläre, nomische Zusammenhänge bildet. Belastbare Erklärungskraft und Kontextualität restringieren damit den Informationsbegriff nach Dretske und finden sich auch in neueren Informationstheorien wieder.[165]

Für Dretske ist bereits mit dem Informationsbegriff der Begriff „Intentionalität" in einem natürlichen, nicht-mentalen Sinn unproblematisch und beinahe überall realisiert (vgl. Dretske 2000, 212; sowie Dretske 1988, 64). Dieselbe terminologische Liberalität gälte bei „Intensionalität": Insofern die Indikation eines Tracking-Zustandes bestimmten (kausalen, statistischen) Regularitäten und Abhängigkeitsverhältnissen unterliegt und damit potenzielle epistemische Pfade für

---

165 Auch Sheas (2018, 77) Begriff der *exploitable correlational information* knüpft an die lokale Persistenz solcher raumzeitliche „Regionen" an. Doch Shea gibt zu, dass diese Anforderung allerdings immer noch „extrem liberal" sei (Shea 2018, 79).

einen Informationsnutzer eröffnet, soll damit vertikale Unbestimmtheit ausgeschlossen werden. Dretske veranschaulicht diese primitive Spezifikation seitens der Indikation auf der vertikalen Ebene am Beispiel der Tracking-Zustände eines Kompasses und setzt sie mit der Perspektive kognitiver Zustände gleich:

> Talking about what a compass indicates is a way of talking about what it tracks, what information it carries, what its pointer movements are dependent on [...]. Talk about what instruments and gauges indicate or measure creates the same kind of intensional (with an "s") context as does talk about what a person knows or believes (Dretske 2000, 211).

In diesem Sinne trägt für Dretske die ko-instanziierende Kompassnadelbewegung nur Information über den magnetischen Norden und seine Richtung und nicht über die Polarbären, die dort heimisch sind. Denn sie sei lediglich für den Nordpol diskriminatorisch sensitiv, wodurch die kausale Kette eine „anhaltende Korrelation" generiert, die nicht in derselben Belastbarkeit auch die Eisbären systematisch miteinbezieht. Die Kompassnadel steht zu den Eisbären in keinem Abhängigkeitsverhältnis. Die Kompassnadel würde weiterhin so anschlagen, wie sie es gewöhnlich tut, auch wenn die Eisbären ausstürben. Sie indiziere deshalb den magnetischen Norden, nicht die Eisbären, so Dretskes einfache Lösung von Unbestimmtheit.

Doch Dretske ist sich bewusst, dass selbst diese kontextualisierende Restriktion von Information die entscheidende normative Komponente der Fehlrepräsentation nicht erklärt (vgl. Dretske 1986) und offenlässt, inwiefern die Information überhaupt *als Information* genutzt wird. Für das „naturalistische Rezept" für Repräsentationen fügt er deshalb seiner statistischen Zutat das ethologisch-funktionale Ingrediens von Millikan hinzu:

> Take a system that has a need for the information that *F*, a system whose survival or well-being depends on its doing *A* in conditions *F*. Add an element, or a detector system that produces elements, that carries information about condition *F*. Now, stir in a natural process, one capable of conferring on the F-indicator the *function* of carrying this piece of information. [...] If all goes well, when the process is complete, the result will be a system with internal resources for representing [...] its surroundings (Dretske 2000, 223)

Damit noch nicht genug: Die Aktivität von Tracking-Zuständen qualifiziert sich folglich nur dann für *genuinen* (bifunktionalen) repräsentationalen Status – Dretske spricht von „belief" wenn die Information, die sie trägt, auch *als solche* genutzt wird, das Anspringen also *kraft* dieser Korrelation in Anspruch genommen wird und es damit eine realistisch fundierte Erklärungsrelation zwischen dem Indikationsgehalt und dem Verhaltens-Effekt gibt (vgl. Dretske 1988, 80). Der Gehalt (als funktionale Indikation) soll nicht nur in einem sensorischen Zustand vorhanden sein, sondern auch als solcher das Verhalten steuern und damit seine „explanatorische Rolle“ geltend machen. Wir werden noch sehen, dass nach Dretske für repräsentationalen Status lineare Information nicht ausreicht und *robustes* Tracking nötig ist.

Hier ist eine kurze terminologische Klarstellung nötig: Dretske (1988, 94-101) verwendet den Begriff „Repräsentation“ bereits für intrinsische funktionale Indikation. Eine Repräsentation könne, so Dretske, einfach eine solche „sein“, ohne „eingespannt“ zu sein, weshalb er den Ausdruck „belief“ benutzt. Mir erscheint dieses pure „Sein“ einer Repräsentation oder „Haben von Semantik“ leer, weshalb ich die terminologische Differenzierung nicht nachvollziehen kann. Dretske selbst scheint sie auch nicht streng einhalten. Nur die Eigenschaft von *belief* im Sinne Dretskes interessiert uns hier:

> Beliefs are representational structures that acquire their meaning, their maplike quality, by actually *using* the information it is their function to carry in steering the system of which they are part (Dretske 1988, 81).[166]

Ein interner Zustand C, der die Umweltbedingung F für ein Verhalten M indiziert, emanzipiert sich nur auf diese Weise qua repräsentationaler Gehalt von seiner rein internalistischen kausalen Disposition und erringt eine *genuin* „semantische“ Rolle (siehe Abstraktionsprinzip):

> Once C is recruited as a cause of M – and recruited as a cause of M *because of what it indicates about* F – C acquires, thereby, the function of indicating F. Hence, C comes to *represent* F. C acquires its semantics, a genuine meaning, at the very moment when a component of its natural meaning (the fact that it indicates F)[167] acquires an explanatory relevance (Dretske 1988, 84).

Dadurch ist Status gleichermaßen ethologisch und statistisch fundiert. Die *explanatory relevance* ergibt sich bei Dretske nicht allein durch die Persistenz und Kontextualität der Informationszutat, sondern erst durch das Element des Informationsgebrauchs. Diesen zweifach fundierten Erklärungswert informationeller Repräsentation stellt auch Artiga (2021), trotz seiner „liberalen“ Kritik an Dretskes robuster Lösung, in den Mittelpunkt seiner linear-ethologischen Tracking-Theorie („explanation-based teleosemantics“). Auch für Shea (2018, 84-91) ist er zentral, wenn auch unter weniger liberalen Auflagen als bei Artiga und Ganson. Allerdings ist die Erklärungsrelation bei Dretske mehr als nur eine „Intuition“ (Artiga 2021,

166 Die Art der Kausalität (*structuring cause*) wurde im Kapitel A.II.1 angenommen und wird hier vorausgesetzt.

167 “C will normally indicate a great many other things other than F [...] it is this single component that is promoted to *representational* status” (Dretske 1988, 84).

487), sie ist zentraler Bestandteil seines Informationsverständnisses. Dretskes Lösung zielt auf Mechanismen und Fähigkeiten, die die Abstraktion *und* Nutzung von distaler Information erst fundieren. Das ist von entscheidender Bedeutung. Damit ergibt sich folgende *Triade* von Prinzipien, die Dretskes Basisversion ausmachen:

a) Eine explanatorisch fundierte *informationstheoretische* Deutung der Tracking-Relation als funktionale Indikation; b) Die *ethologische* Identifikation des Zu-Repräsentierenden mit der distalen Normalbedingung und ihren spezifischen Eigenschaften; c) Ein *Prinzip geteilter Verantwortung*, nach dem das Repräsentatum informations-sensitiv diskriminiert werden soll.

Soweit die Basisversion als Beschreibung der Fragestellung, wie Information eine genuine Rolle spielt. Wir werden noch sehen: Um die genannte Triade konsistent zu erfüllen, sieht Dretskes Antwort die Emanzipation von bloßer Kausalität nur durch *robuste*, phylogenetische Lernprozesse realisiert (vgl. Dretske 1988, 95; 2000, 204). Nur so kann Dretskes Modell Millikans Problem umgehen und die Normalbedingung diskriminieren (ethologisch-statistisches Tracking). In dieser Anforderung an das Produzentensystem sieht Dretske die Möglichkeit, an der Triade seiner Prinzipien konsistent festhalten.

(2) Kommen wir nun zu ***Gansons linearer Version von Dretskes Indikationsmodell.*** Ganson (2020, 3) lehnt Dretskes Modifikation der Basisversion durch robuste Lernprozesse ab und nennt restriktive Lösungsansätze dieser Art nicht ohne Polemik „chauvinistisch", während er seinen eigenen Ansatz als „liberal" versteht (wie auch Artiga 2016, 2022). Denn er möchte zeigen, dass diese Herausforderung, wie Dretske und Ramsey sie in Anschlag bringen, bereits von linearen (starren) Detektormechanismen bewältigt werden kann. Gansons Konzeption liefert damit eine Millikanische Theorie unter informationstheoretischen Vorzeichen. Sie enthält drei zentrale Elemente, die sie von Neanders kausaler Theorie wesentlich unterscheiden und die im Wesentlichen von Dretskes Basisversion stammen:

1) Das Repräsentatum ist ethologisch bestimmt und daher die Normalbedingung, nicht die Normalursache. Dies wird durch die Erklärungspraxis sensorischer Ökologie (*sensory ecology*) legitimiert.[168]

2) Durch den statistischen Informationsbegriff kann der Informationsgehalt eines kausalen Zustands über dessen Ursachen hinausgehen, und damit auch die Normalbedingung umfassen.

3) Diese Informationsbeziehung ist durch die spezifische Erklärungsrelation seitens der Normalbedingung in ihrer Reichweite restringiert, wodurch die hori-

168 Dabei steht der Zusammenhang von den statistischen (informationellen) Regularien der Umwelt und den Verhaltensmustern im Fokus: „Sensory ecology investigates the information that underlies an animal's interaction with its environment" (Ganson 2020, 14).

zontale Unbestimmtheitsproblematik nicht auftritt. Das zeigen kontrafaktische Erwägungen.

Mit diesen drei Kriterien beleuchtet Ganson nun primitive, inflexible Detektionsmechanismen, um die spezifisch informationelle Rolle freizulegen. In einem ersten Schritt bekennt sich Ganson zu dem oben geltend gemachten *Abstraktionsprinzip informationeller Verarbeitung.* Er zeigt dies am Beispiel von starren Chemodetektoren, die (unter anderem) auf Pheromone potenzieller Sexualpartner kausal anspringen und damit den Eisprung einleiten sollen (Ganson 2020, 6). Nach Ganson sei hier die informationelle Rolle keineswegs offensichtlich. Um diese zu demonstrieren, geht Ganson deshalb davon aus, dass der Detektor über seine kausale Aktivität und deren Reizbedingungen *hinausgehen* muss:

> I am granting that sensory states have a causal role to play in the production of inflexible responses to stimuli. […] However, in the usual case the stimulus condition is not itself the environment condition with which the creature's *output* needs to coordinate. Rather, *the receptors exploit* the stimulus condition for information it carries about ecologically significant features of the environment. For example, the chemoreceptors to inducing ovulation exploit the stimulus for information it carries about something beyond the chemicals themselves (Ganson 2020, 6; Kursiv A.W.).

Durch diese Informationsausbeute werde Information als eine zusätzliche Größe mit eigenen Erklärungswert erst sichtbar:

> Coordination with the environment is achieved thanks to *something additional to the causal chain* extending from stimulus to response, namely, a chain of information stretching from the world to the output. […] In addition to their causal role in the successful coordination of inflexible responses with favorable environmental conditions, *sensory* states have an information-conveying role (Ganson 2020, 6; Kursiv A.W.).

Wäre das Gansons vollständige Begründung, wäre kein wesentlicher Schritt getan. Die im Zitat kursiv hervorgehobenen Textstellen zeigen die Probleme an. Zunächst ist die Aufgabenteilung nicht klar: Die „Koordination" mit einer Normalbedingung seitens des Konsumenten („the creature's output") ist nicht automatisch die Koordination, die auch der Detektor erreichen muss, wie wir bereits gesehen haben: Als *Chemo*detektor kann er sich auf Informationen beschränken, die das Pheromon betreffen. Es müssen daher, *pace* Ganson, nicht „die Rezeptoren" selbst sein, die die Stimulationsbedingungen in Bezug auf die Normalbedingungen auf Informationen hin „ausbeuten". Die Konsumenten übernehmen diese Rolle. Überhaupt stellt Ganson nicht heraus, wie diese gerade in Frage stehende *informationelle* Ausbeutung zu denken ist, sondern führt sie als Teil der Beschreibung ein. Doch auch in dieser Rolle als *explanans* wird im Horizont von evolutionären Fähigkeiten und ihrer Sparsamkeit das Hauptproblem nicht deutlich: warum das System die Information als „etwas Zusätzliches zur kausalen Kette“ mit Erklärungsmehrwert nutzen soll, um den Eisprung einzuleiten. Denn es kann die kausale Kette selbst bzw. die kausale Reaktion auf den unmittelbarsten proximalen Effekt (des Pheromons), die diese Arbeit bereits leistet. Selbst wenn diese Reaktion billigerweise die relevante Information *trägt*, ist damit noch nicht begründet, warum es diese auch eigens *ausbeuten* und vor allem warum gerade ein *chemo*rezeptives System Informationen über potenzielle *Sexualpartner* verarbeiten und bereitstellen muss. Der Konsument kann stattdessen einfach die von Ganson zugebilligte „kausale Rolle“ des Chemorezeptors (das Anspringen und sein kausaler Effekt) nutzen, weil diese ihn bereits belastbar mit der Präsenz seiner Normalbedingung koordiniert.

Um die Abstraktion von der kausalen Rolle und damit die Erklärungskraft linearer Sensitivität weiter zu begründen, bedient sich Ganson nun einer kontrafaktischen „Interventionsstrategie“. Diese illustriert er durch ein weiteres Beispiel, welches sich mehr an Verhalten orientiert und dessen Normalbedingung eine nicht kausal-effektive Tiefeneigenschaft ist: der bereits angeführte negative Photoreflex der Muschel, die bei plötzlichem Schattenwurf auf ihre Lichtrezeptoren ihre Schalen verschließt. Warum verhält sich die Muschel wie sie es tut? Im gewöhnlichen Muschelhabitat seien die Wahrscheinlichkeiten nun einmal so verteilt, dass ein solcher plötzlicher Schatten mit der Nähe eines Angreifers korreliere. Das habe sich die Muschel im Laufe ihrer Entwicklung zunutze gemacht, so Ganson:

> The correlational information carried by these sensory states has an important explanatory role to play in the biological success of the protective response. Imagine that a population of molluscs invades a habitat devoid of relevant predators, and in this new environment sudden cessations of light no longer increase the likelihood of attack. This change in the information carried by the sensory states helps to explain the dramatic decline in the success of the protective response (i.e. the ubiquity of false alarms) (Ganson 2020, 11).

Die Variabilität der Information bei gleichbleibenden kausalen Verhältnissen zeigt die eigene Erklärungskraft der Information an. Mit dieser kontrafaktischen Überlegung soll Ramseys (und Dretskes) Herausforderung erfüllt und das Abstraktionsprinzip konkretisiert werden. Nach Ganson zeig das Beispiel, dass starre Detektoren nichts weniger als ihre *charakteristische Rolle* („defining role“) in der *Vermittlung* von Information („information-conveying“, Ganson 2020, 11) einnehmen.

Doch auch dieses Argument scheint aus den bereits genannten Gründen weiterhin zweifelhaft: Warum sollen die korrelationalen Informationen, im Grunde nur statistische Eigenschaften der Muschelumwelt, systematisch in die *Darstellungs*funktion des Photorezeptors eingehen (F ist präsent), wenn sie im ethologischen Ansatz in erster Linie den „biologischen Erfolg“ der Schutzreaktion erklären, also die *Interaktions*funktion des Schließsystems? Und selbst wenn diese Informationen im Photorezeptor ko-selektiert worden sind, erklärt Ganson noch nicht, worin ihre Nutzbarmachung besteht – die kausale Reaktion auf den Schattenwurf reicht aus. Vor allem bleibt diffus, wie es dem visuellen System gelänge, in der komplexen Informations-menge der Rezeptoraktivität distale und spezifische Informationsgehalte zu isolieren, zu verarbeiten und zu vermitteln („conveying"), und damit proximale Informationen bezüglich Lichtverhältnisse ignorieren zu können. Wie das System diese als „Indizien" (*cues*), die Feindesnähe „suggerieren" (*suggest*) (Ganson 2020, 11-12) benutzen kann, bleibt bei Ganson nicht nur offen, wodurch nicht nur Distalität, sondern auch das Abstraktionsprinzip vorausgesetzt wird, das seine Theorie eigentlich erklären will.

Ganson scheint zu übersehen, dass eine *sparsamere* Alternativbeschreibung möglich ist, welche die vermeintliche Erklärungskraft seines liberalen Repräsentationsmodells erheblich schwächen würde: Ein evolutionärer Urahne der Muschel (bzw. eine Reihe dieser Ahnen) hat sich durch eine Laune der genetischen Variation so entwickelt, dass a) sein Lichtsensor, neben vielen anderen Bedingungen, auf einen Schattenwurf bzw. dessen proximale Stimulationsbedingungen hin aktiv wurde und b) der Effekt dieser Reaktion mit dem Schließen der Schalen gekoppelt wurde. Diese folgenschwere sensorische Errungenschaft beschreibt, was jeder Detektor-Nachfahre heute in denselben Lichtverhältnissen bifunktional *tut*, und diese Tätigkeit braucht in keiner Weise zusätzlich für sich das zu reklamieren, worin der Erfolg des Schließmuskels besteht. Die Errungenschaft des Detektors verliert zwar für die Muscheln in fremder Umgebung ihre Relevanz, aber daraus folgt *nicht*, dass deren Relevanz schon immer darin lag, über das Herannahen eines Feindes zu informieren. Das würde den bescheidenen Muschel-Urahn mehr zubilligen als er, sparsam wie er war, tatsächlich durch völlig nicht-repräsentationale Mittel geleistet hat. Der Photorezeptor hat sich evolutionär nur so verändert, dass er sich in die praktisch förderliche Korrelation eingehakt hat, also in eine statistische Region geraten ist, in der seine Aktivität mit dem Auftreten von Normalbedingungen koinstanziiert wird. Was in der kontrafaktischen Umgebung die Energievergeudung des Schließens erklärt, ist daher nicht die Information Feind in der Nähe, die der Detektor vermeintlich weiterhin dem Konsumenten „vermittelt" (*false alarm*), sondern ein Zusammenbruch von rein *statistischen* Verbindungen, die (unter anderem) zwischen Feindesnähe und Schattenwurf bestanden haben, aber vom Vorläufer des Systems nie *als solche*, über das Kausale hinaus, zugänglich gemacht werden musste. Für Ganson steht zwar fest: „There is widespread agreement that carrying information in the sense of changing probabilities is not sufficient for representation" (Ganson 2020, 2). Doch Ganson erklärt gerade *nicht*, warum und wie der Detektor die äußere statistische Relation systemintern enkodieren und vermitteln muss, um erfolgreich zu sein. [169] Wie bei Neander erhält sich auch hier das *hard problem of content*, da die Information bleiben kann, was sie ist, um ihre Funktion zu erfüllen, ohne ein Gehalt zu werden: Das Anspringen des Photorezeptors ändert einfach die Wahrscheinlichkeit, dass ein Feind in der Nähe ist. Aber letzteres ist nicht noch einem Subjekt als attributiver Gehalt (x ist F) vermittelt. Lediglich einen Informations-Konsumenten anzusetzen ist entweder zirkulär oder begründet nicht hinreichend, wie sich die ubiquitäre funktionale Angewiesenheit auf statistische Verhältnisse in das umwandelt, was wir spezifische Gehalte nennen. Der Zustand trägt alle möglichen Informationen und kann doch seine Funktion erfüllen. Was eine Vermittlung spezifischer Gehalte darüber hinaus *erklärt*, bleibt unklar. [170]

Wie Millikan scheint Ganson fälschlich von der trivialen statistischen Relevanz einer Normalbedingung für die Verhaltensfunktion auf eine Art „Meldepflicht" des Detektors über eben genau diese Bedingung zu schließen, ohne die Ressourcen für diesen Übergang in eine repräsentationale Vermittlungsleistung („information-conveying assignment", Ganson 2020, 11) zu deklarieren und Sparsamkeit zu berücksichtigen. Damit ist die naturalistisch-mechanistische Fundierung der Erklärungsrelation in Bezug auf die Normalbedingung durch Fähigkeiten des Systems nicht hinreichend gedeckt und scheint in der Luft zu hängen. Das System kann auf sparsamere Weise die Erklärungskraft von den internen Informationsmechanismen auf die Umwelt abladen oder auslagern und muss nicht repräsentational sein.

Um mein Argument abschließend zu illustrieren, stelle man sich folgende fantastische Analogie zur Muschel vor: Eine Person, eine Art „menschliche Muschel", sitzt seit jeher unbewusst, gehörlos und nahezu blind in ihrem Haus, über das regelmäßig schwere Hagelunwetter hereinbrechen. Wieso ist das Haus intakt und die Person noch am Leben? Irgendwann begann die Person, den proximalen Effekt von Blitzerscheinungen (als grellen Helligkeitskontrast) zu verkörpern und daraufhin wahllos und durch einen Knopfdruck alle Fensterläden zu schließen. Durch diese Reaktion hat die Person das Haus und damit sich selbst in Folge erhalten können. Die Person muss weder etwas über Blitze noch über Hagelunwetter und ihre Schädlichkeit wissen (informieren). Noch vermittelt ihr kümmerlicher Sehsinn dem motorischen Knopfdruckverhalten irgendetwas über dergleichen: Der

169 Wie auch ein Kimu erfolgreich und sparsam gedeiht, wenn er sich auf die Detektion der Röte beschränkt und dabei völlig „blind" gegenüber Snorfs sein kann, bis zu dem Tag, an dem die Snorfs beginnen, sich rot zu färben. Dann stellt sich nicht heraus, dass die Kimu die ganze Zeit von ihrem Sehsinn über Snorfs informiert wurden. Da das Verhältnis zwischen Abwesenheit von Snorfs und Röte statistisch ist, lassen sich die Argumente von Pietroski auch hier anwenden.

170 Dieser Einwand lässt sich auch gegen Artigas (2021) ebenso liberaler „explanation-based teleosemantics" in Stellung bringen.

Reflex, die Fensterläden zu schließen, wird lediglich von der Verkörperung eines Helligkeitskontrasteffekts ausgelöst. Dass Blitze (unter anderem) mit Hagelschlag statistisch korrelieren und Fensterläden vor Hagel schützen, erklärt den Erfolg des Verhaltens ausgehend vom Sehsinn, muss aber nicht in die Weise eingehen, wie die Person die Welt sieht. Folglich leistet, anstelle einer aufwendigen informationellen Eruierung der distalen Ursache und ihrer Tiefeneigenschaft durch ein intentionales System, die kurze und belastbare Kausalkette vom Blitzschlag zu Helligkeitseffekten unter Normalumständen die relevante Arbeit. Die Erklärungsrelation zwischen Normalbedingung und Verhalten enthält keine repräsentationale, systeminterne Tatsache. Die elegante wie sparsame Lösung der Sensitivität liegt darin, sich am richtigen proximalen Ausläufer der kausalen Ausstrahlung der relevanten Umweltbedingung eingehakt zu haben. Ein referentielles Vordringen zu distal-spezifischen Informationen ist nicht nötig, schafft keinen Erklärungsmehrwert und verkompliziert das betreffende System ungebührlich.

(3) Aus dem bisherigen Gedankengang lässt sich abschließend das ethologisch-statistische Tracking-Modells als ein **nutzengebundener Solipsismus** zurückweisen. Denn bleibt die Herausforderung von Dretske und Ramsey, worin Informationsverarbeitung und der Gebrauch von Information als solcher besteht, nicht adäquat beantwortet, dann wird nicht offenbar, wie sich eine genuin *deskriptive* Funktion eines Detektors etablieren soll. Gansons Aussage, die Information werde „gebraucht“ oder „fundiere“ das Verhalten, ist zu generell und erklärt nicht das Phänomen des Gehalts. Denn wenn Informationen für alle naturalistischen Vertreter nicht-gehaltvolle Relationen sind, dann ist bisher nicht klar geworden, warum der *Gebrauch* dieser nicht-gehaltvollen Korrelationen (die Bewegung von Wahrscheinlichkeiten nach Ganson) diese in gehaltvolle Korrelationen umwandeln soll (*hard problem of content*). Es bleibt daher offen, wie in Gansons statistischem Tracking-Modell das spezifisch *deskriptive* Element generiert wird, worin sich also die Funktionalität von sensorischen Detektoren von der von Verhaltensweisen unterscheidet, wenn beide darauf angewiesen sind, dass ihre Tätigkeit bestimmte Wahrscheinlichkeiten ändert. Die Vermutung drängt sich auf, dass die Beschreibung von Information (A enthält Information über B) als Gehalte in die vermeintlich informationsverarbeitenden Systeme hineinprojiziert wird.

Vertiefen wir die Frage nach dem deskriptiven Gehalt näher, dann scheint das statistische Tracking-Modell für inflexible Sensitivität schließlich in denselben *Solipsismus* wie die kausale Version zu münden. Wie Neander geht auch Ganson nicht darauf ein, wie der Veridikalitätsanspruch von Sensitivität gewährleistet wird. Auch für Ganson (2020, 2) besteht die Veridikalität einer repräsentationalen Information in ihrer „Loyalität gegenüber den Dingen“ (*faithfulness to the things*), für die sie stehen.[171] Insofern die „Dinge" hier Sachverhalte der Umwelt meinen, ist mit ihrer Vermittlung eine deskriptive Funktion verbunden: Die veridisch-orientierte Vermittlung bezieht sich primär darauf, was der Fall ist, wie die Dinge unabhängig von dieser Vermittlung beschaffen sind – und nicht was mit ihnen zu tun ist, wie die Dinge zu manipulieren sind. Das zeigen auch Gansons deskriptive bzw. präsentationale Gehaltbeschreibungen (Präsenz eines Sexualpartners, Präsenz einer Bedrohung). Auch Artiga (2022, *passim*), dessen liberale Theorie sich stark mit der von Ganson überschneidet, beansprucht mit simpler Sensitivität nichts weniger als die Information über „Präsenz" und „Absenz" distaler Bedingungen für das jeweilige System. Kraft der dabei vermittelten „Präsenz" der Bedingung kann der Gehalt einen gewissen Objektivitätsanspruch nicht abstreifen, selbst wenn er auch funktionale Tiefeneigenschaften indizieren soll: Die Bedrohung ist nun einmal als Bedrohung raumzeitlich vorhanden und hat bestimmte Eigenschaften, die ihr *zukommen* oder nicht, unabhängig von ihrer Repräsentation, die aber einem Objekt die entsprechenden Attribute *zuschreibt* und damit eine Differenz zum Subjekt erfordert (*Präsentationsstruktur*). Doch wir haben gesehen, dass selbst unter der Prämisse der Relevanz von Information als solcher, die Informationsverarbeitung nicht ohne Weiteres abstrahierend bis zur distalen Tiefeneigenschaft (Bedrohung) vordringen und diese spezifisch vermitteln muss. Vielmehr kann sie sich auf proximale Reize (Helligkeitskontrast) bzw. den idiosynkratischen Stimulationsbedingungen beschränken, d.h. auf die Art und Weise, wie Helligkeitskontraste auf die kausalen Dispositionen der Netzhaut wirken. Damit wird, wie bei Neanders *Eigenschaftssensitivität*, nicht deutlich, wie Gansons lineare Rezeptoren bzw. ihre Gehalte eine veridische Loyalität gegenüber *den Dingen selbst* entwickeln sollen. Gansons Beschreibung von Gehalten wie Präsenz einer Bedrohung scheinen eine *Sachlichkeit* aufzuweisen, die das betreffende System womöglich nicht einlösen kann bzw. auch nicht muss. Die Sensitivität scheint viel „kurzsichtiger" operieren zu können, ohne dass ein Gehalt *für* das System präsentational gegeben wird.

Statt von einer deskriptiven *faithfulness to the the facts* können wir mit Orlandi daher eher von einer *reliance on the facts* sprechen, die auch allen nicht-repräsentationalen Systemen zukommt:

> Relying on a fact means acting in accordance with a fact, and with a corresponding principle, without representing either. The fact itself enters an explanation of what the system does without being encoded by the system (Orlandi 2014, 3).

Aufgrund der Orientierung der statistischen Detektion an der jeweiligen ethologischen Normalbedingung können wir bei Ganson, Artiga und Millikan, von einem

171 „Veridicality is faithfulness to subject-matter" (Burge 2019, 6).

Nutzen-gebundenen Solipsismus sprechen: Die Bindung an das, was das System *braucht*, überschreibt die Ausrichtung des Systems an dem, was *für* das System (vermeintlich) *der Fall ist*. Allein das Bedürfnis des Konsumenten und die Voraussetzung der Interaktion für das Vorhandensein von F zeigt noch nicht, dass und wie F durch ein Produktionssystem dargestellt wird. Die rein ethologische Ausrichtung von Repräsentation am Verhalten und seiner Erfüllung der Interaktion mit und Manipulation von Dingen in Hinsicht auf praktische Zwecke im Modell Millikans („consumer-based“) und ihrer Mitstreiter scheint hier eine Grenze erreicht zu haben.

II.2.4 Strukturalistische Sensitivität

Aus der Gruppe der linearen Theorien soll zuletzt auch dasjenige Modell erörtert werden, welches die Tracking-Relation als eine *strukturelle Entsprechung* zwischen internen Zuständen des Systems einerseits und externen Umweltbedingungen andererseits interpretiert und der funktionalen Ausbeute dieser strukturellen Ähnlichkeit repräsentationalen Status zubilligt. Die Theorie wurde bereits von Aristoteles[172] entworfen, war längere Zeit eine Außenseiterposition[173] und erlebt, insbesondere durch die Argumente von Gerard O'Brien und John Opie (2004), Ramsey (2007), Neander (2017) und neurowissenschaftlichen Arbeiten in neuerer Zeit wieder ein Revival in Tracking-Theorien der Intentionalität. Daniel Williams und Lincoln Colling (2018) sprechen gar von einer „Revolution“ in den bisher computationalen Kognitionswissenschaften. Sie bestehe in einer Neudeutung als „dramatic shift away from thinking of cognitive representations as *arbitrary symbols* towards thinking them as *icons* that replicate structural characteristics of their targets“ (Williams/Colling 2018, 1942).[174] Das neurowissenschaftliche Referenzwerk zu diesem Paradigma stammt von John O'Keefe und Jonathan Dostrovsky (1971), die von „Ortszellen“ (*place cells)* im Sinne einer „kognitiven Karte“ im Hippocampus der Ratte ausgehen.[175] Die Interpretation des Gehirns als ikonisches Modell der Welt hat

172 Am Beispiel eines Siegels geht Aristoteles dabei von einer strukturellen (formalen) Einprägung der Repräsentata in die Repräsentationssysteme aus (siehe Aristoteles 2016, [424a 17-24]. Diese Urheberschafft erkennen u.a. Jacobson (2003, 202), Morgan (2014, 220) und O'Brien/Opie (2015, 727).

173 Verfochten u.a. von Palmer 2018; Johnson-Laird 1984; Gallistel 1990; Cummins 1991, 1996; Williams 2018.

174 Zu diesem Revival siehe Ramsey 2007; O'Brien 2015; Gładziejewski 2015; Gładziejewski/Miłkowski 2017; Neander 2017; Williams 2018; Williams/Colling 2018; Shea 2018; Burge 2018, 2022.

175 Zu verschiedenen Interpretationen siehe Gallistel 1990, Rescorla 2009 und Segundo-Ortin/Hutto 2021.

nicht zuletzt durch den Nobelpreis 2014 für Medizin und Physiologie für John O'Keefe und May-Britt & Edvard Moser bedeutende Anerkennung erfahren, was dafür spricht, dass die vorwiegend symbolische *receptor notion* durch den Strukturalismus wesentlich erweitert wurde.

Ist also dieses Paradigma im Stande, die angezeigten Defizite der bisherigen Modelle zu überwinden und genuinen repräsentationalen Status zu fundieren? Diese Frage verlangt eine ausführliche Erörterung: Ich beginne (1) mit einer Charakterisierung anhand einer *Basisversion von strukturalistischem Tracking* am Beispiel des Thermostats und diskutiere die Anforderungen und Herausforderungen an dieses Modell. Anschließend (2) soll ein elaborierteres Modell in Gestalt von *strukturalistischer Abgekoppeltheit* aus dem Bereich der Robotik vorgestellt werden. Schließlich (3) werden die *Probleme und Vorzüge* des strukturalistischen Trackings demonstriert und Gründe angegeben, warum es zwar keine belastbare Alternative zu den bisherigen Tracking-Versionen etablieren kann, aber gleichwohl eine internalistische Dimension aufzeigt, die eine Emanzipation von der allzu externalistischen Tracking-Relation und dem Informationsbegriff ebnet. Dabei wird noch auf *antizipierendes* Tracking im Rahmen des *Predictive Processing* eingegangen werden.

(1) Wie kann eine **Basisversion strukturalistischen Trackings** aussehen? Detektoren werden in dieser Version als „Modelle", „Surrogate" bzw. „Simulationen" und abgekürzt: „S-Representations" verstanden (siehe Cummins 1991, 113). Sie verfolgen dank einer strukturell-korrespondierenden Tracking-Relation die entsprechende Umweltbedingung. Sie können zusätzlich kausal oder statistisch verankert sein (vgl. Ramsey 2016). Morgan (2014, 231) spricht daher von „analogen Rezeptoren" (*analog receptors*). Im Folgenden wird sowohl die Abgrenzung dieser „Modellierung" von kausaler bzw. statistischer Sensitivität als auch das genuine Einsatzgebiet und ihr Beitrag zum repräsentationalen Status Thema sein.

Ausgangspunkt ist die Frage, *welche* Relation bei strukturalistischem Tracking eigentlich in Anspruch genommen wird. Hierzu ist eine stärkere Formalisierung nötig. Gehen wir zunächst von folgenden beiden Gruppen aus:

(a) Auf der einen Seite ein Set *interner* Tracking-Zustände eines sensorischen Systems S vom selben Typ mit der Determinablen p und den Determinanten p1, p2, p3 (kurz: *p-Set*);

(b) auf der anderen Seite ein Set *externer* Umweltbedingungen mit der Determinablen F und den Determinanten F1, F2, F3 (kurz: *F-Set*).

Dazu möchte ich, inspiriert von Shea (2018, Kap. 5), folgende Differenzierungen anbieten:

1) Die jeweiligen kausalen oder statistischen Tracking-Relationen zwischen p1 und F1, p2 und F2, p3 und F3, usw;
2) Die Binnenrelation V dieser Determinanten im p-Set zueinander sowie die Binnenrelation H der Determinanten im F-Set zueinander;

3) Das Vorliegen einer linearen strukturellen Korrespondenzbeziehung (SK) zwischen V und der Binnenrelation H des F-Sets;
4) Der spezifische Gebrauch dieser strukturellen Korrespondenzbeziehung (SK) als solcher, um F abzubilden.

Der Zusatz in (4) ist entscheidend: Die Korrespondenzbeziehung SK wird so gebraucht, dass *durch* sie wie durch ein Medium eine distale Bedingung als Relat von SK repräsentiert wird. SK ist als Tracking-Relation selbst *nicht* die repräsentierte F, sondern, *analog* oder *strukturell ähnlich* mit F, um F darzustellen. Benutze ich eine Karte, dann benutze ich eine strukturelle Entsprechung zwischen einer internen (benutzbaren) Form und dem externen Territorium als Mittel, um *letzteres* zu repräsentieren („The map is not the territory“, siehe Wuppuluri/Doria 2018). Der Gebrauch eines Mediums ist also ausschlaggebend für die Repräsentation. Mit (4) wende ich also Ramseys Herausforderung an Informationstheorien auf die vermeintlichen S-Repräsentationen an.

Nehmen wir als nicht-kognitive Illustration der Basisversion das prominente Beispiel des Thermostaten (siehe u.a. Dretske 1988, 86; O'Brien 2015; Facchin 2021). Der Bimetallstreifen eines Thermostaten (Temperaturschalter) ist als Temperaturdetektor in Sicherungen, Heizungen, Wärmegeräten wie Wasserkocher oder Öfen etc. sehr häufig anzutreffen. Ein durch Temperatur verursachter Krümmungsgrad des Streifens löst dabei einen Schalter aus, der z.B. den Wasserkocher beim Siedepunkt ausschaltet oder die Heizung aktiviert. Als Detektormechanismus kraft Ko-Variation mit proximalen bzw. distalen Größen (z.B. Intensität) kann er modellhaft in Bezug auf unzählige Tracking-Mechanismen verallgemeinert werden, z.B. für Thermosensitivität oder lichtsensitive circadiane Uhren (siehe Morgan 2014). Repräsentiert der Thermostat (derivativ) Temperatur?

Ordnen wir zunächst die oben genannte Formalisierung dem Thermostat zu: Die einzelnen systeminternen Streifenzustände p1, p2, p3, die verschiedene Krümmungsgrade (p) bilden, sowie die einzelnen Zustände F1, F2, F3 der Umgebungstemperatur (F). (1) Dabei springt p1 kausal auf F1 an, p2 auf F2, p3 auf F3. (2) Die p-Zustände stehen in der Binnenrelation V (...) *ist gekrümmter als* (...) zueinander in Beziehung, die F-Zustände in der Binnenrelation H (...) *ist wärmer als* (...). (3) H entspricht strukturell V, indem der Krümmungsverlauf auf zweiter Stufe dem Temperaturgradienten ähnlich ist.

So weit, so unkontrovers. Doch was ist mit Bedingung (4)? Unterhält der Thermodetektor (der Bimetallstreifen) nicht nur (akzidentell) eine strukturelle Korrespondenz (SK) zur Umgebungstemperatur, sondern *gebraucht* er diese Relation auch spezifisch *als solche* und ist damit ein *strukturalistischer* Detektor? Wird p3 vom Konsumenten (dem Schaltersystem) allein dafür benutzt, weil er auf eine bestimmte Bedingung F3 hin kausal anspringt (1) oder weil p3 Bestandteil einer

Ähnlichkeitsrelation mit den Temperaturverhältnissen ist? Diesen Unterschied haben auch Paweł Gładziejewski und Marcin Miłkowski scharfsinnig herausgestellt:

> [O]n closer inspection, it turns out that reliable causal covariance is not the only relation that connects the strip to ambient temperature. They are also related by way of structural similarity [...] Perhaps, then, we should regard the thermostat as a device that makes use of an S-representation after all? Or is there a genuine theoretical distinction to be made here at all? May be the conclusion is that detectors "just are" S-representations (Gładziejewski/Miłkowski 2017, 347).

Damit ist die generelle Herausforderung für die strukturalistischen Tracking-Theorien umrissen: Wenn aus einer kausalen oder indikativen Tracking-Theorie folgt, dass die dabei unterhaltenen Korrespondenzbeziehungen gleichfalls in Anspruch genommen werden, dann ist strukturalistische Detektion redundant, und kann keinen Erklärungsmehrwert gegenüber den nicht-strukturalistischen Versionen geltend machen. Für diese deflationäre Interpretation, die 4) nicht realisiert sieht, stehen Morgan (2014) und Marco Facchin (2021). Sie wollen mit dieser Gleichsetzung von Detektion und Modellierung (siehe Zitat Gładziejewski/Miłkowski) zeigen, dass die Argumente gegen den repräsentationalen Status linearer kausaler und statistischer Sensitivität auch für analoge Detektoren gelten. Verteidiger eines prinzipiellen Unterschieds bemühen sich dagegen um Abgrenzungskriterien für 4).[176] Folglich ist *die strukturalistische Version des Abstraktionsprinzips* skizziert: Welche Bedingungen müssen vorliegen, damit ein System die Binnenrelation V in (2) so enkodiert, dass ihre strukturelle Korrespondenz SK zu H *eigens* ausgebeutet und vermittelt wird? Wie wird also aus einem internen Muster ein repräsentationales „Bild" (Cummins 1996, 85) äußerer Bedingungen – analog zum „Symbol" oder „Signal" kausaler oder statistischer Tracking-Gehalte)? Miguel Segundo-Ortin und Daniel Hutto formulieren diesen Punkt wie folgt:

> The pivotal question for S-representationalists is whether the *holding* of structural similarity relations – *on their own* – suffices for one state of affairs to specify, refer, or describe something about another state of affairs in a way that can be true or false, accurate or inaccurate, veridical or non-veridical (Segundo-Ortin/Hutto 2021, 12; Kursiv, A.W.).

Ich verstehe diese Frage als eine Frage nach Bedingung (4) der Basisversion („Gebrauch"), wenn das bloße „Bestehen" (*holding of structural similarity*) für S-Repräsentationalisten – analog zu Ramseys Herausforderung für das ubiquitäre *in-*

176 Siehe Ramsey (2007), Gładziejewski (2015), Gładziejewski/Miłkowski 2017, Williams/Colling (2018) und Shea (2018).

formation carrying – noch keine hinreichende Bedingung für Status bilden kann (siehe auch Hutto/Myin 2017, 158).

Ich möchte im Folgenden diese Diskussion vorstellen. Dafür sollen, am Modell des Thermostats, zunächst reiz-gebundene (gekoppelte) Mechanismen vermeintlicher struktureller Repräsentation kritisch in den Blick genommen werden und im Anschluss daran, an Cummins Beispiel eines selbstfahrenden Autos (siehe Cummins 1996, 94), reiz-ungebundenere (abgekoppelte) Versionen erörtert werden.

Betrachten wir zunächst die Argumente für eine strukturalistische Lesart des reizgebundenen Thermostats. O'Brien (2015) geht von Dretskes statistischer Basisversion (siehe Kapitel II.3.2) aus und unterstellt ihm, die in seinen Augen entscheidende strukturelle Komponente nicht eigens hervorzuheben, aber „implizit hineingeschmuggelt" zu haben (O'Brien 2015, 9), welche jedoch die eigentliche Arbeit leist. O'Brien argumentiert für diese Implikation von (4) in (1)-(3) wie folgt:

> In Dretske's thermostat example [...] there are two distinct relations between representing vehicles and represented objects: a systematic correspondence relation (wherein variations in ambient air temperature are mirrored by orderly variations in the bi-metallic strip's shape) and an indication relation (wherein variations in ambient air temperature *cause* variations in the bi-metallic strip). These two relations are not independent of one another, of course, as the former is mediated by the latter. But we can still consider which of these relations is doing the work [...] And here the answer is clear: it is the fact that the curvature of the bi-metallic strip systematically mirrors the temperature, and not the causal covariation per se, that explains its capacity to operate the furnace in an appropriate manner (O'Brien 2015, 8).

O'Brien erkennt damit den Unterschied zwischen (1) und (3) an und sieht (4) „klarerweise" erfüllt. Analog zu Gansons „Interventionsstrategie" in Bezug auf die Informationsrelevanz begründet O'Brien diesen Schluss auf den Gebrauch der Strukturähnlichkeit mit einer *kontrafaktischen* Überlegung:

> Consider the counterfactuals: curvature correspondence without causal covariation (e.g., where a mere correlation exists) would still generate the appropriate behaviour, but causal covariation without curvature correspondence (e.g., where the bi- metallic strip heats up but maintains its shape) wouldn't (O'Brien 2015, 8).

Auf diese Schlussfolgerung kommt es an: O'Brien schließt von (1) - (3) auf (4). Auf Basis welcher Prämisse? Wie die Erläuterung im zweiten Satz des Zitats deutlich macht, geht er davon aus, dass der Gebrauch der Krümmungsrelation V (die Form des Bitmetallstreifens) (2) den Gebrauch ihrer strukturellen Ähnlichkeitsrelation mit H (4) impliziert. Der Thermostat gebraucht nach O'Brien also SK, *indem* er V gebraucht. Und SK ist die Form, *mittels* der F modelliert wird. Damit ist der Thermostat eine *strukturalistische* Repräsentation.

Während O'Brien also von der inneren Verfassung des Detektors (V) auf (SK) schließt und damit die Basisversion erfüllt, erreicht Morgan (2014) den Gebrauch von (SK) über die *ko-variierende* Eigenschaft des Detektors. Er geht dabei direkt auf Ramseys Beispiel vom Sonnenschirm ein (siehe Kapitel II.2.2) und schließt von der kausalen Detektion des Sonnenstands F durch die Baumschattenlänge p (1) und der strukturellen Entsprechung zwischen den Binnenrelationen beider Bedingungen (3) auf ihre funktionale Ausbeute qua „Modellierung" oder „Messen" des Sonnenstands (4):

> Here's a sense in which the shadow's length would be serving as a kind of *model* of the sun's elevation for us, yet the shadow would also provide a way for us to *detect* the sun's elevation; indeed, it's precisely because the shadow "detects", or covaries with, the elevation of the sun, that it could be used to measure the sun's elevation (Morgan 2014, 230).

Auf diese Weise würden auch Thermostate und andere ko-variierende Detektionsmechanismen funktionieren. Damit *sind* Detektoren S-Repräsentationen, indem sie durch Kovarianz einem Zielbereich immer auch strukturell entsprechen.

Wie sind diese Argumentationslinien von O'Brien und Morgan zu bewerten? Sie scheinen mir noch nicht hinreichend für genuine S-Repräsentation zu sein. Denn sie machen nicht deutlich, warum strukturell ähnliche und ko-variierende Detektoren wie der Bimetallstreifen (oder, derivativ, wie anhand des Baumschattens) überhaupt die Funktion haben *müssen*, über die Entsprechung (SK) als Medium die Binnenrelation H der Umweltbedingung F zu detektieren, um dann damit F zu „messen". Denn der Bimetallstreifen hat lediglich die Aufgabe, auf einen bestimmten Temperaturzustand hin entsprechend zu reagieren. Dabei zählt nur die „bilaterale" Tracking-Relation zwischen p3 und F3, und nicht die Relation zwischen F2 und F3 und folglich auch nicht ihre entsprechende Strukturähnlichkeit im System. O'Brien und Morgan lassen im Unklaren, *was* hier eigentlich gemessen werden soll, insofern das Gemessene sowohl eine Einzelbedingung wie F3 als auch die Relation zwischen F2 und F3, z.B. der Temperaturanstieg, sein kann. Da ersteres für die Detektion in Beziehung (1) reserviert scheint, betrifft Messen als Modellierung eher letzteres. Denn beim Messen ist die Binnenrelation in F ausschlaggebend. Messen ist daher eher ein *Skalieren*, d.h. ein Einstufen eines Elements innerhalb einer repräsentierten Größenordnung (H) durch eine äquivalente Größenordnung (V). Neander (2017, 181) hat für diesen Gebrauch struktureller Korrespondenz (siehe ihr „CDAT"-Modell) das einleuchtende Beispiel einer Schmerzskala genannt, anhand der die Angabe von Zahlenwerten auf einer Skala 1-10 die Intensität von Schmerzen vermittelt werden kann. Hier wird die strukturelle Ähnlichkeit zwischen der numerischen Binnenrelation V und der intensitätsspezifischen Binnenrelation H *eigens* ausgebeutet. Denn wir verstehen den indizierenden Gehalt von „2" nicht, wenn wir ihn nicht in eine (numerische) Ordnungsbeziehung zu den Gehalten von „1" und „3" setzen, die wiederum in Beziehung zur Ordnungsbeziehung des Schmerzes (Intensität) steht. Nach Neander funktioniert so *analoge* Repräsentation und damit repräsentationaler Status.[177] Wie wir noch sehen werden, arbeitet auch ein Modell räumlicher Verläufe, z.B. eine kognitive Karte, nach diesem Skalierungsprinzip, das von den deflationären Interpreten des Strukturalismus übersehen wird. Die Funktionsweise des Thermostats dagegen scheint sich jedenfalls nicht per se für den Umweltzustand innerhalb einer Größenordnung, d.h. für den Temperaturanstieg, zu interessieren. Er beutet daher auch nicht den internen Krümmungsverlauf V selbst aus, um den Temperaturverlauf V abzubilden, sondern rückt mit den p-Zuständen von Zustand zu Zustand und stellt sie nicht in Relation zueinander. Der Konsument (der Schalter) ist lediglich auf den bestimmten Krümmungsgrad, der ihn aktiviert angewiesen, nicht auf den Übergang von p2 zu p3 selbst. Dasselbe beim Baum: „Das Messen des Sonnenstands", wie es Morgan anführt, insinuiert irreführend ein Einstufen eines bestimmenden Sonnenstands in ein Set anderer Sonnenstände. Darauf kommt es aber dem Baumschatten in Bezug auf das Schattenspenden nicht an, sondern auf den verlässlichen Effekt des jeweiligen Sonnenstands auf den Baum. Die Einstufung ist zumindest nicht notwendig für die Aufgabe des Gärtners, den Baum als Schattenspender einzurichten, denn es zählt dafür letztlich nur, dass der Baumschatten zu einer bestimmten Zeit und Stelle eine gewisse Länge hat, die mit einer Reaktionsdisposition der Baumoberfläche korreliert. Das In-Beziehung-Setzen von F-Zuständen zueinander fehlt: Stattdessen rückt das Tracking-Instrument von Zustand zu Zustand und nur auf den momentanen, jeweiligen Zustand in seiner kausal-statistischen Tracking-Relation mit einer relevanten Umweltbedingung kommt es an. Anders als O'Brien folgert, müssen daher strukturelle Entsprechungen nicht eigens ausgebeutet werden. Und *pace* Morgan ist es fraglich, ob Detektoren an sich auch immer schon Modelle oder Messinstrumente sind.

Gładziejewski und Miłkowski (2017) haben dieses Gegenargument von der strukturellen Irrelevanz ebenfalls ins Treffen geführt, und zwar mit einem kontrafaktischen Szenario:

> [W]e can imagine an intervention in a thermostat which breaks this structural resemblance while leaving the thermostat's workings intact. We may imagine that following this intervention, the detector strip reacts to the temperature being 33° by taking shape that is closer to the one that corresponds to 17° than to the one that corresponds to 34°. However, this fact is sim-

177 Fraglich ist dann jedoch, warum auch für Neander Detektionsmechanismen wie im Pankreas überhaupt strukturelle Beziehungen für ihre Funktionsweise ausbeuten, was wiederum CDAT als Status-Kriterium in Zweifel zieht, da es die Konsistenz mit der Gehalttheorie von CT zwar aufweist, aber zugleich eine Lücke lässt.

ply irrelevant as long as the 33-degree-detector-state is specific to the environmental circumstances, such that (1) the detector enters this state as result of the temperature being 33°, (2) it switches the furnace into a state that is appropriate or functional given the temperature being 33°. The relation that this state bears to other states is irrelevant or accidental. To generalize, in detectors or indicators, the relations between alternative detector states need not replicate the relational pattern of the target (Gładziejewski und Miłkowski 2017, 348).

Der Bitmetall-Detektor kann also weiterhin den Thermostat funktional auf die Umgebungstemperatur einstellen, solange er als kausaler Tracking-Mechanismus auf die entsprechenden Umweltdeterminanten jeweils durch eine „bilaterale" Tracking-Relation anspringt. Wie die Umweltdeterminable binnenstrukturiert ist, ist dafür irrelevant bzw. unspezifisch. Im Vergleich mit der Schmerzskala oben würde ein vereinfachter Schmerz*detektor* (Nozizeptor) ähnlich wie der Thermostat funktionieren: Solange es allein darum geht, auf eine bestimmte Noxe F3 funktional anzuspringen (z.B. bei Gewebsverletzung durch einen Schnitt in die Haut) muss das sensorische System die Stellung von p3 innerhalb von V nicht eigens einstufen.[178]

Gegen diesen Einwand argumentiert wiederum Marco Facchin (2021, 5489), der sich Morgans Gleichsetzung von Detektion und Modellierung angeschlossen hat, wie folgt: Alle Detektion muss zumindest die *zeitliche* Binnenrelation, nennen wir sie *I*, innerhalb der Umweltdeterminable, funktional abbilden, um erfolgreich die Determinanten zu detektieren. In seiner Lesart des Thermostats folgt der Temperaturgradient einer zeitlichen Abfolge, also F3 (z.B. 33°) folgt in einem gewissen zeitlichen Abstand I3 (z.B. 40 Sekunden) innerhalb der zeitlichen Ordnung des Temperaturgradienten I auf F2 (z.B. 17°). Wenn der Thermostat im kontrafaktischen Szenario dieser Struktur nicht mittels seiner eigenen zeitlichen Organisation, nennen wir sie *W*, Rechnung trägt und strukturell abbildet, dann wird er auf die jeweilige Bedingung zur falschen Zeit anspringen. Demnach wird also (SK) eigens ausgebeutet, *indem* jede Ko-Variation einer zeitlichen Entsprechung folgt: „Thus, it seems that the relevant time-dependent structural similarity holds purely in virtue of indication" (Facchin 2021, 5490). Nach Facchin impliziert Detektion also mindestens eine *temporale* S-Repräsentation der Umwelt. Damit scheint Facchin eine Verfeinerung von Morgans Strategie anzubieten.

Facchins Einwand hat ein gewisses Gewicht. Dennoch lässt sich auch ihm etwas entgegensetzen. Denn wir wissen durch seinen Gedanken noch nicht, wieso Detektoren wie der Thermostat generell die zeitliche Binnenordnung der Umweltdeterminablen *spezifisch* einbeziehen müssen, um ihre Funktion zu erfüllen. Die

178 Überhaupt repräsentiert nach den bisherigen Erwägungen der Thermostat schwerlich die Temperatur und damit eine Umweltbedingung als solche, sondern reagiert proximal auf die Art und Weise, wie diese auf den Bimetallstreifen einwirkt. Von Gehalt und Veridikalität ist hier kaum etwas zu sehen).

zeitliche Ordnung der Zustände scheint, wie andere Naturgesetze und Regularitäten, eine *generelle Hintergrundbedingung* der Detektion zu sein, auf die es aber der Detektion nicht eigens ankommt. Wenn F2 z.B. binnen 40 Sekunden in F3 übergeht und p3 auf F3 kausal anspringt, dann muss es natürlich der Fall sein, dass S von p2 (oder ein anderer Zustand im kontrafaktischen Szenario) ebenfalls binnen 40 Sekunden auf p3 wechselt. Doch die Funktion von p3 bleibt weiterhin lediglich, als Detektor auf F3 hin aktiv zu werden und nicht das zeitliche Verhältnis von F3 in Bezug auf F2 abzubilden. Was zählt ist nur die Ko-Instanziierung. Auch wenn der Tracking-Mechanismus hierbei zeitlich entsprechend mitzieht, sind die zeitlichen Binnenrelationen hier nicht notwendigerweise Teil seiner Stellenbeschreibung. Sie bilden nur einen Hintergrund, wie z.B. der eingepreiste (zeitliche) Umstand kausaler Ursächlichkeit aufgrund von Naturgesetzen. Dass diese Beziehungen *bestehen* („hold", Facchin 2021, 5490) scheint noch zu wenig zu sein, um ihren *Gebrauch* zu erfordern (siehe das Zitat von Segundo-Ortin & Hutto oben). Anders als z.B. im basalen Bewegungsdetektor („Reichardt-Detektor"): Dort scheint ein bestimmtes Zeitintervall sukzessiver Reizung für die Funktion des Verzögerungsfilters spezifisch zu sein, damit der Detektor auf Bewegung reagiert.[179]

Dieser Mangel an Funktionsspezifizität in Facchins Argument wird auch an seiner Interpretation eines anderen Beispiels deutlich. Shea (2018, 119) präsentiert, in Einklang mit Gładziejewskis und Miłkowskis Darlegung, das Beispiel von Alarmrufen bei grünen Meerkatzen: Die Rufe p würden in ihren auditiven Eigenschaften (z.B. Intensität) der Höhenposition F von bestimmten Feinden funktional entsprechen, also ein Schrei p1 einer Schlange am Boden F1, p2 einem Leoparden gegenüber F2, p3 einem Adler in der Höhe F3. Nach Shea würden diese Alarmschreie aber nicht diese *„(...) ist höher als (...)"*-Binnenrelation von F abbilden, sondern, analog zum Thermostaten, eben bilateral auf die jeweilige Höhe reagieren und somit dem Ruf-Empfänger entsprechend vermitteln.

Facchin kontert diese Argumentation nun wie oben: Würden die Feinde nacheinander auftauchen, müssen die Alarmrufe zeitlich dieser Abfolge entsprechend sein. Deshalb sei das System zumindest sensitiv für diese zeitliche Ordnung (vgl. Facchin 2021, 5491). Doch auch dann wird die Hintergrundbedingung inadäquat der Funktion zugeschlagen. Denn es ist hier, *pace* Facchin, nicht die Aufgabe des Systems, dem Konsumenten (dem Rufempfänger), etwas darüber zu vermitteln, in welcher Ordnung die Höhenpositionen zueinanderstehen. Das wäre eine andere Funktion, die spezifisch strukturelle Korrespondenzen beinhaltet. Zudem ist die zeitliche Abfolge im Beispiel arbiträr, die Reaktion auf die jeweilige Höhe nicht. Wir können daher folgern: Die kausale *Kopplung* macht die Arbeit, die von O'Brien,

179 Zu basaler temporaler Detektion siehe Burge 2010, 518-520.

Morgan und Facchin (auch) der strukturellen Entsprechung zugeordnet wird, weshalb die spezifische *job description* der S-Repräsentation in der reizgebunden, gekoppelten Basisversion noch nicht erfüllt wird.

(2) Kommen wir nun zu den Plädoyers für eine genuine und spezifische Modellierungsfunktion in Tracking-Mechanismen, die durch den Zusatz der **strukturellen Abgekoppeltheit** fundiert wird. Damit blicken wir gleichzeitig erstmals auf eine Form des *offline*-Trackings, das für viele Repräsentationalisten ein Status-Kriterium bildet, wenn repräsentationale „Stellvertretung" nur auf Basis einer kausalen Abscheidung sinnvoll sei. (Zu diesem zweiten Grenzstein siehe Kapitel I.3.3). Dazu soll das anschauliche Beispiel eines primitiven Roboters in Gestalt eines selbstfahrenden Autos angeführt werden: der „Autobot" von Robert Cummins (1996, 94), den auch von Ramsey (2007, 198) und Gładziejewski (2015, 74) als Illustration von kausal-*abgekoppelter* und damit genuiner strukturalistischen Detektion bzw. „S-Repräsentation" ins Treffen führen. Damit wird nun auch die zentrale Frage nach dem repräsentationalen Status *räumlicher* Orientierung stärker in den Fokus rücken, eine zentrale Fähigkeit aller Lebewesen.

In Ramseys Adoption von Cummins Beispiel eines selbstfahrenden Vehikels soll der Autobot durch eine S-Kurve eines Labyrinths navigieren. Der Autobot tut dies mittels einer eingebauten „Karte" oder Form *S*, die aus einer Rille besteht, welche einen grob s-förmigen Krümmungsverlauf aufweist. In dieser Rille ist ein Stift eingelassen ist, welcher sich durch den Rillenverlauf bewegt und kraft seiner Bewegungsgestalt wiederum ein Lenkrad steuert. Kraft der Rille und ihren Eigenschaften und ihres Gebrauchs durch den Stift steuert der Autobot durch die S-Kurve des Labyrinths. Der Stift in der Rillenform illustriert daher exemplarisch die Bifunktionalität der vermeintlichen S-Repräsentation. Nennen wir *p* das Set möglicher Stift-Positionen (p1, p2, ...) innerhalb der Rille, die S einnimmt, und *F* das Set räumlicher Positionen in der Kurve. Für die Position des Autobots sind Länge *F* und Richtungsverlauf *G* der Kurve ausschlaggebend. Werte von F stehen dabei im Distanzverhältnis *H* zueinander, die Werte von G im Richtungsverhältnis *I* der Strecke. Diesen externen Relationen stehen interne gegenüber, die zu diese eine Beziehung struktureller Ähnlichkeit *SK* unterhalten: Innerhalb von S korrespondiert *V* (die Distanzrelation der Stift-Positionen in der Rille) strukturell mit der Kurvenlänge F, während *W* (die Krümmungsrelation der p's zueinander) dem Richtungsverlauf I der Kurve entspricht. Konsument dieses Detektionsmechanismus S in Bezug auf F und G ist das Lenkrad, das das Auto in Bezug auf diese Umwelteigenschaften steuert.

Wie *operiert* nun der Autobot und realisiert er repräsentationalen Status? Ramsey bemüht einen Vergleich mit einem gewöhnlichen Auto, das durch eine Fahrerin gesteuert wird. Da jedoch dieses Auto verdeckte Scheiben hat, die Autofahrerin also den Kurvenverlauf nicht sieht, muss sie allein durch das kognitive Gebrauch einer Karte vom Labyrinth das Auto steuert (vgl. Ramsey 2007, 194). Für

Ramsey ist nun der selbstfahrende Autobot zwar eine kognitionslose und automatisierte, aber gleichwohl *umweltmodellierende* Version des gewöhnlichen Autos:

> [T]he most natural and obvious thing to say is that the groove is serving as a map of the course of the track. After all, the car is exploiting the isomorphism between the groove and the track in much the same way the driver, even though the process is now fully automated and mindless. If we want to know how the vehicle manages to turn its wheels to the left at the very location it needs to, part of the answer should appeal to leftward curve of the groove that *stands in for* the corresponding area of the track. [...] That component, the groove, does this by modelling the curve (Ramsey 2007, 199).

Nach Ramsey ist also, analog zum Kartengebrauch der Fahrerin, die funktionale Ausbeute einer strukturellen Beziehung („exploiting the isomorphism“) zwischen Innen- und Außenbereich als repräsentationalen „Stellvertreter“ (*stand in*) für die kausal abgekoppelte, aber gleichwohl „korrespondierende“ Umwelt.[180] Demnach bildet S mittels der internen p-Zustände der Rille, Rillenlänge V und -verlauf W, die äußeren F-Positionen innerhalb ihrer Kurvenlänge H und -verlauf I, strukturell ab. Die strukturelle Ähnlichkeitsrelation SK wird eigens *benutzt*, um die jeweiligen Raumpositionen zu repräsentieren. Für Ramsey liegt in dieser Modellierung daher eine Erfüllung der „job description challenge“ mittels einer Abstraktion von bloßer Detektion. Ramsey will damit nicht nur eine genuin strukturalistische Tracking-Funktion demonstrieren, er sieht darin zugleich, ähnlich wie Neander und andere nach ihm, die Bedingungen für repräsentationalen Status.

Um diesen Kontrast verständlich zu machen, variiert er deshalb Cummins Autobot wie folgt, um den Kontrast gegenüber der S-Repräsentation herzustellen (siehe Ramsey 2007, 197 für Illustrationen): Ein gekoppelter, *mechanorezeptiver* Autobot* ist ebenfalls selbstfahrend und braucht keine kognitive Fahrerin. Zur Navigation benutzt er jedoch auch kein kartenartiges Steuerungssystem in Form der Rille. Vielmehr verfügt er lediglich auf beiden Seite über je eine mechanorezeptive Stange, die von den Wänden des Labyrinths eingedrückt werden und diese Einwirkung in eine entsprechende Bewegung des Lenkrads überführen, was ebenfalls eine Steuerungsfunktion erfüllt. Der taktile „Abtastprozess“ ist nach Ramsey nur eine nicht-repräsentationale Stangen-Reaktion auf Druckeinwirkung:

> [T]here is no deep difference between this causal process and the one that changes the position of the wheels [...]. In both cases, we can explain this process as one of *brute causal interaction* between the wall and the wheels (Ramsey 2007, 197; Kursiv A.W.).

180 Zu dieser isomorphischen „Re-präsentation“ durch den Autobot, siehe schon Cummins (1996, 94).

Im Licht der oben gemachten Einwände gegen den repräsentationalen Status von kausaler Sensitivität verstehen wir diesen Prozess nicht im Sinne von distaler Informationsverarbeitung (siehe „Abstraktionsprinzip"). Mit dem taktilen Orientierungsmechanismus scheint der distale räumliche Verlauf der Kurve nicht eigens (quasi-haptisch) repräsentiert zu werden: Die *brute causal interaction* des Autobots* ist blind gegenüber dem Kurvenverlauf als solchem, die verlässliche Kausalkette von dessen Oberfläche zur Stangenreaktion braucht nicht auf Raum-spezifische Informationen durch strukturelle Entsprechungen zuzugreifen. Dieser Kontrast zur Umweltmodellierung im Autobot werde Ramsey zufolge in seiner Allgemeinheit auch dann sichtbar, wenn wir das Gestänge durch Lichtsensoren ersetzen und damit statt einem mechanorezeptiven, ein photorezeptives Navigationssystem erhalten würden (vgl. Ramsey 2007, 198).[181]

Das ausschlaggebende Kriterium für die Repräsentationalität des Autobots scheint für Ramsey daher die *Abgekoppeltheit* des Autobots zu sein, die dem kausalsensitiven Autobot* abgeht (siehe Gładziejewski 2015, 77). Denn erst durch den Abstraktionsprozess, mittels dem der Ingenieur bzw. die Produktion des p-Sets sich von der direkten kausalen Einwirkung des Streckenverlaufs auf das sensorische System *emanzipiert*, scheint die strukturelle Beziehung eigens ausgebeutet zu werden und damit funktional-spezifisch das Navigationssystems des Autobots auszuzeichnen. Denn erst dann würde die Umwelt nicht selbst die Navigation übernehmen, wie beim Autobot*, sondern, in Ramseys und Cummins Worten, durch eine Karte „vertreten" (*stand in*) werden. Damit scheint die gesuchte Erweiterung um Bedingung (4) – spezifischer Gebrauch von struktureller Ähnlichkeit – operativ geradezu nötig zu werden.

Nach Gładziejewski und Miłkowski sei durch diese Emanzipation von direktem kausalen Kontakt die *systeminterne* repräsentationale Rolle der S-Repräsentation erst begründet:

> [W]hat is characteristic of S-representation-based strategies is that they employ an internal or *endogenous source of control* over action or cognitive processes; they are, so to speak, active, and not simply reactive strategies [...] it depends on the internal set-up of the S-representations itself and is not dictated (although it may be affected) by the causal coupling with the target (Gładziejewski/Miłkowski 2017, 349; Kursiv, A.W.).

181 Ein derartig primitiver Lichtroboter ist das „Braitenberg-Vehikel" (siehe Facchin 2021, 5492) mit dem wir phototropische Orientierung, wie sie in unzähligen Spezies verbreitet ist, simulieren können. Dennoch ist Ramseys Vergleich etwas schief, insofern Kurvenverläufe sich nicht „verlässlich" linear auf Lichtsensitivität auswirken.

Dennoch liege in Ramseys Autobot – und allen analogen Mechanismen – nur eine „schwache“ Form der Abgekoppeltheit als Kriterium für strukturelle Korrespondenz vor, weil, so Gładziejewski:

> [T]he internal map of the track is only useful for the larger mechanism when the car as a whole is interacting with the track. So the represented object *is* reliably present for (viz. causally connected to) the car as a whole (Gładziejewski 2015, 77).[182]

Damit bleibt die Tracking-Relation intakt, da diese nur verlangt, dass die verfolgte Bedingung ko-instanziiert ist (ko-präsent) ist (siehe Gładziejewski/Miłkowski 2017, 350). Für Ramsey und Gładziejewski müssen die Bedingungen (1) bis (3) der Basisversion allein durch das Kriterium der Abgekoppeltheit erweitert werden, um die funktionsspezifische Ausbeute von struktureller Korrespondenz und damit Repräsentation der Umwelt durch (4) zu konstituieren.

Ist also mit dem Autobot repräsentationaler Status garantiert? Zweifel scheinen weiterhin angebracht. Denn in der direkten Interaktion mit dem Streckenverlauf liegt ein Hinweis darauf verborgen, dass Mechanismen wie der Autobot keineswegs „am selbstverständlichsten“ (Ramsey) ein räumliches Modell ihrer Umwelt in Anspruch nehmen und dabei strukturelle Beziehungen detektieren. Ziehen wir dafür Sheas (2018) Deutung des selbstfahrenden Autos heran, die in der Stellvertreter-Interpretation nur einen Anschein von Repräsentation erkennen kann:

> Although it looks like there is a standing structural representation of the environment (the card), the way representations are tokened so as to drive behavior is by the pin being located at different points along the card. It is the relation between these pin positions which enables the car to behave appropriately (Shea 2018, 128).

Shea zweifelt Abgekoppeltheit als hinreichendes Kriterium für (4) an. Denn für „ausbeutbare strukturelle Korrespondenz“ muss, so Shea, *erstens*, der Streckenverlauf selbst „signifikant“ für das sensorische System und *zweitens*, dieses für die Binnenrelation der systeminternen Input-Zustände „systematisch sensitiv“ sein (Shea 2018, 120). Erstere Bedingung scheint im Autobot-Szenario nicht erfüllt zu sein.[183] Denn, wie Sheas obige Erläuterung klarstellt, ist der Autobot zwar sensitiv

---

182 *Starke* Abgekoppeltheit wäre dagegen nach Gładziejewski ein “offline”-Modell der Kurve, die das Auto benutzen kann, *bevor* es tatsächlich mit der Kurve reagiert, also zur *Antizipation* der Kurve. In diesem genuineren Sinne von “Simulation” interpretiert auch Shea (2018, 115) die Relevanz von S-Repräsentation am Beispiel der “kognitiven Karte” der Ratte.

183 Zweitere Bedingung liegt nicht in Detektoren wie dem Meerkatzen-Ruf oder im navigationsrelevanten „Schwänzeltanz“ der Honigbiene vor: „Although there is an obvious relation between

für die Binnenrelationen innerhalb der Rille V (Längenverlauf) und W (Richtungsverlauf), insofern der Gang des Stiftes in der Rille selbst ausschlaggebend ist für die erfolgreiche Navigation. Aber daraus folge *nicht*, dass deshalb die externen, distalen Binnenrelationen H und I (Länge und Richtung der Kurve) selbst eine erklärungssignifikante Rolle spielen, indem sie mittels ihrer Korrespondenzen mit internen Strukturen (SK) erschlossen werden. Doch woher stammt dann dieser Anschein? Gerade im Kontext räumlicher Detektion sind die kartenartigen Gehalte *in unserer Sicht* auf die erfolgreiche „Passung" zwischen Fortbewegung und Territorium *zurückprojiziert* in die internen Mechanismen selbst, die diese Passung ermöglichen. Der Schluss vom Bestehen der Korrespondenzen zu ihrem tatsächlichen Gebrauch (4) erfolgt so zu voreilig. Übertragen auf neuronale Orientierungsmechanismen warnen auch Segundo-Ortin und Hutto vor diesem Sprung: „[W]e must be careful not to conflate evidence that the neural structures in question have map-like properties with evidence that brains or cognitive systems are using such structures as maps" (Segundo-Ortin/Hutto 2021, 17).

Denn die in diesen tatsächlich systemrelevant ausgebeuteten Binnenrelationen V und W verweisen nicht selbstverständlich auf externe Strukturen als „Stellvertreter räumlicher Positionen" (Shea 2018, 115). Vielmehr können sie selbst die Erklärungsarbeit leisten.[184] Denn die *raum*-spezifische und raumerschließende Funktion der Rille sei nach Sheas robustem Statusbegriff nur dann gegeben, wenn der Autobot über einen *zusätzlichen Kontrollmechanismus* verfüge. Dieser werde nur dann aktiv, wenn die Anfangsposition des Stiftes mit der Ausgangsposition des Autobots in der Kurve korreliere (vgl. Shea 2018, 130). Damit würden auch verschiedene Startpositionen gegeben sind, was im gewöhnlichen Autobot nicht der Fall sei.

Dieses zusätzliche Kriterium Sheas scheint einzuleuchten, wenn wir den von Ramsey eingeforderten Vergleich des Autobots mit der Karten-Leserin im blickdichten Auto konsequenter anwenden, als Ramsey es tut. Denn um den Kartenverlauf als solchen mit Blick auf distale Bedingungen auszubeuten, muss die Fahrerin zumindest wissen, dass sie sich am Startbeginn befindet, um dann dem Verlauf mit der Karte zu folgen. Ohne diese wiederum *räumliche Kontextualisierung* der Karte ist diese wertlos bzw. die externe Binnenrelation nicht selbst „signifikant" (Shea) für das System. Eine solche Einordnung und damit Abstraktion auf die

different dances, consumer bees are not making use of relations between different dances in deciding where to fly" (Shea 2018, 127; vgl. Millikan 1989).

184 Dieses Argument kann als analog zu meiner Ausführung der solipsistischen „Kurzsichtigkeit" in kausalen und statistischen Tracking-Mechanismen begriffen werden. Hier wie dort werden die idiosynkratischen Aktivitäten nicht auf distale Bedingungen transzendiert (oder abstrahiert), um intentionale Referenz zu ermöglichen.

räumlichen Beziehungen jenseits der Karte erfolgt aber noch nicht durch die Stiftbewegungen in der Rille des gewöhnlichen Autobots. Dieser muss auf die richtige Startposition platziert werden, ohne dass er fähig wäre, diese selbst zu vermitteln. Er besitzt keine *skalierende* Einschätzung seiner Position in Bezug auf andere Positionen, was für eine Karte jedoch minimal notwendig wäre (siehe Rescorla 2018). Ferner stellt Shea fest, dass die strukturelle Korrespondenz auch und gerade dann unnötig wäre und nicht ausgebeutet werden müsste, wenn der Autobot stets repräsentieren könne, wo er sich gerade befände und nicht nur, wovon er losfährt. Dann wäre eine Karte oder eine Simulation müßig.

Wir halten fest: Das System scheint erst von der „Ko-Aktivierungsstruktur" (Shea 2018, 115) mehrerer Input-Detektoren *abstrahieren* können zu müssen, damit die räumliche Binnenrelation der Kurve sowohl distal als auch spezifisch erschlossen wird. Lediglich dem internen Binnenverlauf der Input-Aktivität nachzufahren, wie den Linien auf einer Karte, würde auch der Karten-Leserin nichts über den Raum, den die Karte abbilden soll, vermitteln.[185] Sheas Vorschlag ist daran gebunden, dass die relevante Umweltbedingung (hier: der räumliche Verlauf) auf *verschiedenen epistemischen Pfaden* zugänglich sein muss, um die gesuchte Abstraktionsleistung zu vollbringen, also *robustes* Tracking einfordert. Lineare Detektoren werden durch *Rückversicherungs-* oder *Kontrollmechanismen* auf robuste Weise erweitert und scheinen somit auf externe Bedingungen intentional bezogen. (Die robuste Variante zusätzlicher Kontrollmechanismen wird im nächsten Kapitel erörtert werden). Ist folglich die sparsamere Lesart im Gefolge von Shea zutreffend, scheint die nicht-kognitive, aber genuine S-Repräsentation im Autobot weniger plausibel als es den Anschein hatte. Das selbstfahrende Auto muss sich als Subjekt kein Objekt vermitteln – es muss nicht darstellen können, wo es sich befindet, und wie der Raum beschaffen ist, den es durchquert. Der Autobot scheint eher eine Illustration oder ein Modell *unserer* Modellierungsfähigkeit des Raumes zu sein.

(3) Gehen wir deshalb abschließend auf die (a) **Probleme** als auch (c) **Vorzüge** der entkoppelten S-Repräsentation ein, um zu zeigen, dass der repräsentationale Status der ins Treffen geführten „Modelle" fragwürdig ist, aber gleichwohl der Strukturalismus einen richtigen Weg weist. Dabei soll in einem Zwischenexkurs das **antizipierende Tracking** (b) im Namen von *Predictive Processing* kritisch erörtert werden.

185 Man denke an die Fähigkeit, Punkte auf einer Fläche binnenrelational zu verbinden: Allein dadurch wüsste jemand noch nicht, dass diese Verhältnisse äußere Verhältnisse abbilden, also distal-spezifisch die Fläche transzendieren. Er würde eine Struktur, aber nicht die Strukturähnlichkeit ausbeuten.

(a) Ich beginne mit den Problemen. Zunächst würde es wenig helfen, Repräsentation allein an Abgekoppeltheit zu binden. Nach Thomas van Es und Erik Myin liegt hier sogar ein Zirkelschluss vor:

> The requirement to be able to use the representation off-line is intended to be a mark of distinction between representations and mere detectors or causal mediators [..] Any behavior that is thought to require off-line cognition so that the stimuli of the target are absent requires representation. Any representation, in turn, involves the possibility of off-line use. This creates a circularity (van Es/Myin 2020, 13)

Doch Ramsey und andere *begründen* diesen Unterschied zwischen Detektoren und Repräsentationen zumindest dadurch, dass zwei verschiedene Rollen am Werk sind, von denen eine eben „kausale Vermittlung", die andere „Repräsentation" genannt werden kann. Letztere schließt eine epistemische Lücke, die in Detektion fehlt, und bringt damit als „Stellvertreter" einen bestimmten *Erklärungsmehrwert* ein, der von der „job description challenge" ausgeschrieben wird. So richtig dieses Argument im Grundsatz ist, so bleibt doch der entscheidende Unterschied der dafür ins Spiel gebrachten Mechanismen aus zwei Gründen problematisch:

Erstens gibt Ramsey kein Prinzip dafür an, auf welche Weise selbst in einer abgekoppelten Tracking-Relation wie im Autobot das System selbst fähig wird, Input-Bedingungen verarbeiten zu können, dass externe Binnenrelationen (wie z.B. der räumliche Verlauf der Kurve selbst) abstrahiert werden können und so ein Gehalt als „Bild" der Umwelt vermittelt werden kann. Damit fehlt der Grund, dem zufolge wir Sheas sparsamere Lesart der Rillenfunktion ausschlagen sollen. Dadurch kehrt die „job description challenge" der *Informations*verarbeitung nur in einer strukturellen Variante wieder.

Zweitens, macht die Motivation der Abgekoppeltheit durch die epistemische Lücke allein nicht deutlich, wie sich Modelle dadurch *repräsentational* von Detektoren unterscheiden sollen, wenn auch statistische Detektoren abgekoppelt funktionieren und diese Abgekoppeltheit nicht-repräsentational und allein kraft korrelationaler Eigenschaften funktioniert. Warum soll gerade Abgekoppeltheit plus struktureller Korrespondenz das Rezept für Intentionalität sein?

Erörtern wir diese beiden Punkte genauer. Die einzelnen Binnenelemente des p-Sets ko-variieren durch kausale oder statistische Tracking-Relationen mit den externen Elementen des F-Sets. Die Position von p3 in der Rille z.B. erhöht die Wahrscheinlichkeit der Position des Autobots F3 in der Kurve. Aufgrund dieser Wahrscheinlichkeit ist das Fahrverhalten erfolgreich. Wir haben bereits dafür argumentiert, dass diese lineare Ko-Variation der einzelnen Zustände keineswegs repräsentationalen Status garantiert, weil nicht erkennbar ist, wie hier raumspezifische Informationsverarbeitung stattfinden muss. Diese These teilt Ramsey. Nun geht strukturelles Tracking über die einzelnen, bilateralen Zustände hinaus und nutzt notwendigerweise deren „Ko-Aktivierungsstruktur" (Shea) in den Binnenrelationen der p-Zustände innerhalb von V und W. Dadurch wird es möglich, sich mit dem Umweltverlauf zu koordinieren, z.B. mit einem Temperaturanstieg oder der Distanz und Richtung einer Route. Warum soll nun eine derartige Detektion der Binnenrelationen von p repräsentationalen Status konstituieren? Denn (schwache) Abgekoppeltheit, wie sie Ramsey und Gładziejewski fordern, scheint auch bei statistischem, ethologischem Tracking der Fall zu sein, insofern die dort favorisierten Tiefeneigenschaften der Normalbedingung keine Kausalrelation zum jeweiligen Detektor unterhalten.

Verdeutlichen wir dies aber an dem Beispiel eines *erweiterten Rauchdetektors,* wie er von Facchin (2021, 5495) in Bezug auf Abgekoppeltheit skizziert wird. Dieser Rauch-Detektor bleibt auch dann aktiv, wenn sich der zum photorezeptiven Input-Detektor[186] aufsteigende Rauch bereits verflüchtigt hat, sich jedoch schwerer, absinkender Rauch weiterhin im Raum befindet. Wie ist das möglich? Da der schwere Rauch nicht zum Rauchmelder auf der Decke aufsteigt, sich also außerhalb seines kausalen Sensitivitätsbereichs befindet, wird im Zuge der Detektion des aufsteigenden Rauchs zusätzlich ein *Kondensator* aktiviert. Dieser hält durch seine stromspeichernde Funktion den Alarm auch dann noch aufrecht, wenn nur noch schwerer Rauch am Boden verbleibt. Durch seine *statistische* Tracking-Relation korreliert nun die Aktivität des Kondensators mit der Präsenz von schwerem Rauch, obwohl jene in keinem Fall auf diese kausal reagieren kann. Der Kondensator ist also vom Rauch schwach abgekoppelt. Nach Facchins Interpretation ist hier wieder die temporale Strukturentsprechung ausschlaggebend: Der Zeitverlauf der Kondensatoraktivität korrespondiere mit der bestimmten Zeitspanne, innerhalb derer schwerer Rauch noch im Raum verbleibt.

Doch diese Interpretation ist angreifbar. Wir können mit der Kritik an Facchins Zeit-Argument und Sheas Sparsamkeitseinwand genauso gut den Rauchmelder erklären, wenn allein die interne Binnenrelation und nicht ihre Korrespondenzrelation genutzt werden muss. Letztere fungiert dann als korrelierende, ethologische Erfolgsbedingung, ähnlich wie die Kausalkette zwischen Feuer und dem proximalen

---

186 Nach meiner Interpretation verkörpert der optische Detektor, ein kausaler *response state* im Sinne Neanders, lediglich den Lichtstreuungseffekt der Partikel (Tyndall-Effekt) in Bezug auf die kausale Disposition der Photorezeptoren, er repräsentiert nicht die Anwesenheit von Rauch, Partikel oder Kohlenstoffmonoxid. *Wir* leisten diese Referenz durch unseren Gebrauch des Rauchmelders als *Rauchmelder*, aber das Gerät funktioniert auch ohne eine Bezugnahme zu leisten perfekt.

Effekt des Rauchs beim einfachen Rauchmelder.[187] Dank dieser Ko-Instanziierung ist die bloße Detektoraktivität erklärungskräftiger, weil sparsamer. Worin bestünde dann noch der *repräsentationale* Unterschied zum Autobot? Falls Abgekoppeltheit das entscheidende Kriterium bildet, würde der Rauchdetektorzustand nach Ramseys Lesart ebenfalls als „Stellvertreter" fungieren, weil er die kausale Lücke zur Umwelt überbrückt, und einen verhaltenssteuernden Effekt zeitigt. Gleichzeitig muss angenommen werden, dass beim analogen Fall, dem Magnetosom, nach Ramsey (2007, 137) in „keiner Weise" distal-spezifische *Information* (statistischer Natur) genutzt wird, um für die abgekoppelte Sauerstoffarmut einen „Stellvertreter" zu generieren. Doch das Magnetosom ist eben, *pace* Ramsey, kein *„kausaler* Mediator" zwischen dem Schwimmverhalten und der mit Bezug auf das Magnetosom kausal *ineffektiven* Sauerstoffarmut. Für die Verhaltensfunktion bleibt die Verlagerung des Magnetosoms entscheidend, die eine abgekoppelte Strukturentsprechung mit der Richtung des Sauerstoffgradienten unterhält. Wie kann Ramsey also systematisch verhindern, dass dann auch das Magnetosom (bzw. der Kondensator) diese Entsprechung, oder zumindest die interne Binnenrelation, funktional ausbeutet und erst kraft dieser – analog zum Autobot – reüssiert? Was ist dann für Ramsey bei der Abgekoppeltheit im Autobot so kategorial anders? Da Ramsey eine Antwort schuldig bleibt, ist daher nicht klar, warum strukturelle Entsprechung und Abgekoppeltheit zusammen repräsentationalen Status ergeben sollen. Wir können schließlich schlussfolgern: Die Bedingung (schwacher) Abgekoppeltheit, wie sie von Ramsey verstanden wird, scheint als Zutat zu nicht-repräsentationalen, ubiquitären Korrespondenzbeziehungen *per se* noch nicht hinreichend zu sein für ihre Transformation in genuine S-Repräsentationen oder Modelle.

Damit ergibt sich folgendes *Dilemma*: Ist der Vergleich des Autobots mit dem erweiterten Rauchmelder und dem Magnetosom triftig, dann würden derartige Mechanismen *entweder* strukturellen Beziehungen nicht eigens ausbeuten und lediglich statistische Detektoren sein, deren repräsentationalen Status Ramsey nicht anerkennt. *Oder* Ramseys Kriterium der Abgekoppeltheit würde keine Wesensverschiedenheit von dieser ubiquitären Sensitivität in Bezug auf repräsentationalen Status sicherstellen können. Beim ersten Horn wäre auch strukturelle Stellvertretung nicht intentional und damit Ramseys Lösung in Frage gestellt. Das zweite Horn würde entweder in einen *Pansemantizismus* münden, den er selbst vermeiden will. Denn wenn Mechanismen anstatt ihrer Informationen nun aufgrund ihrer strukturellen Ähnlichkeiten mit der Umwelt ausgebeutet werden würden, dann wären

187 Analog dazu gibt es eine statistische, kausal abgekoppelte Strukturentsprechung zwischen der Richtungsverlagerung des Magnetosoms im Bakterium (die Binnenrelation Verlagerungsrichtung) und dem Gradienten von Sauerstoffarmut in seinem Richtungsverlauf.

entweder unzählig viele Sensoren oder funktionale Elemente, die für erfolgreiches Verhalten zu äußeren Bedingungen „passen" müssen, wie Extremitäten oder Gebrauchsgeräte, Repräsentationen struktureller Art (siehe dazu van Es/Myin 2020, Segundo-Ortin/Hutto 2021). Oder und wahrscheinlicher: Das zweite Horn führt in eine strukturalistische Version des *hard problem of content,* da Systeme, die strukturelle Ähnlichkeit zwar durch solche Passungen eigens ausbeuten, noch nicht so transformieren müssen, da sie als eine Art „Medium" fungieren, durch den eine externe Bedingung abstrahiert dargestellt wird. Eine Entsprechung als Entsprechung zu nutzen heißt noch nicht, sie als vermittelter Gehalt über ein Relat dieser Entsprechung zu nutzen.

Um diesem Dilemma zu entgehen, ziehen andere Strukturalisten die Grenze für Status deshalb deutlich höher ein: Gładziejewski und Miłkowski (2017, 350) gehen von *starker* Abgekoppeltheit im Sinne von antizipatorischem Karten-Gebrauch, Planen und kontrafaktischen Erwägungen als Kriterium für S-Repräsentation aus. Das schließt nicht-kausales Tracking mit ein und ist von schwacher Abgekoppeltheit unterschieden. Dergleichen erfüllen Mechanismen wie der Autobot klarerweise nicht (siehe auch Clark/Toribio 1994, 419). Sheas Beschreibung der reich erforschten Navigationsfähigkeit der Ratte entspricht ebenfalls diesem Verständnis: Die Ratte gebrauche koordinierte „Ortszellen" (*place cells*), um Routen *vor* dem dadurch ausgelösten Verhalten zu „simulieren" oder „durchzuspielen", weshalb eine solche „kognitive Karte" eine authentische Form von S-Repräsentation sei (vgl. Shea 2018, 114).[188]

(b) Da jedoch auch S-Repräsentationalisten wie Williams und Colling (2018) in einer strukturalistischen Lesart von *Predictive Processing* (PP)[189] für ein *antizipatorisches,* nicht rein reaktives Verständnis von Modellierung plädieren (siehe auch Gładziejewski 2015) und PP für sensorische Repräsentation ins Spiel gebracht wird, soll schließlich noch auf *antizipierendes Tracking* (mittels struktureller Modelle) im Rahmen der *Predictive Processing* – Theorie eingegangen werden. Denn mit PP scheint die gegenwärtige *receptor notion* des Gehirns auf den Kopf gestellt zu werden: Nicht die *bottom-up* Reaktion auf Umweltbedingungen (*feature detection*), sondern die *top-down* Antizipation der Umwelt (*predictive coding)* bildet nach PP

188 Siehe auch Rescorla (2009, 2018) und Wuppuluri/Doria (2018) zur repräsentationalen Natur und wissenschaftlichen Beschreibung kognitiver Karten. Zu *place cells* siehe O'Keefe/Dostrovsky 1971, Hartley et al. 2014 und Yan et al. 2016. Für eine alternative Lesart der Rattennavigation siehe Segundo-Ortin/Hutto 2021, 17.

189 Zu dieser gegenwärtig höchst einflussreichen und revolutionären Theorie neuronaler Aktivität siehe Friston 2009; Hohwy 2013; Clark 2015a; 2016; Calvo/Friston 2017; Bruineberg et al. 2018; Williams-Colling 2018; Wiese/Friston 2021. Zu einem Überblick über die wichtigsten Thesen von PP siehe Wiese/Metzinger 2017.

die Rollenbeschreibung des Gehirns oder anderer quasi-neuronaler Steuerungselemente (siehe Calvo et al. 2016 zu diesem Paradigmenwechsel).

Betrachten wir dazu ein Argument der sogenannten *Plant Cognition*, demnach bereits Pflanzen Antizipation und dadurch Repräsentationen besitzen.[190] Paco Calvo und Karl Friston nehmen für alle Organismen das „free-energy-principle" an (siehe auch Friston 2005, 2009 und Wiese/Metzinger 2017): Diese Grundthese von PP besagt in grober Vereinfachung, dass Organismen für ihre homöostatische Selbst-Organisation den Verlust von freier Energie durch eine Minimierung schädlicher „Überraschung" (*surprise*) bzw. „Ungewissheit" (*incertainty)* begrenzen. Diese Reduktionsleistung wird wiederum durch die Konstruktion verkörperter, enaktivischer „Modelle" (*generative models*) in Form von „Hypothesen" erreicht, die proaktiv oder antizipatorisch die Wahrscheinlichkeit unerwarteter Umweltereignisse geringhalten („active inference"). Damit ist eine biologisch-statistisch informierte Repräsentationstheorie umrissen. Calvo und Friston möchten sie für Pflanzen am Beispiel einer Erbse und ihres chemotaktischen Wurzelverhaltens plausibel machen (siehe Novoplansky 2016): Denn die Wurzeln von Erbsen würden sich in Bereiche erstrecken, in denen sich ein „*Anstieg* des Nährstoffgehalts" befindet – auch wenn diese zunächst in absoluten Werten weniger nahrhaft seien als andere Bereiche (Calvo/Friston 2017, 4). Sie folgern daraus, dass deshalb die Pflanze „Informationen über dynamische Entwicklungen der Ressourcenebene wahrnimmt" und „Wachstumsbedingungen antizipiert":

> Roots don't just grow. They constantly assess the (future) acquisition of minerals and water. [...] If plants are pro-active, anticipatory engines they are constantly looking ahead, monitoring gradients, *guessing* ahead of time what the world is like—so as to adapt to local conditions via phenotypic plasticity (Calvo/Friston 2017, 4).

Dasselbe Räsonnement scheint auch Morgan (2014, 239) in Bezug auf den Phototropismus von Kretischen Strauchpappeln (*Lavatera cretica*) zu vertreten: Diese Pflanzen richten sich mittels einer circadianen Uhr über Nacht im Vorhinein zum Stand der Morgensonne aus, um sich durch optimale Lichtausbeute anzupassen (siehe Calvo/Keijzer 2011, 165). Auch für Morgan (2014, 239) stehe deshalb fest, dass der Phototropismus die „Uhr" nicht nur auf abgekoppelte Weise, sondern auch als „Vorhersage" des Sonnenstands verwende, da sie andernfalls verende. Die „Uhr" weist zudem strukturelle Ähnlichkeit mit dem Sonnenstandsverlauf auf.

Wie ist diese Argumentation für „Pflanzenkognition" in Gestalt von Antizipation generell zu bewerten? Im Lichte der bisherigen Probleme ist auch sie nicht haltbar: Wir haben bereits gesehen, dass nicht jeder ethologische Umstand reprä-

---

190 Siehe auch Calvo/Keijzer 2011; Morgan 2014; Calvo et al. 2016; Calvo/Friston 2017; Sims 2019.

sentiert werden muss („Meldepflicht"), um zur Anpassung beizutragen. Das rein ethologisch-biologistische Argument funktioniert auch hier nicht. Auch mit Blick auf Antizipation und der scheinbaren Kluft zwischen gegenwärtigem Reiz und abgekoppelter Zukunft lässt sich zeigen, dass diese Kluft und ihre Überbrückung durch modellhafte Simulation nicht vorliegt. Im Sinne der Arbeitsteilung kann die Antizipations-, d.h. die Repräsentationslast von der Pflanze auf die Umwelt selbst *ausgelagert* werden (siehe Kapitel B.II.2.1): Die Erbse bzw. die Strauchpappel kann sich darauf verlassen, wie die Umwelt in Gestalt der Nährstoffverteilung bzw. durch die astronomische Konstellation von Erde und Sonne beschaffen ist. Zu dieser Beschaffenheit können neben kausalen oder statistischen Korrelationen (z.B. bei der Verteilung von Nährstoff) auch strukturelle Ähnlichkeiten (z.B. zwischen der circadianen Schwingung und dem Tag-Nacht-Rhythmus) zählen. Die Pflanzen sind aufgrund dieser sparsamen Auslagerung nur im Lichte der Theoretiker *anticipatory engines,* da sie diese Bedingungen nicht repräsentational garantieren, ihnen also nicht antizipierend zuvorkommen müssen. Den proximalen Effekt innerhalb dieser Korrelationen bzw. Ähnlichkeiten mit Normalbedingungen einzufangen genügt. Eine genaue Kritik an der dominierenden, repräsentationalen Lesart von *Predictive Processing* kann hier aufgrund der vielfältigen Diskussion dieses Paradigmas (siehe Hutto/Myin 2017; Bruineberg et al. 2018) jedoch nicht erfolgen und wird am Beispiel einfacher Organismen in gesonderter Publikation entfaltet. Wichtig ist hier lediglich die kritische These, dass die lineare Tracking-Theorie selbst durch strukturelle Ähnlichkeit *und* Antizipation noch keinen repräsentationalen Status fundiert, wenn erstere nicht eigens genutzt wird und die Notwendigkeit für letztere nicht besteht.

(c) Damit kommen wir abschließend zum *Vorzug* des Strukturalismus. Denn er bietet auch eine Chance, sich vom Fokus auf die Tracking-Relation zu emanzipieren. Selbst wenn der repräsentationale Status eines linearen Detektors durch seine strukturelle Ähnlichkeit mit externen Bedingungen keineswegs so klar zu Tage liegt, wie Ramsey und andere argumentieren, bringt der Strukturalismus doch eine *internalistische* Komponente ins Spiel, die bisher in der Erörterung des Abstraktionsprinzips gefehlt hat.[191] Morgan und Piccinini haben diese Idee angedeutet, auch wenn sie mit „intern" vor allem die Träger-Prozesse (*vehicles*) und nicht die funktionalen Momente von Repräsentation meinen:

> While tracking theories are officially theories of content, they are motivated by a conception of the vehicles of content as informational states of representational systems *inside* the mind or brain. Tracking theorists often leave the nature of these vehicles unexplicated, but struc-

191 Die Ausnahme ist Neanders erweitertes Kausalmodell CDAT (Neander 2017, 178), an dem jedoch die entscheidende Rolle des strukturalistischen Zusatz für repräsentationalen Status, auch im Lichte der Erörterungen in diesem Kapitel, nicht ersichtlich wurde.

tural theories of representation fill this lacuna in part by emphasizing how the informational content of representational systems is relevant to the control functions of those systems (Morgan/Piccinini 2018, 133).

Strukturalistische Theorien bieten zumindest eine belastbare Theorie darüber an, wie interne Zustände in ihrer Organisation und Binnenstruktur konstitutiv beschaffen sein müssen und dass diese „Ko-Aktivierungsstruktur" (Shea) in bestimmter Weise verarbeitet werden muss, damit repräsentationaler Status realisiert wird. Sie setzen nicht allein auf kausale oder statistische Beziehungen. Auch wenn generelle Mechanismen und Prinzipien dessen, wie eine Binnenstruktur auf eine distale Umweltbedingung „transzendiert" werden kann, damit die interne Struktur nicht nur ein (kausaler) „Abdruck" äußerer Bedingungen, sondern ein intentionales Modell *von* diesen bildet, bis hier noch nicht erkennbar sind und stattdessen auf die bloße Abhängigkeit des praktischen Erfolgs von der bloßen Existenz einer strukturellen Ähnlichkeit zwischen Organismus und Umwelt abgehoben wird, liegt in dieser Rückwendung ein fruchtbarer Ansatz. Denn er verschiebt den Fokus des seit Putnam (1975) überwiegend *externalistischen* Repräsentationalismus ausgleichend wieder stärker in Richtung auf interne Strukturen. Hinzu kommt, dass der Strukturalismus zumindest einen Baustein für das Verhältnis einer Übereinstimmung (*adequatio)* zwischen Gehalten und dem Zu-Repräsentierenden bildet, wie wir bereits in Kapitel A.III.3.3 angedeutet haben, und damit, zumindest mit Blick auf Wahrnehmungen, ein *notwendiges* Element für ihre Veridikalitätsbedingungen darstellt: Repräsentationen sind nur dann veridische Darstellungen von Entitäten, wenn sie diesen strukturell ähnlich sind.[192]

Ziehen wir Bilanz: Im Lichte der bisherigen Gedankengänge scheint lineares oder starres Tracking nicht hinreichend zu sein, um der repräsentationalen Rolle eine naturalistische Fundierung zu geben. Das betrifft vor allem die Distalität der Gehalte und damit die transzendierende Referenzialität von Repräsentation überhaupt: Die analysierten Tracking-Zustände scheinen nicht *über* sich hinaus *auf etwas* zu zielen oder zu zeigen, da sie diese Leistung in den angeführten Situationen auch nicht erbringen *müssen*, um erklärungskräftig zu sein. Sie scheinen daher keine Welt als Objekt vor sich zu haben, um Verhalten zu steuern. Sie ordnen dementsprechend keine Attribute zu, Attribute, die korrekt oder inkorrekt beschreiben würden. Sie sind rein *rezeptiv*, indem sie kausale Effekte, Wahrscheinlichkeiten oder strukturelle Einprägungen distaler Bedingungen verkörpern, ohne diese dabei in ihren Eigenschaften als solche darzustellen.

---

192 Zur Ikonizität sensorischer Repräsentation siehe ausführlich Burge 2022.

II.3 Robuste (flexible) Tracking-Theorien

Wenden wir uns reformistischen Theorien innerhalb der Tracking-Familie zu, die eine solche lineare Sensitivität für unzureichend in Bezug auf die Ansprüche und Herausforderungen halten, mit denen Tracking-Theorien konfrontiert sind und daher restriktivere Ansätze ins Treffen führen. Haben wir uns zuletzt eher an den Grenzsteinen der Teleologie und der Abgekoppeltheit orientiert, werden im Folgenden Ansätze vorgestellt, die repräsentationalen Status an *Komplexitätsreduktion* binden (siehe Kapitel I.3.2).

Robuste Tracking-Mechanismen sind nicht auf eine bestimmte Art von epistemischem Pfad (kausaler, statistischer oder strukturalistischer Natur) festgelegt, sondern können eine *Verschiedenartigkeit* dieser Pfade – z.B. chemische, optische oder auditive Emissionen – in Anspruch nehmen. Deren Muster werden vom System so verflochten oder „assoziiert", dass das Resultat mit einer gewissen *Stabilität* des Repräsentatums, welche diese Pfade von sich aus paritätisch mit anlegt, korrespondiert.[193] Ich stütze mich dabei vor allem auf die Konzeption von Dretske (1986, 1988) und Kim Sterelny (1995). Letzterer hat genuine Repräsentationalität gegen bloße Responsivität auf Stimulationsbedingungen ins Treffen geführt. Er versteht dabei „Detektion" so, dass damit eine distale Umweltbedingung *abstrahiert* werden muss (siehe *detection thesis*, Akin 1996):

> So what is it to *detect* a state of the environment, as distinct from merely reacting by design to a proximal stimulus? It is for there to be a sufficient variety in proximal routes und sufficient stability of distal sources, for the organism's adaptive reaction to the environmental feature to be robust (Sterelny 1995, 261).

Aufgrund der Pluralität epistemischer Pfade wird im Folgenden nun nicht mehr vorwiegend externalistisch nach der jeweiligen Art der Innen-Außen-Relation unterschieden (Kausalität, Statistik, strukturelle Korrespondenz), sondern internalistischer auf die Art und Weise der systeminternen Operationalität geblickt. Hier lassen sich zwei Unterscheidungen in Anschlag bringen: *Assoziatives Tracking* und *konstantes Tracking*. Sie beschreiben, wie die mehrsträngigen, robusten Tracking-Relationen verflochten werden.

(a) *Assoziatives Tracking* soll so genannt werden, da hier die verschiedenen epistemischen Pfade *modulübergreifend* sind, also ein Detektorsystem unterschiedliche sensorische Kanäle (Subsysteme) mit Bezug auf ein und dieselbe Umweltbedingung F verbindet. So scheinen circadiane Uhren in Pflanzen charakte-

193 Diese Eigenschaft von repräsentationalen Entitäten, verschiedene Pfade mitanzulegen, habe ich „Plastizität" genannt (siehe Kapitel A.III.3.1).

ristische Lichteffekte *und* Wärmeeinwirkungen benutzen, um ihre inneren „Chronometer" mit größerer Sicherheit mit der richtigen Tages- oder Jahreszeit zu koordinieren. Damit kann z.B. das Schließen der Blätter zur Abendzeit oder das Wachstumsverhalten im Frühling reguliert werden (siehe Gardner et al. 2006 und Shea 2018). Hier erfolgt durch robustes *one-many-one mapping* einer Umweltbedingung F mittels verschiedenartiger, linearer Input-Reize s1 und s2 eine einheitliche Reaktion p. Diese assoziative Detektion kann zusammen (konjunkte Inputs) oder getrennt (disjunkte Inputs) erfolgen, also die circadiane Uhr z.B. könnte zu einem Zeitpunkt allein durch die Detektion des Wärmereizes s1 (oder den Lichtreiz s2) mit der Abendzeit F funktional synchronisiert werden oder, in einem anderen Fall, allein nur durch das Anspringen auf die Konjunktion von s1 und s2.

(b) Dagegen soll *konstantes Tracking* sich auf ein spezifischeres *one-many-one mapping* beziehen, in welchem die Inputs gleichgeartet sind und daher *modulspezifisch* verarbeitet werden. Das ist vor allem bei *Wahrnehmungskonstanten* in auditiver, visueller oder haptischer Sensorik der Fall (siehe Burge 2010, 2022; Cohen 2015; Schulte 2018, 2021; Matthen 2010, 2021). So erfolgt das konstante Tracking ein und derselben distalen Bedingung F invariant durch eine Reihe modulspezifischer, aber verschiedenartiger und fluktuierender proximaler Reize (s1, s2, s3, ...) hindurch, wie beispielsweise das Sehen ein und derselben Würfelgestalt durch verschiedenartige Lichteffekte (visuelle Gestalt-Konstanz) oder das Ertasten dieser Gestalt allein durch taktile Druckeinwirkungen beim Abtasten (haptische Gestalt-Konstanz). Konstantes Tracking wirkt zwar meist zusätzlich modulübergreifend, z.B. durch das Verarbeiten von propriozeptiven Inputs wie Augen- oder Handbewegungen beim Sehen und Tasten oder anderen Indikatoren (*cues*), besteht dann aber nicht mehr aus verschiedenartigen *linearen* Subsystemen. Entsprechend sollen auch diejenigen Fälle robusten Trackings ausgeklammert werden, die bereits konstantes Tracking auf Subsystemebene erfordern, z.B. in Dretskes (1986) Beispiel des spezifischen Erkennens einer Eiche durch das Repräsentieren ihrer Blätter *und* ihrer Rinde. Denn Blätter und Rinde wachsen so, dass sie selbst bereits aus auf Basis verschiedener Orientierungen zum Auge, und damit durch teils radikal verschiedene Stimuli hindurch, konstant distal wahrgenommen werden müssen und nur so spezifischen Gestaltattribute entsprechen.

Die Herausforderungen der Informationsverarbeitung sind in Hinblick auf das Abstraktionsprinzip in beiden Formen robuster Detektion jeweils andere. Dennoch wird die gemeinsame Grundfunktion in beiden Spielarten robusten Trackings sichtbar, die in dem bereits angedeuteten *Rückversicherungs-* oder *Kontrollmechanismus* zu liegen scheint: Das System verlegt sich nicht nur auf einen einzigen linearen Pfad (*single-cue*) zu einer relevanten Bedingung, um Fehlkoordination zu vermeiden, sondern sucht zusätzliche oder erst belastbare Bestätigung auf verschiedenen Wegen (*multi-cue*).

Betrachten wir im folgenden Kapitel (a) und Beispiele für Repräsentation als assoziatives Tracking. Dieses soll zunächst, im Ausgang von Dretske (1986), Sterelny (1995) und Shea (2018), anhand eines Modells *phylogenetisch*-basierter (angeborener, artspezifischer) Robustheit für repräsentationalen Status erörtert werden.[194] Im darauffolgenden Kapitel rückt mit Dretskes eigener, vollwertiger Repräsentationstheorie (1986, 1988) die Assoziation mehrerer epistemischer Pfade auf *ontogenetischer* Ebene in den Fokus, demnach genuiner (effektiver) Gehalt nur durch individuelles, Feedback-gestütztes „Lernen" realisiert wird. Anhand dieser beiden Modelle und entsprechender Beispiele soll demonstriert werden, dass auch robust-assoziativ Sensitivität die Schwierigkeiten linearer Tracking-Theorien in Bezug auf Gehalt- und Status-Konstitution erbt und nicht substanziell überwinden kann.

II.3.1 Assoziatives, phylogenetisches Tracking

Ich beginne mit (1) Dretskes Modell *assoziativen Trackings* in phylogenetischer Form als Ausgangslage, um anschließend (2) dessen *Vertiefung* durch Sterelny und Shea darzustellen. Schließlich (3) sollen die *Probleme und Vorzüge* dieses Modells kritisch gewürdigt werden. Mit Dretske Kriterium der *Irrtumsfähigkeit* rückt nun auch das letzte Merkmal der repräsentationalen Rollenbeschreibung (nach Gerichtetheit und Verhalten) in den Fokus der Status-Frage.

(1) Dretske (1986, 1988) hat für das *assoziative Tracking* Pionierarbeit geleistet, indem er seine informationelle Basisversion durch robuste, Informationskanäle verknüpfende Mechanismen für genuinen repräsentationalen Status qualifiziert. Wir erinnern uns, dass Dretskes Basisversion von drei Prinzipien ausgeht: a) einer *informationstheoretischen* Theorie von Repräsentation als funktionaler Indikation; b) der *ethologischen* Identifikation des Zu-Repräsentierenden mit der Normalbedingung, die die funktionale Indikation explanatorisch fundiert; c) einem *Prinzip geteilter Verantwortung*, nach dem das Repräsentatum informationssensitiv diskriminiert werden soll (siehe Kapitel II.3.2).

Es ist bereits in der Kritik von Gansons linearem Modell angeklungen, dass die Basisversion im Lichte einer Erweiterung gesehen werden muss, damit die Triade der Prinzipien hinreichend für genuinen repräsentationalen Status sein kann. Denn dieser, so Dretskes Hauptmotivation für Robustheit, hängt davon ab, ob das System zur *Fehlrepräsentation* fähig ist (siehe Dretske 1986). Er hat am Beispiel des Ma-

194 Hier sind zwar Konstanten miteingeschlossen, diese sollen jedoch hier ausgeklammert und gesondert behandelt werden, da sie von noch restriktiveren Status-Theorien als notwendig für repräsentationalen Status erachtet werden. Was in diesem Kapitel zählt, ist, dass robuste, und damit assoziative Tracking-Mechanismen *generell* als hinreichend für Intentionalität aufgefasst werden.

gnetosoms illustriert, dass dessen diskriminatorische Fähigkeiten (c) im Widerspruch zur Identifikation des Repräsentatums mit der distalen Normalbedingung (b) stehen:

> It sounds a bit far-fetched (to my ear at least) to describe the bacteria's sensory mechanisms as indicating, and having the function of indicating, the whereabouts of oxygen. [...] This is, after all, a *magneto*tactic, not a *chemo*tactic sensor (Dretske 1986, 32).

Um Fehlrepräsentation in diesem *linearen* Detektor zu ermöglichen, müsste jemand, so Dretskes Idee, wenn er neben (c) auch (b) halten will, die „anhaltende Korrelation" der Indikation in (a) durch *Robustheit* erweitern, damit der Mechanismus fähig wird, auf mehreren, alternativen epistemischen Pfaden („many routes of informational access", Dretske 1986, 35) die distale Normalbedingung funktional zu indizieren, d.h. zu repräsentieren. Ohne diese Erweiterung, so Dretske, wäre es schlicht „willkürlich" (Dretske 1986, 34) auszuschließen, dass die Funktion des Detektors eben darin besteht, Magnetwellen (bzw. eine proximalere Bedingung) zu indizieren – wodurch jedoch die Fehlrepräsentation der Normalbedingung drastisch beschnitten bzw. verunmöglicht werde.

Dem simplen Magnetosom geht diese Erweiterung nach Dretske ab. Es verfügt nicht über eine Alternativroute zur Normalbedingung, es setzt alles auf eine Karte, und hat damit Erfolg. Es brauche informationell gerade nicht zur distalen Bedingung vorzudringen („F als F", Dretske 1986, 35), wodurch aber erst eine *Fehlrepräsentation* von F möglich werden würde, so Dretske. Damit ist das Magnetosom auch keine Repräsentation. In geänderter Umgebung, wenn die Normalbedingung F abwesend ist, aber ihre typischen proximalen Effekte auf das System einwirken, reagiert dieses weiterhin systematisch auf die Magnetfelder, auch wenn diese von Sauerstoffarmut wegführen (siehe auch Dretske 1988, 93). Es sei deshalb „nicht überraschend", so Dretske, in primitiven sensorischen Systemen wie dem Magnetosom (und damit in analogen Mechanismen von Sensitivität), „keine klare und unzweideutige Fähigkeit für Fehlrepräsentation" ausmachen zu können. Denn diese erfordere eine „gewisse Schwelle an Komplexität in den Fähigkeiten zur Informationsverarbeitung eines Systems" (Dretske 1986, 32), die für Dretske in einer robusten *Vielfalt* von Informationswegen zum Repräsentatum besteht. Mit dieser informationstheoretischen Schwelle gibt Dretske folglich ein generelles Kriterium an die Hand („a *principled* way"), wann eine Abstraktionsleistung in Bezug auf eine ethologische Normalbedingung möglich und damit repräsentationaler Gehalt erklärungskräftig wird.

Erläutern wir Dretskes Argument nach seinem Beispiel (siehe Dretske 1986, 33-34): Nennen wir mit Dretske *F* eine distale Umweltbedingung, *f1* und *f2* bilden deren spezifische Eigenschaften, welche (*ex hypothesi)* entsprechende proximale Effekte *s1* und *s2* verursachen, die von internen Detektorzuständen *I1* und *I2* verkörpert werden. Letztere münden wiederum in einen gemeinsamen Detektorzustand zweiter Stufe, *R*. R korreliert normalerweise mit F und steuert eine Verhaltensreaktion. Um die jeweilige *Abstraktion* auf F, also die Transzendierung von I und s zu demonstrieren, präsentiert Dretske zunächst folgenden Gedankengang: Angenommen, f1 und f2 (bzw. ihre jeweiligen Folgen in der Kausalkette) treten normalerweise *disjunkt* auf, d.h. sie lösen *jeweils* für sich R aus und müssen dafür nicht in Konjunktion aktiv sein. Nun gerät das System in abnormale Umstände*, in der eine Alternativbedingung (sagen wir, F*) auftaucht, welche lediglich *eine* der beiden Eigenschaften, sagen wir f1, aufweist, die R über die entsprechende Kausalkette (f1>s1>I) auslöst. In diesem Fall, so die Konklusion Dretskes, *müssten* wir zugeben, dass R nicht s1 (oder f1), sondern nichts weniger („nichts proximaleres") als F selbst indiziere und auch die Funktion dafür habe. Denn unter Normalbedingungen würde R keine Indikation sein, da sie keine „anhaltende Korrelation" mit s1 (oder f1) unterhalte. Denn die Wahrscheinlichkeit, dass s1 instanziiert und nicht s2 instanziiert ist, wenn R instanziiert ist, beträfe gerade einmal 50 %, so Dretske. Damit ist die Erklärungskraft der Information in Bezug auf F nicht fundiert. Dieser klare Befund wird von der Illustration von R durch eine Glühbirne, die von zwei Schaltern disjunkt aktiviert werden kann, deutlich: Wenn die Birne leuchte, indiziere diese Aktivität nicht, dass ein bestimmter Schalter getätigt wurde, so Dretske.

Die Pointe von Dretskes Argument ist also folgende: Die verschiedenen Korrelationen scheinen erst durch Robustheit sich in einer distalen Normalbedingung informationell zu *überschneiden* und kraft dieser Konvergenz die proximaleren Bedingungen und ihre Informationen zu *transzendieren* („F als F", Dretske 1986, 35). Damit scheint endlich ein Mechanismus gefunden zu sein, der das *Abstraktionsprinzip* informationeller Verarbeitung fundiert. Die linear-ethologische Tracking-Relation wird dadurch erst mehrsträngig und belastbar. Konvergieren mehrere Pfade auf der horizontalen Ebene in der Normalbedingung, so Dretskes Räsonnement, ist der Detektorzustand R distal-spezifisch oder „keilförmig" genug, um zu verhindern, dass er, wie in den linearen Tracking-Mechanismen, bei den proximalen Stimulationen s1 und s2 seiner peripheren Detektoren bleiben kann und Referenz auf die distale Bedingung F selbst nicht erklärungskräftig wird, also auch Fehlrepräsentation von F nicht fundiert wird. Eine genuin *ethologische* Repräsentationstheorie, wie sie vor allem Millikan, Artiga und Ganson fordern, muss also nach Dretske robust sein oder sie bleibt eine Theorie ethologischer Sensitivität.

(2) In einer ersten **Vertiefung** dieser Idee durch Sterelny (1995) abstrahiert das System von den *Implementierungsdetails* dieser proximalen Pfade und erschließt eine distale Umweltbedingung als deren gemeinsame Ursache. Dieser Mechanismus wird an Sterelnys Paradebeispiel des Regenpfeifers anschaulich: Der Vogel, der meist an Stränden und Ufern brütet, hat ein erstaunliches Verhalten entwickelt, um

seine durch die offene Umwelt schlecht geschützten Nester zu verteidigen. Er mimt einen gebrochenen Flügel und lockt damit einen Angreifer vom Nest weg (*broken wing display*, siehe Ristau 1991). Sterelny interessiert dabei das dabei leitende Sehvermögen des Regenpfeifers. Denn der Vogel muss ihm zufolge während des Weglaufens den Angreifer im Blick behalten. Er muss dabei fähig sein, *trotz und aufgrund* verschiedener optischer Blickwinkel – und damit trotz und aufgrund verschiedenartiger wie fluktuierender retinaler Stimulation –, stabil und invariant die distale Gestalt eines Angreifers detektieren zu können.[195] Die Anforderungen sind also andere als für die von Ganson angeführte lichtsensitive Muschel, der ein bestimmter proximaler Lichtreiz genügt, um belastbar mit Angreifern zu korrelieren. Sterelnys analoges Beispiel ist das einer Ameise, die aus hygienischen Gründen tote Artgenossen aufgrund von einem spezifischen Duftreiz entsorgt. Die Ameise kann dabei kraft einer linearen olfaktorischen Sensitivität auf den proximalen Dufteindruck – den Stimulationseffekt eines Ausscheidungsprodukts auf die olfaktorischen Rezeptoren – anstatt auf den toten Artgenossen als toten Artgenossen (eine distale Tiefeneigenschaft) reagieren. Um letzteres zu gewährleisten, müsste ein robust-assoziatives System vorliegen, wie es Dretske beschrieben hat.

Sterelny konkretisiert Dretskes Einsicht mittels der Unterscheidung zwischen zwei Erklärungsstrategien von Verhalten, die Frank Jackson und Philip Pettit (1992) vorgeschlagen haben: „Robust-prozessuale" (RP) und „aktual-sequenzielle" (AS) Erklärungen (vgl. Sterelny 1995, 258-259). Die AS-Erklärung bezieht sich auf die *aktuale* (konkrete) mögliche Welt, in der sich etwas zu ganz bestimmten Implementierungsbedingungen abspielt. Auf die Ameise bezogen, erklärt sie das Entsorgungsverhalten durch das Ausbuchstabieren der genauen raumzeitlichen Umstände, in der diese bestimmte Ameise ihr Verhalten vollzieht, und der detaillierten Kausalkette, die von der Chemie des toten Körpers über die Luftverhältnisse, dem biochemischen Vorgang im olfaktorischen System bis zur genauen Bewegungsabfolge der Glieder reicht. Nach Sterelny ist diese Erklärung allerdings zu detailliert oder zu starr.[196] Uns als (wissenschaftliche) Betrachter interessiert vielmehr, wie dieselbe Ameise in geringfügig anderen raumzeitlichen Situationen in Bezug auf andere Leichname bzw. andere Ameisen dieses Verhalten vollführt. Durch diese abstrakteren Muster wird die Allgemeinheit und Vorhersagekraft der Erklärung durch *Generalisierung* erhöht (siehe Kapitel A.III.3.3). Die RP-Erklärung bedient dieses Bedürfnis und „vergleicht unsere Welt mit anderen", eine Variation,

---

195 Das Beispiel ist daher strenggenommen bereits *konstantes* Tracking, da die proximalen Stimulationen allesamt visuelle und damit *modulspezifisch* sind. Für Sterelny zählt jedoch nur das robuste Moment, d.h. die Verbindung verschiedener proximaler Pfade, unabhängig ihres Typs.

196 Wie bereits darlegt, findet sich diese Erklärungsstrategie in Bezug auf Intentionalität auch schon bei Dennetts Fundierung des *intentional stance* (siehe Dennett 1987, 25).

in der eine „Konvergenz“ auf bestimmte, übergreifende Fähigkeiten sichtbar werden soll (Sterelny 1995, 259-260). Diese Fähigkeiten und ihre Invarianz können repräsentational sein oder nicht: In einer *repräsentationalen* RP-Erklärung legt die Variation eine Orientierung auf *distale* Umweltbedingungen und die entsprechenden, distal-spezifischen Fähigkeiten frei. In einer nicht-repräsentationalen Version ist diese Referenz auf distale Bedingungen unnötig.

Repräsentationale Erklärungen sind nach Sterelny damit *robust-distale* Erklärungen – eine Abkehr vom Proximalen, die bei Dretske in dieser Klarheit noch nicht vorliegt, wie wir unten noch sehen werden. Sterelny geht davon aus, dass diese Repräsentationalität umso weniger erklärungskräftig ist, je größer die Belastbarkeit des proximalen Reizes ist, also umso *linearer* („simple“, „reflex-like“, „reactive“) oder *robust-proximaler* die Sensitivität ist (siehe auch Sterelny 2003):

> A consideration of the point of representation pushes us away from the idea that organisms with simple control systems represent their world. [...] The ant hygiene worlds are not worlds in which ants construct, through various proximal routes, a representation of a dead colleague. Rather, the worlds are tracked by a specific proximal stimulus: ants react to a particular decay product (Sterelny 1995, 260).

Der Schwerpunkt dieser robust-distalen Erklärung stabilisiert sich also *nicht* auf den idiosynkratischen Stimulationsbedingungen des Tieres, sondern auf *der Umwelt selbst*, wodurch Referenz gewährleistet zu sein scheint. Beobachten wir den Regenpfeifer und sagen sein Verhalten voraus, dann beziehen wir seinen internen Zustand (R) auf gerechtfertigte Weise auf etwas, *über* das er handelt (*aboutness*).[197] Die Ameise dagegen „detektiert“ nach Sterelny nichts, wenn Detektion dem Wortsinn und der Eigenschaftssensitivität nach die Referenz auf distale Umweltbedingungen und nicht nur proximale Reaktionsweisen erfordert.

Im Gefolge von Dretske und Sterelny stellt auch Shea (2018) in seinem ausführlichen Werk *Representation in Cognitive Science* robuste Status-Bedingungen auf. Sein eklektisches, weitestgehend teleosemantisches Repräsentationsmodell speist sich einerseits aus der Orientierung an ethologische Normalbedingungen als Repräsentata („high church“), die jedoch andererseits für ihn nur durch konkrete, informationstheoretische Mechanismen der Kognitionswissenschaft („low church“) fundiert werden können. Shea macht sie an „robust outcome functions“ (Shea 2018, 52-54) fest, d.h. an funktionalen Verhaltensweisen, die durch eine Vielzahl von Reiz- und Umweltbedingungen generiert werden. Sein Beispiel dafür ist ein Eichhörnchen, das sich zu einem Futterkasten aufmacht, um sich Nahrung zu verschaffen. Es

197 Sterelny ist in neuerer Zeit von einer scharfen, kategorialen Trennung zwischen rein proximal-reaktiven und repräsentationalen Zuständen abgerückt (siehe Sterelny 2015, 552).

sei eine komplexe Varietät von Bedingungen und Eindrücken, so Shea, die das Eichhörnchen und sein sensorisches System auf dieser Strecke stabil durchmacht und durchläuft. Dadurch würden wir nicht umhinkommen, das Tier so zu betrachten, dass es invariant auf ein *Ziel* aus sei. Dadurch würde eine repräsentationale Erklärung des Verhaltens, so Shea, „nicht im Gleichschritt mit einer zerlegten (*factorized*) kausalen Erklärung dessen, wie ein Organismus auf proximale Inputs mit Körperbewegungen reagiert, marschieren“ (Shea 2018, 201). Denn die Erklärung muss auf robuste Generalisierungsmomente abheben, die von den kausalen Einzelschritten zugunsten des Verhaltensziels abstrahiert werden und sie gewissermaßen explanatorisch *überholen*. Shea kombiniert diese „robust outcome function“ mit einer „stabilized function“ (Shea 2018, 64), die in einer evolutionären Bewährung des Systems durch den Erfolg des Verhaltensmusters und der Verstärkung der entsprechenden Disposition dafür gründet. Beides zusammen ergebe eine „task function“, auf die sich repräsentationale Erklärungen richten. Solche Mechanismen oder

> vehicles of content will enter into generalizations that "bridge" across multiple proximal conditions and involve distal states of affairs. [...] Causal steps which show up as different in the factorized explanations are unified in the representational explanations. The representational explanation is picking up on patterns in vehicle-world relations that the factorized explanation would miss (Shea 2018, 202).

Diese konvergierende *Überbrückungsleistung* in Bezug auf verschiedene Input-Bedingungen definiert damit den repräsentationalen Status eines Systems in Bezug auf eine ethologisch definierte Normalbedingung des Verhaltens. Für Shea ist mit Verweis auf Sterelny diese Robustheit bei stabilisierten, aber linearen Tracking-Mechanismen nicht der Fall. Ethologische Erwägungen rechtfertigen also nicht repräsentationalen Status *tout court*, wodurch Shea mithilfe von Sterelny vom millikanischen Standardschema abweicht. So ließe sich beim Phototropismus der Pflanze zum Sonnenstand oder ihrer Suche nach Wasserquellen keine Referenz auf die Normalbedingung selbst erkennen. Denn idiosynkratische Eigenheiten seien hier explanatorisch hinreichend, denn ihre Anzeige würde nur die kausale Sequenzierung und nicht die *distale* Umwelt involvieren müssen: „Is the root (or the plant) representing the direction of water? No, because here the story about stabilization does not involve distal facts but just how the root reacts to the proximal availability of water“ (Shea 2018, 213).

Wie wir schon in Bezug auf lineare Systeme herausgestellt haben, ist der proximale Effekt in seinen *intrinsischen* Stimulationseigenschaften der Schwerpunkt der Erklärung, während die distale Eigenschaft nur für die praktische Adaptionsleistung eine Rolle spielt:

> Must a plant that rotates in the direction of solar radiation have an internal representation of the sun? [...] The output is just modulated by *intrinsic properties of the sensory input*. Distal features are *adaptively* important, but there is no task function [...] and no mechanisms that "bridges" across multiple sensory inputs in correlating with a distal feature of the environment (Shea 2018, 213; Kursiv, A.W.)

Shea und Sterelny verstehen diese *Assoziation mehrerer sensorischer Kanäle* dennoch sehr liberal und schränken sie keineswegs auf komplexere Wahrnehmungskonstanten wie im Beispiel des Regenpfeifers ein. Das zeigt sich an Sheas Kontrastierung zwischen zwei Pflanzen unterschiedlicher Komplexität, die bei Nachteinbruch ihre Blüten schließen und bei Tag wieder öffnen (siehe Shea 2018, 213-14): Das Detektorsystem der einfachen Pflanze *S* reagiert thermosensitiv auf verschiedene Umgebungstemperaturen (bzw. deren Effekte) und leitet dementsprechend ein Schließen der Blütenblätter bei Nacht und ein Öffnen der Blätter bei Tag ein (*Thermonastie*). Das entspricht einem linearen System wie dem Thermostaten und ist nach Sheas Kriterien zwar stabilisiert, aber nicht robust, stellt also keine Repräsentation dar. Die andere, elaboriertere Pflanze mit dem System *S** dagegen ist für Shea bereits durch eine „geringfüge Erweiterung" robust, da sie *zusätzlich* auf die Lichtverhältnisse reagiert, die normalerweise bei Dämmerung herrschen, um die Blätter zu schließen (*Photonastie*). Der Zustand R von S* wäre also eine Disjunktion oder eine Konjunktion von s1 (Thermoeffekt) und s2 (Lichteffekt), wodurch das System in der ethologischen Normalbedingung F (Nacht bzw. Lichtabsenz) zu konvergieren scheint:

> Then the plant [S*] has two ways of detecting that it is evening, and so the flower-closing behavior would be a (very simple) task function of the plant. Internal processing in the plant could then well be representations with descriptive content about the time of day and with directive content telling it when to open and close its flowers (Shea 2018, 214).

Dieser Kontroll-Mechanismus mit dem deskriptiven Gehalt <u>Es ist Abend</u> kann z.B. dafür sorgen, dass sich die Pflanze auch bei wärmeren Abendtemperaturen schließt oder bei Mond- bzw. Blitzlicht geschlossen bleibt (siehe Gardner et al. 2006; vgl. Dretske 1988, 89). Derartige Robustheit kann auch durch strukturalistische Komponenten zusätzlich erweitert werden: Die Koordination mit der Tages- und Jahreszeit ist meist auch durch (schwach abgekoppelte) circadiane Uhren mit ihren inneren Schwingungszuständen (s3) fundiert, was die Robustheit eines solchen Systems S** noch erhöhen würde. Auch für Morgan (2014) liegt deshalb hier eine Repräsentation des Tag-Nacht-Rhythmus vor. Durch dieses immer noch sehr liberale Kriterium für repräsentationalen Status durch Assoziation verschiedener *cues* können nach Shea auch Zustände des Immunsystems repräsentational sein und auch Sterelnys Ameise müsste lediglich einen weiteren proximalen Reiz einfangen, der normalerweise von einem Leichnam emittiert wird, z.B. ein Effekt von Regungslosigkeit (siehe Artiga 2016, 423). Mulimodalität – das Vorliegen mehrerer *information channels* – ist demnach schon hinreichend für Repräsentation.

(3) Soweit das assoziative Modell, sofern es auch phylogenetische Mechanismen miteinschließt. Kommen wir zu **Problemen und Vorzügen** dieses Modells. Damit stellt sich die Frage, ob allein bereits durch eine solche simple, assoziative Erweiterung wie sie Dretskes zweigleisiges Detektormodell und das Beispiel der beiden Pflanzen illustriert, mit einem Mal das Abstraktionsprinzip erfüllt wird und distalspezifische Informationen Verhalten erklären. Vor allem muss geklärt werden, ob aus der bloßen Nutzung mehrerer Pfade auch *folgt*, dass das System diese Pfade auch auf eine distale Bedingung hin „überbrückt" (Shea), sodass diese Leistung dann Veridikalitätsbedingungen aufweist.

Zumindest in Bezug auf das robust-distale Modell von Sterelny und Shea ist die Antwort negativ und das Vorliegen eines *non sequitur* wahrscheinlich. Denn schon Dretske selbst äußert Zweifel an der gleichsam automatischen Konvergenz mehrerer disjunkter Pfade auf eine distale Bedingung. Prüfen wir Dretskes Zweifel am Beispiel der robust-detektierenden Pflanze S*: Denn R müsste nicht mit F belastbar korrelieren, sondern könnte sich auf ein proximaleres Ziel anderer Art beschränken: die Disjunktion: s1 oder s2 (bzw. I1 oder I2):

> [E]ven though it is the function of the mechanism having *R* as its terminate state to alert the organism to the presence of *F*, it does so by R's indicating, and having the function of indicating, the occurrence of a certain disjunctive condition – namely that either *f1* or *f2* (or *s1* or *s2*). Our hypothetical organisms mistakenly withdraws from *F*, *not* because it misrepresents the ersatz *F* as *F*, but because what it correctly indicates (i.e. that the ersatz *f* is either *f1* or *f2*) is no longer correlated in the normal way with something's being *F* (Dretske 1986, 34).

Diese Disjunktivität sei selbst bei erhöhter Komplexität und Flexibilität der Fall, weshalb nach Dretske die bloße Existenz vieler Wege zur selben Bedingung noch kein hinreichendes Mittel für plausible Gehalt-Zuschreibung darstellt:

> No matter how versatile a detection system we might design, no matter how many routes of informational access we might give an organism, the possibility will always exist of describing its function [...] as the detection of some highly disjunctive property of the proximal input. At least, this will always be possible *if* we have a determinate set of disjuncts to which we can retreat (Dretske 1986, 35).

Demnach hätten auch die Pflanzen mit dem Detektor S* oder Detektor S** (d.h. inklusive circadianer Uhr) *pace* Shea und Morgan keinen repräsentationalen Status bzw. würden weder distale noch spezifische Bedingungen repräsentieren.

Doch Dretskes Einwand funktioniert nicht, da er ihm zufolge nur möglich sei, „*if* we have a determinate set of disjuncts to which we can retreat" (Dretske 1986, 35).

Dieser Rückzug in die Disjunktionen scheint aber in den minimalen Beispielen nicht gegeben zu sein, sie scheint sogar den Einwand des „Disjunktionsproblems" selbst *ad absurdum* zu führen:

Denn, *erstens,* scheint für solche „disjunktiven Gehalte" eine minimal *logische* Fähigkeit nötig, die hier nicht erkennbar ist. Betrachten *wir* das Schließen der Blüten bei Nachteinbruch und *wissen* um die verschiedenen „Zeitgeber", dann folgern wir mit Blick auf den verhaltenssteuernden Zustand R: Sensor I1 oder Sensor I2 wurde aktiviert. Was braucht es an Fähigkeiten und Prämissen im Falle der Pflanze, um eine solche klare Trennung eigens in R auszubeuten? Liegt dieser disjunkte Informationsgehalt so greifbar in R vor, oder ist er wesentlich komplexer und verworrener? Wie wird dem sensitiven System überhaupt vermittelt, dass hier *verschiedene* Wege vorliegen? Es scheint die Alternative näherzuliegen, für die belastbare Indikation einen überbrückenden, aber proximalen Effekt *Q* anzunehmen, der auf R einwirkt, also die idiosynkratischen Stimulationsbedingungen von R reflektiert. Q wäre in einer robust-*proximalen* Beschreibung explanatorisch ausreichend und R würde einfach in allen Variationen der Umstände durch Q bestimmt werden. R würde aufgrund *dieser* Information das Schließverhalten einleiten. Wie können Shea, Sterelny und Dretske nun verhindern, dass die spezifischen Informationen bezüglich der verschiedenen proximalen Kanäle s1 und s2, die für die Konvergenz auf F bzw. die Disjunktion s1 oder s2 nötig sind, sich in Q nicht in *Konfusion* befinden und erst voneinander abgegrenzt werden müssen?

Zweitens und hauptsächlich setzt eine Disjunktion wiederum Bestimmtheit der disjunktiven Glieder voraus. Dann wiederholt sich das Problem der Unbestimmtheit auf höherer Stufe. Die Frage, *welchen* Gehalt ein Tracking-Zustand hat, setzt voraus, dass die Tracking-Relation überhaupt die Bestimmtheit von Gehalten (F bzw. es ist Abend) sichern kann. Die Disjunktivität würde also die Bestimmtheit eines zugeschriebenen Gehalts von R entweder voraussetzten, was auch Sheas Beschreibung insinuiert („two ways of detecting that it is evening") oder drastisch unterminieren. Doch selbst solch eine Verzweigung würde schon wieder bestimmte Richtungen implizieren und damit eine Bestimmtheit investieren, die erklärt werden soll. Die Disjunktion scheint daher eine Projektion seitens der Betrachter zu sein und bildet damit ein Pseudo-Problem.

Nehmen wir schließlich, *drittens,* mit den bisherigen Überlegungen zur linearen Sensitivität an, die Detektoren I1 oder I2 würden sich auf ihr jeweiligen proximalen Effekt s1 oder 2 zurückziehen und horizontal überhaupt nicht zu f1 oder f2 als *Eigenschaften* vordringen, sodass R keine disjunktiven Gehalte, sondern eine Disjunktion idiosynkratischer Stimulationsbedingungen bzw. ihrer Detektion verkörpert. Konjunkt oder disjunkt scheinen die Rezeptoren, *pace* Sterelny und Shea, dann nicht auf die distale Bedingung selbst (F) reagieren zu müssen und in Bezug auf sie hin „überbrückt" zu werden. Vielmehr können sie sparsamer die Stimulationsbedingungen zu gegebenen Umständen verkörpern. Nehmen wir dagegen an, die Pflanze transzendiert I1 und I2 in Richtung f1 (Temperatur) und f2 (Lichtverhältnisse), dann geben Sterelny und Shea allerdings nicht an, wie das System *fähig* ist, distale Bedingungen wie Temperatur und Lichtverhältnisse als Eigenschaften zu verarbeiten und dem Abend zuzuordnen. Ihr Modell scheint deshalb rein *programmatisch* zu sein: Es ist nicht klar, wie das System vermittelt, dass es in beiden Kanälen um distal-spezifische Informationen geht („two ways of detecting that it is evening") und warum es diese Leistung überhaupt erbringen muss. Es liegen lediglich zwei verschiedene *proximale* Stimulationsmuster im System vor, deren Konjunktion ein belastbares Muster bildet. Eine solche Konjunktion zweier proximaler Muster ergibt aber noch keine distal-spezifischen Informationen, da die Abstraktionsleistung bei verschiedenen Modulen noch komplexer scheint als bei modulspezifischen – was hat ein Licht- und ein Wärmereiz mit dem Abend zu tun? Schon für intelligente Wesen wäre das gemeinsame Muster allein aus den Input-Information zu finden eine erhebliche Abstraktionsleistung.

Zumindest Shea und Sterelny scheinen diese Leistung völlig zu unterschätzen bzw. kein Prinzip anzugeben, wie sie möglich wird. Sie berufen sich zu sehr auf *Erklärungen* des beobachteten Wissenschaftlers und damit auf *dessen* kognitive Überbrückungen, die das *erklärte* System selbst nicht leisten muss oder leisten kann. Daran wird ein doppeltes Problem sichtbar: Für die Überbrückungsleistung des Systems scheinen nicht nur a) gewisse Fähigkeiten nötig, eine präsentationale Attributionsstruktur überhaupt aufzuweisen, die Informationen vermittelt und Transzendenz auf informationelle Umweltrelate fundiert. Und wenn diese vorliegt, handelt es sich dann um b) ein komplexes und keineswegs triviales *Inverses Problem*, allein aufgrund von den Effekten s1 oder s2 (bzw. f1 oder f2) eine gemeinsame Ursache F informationell erschließen zu können.[198] Dieser zusätzliche Doppelschritt a) und b) scheint mir von den Assoziationstheoretikern vollkommen ignoriert: Es ist zumindest begründungswürdig, dass die „internen Prozesse" der Pflanze (Shea) eine derartige, objektivierende Attributionsstruktur aufweisen (müssen), obwohl sie sehr an proximalen Effekten ausgerichtet sind. Wie wir schon in Bezug auf lineare Tracking-Modelle erörtert haben, ist das keineswegs klar. Obwohl der lineare Detektor von Pflanze S dergleichen für Shea nicht aufweist, hat der Gehalt von S* dagegen bereits eine solche präsentationale Struktur („that it is evening") und beschreibt, was der Fall ist („descriptive content about the time of

198 Auf inverse Probleme wird noch eingegangen werden. Wir haben diese Problemlage aber bereits in A.III.3.3 beschrieben, wo *Generalisierung* in Gestalt von *Attributen* nötig wird, wo etwas in verschiedenen Versionen und akzidentellen Umständen sich auf ein System auswirkt (wie z.B. im CAPTCHA-Test) und das System die gemeinsame Pointe (z.B. das charakteristische Autogestalt-Muster) herausfinden muss.

day"). Dieser Sprung scheint *ad hoc*, weshalb die Gehaltzuschreibungen im Verdacht stehen, Projektionen statt Operationen abzubilden.

Shea und Sterelny scheinen schlicht vorauszusetzen, dass die *vielfältigen* Informationsgehalte robuster Detektion wie s1 und s2 (bzw. f1 und f2) die *einheitliche* Information über F einfach auf ihrer Oberfläche tragen. Vor allem nehmen sie an, simple Detektorsysteme *müssten* zur Lösung solcher inversen Probleme überhaupt in der Lage sein. Ein eingängiges Gegenbeispiel aus dem Bereich der Sensorik erwähnt Dretske (2000, 203): In Flugzeugen oder Autos ist ein Detektor für nicht-angeschnallte Passagiere verbaut. Der Sensor aktiviert auf die Konjunktion zweier Stimuli hin ein rotes Lämpchen oder einen Ton: Mechanorezeptoren im Sitz reagieren auf einen Druckeffekt (s1), elektrische Schalter verkörpern dabei einen fehlenden elektrischen Kontakt im Gurtschloss (s2). Wie operiert der Detektor? Auch hier haben wir keinen Grund für die Annahme, dass beide proximale Effekte informationell auf die gemeinsame distale Ursache (der nicht-angeschnallte Passagier auf dem Sitz) transzendiert werden. Der Detektor verkörpert lediglich eine Konjunktion zweier proximale Effekte, auf diese Weise *operiert* und *funktioniert* er. Dass die Crew das rote Lämpchen zur Sicherheitskontrolle deuten und benutzen kann, ändert nichts an der Natur des Mechanismus, sondern ist nur dahingehend relevant, welche *praktischen* Ziele mit ihm erreicht werden können.

Ziehen wir daher kritische Bilanz: Ein rein proximal-ausgerichtetes, lineares System S wird nicht dadurch repräsentational, dass es qua robuster Erweiterung zu S* einfach über einen weiteren Informationskanal verfügt. Die von Robustheit geforderte Hinzunahme proximaler Detektoren ändert nicht notwendigerweise die *proximale* Natur von S*. Auch Detektoren im Verbund können sich darauf beschränken, Effekte zu verkörpern, anstatt Eigenschaften darzustellen. Robustheit *per se* überkommt daher nicht die Probleme linearer Sensitivität mit Bezug auf ihren vermeintlichen repräsentationalen Status. Wie auch die linear-ethologischen Ansätze von Millikan und Ganson scheinen auch Shea und Sterelny von einer „Meldepflicht" in Bezug auf die Normalbedingung auszugehen, obwohl nach ihren Kriterien für die entsprechenden Mechanismen diese Vermittlungsaufgabe für Grenzfälle wie die Pflanze oder die Ameise keineswegs bestehen muss oder nicht erfüllt werden kann.

Gleichwohl markiert robustes Tracking eine neue Dimension der Status-Frage. Denn das Assoziationsmodell legt nahe, dass Repräsentation erst in einer Problemlage ihre eigentliche Rolle findet, die in einer Überbrückung von Komplexität liegt, um überhaupt zu Distalität und damit zu Eigenschaften erklärungskräftig „keilförmig" vorstoßen zu können. Diese Diagnose scheint damit der *Generalisierung* und damit einer spezifischen Funktionsbeschreibung von *Attributen* gerechter zu werden als die bisherigen linearen Tracking-Versionen, die ein solches „representation-hungry problem" (Clark/Toribio 1994) und damit die Status-Frage als solche zu wenig eigens gewürdigt haben. Wann und wie solche Probleme in Gestalt von inversen Problemen gelöst werden *müssen* und welche Bedeutung dem für repräsentationalen Status zugeschrieben wird, wird im Zusammenhang mit Wahrnehmungskonstanten näher erörtert werden. Bevor wir dazu kommen, soll aber noch eine Variation des Assoziationsmodells durch „Lernen“ besprochen werden, das als Dretskes letztliche Lösung seiner eigenen Zweifel angesehen werden kann.

II.3.2 Assoziatives, ontogenetisches Tracking

Um disjunktive Gehalte vermeiden zu können, modifiziert Dretske Robustheit durch ein neues Modell, das mit der evolutionsbiologischen, artspezifischen Ausrichtung der Teleosemantik bricht und sich am Individuum orientiert. Es wird zunächst (1) als *assoziatives Lernen* erörtert und anschließend (2) mit begründeten *Herausforderungen* von liberaler Seite konfrontiert.

(1) Dretskes Modifikation zufolge ist die Vielzahl von epistemischen Pfaden zur Normalbedingung nicht angeboren bzw. artspezifisch, sondern muss *ontogenetisch* in Gestalt von **assoziativem Lernen** (*associative learning*) durch Feedback-Mechanismen errungen und regelmäßig aktualisiert werden. Letzteres unterscheidet es von Verhaltensänderungen durch Verstärkung, Gewöhnung oder Abstumpfung der Sinne (vgl. Dretske 1988, 96).[199] Dretskes zentrale These ist: Nur in der durch Lernen stets neu verknüpfbaren Form wird Information nicht nur getragen, sondern erst eigens abgehoben und ausgebeutet – wodurch das Abstraktionsprinzip und damit repräsentationaler Status in Form von *belief* erfüllt wäre:

> Only [...] in this kind of learning do we find internal states assuming control functions *because* of what they indicate about the conditions in which behavior occurs. Only here do we find *information*, and not merely the structures that carry or embody information, being put to work in the production and the control of behavior (Dretske 1988, 96).

Dieses konditionierende „operant learning“ (Dretske 1988, 99) nach Dretske wie folgt:

> [T]hrough repeated exposure to *cs* (a conditioned stimulus) in the presence of *F*, a change takes place. *R* (and hence, avoidance behavior) can now be triggered by the occurrence of *cs* alone. Furthermore, it becomes clear that there is virtually no limit to the kind of stimulus

199 Für Shea (2018, 64) dagegen fallen auch letztere unter „Lernen“, das zur „stabilized function“ gehört.

> that can acquire this "displaced" effectiveness in triggering *R* and subsequent avoidance behavior. Almost any *s* can become *cs*, thereby assuming "control" over *R*, by functioning (in the "experience" of the organism) as a sign of *F* (Dretske 1986, 35).

Damit löst Dretske die Disjunktion auf, insofern die verschiedenen epistemischen Pfade nicht mehr synchron bereits vorangelegt sind, sondern sich *diachron* erst aufbauen. Robustheit und damit repräsentationaler Status gewinnen damit eine wesentlich biographische Dimension:

> We now have a cognitive mechanism that not only transforms a variety of different sensory inputs (the s_i) into *one* output-determining state (*R*), but is capable of modifying the character of this many-one-mapping over time. [...] Just what *R* means, will depend on the individual's learning history (Dretske 1986, 35).

Die Konsequenz des Modells ist deutlich: R hat nach Dretske keine „zeit-invariante Bedeutung". Es gibt also keine fixierte Disjunktion, da diese durch Flexibilität stets offenbleibt (siehe auch Neander 2017, 225 zu Dretskes Modell). Genuine Gehalte werden phylogenetisch und damit stets von der jeweils *individuellen Biografie* und nicht ontogenetisch von der Evolutionsgeschichte seiner allgemeinen Art konstituiert. Dretskes Modell steht damit in Gegensatz zu einem „Erkennen" der Umwelt auf Basis angeborener Instinkte, wie es Konrad Lorenz einflussreich in Gestalt eines „angeborenen Auslösemechanismus" (Lorenz 1978, 122) vertreten hat. Genuine Gehalte sind für Dretske durch Lernen wesentlich *nicht-angeboren* und müssen *reversibel* sein.

Zeigen wir Dretskes Argumentation anhand des Beispiels der Warntracht (*Aposematismus*, siehe Ganson 2020, 4): Nehmen wir wieder ein robustes, aber dabei lernfähiges System *S** eines Organismus, z.B. den flexiblen Sehsinn eines Vogels, der gelernt hat, die Giftigkeit F von Tieren anhand ihrer Warnfarbe zu detektieren. Vor dem Lernen reagiert der interne Farbdetektor (I1) auf den proximalen Eindruck (s1), den eine grelle Färbung giftiger Entitäten (f1) belastbar auf ihn hat, ein anderer (I2) auf proximale Reize (s1) ihrer Entfernung (f2). Beide münden in R, was ein Fangverhalten auslöst. Nun ereignet sich eine Veränderung: Nachdem der Vogel mit S* einige Male mit derart gefärbten Tieren (z.B. mit Hornissen) in Kontakt kam, was nicht förderlich war, ändert er sein Verhalten. Er geht in ein Vermeidungsverhalten über, und zwar nur dann, wenn auch eine Reaktion auf den Farbeindruck s1 vorliegt, der damit eine Abschreckungswirkung entfaltet (Aposematismus). Wie erklären wir diese Veränderung? Der proximale Farbeffekt s1 steht glücklicherweise in einer belastbaren statistischen Korrelation mit der Giftigkeit der gefärbten Tiere, der Normalbedingung F des Verhaltens. Um diese Information jedoch für das Vermeidungsverhalten als solche auszubeuten und damit eine erklärungskräftige Repräsentation zu generieren, verknüpft das Vogelsystem den proximalen Effekt s1 dieser Färbung auf die Photorezeptoren (I1) assoziativ mit R. Weil im Grunde jeder korrelative Reiz hier als „Zeichen" fungieren kann, so Dretske, erfolgt diese Verknüpfung in einem *trial-and-error* Verfahren („Erfahrung", „wiederholtes Ausgesetztsein") mit R, wodurch R durch s1 (als cs) *konditioniert* wird.[200] Durch diese Konditionierung kraft einer tatsächlichen Korrelation (zwischen s1 und F), indiziert R (mittels s1) die Giftigkeit F und installiert *deshalb* das neue Vermeidungsverhalten. Durch diese Verhaltenseffektivität wird R zur Repräsentation.

Nehmen wir zum Vergleich wieder ein einfacheres, ein nicht-lernfähiges System *S* an, welches das Vermeidungsverhalten in Bezug auf Aposematismus *phylogenetisch* durch die Entwicklung seiner Vorgänger von Geburt an den Tag legt. Die Reaktion R wäre also ein „angeborener Auslösemechanismus" im Sinne von Lorenz (1978). Dergleichen anzunehmen ist dann plausibel, wenn das aposematische Tier so gefährlich wäre, dass ein einziger Lern-Versuch bereits zum Tod führen würde, *trial-and-error* also keine Option ist. Welchen Unterschied zwischen S und S* das Lernen nun ausmacht, zeigt Dretske (1988, 93) anhand einer kontrafaktischen Erwägung:

Nehmen wir an, das starre System S würde durch eine Laune der Natur („a recent freak of nature") plötzlich mit zwei Bedingungen konfrontiert: dass a) der proximale Effekt s1 nun nicht mehr mit Giftigkeit F, sondern mit Förderlichem (z.B. Nahrung) G belastbar korreliert und b) die natürliche Selektion in Bezug auf diese kürzlich eingetretene Wendung keine Zeit hat, das Verhalten zu ändern („recent enough so that selectional pressures had no time to operate"). Die Fortsetzung des Vermeidungsverhaltens durch S trotz geänderter Umstände offenbart dann, dass für dieses Verhalten S die Korrelation zwischen s1 und F nicht eigens funktional als Information ausgebeutet wird, ergo nicht genuin repräsentational ist. Denn s1 korreliert nicht mehr mit Giftigkeit F, sondern mit einer potenziellen Nahrung G, was aber das Fluchtverhalten gerade nicht erklärt. S wird nichts über G in *seiner*, *dieser* Umwelt vermittelt. Anders beim lernfähigen Tier mit System S*: Dort kann Dretske behaupten, dass die gegebene Korrelation der Umwelt zwischen Farbeindruck und G *in situ* vom System auch eigens eingefangen und genutzt wird, insofern bei S* nur diese Information und ihre Ausbeute spezifisch erklärungskräftig für die Einrichtung der Verhaltensänderung ist. Würde S* mit den Bedingungen a) und b) im kontrafaktischen Szenario konfrontiert, es würde sich durch Neu-verknüpfung anpassen und aufgrund der Korrelation von s1 und G von einem Vermeidungsverhalten in ein Annäherungsverhalten übergehen. Daraus folgt: Nur das lernfähige

200 Dabei sind Motivationszustände, Feedback-Mechanismen und verstärkende Belohnungssysteme im Spiel, die hier aus vereinfachenden Gründen als Hintergrundbedingungen angenommen werden. Siehe Dretske 1988, 98 und Hofmann/Schulte 2014, 270.

System scheint eigens *informationssensitiv* zu sein. Es ist darauf aus, Informationen in der gegebenen Umwelt seines Trägers aufzuspüren, zu „rekrutieren" und dadurch Verhalten zu rekonfigurieren bzw. konstant auf dem Laufenden zu halten. Der Unterschied zu einer phylogenetischen Robustheit verschiedener Wege besteht dann in einer *systemischen* Sensitivität laufend selbst-konditionierender Mechanismen für diese Vielfalt („capable of modifying the character of this many-one-mapping over time", Dretske 1986, 35). Dadurch sind lernfähige Systeme auch eigens für diese epistemischen Pfade und ihre idiosynkratische Verschiedenheit responsiv, was eine primitive Stufe von *Objektivität* nahelegt.

Dretskes Lernmodell bildet im Vergleich zu den *liberals* um Ganson und Artiga eine raffinierte Verbesserung der kontrafaktisch begründeten Erklärungskraft statistischer Information, da das Lernen die Kontextualität der Information stärker berücksichtigt. Dennoch bleibt es zweifelhaft, ob Dretskes Assoziationsmodell die Probleme linearer Sensitivität vermeiden und repräsentationalen Status hinreichend begründen kann.

(2) Gehen wir daher auf die **Herausforderungen** für Dretskes Modell ein, die rein individuelle und flexible Repräsentation in Frage stellen:

Erstens, hat Artiga (2022, 654) zurecht darauf hingewiesen, dass Bedingung b) – der Zeitmangel – im kontrafaktischen Szenario nicht allein für natürliche Selektion, sondern, *pace* Dretske, auch für das Lernen gilt. Demnach könnte auch für die phylogenetische Umsteuerung („capable of modifying the character of this many-one-mapping over time") zu wenig oder überhaupt keine Zeitfenster bleiben, um Verhalten aufgrund von neuen Informationen umzustellen. Stellen wir uns vor, S* hat schlicht nicht die Zeit, es mit grellgefärbten Tieren zu versuchen und flieht weiterhin, obwohl diese mittlerweile Nahrung (G) darstellen. Die Korrelation von R mit F besteht nicht mehr, die gegenwärtige Korrelation mit G wird jedoch aufgrund der Beschränkungen noch nicht eigens ausgebeutet. In diesem Zeitfenster unterscheidet sich S* nicht von S. Was macht dann, nach Dretskes eigenem Maßstab, S* repräsentational, S jedoch nicht? Sowohl S als auch S* scheinen in dieser Zeit auf gleiche Weise zumindest für diese Ausbeute *befähigt*: S als Teil einer Art, das unter phylogenetischem Anpassungsdruck steht, S* als Teil eines Individuums, das unter ontogenetischem Anpassungsdruck steht. Beide Systeme haben in dieser Form die Fähigkeit, die robuste Assoziation diachron zu modifizieren, nur die Zeit*räume* sind andere. Dretske kann also nicht behaupten, S* hätte repräsentationalen Status (als System) nur deshalb, weil es potenziell für die neuen Informationen sensitiv ist. Letztere Sensitivität kann auch auf der evolutionären Ebene im System S geltend gemacht werden.

Doch überschätzt dieser Einwand Artigas womöglich die Relevanz von Bedingung b) für Dretskes Argument? Für den repräsentationalen Unterschied zwischen S* und S scheint Dretske darauf Wert zu legen, dass S*, im Gegensatz zu S, für die *gegebene* Umwelt im Hier-und-Jetzt und ihre statistischen Verhältnisse sensitiv ist und die Verhaltenserklärung sich auf das jeweils „jetzige" System (Dretske 1988, 93) *in situ* bezieht. Und hier bleibt S, weil es nicht lernfähig ist, eben die gegenwärtige Information seiner Umwelt in veränderten Umständen zur Nutzung unzugänglich, S* dagegen hat für die Ausbeute zumindest die Fähigkeit, wenn auch nicht die Zeit.

Zweitens, angenommen diese Verteidigung Dretskes wäre triftig, dann hätte diese Befähigung als notwendige Bedingung für repräsentationalen Status jedoch problematische Konsequenzen. Das beträfe zunächst den Einklang mit den Kognitionswissenschaften, denen zufolge Lernen selbst auf internalisiertem Vorwissen beruhe (vgl. Cummins 1991, 105). In diesem Sinne wäre es zudem fragwürdig anzunehmen, dass Tiere und Menschen gewissermaßen „blind" auf die Welt kommen, ihre Art also nichts zu ihrer Perspektivität beisteuert und diese erst erlernt werden müsste, um Verhalten auszulösen. Veridikalität wäre ausschließlich eine individuelle, nicht auch eine artspezifische Fähigkeit. Das scheint unplausibel, gerade was die Voraussetzungen für Lernen betrifft (siehe auch Artiga 2016, 423; Artiga 2022, 661).

Drittens, selbst wenn angeborener Gehalt kausal unwirksam sein sollte, dann scheint Dretske mit der Konditionierung ein *zu* robustes Kriterium für genuinen repräsentationalen Status annehmen zu müssen, um seine Theorie aufrechtzuerhalten. Denn die Frage scheint berechtigt, ob S*, wenn es mit seiner Flexibilität an eine Grenze stößt, dann seinen repräsentationalen Status einbüßt oder nicht. Dretske gibt nicht an, welches *Minimum an Flexibilität* notwendig ist. Muss S* auf alle möglichen (kontrafaktisch denkbaren) Veränderungen reagieren können, um informationssensitiv zu sein und zu bleiben? Erreicht es dagegen eine Grenze, dann steht wieder das Problem der starren Robustheit im Raum, es gäbe es also entweder nach Dretske eine unbestimmte Disjunktion, die das Lern-Modell überwinden sollen oder nach meinem Dafürhalten eine nicht-repräsentationale Sensitivität auf Reize. Da beides nicht in Dretskes Sinn sein kann, dann hängt der Gehalt von R in S* derart von einer fortlaufenden informationellen Wiederanknüpfung an die jeweilige Normalbedingung ab, dass die Gefahr einer *Überforderung* der Flexibilität bzw. einer *Intellektualisierung* primitiver Intentionalität durch immer neuen Bedarf nach „Kontrolle über R" durch „Zeichen" (Dretske 1986, 35) besteht. Damit entsteht eine Lücke zwischen dem ethologischen Erklärungsanspruch und seinem Einlösen durch die operativen, informationellen Fähigkeiten des Systems.

Viertens und schließlich lässt sich diese Lücke schon am „Zeichen"-Status von *cs* und seiner Interpretation durch S* ausmachen, wodurch der Unterschied zu linearen (oder assoziativen), lernunfähigen Systemen fragwürdig wird. Denn es bleibt auch hier rätselhaft, warum R das distale F indizieren „muss" (Dretske 1986, 36), wenn Konditionierung stattfindet und proximale Effekte wie s1 „Zeichen" von F sind. Der proximale Effekt s1 enthält zwar Informationen, die mit F korrelieren, aber wie kann Dretske behaupten, dass sie diese Eindeutigkeit oder F-Spezifität tatsächlich auch besitzen und deswegen *als Zeichen genutzt* werden können? Entweder wird deren repräsentationaler Status bereits vorausgesetzt oder er muss wiederum durch Lernen errungen werden, wodurch sie keine Zeichen (qua Repräsentationen) wären, bevor sie gelernt werden würden oder ihr Gebrauch einen infiniten Regress produziert.

Doch vielleicht scheint für Dretskes Argumentation lediglich nötig zu sein, dass diese „Zeichen" *überhaupt* und damit problemlos Informationen tragen, und das System dafür sensitiv ist. Wenn dann das System solche Korrelationen nutzt, dann kann es aus Gründen der Sparsamkeit ausreichen, dass lediglich proximale Korrelate (am Ende der Kausalkette) als solche einen Effekt ausüben. Wie wir jedoch in den vorhergegangen Kapiteln wiederholt deutlich gemacht haben, ist diese distalspezifische „Aboutness" (und ihre Veridikalität) keineswegs so einfach realisierbar oder begründbar. Das bloße Sich-Aussetzen einer proximalen Simulation mit einer kausal oder statistisch „präsenten" Normalbedingung („repeated exposure to *cs* [...] in the presence of *F*", Dretske 1986, 35), ist jedenfalls *nicht hinreichend* dafür, dass das System zur informationellen Abstraktion auf diese Bedingung hin befähigt ist. Die Erklärungsrelation muss nicht von der informationellen Verarbeitung gedeckt sein: wie auch das inflexible Magnetosom auf Magnetfelder bzw. ihre Effekte reagiert, um sich in sauerstoffarme Habitate zu manövrieren, so kann die Informationsausbeute des flexiblen Systems S*, um das Verhalten zu ändern, weiterhin auf die grelle Färbung bzw. ihren visuellen Effekt setzen. S* muss also die Welt nicht anders „sehen" oder „umdenken". Vielmehr gilt es, in der vorsichtigen „Erfahrung" mit den Ursachen dieser Effekte (der grellgefärbten Nahrung G) die Belohnungseffekte mit dem Eindruck zu verknüpfen und damit das Annäherungsverhalten sich bewähren zu lassen.

Wenn wir folglich Bilanz ziehen, scheint es nicht hinreichend begründet, warum die Erklärung durch die *repräsentationale* Leistung des lernfähigen Systems S* statt durch die praktischen Erfolgsbedingungen des Verhaltenssystems erfolgen muss. Das System kann auf sparsame Weise auch hier die Erklärungskraft von den internen Informationsmechanismen auf die Umwelt „auslagern". Wie auch die anderen ethologischen Tracking-Versionen setzt Dretskes Lern-Modell eine Art intellektualistische „Meldepflicht" in Bezug auf die Normalbedingung voraus. Auch ein lernfähiges System muss nicht zwangsläufig darüber informiert werden, mit was es zu tun hat. Eine Überforderung durch die Vorgabe der Normalbedingung als Repräsentatum scheint den Status wieder zu untergraben. Natürlich *kann* S* ein repräsentationales System sein. Nur ist es nicht die Lernfähigkeit *per se*, die es dazu qualifiziert. Sie kann, in basaler Form, auf der assoziativen Verknüpfung von internen Elementen beruhen, die lediglich Sensoren idiosynkratischer Stimulationen bzw. ihre bewussten Empfindungsqualitäten (wie z.B. der Schmerz nach einem giftigen Kontakt) umfassen kann, ohne dass dabei distal-spezifische Gehalte im Spiel sein müssen. Es lässt sich also folgern: Lernfähige Systeme können auch in nicht-repräsentationalen Konstellationen sich erfolgreich mit der Umwelt koordinieren. Warum sie Zustände entwickeln sollen, die sich nicht nur an der Manipulierbarkeit oder den Effekten der Dinge, sondern *veridisch* an ihrer Vorgängigkeit und Beschaffenheit orientieren sollen, bleibt auch bei Dretske offen. Diese Unklarheit trägt zur problematischen Bilanz der bisher erörterten Repräsentationstheorien bei und bildet eine offene Flanke in der Verteidigungslinie gegen den Anti-Repräsentationalismus.

II.4 Konstantes Tracking

Kommen wir schließlich zur letzten, zugleich anspruchsvollsten und damit entscheidenden Version der Tracking-Theorie. Sie besagt, dass die robuste Tracking-Relation durch sensorische *Konstanzmechanismen* fundiert werden muss, um repräsentationalen Status zu realisieren. Mit konstantem Tracking rückt der vom Gros der Tracking-Theorien meist vernachlässigte *internalistische* Faktor der Gehaltgenese vollends in den Mittelpunkt, indem ein interner Generalisierungsmechanismus für das Abstraktionsprinzip ausbuchstabiert wird. Kann dadurch repräsentationaler Status auf naturalistischer Basis realisiert werden?

Das Phänomen der „Wahrnehmungskonstanten“ bildet seit jeher einen zentralen Fokus der Wahrnehmungspsychologie[201] und hat eine fast genauso lange philosophische Rezeptionsgeschichte in unterschiedlichen Geisteshorizonten und Fragestellungen.[202] Dabei erstreckt sich deren Anwendung in Bezug auf die Statusfrage auf ein diverses Spektrum, das von der Sensorik in Pflanzen (Morgan 2018, Sims 2019) über Geruchswahrnehmung (Carvalho 2014, Millar 2019), Hörwahrnehmung (Matthen 2010b) und haptischer Wahrnehmung (Taylor-Clarke et al. 2004, Matthen 2021) bis hin zu höher entwickelten kognitiven Fähigkeiten reicht (siehe Cohen 2015 für einen Überblick). Gleichwohl ist die Relevanz von Wahrnehmungskonstanten für die Status-Frage immer noch nicht allgemein anerkannt worden, wie Schulte feststellt: „Despite the prominence of constancy mechanisms in cognitive psychology, appeals to them by proponents of naturalistic theories of content have been surprisingly rare“ (Schulte 2018, 361). Eine zentrale Ausnahme und der zugleich prominenteste Vertreter der These, dass Wahrnehmungskon-

201 Siehe Helmholtz 1909; Katz 1911; Boring 1946; Marr 2010; Bregman 1990; Palmer 1999.

202 Siehe Husserl 1984 [Hua XIX/1]; Cassirer 1944; Dretske 1981; Pylyshyn 1985; Smith 2002; Noë 2004; Burge 2010; Neander 2017; Adams/Maher 2017; Schulte 2018; Matthen 2021.

stanten notwendig und hinreichend für die Intentionalität von Tracking-Mechanismen sind, ist Tyler Burge (2010, 2022). Sein ausführliches Status-Modell bildet selbst in den Augen seiner Kritiker „the most sustained and sophisticated defense of the content view to date“ (Ganson et al. 2014, 557) und wird von Anti-Repräsentationalisten als die größte Herausforderung betrachtet (siehe Hutto/Myin 2013, 113). Burges philosophische Interpretation des eher uneinheitlichen wissenschaftlichen Begriffs der Wahrnehmungskonstanten und die Einwände dagegen sollen deshalb im Mittelpunkt dieses Kapitels stehen. Hierbei sind auch die Arbeiten von Peter Schulte (2015, 2018, 2019, 2021, 2022) bedeutsam, da er aus der Warte der Teleosemantik zumindest Burges These grundsätzlich teilt, ein Standardmodell für Wahrnehmungskonstanten herausarbeitet sowie dessen Stellenwert für Probleme anderer, meist teleosemantischer Tracking-Theorien erkundet.

Konstantes Tracking verlangt in der Komplexität seiner inneren Mechanismen und Prinzipien eine systematische Gliederung und eine dementsprechend ausführliche wie empirisch anschauliche Erörterung. Ich teile deshalb den Fortgang in zwei Unterkapitel auf: Im folgenden Unterkapitel (II.4.1) rekonstruiere ich Burges Argumentation systematisch und gehe auf Gegeneinwände ein. Dabei wird in einem Dreischritt repräsentationaler Status durch *Wahrnehmungskonstanten* fundiert, wobei ihre Abstraktionsleistung sowohl durch *Objektivierungsmechanismen* als auch durch das inverse *Unterbestimmtheitsproblem* (nicht: Unbestimmtheitsproblem) begründet ist. Im darauffolgenden Unterkapitel (II.4.2) wird die Lösung des Unterbestimmtheitsproblems durch Schultes systematisches *two-track - Modell* von Wahrnehmungskonstanten konkretisiert. Anschließend wird mit Burges *PRA-Prinzip* eine allgemeine Leitlinie für die Konstellation von Repräsentata und proximalen Reizen vorgestellt. Dabei soll auch herausgearbeitet werden, welche Rolle Heuristik für basale Repräsentation spielt, wenn es also darum geht, sensorische Muster zu generalisieren und deren Irrtumsanfälligkeit zu erklären.

II.4.1 Konstanten, Objektivierung und Unterbestimmtheit

Ich beginne mit der Formulierung von (1) *Burges Argument für Wahrnehmungskonstanten* als Status-Kriterium. Nach der Kritik an diesem Argument gehe ich über zu seiner Vertiefung (2) durch Mechanismen sensorischer *Objektivierung*, die wiederum durch das zentrale „repräsentationshungrige“ *Unterbestimmtheitsproblem* gerechtfertigt werden.

(1) Beginnen wir mit **Burges Argument für Wahrnehmungskonstanten** als Status-Kriterium und der Kritik an der vorläufigen Fassung dieses Arguments. Burge hat die Status-Frage als Leitfrage formuliert und nimmt dabei die sensorisch zugängliche „physikalische Umwelt“ in den Blick:

> What does it take for an individual to represent the world objectively? What are the minimum conditions necessary for an individual to represent the physical environment in such a way as to attribute, sometimes accurately, specific physical attributes to physical particulars? (Burge 2010, 52).

Zentraler Ausgangspunkt für Burges Antwort auf die Statusfrage ist dabei die Annahme, dass Veridikalitätsbedingungen eine Rolle als wissenschaftliches *explanandum* und nicht als *explanans* spielen müssen: „Veridicality, fulfillment of representational function, is the central *explanandum* of visual psychology" (Burge 2010, 311). Wahrnehmungspsychologen würden erklären, wie es einem System gelingt, veridische Repräsentationen seiner Umwelt zu produzieren. Begriffe wie Repräsentation oder Veridikalitätsbedingungen seien dabei ursprünglich („unreduced primitive") und würden erst als Gegenstand der Psychologie ihren konstitutiven Kontext offenbaren. Damit formuliert Burge einen *nicht-reduktiven* Ansatz von repräsentationalem Status. Anders als Dretske geht es ihm also nicht darum, ein „Rezept" für Intentionalität und die dafür notwendigen „Zutaten" zu finden, sein Naturalismus beruht eher auf kontrastierender Erklärungskraft.[203] Damit werden in Burges Holismus drei sich gegenseitig stützende Prämissen *P1, P2* und *P3* eines Arguments für die Konklusion *K* expliziert werden, die uns im Folgenden beschäftigen werden. Da P2 unkontrovers ist, wird es insbesondere um eine Klärung und Vertiefung der Prämissen P1 und P3 gehen:

P1) Das systematische Interesse der Wahrnehmungspsychologie seit Helmholtz gilt der systematischen Rekonstruktion distaler Umweltbedingungen im Ausgang proximaler Stimulation und ihre Inanspruchnahme von Veridikalitätsbedingungen als *explananda* offenbart realistisch fundierte Repräsentation (*Wissenschaftsrealistische Fundierung durch die Psychologie*).

P2) Repräsentationale Zuschreibungen sind erst durch ihren Erklärungsmehrwert gegenüber nicht-repräsentationalen Zuschreibungen realistisch gerechtfertigt (*Erklärungsmehrwert*).

P3) Ein sensorisches System S ist dann und nur dann erklärungskräftig als repräsentational (durch Veridikalitätsbedingungen) zu klassifizieren, wenn es trotz einer modulspezifischen Reihe variabler bzw. ambivalenter Zustände proximaler Stimulation (s1, s2, s3, ...) fähig ist, eine distale Umweltbedingung F als die gemeinsame bzw. die tatsächliche Ursache dieser Effekte zu detektieren (*Konstante Robustheit*).

203 Zu diesem nicht-reduktivem Programm von Burge, siehe Schulte 2015, 132; Morgan 2018, 5414; Shea (2018, 175) spricht aufgrund der gegenseitigen Dependenzen innerhalb Burges Modell von einem „small local holism involving correctness, constancy, and content".

Dieses Räsonnement muss eingehend entfaltet werden. Denn es scheint *prima facie* noch nicht ausreichend klarzustellen, warum Repräsentation auf die Inanspruchnahme von Veridikalitätsbedingungen seitens bestimmter Wissenschaften und auf Wahrnehmungskonstanten *exklusiv beschränkt* sein soll. Es scheint nicht deutlich zu werden, warum lineare und assoziativ-robuste Detektion in anderen Erklärungszusammenhängen nicht *auch* veridisch sein soll, um dann als solche einen Erklärungsmehrwert zu zeitigen.

Die Begründungslast von Burges Gedankengang scheint zunächst P3 zu tragen. Die „erklärungskräftige Robustheit von Veridikalitätsbedingungen" kann daher als Burges „Basisverpflichtung" (Morgan 2018, 5419) für eine hinreichende Status-Zuschreibung angesehen werden. Doch wie ist der Zusammenhang zwischen Robustheit und Veridikalität fundiert? Da Burge beide Punkte auf informative Weise zusammenbringen will und dabei generell Anspruch auf Veridikalität erhebt, scheint er zunächst keine besondere Verwendungsweise von „akkurat" im Blick zu haben. Hierzu noch einmal Morgan:

> What is centrally important for Burge is that accuracy conditions be *objective*: Accuracy with respect to some specific feature of objective reality. But of course, that doesn't distinguish an idiosyncratic psychological notion of accuracy from plain old accuracy. Watches and thermometers can be accurate with respect to objective reality – that's why we make them (Morgan 2018, 5419).

Burge verwendet in der Tat „Akkuratesse" – graduelle Veridikalität sensorischer Repräsentation – im Allgemeinen nicht in besonderer Weise: Das, was die Veridikalitäts-bedingungen erfüllt, ist „objektiv". Dies gilt vor allem dann, wenn es mentalunabhängig oder zumindest perspektivunabhängig besteht (vgl. Burge 2010, 52). Die auf solche Realitäten sich beziehenden Zustände repräsentieren daher „objektiv" qua „veridisch" oder „akkurat" (Burge 2010, 397). Burge interessiert jedoch vor allem, wie „physikalische" Realitäten wie etwa Farben oder Eigenschaften vom Körper, also mentalunabhängige Entitäten, erstmals repräsentiert werden.

Wenn jedoch nur die Verpflichtung auf Veridikalitätsbedingungen für den Deflationismus ausreichend ist, um auch nicht-robusten Detektoren wie in Thermometern oder Chemosensoren Intentionalität zuzuschreiben, kann sich Burge nicht auf die standardmäßige Verwendungsweise von „akkurat" verlassen. Deutlich wird das am Beispiel von Morgans Zitat. In Hinsicht auf Phototaxis bei Bakterien schreibt Burge, dass diese zwar eine „funktionale Responsivität" in Bezug auf Licht habe, aber dennoch nicht repräsentational sei.

> Their sensory systems simply register information (functionally encode information) associated with proximal stimulation. The organisms simply react to conditions on their bodily surfaces. […] But bacteria do not perceive anything. They simply react to proximal stimulation.

> They sense light. They register it. They respond. Explanations of the capacities of bacteria are not enriched by invoking perceptual reference or perceptual attribution (Burge 2010, 325).

Diese für Burges Argument zentralen Formulierungen sind unscharf. Denn liberalere Status-Theorien könnten hier ihre alternativen Erklärungen ansetzen (siehe Artiga 2016, 2022; Ganson 2020). Sie könnten ebenso darauf insistieren, dass das „Licht Spüren" seitens des Bakteriums die Umwelt betrifft und deshalb systematisch im Horizont einer Richtigkeit (bzw. Falschheit) aufzufassen ist, die an sich keine praktische ist. Burges Argument, das davon ausgeht, das „Repräsentation" *sensu stricto* keine praktische Erfüllungsbedingung ist, ist hier also an sich noch nicht überzeugend. Denn der Begriff „Detektion" auf die Ko-Instanziierung mit dem Vorhandensein und So-Sein der Dinge selbst angewandt. Für die Manipulierbarkeit der Dinge bzw. für die Dispositionen zur Erfüllung biologischer Zwecke hingegen erfährt der Begriff keine Anwendung. Deshalb kann er auch durch Veridikalitätsbedingungen verstanden werden. Auch ist *information registration* schwierig, weil dieser Ausdruck nicht minder als „Detektion" eine repräsentationale Lesart nahelegt, weshalb ich mit Bezug auf proximale Stimulation den Ausdruck „verkörpern" gewählt habe (siehe Kapitel B.II.2.2). Vor allem würde sich diese vermeintliche Richtigkeit (bzw. Falschheit) primär auf das Vorhandensein einer realen, empirisch zugänglichen Umweltbedingung (Licht) in der „physikalischen Umwelt" des Bakteriums beziehen und damit auf dasjenige, was Burges Leitfrage als frühe Repräsentata fixiert. Warum soll das Bakterium also noch kein basaler intentionaler Akteur sein, wenn Burges Ausgangsfrage eben nach minimalen veridischen Zuständen in Bezug auf physikalische Umweltbedingungen fragt? Licht, als konkretes, raumzeitliches Ereignis mit bestimmten Strahlungseigenschaften verstanden, scheint hier nichts anderes zu sein als die Farbe, die von einer Oberfläche reflektiert wird. Burge lässt diese Farbe als „physikalisches Einzelding" mit teilbaren Eigenschaften zu (Burge 2010, 54). Beides gehört gleichrangig zur „physikalischen Umwelt", die empirisch aufgespürt werden kann. Warum soll diese Detektion für Burge nicht Veridikalitätsbedingungen aufweisen? Will Burge die Auswahl basaler Repräsentata von vornherein schon so treffen, damit sie zu den Gegenständen der Wahrnehmungspsychologie passt?

Damit Burge diese für ihn gefährliche deflationäre Alternativbeschreibung als instrumentalistisch möglich, aber letztlich „trivial" (Burge 2010, 325) disqualifizieren kann, hängt in seinem Holismus die dafür entscheidende Bindung von Veridikalitätsbedingungen an Robustheit (P3) wiederum von ihrer Verwendung in wissenschaftlicher Praxis (P1) ab. Denn die Zuschreibung von repräsentationalem Status und von „Akkuratesse" ist nach Burge sowohl in einfachen Organismen als auch in Uhren oder Thermometern (Morgan) *instrumentalistisch* immer möglich (siehe Dennett 1987). Gerade dadurch werde ihre streng naturalistische Fundierung dringend (vgl. Burge 2010, 293). Die Verwendungsweise von „akkurat" wird dadurch *theoretisch* fundiert: Dies ist vor allem dann der Fall, wenn repräsentationale Zustände im Mittelpunkt von speziellen wissenschaftlichen Beschreibungen stehen, die die Produktion von Wahrnehmungszuständen betreffen, und einen realistischen Systematisierungsanspruch erheben. Diese Produktionsbedingungen seien, so Burge, in einfachen Fällen wie der des Bakteriums nicht gegeben. Die Anwendungsbedingungen von „Repräsentation" sind damit an *paradigmatischer wissenschaftlicher Praxis* abzulesen. Verwendungen, die von diesem Paradigma abweichen, sind nach Burge bloß „herabgestuft" oder „trivial", das heißt sie weisen keinen Erklärungswert auf (P2): Hier Burges Argument anhand einer längeren Passage:

> In the cases of some sensory states – non-perceptual – saying that the states have veridicality conditions would add nothing to what is known about discriminative sensitivity and the biological sensitivity. [...] Veridicality conditions can be imposed. But invoking them gains no empirical tractions, yield nor empirical illumination. In such cases, there is no reason to believe that there are representational states. Where theory that invokes states with veridicality conditions and associated perspectival capacities is empirically fruitful, there is reason to believe that there are perceptual states, hence representational states in a non-debased sense. [...] Psychological accounts of the formation of perceptual states invoke representational states that have veridicality conditions. The veridicality conditions are conditions for accuracy in representing environmental conditions beyond the sensory registration of proximal stimulation. Thus, there is a transition from mere sensory registration to representation as of an environmental reality (Burge 2010, 395-396).

Maßstab für repräsentationalen Status seien also die „psychologischen Ansätze", die Veridikalitätsbedingungen systematisch da explanatorisch einsetzen, wo proximale Stimulationsbedingungen informationell auf Umweltbedingungen hin *transzendiert* werden.

Doch Burges Appell an die Wahrnehmungswissenschaft („Operation Perceptual Science", Hutto/Myin 2013, 113) scheint *per se* wenig überzeugend zu sein und bildet die Hauptkritiklinie an Burges Argument:

Erstens sei weder „die" Psychologie noch „die" Wahrnehmungskonstanten keineswegs so einheitlich wie Burge sie darstellt. Deshalb sei ihre paradigmatische Stellung auch zweifelhaft.[204] Zudem sei die Zuschreibung von Veridikalitätsbedingungen im Falle sensorischer Detektoren einfacher Organismen eine gängige Praxis. So kann Burges (2014, 393) apodiktische Behauptung: „No science takes [a] plant's internal states to have accuracy or truth conditions" mit dem Hinweis auf die wachsende und im letzten Kapitel bereits diskutierte Literatur über den reprä-

---

204 Vgl. Ganson et al. 2014, Olin 2016, Morgan 2018, Schulte 2020.

sentationalen Status bei Pflanzen (*plant cognition*) widerlegt werden[205] So fungiert gemäß einer wissenschaftlichen Beschreibung circadianer Uhren in Pflanzen Veridikalität in Form von „korrekter Kopplung (*entrainment)* der Uhr" mit proximalen Zeitgebern und „akkurater Synchronisation und Aufrechterhaltung der circadianen Rhythmen" (Gardner et al. 2006, 17) als ein wesentliches *explanandum* für das Pflanzenverhalten. Dennoch sieht Burge (2010, 519) circadiane Uhren als rein sensorische Mechanismen an und nicht als basale temporale Repräsentationen. Burge scheint auch nach dieser Kritik weiterhin an diesem Generalurteil über „die" Wissenschaften bzw. echte Wissenschaftlichkeit festzuhalten.[206]

Zweitens wird aus Burges bloßem Appell an die psychologische Inanspruchnahme von robusten Wahrheitsbedingungen nicht klar, warum diese Inanspruchnahme auch *gerechtfertigt* ist (vgl. Schulte 2015, 132; Olin 2016, 1488). Burges Hinweis auf die Wissenschaft scheint daher, ohne weitere Erläuterung, ein reines Autoritätsargument darzustellen. Dieser Einwand lässt sich allerdings zugleich auch gegen diejenigen richten (siehe Morgan 2018), die einer psychologischen Fundierung von Veridikalitätszuschreibungen ihrerseits nicht-psychologische, aber gleichwohl wissenschaftliche Inanspruchnahme von Veridikalität entgegenhalten

Drittens scheint Burges psychologischer Erklärungsmehrwert gegenüber „what is known about discriminative sensitivity and the biological sensitivity" (Zitat oben) gerade *vorauszusetzen*, dass repräsentationale Beschreibungen von nicht-repräsentationalen Beschreibungen unabhängig und nicht auf sie rückführbar („non-debased") sind. Artiga (2016, 417) nennt diese Zirkularität die verdeckte „Unabhängigkeitsprämisse" im Argument von Burge.

Folglich scheint P1 (psychologische Verwendungsweise) P3 (Konstante Robustheit) nicht ausreichend zu stärken und für das Argument in dieser Form ungenügend zu sein.

Damit verlagert sich das argumentative Gewicht von P1 wieder auf P3. Wie ist P3 zu verstehen, dass es die Schwächen von P1 kompensiert und Burges Argument rettet? Es bietet sich folgende Lösung an, welche die letzten beiden Einwände zu entkräften sucht: Wenn Burge auf den Einsatz von Veridikalitätsbedingungen als *Explanandum* in der wissenschaftlichen Praxis abhebt, muss es, wenn Burges Inanspruchnahme dieser Praxis richtig ist, etwas am Repräsentationsbegriff selbst geben, was seine exklusive Stellung in distal-relativen Zuständen (in Abgrenzung zur Detektion proximaler Reize) *a priori* motiviert. Burge scheint also die Exklusi-

205 Siehe auch Morgan 2018, 5419 und Sims 2019 für eine Anwendung von Burges Modell auf Pflanzen.

206 „Plants are *sensitive* to light and respond to it. [...] Bacteria sense light and swim away from it. Rotifers sense food through their cilia. Ticks sense warmth and crawl toward it. No science explains these instances of sensing in terms of states that have conditions for being accurate" (Burge 2019, 7).

vität robuster Veridikalitätsbedingungen nur dann retten zu können, wenn er in der Lage ist, zu zeigen, welcher konzeptuelle Aspekt an Veridikalitätsbedingungen die Verbindung zu konstanter Robustheit *erfordert*, und deshalb von der Psychologie zurecht *erkannt* wird. Er muss also demonstrieren können, welcher Aspekt von repräsentationalen Erklärungen nicht-robuster Sensitivität entweder übersehen wird oder in solchen Mechanismen schlicht operational und explanatorisch unnötig ist. Burge muss also den Liberalismus auf generelle Anforderungen an Veridikalitätsbedingungen verpflichten, die dieser dann nicht einlösen kann. Diese Strategie, Verpflichtungen gegenüber der repräsentationalen Rolle in der Status-Frage einzufordern, wurde in dieser Untersuchung auch bisher gegenüber den bisherigen Tracking-Theorien verfolgt.

(2) Für Burge liegt der Schlüssel zu diesem inneren Zusammenhang robuster Veridikalitätsbedingungen in der **Objektivität** der Wahrnehmungskonstanten (siehe Burge 2010, 396). Erst diese Eigenschaft gibt P3 und Burges gesamter Unternehmung ihr Gewicht. Objektivität bildet damit eine neue Prämisse *P3**, die in P3 enthalten ist und sie konkretisiert:

P3*) Konstante Robustheit wird durch sensorische Mechanismen realisiert, welche systematisch und systemisch die distal- und F-spezifischen Informationen anhand der proximalen Stimulation (s1, s2, s3, ...) konstruktiv generieren und dabei von den idiosynkratischen Stimulationsbedingungen abstrahieren (*Objektivitätsmechanismen*).

Im Folgenden soll diese Prämisse entfaltet werden. Wir haben bereits gesehen, dass Burge „objektiv" als Synonym von „akkurat" und damit generell in Bezug auf Repräsentation verwendet („primary way", Burge 2010, 397). Burge vertieft nun dieses primäre oder generelle Verständnis von „objektiv" durch ein *spezifischeres* („a more specific way"): Ein objektiver Zustand ist „Produkt von Objektivierung" und damit eines bestimmten *Verfahrens*. Dadurch verschiebt sich die Leitfrage von den fixierten Repräsentata („physische Umwelt") und dem Zielbereich der Veridikalitätsbedingungen hin zu den fähigkeitsbasierten Möglichkeiten ihrer Darstellung als solcher. Denn nur ein bestimmter Mechanismus kann naturalistisch sicherstellen, so Burge, dass ein intentionaler Zustand *die Umwelt* repräsentiert. Schließlich soll dieser Zustand nicht seine eigenen Simulationsbedingungen darstellen: „Objectification is the formation of a representational state that represents the physical environment, beyond the individual's local, idiosyncratic, or subjective features" (Burge 2010, 397).

Obwohl liberale Vertreter im Fall des beispielhaften photosensitiven Bakteriums <u>Licht</u> oder <u>Lichtrichtung</u> als Veridikalitätsbedingungen deklarieren, ist diese Transzendenz auf die empirische Welt selbst („beyond the individual") nicht ohne Weiteres naturalistisch eingelöst. Es ist nach Burge der Objektivierungsprozess repräsentationaler Systeme, der diese oben zitierte „transition from mere sensory registration to representation as of an environmental reality" (Burge 2010, 396) überhaupt erst vollzieht: „[Objectivity patterns] privilege, and separate out, specific types of environmental conditions, that are individual- and surface-independent and that are not privileged or determined by sensory information" (Burge 2010, 398).

Proximale Stimulation ist daher für Burge *ipso facto* „reiz-gebunden", wie ich bereits mit Blick auf Neanders Modell herausgestellt habe. Der Detektor „registriert" nach Burge die Art und Weise, wie er vom Reiz affiziert wird. Strenggenommen heißt dies jedoch nur, dass er seine eigenen *Stimulationsbedingungen* („the individual's local, idiosyncratic, or subjective features") *verkörpert*, da „registrieren" wieder insinuiert, es werde eine (proximale) Bedingung in ihren Eigenschaften oder ihrem Ereignischarakter detektiert. Wir haben gezeigt, dass die bisherigen Varianten der Tracking-Theorien Probleme haben, zu erklären, wie Systeme diese Stimulationsbedingungen transzendieren (müssen) und somit das Abstraktionsprinzip erfüllen. Ohne diese Erklärung können liberale Vertreter Burge nicht den Vorwurf machen, er würde hier einfach ein „spezifischeres" Verständnis von Akkuratesse *ad hoc* einführen, um damit sowohl seine These zu stützen als auch eine bestimmte Art der Repräsentation mit ihrer Gattung zu verwechseln. Das spezifischere Verständnis ist systematisch begründet.

Für Burge ist daher eine bestimmte *Operation* im sensorischen System, eine *objektivierende* Enkodierung, die notwendige Voraussetzung für jede Repräsentation einer Umweltbedingung *als solcher* („as of"):

> If a perceptual system is to form accurate representation as of the environment, it must operate through processes that highlight those aspects of the registration that tend to be signs of specific attributes in the environment. That is, the perceptual system must distinguish specific patterns in the sensory registration that are likely to be adventitious in the context, or idiosyncratic to the subject, from patterns that tend to correlate with specific attributes that are independent of the idiosyncrasies of a particular causal transaction (Burge 2010, 400).[207]

Doch wann „muss" (Burge) ein System eine derartige Abstraktionsleistung vollziehen? Wie muss die proximale Lage beschaffen sein, damit das System in einem referentiellen Sinn „über sie hinaus" gehen muss? Wir haben gesehen, dass in den bisherigen linearen und robusten Modellen von Repräsentationen durch sparsame

---

207 Es ist zu beachten, dass Burge damit keine Unterscheidung zwischen Realität und schlichtem Anschein auf *perzeptueller* Ebene fordert – *pace* Adams/Maher 2017, 254, die daraus ein Argument gegen Burge machen. Anschein selbst wäre bereits eine Repräsentation (vgl. Adams/Maher 2017, 255) und Burge tritt explizit einer solchen Intellektualisierung entgegen: "There is no such thing as a perceptual representation of a perception, in the same perceptual system, as a seeming or as false. [...] Perception does not represent appearances" (Burge 2010, 285). Ich gehe auf dieses Missverständnis in Bezug auf Konstanten später noch ein.

Fähigkeiten die Reaktion auf proximale Effekte ausreichend war, da letztere eine belastbare Korrelation mit der Normalbedingung unterhalten.

Um die abstraktionsbedürftige Situation herauszustellen, kommen nun wieder Wahrnehmungskonstanten (P3) ins Spiel, die das Prinzip der Objektivierung (P3*) zum Ausdruck bringen:

> Perceptual constancies are capacities systematically to represent a particular or an attribute as the same despite significant variations in registration of proximal stimulation. [...] The intuitive idea of the constancies is that under different perspectives, a perceiver can represent a given particular or attribute as the same (Burge 2010, 408).

> Perceptual constancy is a natural kind found not by definition or antecedent characterization, but by looking to perceptual science itself. A key factor is whether an invariance can be adequately explained as an invariance in proximal stimulation – as chemorezeption and thermorezeption are – or, to the contrary, as an invariance in response to some aspect of the distal environment. The latter case signals objectification (Burge 2022, 73).

Gerade letztere Spezifizierung von „Invarianz", die Burge als Reaktion auf Missverständnisse nachgereicht hat, ist entscheidend: Wahrnehmungskonstanten sind von der Detektion *proximaler Invarianz* zu unterscheiden.[208] Die diversen, bereits erwähnten Taxen beispielsweise ermitteln Korrelationen mit Umweltbedingungen rein proximal durch *„quantitative Transformation"* (Burge 2010, 423): Sie bilden einen korrelativen, linearen Tracking-Zustand, indem sie die *idiosynkratischen* Parameter der Oberflächeneffekte (wie Intensität, Rezeptortyp, Position am Körper) allein in Form von „Summierung" (*summing), „*Bildung von Mittelwerten" *(averaging)* und „Gewichtung" (*weighing*) quantitativ verrechnen. So orientieren sich Lebewesen von Insekten bis zum Menschen olfaktorisch an der lokalen Einwirkungsrichtung eines Konzentrationsgradienten relevanter Geruchsmoleküle auf räumlich verteilte Rezeptoren, um einen Duft zu verfolgen („odor tracking").[209] Taxen liefern ein gutes Beispiel für eine solche „Computation *ohne* Repräsentation" (Burge 2010, 423): Stellen wir uns eine Phototaxis vor, wie sie bei unzähligen Organismen (und beim „Braitenberg"-Roboter) als primitive sensorisch geleitete Verhaltensweise vorliegt. Oberflächenrezeptoren vom selben Typ D reagieren auf Lichtintensität und sind auf unterschiedlichen Positionen P am Organismus verteilt, D^1 und D^2. Eine entfernte Lichtquelle x mit der Distanz F und der Richtung G (in

---

208 Ich betone diesen Unterschied nicht zuletzt deshalb, weil auch anti-repräsentationale Modelle wie Gibsons Modell ökologischer Wahrnehmung ebenfalls auf die Detektion von Invarianz abhebt, die demnach aber im *layout* der Umwelt selbst „direkt" wahrnehmbar sei (siehe Gibson 1979, 8-10, 67-69). Siehe auch Olin 2016, 1485.

209 Empirische Beschreibungen finden sich bei Vickers 2000, DeBose/Nevitt 2008, Cardé/Willis 2008 und Jacobs et al. 2015 besonders in Hinblick auf Chemotaxen.

Beziehung auf die Position des Organismus) verursacht einen Oberflächeneffekt auf D^1 und D^2. Ein simples sensorisches System verkörpert nun verschiedene Parameter von D, um das Verhaltenssystem, die Taxis, in Form einer zielgerichteten Orientierungsreaktion zu ermöglichen. Das System verkörpert zunächst im Oberflächeneffekt auf D zwei Größen: den jeweiligen Intensitätswert von D^1 und D^2, sagen wir I^1 und I^2, sowie ihre Position P am Körper. Es transformiert dann diese Größen quantitativ zur jeweiligen Summe beider Werte S (*averaging, summing*) und „ermittelt" das jeweilige Verhältnis beider Werte V in Bezug auf P (*weighing*). Unter Standardbedingungen korreliert S, unter Einbezug von V, mit der Distanz F des Organismus zur Lichtquelle x. V, insofern S größer als 0, korreliert mit der Richtung G des Organismus zu x. Die Werte von S und V entsprechen also dem Beleuchtungsstärkegradienten eines Lichtstroms im Raum. Mittels der diese Werte produzierenden Operationen im Ausgang von proximalen Effekten („quantitative transformations") manövrieren sich ein Bakterium, eine Motte oder ein Roboter zu einer Lichtquelle hin oder von ihr weg. [210] Derselbe Mechanismus lässt sich auf andere Taxen (Chemotaxis, Magnetotaxis, Rheotaxis, Thermotaxis etc.) übertragen. All diese Fälle sind ihrer generellen Form nach so beschreibbar, dass sie eine lineare Korrelation mit Umweltbedingungen allein durch die Verrechnung proximaler Input-Informationen herstellen. Diese Art von „Konstanten" sind für Burge keine repräsentationalen Versionen, wie Lauren Olin klarstellt: „Burge dismisses views according to which constancies can be achieved on the basis of physical invariants or the invariant properties of proximal stimulations" (Olin 2016, 1485)

Im Kontrast zur proximalen Invarianz durch quantitative Transformation steht die *distale Invarianz* durch konstante Repräsentation. Denn viele distale Bedingungen wie Größen, Stimmen oder Gestalten lassen sich nicht als die Mittelwerte ihrer Stimulationsbedingungen „aussieben" oder „ermitteln". So ergibt zum Beispiel eine Reihe von Größen bzw. Gestalten unter wechselnden retinalen Größen bzw. Formen auf der Netzhaut in ihrem Mittelwert nicht die relevante distale Größe oder Gestalt. Die Informationskonstellation muss im Einzelfall empirisch geklärt werden, doch als „Schlüsselfaktor" (Zitat Burge) kann jedoch geltend gemacht werden: Die relevante, distal-spezifische Invarianz ist hier schlicht nicht im proximalen Reiz

210 Als illustrierendes Artefakt mag hier ein Windrichtungsmesser (Anemoskop) dienen: Insofern die Windfahne nicht parallel zur Windrichtung steht, korrelieren unterschiedliche Punkte der Fahnenfläche mit unterschiedlichen Intensitäten der Windkrafteinwirkung, wodurch sich eine Drehbewegung um eine Achse ergibt, die mit der Windrichtung korreliert. Informationen in Bezug auf Windstärke können (unter idealisierten Bedingungen) kraft der Windgeschwindigkeit mit einem Anemometer (z.B. einem Flügelrad) ermittelt werden. Das Anemoskop repräsentiert dabei nicht Wind, Windstärke oder Windrichtung, sondern verkörpert korrelative Effekte.

enthalten[211]. Sie muss, wie wir noch sehen werden, *rekonstruiert* werden. Rein sensorische (oder proximale) Systeme orientieren sich nach Burge also vor allem am Reiz und an seinen Eigenschaften. Repräsentationale Systeme beziehen dabei die Umweltbeschaffenheit selbst jenseits ihrer Effekte ein. Wahrnehmungskonstanten reagieren also funktional auf eine *distal-spezifische Invarianz,* indem sie die Umweltbedingungen jenseits von idiosynkratischen Effekten rekonstruieren müssen. Andere (oft komplexere und multimodale) sensorische Mechanismen hingegen ermitteln die *proximal-spezifische Invarianz* allein durch quantitative Transformation von idiosynkratischen Stimulationsbedingungen.[212] Dabei muss nicht operativ unterschieden werden zwischen der Art und Weise, wie etwas auf das System wirkt (Stimulation), und wie etwas als solches beschaffen ist (Simulation):

> Such sensory registration, even together with the quantitative transformations, is not perception. It tends to correlate well with environmental conditions. It functions to enable the individual to respond to environmental conditions in a fine-grained way. But it can be fully explained in its *operation* without appeal to objectification. Relevant *operations* (as distinguished from functions) can be fully explained without appeal to environmental conditions beyond proximal stimulation, and without appeal to representational states (Burge 2010, 398).

Folgender Punkt ist damit von entscheidender Bedeutung: Wie auch die „low-church"- Teleosemantik von Neanders Kausalmodell bietet Burge mit Objektivierung eine *operationale* Interpretation von Veridikalitätsbedingungen (repräsentationaler Status) an. Sie unterscheidet sich von einer rein *funktionalen* Interpretation, die generell nur an der Relevanz des kausalen *Resultats* eines Systems, an dessen (praktischem) *Effekt* für die Natur, und an der *Tatsache* des Erfolgs interessiert ist. Das gilt im Übrigen ganz unabhängig davon, welcher Mechanismus zu diesem Resultat geführt hat. Doch nivelliert eine solche Effekt-orientierte Interpretation wichtige Unterschiede und kann von Mechanismen abstrahieren. Für Burge liegt deshalb der *spezifische* Unterschied („in kind") zwischen konstantem (heißt: repräsentationalem) und nicht-repräsentationalem Tracking erst in den vorwiegende *kausalen* Abstraktionsmechanismen begründet.

211 Der Ausdruck „enthalten" soll hier sagen: Es gibt eine eindeutige oder lineare Lösung vom proximalen Reiz zur distalen Bedingung. „Nicht enthalten" heißt: der proximale Reiz *unterbestimmt* die distale Bedingung, es gibt keine Lösung.

212 Quantitative Transformationen können allerdings auch in Objektivierungen eine Rolle spielen, wie Burge später korrigiert (siehe Burge 2022, 56). Proximale Invarianz kann also ein Mittel für distale Invarianz.

> Perceptual constancies mark of a distinction in kinds of sensory states. These kinds are fixed by *causal* laws governing their formation. Kind-fixation is reflected in causal explanations – not functional explanations. To understand perceptual constancies, one must look at the science's account of sensory-state-formation, not merely its account of the state's biological function (Burge 2022, 78).

Die Beschreibung dessen, was das System tatsächlich *tut* (Konstanten als Ziel), ermöglicht damit einer Theorie von repräsentationalen Status eine naturalistischere Fundierung als der bloße Verweis darauf, was biologisch-praktisch repräsentiert werden *soll* (Normalbedingung als Zweck).

Burges operationale Fundierung von Repräsentation als *natural kind* und damit als bedeutende Schwelle im (graduellen) Fähigkeitsspektrums ist ausschlaggebend für die Status-Frage. Denn Burge gesteht zu, dass eine informationelle (kausale und/oder statistische) Korrelation des Systems mit der relevanten distalen Bedingung („one-one-mapping") ein „gemeinsames", funktionales Resultat *aller* sensorischer, nicht-repräsentationaler wie repräsentationaler, Systeme sei:

> Nature molds all sensory systems, perceptual and non-perceptual, to be likely to respond to environmental conditions that are beneficial to animal's functions. Perceptual systems are distinctive in the *way* this likelihood is determined (Burge 2010, 345).

Durch diese Einigkeit im Resultat scheidet sich repräsentationaler Status an dem jeweiligen *Verfahren:* „There may be borderline cases here, but everything hinges on the nature of the internal transformations" (Burge 2010, 424).

In diesen bemerkenswerten Thesen von Burges Gedankengang ist zweierlei hervorzuheben:

Erstens versteht auch Burge Objektivierung im Horizont der Tracking-Theorie. Seine Theorie *ist* eine Tracking-Theorie (vgl. Morgan 2018, 5424). Denn das Resultat der Objektivierung ist ein korrelativer Aktivitätszustand, der auf eine Umweltbedingung anspringt („respond") und so funktional ko-instanziiert wird. Konstanzen bilden damit eine bestimmte Form von Tracking-Zuständen.[213] In gleicher Weise interpretiert auch Schulte die Gemeinsamkeit zwischen linearen und konstanten Tracking-Mechanismen:

> When we compare visual size constancy in humans with prey-detection in the Venus flytrap, we find that both mechanisms generate internal states that (normally) "track" instantiations of external properties. Mechanisms for visual size constancy generate internal states that

213 „The perceptual constancies are capacities (approximately) to track given environmental attributes under different environmental conditions that yield very different types of proximal stimulation" (Burge 2010, 388).

> track the sizes of objects, while the Venus flytrap's prey-detection mechanism can be described as generating states that track the presence or absence of prey (or movement) (Schulte 2021, 13).

> [C]onstancy mechanism enables the perceptual system to generate states which "track"—and, consequently, are able to represent—the object's surface reflectance (a constant property) (Schulte 2018, 360).

Zweitens, wenn demnach alle sensorischen Systeme ko-instanziierend sind, dann bildet sensorische Repräsentation qua Objektivierung für Burge in erster Linie einen *Verfahrensbegriff.* Nur in diesem „Wie" der Produktion unterscheidet sich repräsentationale von nicht-repräsentationaler Sensorik. Es kommt also für Repräsentation nicht nur darauf an, ob für ein System selbst, in seinem *modus operandi,* die entscheidenden „Invarianten" bereits im proximalen Effekt vorhanden sind. Auch ist wichtig, ob diese Invarianten die Informationen gleichsam auf ihrer Oberfläche tragen, sodass das System sie lediglich „aufheben" (*pick up*) und für die Steuerung von Verhalten nutzen kann, ohne dass diese repräsentational „vermittelt" *(conveyed)* seien (Gibson 1979, 231) angedacht. Die Frage ist deshalb, ob das System mit systematisch konfusen Effekten zu tun hat, die es in idiosynkratisch-proximale und wahrscheinlich objektiv-distale Muster auftrennen muss. Ich werde auf eine enaktiv-ökologische Alternativdeutung von Information und Wahrnehmung noch zurückkommen.

Wie ist nun der Status von *Wahrnehmungskonstanten* zu bewerten? Sie seien, so Burge, hinreichend und „vermutlich" notwendig für perzeptuelle Objektivierung und damit für primitive Repräsentation (Burge 2010, 413): „A perceptual system achieves objectification by – and I am inclined to believe *only by* – exercising perceptual constancies" (Burge 2010, 408). Burge ist hier bewusst vorsichtig: Dieser Befund sei nur eine „grobe" Richtlinie für konkrete empirische Fälle (siehe auch Burge 2010, 408). Wahrnehmungskonstanten seien eine empirisch gut erforschte *Exemplifikation* von minimaler Objektivierung („paradigmatic marks", „expressions") und fungieren damit explizit nicht als „Kriterium" für Intentionalität.[214] Denn sie könnten „nicht unabhängig" von seinem Verständnis für Veridikalitätsbedingungen interpretiert werden (Burge 2010, 413). Dass Wahrnehmungskonstanten auch proximaler Natur sein können und auch von Anti-Repräsentationalisten wie Gibson beansprucht werden, macht deutlich, dass Burge den Begriff „Wahrnehmungskonstante" nicht uneingeschränkt für repräsentationale Erklärungen vereinnahmen kann (siehe Olin 2016, 1485; Sims 2019, 1032). Schulte (2020, 12) spricht

214 „Perceptual constancy is a necessary condition for veridicality. If the percept is not constant, then it cannot be veridical. Perceptual constancy is commonly accepted as an adequate measure of the veridicality of the percept" (Pizlo 2001, 3149). Siehe dagegen Ganson et al. 2014.

hier von einem „Restriktionsproblem" der philosophischen Inanspruchnahme von Wahrnehmungskonstanz schlechthin. Auch ist klar, dass die Variationen und die Produktionsprozesse in Konstanzen distale Bedingungen betreffen können. So zum Beispiel beim Wahrnehmen einer konstanten Entfernung trotz Variation der positionierten Größen oder Gestalten. Das wiederum setzt nach Burge deren Repräsentation voraus (siehe Neander 2017, 228 und Burge 2022, 73). Vor allem ist nicht offensichtlich, warum die sensorische Repräsentation (also Wahrnehmung) einer Bedingung an Wahrnehmungskonstanten gebunden sein muss, wie es an Burges Beispiel der raum-spezifischen Konstanten in Frage gestellt wird (siehe Ganson et al. 2014, 563): „Burge takes it to be obvious that the constancies are sufficient for perception. This confidence is somewhat puzzling, however. Surely it is a substantive empirical matter whether this view is correct" (Ganson et al. 2014, 566).

Burges Argument kann sich also weniger auf die Konstanzmechanismen *per se* und mehr auf die Annahme verlassen, dass Objektivierung das Kriterium für genuine Status-Bedingungen bildet:

> [Burge's] considered view seems to be that perceptual states qualify as psychological representations not in virtue of being formed through the exercise of constancy capacities per se, but in virtue of having explanatorily robust accuracy conditions (Morgan 2018, 5415).

Wir werden auf diese Einwände und auf die Schlussfolgerungen, die aus ihnen gezogen werden können, noch zurückkommen. Vorerst wollen wir festhalten: Burges Prämisse P3, die konstante Robustheit verlangt, muss sich ein Stück weit von ihrer empirischen Implementierung emanzipieren. Selbst falls sich die meisten Konstanten durch alternative Beschreibungen der Wissenschaft als nicht-repräsentational herausstellten sollten, kann die tieferliegende Objektivitätsthese P3* weiterhin richtig sein. Basaler repräsentationaler Status muss also nicht an Wahrnehmung und/oder Konstanten gebunden sein, auch wenn Burge dies zeigen möchte. Wahrnehmung könnte Objektivierung empirisch auch anders realisieren.

Das bedeutet aber auch, dass wir in Hinblick auf die Statusfrage bei Burge eine weitere, von Konstanzmechanismen (zumindest von einigen von ihnen) *konzeptuell unabhängige* Begründung dafür finden müssen, *warum* jene exemplarisch objektivierend sind. Die zentralen Fragen lauten also: Welches „repräsentationshungrige Problem" (Clark/Toribio 1994) rechtfertigt es, dass Burge an ihnen entlang die Grenzlinie zwischen dem Mentalen und dem Nicht-Mentalen zieht? Und was müssen Konstanten (in Burges Interpretation) in Bezug auf die Problemlösung operativ *leisten*, damit sie „erklärungskräftige robuste Akkuratesse-Bedingungen" (Morgan) rechtfertigen und damit wir die Prinzipien dieser Bedingungen auch für höherstufige nicht-perzeptuelle Zustände anwenden können?

Nur durch eine substanzielle Antwort auf diese Fragen kann P3 dem Vorwurf Artigas entgehen, der lautet: Burge setze durch eine versteckte Unabhängigkeitsprämisse bereits voraus, dass proximale Sensitivität und Repräsentation zwei verschiedene Dinge seien. Nur dadurch werde klar, warum in linearen Systemen Objektivierung nicht geboten ist. Um diese Zirkularität bei Burge zu vermeiden, möchte ich also P3* um eine weitere Prämisse P3** vertiefen und zeigen, unter welchen Bedingungen Objektivität selbst unter dem Zwängen der *cognitive economy* überhaupt *nötig* ist.

(3) Die substanzielle Antwort auf die Frage, wann ein sensorisches System objektivierend sein muss, liefert für Burge (2010, 89, 344) das **Unterbestimmtheitsproblem**. Dieses bildet eine weitere Prämisse *P3***, die von P3* impliziert wird:

P3)** Objektivitätsmechanismen sind dann notwendig, wenn F durch proximale Stimulation unterbestimmt bleibt. Dies ist dann der Fall, wenn gilt: 1) F unterhält keine lineare Tracking-Relation mit einem der jeweiligen s-Zustände (s1, s2, ...); 2) die F-spezifischen Informationen sind invers aus den jeweiligen s-Zuständen zu erschließen und vermitteln (*Unterbestimmtheit*).

Im Folgenden soll dieser Schlussstein von Burges gesamten Argument expliziert werden. Der Vorzug der (visuellen) Wahrnehmungspsychologie sei, so Burge, dass sie das Unterbestimmtheitsproblem als das „primäre Problem" (*primary problem*) auf der sensorischen Ebene erkannt und beschrieben habe und mit der Untersuchung der Wahrnehmungskonstanten Mechanismen und ihre Prinzipien („formation principles") für eine Problemlösung ins Treffen geführt habe:

> The information available in registrations of patterns and spectral properties of the light striking the retina – and the registration of such light arrays – significantly *underdetermine* the distal causes of those registrations, hence the objects and properties that are represented in perception, hence representational content as of those objects and properties. The same firings of retinal sensors are compatible with numerous possible (even physically possible) causes. [...] And the registrations of proximal stimulations on the retina do not in themselves entail the formation of the perceptual representations that are in fact formed (Burge 2010, 90).

Damit wird eine zentrale informationstheoretische „Lücke" beschrieben: Das visuelle System verfüge lediglich über proximale Stimulationsbedingungen, so Burge (siehe „Proximalitätsprinzip", Burge 2005). So zum Beispiel über ein retinales Erregungsmuster s1, das in einem Pixelbild darstellbar ist und einer Fotografie oder einem QR-Code ohne Betrachter entspricht („gray level description", Frisby/Stone 2010, 3). Obwohl das visuelle System sich an diesem Muster von Grauwerten (bzw. Farbwerten) s1 orientiert, das lediglich ein Symptom der Affektion durch Lichteinwirkung bildet und mit sehr vielen verschiedenen relevanten Umweltbedingungen als distale Ursachen F, G, H, etc. kompatibel ist, repräsentiert das System bestimmte Gegenstände und ihre Eigenschaften in der Umwelt. Durch den Ausgang vom proximalen, unterbestimmenden Reiz sei nach Burge bereits das Wahrnehmungssystem mit einem *inversen Problem* konfrontiert, bei dem der Weg von einer Ursache zu ihrem Effekt „umgedreht" wird, also vom Effekt auf die Ursache zurückgeführt werden muss:

> There is a determinate solution to how light from a three-dimensional scene projects onto a two-dimensional surface. The visual system must, however, use the two-dimensional array of information – the registration of light intensity on the bank of the retinal receptors – to perceptually represent a three-dimensional scene. This "inverse problem" has indefinitely many mathematical solutions. [...] There remain many physically possible solutions in most cases (Burge 2010, 91).[215]

Demnach ist ein bestimmtes räumliches Muster auf der Netzhaut (retinale Größe s1) mit einer Vielzahl von möglichen relevanten Repräsentata, z.B. mit einer Reihe von Größen (F1, F2, ...), Orientierungen (G1, G2, ...) und Distanzen (H1, H2, ...) kompatibel. So verursacht z.B. ein kleinerer Gegenstand (F1) in der Nähe dieselbe proximale Größe auf der Netzhaut (s1), wie ein größerer Gegenstand (F2), der sich etwas weiter entfernt befindet. Unzählige weitere Umweltgrößen verursachen dieselbe retinale Größe. Dennoch wird das Wahrnehmungssystem vom einzelnen Reiz s1 ausgehend *eine bestimmte distale Repräsentation* F1 (bzw. G1 oder H1) *oder* eine bestimmte distale Repräsentation F2 (bzw. G2 oder H2) generieren. Dies gilt, obwohl s1 keineswegs in einer linearen Verbindung mit einer dieser Bedingungen steht, sondern *„mehrdeutig"* ist.[216] Umgekehrt gilt auch: Ein und dieselbe Umweltbedingung kann eine Reihe unterschiedlicher proximaler Effekte verursachen, die nacheinander oder vereinzelt auftreten.

Zentral ist also: *Eine ganze Reihe relevanter distaler Umweltbedingungen sendet keinen spezifischen proximalen Reiz aus,* den ein lineares System nur „einfangen" müsste, um eine belastbare Korrelation herzustellen. Hier reicht nicht mehr nur die Art und Weise der Stimulation aus, um eine Umweltbedingung zu „verfolgen". Denn hier scheint eine Darstellung der Umweltbedingung selbst eine epistemische Lücke *überbrücken* zu müssen. Das wiederum rechtfertigt die „Stellvertreter"-Konzeption der Repräsentation. Das System muss dabei Attribute benutzen, die eine *Generalisierung* des einzelnen Reizes oder der Reihe von Reizen auf distal-spezifische Zustände bewerkstelligen (siehe Kapitel A.II.3.3).

---

215 Zum inversen Problem in der Wahrnehmung siehe auch Palmer 1999; Pizlo 2001; Yuille/Kersten 2006; Clark 2013, 2016; Reed 2016; Shahmoradi 2016; Philipps 2017; Wiese/Metzinger 2017.

216 Der Ausdruck „mehrdeutig" soll *nicht* bedeuten, es sei hier bereits ein Gehalt vorausgesetzt, wie die Rede von „retinalen Bildern" oder „Sinnesdaten" insinuiert. Die Mehrdeutigkeit entspricht allein einer kausalen Multiursächlichkeit.

Dasselbe gilt auch für das multimodale Phänomen perzeptueller *Multistabilität* (Bregman 1990; Schwartz et al. 2012; Winkler/Schröger 2015). Hier ist die proximale Reizlage jeweils dieselbe, doch es werden je verschiedene Repräsentationen generiert. Das betrifft bekanntermaßen perzeptuelle „Kippbilder" wie sie Abbildungen B.2 zeigen und typische informationelle Problemstellungen der Wahrnehmung illustrieren.[217]

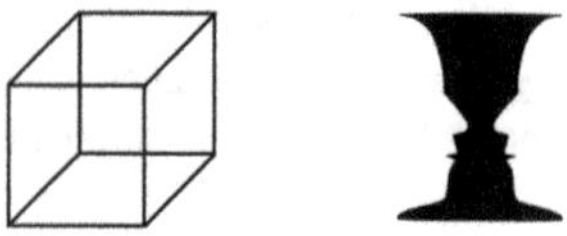

Abbildung B.2: Der Necker'sche Würfel und die Rubin'sche Vase. Quelle: https://commons.wikimedia.org/wiki/File:Multistability.svg)

Die Inputs sind polyvalent oder schillernd in Bezug auf Möglichkeiten distal-spezifischer Repräsentation. Damit kann etwas Zusätzliches – ein *disambiguierender* Faktor – vom System eingebracht werden, der verschiedene repräsentationale „Interpretationen" des Reizes generiert. Mit Burge gesprochen heißt das: Dieser Faktor kann verschiedene Weisen, ein und dieselbe Stimulation auf verschiedenen Wegen der Objektivierung zu verschiedenen Objekt-Attribut-Konfigurationen („perceptual organization", Schwarz et al. 2012) konfigurieren. Unter der Voraussetzung, dass distale Bedingungen repräsentiert werden, gewährt das Phänomen der Multistabilität einen seltenen Einblick sowohl in den sonst verborgenen Prozess der abstrahierenden Transzendierung des objektlosen Reizes[218] als auch in ein „Wetten" auf die Ursache mittels einer bestimmten feinkörnige Objekt-Attribut-Konfiguration. Letztere findet sich beim Hören verschiedene Schallkanäle („audi-

217 Im Necker'schen Würfel können vom selben Input für räumliches Gestaltsehen ausgehend sehr unterschiedliche Repräsentationen entstehen: Einmal sehe ich den Würfel in seiner Vorderseite von links unten, ein andermal von oben. Bei der Rubin'schen Vase unterscheidet die Wahrnehmung zwischen verschiedenen Möglichkeiten, Figur und Hintergrund zu rekonstruieren und dabei unterschiedliche Gestalten zu sehen: Einmal fungieren die Linien als äußere Kontraste einer Vase in der Bildmitte, ein andermal bilden sie das Profil von Gesichtern im linken und rechten Bildrand (siehe Schwartz et al. 2012, 897).

218 Natürlich muss hier „Objekt" auf die jeweiligen Veridikalitätsbedingungen der resultierenden Wahrnehmung bezogen werden, da der „polyvalente" Input in einer anderen Wahrnehmung (z.B. das Sehen einer Linie) selbst bereits Objekt sein kann.

tory channels“[219], Winkler/Schröger 2015). Dies könnte zum Beispiel ein Vogelruf sein, der eine reguläre Konstellation von Eigenschaften wie eine zeitliche Sequenzgestalt, Dauer, Lautstärke, Tonhöhe, Timbre und einen bestimmten Ort umfasst und sich von anderen Hörkanälen in der Szene unterscheidet. So zum Beispiel vom Rattern eines Zuges, von einem Baumrauschen oder vom Summen einer Biene. Diese Objekte des Hörens entstehen dem Paradigma der *Auditory Scene Analysis* (Bregman 1990) zufolge aus der Verarbeitung der komplexen proximalen Stimulationsbedingungen sich *überlagernder* und *flüchtiger* Schallreize, indem diese Reizmenge segmentiert und in die einzelnen Kanäle (Objekte) und ihre Attribute gegliedert wird, das auch *parsing* genannt wird: „The job of the perceiver is to parse the sensory input and arrive at its deep structure“ (Bregman 1990, 34). Man denke an eine Party, in der sehr verschiedene Schallquellen wie Sprecher, Stereoanlage, Geschirr, Tanzende, usw. auf unterschiedlichen Orten allesamt Fäden und Stränge verschiedener Frequenzen aussenden, die jedoch als verworrenes „Knäuel“ in der auditiven Rezeptorebene des Ohrs ankommen und vom auditiven System dann erneut „entwirrt“ werden müssen, sodass wir die Stimme des Gegenübers vom Klirren der Gläser, der Melodie des Liedes, dem Läuten an der Tür, dem Klackern der Schuhe, usw. in ihren komplexen Schallkonstellationen erst voneinander scheiden und so hören können. Wir hören z.B. nicht die hohen Frequenzen, die dem Klirren des Glases zugehören, in der tiefen Stimme des Gegenübers, und hören das Klackern der Schuhe am Fußboden und nicht an der Tür.[220]

Um dieses „außerordentliche Enkodierungsproblem“ beim Hören gewöhnlicher Szenen zu lösen und die auditive „Tiefenstruktur“ der Welt, d.h. die distalen Eigenschaften der Schallereignisse „freizulegen“ (*recover*), verfährt dieser segmentierende Objektivierungsprozess nach dem leitenden *Prinzip der Zugehörigkeit* („belongingness“, Bregman 1990, 12). Dieser Prozess illustriert ein „auditives Kippbild“ zu den Reizen bzw. zu ihren typischen Schallkanälen und ihren Quellen (siehe Schwartz et al. 2012, 898 und Winkler/Schröger 2015, 9): Man denke sich beispielsweise A und B als Bündel unterschiedlicher Frequenzen, deren Schwingungseffekt im Ohr linear durch eine große Zahl hochspezifischer Rezeptortypen in den Haarzellen und in ihren mechanorezeptiven Bewegungsmuster detektiert wird. Das Wahrnehmungssystem mag durch *parsing* diese proximalen Effekte entweder zu einem einzigen auditorischen Kanal (Objekt) gruppieren, dem eine Dreier-Gruppe (ABA-ABA-ABA) attribuiert wird, und damit A und B als zu *einem* einzigen Schallereignis zugehörig repräsentieren. Oder es segmentiert die Effekte in *zwei* ver-

219 Diese Kanäle bilden polarisierende und versammelnde Objekte des Hörens: „a perceptual unit that represents a single [physical] happening“ (Bregman 1990, 10).

220 Zur Frage, *was* eigentlich (primär) gehört wird, siehe Nudds (2015) und Winkler/Schröger (2015).

schiedene, regulär sich entfaltende Objekte (A-A-A & [gleichzeitig] B-B-B) und damit in zwei unabhängig voneinander auftretende Schallereignisse. Durch wiederholte Exposition changiert das System zwischen diesen beiden Repräsentationen und damit zwischen veridischer und irrtümlicher Wahrnehmung. Die Variationsmöglichkeiten sind unendlich. Auch hier werden unübersichtliche und flüchtige Input-Bedingungen auf mögliche und relevante Muster durch die Struktur (...) als F *generalisiert* und durch diese Spezifikation mittels Attribute veridischer oder irrtümlicher Bewertbarkeit ausgesetzt: „auditory streaming is a multistable perceptual phenomenon" (Winkler/Schröger, 2015, 10).

Ein selbst für primitive Hörfähigkeiten gewöhnliches Schallereignis wie einen Trommelrhythmus tatata-tatata-tatata oder den Gesang einer Blaumeise zizi-tütü-tütü hören zu können, bildet angesichts der Vielzahl gleichzeitiger und konkurrierender Geräusche in natürlichen Szenerien und der unzähligen Alternativmöglichkeiten der Segmentierung in bestimmte Objekte und Attribute also ein *inverses Problem* für das auditorische System, da keine *lineare oder starre* Tracking-Relation („simple cues") mit den Quellen vorliegt:

> If we assume that the auditory system has evolved to find out information about *distal* objects (the sound sources) and events that gave rise to the sounds, then one of the most important functions of the central auditory system is to *break down the incoming signal* according to their sources. This is not a trivial task, because there are *no simple cues* separating the contributions of different sound sources that would work in most situations. In fact, an analysis of natural auditory scenes suggests that there is *no unique mathematical solution* to finding moving sound sources by the information available to the auditory system (Winkler/Schröger 2015, 7; Kursiv, A.W.).

Schließlich findet sich unterbestimmende Multistabilität nicht nur in der visuellen und auditiven, sondern auch in der *haptischen* Repräsentation von Bewegung auf Basis mehrdeutiger *taktiler* Stimulationen (siehe Schwartz et. al. 2012, 898). Nach Bregman (1990, 34) ist *parsing* konstitutiv auch für andere, kognitive Probleme, wie z.B. bei der Gliederung von mehrdeutigen Sätzen nach Regeln der Syntax (siehe Chomsky 2009): Man denke an Sätze wie: Siehst Du dort das Mädchen mit deiner Brille?, Das ist Wasser, Der Bundeskanzler stellt sich vor die Ampel als normale Inputs von Sprachverstehen und die erst durch Regeln von *belongingness* und disambiguierende Kontexte ihre jeweils verschiedenen Repräsentationen des Gemeinten bilden. Das zeigt die allgemeine Rolle dieser Prinzipien für mentale Repräsentation im Allgemeinen, nicht nur für die basale Form.

Das Problem unterbestimmender Reize und seine objektivierende Lösung betrifft diverse Sinnesmodalitäten und deren Wahrnehmungskonstanten von Gestalten, Positionen, Schallereignissen, Oberflächen etc.[221] Der Frosch repräsentiert visuell dieselbe Größe und Position einer Fliege, auch wenn er diese in verschiedenen Perspektiven und Orientierungen beobachtet (siehe Wachowitz/Ewert 1996; Schulte 2012). Ich nehme haptisch die Textur bzw. die Größe eines Steins als dieselbe wahr. Dies mache ich ganz unabhängig davon, ob ich diesen Stein mit bloßer Hand, mit einem Handschuh, einem Stock oder mit verschiedenen Körperstellen berühre, die allesamt unterschiedliche proximale Stimulationen ergeben. Bewege ich den Stein in meiner Hand, nehme ich trotz und aufgrund unterschiedlicher taktikler Stimulationen an den verschiedenen Stellen meiner Hand ihn als von einheitlicher Größe, Textur und Gestalt wahr (siehe Matthen 2021 zu haptischen Konstanten). Ohne entsprechende objektivierende Verfahren, die aus bloßer Stimulation ein Objekt konstruieren, würde ein Lebewesen überhaupt nicht wahrnehmen, wenn Wahrnehmung eben eine transzendierende Objektivität impliziert, während Sensitivität nur immanent operiert: In all diesen Fällen bleibt, zumindest beim Ausgang von proximalen Effekten als Input, das distale F dasselbe in Bezug darauf, was und wie es *ist*. Es variiert aber teils drastisch in der Art der Stimulationsbedingungen eines jeweiligen sensorischen Systems, also in der Art und Weise, wie es auf ein System *wirkt*. Hier entsteht eine Lücke, die das „repräsentationshungrige“ Unterbestimmtheitsproblem anzeigt. Folglich scheint die zwangsläufig distal-spezifische Abstraktion von den fluktuierenden bzw. unzuverlässigen Stimulationsweisen durch Objektivierung hier ihren genuinen Erklärungsmehrwert in Bezug auf Veridikalitätsbedingungen zu finden.

> Objectification resides specifically in the ways perceptual systems overcome proximal stimulation’s underdetermination of environmental *representata* […] Overcoming that problem involves systematically neglecting aspects of sensory registration that are not likely to correlate with relevant environmental conditions, and capitalizing on aspects that are likely to correlate, in order to form states the represent there being specific environmental conditions (Burge 2010, 397-398).

Wenn wir diesen Lösungsvorgang auf einen Begriff bringen müssen, dann lässt sich von Repräsentation als von einer Art *Rekonstruktion* der distalen Umwelt auf Basis proximaler Effekte sprechen. Der Ausdruck „Konstruktivismus“ (siehe Ganson et al. 2014, 558) scheint mir hier problematisch, weil er mit einer metaphysischen Position assoziiert ist, die dem Realismus vieler Helmholtzianer entgegensteht. Auch wenn Burge dergleichen nicht verwendet: Mir scheint der Begriff *Rekonstruktivismus*

221 Vgl. Burge 2010, 414 und Burge 2022, 57, 69, 71 für empirische Referenzen. Zu einzelnen Konstanzen in nicht-visuellen Modalitäten siehe z.B. Brownell 1979; Taylor-Clarke et al. 2004; Smith 2002; Matthen 2021 (Haptik); Bregman 1990; Matthen 2010; Goerlitz et al. 2008 (Gehör).

passender, welcher zwar auch eine „Konstruktion" von Repräsentationen impliziert, welche allerdings den Anspruch haben, eine von ihnen unabhängig bestehende Welt veridisch darzustellen. Meine Terminologie ist daher: Objekte werden *konstruiert*, durch die – als repräsentierende Momente – perspektivunabhängige Umweltentitäten *rekonstruiert* werden. „Konstruktion" impliziert keine Veridikalitätsbedingungen, „Rekonstruktion" dagegen schon. Letztere hat eine *faithfulness to the things*.

Burge (2010, 92) knüpft ideengeschichtlich ganz gezielt an eine solche (re)konstruktivistische Konzeption der Wahrnehmungspsychologie an. Diese Konzeption hat sich ausgehend von Hermann von Helmholtz' (1909) und David Marrs (2010) bahnbrechenden Arbeiten zum Sehsinn auch gegenüber der *Auditory Scene Analysis* (Bregman 1990; Winkler/Schröger 2015) als einflussreich, aber nicht als unangefochten behauptet:

> The input to the visual system is essentially a two-dimensional projection of light registered at the retina, and yet the visual system affords discrimination of the shape, size, and distance of objects in three-dimensional space. Here the visual system must overcome an *inverse projection* (or *under- determination*) problem. [...] According to constructivists like Marr, positing sensory representations of the environment is the best way to account for these impressive discriminatory abilities. By way of computational principles, the visual system is able to go beyond its paltry data and construct an internal representation of the environment, something that is either accurate or inaccurate (Ganson et al. 2014, 558).

Das Paradigma des (Re)konstruktivismus der Repräsentation findet sich auch in der heute *Predictive Processing* -Theorie des Gehirns in neuerer Form wieder. Dazu soll noch eine weitere längere Passage von Clark als herausragenden Vertreter angeführt werden. Denn diese veranschaulicht die informationelle Problemlage des von den Stimulationsbedingungen auf die Welt selbst „schließenden" Gehirns (vgl. die „menschliche Muschel"):

> [T]he task of the brain, when viewed from a certain distance, can seem impossible: it must discover information about the likely causes of impinging signals without any form of direct access to their source. Thus, consider a black box taking inputs from a complex external world. The box has input and output channels along which signals flow. But all that it "knows", in any direct sense, are *the ways its own states (e.g., spike trains) flow and alter.* In that (restricted) sense, all the system has direct access to is its own states. The world itself is thus off-limits [...]. The brain is one such black box. [...] Notice how different this conception is to ones in which the problem is posed as one of establishing a mapping relation between environmental and inner states. The task is not to find such a mapping but *to infer the nature of the signal source (the world)* from just the varying input signal itself (Clark 2013, 183; Kursiv, A.W.; vgl. auch O'Regan/Noë 2001, 940).

Nach Burges Rekonstruktivismus werden proximale Stimulationen so reduziert und generalisiert, damit schematische Objekt-Attributs-Konfigurationen und folglich distal-spezifische *Modelle* der invarianten Umweltbedingungen konstruiert werden. Ist die erforderliche Invarianz bereits eine proximale, wie im Beispiel des Intensitätsmittelwerts in den sensorischen Taxen, dann ist auf diese Rekonstruktion in sparsamer Weise zu verzichten. Das System braucht dann keine Modelle, die etwas im unterbestimmten Reiz „Abwesendes" rekonstruieren. Diese Modelle können stattdessen den relevanten Reiz lediglich aus der Gemengelage der Reize als etwas darin Enthaltenes filtern. Das rekonstruktivistische Objektivierungsmodell von Repräsentation ist deshalb eine Version *schwacher Abgekoppeltheit*. Das gilt vor allem, dann wenn es auf proximale Reize zwar gestützt bleibt, diese jedoch zugleich *transzendiert* (Emanzipationsprinzip).

Gerade in neuerer Zeit ist ausgehend von einem Revival von Gibsons (1979) *Ecological Perception* Kritik an diesem Paradigma repräsentationaler Rekonstruktion auf Basis unterbestimmender Reize geäußert worden.[222] Dabei geht es vorwiegend um Fragen, wieweit proximaler Input überhaupt „verarmt" ist, wie das sensorische Äquivalent zu „Schlussfolgerung" von Reizen auf Modelle zu verstehen ist, und ob schließlich darstellende Information bzw. Gehalte zugunsten einer naturalisierbareren Form des *dynamical coupling* oder *engagements* mit der jeweiligen Umwelt abgeschafft werden sollen (siehe Chemero 2009; Hutto/Myin 2017).

Die philosophischen Herausforderungen für solche anti-repräsentationalen, teils radikal-enaktivistischen Gegenmodelle „direkter" Wahrnehmung von Affordanzen sind aber zahlreich. Sie lassen, bei allen Problemen naturalistischer Repräsentationstheorie, Zweifel aufkommen, ob sie deren Erklärungskraft übertreffen können und zwar aus einer Reihe von Gründen: Denn *erstens* setzt sich das ökologische Verständnis von Information (und damit auch von Invarianz) vom statistischen Modell der Tracking-Theorien nach Shannon explizit ab und verortet Information in der Umwelt selbst und nicht als zu prozessierende Größe im Rezeptor (siehe Gibson 1979, 231-232). Gleichzeitig geht Gibson schlicht davon aus, dass die Information „über" die relevanten Verhaltensangebote (*affordances*, Gibson 1979, 119-135) geht und diese hinreichend „spezifiziert" (Gibson 1979, 132). Doch nicht nur diese Transzendenz der Information in Bezug auf Affordanzen bleibt im Unklaren, sondern es wird schlicht vorausgesetzt, dass sich weder das Abstraktionsprinzip noch die informationelle Vermittlung überhaupt stellt: „the information in the sea of energy around each of us [...] is not conveyed. It is simply there" (Gibson 1979, 231). Doch auch wenn wir nicht von einer „impoverished and ambigous sen-

222 Siehe Beer 2000; Chemero 2009; Warren 2012; Orlandi 2014; Hutto/Myin 2017; Bruineberg 2017; Bruineberg et al. 2018; Kiverstein/Rietveld 2018; Rogers 2021. Noë 2021.

sations" ausgehen und dagegen auf die „richness of the ecological context" (Bruineberg et al. 2018, 2428) referieren, wird nicht klar, wie die Information selbst, angesichts des „Meers" der Information und des „Reichtums" möglicher Affordanzen, die erforderte Spezifizität erreicht, sodass auch diesbezüglich Probleme der Intentionalität und Intensionalität bestehen bleiben, die auch die *ecological cognition* (Chemero 2009; Bruineberg et al. 2018) nicht adressiert. Schlicht auf das bloße Vorhandensein möglicher Wahrnehmungsgegenstände zu referieren, kollidiert mit der Feinkörnigkeit und Aspektgestalt der Wahrnehmung. Die direkte Wahrnehmung ist also nicht mit dem Problem der Reizarmut, sondern mit dem analogen Problem des *Reizüberflusses* konfrontiert, und könnte sich deswegen gezwungen sehen, ebenfalls Gehalte als Vermittler einzuführen. *Zweitens* können gegen die vermeintliche „Direktheit" der Wahrnehmung und die Realität von „Fehlinformation" in der Umwelt angesichts trügerischer *looks* (Gibson 1979, 131-134) die Einwände gegen den Naiven Realismus geltend gemacht werden, die Gehalte einführen um Illusionen zu erklären (siehe Kapitel A.III.1). *Drittens*, selbst wenn es nach Gibson nicht die Informationen sind, die „vermittelt" (*conveyed*) werden, so muss auch eine Theorie direkter Wahrnehmung den präsentationalen Charakter prototypischer Wahrnehmungszustände erklären, da auch die *Affordanz* eines Objekts dem Subjekt „zugänglich" werden muss. Doch es fällt schwer, die Diskriminierung zumindest der meisten Affordanzen normaler Wahrnehmung pauschal ganz ohne Veridikalitätsbedingungen zu verstehen: Das Wahrgenommene bietet zwar immer auch einen Ansatzpunkt für Verhalten, hier leistet Gibsons Affordanzbegriff – unter anderem eine ontologisch weniger durchdachte Version von Heideggers Begriff der „Zuhandenheit" (Heidegger 2006, 69) – tatsächlich Erklärungskraft, die ein rein repräsentationaler Ansatz aufgrund des Rahmenproblems nicht aufbringen kann. Doch aufgrund der Zugehörigkeit der Affordanzen zur physischen Umwelt (vgl. Gibson 1979, 130) ist auch das Essbare dort und nicht woanders, der verhaltenseinladende Briefkastenschlitz hat diese Gestalt und keine andere, und die Größe des Tennisballs entspricht einer bestimmten Handbreite, um greifbar zu sein. Hier tritt überall wieder die Rolle von *Oberflächeneigenschaften* zutage: Ihre Vermittlung und Diskriminierung geht der von Affordanzen (Tiefeneigenschaften) voraus oder verläuft parallel zu ihr, und erfordert andere Standards als praktische Manipulation (siehe Palmer 1999, 201, 412 sowie Schlicht/Starzak 2021, 98). Auch hier scheint die Überfülle enaktiv erschlossener Information eingehegt und Affordanzen, wenn Gibsons Realismus („the affordance, being invariant, is always there to be perceived", Gibson 1979, 130) mit seiner Wahrnehmungstheorie konsistent sein soll, rekonstruiert werden zu müssen, was wiederum Veridikalitätsbedingungen impliziert. Dass etwas für ein Tier essbar ist, heißt *nicht*, die Wahrnehmung müsse nicht Rücksicht darauf nehmen, was dieses Essbare alles auch noch ist, um überhaupt essbar zu sein und sich als Essbares anzubieten. Der richtige Verweis auf

Affordanzen, der fast alle Anti-Repräsentationalisten eint, schließt also Repräsentation für basale Intentionalität nicht aus – im Gegenteil, er scheint sie, zumindest in typischen Wahrnehmungen, sogar zu implizieren. Sind diese Einwände triftig, dann gerät auch der „*actionist* (or enactive) direct realism" (Noë 2012, 65), den viele enaktivistisch-ökologische Modelle mit Berufung auf Gibson vertreten, ins Wanken.

Kommen wir zu Burge zurück und fassen sein gesamtes Argument mit den erfolgten Vertiefungen von P3 durch P3* und P3** zusammen:

P1) Das systematische Interesse der (visuellen) Wahrnehmungspsychologie seit Helmholtz an der systematischen Rekonstruktion distaler Umweltbedingungen im Ausgang proximaler Stimulation und ihrer Inanspruchnahme von Veridikalitätsbedingungen als *explananda* offenbart realistisch fundierte Repräsentation (*Wissenschaftsrealistische Fundierung durch die Psychologie*).

P2) Repräsentationale Zuschreibungen sind erst durch ihren Erklärungsmehrwert gegenüber nicht-repräsentationalen Zuschreibungen realistisch gerechtfertigt (*Erklärungsmehrwert*).

P3) Ein sensorisches System S ist nur dann erklärungskräftig als repräsentational (durch Veridikalitätsbedingungen) zu evaluieren, wenn es trotz einer modulspezifischen Reihe variabler bzw. ambivalenter Zustände proximaler Stimulation (s1, s2, s3, …) fähig ist, eine distale Umweltbedingung F als die gemeinsame bzw. die tatsächliche Ursache dieser Effekte zu detektieren (*Konstante Robustheit*).

P3*) Konstante Robustheit wird durch sensorische Mechanismen realisiert, welche systematisch und systemisch die distal- und F-spezifischen Informationen anhand der proximalen Stimulation (s1, s2, s3, …) konstruktiv generieren und dabei von den idiosynkratischen Stimulationsbedingungen abstrahieren (*Objektivitätsmechanismen*).

P3)** Objektivitätsmechanismen sind dann notwendig, wenn F durch proximale Stimulation unterbestimmt bleibt. Dies ist der Fall, wenn gilt: 1) F unterhält keine lineare Tracking-Relation mit einem der jeweiligen s-Zustände (s1, s2, …) 2) Die F-spezifische Informationen sind invers aus den jeweiligen s-Zuständen zu erschließen und vermitteln (*Unterbestimmtheit)*.

K) → Die Annahme repräsentationalen Status für Detektionsmechanismen, die nicht konstant-robust operieren müssen, ist nicht realistisch fundiert.

II.4.2 Two-Track-Modell, PRA und Heuristik

Doch wie genau gestaltet sich Unterbestimmtheit und wie wird sie von Tracking-Theorien überwunden? Um die entscheidende Prämisse P3** und ihren argumentativen Zusammenhang mit P3* und P3 in Hinblick auf repräsentationalen Status weiter zu vertiefen, möchte ich drei Gedanken vorstellen und miteinander verbinden: (1) Schultes (2021) *two-track-account* von Wahrnehmungskonstanten; (2) das *Prinzip relevanter repräsentationaler Alternativen* (PRA*);* (3) Die *heuristische* Rolle von Repräsentation im Lichte des „Rekonstruktivismus" und die Erklärung von Veridikalität und Irrtum.

(1) Gehen wir zunächst von Schultes **Two-Track-Modell** der Wahrnehmungskonstanten aus. Schulte (2021, 8, 11) zufolge sei Burges explanatorischer Holismus nicht zufriedenstellend, da er uns kein „transparentes" Kriterium für den repräsentationalen Status von Wahrnehmungskonstanten an die Hand gebe und diese stattdessen mittels repräsentationaler Termini beschreibe. Diese Kritik ist nicht unproblematisch. Denn sie macht den Wert dieser „Transparenz" an einer naturalistischen Reduzierbarkeit von Intentionalität auf Tracking-Zustände fest (siehe Schulte 2021, 14). Sie übergeht damit die Unklarheit, wie es sein kann, dass solche „syntaktischen" Zustände überhaupt „Träger von repräsentationalen Gehalt" sein können. Burge will diese Unklarheit nicht lösen, sondern explizit auflösen, indem er dem Reduktionismus eine Absage erteilt (vgl. Burge 2010, 297). Allerdings ist für die hier angelegte Bewertung der Tracking-Theorien dieser reduktive Übersetzungsversuch in nicht-repräsentationale Termini entscheidend. Denn schließlich wollen wir wissen, ob konstantes Tracking repräsentationale Aspekte adäquat realisieren kann oder nicht, ob also Dretskes „Rezept" mit nicht-repräsentationalen Zutaten gelingt. Wichtiger scheint mir deshalb Schultes anderer Einwand gegen Burges Modell zu sein: Dieses sei in Bezug auf die Segmentierung proximaler Information noch zu „metaphorisch", wodurch die genauen Anwendungsbedingungen nicht klar seien (vgl. Schulte 2021, 10).

Burge (2010, 347-366) beschreibt zwar Objektivierung und Unterbestimmtheit ausführlich an ausgewählten Wahrnehmungskonstanten. Schultes (2021, 13-15) „two-track"-Modell bietet jedoch eine Systematisierung im Lichte der Tracking-Theorie an. Es umfasst eine robuste Konstellation von (mindestens) vier Variablen zur Informationsverarbeitung am Beispiel einer visuellen Größenkonstanz.[223]

Das konstant robuste System *S* weist mit Größe eine distale *Zielvariable T* („target variable") auf, deren Determinanten (T1, T2, T3, ...) das sind, was vom System detektiert werden soll (z.B. die Größenwerte 1cm, 2cm, etc.). Zudem stützt sich S, als visuelles System, modulspezifisch primär auf Werte retinaler Stimulation. Schulte spricht hier von einer entscheidenden *proximalen Variable K* („key proximal variable"). K ist hier die retinale Größe. So auch bei linearen Systemen: Ein Wert von K steht in einer (kausalen, statistischen, strukturellen) Tracking-Relation mit T. Nun kommt ein wesentlicher Unterschied mit zwei anderen Variablen in Spiel: K ist mit

223 Diese kommt bereits in Arthropoda wie Bienen oder Spinnen vor, siehe Burge (2010, 419) für Referenzen.

einer Vielzahl von Determinanten von T informationell kompatibel bzw. K kann verschiedenen T-Determinanten verursacht werden. Das heißt: K bildet eine *Disjunktion* von T-Determinanten und ist daher in Bezug auf T *unterbestimmt* oder „mehrdeutig". Diese Unterbestimmtheit hat nach Schulte ihre Ursache in einer weiteren Umweltdeterminable, der *ambiguierenden Variablen C* („confounding variable"). C und seine Determinanten sind hier die jeweilige Distanz dessen (x), was auch T instanziiert. C drückt also aus, wie weit eine bestimmte Größe entfernt (von der Position des Systems) ist. Dabei bilden die Werte von C und T die gemeinsame Ursache von einem Wert von K: Ein bestimmter Wert K (z.B. retinale Größe K1) ist stets das Resultat einer bestimmten Größe in bestimmter Entfernung. Entscheidend für das Unterbestimmtheitsproblem ist also nicht der Verbund mehrerer Ursachen zu einem proximalen Effekt, sondern der ambiguierende Faktor innerhalb dieses Verbunds. Denn eine bestimmte Netzhautgröße ist auch unter Normalbedingungen kompatibel mit einer ganzen Reihe verschiedener T-Werte: Der Gegenstand könnte kleiner, aber näher sein, oder größer, aber entfernter. Durch einen K-Wert allein, so die *impoverished information,* ist T deshalb nicht bestimmbar. K umfasst stets eine Disjunktion von T- und K-Determinanten. Deshalb bildet die Detektion von T ein inverses Problem.

Gleichwohl ist das System fähig, von einem K-Wert aus sich auf eine bestimmte Größe festzulegen (z.B. ein Frosch, der aus einer gegebenen Position die Größe einer Fliege detektiert) oder bei variabler Distanz dennoch dieselbe Größe konstant wahrzunehmen (für den Frosch schrumpft bzw. wächst die Fliege nicht, wenn sie sich entfernt bzw. nähert). Um das ihn definierende Unterbestimmtheitsproblem in Bezug auf Größen zu lösen, greift der Größenkonstanzmechanismus nach Schulte auf (mindestens) eine andere Information zurück, die (im basalen Fall proximale) *disambiguierende Variable A* („auxiliary variable"). A bildet mit K das, worauf das System informationellen Zugriff hat. In Schultes Beschreibung korreliert A linear bzw. verlässlich („unambiguous") mit der T-ambiguierenden Determinable C. Schulte nimmt für diese Ausgangskonstellation eine gewinnbringende Anleihe bei einer klassischen Unterscheidung von Boring (1946), der die informationelle Ausgangslage der perzeptuellen Informationsverarbeitung in „Kern" und „Kontext" gliedert:

> For descriptive purposes it is convenient to say that the sensory data that contribute to a perception can be divided into a core and its context. The *core* is the basic sensory excitation that identifies the perception, the connects it most directly with the object of which it is a perception. The *context* consists of all the other sensory data that modify or correct the data of the core as it forms the perception. The context also includes acquired properties of the brain, properties that are specific to the particular perception and contribute to the modification of its core. In other words, the context includes knowledge of the perceived object as determined by past experience (Boring 1946, 100; siehe schon Titchener 1910, 367)

Ich möchte diese Kern-Kontext-Konstellation die *Informationsbasis* (oder informationelle Basis) des Systems nennen. Ausgehend von dieser Konstellation nimmt die Produktion einer Repräsentation einer distalen Umweltbedingung ihren Anfang und bleibt auf sie zurückgebunden. Der Zusammenhang zwischen Kern und Kontext ist, wie wir sehen, nicht zufällig, sondern systematisch. Denn A fungiert als „Indiz“ (*cue*) in Bezug auf Distanz, z.B. monokular in Form des Akkommodationsgrads der Linse oder mithilfe von Konvergenz bei binokularem Sehen. Nach Burge (2010, 347) liegt hier eine Distanz-Konstanz vor. C und T wiederum bilden eine gemeinsame Ursache des Kerns K. Es existieren eine Vielzahl solcher „Indizien“ innerhalb des Kontexts, die mit den Kern-Informationen verarbeitet werden. Das ist ein Prozess, wie er in basaleren sensitiven Systemen nicht vorkommt, so Schulte:

> By setting the values of the variables K and A off against each other, the size constancy mechanisms can generate internal states that normally carry information about (“track”) object size. This is, at bottom, what “disentangling information” consists in. Obviously, no process of this kind is going on in the Venus flytrap when it detects the presence of the prey. Since there is no conflation of information in the first place, no information disentanglement is necessary (Schulte 2021, 15).

Betrachten wir dazu die *Ponzo-Täuschung* in den folgenden Abbildungen:

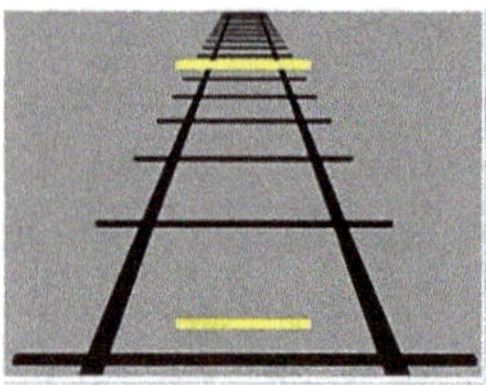

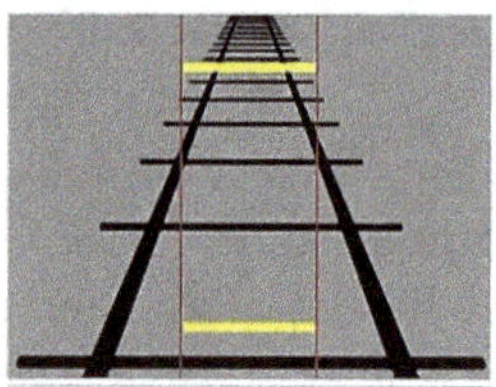

Abbildung B.3.1: Ponzo-Täuschung **Abbildung B.3.2:** Ponzo-Täuschung, rot markiert
Quelle: https://commons.wikimedia.org/wiki/File:Ponzo_illusion.gif

Am Beispiel dieser Täuschung wird der systematische Einbezug von Informationen (A) in Bezug auf die jeweilige Distanz (C) der beiden gelben Balken in der Prozessierung von deren proximalen Effekt auf die Netzhautgröße (K) deutlich. Dadurch generiert das System eine *irrtümliche Repräsentation* der Größe (T) der beiden Balken: Das visuelle System vermittelt den Gehalt, der untere Balken sei kleiner als der obere Balken (siehe Abbildung B.3). Dieser Irrtum wird durch die parallelen roten Linien offenbar, die die Linearperspektive ausschalten (siehe Abbildung B.4). Der gewöhnliche Kontext liegt darin, dass die Werte von A mit Distanz korrelieren. Die Kontextualisierung – und damit die Disambiguierung von K – führt also in dieser Konstellation zu einem systematischen und systemischen Irrtum. Damit jedoch wird gleichzeitig die Bedeutung der Kontextualisierung für die veridische Repräsentation sichtbar.

In dieser „Verrechnung“ von K mit A (Schulte) tritt nun die *Objektivierung* nach Burge (2010, 397-400) zu Tage: Das System muss den „kontextuellen Zufälligkeiten“ in Bezug auf die Größe und die jeweilige Distanz zwar einerseits Rechnung tragen. Denn nur so können die Verzerrungen der retinalen Größe, die mit den Distanzänderungen einhergehen, korrigiert oder ausgeglichen werden. Andererseits muss das System jedoch diese Zufälligkeiten für die Größen-spezifische Repräsentation zugleich „ausblenden“ (*neglect*) und die Größen-spezifische Informationen „privilegieren“ (*privilege*). Boring (1946, 101) spricht in diesem geradezu dialektischen Zusammenhang innerhalb der Objektivierung treffend von einem „Rückgang auf den realen Gegenstand“ (*regression towards the real object*), der zugleich mit einer „Kontextualisierung“ (*increase of context*) einhergeht. Er verweist auf David Katz' (1911) Begriff der „Reduktion“ und auf dessen Experimente zum Phänomen der *Helligkeitskonstanz*.[224] In dieser Wahrnehmungsleistung, die für die Repräsentation von Farben wesentlich ist, wird die konstante Helligkeit T, d.h. die achromatische Farbe einer Oberfläche, von ihrer wechselnden Beleuchtung C unterschieden. In Katz' Experiment (vgl. Katz 1911, 36) wird dieser Kontext nun ausgeschaltet, was zugleich seine Funktion sowohl für Veridikalität als auch für die Unterbestimmtheit des proximalen Eindrucks sichtbar macht: Der Betrachter blickt jetzt durch einen gelochten Schirm auf Ausschnitte der Oberflächen, eine Engführung auf K, durch die das System keine (korrelierenden) Informationen (A) in Bezug auf den Beleuchtungskontext mehr besitzt. Deshalb zeitigt hier die Disambiguierung der jeweiligen Lichtintensitäten kein akkurates Resultat: Denn in dieser „Reduktion“ auf „die Art der Netzhauterregung“ (Katz 1911, 36) erscheint der eigentlich tiefschwarze Gegenstand bzw. sein Oberflächenausschnitt nur um eine Graustufe heller als der eigentlich weiße Gegenstand (siehe auch Cassirer 1944, 12 und Boring 1946, 101). Gleichwohl betont auch Boring, dass mit der resultierenden Wahrnehmung zugleich auch eine „Dekontextualisierung“ (*reduction of context*) einhergehen muss (Boring 1946, 100): Das System muss die Informationen der retinalen Effekte (K) zwar mittels Indizien wie (A) kontextualisieren und damit ins richtige Verhältnis setzen, diese akzidentellen Faktoren jedoch im Resultat ausblenden, um konstante und objektive Repräsentationen der Zielvariablen (T) zu erreichen. Auch in Burges Beschreibung muss den idiosynkratischen bzw. den kontextuellen Mustern in Form

224 Siehe Burge 2010, 351 und Burge 2022, 82 für die Beschreibung einer basalsten Version bei Tieren wie der Honigbiene.

einer Kontrastierung („contrast", „separation", Burge 2010, 351) Rechnung getragen werden, um sie schließlich aber zu „vernachlässigen".[225]

Soweit die Systematisierung von Burges Objektivierungsmechanismen durch Schultes Spezifikation von Wahrnehmungskonstanten. Was Schultes eigenen Ansatz betrifft (siehe Schulte 2015, 2018), bindet er Status und Distalität ebenfalls an Wahrnehmungskonstanten, führt aber Sterelnys (1995) Modell robuster Assoziation als bessere Begründung dafür an. Doch dieses ist weiter gefasst als Schulte es interpretiert: „[L]ike Burge's account, Sterelny's proposal explains why *only* the behavior of organisms with constancy mechanisms is amenable to intentional explanations" (Schulte 2015, 133. Kursiv A.W.). Diese Einschränkung auf Wahrnehmungskonstanten ist bei Sterelny nicht zu finden, wie wir bereits gesehen haben, er vertritt ein assoziativ-robustes Modell (siehe auch Burge 2022, 61 zu Sterelny), das sich, anders als konstantes Tracking, nicht auf eine Sinnesmodalität beschränkt.

(2) Doch wann liegt Unterbestimmtheit genau vor? Um die Unterbestimmtheit des informationellen Kerns genauer zu charakterisieren, scheint Burges ***Prinzip relevanter repräsentationaler Alternativen*** (kurz: *PRA*) wichtige Erklärungsarbeit zu leisten (siehe Burge 2010, 466, 407). Denn Unterbestimmtheit besteht nur dann, wenn die Disjunktion von T-Determinanten, mit der ein K-Wert jeweils korreliert, nur Determinanten umfasst, die gleichzeitig relevant sein können und dabei eine Reihe möglicher Alternativen bilden: Die Disjunktion, und damit die Unterbestimmtheit, betrifft hier die *vertikale* und nicht die horizontale Ebene der Referenz. Dies gilt vor allem dann, wenn wir die repräsentationale Funktion des Systems durch die distale Bedingung individuieren und nicht durch die Reize, die von ihr ausstrahlen bzw. von deren proximaler Stimulation. Die Disjunktion umfasst zudem, auf der jeweiligen distalen Stufe, eine vertikale Reihe von Determinanten einer Determinablen und damit gleichrangig relevante Alternativen. Sie umfasst also nicht eine Eigenschaft anderer Relevanz (z.B. die Fliegengestalt Q der Größe T1). Burge, und implizit auch Schulte, nehmen an, dass für den Größenkonstanzmechanismus, in Bezug auf seinen Kern K, ein bestimmter Zustand retinaler Größe K1 kausal mit einer Disjunktion verschiedener distaler Größen-Werte (T1, T2, T3, ...) kompatibel ist. Für das System ist die „Frage", ob T1 (1 cm) oder T2 (2cm) der Fall ist, eine Frage zwischen gleichrangig relevanten Alternativen auf derselben vertikalen Stufe, die durch die Kausalbeziehung von T1 und T2 zu K fundiert ist. Das reprä-

225 Diese Konstellation des *two-track*-Modells ist auch auf andere Sinnesmodalitäten übertragbar. Das zumindest legt eine Beschreibung der auditorischen *Timbre*-Konstanz, d.h. das Hören der spektralen Identität einer Stimme oder eines charakteristischen Geräuschs trotz ambiguierender Variation durch Umgebungsgeräusche bei Menschen und Tieren nahe. Die Muster dieser Geräusche müssen herausgefiltert werden (siehe Goerlitz et al. 2008, 1850).

sentationale Scheitern bzw. der Erfolg bezieht sich auf die Alternative zwischen T1 oder T2. Nur innerhalb dieser „Wahlmöglichkeit" kann das System plausiblerweise daneben- oder richtigliegen.[226] Die Frage dagegen, ob T1 (Größe) oder Q (Fliegengestalt) gegeben ist, hat nicht diese Gleichrangigkeit. Denn die Richtigkeit und Falschheit der jeweiligen „Antwort" des Systems ist in beiden Szenarien unterschiedlich bewertet, je nach dem ob es Größe oder Gestalt repräsentieren soll. Soll Größe veridisch repräsentiert werden, dann ist die „Antwort" des Größenkonstanzmechanismus in Form der Produktion von Gehalt T1 (1cm) angesichts der Umwelteigenschaft T2 (2 cm) schlicht *inakkurat*. Dagegen ist die Produktion von Gehalt Q (Fliegengestalt) auf die Frage nach Größe weder akkurat noch inakkurat, sondern *irrelevant*. Das Unterbestimmtheitsproblem wirft also ein informationelles Problem auf, entzündet an der Variable K. Es *restringiert* damit ein bestimmtes Set an möglichen, konkurrierenden, distalen Antwortmöglichkeiten und definiert auf diese Weise auch das Problem. Ein bestimmter Größenwert ist kein relevante repräsentationale Alternative zu einer bestimmten Gestalt, so wie die Frage nach der Hauptstadt der Bundesrepublik Deutschland an relevanten, wahrheitsfähigen Antworten nur eine Reihe von Städten, aber keine Reihe von Flüssen oder von Farben zulässt.

Das PRA scheint mir daher nicht nur zentral, um das Unterbestimmheitsproblem (1cm oder 2cm) von dem Distalitätsproblem (Größe oder Lichtwellen) und dem Disjunktionsproblem (Größe oder die kausale Ursache von K) abzugrenzen. Es verdeutlicht auch die *paradigmatische Rolle der Wahrnehmung* als Ursprung des Mentalen für höherstufige, nicht-sensorische kognitive (inverse) Probleme, in denen ebenfalls ein Set von möglichen Antworten auf Fragen, wie die Welt beschaffen sein könnte. Das betrifft sehr viele möglichen Formen des *problem solving*, wie z.B. Fragen wie die nach der Dauer einer Bergwanderung, der Anzahl der noch verbliebenen Mouton-Rothschild 1945er oder dem gegenwärtigen Aufenthaltsort des Bundeskanzlers. Auch hier ist das Set an eine jeweils mehrdeutige Informationsbasis mit Kern und Kontext gebunden, die deshalb sowohl richtige als auch falsche Repräsentationen erst ermöglicht.

(3) Das führt uns schließlich zum letzten Prinzip, der Rolle der ***Heuristik*** für die Lösung von inversen Problemen. Sie ist wesentlich an der *Generalisierung* von Mustern beteiligt (siehe Kapitel A.III.3.3). Für eine hilfreiche Definition verlasse ich mich auf Haugeland: Während ein Algorithmus ein „infallible, step-by-step-recipe for obtaining a prespecified result" sei, bilde eine Heuristik einen „fallible estimator", der auf „generic principles" und „rules of thumb" vertraue, um aus be-

226 Auch Clark (1997, 147) hat die Komplexität von Inputs an „eine ganze Reihe von Umwelteventualitäten" gebunden.

grenzter bzw. unterbestimmter Information zu allgemeinen Schlussfolgerungen zu gelangen (Haugeland 1985, 65, 83; vgl. Wimsatt 2016, 463). William Wimsatt (2016, 464) nennt sechs Eigenschaften von Heuristiken, die sie von Algorithmen unterscheiden: 1) keine Garantie einer Lösung; 2) Kosteneffizienz; 3) Fehler durch Voreingenommenheit (*biasing*); 4) Transformation von Problemen; 5) Zweckbezogenheit; 6) Zusammenhang mit anderen Heuristiken. Heuristiken werden für ihn typischerweise bei inversen Problemen (*ill-posed problems)* eingesetzt (siehe auch Reed 2016). In der („konstruktivistischen") Wahrnehmungspsychologie spielen diese „Daumenregeln", „Prinzipien" oder *constraints* eine zentrale Rolle, um Distalität wie Feinkörnigkeit zu erreichen:

> The visual system *transcends* the available optical information by implicitly making a number of highly *plausible assumptions* about the nature of the environment and the conditions under which it is viewed. When these assumptions are coupled with the sensory data in the incoming image, they result in a *heuristic interpretation process* in which the visual system makes inferences about *the most likely* environmental condition that could have produced the image (Palmer 1999, 58; Kursiv, A.W.).

Die Rolle der Heuristik wird an unserem Beispielfall der Größenkonstanz klar. Damit K und A in Bezug auf T verrechnet werden können, der Kern also kontextualisiert werden kann, um einen bestimmten Größengehalt zu produzieren, muss eine Hintergrundannahme erfüllt sein: Das System muss nach dem Prinzip operieren, dass mit zunehmender (bzw. abnehmender) Distanz eine Größe (z.B. eine Netzhautgröße) verursacht wird, die um ein bestimmtes Verhältnis kleiner (bzw. größer) ist. Nur mit dieser „Annahme" kann das System Informationen über Distanz als Hilfsvariable in Anspruch nehmen, die damit mehr ist als nur eine notwendige Hintergrundbedingung: „Constraints do not merely contribute to perceptual coding. They represent a critical tool in solving (veridically and reliably) an inverse problem of perceptual interpretation" (Pizlo 2001, 3148).

Die Beispiele sind Legion. Auch in der *Ponzo-Täuschung* (siehe Abbildungen B.3 oben) greift im Mechanismus für Tiefenrepräsentation die optische Gesetzmäßigkeit, nach der parallele Linien bei zunehmender Tiefe konvergente Linien auf die Netzhaut projizieren. Dadurch entsteht ein illusorischer Tiefeneindruck auf einer 2D-Bildfläche. Dieser wiederum agiert, auf der Ebene der Größenrepräsentation, als entscheidender heuristischer *cue* für die Größe der Balken. Auch wenn die Konvergenz ein proximaler Effekt ist, ist dieser Zusammenhang mit der Tiefe ein *top-down*-Input seitens des Systems. Ferner können auch Inputs durch *sensorimotor contingencies* (O'Regan/Noë 2001, 941) als Heuristiken interpretiert werden: Sie bilden enaktiv eingespielte „Regeln" (*rules*) oder „Gesetze" (*laws*), die den Zusammenhang zwischen dem stetigen Wechsel von Körperbewegungen (z.B. Augen-, Hand- und Kopfbewegungen, etc.) und fluktuierenden Veränderungen proximaler

Stimulation der Rezeptoren (auf der Retina, in der Haut, in der Hörschnecke, etc.) verkörpern. Schließlich zählen auch ganz allgemeine *Gestaltheuristiken* der Wahrnehmungspsychologie dazu. Als Beispiele können hier genannt werden: Prinzipien der *Nähe, der Ähnlichkeit, der Fortsetzung* und der *Geschlossenheit* (vgl. Fröhlich 2010, 220), die bei der Rekonstruktion distaler Bedingungen in der Verarbeitung multivalenter oder lückenhafter Reize mitwirken und diese Bedingungen deshalb zu Objekt-Attributs-Konfigurationen gruppieren. So führt die Heuristik „Gesetz der Geschlossenheit" nach Abbildung B.4.1 zu der Illusion einer Würfelgestalt, indem das sensorische System die Lücken zwischen den schwarzen Kreisen mit Kanten füllt, die es nicht gibt. Und in Abbildung B.4.2 gruppiert das System dem „Gesetz der Nähe" nach einmal Kreise einheitlich zu einem Quadrat und ein ander Mal zu drei Säulen. Andere Repräsentationen sind durch je andere Musterreduktionen auf Basis anderer Heuristiken möglich, was schon bei längerem Hinsehen introspektiv sichtbar wird (siehe dazu auch die Kippbilder im vorhergehenden Kapitel).

Abbildung B.4.1: Gesetz der Geschlossenheit **Abbildung B.4.2:** Gesetz der Nähe
Quellen: https://commons.wikimedia.org/wiki/File:Nocube.svg https://commons.wikimedia.org/wiki/File:Gestalt_proximity.svg

Die Heuristik gilt auch für das Verstehen auditorischer Objektivierung, wo wir die Fähigkeit der Zuordnung von Mustern (*belongingness*) bereits vorgestellt haben: Für Bregman (1990, 33) ist Hören notwendig „heuristisch" und István Winkler und Erich Schröger (2015, 12) plädieren im Ausgang von Bregman für ein Modell von *temporal heuristic analysis* im Fall der auditiven Repräsentation. Das Hörsystem ist mit der Flüchtigkeit und der geradezu überbordenden Gleichzeitigkeit sich dynamisch entfaltender Schallereignisse konfrontiert. Dieser Mangel an Zeit und Information prädestiniert das System, sich auf „the known regularities of the environment" (Winkler/Schröger 2015, 3) zu stützen, in denen es sich evolutionär und durch Hörgewohnheiten entwickelt hat. So stützt sich dieses System zum Beispiel auf Korrelationen von Intensität und Distanz, auf charakteristische Zeitfolgen und auf Verlaufsdynamiken der Lautstärke mit denen die multistabilen Reize wie in visuellen Kippbildern in einheitliche und verschiedene auditive Kanäle gegliedert werden. Exemplarisch sei die statistische Norm genannt, die besagt, dass große Kontraste in der Frequenz bei kurzer Zeit womöglich von verschiedenen Schallereignissen herrühren – ein Umstand, den beispielsweise Komponisten gezielt ausnutzen, um die Illusion von Mehrstimmigkeit zu erzeugen. Da die durch Zeitmangel und der Zugehörigkeitsproblematik notwendige Hörheuristik *Antizipation* nahelegt, scheint hier ein genuines Modell von *Predictive Processsing* vorzuliegen (siehe Winkler/Schröger 2015), das in den einfachen Organismen wie Pflanzen noch nicht realisiert zu sein scheint (siehe Kapitel B.II.2.4).

Auch im Feld künstlicher *Intelligenz* demonstrieren z.B. Schachcomputer den Einsatz von Heuristiken anhand eines Unterbestimmtheitsproblem: Das formale System des Schachspiels ist, anders als Algorithmen, „nicht-deterministisch" (Haugeland 1985, 82). Hier gilt es einen komplexen „Such-Baum" (*search tree*) oder „Such-Raum" (*search space*) unter Zeitdruck zu reduzieren (siehe Newell/Simon 1972; siehe Bermudez 2010, 150). Ein weiteres Beispiel früher Strategie wäre die Fähigkeit zum Routenplanen (*route planing*) von *Portia*, einer Gattung von Springspinnen (siehe Harland/Jackson 2000; Burge 2010, 515). Diese Beispiele intelligenter, nicht-sensorischer Repräsentation werden am Ende dieser Untersuchung erneut aufgegriffen werden.

Doch der bisherige Gedankengang scheint eine falsche Richtung zu nehmen, ließe sich einwenden: Denn bisher ist das konstante Tracking den Prinzipien der Sparsamkeit und der Emanzipation gefolgt und auch die Orientierung an Fähigkeiten anhand konkreter Mechanismen demonstriert. Aber verstößt die Inanspruchnahme von „Annahmen" und „Regeln" nicht dem Grundsatz der *Autonomie*, demzufolge keine höherstufigen Repräsentationen wiederum für repräsentationalen Status eingeführt werden dürfen? Doch dieser berechtigte Einwand kann wie folgt zurückgewiesen werden: Auch wenn diese Gesetze und Prinzipien begrifflich gewusst werden können und so selbst als Gehalte ins Wahrnehmungssystem einfließen können (*cognitive penetration*), ist hier eine „repräsentationalistische" oder „kognitivistische" Interpretation der Heuristik nicht angebracht, die auf Repräsentationen von Repräsentationen bestehen würde. Denn die Verfahrenshilfen müssen weder selbst wieder Veridikalitätsbedingungen aufweisen, um ihre Rolle zu spielen (*pace* Ganson et al. 2014, 559) noch als vollwertige „Regeln" oder „Prämissen" gewusst werden (*pace* Rock 1983, 15, 240). Die „Indizien" (*cues, priors*) der Heuristik sollten von Vertretern des *Predictive Processing* nicht terminologisch verschwenderisch mit „Meinungen" oder „Wissen" (Wiese/Metzinger 2017) identifiziert werden. Dasselbe gilt in Bezug auf die Analogie mit „Schlussfolgerungen" im Gefolge von von Helmholtz (siehe Wiese/Metzinger 2017, Bruineberg et al. 2018 für Interpretationen). In Hinblick auf die Status-Frage provoziert der Intellektualismus geradezu einen Homunkulus-Vorwurf.[227] Burge widerspricht in diesem Punkt seinen konstruktivistischen Gewährsmännern und plädiert für eine sparsamere, ökologischere Variante: Demnach operieren in basaler Wahrnehmung die Objektivierungsprozesse *gemäß* diesen Gesetzen. Dabei generieren sie Repräsentationen, ohne jene selbst wiederum zu repräsentieren.[228] Sie bilden als *internalisierte Tendenzen (biases)* vielmehr erklärungskräftige Regelmäßigkeiten, die die kontingenten, statistischen Umweltbedingungen widerspiegeln, in denen das System eingebettet ist und die mittels evolutionären Drucks von ihnen geformt sind. Es handle sich um „law-like regularities in the perceptual system that reflect or mirror law-like regularities in the distal environment" (Burge 2010, 346). Als *Regularien* (nicht: „Regeln") haben sie sich vielmehr externalistisch in die Operationsweisen der Mechanismen „eingeschrieben", ohne dass sie eigens repräsentiert werden müssen. Letzteres ist ab einer gewissen Stufe natürlich nicht ausgeschlossen und auch der Fall: Will eine Person wissen, wo der Bundeskanzler ist, *weiß* sie auch, dass er gewöhnlich im Kanzleramt ist und benutzt dieses Wissen als Heuristik. Doch auch hier muss das System ab einer gewissen Stufe durch nicht-repräsentationale Tendenzen gebahnt werden, um einen Regress zu stoppen. Dadurch wird zumindest eine Möglichkeit angeboten, das in Kapitel A III.3.3 erwähnte Rahmenproblem (*frame problem*) zu vermeiden. Denn dieses würde eben diesen Regress in Gang setzen, wenn das System für die Genese der relevanten Repräsentationen wiederum eine *Repräsentation* der relevanten Regeln bräuchte, und diese Repräsentationen wiederum nach filternden Repräsentationen verlangen würden, was zu einer der „kombinatorischen Explosion" (Haugeland 1985, 178, Dennett 1987, 35) nicht nur in künstlichen, sondern in allen (genuinen) mentalen Systemen führt, da alles für alles relevant oder irrelevant sein könnte. Heuristiken fungieren hier als informationelle Flaschenhälse.

Nico Orlandi nennt eine solche Lösung durch nicht-repräsentationale Internalisierung von Heuristiken im Gefolge von Burge einen „world-centered" oder besser: „embedded view" basaler Repräsentation (Orlandi 2014, 43). Die Heuristik erwächst also aus einer *Einbettung* in die Umwelt, mit der sie interagiert. Sie könne deshalb problematischen kognitiven Ballast auf die Umwelt selbst auslagern, so Orlandis Inanspruchnahme der *Situated Cognition.*[229] Erst der primitive Wahr-

227 Searle (1993, 234) hat gegen Marr den Einwand geltend gemacht, die „Interpretation" des Netzhautbildes würde die Annahme eines „Homunkulus" nötig machen, der dem Kognitivismus in die Wiege gelegt sei.

228 Damit weicht Burge explizit von Konstruktivisten wie Marr ab, die bereits das retinale „Bild" oder die Regeln ihrer Verarbeitung repräsentationalistisch verstehen (siehe Burge 2010, 93).

229 Siehe Clark 1997 und Wheeler 2005 für eine enaktive Version dieser Einbettung in Form von „action-oriented representation".

nehmungszustand (qua Resultat) selbst sei eine erste Repräsentation der Welt. Der Produktionsprozess muss auf dieser Stufe noch keine Veridikalitätsbedingungen beinhalten (siehe auch O'Reilly/Munakata 2000, 118 und van Es 2021, 197-200). Orlandi geht dabei, wie bereits beschrieben, von einer *reliance on the facts* aus, die einer auf Veridikalitätsbedingungen fußenden *faithfulness to the things* (Ganson) gegenübersteht und diese nicht impliziert (vgl. Orlandi 2014, 3). Ganson et al. (2014, 560) favorisieren den Begriff „internalisierte Zwänge" (*internalized constraints*). Burge selbst nennt die Heuristiken „formation principles", die für distale Wahrnehmungen „privilege conferring formation laws" bilden:

> These laws or law-like processes serve to *privilege* certain among the possible environmental causes over others. The net effect of the privileging is to make the underdeterming proximal stimulation trigger a perceptual state that represents the distal cause to be, in most cases, exactly one of the many possible distal causes that are compatible with (but not determined by) the given proximal stimulation (Burge 2010, 92).

Hier sehen wir den wesentlichen Zusammenhang zwischen dem PRA, den unterbestimmten Stimulationsbedingungen und der Heuristik.[230] Dieser Zusammenhang entfaltet sein Erklärungspotential vor allem mit der Frage nach der *Spezifizität* des Gehalts. Denn ausgehend vom disjunktiven Kern K ist es keineswegs selbstverständlich, warum das System „genau eine" Ursache aus dem Set möglicher Repräsentata „privilegiert" (Zitat Burge). PRA in Verbindung mit Heuristik erklären, warum das System plausiblerweise nicht in dieser teils sehr vielfältigen disjunktiven Verzweigung (T1 oder T2 oder T3, etc.) blockiert bleiben kann (*pace* Dretske 1986). Außerdem erklären sie, warum sich dieses System zumindest prinzipiell auf eine distale Bedingung (qua Eigenschaft) referentiell beziehen und folglich einen spezifischen Charakter annehmen kann. Wenn eine retinale Größe, ein auditorischer Input oder die Frage nach dem Ort des Bundeskanzlers eine schier unendliche Menge plausibler Repräsentata zulässt, dann ist ein entsprechender Gehalt, der diese disjunktive Reihe abbildet, keine Option. Die Heuristik schafft hier eine elegante, disambiguierende und damit *generalisierende Reduktion* (siehe Kapitel A.II.3.3). Sie mündet in eine Antwort – eine risikobehafte Festlegung, die jedoch die notwendige Bedingung ist für Akkuratesse und damit auch für Irrtum. Die bloße Annahme einer Verrechnung von K und A, wie in Schultes Modell, leistet an sich noch nicht diese Erklärungsarbeit. Denn die bloße Fähigkeit zur Verrechnung führt nicht notwendig zu dem erwünschten Resultat. Heuristik bildet eine *Sparsam-*

---

230 Heuristik *per se*, als „eingeschriebene" *formation principles*, ist nicht hinreichend für repräsentationalen Status. *Alle* funktionalen Mechanismen operieren nach Prinzipien, Gesetzen oder Regularien, die sie nicht repräsentieren, und denen gemäß sie zu einem bestimmten Ergebnis kommen.

keitsmaßnahme und eine ökonomische Abwägung im Entwicklungsprozess von Fähigkeiten zwischen generalisierender Antwortbereitschaft bei Zeit- und Informationsmangel und dem Risiko, zu scheitern. Diese Rolle der Heuristik scheint in der Wahrnehmung ihren Anfang zu nehmen und sich in höherstufiger Problemlösung wiederzufinden.[231]

Mit der Erklärung von Spezifizität und ihrer Feinkörnigkeit durch Objektivierung gewinnen wir daher ein tieferes Verständnis von *Irrtum* – und damit für einen zentralen Begriffspol der Intentionalitätskonstellation. Wie früher bereits gegen den Naiven Realismus ins Feld geführt worden ist: Die Erklärung von Irrtum bildet eine zentrale Aufgabe jeder Repräsentationstheorie der Intentionalität und motiviert überhaupt ihren Standpunkt. Der Irrtum selbst, das Irren, als etwas, was das System vollzieht, bleibt dennoch vom Gros der Tracking-Theorien nur oberflächlich bestimmt und am Resultat orientiert: Irrtum lediglich als Nicht-Erfüllung der Veridikalitätsbedingungen zu verstehen ist generell richtig. Zugleich ist dies jedoch auch nicht wirklich informativ, da es kaum die operative Ebene berührt, deren Prinzipien uns hier interessieren. Wenn nicht klar ist, wie Fehler systematisch zustande kommen, dann bleibt Irrtum und damit Veridikalität überhaupt auf das Merkmal der Ko-Instanziierung in der Tracking-Relation beschränkt. Akkuratesse oder Wahrheit bestehen dann nur in einem brauchbaren, aber in seiner Natur unklaren „Matching" interner und äußerer Zustände. Die verschiedenen Versionen der Tracking-Familie beschreiben diese Entsprechung unterschiedlich. Doch wir haben gesehen, dass eine solche Entsprechung oder „Passung" in nahezu allen funktionalen Zusammenhängen gelten muss. Der Schlüssel irrt sich nicht, wenn er nicht ins Schloss passt, das Magnetosom liegt nicht falsch, was den magnetischen Pol betrifft. Der Magnetsinn des Bakteriums ist schlicht gestört, der Schlüssel ist der falsche Schlüssel, aber der Schlüssel selbst kann nicht *falsch liegen*, während die Repräsentation des Schlüssels (als richtigen), die der Benutzer hat, falsch liegen kann. Wenn jedoch beides, die Schlüsselfunktion und ihre Repräsentation, fehlende strukturelle Entsprechung („Matching") zwischen dem Schlüssel bzw. dem Gehalt und der Welt impliziert, dann muss es an dem bestimmten repräsentationalen *Verfahren* liegen, warum nur die Schlüssel-Repräsentation einen Irrtum darstellt und ihre „direction of fit" (Searle) Veridikalitätsbedingungen hat.

Aus diesem Grund scheint Burge einen Punkt zu haben, wenn er Veridikalitätsbedingungen von der Engführung auf das Resultat entbindet, und dieses in seinen Prozess zurückkoppelt. Wir haben gesehen: Burge ordnet Objektivität und

231 Interessant diesbezüglich sind Daniel Kahnemans und Amos Tverskys Nobelpreis dotierte Arbeiten zur Entscheidungsfindung in einer *representativeness heuristics* (Kahneman/Tversky 1972), die den Zusammenhang zwischen Generalisierung, Heuristik (*biases*) und systematischen Irrtümern (*fallacies*) aufzeigen.

Unterbestimmtheit in bestimmte Verfahren und in informationelle Ausgangsbedingungen ein, die von der Psychologie paradigmatisch entdeckt werden. Wir haben gerade am Beispiel der Helligkeitskonstanz gesehen, wie in Katz' Experiment der Ausfall des normalen Kontexts – und damit der heuristischen Prinzipien, die der Kontextualisierung eine bestimmte Richtung geben – Irrtum nicht nur produziert. Der Ausfall erlaubt es auch, einen Einblick darin zu gewinnen, wie der Irrtum (und damit auch die veridischen Gehalte) überhaupt *zustandekommt*:

> The key move is to think that the visual system is biased (as a result of environmental pressure) to prefer certain distal causes to other. [...] Being so constrained, the visual system is prone to sometimes get something wrong (Orlandi 2014, 159).
>
> Talk of heuristic assumptions is out of place unless the assumptions serve to make intelligible a kind of success in sensory discrimination that is otherwise unaccountable (given how impoverished the stimuli are) (Ganson et al. 2014, 558).

Irrtum und damit Akkuratesse bilden daher dem hier beschriebenen konstanten (oder objektivierenden) Tracking-Modell nach *systemische* Tatsachen. Irrtum ist keine Dysfunktion und entsteht auch nicht allein durch den okkasionellen Umstand einer fehlenden Entsprechung zwischen Gehalt und Repräsentatum, vielmehr ist er in der funktionalen Natur selbst angelegt, die aber nicht nur programmatisch, sondern operational fundiert ist. Das heißt: Repräsentationale Systeme sind nicht nur externen Störungen ausgesetzt, sondern *begehen* Irrtümer. Sie tun dies durch drei Faktoren:

Irrtum (und damit Veridikalität) geht, *erstens*, von einer informationellen Basis (Kern und Kontext) aus, die, dem PRA und der Struktur inverser Probleme zufolge, eine Reihe alternativer relevanter Repräsentata zulässt. Das System muss, um falsch zu liegen, eine Antwort verfehlen können, die dem System prinzipiell auch offensteht und die es einschlagen könnte. Dadurch werden (nicht-intentionale) „Entscheidungen" als solche erst nachvollziehbar. So zum Beispiel Festlegungen im visuellen System des Frosches oder im strategischen Durchspielen des Schachcomputers. *Zweitens* ist zur Überwindung des Problems ein bestimmter Mechanismus nötig, den wir mit dem Objektivierungsmechanismus beschrieben haben. *Drittens* sind für diesen Mechanismus bestimmte Heuristiken notwendig, da die Objektivierung selbst noch nicht erklärt, wie ein bestimmter Gehalt zustandekommt. Unter anderen externalistischen Regularien, z.B. durch eine Veränderung der Umwelt und des kausalen Zusammenhangs zwischen Distanz, Größe und Netzhautbild, würde derselbe Objektivierungsmechanismus andere Gehalte produzieren. Denn er operiert unter anderen Prinzipien. Dadurch entstehen systemische Fehler und nicht allein okkasionelle Störungen. Liegt das System falsch, ist aufgrund dieser drei Elemente der Fehler strukturell. Irrt das System, ist es daher noch längst nicht kaputt. Der Irrtum ist dem Problem und seiner Lösung selbst *inhärent*. Irren ist noch kein Fall für den Arzt, sondern eher der Normalfall. Bleiben die Tracking-Theorien dagegen allein resultativ und externalistisch am „Mismatch" orientiert, übersehen sie die tieferliegende, in den Operationsweisen selbst angelegte Wurzel des Irrtums.

Vergleichen wir dazu abschließend das konstante Tracking mit dem optischen Rauchmelder: Dem Prinzip der Arbeitsteilung, der Sparsamkeit und dem PRA nach besteht die diskriminative *Funktion* des Detektors in einer Ko-Instanziierung einer bestimmten Rezeptoraktivität *K* mit einem bestimmten kausalen Effekt des Lichts *q*, das von Partikeln in der Kammer auf den Rezeptor reflektiert wird. Andere derartige proximale Effekte *r*, *s*, … oder das Vorkommen von Rauch *F*, Dampf *G* oder Partikeln *H* bilden keine gleichrangig alternativen Entitäten, die der Detektor auch diskriminieren müsste. Er hat nicht die Fähigkeit, diese Bedingungen voneinander zu unterscheiden und muss es auch nicht. Auch bei der Präsenz von G erfüllt er seine Detektor-Funktion. Die einzige diskriminierbare Alternative zu q ist nicht-q: Ist q vorhanden, und K ist nicht aktiv, oder q ist nicht vorhanden, aber K ist aktiv, dann stimmt etwas nicht mit dem Detektor selbst. K ist aber unter Normalumständen nicht gleichzeitig kompatibel mit q und nicht-q. Die Aktivität von K ist nicht unterbestimmend in Bezug auf gleichrangig relevante Alternativen. Sie erhöht die Wahrscheinlichkeit der Präsenz von nicht-q in keiner belastbaren Weise, die von q allerdings erheblich. Aufgrund dieser informationellen Konstellation ist der Rauchmelder, der bei Abwesenheit von q aktiv wird, nicht nur unbrauchbar, sondern entweder okkasionell *gestört* oder schlicht funktional *kaputt*. Er begeht keinen Irrtum, und liegt nicht falsch, sondern muss repariert werden. *Wir* Benutzer können einem Fehlalarm („Rauch in der Nähe!") aufsitzen und dabei *unseren* Irrtum in den Melder hineinprojizieren, aber der Fehler lässt sich nicht systematisch in der Operationsweise des Rauchmelders verorten. Dieser hat sich dank des linearen Rezeptors nie auf eine distale Ursache (F, G, …) festlegen müssen. Wir brauchen auch nicht die Heuristik herauszufinden, durch die er seinen Fehler begeht. Da das System keine disjunktive Reihe relevanter Alternativen überwinden und sich festlegen muss, *begeht* es keinen Fehler.

Wir können daraus schließen: Wenn Irrtum auf einer derartigen Struktur beruht, dann trifft das auch für Gehalte zu. Denn sie sind dasjenige, was systematisch akkurat oder inakkurat ist. Dann sind Gehalte und damit Status überhaupt an inverse Probleme und ihre Lösungen gebunden und treten nicht einfach bereits da auf, wo Informationen (d.h. Wahrscheinlichkeiten) funktional ausgebeutet werden. Wie wir bereits in Kapitel B.II.3.3 angedeutet haben, scheint diese Problemlage, entgegen der pauschalen Anwendung von *Predictive Processing* auf jegliche Organismen, auch für *Antizipation* oder *Vorhersage* im genuinen Sinne konstitutiv zu sein. Burge (2010, *passim*) spricht metaphorisch davon, dass das objektivierende

System auf eine distale Bedingung „wetten" muss. Der Ausdruck „Wette" scheint mir hier vor allem das heuristische Moment von Zeit- und Informationsmangel anzuzeigen. Beziehen wir „Wette" auf die Zukunft bzw. kontrafaktische Zustände und nicht auf die perzeptuelle Rekonstruktion von vergangenen oder gegenwärtigen Ereignissen, hat hier der Begriff der Antizipation seinen Platz. Er hat gerade nicht nur in kognitiven Problemlösungsstrategien Erklärungskraft, da auch das perzeptuelle System, anders als der Detektionsmechanismus der Pflanze, die Korrelation mit der Zukunft nicht auf die kausalen Verhältnisse (z.B. den Tag-Nacht-Rhythmus und seine Effekte) auslagern kann, und daher eine Repräsentation bilden muss, die zukünftige Bedingungen simuliert (aber nicht notwendig *als zukünftig* oder *als kontrafaktisch*).

Sind diese Beobachtungen triftig, dann ist das Unterbestimmtheitsproblem als Prämisse P3** die ausschlaggebende Grundannahme für die Bindung von repräsentationalem Status mit Erklärungsmehrwert an konstantes Tracking. Halten wir daher fest: Mit dem Kontrast zwischen quantitativer Transformation von Reizen in diversen Taxen und im Geruchssinn als Vertreter komplexer Sensorik einerseits und der Überwindung von Unterbestimmtheit durch Objektivierung in Wahrnehmungskonstanten andererseits, kann abschließend eine griffige Formel für den Unterschied beider sensorischer Mechanismen gefunden werden:

Ich möchte zwischen einem *probativen Sondieren von Umwelteffekten* und einer sich auf Darstellung-festgelegten *heuristischen Rekonstruktion von Umwelteigenschaften* unterscheiden. Ein rein probativ-sondierendes System „tastet" sich enaktiv durch die Umwelt anhand der beständigen Effekte derselben auf seinen Körper entlang. Es bewegt sich „vorfühlend" durch die beständig kausale Ausstrahlung einer Reizquelle nachjustierend und kalibrierend durch ein sensorisches Feld („feel its way forward"), z.B. durch schwingende Zickzack-Bewegungen („casting"), um den Effekt eines Gradienten proximal einzufangen.[232] Dabei kann das System, wie wir bei dem Nährstoffdetektion bei Pflanzen gesehen haben, Verhaltensleitung an die Eigenschaften des Gradienten selbst auslagern, wodurch er zu eine Art „Pfad" wird, an dem entlang die Sondierung zur Normalbedingung des Verhaltens führt. Das mit Fortbewegung verbundene enaktive „Sampling" (Calvo & Friston 2017, 4) in den diversen Tropismen und Taxen erschließt dabei die jeweils adäquaten *kausalen* Einstiegspunkte der Pfade und ihre Effekte, und muss deshalb nicht eine distale Repräsentation der Quelle (der Normalbedingung) konstruieren. Diese Form der *epistemic action* (Kirsh & Maglio 1994) ist nicht-intentional. Die „Samples" sind keine

---

232 Siehe Vickers 2000, DeBose/Nevitt 2008, Cardé/Willis 2008. Siehe auch Burge 2010, 320, 492. Zur Bedeutung des optischen Flusses für ein anti-repräsentationales Paradigma nach Gibson siehe Rogers 2021.

Proben, die als *data* oder *evidence* einer quasi-wissenschaftlichen Modellbildung dienen. Die gekoppelten Ansatzpunkte machen eine Rekonstruktion der Umwelt unnötig, die Kalibrierung ihrer proximalen Reize leitet das Verhalten, das enaktiv zugleich wieder den nächsten Einstiegspunkt kausal anschlussfähig macht.

Probatives Sondieren umfasst also die Verbindung von *proximalem* Reiz, *enaktivem* Manövrieren entlang eines kausalen Gradienten und *situative* Auslagerung einer Repräsentationslast. Sie bildet eine ebenfalls dreipolige Konstellation, die in vielen Fällen der Intentionalitätskonstellation (Verhalten, Gerichtetheit, Irrtum) als Erklärung vorzuziehen ist. Diese sondierende, kausal „erschließende" Bewegung ist gerade in vielen fliegenden und schwimmenden Lebewesen zu beobachten, die prototypisch das probative Sondieren veranschaulichen. Gerade der Duftsinn scheint exemplarisch zu sein: Denn dort unterstützen besonders lange Fühler oder analoge Organe, in denen entsprechende Detektoren sitzen. Durch die Fühler und ihre Bewegungen können größere Dufträume auch bei Luft- und Wasserverwirbelungen probativ sondiert und das heißt: proximal vorfühlend ausgelotet werden. Dadurch werden belastbare informationelle Verbindungen nicht repräsentational „entdeckt", sondern das System „klinkt" sich adaptiv-kausal in ihre Ausläufer ein (*adaptive hookup,* Clark 1997). Damit kann auch temporäre Abgekoppeltheit vom Reiz ohne Antizipation kompensiert werden. Distanz muss ebenfalls nicht proximal unterbestimmt bleiben: So kann die Detektion der Geschwindigkeit des retinalen Bildes im „optischen Fluss" (*optic flow)* durch Fliegen, Schwimmen oder Eigenbewegung des Kopfes (*peering*) in Bezug auf eine stationäre Lichtquelle die Distanz zu dieser auf der proximalen Ebene (im Kontrast mit anderen Geschwindigkeiten) gut ausloten.[233] In beiden Mechanismen wirken meist bereits andere Taxen unterstützend (z.B. Rheo- oder Anemotaxen). In all diesen Fällen kann das Tier „blind" dafür bleiben, wie die Welt jenseits ihrer Effekte an sich aussieht. Es verlässt sich auf Bedingungen, ohne die Bedingungen darzustellen. Diese „Blindheit" im probativen Sondieren bedeutet nicht Orientierungslosigkeit und bildet keine negative Wertung, sondern eine erklärungstheoretische Aufwertung bloßen (nicht-bewussten) „Fühlens". Für die Passung mit einem relevanten Molekül- oder Wellenbündel reicht der idiosynkratische Bündel*effekt,* für die mit Richtung reicht der Richtungs*effekt,* für die mit Distanz der Distanz*effekt.* Eine Festlegung, was der Fall ist, scheint in dieser kontinuierlich fluktuierenden und sich kalibrierenden Affektion müßig. Damit lassen sich Veridikalitätsbedingungen schwerlich fixieren. Wo da-

---

233 „A potential rich source of information on range is the optical flow experienced by the eye when it executes a translatory motion. To an eye moving in a straight line, the nearer the stationary object in a given direction, the higher its apparent velocity" (Srinivasan 1992, 22). Siehe auch Kral 2003. Gerade der Anti-Repräsentationalismus bezieht sich (teils zu Recht) auf den optischen Fluss (siehe Gibson 1979 und Roger 2021).

gegen die jeweiligen Stimulationsbedingungen diese proximalen Parameter und das kalibrierende, nachjustierende Herantasten nicht hergeben, muss das System Modelle konstruieren. Dieses System muss sich dann heuristisch darauf festlegen, wie die Umwelt selbst, jenseits ihrer sie unterbestimmenden Effekte, wohl aussehen mag. Das scheint einem belastbaren Verständnis von „Repräsentation" bisher am stärksten nahezukommen. Ein Grund für die „Meldepflicht" im Tracking-Paradigma, die stets nach Repräsentation der Bedingungen schon im einfachsten Organismus ruft, scheint die Nichtbeachtung all jener enaktiv-situativen Mechanismen zu sein, die die (biologische) Funktion erfüllen, ohne dafür Veridikalitätsbedingungen entwickeln zu müssen. Die Welt ist dabei nicht ihr eigenes, bestes Modell (*pace* Brooks 1991), sie ist überhaupt kein Modell, sondern das, worin ein sensorisches Lebewesen eingebettet ist, und sich in den meisten Fällen von dieser Einbettung nicht durch Repräsentationen emanzipieren muss – eine Emanzipation, die von der Rekonstruktion der wahrscheinlichen Ursache bis hin zu kontrafaktischen Überlegungen reicht, und damit den eigentlichen Ort von repräsentationalem Status markiert.

II.5 Kritik am konstanten Tracking innerhalb des Tracking-Paradigmas

Im Folgenden werden wir die Kritik erörtern, die Burges Status-Bedingungen hervorgerufen hat, und die zwei verschiedene Richtungen einschlägt: Einerseits wird in Zweifel gezogen, ob konstantes Tracking *repräsentationalen* Status hinreichend begründet (Kapitel II.5.1). Andererseits wird in Frage gestellt, ob Burges Modell den spezifisch *mentalen* oder *psychologischen* Charakter von Repräsentation, den es beansprucht zu erklären, hinreichend gerecht wird (Kapitel II.5.2). Ich werde zeigen, dass Burge zwar den ersten Einwand ohne große Abstriche abwehren kann, der zweite Einwand hingegen das Potential hat, das Tracking-Paradigma mentaler Repräsentation an sich anzuzweifeln.

II.5.1 Konstanten sind nicht hinreichend für sensorische Repräsentation

Wir haben gesehen: Für Burge (2010, 408, 413) sind Wahrnehmungskonstanten hinreichend für sensorische Repräsentation und für „Wahrnehmung" als objektivierendes Vermögen. Todd Ganson, Ben Bronner und Alex Kerr (2014) ziehen diese These in Zweifel. Zunächst (1) soll deren gewichtiger Einwand auf Basis des *Reafferenzprinzips* vorgestellt werden und damit die Möglichkeit von Mechanismen, die den Anschein haben, Konstanzen zu sein, ohne Unterbestimmtheit zu überwinden.

Die Kritik zielt also auf einer Trennung von Konstanz einerseits und „Wahrnehmung“ als sensorische Repräsentation andererseits. Im Zuge einer Verteidigung von Burge wird anschließend auf (2) nicht-repräsentationale *Navigationsfähigkeiten* eingegangen werden.

(1) Der erste Punkt betrifft die informationelle Problemstellung des **Reafferenzprinzips** („*efference copy theory*“) wie es für die Operationsweise in einer Vielzahl von Mechanismen von einfachen bis komplexen sensorischen Systemen erklärungskräftig geltend gemacht wird.[234] Es kann generell überall dort greifen, wo das sensorische System exogene von endogenen Stimulationsbedingungen differenzieren muss. Der Fokus soll hier auf den räumlichen Parametern Richtung und Distanz und ihren informationellen Korrelaten liegen, da die Frage nach der Repräsentation des Raumes mindestens seit Kant eine besondere Stellung in der Wahrnehmungsphilosophie besitzt und zugleich für das Verständnis der Orientierungsvermögen von Lebewesen ausschlaggebend ist.

Das Reafferenzprinzip weist auf eine mögliche Komplexität hin, die die Anwendungsbedingung von Burges Konstanzbegriff in Frage stellt. Gerade der „optomotorische Reflex“ in Bezug auf Eigenbewegung (der Glieder oder bei Fortbewegung) und Bewegung äußerer Dinge bildet einen interessanten Prototyp. Das experimentelle Standardbeispiel ist das einer stationären Fliege, die von einem rotierenden Schirm mit senkrechten schwarzweiß kontrastierten Streifen umgeben ist (vgl. Holst/Mittelstaedt 1950, 464). Die Fliege folgt dieser globalen Bewegung der äußeren Welt *T* mit einer entsprechenden Körperbewegung *C*, das Tier richtet sich also an der Bewegung aus und „versucht, sein Blickfeld festzuhalten“ (Holst/Mittelstaedt 1950, 464). So trivial und ubiquitär diese Koordinationsleistung erscheint, verrät sie doch ein interessantes Problem: Denn auf der Ebene des proximalen Kerns *K* (der retinalen Verschiebungsbewegung im optischen Fluss) verursacht C zu T konträre retinale Bewegungen. Bewegt sich z.B. der gestreifte Schirm (vom Tier aus) global nach links (*T1*), verursacht diese Bewegung eine entsprechende retinale Bewegung nach links (*K1*) – von der Fliege aus gesehen. Es zieht also ein Kontrast-Muster von rechts nach links über die Netzhaut. Die dieser Bewegung nach links folgende Körperbewegung *C1* jedoch verursacht eine *gegenläufige* retinale Verschiebungsbewegung von links nach rechts (K2). Offensichtlich scheint daher: Ohne disambiguierende Hilfsinformationen *A*, die mit C korrelieren, wäre das sensorische System aufgrund der gegenläufigen Bewegungen blockiert.[235] Die Lösung dieses Problems lautet wie folgt: Es wird A in Gestalt einer „Efferenz-Kopie“ erstellt

---

234 Der bahnbrechende Aufsatz stammt von Erich von Holst und Horst Mittelstaedt (1950); siehe auch Palmer 1999, 340.; Fuchs 2016, 74; Burge 2022, 76.

235 Diese propriozeptiven Informationen können kinästhetisch sein oder vestibulär vom Gleichgewichtsorgan stammen.

und gespeichert, deren propriozeptive Muster mit den Efferenzen an den Muskeln und damit mit den Eigenbewegungen korrelieren. Diese wird dann mit K2 im visuellen System „verrechnet", das heißt: Durch A kann dann der Einfluss K2 neutralisiert werden und K1 sich als Invarianz behaupten. Damit kann dem Tracking von T1 stattgegeben werden. Dadurch ist die Fliege fähig, sich nach links mit dem Schirm zu bewegen anstatt nach rechts, was ihr erlaubt, sich mit einem bewegten Ziel mitzubewegen. Dasselbe Prinzip gilt auch für alle umgekehrten Situationen, in denen die äußeren Dinge stationär sind und ein Lebewesen seinen Körper durch den Raum bewegt oder Glieder und periphere Sinnesorgane bewegt, wie es bei Flugmanövern, den Saccaden der Augen und dem haptischen Abtasten einer Oberfläche ständig gegeben ist.

> In general, straight lines on the retina distort dramatically as the eyes move, somewhat like an image in a distorting mirror. [...] Under the classical view of what shape perception requires, it would be necessary to postulate that in order to see lines as straight despite eye movements, a transformation mechanism would have to exist that compensates for these distortions (O'Regan/Noë 2001, 941).

Dieser Korrekturmechanismus kann also als ursprünglich und art- und modulübergreifend angesehen werden.[236] Liegt damit ein Fall von Proto-Objektivität vor?

Wie wir sehen, ist das Reafferenzprinzip und seine Anwendung mit Schultes two-track-Modell von Wahrnehmungskonstanten kompatibel, das jedoch nicht mit Burges Auffassung deckungsgleich ist. Schulte (2021, 17) behandelt Reafferenz jedoch explizit auch unter einer repräsentationalen Beschreibung („object position constancy"). Die entscheidende Frage ist also, ob dieser Mechanismus *per se* als Einwand gegen Burges These, Wahrnehmungs-konstanten seien hinreichend für Wahrnehmung qua sensorische Repräsentation, verwendet werden kann. Ganson et al. (2014, 565) bejahen diese Frage. Am Beispiel der Fliege ziehen sie in Zweifel, warum die „Richtungskonstanz", die der optomotorische Reflex offenbar aufweist, weniger *perzeptuell* sein sollte, als es Burges Definition von „Wahrnehmung" durch *objektivierende* Konstanz fordert. Sie plädieren also für genuine Wahrnehmung ohne Heuristik („constancy without constraints", Ganson et al. 2014, 566). Sie verweisen dabei explizit auf Burges nicht-objektivierende Beschreibung der quantitativen Transformation von proximalen Reizen, die Richtung ermittelt, wie sie Taxen instanziieren (siehe Burge 2010, 424, Fn 73). Burge verteidigt dort Mechanismen wie die des Reafferenzprinzips als „näheres Analogon zur Wahrnehmungskonstanz",

236 Er kann auch beim beschriebenen „odor tracking" im Spiel sein, wenn sich ein Tier mit der Windrichtung koordinieren muss, um die luftgetragene Duftspur zu verfolgen (*optomotor anemotaxis*, Cardé/Willis 2008, 859).

im Gegensatz zu Taxen, die allein proximale Intensitätswerte verrechnen. Burge gibt diesbezüglich zu, dass es „Grenzfälle“ gibt, erörtert aber „gewisse Fälle“, die „klarerweise nicht-perzeptuell“ seien, nicht näher. Das dabei von Burge angeführte Kriterium der Unterbestimmtheit in Bezug auf distale Umweltbedingungen wirkt also etwas unscharf, weil der repräsentative Fall des optomotorischen Reflexes gerade nach den genauen Anwendungsbestimmungen der Unterbestimmtheit (und damit der Objektivierung) fragt. Für Ganson et al. (2014, 567) ist das ein „ad hoc - Manöver“, das keine kategoriale Unterscheidung rechtfertige, wie sie Burges Modell beansprucht. Der optomotorische Reflex sei nicht weniger Wahrnehmungskonstanz nur weil er (nach Ganson et al.) nicht unterbestimmt sei.[237] Daraus folgt: Die Grenzlinie zwischen Nicht-Wahrnehmung und Wahrnehmung verläuft nicht entlang der Wahrnehmungskonstanz im Burge'schen Sinne.

Burge scheint in neuerer Arbeit (vgl. Burge 2022) diesen Mangel erkannt zu haben und geht dort ausführlicher darauf ein, warum das Reafferenzprinzip keine primitive Objektivierung nach seinem eigenen Kriterium bildet. Er muss jedoch zugeben, dass dieses Phänomen den gegenteiligen Eindruck erweckt, denn:

> An animal's movement can interfere with its sensing the environment. They can cause sensory input that matches input caused by external movement. [...] The organism must distinguish different situations that are not distinguished in the sensory input from the environment (Burge 2022, 76).

Damit hat es den Anschein, dass im proximalen Input idiosynkratische, subjektive, lokale Bedingungen (durch Körperbewegung) distal-spezifische Informationen verzerren und damit unterbestimmen. Um diesem Eindruck entgegenzuwirken, präsentiert Burge zunächst das simple Beispiel eines Fadenwurms (*Nematoda*): Dieser habe zwei Vermeidungsreflexe, einen durch Stimulation an Sensoren der Hinterseite, der die Vorwärtsbewegung des Wurms verursacht, und einen anderen an der Vorderseite, dessen Sensoren den Wurm zurückweichen lassen (vgl. Burge 2022, 77). Beide Reflexe sind im Konflikt: Da beispielsweise die vorderen Sensoren bei jeder Vorwärtsbewegung durch das Medium, das der Wurm durchkriecht, affektiert werden, muss das sensorische System ihren Effekt durch das Reafferenzprinzip neutralisieren, um nicht in einer Blockade gefangen zu sein. Weitere Reafferenz-Mechanismen seien nach Burge bei Grillen der Fall, die ihre Eigengeräusche unterdrücken oder bei allen Tieren mit beweglichen Augen und deren Saccaden, um Verwischungen und proximale Fluktuationen („jumpy effects of

237 Es scheint mir im Argument von Gansons et al. nicht klar zu sein, ob sie beim optomotorischen Reflex auch die Objektivierung in Frage stellen, also eine Objektivierung ohne Unterbestimmtheit herausstreichen wollen.

proximal stimulations“) zu vermeiden. Reafferenz-Mechanismen dieser Art „constitute what *might* be regarded as a kind of objectification“ (Burge 2022, 77). Doch Burge setzt diesem Eindruck einer Proto-Objektivierung zweierlei entgegen (vgl. Burge 2022, 77-78): Zunächst sei im Falle des Wurms strenggenommen nicht die Sensitivität als solche beeinträchtigt, sondern nur das Verhalten. Vor allem aber sei in keinem der genannten Fälle die Identifikation relevanter distaler Umweltbedingungen, die durch proximale Stimulation unterbestimmt seien, offenkundig.

Dieser letzte Gegeneinwand scheint der entscheidende zu sein: Denn im Beispiel der „Richtungskonstanz“ der Fliege von Ganson et al. ist keineswegs klar, was eigentlich repräsentiert bzw. *wahrgenommen* werden soll. Die von ihnen präsentierte Beschreibung der Fliege insinuiert, dass es der Fliege um Repräsentation der *distalen Bewegung* ginge, dass das visuelle System die retinale Bewegung als „die reale Bewegung auffassen“ würde. Doch diese Distalität repräsentieren zu müssen steht gerade zur Diskussion. Bewegungswahrnehmung (und damit Richtungs- und Distanzwahrnehmung) seitens der Fliege ist *a priori* sicherlich nicht ausgeschlossen, erfordert aber weitere Bestimmungen, die Ganson und Kollegen aber nicht anführen, was den Zusammenhang im Unklaren lässt und den Anschein von Unterbestimmtheit nahelegt. Bewegungseffekte können, wie bereits beschrieben, durch einen einfachen Reichardt-Detektor proximal verfolgt werden (siehe Kapitel B.II.1.1), wie ihn nicht nur die Lichtschranke oder die Venusfliegenfalle, sondern auch die Fliege besitzt (siehe Borst 2014). Dagegen überwindet die Fähigkeit, dreidimensionale Entitäten als *bewegt* wahrzunehmen, komplexe, inverse Probleme (siehe Pizlo 2001, 3148, 3154; Burge 2010, 460):

> Positions in space lack characteristic sensory signals. [...] To represent location, a mobile animal with a perceptual system must be able to operate from different egocentric perspectives in instantiating localization principles. [...] So sensory localization in a single sensory state must operate under principles that determine location despite large variations in sensory information registrations (Burge 2010, 429).

Geht es um Richtungskonstanz, dann stellt sich die Frage, *was* als in welcher Richtung zur Fliege befindlich wahrgenommen werden soll und ob Wahrnehmung von Richtung nicht ein Teilaspekt von Positionswahrnehmung erfordert. Das Attribut Bewegung scheint nur in einer Attributionskonfiguration mit Körper oder ähnlichem, das etwas invariant durch Raum und Zeit konstant darstellt, aufzutreten. Ferner wird von Ganson und Kollegen nicht angegeben, warum Richtungswahrnehmung (und Bewegungswahrnehmung) eine propriozeptive Wahrnehmung der Position des Körpers seitens der Fliege erfordert, warum also vorausgesetzt werden muss, dass die Eigenposition und Eigenbewegung eine relevante repräsentationale Alternative bildet, die vom proximalen Reiz unterbestimmt wird („Bewege ich mich oder bewegt sich die Umgebung?“). Ganson und Kollegen scheinen sich von der retinalen „Bewegung" irreführen zu lassen, als wäre sie selbst schon eine relevante Umweltgröße.

Was dagegen für Burges Interpretation spricht: Die Korrektur seitens der Reafferenz hat höchstens zum Ziel, den ausschlaggebenden *proximalen* Effekt freizuhalten und informationell der Prozessierung filternd zur Verfügung zu stellen. Das Reafferenzprinzip erklärt dann, wie es dem Tier trotz Eigenbewegung gelingt, die proximale Kontrastfigur (die retinale „Bewegung") zu detektieren. Im Kontrast dazu stellt Burge selbst klar, dass Reafferenzen in Objektivierungsmechanismen eine Rolle spielen können (vgl. Burge 2022, 76; Burge 2010, 425). Auch Holst und Mittelstaedt (1950, 468) sprechen von Experimenten mit Augen-Saccaden beim Menschen, in deren Bericht explizit von der „Scheinbewegung" *der Umwelt* die Rede ist („Die Landschaft springt nach links"). Das setzt voraus, dass das visuelle System in der Lage ist, Position und damit Richtung und Distanz distaler Entitäten jenseits ihrer retinalen Effekte zu repräsentieren. Das gilt auch für Schultes (2021, 11) Anwendung des Reafferenzprinzips in der „object position constancy".

(2) Um diese proximale Deutung zu vertiefen, soll im Folgenden für ***basale Navigationsfähigkeiten*** argumentiert werden, die räumliche Orientierung *ohne* räumliche Repräsentation ermöglichen.

Das legen zunächst Arbeiten nahe, die eine rotierende Fliege im optischen Fluss (*optic flow*) und ihre Reaktion erforschen (vgl. Huston/Krapp 2008). Es scheint zu genügen, wenn die Umwelt durch wiederholte, proximale Kontrastmuster auf den optischen Fluss und seine rezeptiven Felder projiziert wird (siehe Huston/Krapp 2008, 1470 zur Illustration). Vektoren des optischen Flusses bilden sind nur für uns wissende Beobachter Repräsentationen äußerer Bewegung. Ihre jeweilige Richtung verkörpert jedoch nur den proximalen Effekt der Richtung einer rotierenden Fliege, ihre jeweilige Größe lediglich den Effekt der Bewegungsgeschwindigkeit. Diese komplexe Sensitivität geht von den retinalen Photorezeptoren aus und führt bis hin zu den sog. *lobula plate tangential cells* („*LPTCs*"), die die Richtung und Geschwindigkeit der retinalen Verschiebungen detektieren: „These lobula plate tangential cells (LPTCs) selectively integrate local motion signals provided by retinotopically arranged arrays of directional-selective small field elements" (Huston/Krapp 2008, 1468).[238] Wir haben aber gesehen, dass solche „Bewegungssignale" die irreführende Detektorsprache aufweisen, aber operativ keine Referenz auf distale Umweltbedingung leisten müssen, um ihre Rolle zu erfüllen. Diese proximalen Faktoren – reguläre, mit ethologischen Bedingungen korrelierende Muster der

238 Für eine anschauliche Beschreibung von *image motion detection* im Lichte des Reichardt-Detektors siehe auch Borst 2014.

Lichteffekte – bilden den zentralen Bezugspunkt des Systems und seiner wissenschaftlichen Beschreibung. [239]

Wie sehr Licht- und Bewegungskontraste durch den optischen Fluss-Effekt gerade einem mobilen Lebewesen helfen können, mehrheitlich *probativ-sondierend* mit den räumlichen Verhältnissen seiner Umgebung zu korrelieren, scheint auch folgende Beschreibung der Orientierung durch Bienen nahezulegen:

> Bees use visual motion generated by flight to judge the distances of objects they are flying past. [...] Bees regulate their speed of flight to keep the average angular velocity of the images constant. Thus, they slow down when flying in a narrow tunnel and when approaching a surface on which to land. Bees flew faster when a texture pattern was moved in the direction of flight and flew more slowly when the pattern was moved against the flight direction. [...] A bee could derive the distance of an object from the change in image size as the bee moves a given distance toward the object (Howard 2012, Band III, 235; Referenzen getilgt).[240]

Bienen gehören zu den repräsentational entwickeltesten Insekten. Sie scheinen zwar Konstanzmechanismen zu besitzen[241], gebrauchen jedoch für die Navigation einfachere, assoziativ-robuste oder lineare Tracking-Mechanismen, die eine Abstimmung mit dem Raum ermöglichen (vgl. Burge 2010, 508). Die Biene kann durch diese sensorische *Kalibrierung* einen Korridor kollisionsfrei durchfliegen oder eine Blüte oder den Bienenstock ansteuern. Das visuelle System der Biene muss dabei nur Abweichungen und Invarianten innerhalb der proximalen Ebene (*optic flow*) verkörpern. Der optische Bienen-Zustand scheint in einem komplexen Muster dessen zu bestehen, wie die Biene von der räumlichen Umwelt affiziert wird, ohne dass diese selbst durch ein Modell repräsentiert werden müsste. Lineare Tracking-Relationen wie die umgekehrte Proportionalität zwischen der Distanz einer räumlichen Entität und der der retinalen Geschwindigkeit seines Effekts erlauben der Biene, eine relevante ethologische Bedingung räumlich zu „entdecken", ohne dass diese räumliche Passung korrekt oder inkorrekt sein muss. Es genügt die schnelle quantitative Transformation der am Körper (und damit räumlich) verteilten Effekte, d.h. die *Summierung* der durch das enaktiv-probative Durchfliegen

---

239 Siehe zu diesem *retinal image displacement value* als nicht-repräsentationale Alternative bzw. Ergänzung zum Reafferenzprinzip, Schulte 2021, 13 und Huston/Krapp 2008, 1476.

240 Siehe auch Srinivasan 1992 und Burge 2010, 499, 508.

241 Dass auch die Biene zu einer 3D-Repräsentation von Objekten in Bezug auf distale Gestalt und Distanz fähig sei, legen Studien nahe (siehe Howard 2012, 236 für eine Beschreibung, sowie Burge 2010, 508 und Kral 2003, 2). Bienen scheinen zudem angeborene und elaborierte Farbkonstanten zu besitzen (siehe Burge 2010, 508; Burge 2022, 71; Hempel de Ibarra et al. 2014). Beides ist hilfreich für die Erkennung von Blüten nach Farbe und Gestalt unter wechselnden Stimulationsbedingungen beim Anflug und in wechselnden Lichtverhältnissen.

gesammelten *proximalen* Muster, analog zu einer Windfahne oder einem Hodometer und seinem „Klickzähler" (Burge 2010, 499-509; Burge 2022, 78).[242]

> [T]he bee's visual system does not represent anything as being at a given distance. It does not represent anything. It registers only cumulation of the flow of proximal stimulations across the retina. [...] The system is *in effect* a hodometer (Burge 2010, 503).[243]

Die Biene scheint (*pace* Menzel et al. 2005) für diese „Wegmessung" kein (egozentrisches) 3D-Modell der metrischen Verhältnisse konstruieren zu müssen, die die eigene Position in ihrer räumlichen Distanz-Beziehung zu der Blütenposition und zu anderen Positionen darstellt. Eine *sparsamere* Interpretation auch von komplexeren Orientierungsmechanismen scheint nach Rüdiger Wehners (2008) Kritik an Menzel et al. (2005) möglich – Mechanismen, die auch der *homing*-Fähigkeit der Wüstenameise zugrunde liegen:

> Such graph-like ('map-like') representations of space, or survey maps, have recently again been claimed to exist in honey bees [Menzel et al. 2005]. [...] A more parsimonious interpretation of the results would imply that at particular points of their nest surroundings, the bees had recognized some landscape features, which on previous flights they had associated with the direct flight course towards the hive (Wehner 2008, 107).[244]

Es liegt daher nahe, *pace* Ganson et al. (2014, 567), auch die Distanzkonstanz durch binokulares Sehen, eine gängige Fähigkeit insbesondere bei Säugetieren, als Lösung eines inversen Problems zu interpretieren:

> Clearly, the binocular reconstruction [of distance] is an ill-posed problem. [...] Even a small amount of image noise (a standard deviation of 1% of image diameter) leads to very large errors (a standard deviation of 80 %) in the reconstructed ratios of distances. This instability shows that the inverse problem of binocular vision is ill-conditioned (Pizlo 2001, 3148).

Diese Problembeschreibung bestätigt die hier eingeschlagene Argumentationslinie, weniger auf die empirisch zu bestimmbare Konstanz *per se* (P3), sondern auf die konzeptuelle Beschreibung von *Unterbestimmtheit* (P3**) zu setzen. Es entscheidet,

---

242 Das sensorische Hodometer ist auch entscheidend für die *Pfadintegration* der Wüstenameise (siehe Kapitel I.3.2). Sie weist nach Burge (2010, 499 und 2022, 78) keine Repräsentation auf.

243 In diesem Sinne kann der Summierungseffekt auch mit rein *zeitlichen* Verhältnissen korrelieren: Eine circadiane Uhr und ihr schwingender "Klickzähler" ko-variiert mit dem Tag-Nacht-Rhythmus, ohne dabei mit Erklärungsmehrwert eine temporale Repräsentation von etwas als in der Zeit aufzuweisen.

244 Das "Erkennen" der Landschaft kann durch Landmarken (*landmarks*) erfolgen, die nach Burge (2010, 507-509) ebenfalls als rein retinale Eindrücke beschrieben werden können.

was von welchem Lebewesen räumlich rekonstruiert und was räumlich probativ sondiert werden muss.

Wenn wir mit dieser Diagnose abschließend auf das Reafferenzprinzip als unseren Ausgangspunkt zurückkehren, haben wir ein gemischtes Fazit: Insofern das Reafferenzprinzip als Rahmenbedingung für das Freihalten der proximalen Stimulationen und damit zwischen endogenen und exogenen Stimuli unterscheiden muss, hat es auf einer frühen Stufe eine *protoobjektivierende Stellung*. Demnach ist die Grenzziehung zwischen nicht-repräsentationalen und repräsentationalen sensorischen Zuständen (Wahrnehmung) durch *Konstanten* weniger scharf als Burges Modell fordert. Das bestätigt allerdings erneut die stärkere *konzeptuelle* Fundierung des Repräsentationsbegriffs durch Unterbestimmtheit und Objektivierung (Prämissen P3** und P3*) und weniger durch *empirische* Beschreibungen von Wahrnehmungskonstanz per se (P3), Repräsentation besitzt also formalere und weniger durch die vielfältige wissenschaftliche Praxis als es Burges Status-Projekt „Operation Perceptual Science" (Hutto/Myin 2013, 113) vorschwebt. Durch den Schwerpunkt auf Unterbestimmtheit (P3**) kann konstantes Tracking daher besser gegen empirische Einwände verteidigt werden.

II.5.2 Konstanten sind nicht hinreichend für mentale Repräsentation

Schließlich soll Morgans (2018) bemerkenswerte Kritik an Burge erörtert werden. Sie wird den Übergang in den Ausstieg aus dem bisherigen Tracking-Paradigma bilden. Denn während die vorangegangenen Argumente den engen Zusammenhang zwischen Konstanten und Repräsentation bzw. Wahrnehmung in Frage gestellt haben, erkennt Morgan die für Burges Argumentation ausschlaggebende Rolle von *Unterbestimmtheit* und *Objektivität* – (Prämissen P3** und P3*) – als dessen „Basisverpflichtung" (Morgan 2018, 5419) ausdrücklich an. Auch für Morgan ist Repräsentation erst durch konstantes Tracking konstituiert. Doch darauf aufbauend entfaltet er folgende Kritik: Da konstantes Tracking à la Burge selbst auf sehr einfache Systeme wie Pflanzen und Digitalkameras zuträfe, und diese keine prototypisch psychologischen oder mentalen Entitäten seien, würde Burge, wie alle Tracking-Theorien vor ihm, den Repräsentationsbegriff *entpsychologisieren*: „All sorts of mindless systems have states with explanatorily robust accuracy conditions. Burge's theory thus dementalizes representation for the same reasons tracking theories do" (Morgan 2018, 5415).

Morgans Räsonnement beruht also auf einer Differenzierung zwischen genuiner, sensorischer Repräsentation schlechthin auf der einen Seite und *mentaler* oder *psychologischer* Repräsentation auf der anderen Seite. Burges Argument, Wahrnehmungen (sensorische Repräsentationen) seien bereits als psychologisch anzusehen, weil sie von der Psychologie systematisch beschrieben werden, sei nicht fundiert:

> Burge holds that perceptual states comprise a psychological kind of representation because ascribing accuracy conditions to perceptual states plays an indispensable role in successful psychological explanation, but he doesn't provide a principled account of *why* states with explanatorily indispensable accuracy conditions are psychological in nature (Morgan 2018, 5406).

Ich werde im Folgenden zeigen, wie Morgan diese Differenzierung begründet: (1) Einmal durch eine *Deflationierung von Wahrnehmungskonstanten*; (2) ferner durch *eine Zuordnung von Burges Modell zum Tracking-Paradigma und dessen* Content View *des Mentalen*; und (3) schließlich mittels eines *intellektualisierten Begriffs des Mentalen*. Dadurch entsteht jedoch eine Kluft zwischen deflationierter Repräsentation einerseits und mentaler Repräsentation als kognitivistische Sonderform andererseits, die lediglich nur selbstreflexiven Personen mit einer *theory of mind* zukommt. Im Zuge einer Kritik an dieser Konsequenz soll ein *eigener Mittelweg* vorbereitet werden (Kapitel B.III), der genuine Repräsentation an mentale Repräsentation bindet und dabei repräsentationalen Status weder deflationiert noch intellektualisiert.

(1) Mit einer **Deflationierung von Wahrnehmungskonstanten** plädiert Morgan (2018, 5415-16) für die Anwendbarkeit von Burges Modell auf gängige Digitalkameras und circadiane Uhren in Pflanzen: Denn Digitalkameras würden nach Morgan über einen „Weißabgleich"-Mechanismus (*white balance*) verfügen, der es ihnen erlaube, anhand eines weißen oder grauen Referenzwertes die konstante Farbe (Reflektanz) von der variierenden und womöglich verzerrenden Beleuchtungssituation zu differenzieren und somit einen unnatürlichen Farbstich zu vermeiden (siehe Helligkeitskonstanz). Hier sei nicht nur der proximale Input unterbestimmt, sondern mit dem Referenzwert auch eine Heuristik zur Lösung in den Mechanismus funktional eingeschrieben („that the world is, on average, grey"). Kameras hätten somit Wahrnehmungskonstanten in Burges Sinne („genuine *perceptual* constancies by Burge's lights"), seien aber nicht Gegenstände der Wahrnehmungspsychologie. Wenn jedoch für Burge Repräsentation eine spezifisch *psychologische* Art bilden müsste, seien Wahrnehmungskonstanten deshalb nicht hinreichend für genuine psychologische Repräsentation.

Doch diese Deflationierungsstrategie funktioniert nicht, weil sie Burges eigene Standards nicht korrekt berücksichtigt, und zwar aus drei Gründen:

(a) Morgan stellt nicht ausreichend klar, was „Farbe" als das Repräsentierte in seinem Beispiel bedeutet, welche *Attributskonfiguration* also den vermeintlichen Gehalt der Kamera-Repräsentation bestimmt. Nimmt die Kamera die Farbe als Farbe einer Oberfläche, d.h. als ihre Oberflächeneigenschaft (Reflektanz) wahr?

Wenn ja, braucht es dazu nicht zumindest auch die Repräsentation dieser Oberfläche als Oberfläche? Gibt es Repräsentation von Farben ohne Repräsentation des Gefärbten, das die Farbe als Eigenschaft an sich aufweist? In Bezug auf diese Fragen ist Burge selbst nicht klar: Sein Verweis auf die Realität der Farben als Reflektanz (vgl. Burge 2010, 48) und die Farbkonstanz bei Bienen (vgl. Burge 2010, 508; Burge 2022, 71) legt nahe, dass die Biene die Farben *von* Blüten und damit von Oberflächen und ihrer Gestalt, wahrnimmt (siehe dazu auch Hempel de Ibarra et al. 2014; Olin 2016, 1490). Das würde seinem bereits dargelegten Holismus der Wahrnehmung entsprechen und Zweifel an einer Farbkonstanz in der Kamera zumindest nach Burges Kriterien aufwerfen. Ferner scheint es perzeptuelle Spezifikationen nur „im Paket" zu geben (siehe Burge 2018, 96). Schließlich können wir Burges Hinweis (2022, 71), eine Wahrnehmungskonstante könne als eine von anderen Konstanten abhängige „framework constancy" auftreten, auch hier anwenden: Farbkonstanz hängt demnach von anderen (räumlichen) Konstanten ab, was angesichts der komplexen Einbettung von Farbwahrnehmung in die Umgebungsverhältnisse und der Rolle von Farben bei der Diskriminierung von Körpern plausibel wäre. Zumindest expliziert Morgan nicht, welche Attribute im vermeintlichen Kameragehalt der Farbkonstanz vorkommen und welche nicht, während seine Deutung der Kamera die Repräsentation der „Farbe" gleichsam isoliert betrachtet und dadurch trivialerweise deflationieren kann.

(b) Zudem weist Burge selbst (2022, 54) in einer Replik auf Morgan auf ein weiteres Missverständnis in dessen Deutung von Wahrnehmungskonstanten hin: als sensorische Zustände müssen sie an *Verhalten* gebunden sein, was bei Kameras nicht der Fall sei. Morgan weist zwar zurecht darauf hin, dass Burge eine Anwendung von konstanter Repräsentation auf künstliche Systeme nicht ausschließt (siehe Burge 2010, 293). Doch er übersieht, dass Burge diese Inklusivität von Verhalten abhängig macht, wie es auch Roboter nach Burges eigenem und in dieser Arbeit ebenfalls vertretenem Verständnis (*koordinierte, nicht-periphere Reaktion des ganzen Individuums*) an den Tag legen können, aber Kameras sicherlich nicht. Dieser elaborierte Verhaltensbegriff kommt nicht von ungefähr: Auch wenn Burge stark vom proximalen Reiz und internen Operationen ausgeht, sind doch die Heuristiken an eine Einbettung in die Umwelt gebunden, die sich externalistisch vor allem auch durch kausalen Kontakt im Zuge von Verhalten realisiert. Auch die Unterbestimmtheit proximaler Stimulation resultiert prototypisch aus der Fortbewegung in Raum und Zeit, sei es durch perspektivische Wechsel (z.B. beim visuellen oder haptischen Annähern an eine Gestalt oder Größe) oder zeitlich bedingter Umweltveränderungen (das Aufsuchen derselben Blütenfarbe im Mittags- und im Dämmerlicht). Diese enaktivistische Konstitution des Wahrnehmens bleibt bei Morgan unberücksichtigt, weshalb er meint, *die Kamera* hätte Wahrnehmungskonstanten.

Auch Morgans Anwendung von Burge'schen Konstanten auf Pflanzen (vgl. Morgan 2018, 5419-20) scheinen Burges eigene Standards nicht zur Existenz von Wahrnehmung in diesen Organismen zu verpflichten („genuine *perceptual* constancies by Burge's lights"). Denn in diesem Fall ist der Verhaltensbegriff ebenfalls unscharf. Morgan verweist auf den Phototropismus einer Pflanze sowie auf eine Abwehrreaktion mit Insektiziden, beides wird durch circadiane Rhythmik initiiert. Während die Abwehrreaktion ganz klar keine koordinierte, ganzheitliche Reaktion darstellt, sondern nur gewisse Drüsen lokal aktiv werden lässt, scheint der Phototropismus ein Grenzfall zu sein, wie wir früher bereits dargestellt haben: Einerseits scheint die Pflanze mit Stiel und Blättern *ganzheitlich* und damit *sich* der Sonne zuzuwenden. Andererseits genügt wohl allein die lokale Verteilung eines Wachstumshormons (Auxin) in den Blättern, um diese Ausrichtung peripher zu realisieren („Cholodny-Went-Modell").

(c) Doch selbst wenn wir akzeptieren, dass es sich hier um eine primitive (nicht zentralistisch integrierte) Form von Verhalten handelt, bleibt in Morgans Darstellung offen, warum sie *repräsentational* sein muss. Differenziert der Weißabgleich in der Kamera womöglich nur einen Farb*effekt* innerhalb seiner proximalen Gemengelage und ist deswegen schwerlich *über* „die Welt" (Morgan)? Und verfährt die Pflanze nicht genauso? Entgegen Burges Skepsis verweist Morgan zwar auf die botanische Beschreibung circadianer Uhren im Lichte von Akkuratesse, doch seine Gründe für die Rechtfertigung dieser Beschreibung sind wenig überzeugend. So begeht er den bereits beschriebenen ethologischen Fehlschluss von der Relevanz einer Bedingung zu ihrer „Meldepflicht" im System für das entsprechende Verhalten:

> Accuracy conditions do play a role in [plant] biology. [...] It's the fact that the clock can be *accurate* with respect to the current phase of the day-night-cycle. If a plant's clock were not accurate, the plant would likely shrivel and be eaten (Morgan 2018, 5419-20)

Ferner wird nicht deutlich, warum ein Pflanzenzustand in Bezug auf den Tag-Nacht-Rhythmus selbst in seiner Beschaffenheit gemessen werden soll anstelle seines linearen Effekts bzw. der strukturellen Korrespondenz mit den inneren Schwingungszuständen der „Uhr" als Chronometer (siehe Burge 2010, 520). Morgan führt jedoch diese Skepsis auf mangelnde Kenntnis der Operationsweise zurück und entgegnet:

> Clocks don't keep track of the day-night cycle simply by averaging or filtering a single sensory cue. Information about the current phase of the day-night cycle isn't carried by a single unambiguous signal. Instead, the current phase must be *computed* by integrating several ambiguous cues to entrain the endogenous rhythm of the clock (Morgan 2018, 5420).

Er verweist dabei auf empirische Befunde (Gardner et al. 2006), verzichtet aber völlig auf eine Erörterung, worin die „mehrdeutigen Signale“ bestehen, und ob hier genuine „Komputation“, d.h. die Verarbeitung von Informationen als solcher stattfinden muss. Bei Gardner und Kollegen ist jedenfalls von einer Unterbestimmtheit als Kernproblem, wie es in Burges Auffassung der Wahrnehmungspsychologie („primary problem of perception“) fungiert, nicht die Rede. Die Autoren verweisen auf das „korrekte Einstellen“ (*correct entrainment*) der Uhr durch Zeitgeber, die eine Art „Türhüter-Funktion“ (*gating*) ausüben, demnach z.B. die Uhr nach bestimmen Effekten seitens der Wellenlängen der Abenddämmerung eingestellt wird und nicht nach dem Mondlicht (Gardner et al. 2006, 17). Diese Filter- bzw. Kontrollfunktionen sind jedoch ubiquitär und nahezu in allen Rezeptoren gegeben. Es ist, zumindest nach Morgans Beschreibung, nicht erkennbar, warum es, auch unter Burges Vorzeichen, („to track accurately some specific distal property“), „unentbehrlich“ sei (Morgan 2018, 5422), diesen Mechanismus als repräsentational begreifen zu müssen. Burges Skepsis ist daher, *pace* Morgan, nicht einfach auf zirkulär („question-begging“, Morgan 2018, 5423), sondern gründet auf ein Infragestellen der Behauptung, die Pflanze hätte einen Zustand, der die zeitliche Ordnung der Umwelt als solche informationell erschließen muss („the current phase must be *computed*“, Morgan 2018, 5420), weil proximale Effekte nicht ausreichen. Wir haben bereits am Beispiel der assoziativ-robusten Beschreibung der Pflanzen erörtert, warum eine Verknüpfung mehrerer linearer Pfade zu einer ethologischen Bedingung nicht zwangsläufig distal-spezifisch ist. Die circadiane Uhr der Pflanze ist ein komplexes Zusammenspiel einer internen konstanten Größe (der Schwingung), die in struktureller Beziehung mit biologisch relevanten Zeitabläufen steht und durch Kontrollmechanismen (Zeitgeber) Schritt halten kann. Ein Mangel an struktureller „Passung“ (*co-incidence*, Morgan 2018, 5423) ist noch kein Irrtum, wie der falsche Schlüssel im Schloss demonstriert. Die Uhr fängt geschickt und sparsam durch ihr „Ticken“ und entsprechende Sensitivität die Effekte (unter anderem) der Zeitabläufe auf ihrer Oberfläche ein, um sich funktional zu koordinieren. Folglich wird die These, dass die Uhr zeitliche Strukturen der Umwelt als solche spezifiziert, zumindest hier nicht begründet, weshalb der Vorwurf des *question begging* eher auf Morgan selbst zurückweist. Dass die Uhr allein durch funktionale Passung mit der Welt eine relevante *Vermittlung* von distal-spezifischer Information erreicht – „The job of a circadian clock is to reflect *that* the world is a particular way“ (Morgan 2019, 323) – wird nicht erkennbar. Eher scheint ihre Operationsweise nur die Projektion unserer Bezugnahme zu reflektieren.

Damit ist jedoch Morgans Gedanke nicht widerlegt. Denn es ist *a priori* nicht ausgeschlossen, Burges Modell auf Pflanzen anzuwenden, da es sich um eine *empirische* Frage handelt, welche sensorischen Fähigkeiten Pflanzen besitzen (siehe Sims 2019 für eine solche Anwendung). Und auf diesen Punkt kommt es nun in

Morgans Hauptargument an: Denn die potenzielle Kompatibilität von sensorischen Mechanismen in Kameras und Pflanzen mit Burges konstantem Tracking offenbart eine mögliche Erklärungslücke zwischen der Zuschreibung anspruchsvoller Repräsentation einerseits und dem Psychologischen und Mentalen andererseits. Burge meint, dass das Psychologische des konstanten Trackings allein, neben der Orientierung an Verhalten, durch die paradigmatische Deutungshoheit der Wahrnehmungspsychologie (und ihres Unterbestimmtheitsproblems) konstituiert wird. Doch Morgan hat einen Punkt, wenn er diese Begründung in Frage stellt. Die Pointe scheint mir, entgegen Morgans erstem Argument, weniger in der empirischen Debatte über den Status von Pflanzen und anderen Systemen, die, nach Burges Dafürhalten, außerhalb des Horizonts der Wahrnehmungspsychologie, zu liegen. Vielmehr erkennt Morgan, dass Burge ebenfalls ein Tracking-Theoretiker ist: „Burge's theory of representation effectively *just is* a tracking theory" (Morgan 2018, 5424).

(2) In dieser **Zuordnung von Burges Modell zum Tracking-Paradigma und dessen *content view* des Mentalen** liegt das zweite Argument für Morgans Hauptthese, Burge würde den Repräsentationsbegriff „entpsychologisieren". Morgan (2018, 5424-6) gibt dafür drei Gründe an:

(a) So sei Burges Ansatz ebenfalls *reduktiv* in einem naturalistischen Sinne, insofern sein Modell, wie die anderen Tracking-Versionen, sich durch eine Rückführung auf Zustände auszeichne, die, *erstens*, durch die Methoden der Naturwissenschaft bestimmbar seien; und die, *zweitens*, als erklärungskräftige Repräsentationen als solche im System effektiv sein müssen, und damit unabhängig von einem Betrachter oder Interpreten vorkommen.

(b) Burge führe Intentionalität im Sinne von (a) ebenfalls auf eine *spezielle Tracking-Relation* zwischen internen Zuständen und externen Bedingungen zurück:

> Burge and tracking theorists endorse the same basic schema for characterizing the nature of representation. They hold that representation fundamentally involves a special kind of causal relation between an internal state of a system and a privileged distal entity in the system's environment. [...] Burge's theory is distinctive in that it focusses on a specific kind of representation that he takes to be psychologically fundamental (Morgan 2018, 5424).

Wir haben bereits hervorgehoben, dass Burge für ein *operationales* Verständnis von „Repräsentation" eintritt, demnach der Bildungsprozess einer Wahrnehmung sich durch Objektivierung auszeichnet. Doch das Ergebnis dieses Prozesses bleibt jedoch ein korrelativer (oder kausaler) Tracking-Zustand, der wie nicht-repräsentationale Zustände in einem „one-one-mapping" besteht:

> Nature molds all sensory systems, perceptual and non-perceptual, to be likely to respond to environmental conditions that are beneficial to animal's functions. Perceptual systems are distinctive in the *way* this likelihood is determined (Burge 2010, 345).

Morgan (2018, 5424) weist zurecht darauf hin, dass andere Tracking-Theoretiker wie Dretske (1981) und Fodor (1990) in Bezug auf die Wahrnehmung ebenfalls Wahrnehmungskonstanten in Anspruch nehmen können, um ihre Tracking-Mechanismen in Bezug auf distal-spezifische Wahrnehmung zu erweitern, damit aber nur die Gehaltfrage berühren, aber nicht die Status-Bedingungen grundsätzlich verändern (so auch Neander 2017, Schulte 2018).

(c) Schließlich impliziere Burges Theorie, wie auch das Gros der Tracking-Theorien, eine Grundüberzeugung, die Morgan den *Content View* nennt (Morgan 2018, 5405-5407): Ihr zufolge sei nicht-derivative, also intrinsische Intentionalität *ipso facto* mental oder psychologisch. Er führt diese Ansicht auf den verbreiteten Rekurs auf *Brentanos These* zurück, das Eigentümliche des Mentalen sei die intentionale Bezogenheit auf ein Objekt (ihre „immanente Gegenständlichkeit", Brentano 1874, 115). Die Tracking-Theorien hätten sich, so Morgan, diese These insofern zu eigen gemacht, insofern eine entscheidende Anforderung an jede Naturalisierung des Mentalen qua Intentionalität die Erklärung von intrinsischer *Fehlrepräsentation* sei.[245] Wie auch andere Mitglieder der Tracking-Familie würde Burge, so Morgan weiter, ebenfalls die Demonstration genuiner (irrtumsanfälliger) Repräsentation als hinreichend für ihre psychologische oder mentale Natur verstehen. Diese Interpretation trifft zu: „Repräsentation" meint nach Burge eine psychologische Art (*psychologial kind*), nicht weil ihre Wissenschaft so heißt, sondern die Wissenschaft heißt so, weil sie prototypisch genuine Intentionalität als ihren Gegenstand freilegt. Denn nur so ist „psychologisch" hier auch ein inhaltliches Prädikat, es benennt eine Eigenschaft eines Forschungsgegenstands und nicht die Forschung selbst. Zudem ist für Burge Repräsentation ein Aspekt des Mentalen (*mind*), Bewusstsein ein anderer und der Ursprung von Repräsentation markiere den Ursprung des Mentalen (Burge 2010, xiii).

Argument (a) scheint mir unkontrovers zu sein. Betrachten wir (b) und (c) näher, da Morgan in einem nächsten Schritt mit diesen Prämissen den *Content View* widerlegen will und, in Bezug auf *mentale* Repräsentation, über Tracking-Theorien hinauszugehen sucht.

Argument (b) offenbart eine kritische Angriffsfläche in Burges Argument. Denn es zeigt, dass Burges operationale Deutung womöglich noch zu schwach ist, um den *kategorialen* Unterschied zu begründen, den er beansprucht. Schließlich sind die

245 Selbst sehr liberale Status-Theorien wie die von Neander (2017) und Artiga (2022) berufen sich in diesem Sinne auf Brentano. Roy (2015, 95) spricht treffend von einem „Neo-Brentanismus".

Zustände der Wahrnehmung – immerhin die Träger von Veridikalitätsbedingungen – nach Burges Modell dadurch repräsentational, insofern auch sie auf das kausale Einwirken einer Bedingung hin aktiv werden und dadurch gewisse statistische Eigenschaften verkörpern („likely to respond“, Burge 2010, 345). Der Unterschied zu den anderen Tracking-Zuständen reiner Sensitivität ist, dass der Wahrnehmungszustand ein konstanter Output ist, der invariante proximale Inputs objektivierend überbrücken muss und dabei auf distal-spezifische Informationen abstrahiert. Und hier drängt sich ein Problem auf, das auch Morgan nicht identifiziert, auch wenn es sein Argument weiter zu untermauern scheint: Stellt sich die von Burge angestrebte *Rekonstruktion* einer distalen Bedingung, ausgehend von unterbestimmten Stimulationsbedingungen, als *Restauration* eines linearen Tracking-Zustands heraus? Denn dieser sei gerade nicht unterbestimmt in Bezug auf seine distale Ursache, eine Eigenschaft, die die Objektivierung allem Anschein nach auf höherer Stufe wiederherzustellen sucht. Auch wenn sich die Art und Weise unterscheidet, wie dieser statistische bzw. kausale Zustand zustande kommt, bleibt es doch dabei, dass ein korrelativer *Detektor* installiert werden soll (siehe Adams/Maher 2017, 253; Artiga 2016, 2022 für Einwände dieser Art).

Ich denke, dieser Anschein einer Restauration von Sensitivität trügt. Es wäre sicherlich unangemessen, das Prozessresultat aus seinem Prozesskontext zu isolieren, um es dann mit linearen Detektoren gleichzusetzen – als wäre z.B. die Erinnerung an den Eiffelturm dasselbe wie seine Wahrnehmung, nur weil in beiden der Eiffelturm vermittelt wird. Doch erreicht eine Krähe einmal mit einem Werkzeug und ein ander Mal durch bloßes Wahrnehmen ein und dasselbe Futter, lässt sich dadurch auch noch nicht folgern, beide Prozesse seien aufgrund desselben Resultats nicht wesensverschieden. In Prozessen sind das Ergebnis und die Ausgangslage Teil des Prozesses und durch ihn mitkonstituiert (siehe Kapitel A.II.2). „Repräsentation“ meint immer, nicht nur dem Wortsinn nach, den Prozess und sein Ergebnis, und behandelt primär systemische Mechanismen. Und in diesem Sinne ist das Ergebnis der Rekonstruktion einer distalen Bedingung verschieden vom Ergebnis einer peripheren kausalen Reaktion. Allein durch den systematischen Filterungs- und Abblendungsprozess (*discount, privilege*) der Rekonstruktion ist die innere Struktur, die statistische Stellung und die funktionale Rolle des Ergebnisses verschieden von seiner Ausgangslage, dem proximalen Kern, der durch Unterbestimmtheit charakterisiert ist. In diesem Sinne erhält der konstante Tracking-Zustand nach Burge seine Veridikalitätsbedingungen durch seinen distal-spezifischen Produktionsprozess (Objektivierung) und dessen Ausgangsbedingungen (proximale Unterbestimmtheit). Wer Burges Unterscheidung nivellieren will, weil jedes Tracking auf eine Bedingung hin funktional anspringt, blendet die gesamte Distalitätsproblematik aus, die Burges Objektivierungsmodell thematisiert. Ein solches Argument des kleinsten gemeinsamen Nenners würde nicht nur eine Spezifizitätsforderung der Erklärung verletzen, sie würde zudem auch übersehen, dass Irrtum in seiner Bestimmtheit sich aus einer bestimmten Ausgangslage (PRA-Prinzip) ergibt und *systemische* Prozessschritte voraussetzt, die uns erkennen lassen, bei welcher „Abzweigung" und aufgrund welcher Heuristik das System *sich* irrt. Gleichwohl bleibt auch der konstante Tracking-*Zustand* in Bezug auf sein repräsentationales Wesen ein system-interner Zustand mit kausal-statistischen Eigenschaften und Burge belässt es dabei.[246] In diesem Sinne ist seine Zuordnung zum Tracking-Paradigma folgerichtig. Auch würde die Schwächung von Burges Modell durch (b) zu einer Schwächung von Morgans Hauptargument (c) führen, da dieses gerade zeigen will, warum selbst die *beste* Version des Tracking-Paradigmas unzufriedenstellend ist.

Kommen wir daher zum für Morgans Argument ausschlaggebenden Punkt (c). Der Ausgang der Tracking-Theorien vom *Content View* des Mentalen wird von Morgan nicht ausführlich belegt, scheint aber als meist implizite Tendenz der Theorie-Familie eigen zu sein. Er wurde bisher als Standardannahme vorausgesetzt. Dazu eine klassische Passage von Fodor:

> I'm prepared that it should turn out that smoke and tree rings represent only relative to *our* interest in predicting fires and ascertaining the ages of trees […] I'm prepared, that is, that only mental states (hence, according to RTM [Representational Theory of Mind], only mental representations) should turn out to have semantic properties *in the first instance*; hence, that a naturalized semantics should apply, strictu dictu, to mental representations (Fodor 1987, 99).

Nur *originale* (nicht-derivative, intrinsisch realisierte) Repräsentationen sind demnach *mentale* Repräsentationen. Das scheint einem gängigen Sprachgebrauch zu folgen (siehe Neander 2017, 1-10; Wheeler 2005, 6; O'Brien 2015). In diesem Sinne bindet auch Dretske (2000, 213-219) *mentale* Repräsentation an intrinsisch-verursachende und damit erst erklärungskräftige Gehalte. Mentale Repräsentationen sind intrinsisch fundierte Repräsentationen, so die „Orthodoxie" (Kriegel 2012, 109;

246 Burge hat in neuerer Zeit (siehe Burge 2018, Burge 2022) die strukturalistische (oder „ikonische") Seite der Wahrnehmung herausgearbeitet, eine internalistische Komponente, die jedoch nicht den repräsentationalen Status konstituiert: „Being iconic is a non-representational feature of representation or representational content. When representation is iconic, iconicity is an aspect of how a representatum is represented. The natural mappings that make representation iconic are prior and independent of whether they are capitalized upon in representation" (Burge 2018, 82). Burges Theorie gehört zur Familie der kausalen Tracking-Versionen.

siehe auch Montague 2010) der Naturalisierungsprojekte.[247] Sheas (zirkuläre) Definition drückt die terminologische Liberalität des *Content view* gut aus:

> I use "mental" broadly to cover all aspects of an agent's psychology, including unconscious and/or low-level informational processing. And "state" loosely so as to include dynamic states, i.e. events and processes. "Mental state" is a convenient shorthand for entities of all kinds that are psychological in nature and bear content (Shea 2018, 5).

Demnach realisiert sich das Mentale – zumindest in seiner basalsten Form – hinreichend (wenn auch nicht exklusiv) mit dem Vorkommen intrinsischer Repräsentationalität. Auch wenn diese eher unklare Sprachregelung dominiert, lassen sich drei (kombinierbare) Alternativen formulieren, die *mentale* Repräsentation anders auffassen und in dieser Opposition den *Content View* erst interessant machen:

M¹ Mentale Repräsentation muss ein intentionaler Zustand auf der *personalen* oder zumindest der *individuellen* Ebene sein („personal-level representation" im weiten Sinne).

M² Mentale Repräsentation erfordert eine *bestimmte* repräsentationale und/oder eine *kognitive* Fähigkeit (jenseits des Sensorischen) wie propositionale Einstellungen, Selbst-Reflexion, Vorstellung, Erinnerung, Schlussfolgerung, etc. („personal-level representation" im engeren Sinne).

M³ Mentale Repräsentation muss *bewusst* sein („personal-level representation" im engeren Sinne).

In diesem Schema bildet M¹ einen Zustand, der lediglich *dem Individuum* und nicht seinen Teilen zugeschrieben wird. Das Attribut „personal" betrifft daher nicht zwingend Personen oder exklusiv menschliche Zustände, wird aber meist durch M² und/oder M³ definiert, weshalb sich diese engere Verwendung eingebürgert hat und prototypisch ist. Diese setzt nicht nur die je eigenen Repräsentationen *des Individuums* voraus (M¹). Vielmehr muss das Individuum auch zusätzlich durch M³ einen *Zugang* zu den und/oder durch M² eine Art *kognitive Kontrolle* über zumindest einen Teil der je eigenen Repräsentationen ausüben, was „subpersonalen" Zuständen abgeht. Während Uriah Kriegels Passage M³ formuliert, artikuliert Matthens darauffolgendes Zitat M²:

> [T]he key to the personal/sub-personal distinction is *awareness*. This would be to focus on the "self-consciously" part of the informal characterization of personal-level states and processes

247 Auch diejenigen, die repräsentationalen Status von Bewusstsein abhängig machen (Brentano 1874; Husserl 1962; Georgalis 2006; Mendelovici 2018), implizieren damit, dass intrinsische Intentionalität hinreichend ist für das Mentale.

as occurring "deliberately and self-consciously". Call this the *awareness approach* to the personal/sub-personal distinction (Kriegel 2012, 120).

> A mental state is *sub-personal* if it is generated by the brain without the full control of the subject's rational faculties of assessment and choice. Perceptual states and emotions are sub-personal; complex, well- articulated beliefs and rational plans, by contrast, are normally under the subject's full control (Matthen 2010a, 109).

M^1 bis M^3 werden später noch eingehender erörtert werden, hier sollen sie nur als Kontrastfolie zu Morgans Argument eingeführt werden. Auf die negative Kritik von Burge folgt daher Morgans positive Formulierung spezifisch mentaler Repräsentation.

(3) Morgans **intellektualisierter Begriff des Mentalen**, der "mental" im Sinne von M^1 mit "mental" im Sinne von M^2 wesentlich verkoppelt, soll schließlich seine Hauptthese demonstrieren, dass die erfolgreiche Anwendung von Status-Bedingungen durch Tracking-Theorien zu einer "Entpsychologisierung" des Mentalen führt. Durch den *Content View* würden die Tracking-Theorien den Begriff des Mentalen einseitig auf den der Repräsentation reduzieren, der jedoch auch auf Pflanzen zuträfe:

> [T]racking theories were initially intended to naturalize the representational content of mental states, but in doing so they end up ascribing content to all sorts of mindless systems, like plants. That is, tracking theories *dementalize* representation (Morgan 2018, 5405).

Wenn nicht einmal die Tracking-Theorien mentale Repräsentation erklären könnten, so Morgans Konklusion, dann soll der *Content View* verworfen werden. Dieses Argument verlangt eine Ermessensentscheidung. Denn die „Entpsychologisierung" ist nur dann ein gewichtiger Vorwurf, wenn drei Thesen Morgans zugleich wahr sind (siehe Morgan 2018 5423-25):

T1) Die Tracking-Theorien können intrinsischen repräsentationalen Status erfolgreich erklären und scheitern lediglich am begründeten Status *mentaler* Repräsentation.

T2) Mentale Repräsentation ist nur eine bestimmte *Art* von intrinsischer Repräsentation, die auch in ihrer nicht-mentalen Form vorkommen kann.

T3) Mentale Repräsentation ist wesentlich erst dann auf personaler bzw. individueller Ebene realisiert (M^1), wenn und nur wenn ein Subjekt ihre Objekte als *mental-unabhängig* („mind-independent") *versteht* („apprehend") (M^2).

Dieser Triade zufolge ist Morgan ebenfalls ein Tracking-Theoretiker intrinsischer Repräsentation schlechthin durch konstantes oder bereits assoziativ-robustes Tracking, kündigt aber die Gefolgschaft, wenn es um die spezifische Art mentaler Repräsentation geht. T3) ist deshalb entscheidend für sein Argument gegen den *Content View*, da es den Begriff des Mentalen genauer spezifiziert.

Ich möchte in den nächsten Kapiteln zeigen, dass T1), T2) und T3) falsch sind, T3) jedoch zumindest auf einen richtigen Weg weist – ein Weg, der jedoch in Gestalt der *Präsentationsstruktur* nicht allein zum Status mentaler Repräsentation, sondern von Repräsentation überhaupt führen muss. T3) muss daher geklärt und de-intellektualisiert werden, um T1) und T2) zu widerlegen. Ich weiche also bedeutend von Morgan ab, indem ich den *Content View* verteidige und mit einer Modifikation von T3) für einen Begriff des Mentalen argumentiere, der als eine notwendige Bedingung für den Status von Repräsentation überhaupt fungiert. Das heißt: „Mental" und „Repräsentation" sind, *pace* Morgan, in meinem Modell auf der originären Ebene nicht trennbar, d.h. es kann, entgegen T2), kein System geben, dass zwar intrinsische Repräsentationen, aber gleichzeitig keine mentalen Repräsentationen besitzt. Entgegen T1) und damit *pace* Burge verkennen Tracking-Theorien diesen inneren Zusammenhang und entpsychologisieren damit Repräsentation. Mit meiner Modifikation von T3) wird ein Reformvorschlag unterbreitet, der sich vom Tracking-Paradigma *emanzipiert* –also nicht loslöst – und eine eigene Antwort auf die Status-Frage formuliert.

III Versuch einer Reform: Intentionalität zwischen Tracking und Selbstvergewisserung

Halten wir den Stand dieser Untersuchung bis hierher fest: Mit der elaboriertesten Version der Tracking-Theorie verstehen wir bisher unter einer Repräsentation a) einen systeminternen Zustand mit informationellen (d.h. kausalen, statistischen) oder strukturellen Mustern, die b) einen funktionalen Effekt (kraft dieser Information) auf ein Konsumentensystem ausüben. Diese Zustände sind, dank eines Objektivierungsprozesses, zudem c) distal-spezifisch, d.h. sie beruhen gleichzeitig auf einer Abblendung alternativer Muster, die mit unterbestimmenden, idiosynkratischen Stimulationsbedingungen korrelieren, und auf einer Privilegierung umweltspezifischer Muster. Damit ist das Abstraktionsprinzip als Maßstab erfüllt.

Im weiteren Fortgang wird folgender Gedankengang entfaltet: Hat der bisherige Teil dieser Arbeit das dominierende, vielfältige und empirisch verankerte Tracking-Paradigma kritisch dargestellt und alternative Erklärungen vermeintlich repräsentationaler Zustände aufgezeigt, soll der letzte Teil dieser Arbeit zeigen, dass das Tracking-Paradigma aufgrund einer Reihe blinder Flecken für eine naturalistische Fundierung von Intentionalität und mentaler Repräsentation noch nicht hinreichend ist. Demnach ist das bisher im Mittelpunkt stehende *Abstraktionsprinzip* nur eine notwendige, keine hinreichende Bedingung für repräsentationalen Status. Die These ist: Der dieses Prinzip erfüllende Objektivierungsmechanismus bezieht sich nur auf Information in einem rein extensionalen Sinn und kann daher höchstens eine Art „Quasi-Gehalt" konstituieren, die naturalistische Fundierung des für den repräsentationalen Zustand ko-konstitutiven *intentionalen Modus* bleibt jedoch unzureichend. Das gilt sowohl bezüglich der Konstitution der für die transzendierende Referenzialität des Objekts grundlegende *Präsentationsstruktur* als auch der *intentionalen Einstellung* und seines *Subjekts*, die für die präsentationale Differenz unabdingbare Momente bilden (siehe Kapitel A.III.3). Es soll zu sehen sein: Da Gehalte und intentionale Modi gleichermaßen und untrennbar voneinander Veridikalitätsbedingungen konstituieren, bleibt der Gehalt im konstanten Tracking-Modell fragmentarisch oder unfundiert: sei es in Gestalt einer isolierten, gleichsam in der Welt an sich vorkommenden Proposition – einem „Gedanken" nach Frege (1918) – oder eine Projektion durch den theoretischen Betrachter in die rein statistisch verstandene Information durch hybride Konzepte wie „Information über..." oder „informationeller Gehalt".

Die Gründe für diese Unvollständigkeit von Tracking-Gehalten liegen darin, dass sowohl die für das Objekt als Objekt konstitutive Differenz zum Subjekt als auch das Subjekt und seine Einstellung zum Gehalt durch das Tracking-Paradigma ignoriert werden oder unspezifisch bleiben. Durch die eindimensionale Fokussie-

https://doi.org/10.1515/9783111380551-009

rung der Tracking-Theorien auf die Tracking-Relation, die informationellen Eigenschaften und die Filterungsprozesse in Gestalt von Objektivierung bleibt die Binnenstruktur des repräsentationalen *Zustands* unklar. Das heißt, der repräsentationale Zustand aus Gehalt und intentionaler Modus bleibt in seiner *internalistischen* Verfassung vom allzu externalistischen Tracking-Paradigma unterbelichtet.

Wir werden sehen: Auch die verhaltensfunktionale Rolle eines Aktivierungszustands kann die Unbestimmtheit in Bezug auf die Struktur des repräsentationalen Zustands nicht spezifisch bereinigen. Dieses Versäumnis durch das Tracking-Paradigma liegt vor allem an einem zu allgemeinen und wenig elaborierten Begriff von „Subjekt" und „Objekt", also den beiden Relata der Tracking-Relation, die die *repräsentationale Differenz* bilden. Anders gesagt: der Fokus der Tracking-Theorien liegt vorwiegend auf der naturalistischen Relation, ohne ausreichend die Relate der Repräsentationsrelation zu bedenken. Diese Relation und ihre Differenz wird im nächsten Kapitel (III.1) in ihren verschiedenen Interpretationen Thema sein. Dabei werden wir sowohl die Probleme aufdecken, die mit dem hyper-externalistischen Programm der Tracking-Theorien verbunden sind als auch die Intellektualisierung der repräsentationalen Differenz erörtern, die aus den übermäßig internalistischen Theorien der Neo-Kantianer Peter Strawson, Gareth Evans sowie Donald Davidson folgt und in denen eine *personale Selbstvergewisserung* als Leitstern fungiert. Die dadurch entstandene Intellektualisierung von Subjektivität und Objektivität hat zu einer Vernachlässigung dieser Begriffe in der naturalistischen Philosophie der Repräsentation geführt. Schließlich sollen, als reformatorischer *Mittelweg* zwischen diesen beiden Extremen, im letzten Kapitel (III.2) Bedingungen und Mechanismen für eine naturalistische Fundierung des intentionalen Modus in seiner primitiven (sensorischen) Form erarbeitet werden, die über das Tracking-Modell hinausgehen.

III.1 Subjektivität und Objektivität – die repräsentationale Differenz

Im Folgenden soll im Ausgang von Morgan der Unterschied zwischen den systeminternen und system-externen Zuständen im repräsentationalen Sinne in den Fokus rücken. Dieser Unterschied lässt sich als die Differenz zwischen dem Subjekt und dem Objekt der Repräsentation fassen. Der interne Zustand der Repräsentation ist der des Subjekts. Er repräsentiert einen externen Zustand, der dabei als Objekt dieser Repräsentation fungiert. Repräsentation ist immer zugleich *Repräsentation für...* (etwas/jemanden) innerhalb des repräsentationalen Systems und *Repräsentation von ....* (etwas) außerhalb des repräsentationalen Systems. Ich habe diese allen intentionalen Zuständen eigentümliche Charakteristik die *repräsentationale*

Differenz [kurz: RD] genannt (siehe A.III.3.1). Im folgenden Kapitel (III.1.1.) sollen zwei dominierende Interpretationen dieser Differenz überblickshaft eingeführt werden: Eine *materielle* oder *mereologische* Interpretation (RD^M) der Tracking-Theorien auf der einen Seite und eine *repräsentationalistische* Interpretation (RD^R), wie sie vor allem Davidson, Strawson und Evans exemplarisch vertreten, auf der anderen Seite. Beide liegen weit auseinander. Im darauffolgenden Kapitel (Kapitel III.1.2) soll auf diese Interpretationen näher eingegangen werden und dabei demonstriert werden, welche Probleme in der repräsentationalen Differenz verborgen sind und dass RD^M des Tracking-Modells diese Probleme weder erkennt noch löst. Schließlich (Kapitel III.1.3) soll auch RD^R zurückgewiesen werden, da sie repräsentationalen Status bereits voraussetzt und RD ungebührlich intellektualisiert, obgleich sie ihre Implikationen klarer herausstellt als die Tracking-Theorien.

III.1.1 Die repräsentationale Differenz in zwei Versionen

Morgan (2018) zeichnet sich dadurch aus, die repräsentationale Differenz im Ausgang vom Tracking-Paradigma in den Blick zu rücken, weshalb wir von ihm erneut seinen Ausgang nehmen. Er interpretiert RD allerdings im Lichte einer *spezifischen Art* von Repräsentation, die repräsentationalen Status nicht nur voraussetzt, sondern auch anspruchsvolle kognitive Fähigkeiten impliziert. Geben wir dazu noch einmal T3) aus dem letzten Kapitel wieder und gehen dann auf Morgans Erläuterung seiner These ein:

T3) Mentale Repräsentation ist wesentlich erst dann auf personaler bzw. individueller Ebene realisiert (M^1), wenn und nur wenn ein Subjekt ihre Objekte als *mental-unabhängig* („mind-independent“) *versteht* („apprehend“) (M^2).

Um T3) zu begründen weist Morgan auf eine bedeutsame Hintergrundannahme im Tracking-Modell hin, nämlich die Begriffe *internality* und *objectivity* (Morgan 2018, 5424). Um diese Begriffe wird es in den folgenden Punkten **(1)** und **(2)** gehen, denn durch sie thematisiert Morgan als erster Vertreter der Tracking-Theorien die Frage nach der repräsentationalen Differenz [RD]. Wir haben bereits gesehen, dass im Tracking-Modell eine funktionale Relation zwischen „system-internen“ und „system-externen“ Zuständen angenommen wird.

(1) Morgan erläutert nun die Bedeutung dieser Aspekte und beginnt mit der „**Internalität**“ des repräsentationalen Zustands, die noch den stärksten gemeinsamsten Bezugspunkt des Begriffs „mental“ abgibt.

> First note that when tracking theorists write of “internal” representations, they are employing a *mereological* notion of internality. Tracking representations are internal in the sense of being parts or components of a larger system. This seems clearly different from the notion we

> employ when we talk of the "inner" mental states of a subject. It would presumably be a mistake, for example, to infer from the fact that your watch has internal information-bearing parts to the conclusion that is has inner mental states (Morgan 2018, 5424).

Man könnte diese Unterscheidung zwischen „internal" und „inner" im Deutschen durch den Unterschied zwischen „intern" und „innerlich" wiedergeben, wobei letzteres spezifisch M^1 bis M^3 (Bewusstsein) zugeordnet werden kann, ersteres nicht, wobei auch „innerliche" Zustände funktionale Teile eines Organismus sind. Denn die Assoziation mit dem Mentalen scheint damit zusammenzuhängen, dass wir „mental" qua „innerlich" stark mit einem *Subjekt* verbinden. Dieses Subjekt ist als der Inhaber des mentalen Zustands („the 'inner' mental states of a subject") nach M^1 nicht lediglich ein „interner" Teil des Lebewesens ist, sondern durch die Bindung an Bewusstsein und kognitive Fähigkeiten (M^3) mit dem Lebewesen selbst identisch, aber auf eine besondere Weise. Dass wir die Repräsentation als „mental" (qua „innerlich") identifizieren, scheint auf einen noch unverstandenen Modus hinzuweisen, in welchem a) das Lebewesen *im Ganzen* b) seine Repräsentationen *hat* bzw. sich diesen repräsentationalen Zustand irgendwie *aneignet*. Die Rede ist wahlweise von „whole animal attributability" (Burge 2010, 369ff); „global ownership" bzw. „global control" (Blanke/Metzinger 2008, 7-8); „ownership" (Peacocke 2015, 172); „minenness" (Zahavi 2005, 124; Hohwy 2007), „the subject's full control" (Matthen 2010a, 109) und „global, multimodal states [...] of whole organisms" (Morgan 2018, 5425).

Diese noch zu klärende *Ganzheitlichkeit* sowie das spezifische *Einnehmen* oder besser: *Aneignen* des „innerlichen" mentalen Zustands scheinen spezifischer als die nur generelle *Teilhaftigkeit* „interner" Zustände zu sein, die auch die des Organismus (bzw. Systems) sind, also nicht einfach an oder in ihm vorkommen, ohne in einem funktionalen Zusammenhang mit ihm zu stehen, aber *prima facie* gleichwohl weder das Lebewesen im Ganzen integrieren noch eine Art Einstellung zu einem Gehalt anzeigen.

„Mereologisch" als „Komponenten eines Systems" ist bei Morgan funktionalistisch zu verstehen: Die Zustände sind system-intern und Teil des Lebewesens, insofern sie durch ihre *funktionale Rolle* diesem zugeordnet sind, was einen stärkeren Sinn von „innen" oder „mereologisch" anzeigt. Er geht über die materielle Bedeutung eines räumlichen Enthaltenseins innerhalb gewisser Grenzen oder einer Passung mit anderen Stücken eines Ganzen hinaus. Zur funktionalen Bedeutung gehört nicht nur der Zustand als Produkt, sondern auch der mereologische Status des Konsumenten, der nach Millikans Modell lediglich eine Teil-Komponente eines Systems bildet und damit funktional definiert ist. Siehe dazu Dretskes Definition:

> Natural systems of representation [...] are ones which have *their own* intrinsic indicator functions, functions that derive from the way the indicators are developed and used *by the system of which they are a part* (Dretske 1988, 62; siehe auch Millikan 1989, 285).

Auch der *operationale* Aspekt dieser Zustände, der nicht nur ihre Funktion, sondern auch ihre (kausalen) Produktionsbedingungen hin markiert, wie es in „low church"-Modellen von Neander bis Burge angelegt ist, gehört zu dieser Internalität. Burge legt zwar Wert auf die Zuordnung des produzierten sensorischen Zustands zum Lebewesen bzw. Individuum aufgrund der Bindung an *Verhalten*, gleichwohl bleibt dieser Zustand ein „interner", für den Burges Objektivierungsmodell zwar keinen spezifischeren Status, im Sinne eines *Subjekts* der Repräsentation, vorsieht. Durch die Bindung an Verhalten gebunden bleibt die Repräsentation nach Burge jedoch ein Zustand *des Individuums*, wie es ein bloß interner Zustand, z.B. die Aktivität des Pankreas, nicht ist. Diese weder personale noch subpersonale *individual-level representation* wird später aufgegriffen, bis hierhin können wir festhalten: Der intrinsische Träger des Gehalts im Gros der Tracking-Modelle ist, wie die teleosemantischen Auffassungen exemplarisch zeigen, schlicht ein materieller oder ein mereologischer. Er fungiert als funktionaler und/oder operationaler Teil eines Organismus.

Ich möchte daher von einem *materiellen* oder *mereologischen Subjekt* (kurz: Subjekt^{M}) der Tracking-Theorien sprechen, das in einer ***materiellen*** oder ***mereologischen*** **Interpretation der repräsentationalen Differenz (kurz: RD^{M})** verankert ist. Die Repräsentation ist demnach die *des Individuums*, weil sie, wie jeder andere lebendige Zustand auch, als funktionale Komponente in diesem und seinem Lebenszusammenhang vorkommt. Die „Innenseite" und der Adressat der *Repräsentation für...* ist für die Tracking-Theorien bereits durch das funktionale Vorkommen in einem System, sei es als Teil des Produzenten- oder des Konsumentensystems gedeckt. Repräsentation *für...* kann also in RD^{M} allein die Zugehörigkeit zu einem System als Träger der Repräsentation bedeuten. Subjektivität^{M} meint damit lediglich die Eigenschaft eines Individuums, einen Gehalt funktional in sich zu tragen oder zu besitzen, sie wird lediglich funktional-kausal ausbuchstabiert. Daher soll „Subjekt^{M}" auch ein *metonymisches* Verständnis von Subjekt (*totum pro parte)* anzeigen: So wie wir sagen „Deutschland wählt", weil Deutschland das Wahlvolk als seinen staatlichen Teil umfasst, so sagen wir „Der Frosch sieht", weil der Sehzustand funktionaler Teil des Froschorganismus ist und kausal mit dem Froschverhalten und seinen Erfüllungsbedingungen verknüpft ist.[248] Mit diesem metonymischen Sprachgebrauch werden auch circa-

248 In einer ebenfalls metonymischen, aber „enzephalozentrischen" Lesart (*pars pro toto*) ist das Subjekt^{M} dagegen ein (neuronaler) Teil: „[A]ccording to non-homuncular functionalism, the pro-

diane Uhren, Photorezeptoren oder andere funktionale Komponenten von Systemen bzw. ihre Träger vom Tracking-Paradigma problemlos als Subjekt^{M} der Repräsentation geltend gemacht und auf Veridikalitätsbedingungen befragt. Wie tragfähig diese recht allgemeine Konzeption für repräsentationalen Status und für spezifische Subjekte einer Repräsentation überhaupt ist, wird im nächsten Kapitel noch eingehender erörtert werden. Morgan hingegen akzeptiert RD^{M} zumindest für intrinsischen *repräsentationalen* Status.

Als starken Kontrast zu diesem Subjekt^{M} präsentiert Morgan nun eine Passage von Gareth Evans (vgl. Evans 1982, 158), der zufolge ein informationeller Zustand nur in Gestalt eines Inputs für kognitive Fähigkeiten wie Denken, Schlussfolgerungen und Strategien der mentale Zustand eines Subjekts sein kann und damit Ganzheitlichkeit begründet: „When there is such a link we can say that the person, rather than some part of his or her brain, receives and processes the information" (Evans 1982, 158). In diesem Sinne impliziert „Innerlichkeit" Subjektivität in einem anspruchsvolleren Sinn, der in Evans mindestens mit M1) und M2) verbunden ist: Die Repräsentation ist nur auf diese Weise die des Individuums, genauer: der Person, weil die eines Individuums im Vollzug bestimmter kognitiver Fähigkeiten. Wir können hier von einem *repräsentationalistischen* (meta-repräsentationalen) Verständnis von Subjekt (kurz: Subjekt^{R}) sprechen: Denkend und planend setzt es nicht nur repräsentationalen Status voraus, sondern ist auch fähig, sich selbst auf seine eigenen Repräsentationen selbstbewusst zu beziehen. Diese metarepräsentationale Position soll die ***repräsentationalistische* Interpretation der repräsentationalen Differenz (kurz: RD^{R})** heißen.

Damit haben wir zwei sehr unterschiedliche Verständnisweisen von „Internalität" bzw. „Subjekt". Kommen wir nun zu Morgans eigenem Vorschlag (T3): Morgan (2018, 5424) lehnt RD^{R} für mentale Repräsentationen zwar als „ungebührlich intellektualistisch" ab, erkennt jedoch an, dass es „die richtige *Art* von Anforderung" aufzeigt. Darauf aufbauend präsentiert er nun seinen eigenen Vorschlag:

> As a rough first pass, we might say that an informational state qualifies as *internal in the relevantly mentalistic sense* when it is integrated into a unified egocentric frame of reference that allows flexible mappings between the coordinate systems of multiple sensory surfaces and effectors, such that the content of the state systematically coheres with that of other informational states to form global, multimodal states that control the organized, intentional actions of whole organisms (Morgan 2018, 5424; Kursiv, A.W.).

perty of undergoing a mental process/being in a mental state is the property of undergoing a neurophysiological process/being in a neurophysiological state. Since the subject of such neurophysiological processes and states is the brain or one of its parts, this implies that the latter is also the subject of mental processes and states" (Glock 2020, 2).

Morgan betrachtet diesen Vorschlag zwar lediglich als „spekulativ“, verweist aber auf neurowissenschaftliche Befunde von Yale Cohen und Richard Andersen (2002), ohne diese allerdings zu erläutern. Dort werden die „Referenzrahmen“, die nach Morgan mentale Ganzheitlichkeit auszeichnet, wie folgt definiert:

> A reference frame can be defined as a set of axes that describes the location of an object. For instance, imagine that you are sitting at your kitchen table and looking at a cup of hot coffee on the table. The location of the coffee cup can be described in several different reference frames. Relative to your eyes, the cup is straight ahead. On the other hand, relative to your left arm, which is by your side, the coffee is to the right (Cohen/Andersen 2002, 554).

Morgans Vorschlag ist damit, anders als der von Evans, bereits auf der *sensomotorischen* Ebene angesiedelt. Das Greifen einer Tasse ist keine kognitive Tätigkeit, es betrifft das wahrnehmende und sich verhaltende Individuum. Wie sollen dann aber die Referenzrahmen das spezifische Mentale auszeichnen? Morgan entwickelt keine Antwort, weist jedoch auf die Bedeutung der Referenzrahmen für die *Perspektivität* des Subjekts hin:

> If we think of these mechanisms as partial realizers of a subject's *perspective* or point of view, it arguably starts to become intelligible how the content of an informational state could contribute to the inner perspective of a psychological subject (Morgan 2018, 5424).

Auch wenn Morgan dies nicht näher ausführt, scheint mir folgender Gedanke von Bedeutung zu sein: Erst Mechanismen wie die Referenzrahmen begründen die für alle mentale Repräsentation *für* … spezifische *Egozentrik*. Jede Perspektive zielt nicht nur auf ein Objekt und damit transzendierend vom Subjekt weg, sondern bezieht das Objekt egozentrisch zurück auf ein Subjekt, dem es vermittelt wird. Dieser Aspekt der Perspektivität ist zu unterscheiden von ihrer Spezifizität, wie der Vergleich von Morgans Definition mit Chris Eliasmiths deflationären, informationstheoretischen Verständnis von „Perspektive“ anzeigt:

> A 'perspective', as I shall use the term, is a relation between an information processor and a transmitter of information. Perspective is determined by *what* information is available to an information processor from a transmitter (Eliasmiths 2005, 99).

Die Egozentrik der Perspektivität nach Morgan zielt zwar auch auf eine „Verfügbarkeit“ des spezifizierten Objekts in Aspektgestalt für ein Subjekt („available to an information processor“, Zitat Elisasmiths), konkretisiert jedoch diese Vermittlung *für ein Subjekt* näher: Die Vermittlung findet innerhalb von einem Netz von Referenzrahmen mit einheitlichem Bezugspunkt statt und nur dadurch konstituiert sich eine Perspektive im spezifischeren (mentalen) Sinn, die wir dem *ganzen* Lebewesen zuschreiben.[249]

Wir können diese Koordinierungsleistung noch vertiefen: Ebenfalls mit Bezug auf egozentrische Referenzrahmen sprechen Blanke und Metzinger (2008) von einer „global control"-Struktur propriozeptiver-lokalisierender Wahrnehmung, die eine konstitutive Bedingung für ihr einflussreiches Modell eines „minimalen phänomenalen Selbst" (MPS) bildet. Dieses Subjekt bildet eine funktionale „global ownership", die mit der *Ganzheitlichkeit* repräsentationaler Zuschreibungen identifiziert werden kann:

> MPS, the simplest form of selfhood, is a representation of the entire body, being *functionally available* for global control. [...] "Global control" is a process in which a system controls global properties of itself (as opposed to local properties). A global property is one that can only meaningfully be ascribed to a given system as a whole, often because it requires a new level of analysis defined by a different logical subject. A drop of water is wet, but none of the individual H_2O molecules has the property of "wetness" (Blanke/Metzinger 2008, 8).

Das scheint meine These zu bekräftigen, dass Ganzheitlichkeit der Repräsentation nicht nur darin besteht, dass diese innerhalb des Organismus mereologisch vorkommt, sondern eine eigene Ebene („new level of analysis") mit einem eigenen Integrationsmechanismus erfordert.

Doch auch dieses Modell stützt Subjektivität repräsentationalistisch sowohl auf eine propriozeptive „Repräsentation des gesamten Körpers" als auch auf „Selbstlokalisierung", die Veridikalitätsbedingungen unterliegen, was die Beispiele von Fehlattributionen eigener Körperglieder oder die Doppellokalisierung des eigenen Körpers in klinischen Fällen demonstrieren.[250] Wenn in dieser propriozeptiven Attribution das Subjekt als Objekt (als eigener Körper) erscheint, dann kommt die berechtigte Frage auf, was wiederum das Subjekt qua Subjekt dieser propriozeptiven Repräsentation ist, welche ebenfalls sehr unterschiedliche proximale Bedingungen in den verschiedenen Körperteilen integrieren muss, und worin seine Ganzheitlichkeit besteht. Die Referenzrahmen für primitive Perspektivität anzuführen, birgt also eine Problematik, die Morgan nicht eigens thematisiert. Denn die

---

249 Auch Millikan (2004, 175-180) präsentiert eine ähnliche Theorie einer „ego-implicit representation", worauf ich noch eingehen werde. Siehe auch Recanati (2007, 146) zu diesem Punkt.

250 „Somatoparaphrenic patients most often misattribute their [...] hand as belonging to another person" (Blanke/Metzinger 2008, 9). Diese Attribution betrifft die Hand als Objekt und die jeweilige Zugehörigkeit als Attribut. Die Frage der *belongingness* ist bereits bei anderen Sinnesmodalitäten als zentraler Aspekt ihrer Repräsentationalität herausgestrichen worden. Siehe auch Peacocke (2015, 172, 179) zu *de se* – Irrtümer im Rahmen solcher „ownership" und ihre Einbettung in Wahrnehmungskonstanten.

Perspektivität durch die oben genannten Referenzrahmen zu bestimmen, läuft Gefahr, das Subjekt-als-Objekt in einer speziellen Repräsentation, d.h. der *räumlichen* Repräsentation der Wahrnehmung (z.B. einer Positionskonstanz der Kaffeetasse), für das Subjekt-als-Subjekt und damit den Bezugs- und Nullpunkt *repräsentationaler* Perspektivität schlechthin zu halten. Denn in Cohens und Andersens Beschreibung der Referenzrahmen besteht die Relativität *für* das Subjekt in Bezug auf die „Position eines Objekts", beispielsweise in der Stellung der Augen oder der Arme zum Gegenstand des Greifens. Bei Blanke und Metzinger (2008, 9) ist ebenfalls eine solche „coherent representation of the whole, spatially situated body" die wesentliche Konstituente für minimale Subjektivität. Die Koordinationsleistung betrifft also hauptsächlich den Organismus qua *Körper* und *Körperglieder* im räumlichen Kontext mit anderen Körpern, wie greifbaren Körpern und ihren Interaktionsmöglichkeiten in Bezug auf den Organismus als Verhaltendes. Sie scheint daher primär den indexikalischen *de se* – Gehalt räumlicher und propriozeptiver Wahrnehmung, in welchem der eigene Körper und seine Position miteinbezogen wird (siehe Kapitel A.III.3.5), zu betreffen und weniger das repräsentationale Subjekt *tout court*, das eine Einstellung zu diesem Gehalt unterhält und *für* dasjenige auch der räumliche *de se* - Gehalt allererst vermittelt wird. Hier unterscheidet Morgan nicht klar und läuft Gefahr, den Nullpunkt der Perspektivität wiederum zum Objekt einer Perspektive zu machen, anstatt sein eigentliches Ziel, die spezifische „Innerlichkeit" („the inner perspective of a psychological subject") aufzuklären. Das genuine Subjekt der Repräsentation bleibt dadurch unbestimmt. Zumindest führt Morgan nicht aus, warum das Attribut *mental* gerade in Bezug auf räumliche Perspektivität seinen charakteristischen Sinn erhalten soll.

Gleichwohl führt Morgan entscheidende Aspekte an, die einen Ansatz bieten können. Denn er weist auf „flexible Übereinstimmungen" zwischen „mannigfaltigen sensorischen Oberflächen und Effektoren" hin, die eine „Kohärenz" unter dem Dach „globaler" Zustände bilden sollen (vgl. Morgan 2018, 5425). Auch wenn er auch hier die *informationstheoretischen* Konsequenzen aus dieser sensorischen Mannigfaltigkeit nicht eigens beleuchtet, so liegen sie auf der Hand. Morgans Vorschlag wirft ein Licht auf einen bisher vernachlässigten Aspekt, der auch von Burge nicht systematisch entwickelt wird (siehe Burge 2010, 287, 525): Was ist der egozentrische *Gegenpol* der Objektivierung und was sind mögliche Mechanismen seiner Realisierung? Denn die Invarianz der Wahrnehmungskonstanten betraf bisher immer nur ausschließlich die distal-spezifische Invarianz, also die „externe" Seite der Repräsentation. Morgans Vorschlag verweist auf die „interne" Seite, die ebenfalls eine Invarianz bildet, wie die obige Passage zeigt: Denn beim Greifen der Tasse stehen die einzelnen Körperglieder (Augen, Hände) in unterschiedlichen und teils gegenläufigen räumlichen Konstellationen zur Tasse. Dadurch ergeben sich unterschiedliche und variierende proximale (propriozeptive und visuelle) Informationen. Diese informationelle Komplexität betrifft nun nicht erst den *de se* Gehalt der räumlichen Wahrnehmung: Er betrifft das Subjekt der Repräsentation schlechthin und kann für andere, nicht-räumliche Kontexte informationstheoretisch verallgemeinert werden. Denn diese Informationen müssten in jeder Modalität vereinheitlicht sein, um überhaupt eine objektivierende Kontrastierung zwischen subjektiven und objektiven Mustern zu erreichen. Diese andere, proximale Invarianz innerhalb der Objektivierung muss ebenfalls thematisiert und begründet werden. Eine Variation und Desintegration dieser Proximalität würde nicht nur eine Objektivierung verunmöglichen, die Wahrnehmung würde auch in ihrer Einheitlichkeit auseinanderfallen (siehe Kapitel A.III.3.5). Sie wird jedoch offensichtlich durch die einheitliche Wahrnehmung *eines* Subjekts überbrückt. Wie wir noch genauer sehen werden, bleibt bei Burge dieses invariante Subjekt anonym oder im Unklaren, was die These unterstützt, dass selbst Burge lediglich eine mereologische Deutung von RD anbieten kann, was die Position des Tracking-Modells insgesamt schwächt. Die proximalen Inputs müssen nämlich nicht nur in Bezug auf eine einheitliche distale Ursache (Objekt) zusammengefasst werden, sondern auch in Bezug auf ihre Zugehörigkeit auf einen einheitlichen Träger der Repräsentation bzw. des Gehalts (Subjekt), damit die Relata der repräsentationalen Differenz bestimmt sind. Ich werde dieses Problem das *Vereinheitlichungsproblem* der Subjektivität nennen und es im nächsten Kapitel eingehender betrachten.

Insofern Morgans Vorschlag einer Integration von Referenzrahmen zu einer einheitlichen Perspektivität des Subjekts zumindest *prima facie* weder nicht-perzeptuelle Fähigkeiten wie die von Evans Genannten verlangt noch den Status des Subjekts als „Person" (als denkbegabtes, selbst-referentielles Individuum) voraussetzt, sondern begründen will, scheint dieses Subjekt-Verständnis einerseits weniger repräsentationalistisch zu sein als das von Evans. Andererseits setzt Morgan mit den Tracking-Theorien jedoch voraus, dass es repräsentationalen Status bereits für ein rein mereologisches Subjekt^{M} geben kann, sodass es ihm lediglich um eine *besondere* Einbettung eines bereits realisierten repräsentationalen Gehalts in multiple Referenzrahmen geht („global, multimodal states [...] of whole organisms", Morgan 2018, 5425), die den intrinsischen Gehalt in einen *mentalen* Gehalt überführt. Im Zuge des Neo-Kantianismus von Strawson, dem sich Morgan anschließt und den wir eingehend betrachten werden, hat „Perspektivität" durch Referenzrahmen oder analoge Anforderungen also eine stark *räumliche* Bedeutung. „Äußerlichkeit" und „Innerlichkeit" der Repräsentation (und damit RD) sind stark durch Kants Begriff der Anschauung geprägt:

> Vermittelst des äusseren Sinnes, (einer Eigenschaft unsres Gemüths) stellen wir uns Gegenstände als ausser uns, und diese insgesamt im Raume vor. [...] Denn damit gewisse Empfindungen auf etwas ausser mich bezogen werden [...] dazu muß die Vorstellung des Raumes

> schon zum Grunde liegen. Demnach kann die Vorstellung des Raumes nicht aus den Verhältnissen der äussern Erscheinung durch Erfahrung erborgt seyn, sondern diese äussere Erfahrung ist selbst nur durch gedachte Vorstellung allererst möglich (Kant 1956 [1781], [B37-38]). [251]

Damit wird das Mentale an einer besonderen *Art* von Repräsentation (räumlicher Repräsentation, *de se* Gehalte) entwickelt und Repräsentation vorausgesetzt. Deshalb ist Morgans „Subjekt" ebenfalls ein repräsentationalistisches Subjekt^{R}. Was Perspektivität und ihre Egozentrik für ihn auf einer nicht-mentalen Ebene bedeuten – inwiefern also z.B. der Gehalt der circadianen Uhr eine Repräsentation *für* die Pflanze ist – bleibt daher auch bei ihm offen, wie wir noch sehen werden.

(2) Dass diese Diagnose von Morgans Repräsentationalismus richtig ist und sogar noch weiter reicht, bestätigt sein Vorschlag zum Verständnis des anderen Relats innerhalb der RD, von ***Objektivität*** bzw. ***Objekt***:

> The rough idea here is that a system only counts as having a mind when it is capable of representing features of the world *as* objective or mind-independent, for it is only then that the system is one for which a distinction between mind and world finds purchase. [...] Objectivity for Burge simply involves representing features of the world that are *in fact* objective. These seem to be quite distinct phenomena (Morgan 2018, 5425).

In Entsprechung zum Verständnis von „intern" und „Subjekt" weist Morgan damit auf die Bedeutung von „extern" und „Objekt" innerhalb der RD hin. Nach dem „neokantischen" Verständnis, welches er explizit Evans (1982) und Strawson (2002) zuschreibt, *ist* das repräsentierte Objekt nicht nur mereologisch „extern" oder „außen", was einer *mereologischen Deutung* von *„Objekt"* (kurz: *Objekt*^{M}) entspricht, insofern es lediglich als Teil der Umwelt oder als „mental-unabhängig" (*mind-independent*) existiert. Vielmehr meint „Objekt" hier notwendig dasjenige, was darüber hinaus auch *als mental-unabhängig repräsentiert* wird, also in seiner Unabhängigkeit von einem entsprechend befähigten Subjekt qua Subjekt^{R} eigens verstanden wird. Damit haben wir ein *repräsentationalistisches Objekt* qua *Objekt*^{R}, das damit als Gegenpol zu Subjekt^{R} innerhalb der repräsentationalistischen Differenz (RD^{R}) fungiert.

Wie dieser *starke* Begriff von „Objektivität" mit dem perzeptuell-räumlichen Sinn der Äußerlichkeit zusammenhängt, wird bei Morgan nicht klar. Ich denke al-

251 Kant trennt allerdings streng das Subjekt-als-Subjekt von einem *de se* Gehalt räumlicher Repräsentation. Diese Vorstellung ist nicht nur eine besondere Art von Vorstellung. Sie ist als „Anschauung" nicht nur die eines bewussten Subjekts, sondern über subjektive „Empfindung" hinausgehende objektive „Erkenntnis (cognitio)" (Kant 1956 [1781], [B376]. Der „Empfindung" *per se* geht, wie gesagt, der Äußerlichkeitscharakter der räumlichen Anschauung ab, sie ist nur subjektiv als bewusste. Zum „Neo-Kantianismus" Strawsons und Evans siehe Burge 2010, 154-210.

lerdings, dass sein Modell eine implizite neo-kantiantische Prämisse enthält: Denn der Äußerlichkeitscharakter des Objekts wird von Kant zwar als räumlich („äußerer Sinn" als „Vorstellung des Raumes") bestimmt, wird aber zugleich in seiner vollständigen Bedeutung nach Kants hybriden, „räumlichen-wirklichen" Sinne von „ist" mit der „Position eines Dinges oder gewisser Bestimmungen an sich selbst" (Kant 1956, [1781] [B626]) auf eine Stufe gestellt oder gleichgesetzt, der sich in der Attribution von ist mental-unabhängig vollzieht (siehe Kapitel A. III.3.4). Das heißt: Das Subjekt^{R} bzw. sein System verfügen nach Morgan über das Attribut mental-unabhängig und damit auch über das Attribut mental, d.h. die kognitiven Mittel, sich eine vom Mentalen unabhängige Existenz vorzustellen. Evans spricht hier mit Berufung auf Strawson (2002) von „an idea of an existence unperceived" und der Repräsentation von etwas als „existing independently of any experience" (Evans 1985, 251, 279).

Auffällig ist, dass Morgan sich dieser *kognitivistischen Durchdringung* der räumlichen Referenz entweder nicht bewusst ist oder die Prämissen der „neokantischen These" von Evans und Strawson akzeptiert, ohne sie eigens zu kennzeichnen. Denn es gilt: Die repräsentationale Verortung eines räumlichen Objekts als auf einer bestimmten Position befindlich impliziert *keineswegs* die Repräsentation des Objekts als *mental*-unabhängig – auch wenn das örtliche Existierende mental-unabhängig *ist*. Es gilt auch: Ein Lebewesen scheint eine egozentrische Referenzstruktur besitzen und dadurch geschickt Greifbewegungen koordinieren zu können, *ohne* das Attribut mental bzw. mental-unabhängig zu besitzen und kompetent anwenden zu können. Aus diesen Gründen passt die Morgans starke Auffassung von „Objektivität" ohne weitere Ausführungen nicht zu Morgans schwachem Verständnis von „Subjektivität" im Lichte von Referenzrahmen: Denn diese bleiben innerhalb der *perzeptuellen* Ebene und betreffen die Lokalisierung von Objekten, nicht ihre *ontologische* Kategorisierung als mental-unabhängig.

Auffallend in dieser Inkonsistenz ist zudem, dass Morgan auch die Konzeption von „Objektivität" durch eine Konzeption vom Mentalen nicht wirklich motiviert, empirisch begründet oder sie in Bezug zu der Referenzrahmentheorie setzt. Ungenau ist auch der Rekurs seines Objekt-Verständnisses auf Siegel (2006), da diese etwas vorsichtiger lediglich von einer „Subjekt-Unabhängigkeit" (*subject-independence*) spricht (siehe Mackie 2020, 457 zu dieser Unterscheidung) auch wenn sie diese Unterscheidung zur mentalen Unabhängigkeit nicht immer konsequent durchzieht (siehe Siegel 2006, 357, 374). Wenn das System etwas in Bezug auf ein Abhängigkeitsverhältnis zu den *eigenen mentalen* Zuständen repräsentieren können muss, dann scheint Morgan mit seinem Objektivitätsverständnis durch die Hintertür wieder einen repräsentationalistischen Begriff von „Subjekt" oder „Perspektive" ins Spiel zu bringen. Blanke und Metzinger (2008, 8) verbinden damit eine „starke Erste-Person-Perspektive", die jedoch ausdrücklich über die angeführte, minimale

Egozentrik der Repräsentation („schwache Erste-Person-Perspektive") hinausgeht und eine *meta-repräsentationale* Ebene mit sich führt:

> A strong 1PP appears when the system as a whole is internally represented as *directed* at an object component, for example a perceptual object [...] A strong 1PP is exactly what makes consciousness *subjective*: the fact that a system represents itself not only as a self but also as '*a self in the act of knowing*'. This means that the organism represents itself *as representing* in real time. It co-represents the representational relation during the ongoing process of representation: a phenomenal self as *subject* appears exactly when the organism possesses a phenomenal model of the intentionality relation (Blanke/Metzinger 2008, 8).

In diesem Sinne erweist sich Morgans Kritik an Evans Subjektbegriff („overally intellectualistic") und an Burges Skepsis am Repräsentationalismus als nicht kohärent. Denn der Begriff mental bzw. mental-unabhängig ist sicherlich einem kognitiven Subjekt^{R} zuzuordnen, wie es Burge für basale mentale Akteure mit guten Gründen nicht voraussetzen will[252] – eine Voraussetzung, deren Zurückweisung Morgan auch mit dem unklaren Verweis auf „sub-psychologische" Repräsentation von Objekten^{R} (Morgan 2018, 5426) nicht gelingen kann. Denn warum soll anstelle des kognitiven Subjekts^{R} (bzw. die „Person" bei Evans), „ihr Nervensystem" (Morgan 2018, 5426) das Attribut mental verwenden? Attribute wie mental oder existiert unabhängig von setzen eine *theory of mind* voraus, die Repräsentationen kognitiver Subjekte von sich selbst und von anderen Individuen und deren repräsentationalen Zuständen impliziert, sondern auch ein Verständnis von Kausalität und Existenzbedingungen.[253] Morgans Verweis auf die subpersonale Ebene wirkt daher eher *ad hoc* und als Eingeständnis des Versuchs, der kognitivistischen Schlagseite seines Arguments beizukommen.

Halten wir fest: Morgans Modell von RD ist ambivalent. Einerseits weist er auf die mereologische Interpretation der RD innerhalb der Tracking-Theorien hin, die Subjekte und Objekte lediglich nach ihrem faktischen Vorkommen „innen" oder „außen" differenzieren, und deshalb mögliche Probleme auf sich ziehen, auf die wir noch eingehen werden. Auch sein Anstoß zu einem elaborierteren Verständnis von RD zeigt mögliche Alternativen auf, die Ansätze für ein spezifischeres Verständnis von „Subjektivität" und „Objektivität" anbieten. Andererseits intellektualisiert er jedoch diese entscheidenden Begriffe, sodass wir bisher nur zwischen den Extremen RD^{M} und RD^{R} wählen können. Während RD^{M} repräsentationalen Status nicht

252 „Burge rejects such views as overly intellectualist because he assumes that the capacity to grasp an egocentric spatial framework must be a representational capacity of a subject. He denies that for a subject to qualify as minded it must be capable of *conceptualizing* the conditions for objective representation" (Morgan 2018, 5426).

253 Ich werde auf die Implikationen einer *theory of mind* noch genauer eingehen.

voraussetzen muss, weil eine Tracking-Relation zwischen system-internen und system-externen Zuständen ubiquitär ist und gerade als naturalistische Basis für die Status-Frage dienen soll, geht RD^R von einem bereits intentionalen (und/oder bewussten) Subjekt aus. Das heißt jedoch nicht, dass RD^R nicht als Antwort auf die Status-Frage ins Feld geführt werden kann. Denn wir könnten, entgegen RD^M, auf einem *holistischen* Modell bestehen, demzufolge intrinsische Repräsentation der Umwelt und mentale Repräsentation (d.h. in einem der Sinne von M^1-M^3) immer *gleichursprünglich* und ko-konstitutiv auftreten müssen, also keine nicht-mentalen aber intrinsischen Veridikalitätsbedingungen existieren. Zumindest Davidson (1982, 1999, 2004) vertritt diesen Standpunkt und auch die „neo-kantische" Schule um Strawson (2002) und Evans (1982, 1985) verlangt Bewusstsein und selbstreflexive Metarepräsentationen. Bevor wir jedoch auf diese repräsentationalistischen Interpretationen von RD eingehen, erörtern wir zunächst die materiell-mereologische und stellen die damit verbundenen Probleme heraus, die bisher nur angezeigt worden sind.

III.1.2 Die materielle Version: Probleme der repräsentationalen Differenz

III.1.2.1 Intentionale Einstellungen im Tracking-Paradigma

Im Folgenden soll RD^M genauer erörtert werden, wobei die fehlerhafte Fundierung des intentionalen Modus und seiner Momente: Einstellung, Präsentationsstruktur und Subjekt herausgestellt wird (siehe Kapitel A.III.3.4-5). Eine wichtige Voraussetzung für das materiell-mereologische Verständnis von Subjektivität ist die Annahme, dass es repräsentationale Zustände auf nicht-personaler Ebene gibt, welche die von Morgan exemplarisch vorgeführte Differenzierung zwischen nur intrinsischer und auch mentaler Repräsentation fundieren. Dazu wird zunächst (1) *ein gängiges Argument für subpersonale Repräsentationen* vorgestellt und kritisch diskutiert.[254] Im Anschluss daran soll (2) deutlich werden, dass die Schlussfolgerung des Arguments Probleme bei der *Fundierung* des *intentionalen Modus* und seiner Strukturmomente (Präsentationsstruktur, Einstellung und Subjekt) hat, was schließlich (3) zu einem *Dilemma* führt, das uns zu zwei wichtigen Herausforderungen für RD^M führt.

---

254 Siehe exemplarisch dazu neben Morgan 2018, vor allem Fodor 1987, 17; Kriegel 2012, 116; und Shea 2018, 154, die dieses Argument implizit oder explizit für die personal/subpersonal-Unterscheidung anwenden. Vorwiegend internalistische Theorien, die Intentionalität wesentlich an Bewusstsein binden, würden dieses Argument nicht akzeptieren (z.B. Husserl (1962) [Hua IX], Strawson 2004, Georgalis 2006, Mendelovici 2018). Auch darauf wird noch eingegangen werden.

(1) Ein gängiges Argument für subpersonale Repräsentationen lautet wie folgt:

P1) Das Subjekt^M des intrinsischen Gehalts p (x ist F) ist der funktionale Träger und eine Konstituente des Gehalts. Da der Träger mereologisch zu einem Individuum (Organismus) bzw. System gehört und damit ein Teil-Zustand des Individuums bzw. des Systems ist, ist die Repräsentation zugleich *für* das Individuum und *des Individuums*. Die Repräsentation ist als gehaltvoller Zustand die *des Subjekts^M selbst* in einem rein mereologisch-metonymischen Sinne funktionaler, intrinsischer Zugehörigkeit.

P2) Sowohl subpersonale als auch personale Repräsentationen sind die des Subjekts^M selbst qua Träger. Sie sind intrinsisch-funktionale Zustände nach P1).

P3) Repräsentationen auf personaler Ebene sind die des Subjekts selbst in einem *spezifischeren, ganzheitlicheren* Sinne von „Subjekt" (Subjekt^R): Sie sind eingebettet im Vollzug kognitiver Fähigkeiten nach M^2 und/oder Bewusstsein (M^3) seitens dieses Subjekts^R.

→ K: Ein Subjekt^M kann allein auf der subpersonalen Ebene repräsentieren, repräsentationaler Status setzt kein Subjekt auf personaler Ebene (Subjekt^R) voraus.

Diesem Gedanken nach ist auch eine Pflanze das Subjekt^M einer (vermeintlichen) Repräsentation des Tag-Nacht-Rhythmus, da sie der Träger der circadianen Uhr und ihrer Zustände ist. *Die Pflanze selbst* ist es, die repräsentiert, weil sie die Uhrenzustände funktional umfasst, in ihrem „Selbst" qua individueller Einheit des Organismus integriert (die Uhr ist nicht Teil eines anderen Systems). Die Repräsentation ist aber nicht die der Pflanze selbst in einem spezifischeren, personalen Sinne (P3), da die Pflanze weder kognitive Fähigkeiten noch Bewusstsein besitzt.

Dieses Argument ist problematisch in Bezug auf seine Termini und unzureichend. Denn es lässt uns entweder mit einem sehr unspezifischen Begriff von „Subjekt" durch P1) zurück, der für *alle* Organismen gilt, die Träger ihrer „internen" Teile sind, oder es verweist unsere Intuition von der mentalen „Innerlichkeit" und „Ganzheitlichkeit" des repräsentationalen Zustands auf eine bewusst-kognitive Ebene, in der alle Egozentrik bewusst oder selbstreferentiell ist. Was zwischen diesen beiden Extremen verloren zu gehen scheint, ist die *intentionale Einstellung*, die wir auch für basale und damit sensorische Zustände in Anspruch nehmen, um Verhalten zu erklären. Das ist für eine naturalistische Untersuchung tierischer Zustände, die sich nicht auf eine introspektiv-phänomenologische Betrachtung zurückziehen kann, nicht hinnehmbar. Zumal Selbstreferenzialität bereits eine Einstellung zum und damit Vermittlung eines Gehalts basalerer Stufe (z.B. einer Wahrnehmung, auf die ich mich beziehe) voraussetzt.

Wenn wir jedoch, dem Argument folgend, lediglich davon ausgehen, dass der repräsentationale Zustand nur dahingehend subjektiv ist (ein Subjekt hat), weil er funktionaler Teil eines Lebewesens ist, wie auch sein Verdauungsvorgang, das

Feuern einer Zelle im *tectum opticum* oder ein Muskelzucken Teil des Lebewesens und damit subjektiv sind, dann wissen wir noch nicht, was dieses „Haben" oder „Tragen" eines Gehalts in einem Wahrnehmungszustand spezifisch bedeutet. Wir wissen also noch nicht, was es heißt, einen Gehalt vermittelt zu bekommen (Präsentationsstruktur), in einem bestimmten Verhältnis zu ihm zu stehen (intentionale Einstellung) und was bzw. wer eigentlich dieses Verhältnis unterhält und Adressat der Vermittlung ist (Subjekt). Wir wissen dem Argument nach nur, dass der Tracking-Zustand subjektiv ist, weil er im Organismus *auftritt*, weil sein Aktivitätsmuster in einem kausal-funktionalen Kontext mit dem Lebenszusammenhang steht. Aber das wissen wir auch vom Muskelzucken und dem Vorgang im Pankreas. Sind diese Vorgänge deshalb auch „Subjekte"? Und ist alles, was einen Gehalt „konsumiert" dessen Subjekt? Daran sehen wir den *subjektiven Aspekt* des Pansemantizismus-Problems:

> The crucial question is this: Given the vast range of diverse information bearers, which among them are proper values of the third variable in the representation relation? [...] third-person views ignore or inadequately treat the third variable [the subject] in the representation relation. The failure to distinguish representation from information bearing is unacceptable (Georgalis 2006, 137).

Das Argument ist also zu generell. Denn ohne weitere Konkretisierung müssten wir anhand des bloß materiellen Kriteriums für „Subjekt" qua Subjekt^{M} zugeben, dass das Subjekt des Verdauens oder das Subjekt des Neuronenfeuers *schlechthin dasselbe* wie das Subjekt der Repräsentation ist, und es braucht erst den anspruchsvollen Status einer Person, um die Ganzheitlichkeit in ihrer spezifisch repräsentationalen Ausprägung zu verstehen. Diese Deflationierung des Begriffs „Subjekt" in Gestalt von Subjekt^{M} scheint nicht nur kontraintuitiv zu sein, sondern auch die Fragen nach der charakteristischen Einbettung von Gehalten im Lebenszusammenhang in Form des intentionalen Modus zu ignorieren.

Diese Fragen betreffen daher dasjenige, was bereits an internalistischen Komponenten des Repräsentationsbegriffs herausgearbeitet worden ist: die *Präsentationsstruktur*, die *Einstellungen* zum Gehalt und das *Subjekt* der Einstellung innerhalb des repräsentationalen Zustands (siehe Kapitel A.III.3.4-5). Eine Repräsentation ist ein Zustand, der einen Gehalt und einen intentionalen Modus umfasst. Letzterer lässt sich untergliedern in ein Subjekt, das eine bestimmte Einstellung (deskriptiv, direktiv) zu einem Gehalt unterhält. Wir haben herausgearbeitet, dass das Subjekt dabei zu einer Präsentationsstruktur gehört, die ihm einen Gehalt (ein Objekt in Aspektgestalt) in seiner Gegebenheit („ist", „dass") vermittelt. Die Vermittlung, so wurde gezeigt, gehört wesentlich zur Verfassung des Gehalts als solchem. Es ist bereits angeklungen, dass Tracking-Theorien Schwierigkeiten haben, die Präsentations-struktur naturalistisch zu fundieren. Das hängt mit unklaren

Auffassungen über intentionale Einstellungen zusammen, die wir nun in den Blick nehmen.

(2) Betrachten wir also im Folgenden **die Fundierung des intentionalen Modus durch die Tracking-Theorien.** Rufen wir dazu noch einmal die allgemeine Referenz für den intentionalen Modus bei Searle (1983) in Erinnerung, der repräsentationale Zustände und intentionale Einstellungen wesentlich verknüpft:

> [T]here is a distinction between the representative content *that you will leave the room*, and the psychological mode, whether belief or fear or hope or whatever, in which one has that representative content. [...] Within the theory of Intentional states, we will [...] need to distinguish between the representative content and the psychological mode or manner in which one has that representative content. [...] To say that a belief is a representation is simply to say that it has a propositional content and a psychological mode, that its propositional content determines a set of conditions of satisfaction under certain aspects, that its psychological mode determines a direction of fit of its propositional content (Searle 1983, 6, 12).

Dieser Standard-Definition zufolge gibt es eine charakteristische Weise, einen Gehalt zu *haben*, einen Modus „in which one has that representative content" (Zitat Searle). Gehalte kommen nicht einfach isoliert oder anonym vor und Repräsentationen haben nicht allein kraft ihrer externalistischen Beziehung zu den Repräsentata bestimmte Erfüllungsbedingungen. Dieses Haben der Gehalte, der Kontext ihrer Einbettung formt sich in Gestalt diverser Einstellungen zu Gehalten aus, die durch bestimmte Erfüllungsbedingungen und ihrer (funktionalen) „Passrichtung" realisiert sind. Wie lässt sich die Beziehung zwischen dem Subjekt und dem Gehalt verstehen, die Searle implizit vorauszusetzen scheint?

Wenn überhaupt im Fokus der Betrachtung, dann ist Fodor (1987) der Bezugspunkt für Tracking-Theorien in Bezug auf eine informationstheoretische-funktionale Deutung von intentionalen Einstellungen.[255] Fodors Definition der „Natur propositionaler Einstellungen" an (kurz: FD) lautet wie folgt:

> For any organism *O*, and any attitude *A* toward the proposition *P*, there is a ("computational"/ "functional") relation *R* and a mental representation *MP* such that *MP* means that *P*, and *O* has *A* iff *O* bears *R* to *MP* (Fodor 1987, 17).

Nach FD bedeutet das Einnehmen einer intentionalen Einstellung zum Gehalt (MP), dass der Träger von MP („mental symbol") in einem bestimmten Bereich meines Gehirns instanziiert ist („tokened in your head in a certain way", Fodor 1987, 17). Fodor spricht im Bild der Träger-Metapher von einer „belief box" bzw. einer „hope box", in welchen der Gehalt wahlweise realisiert sein kann, was die unterschied-

255 Siehe Mendelovici/Bourget (2014, 329); Morgan (2019, 322).

lichen Einstellungen ausmacht (Fodor 1987, 17-20). Diese „Behälter“ und damit die jeweilige Relation R, die der „Organismus“ (das Subjekt^{M}) zum Gehalt unterhält, sind für Fodor *computational-funktional* bestimmt. Das heißt, R umfasst kausaleffektive Informationsverarbeitungsschritte in Trägerprozessen („the mind as a syntax-driven machine“), die dadurch prototypische Verhaltenserklärungen der Alltagspsychologie fundieren. Damit bildet FD eine brauchbare Grundlage für intentionale Einstellungen innerhalb des Tracking-Paradigmas. Die Subjekt-Gehalt-Beziehung und der intentionale Modus werden als Träger-Gehalt-Beziehung interpretiert.

Doch Fodor sichtet zumindest das Pansemantizismus-Problem, das mit FD einhergeht. Er ist sich bewusst, dass mit den intentionalen Modi ein Subjekt im anspruchsvolleren Sinne einer „personalen Ebene“ (*personal level)* der Verhaltenserklärung verbunden ist (Fodor 1987, 24):

> At the very top are states which may well correspond to propositional attitudes that common sense is prepared to acknowledge [...] But at the bottom and middle levels there are bound to be lots of symbol-processing operations that correspond to nothing that *people* – as opposed to their nervous systems – ever do. These are the operations of what Dennett has called “subpersonal” computational systems (Fodor 1987, 24).

Damit erkennt Fodor den Unterschied an zwischen einem (deflationären) Subjekt als bloßem Träger der Repräsentation (Subjekt^{M}) und einem anspruchsvolleren Subjekt der Repräsentation auf einer *ganzheitlichen* Ebene, kraft derer es das Subjekt selbst – und nicht eines seiner Teile (wie das Nervensystem) – ist, das die Repräsentation vollzieht (siehe P3 oben). Es ist die jeweilige *Person* selbst („people“), der wir prototypisch in der Alltagspsychologie eine intentionale Einstellung zu ihren Gehalten zuschreiben und nicht ihrem Gehirn oder irgendeinem anderen Körperteil (siehe Glock 2020). Damit entspricht Fodors Modell dem oben in Punkt (1) beschriebenen Argument (P1, ...→ K), das Ganzheitlichkeit im spezifischeren Sinn erst mit der personalen Ebene hebt, in der die Repräsentation selbst nicht nur eingenommen oder angeeignet, sondern realisiert werden („do“, Zitat Fodor).

Doch gerade diesen Unterschied scheint FD durch die funktional-kausale Deutung selbst wieder zu untergraben: Denn nach FD folge, so Fodor selbstkritisch, aus der bloßen Instanziierung von R (zwischen Organismus und Gehalt), dass es auch eine entsprechende intentionale Einstellung geben müsse (vgl. Fodor 1987, 20). Weil R lediglich sehr generell als funktional-computational definiert wird, rutscht die in der Alltagspsychologie mit der personalen Ebene verbundene intentionale Einstellung in die subpersonale Ebene hinab. Für Fodor geht diese Verschiebung zu weit, da sie (a) entweder zu einem Homunkulus (oder unzähligen Homunkuli) führen würde, also eine Art personales Subjekt^{R}, das in irgendeinem Teil des Gehirns und seiner Informationsverarbeitung eine Einstellung zum Gehalt einnimmt (Fodor 1987, 23). Oder (b) sie würde gerade die „Hierarchisierung“ der verschiedenen Verarbeitungsniveaus nivellieren, die wir im Falle kognitiver Fähigkeiten prototypisch benutzen, um intentionale Einstellungen zuzuschreiben und sie von inneren Prozessen abzugrenzen. Die Definition FD scheint folglich ungeeignet, so Fodor: Die Verarbeitungsniveaus erfüllen FD, lassen jedoch im Unklaren darüber, wie sie „correspond to anything that common sense would count as the tokening of an attitude" (Fodor 1987, 24). Fodors Antwort auf diese Herausforderung ist dann wieder recht allgemein: Die prototypischen Verhaltenserklärungen der Alltagspsychologie würden nicht ausschöpfen, was es heißt, eine intentionale Einstellung zu sein, und wären dazu auch nicht in der Lage. Eine naturalistische bzw. computationalistische Fundierung letzterer müsse lediglich zeigen, wie sie kausal effektiv sind (Fodor 1987, 25-26).

Doch diese Antwort stützt nur die bisherige Kritik gegenüber dem Tracking-Paradigma: Die Beziehung R zwischen einem Subjekt und einem Gehalt wird auf die Träger-Gehalt-Beziehung reduziert. Das darin enthaltene Subjekt^{M} steht in einer kausalen Beziehung zum Gehalt, letzterer soll das Verhalten verursachen. Das Subjekt^{M} ist nach FD der Organismus als Träger des Gehalts und damit zugleich auch das, was sich kraft dieses Gehalts verhält. Ein Subjekt der Repräsentation zu sein, heißt lediglich, einen Gehalt in sich zu tragen, wie ein Gefäß, das etwas fasst. Die „Box"-Metapher („belief box") unterstreicht dieses Träger-Verständnis von Subjekt: Die Beziehung zu einem Gehalt R besteht für einen Tracking-Zustand darin, *in* einer bestimmten Hirnregion und auf bestimmte Weise („tokened in your head in a certain way", Fodor 1987, 17) *aufzutreten* und aktiviert zu werden. Einstellungen sind auch hier in einem Tracking-Paradigma verstanden. Es kommt drauf an, in bestimmter Weise aktiviert zu werden und einen kausalen Effekt zu zeitigen. Subjektivität bedeutet, einen solchen Aktivitätszustand funktional in sich zu tragen, also eine Art Behälter zu sein. Dieses Verständnis von Subjekt ist unbefriedigend. Wie die vermeintlich „bestimmte Art und Weise" der Aktivität zu verstehen ist, damit sie intentionale Einstellungen spezifiziert, bleibt unklar – Fodor zieht sich auf größtmögliche Allgemeinheit zurück. Was eine „belief box" zu einer „*belief* box" macht, welche Relationen also deskriptive Einstellungen fundieren, bleibt ebenfalls offen.

Wie problematisch diese kausal-funktionale Deutung der intentionalen Einstellung ist, soll auch anhand Morgans (2019) Anwendung auf Pflanzen deutlich werden. Morgan greift Searles und Fodors Gedanken im Rahmen der Status-Frage auf und weist darauf hin, dass aufgrund der vagen Definition Fodors bis heute nicht wirklich klar sei, welche Rolle intentionale Einstellungen als solche eigentlich spielen würden:

> According to dominant views in philosophy of mind since the 1970s, propositional attitudes are underived propositional representations that play a distinctive functional role (Fodor

> 1987). Different types of propositional attitudes are thought to be individuated by different functional roles. I know of *no systematic attempt* to answer the question of precisely what role propositional representations must play in order for them to qualify as attitudes (Morgan 2019, 322, Kursiv, A.W.)

Ex hypothesi kann Morgan nun aufgrund der funktionalen Interpretation auch Pflanzen mit ihren circadianen Uhren intentionale Einstellungen zuschreiben.

Denn, *erstens,* sind nach Morgans Dafürhalten auch hier Gehalte im Spiel, deren „propositionaler“ Charakter im Gefolge von Searle nicht an Begriffen, sondern an Gehalten allgemein hängt, die auch im Sensorischen realisiert sein können

> [O]n mature, mainstream philosophical views of propositional content, it is uncontroversial that propositional content can be had by all sorts of conceptless systems. In contemporary philosophy of perception there is in fact a widespread presumption that insofar as perception has content, that content is propositional (Morgan 2019, 319)

Zweitens, und darauf kommt es hier an, sind intentionale Einstellungen zu den Gehalten im Sinne Fodors FD gegeben, da die Pflanze (als Organismus) im Zuge einer Informationsverarbeitung einen Gehalt („distributed throughout the tissues of plants“, Morgan 2019, 316) realisiert und dieser eine kausaleffektive (und letztlich praktische) Rolle für die Pflanze als Träger spielt. Damit ergibt sich für Morgan problemlos eine Tracking-Version intentionaler Einstellungen:

> In virtue of this [tracking], their content has a “state-to-world” or *thetic* direction of fit that is widely thought to partly individuate belief-like attitudes (Searle 1983). The job of a circadian clock is to reflect *that* the world is a particular way (Morgan 2019, 322).

Wichtig ist: Morgan will damit nicht sagen, dass Pflanzen *tatsächlich* intentionale Einstellungen haben. Er will nur demonstrieren, dass nach einer Standardauffassung, Fodors funktionaler Definition (FD), Pflanzen intentionale Einstellung besitzen.[256] Das sei, so Morgan, ein weiterer Beleg für die These, dass Tracking-Theorien Repräsentationen bzw. intentionale Einstellungen „entpsychologisieren“ würden. Searles und Fodors Definitionen können der prototypischen Bindung an die personale Ebene nicht Rechnung tragen und damit auch nicht den niederstufigen Analogisierungen auf nicht-kognitiver Ebene. Der Versuch einer Repsychologisierung durch die personale Ebene und ihre kognitiven Fähigkeiten sei zwar nach Morgan möglich. Doch da er glaubt, intrinsische Repräsentation schlechthin sei

256 In diesem Sinne spielt es auch eine untergeordnete Rolle, welche Einstellung Pflanzen wirklich haben. Auch eine mögliche Unklarheit über den richtigen Pflanzengehalt, sei kein Einwand gegen die Existenz der Einstellung (Morgan 2019, 323-325).

bereits vor dem Mentalen als seine Sonderform unabhängig verwirklicht, kommen für ihn auch nicht-mentale Einstellungen mit der erforderlichen Tracking-Relation schlicht hinzu:

> I happen to think that we and other animals have minds, whereas plants do not […] But the question at issue here is what *any of this has to do with propositional attitudes.* Appealing to rational cognitive capacities only helps to draw the distinction between systems that have propositional attitudes and systems that don't if one antecedently assumes that propositional attitudes are constitutively connected to those capacities. But that's precisely what's in question. It's unclear what principled, independent reasons there are for endorsing this view (Morgan 2019, 326).

(3) Morgans Aporie scheint also schließlich zu einer Art **Dilemma** zu führen, das ich im Folgenden *Morgans Dilemma* nenne:

a) Entweder wir haben Gründe für die exklusive Bindung intentionaler Einstellungen (und damit Intentionalität) an kognitiv-anspruchsvolle Fähigkeiten auf personaler Ebene.

b) Oder wir akzeptieren Fodors Tracking-Deutung intentionaler Einstellungen und müssen sie daher *ex hypothesi* und in Ermangelung einer besseren Theorie Pflanzen und anderen Lebewesen auf subpersonaler Ebene zuschreiben.

Nach Morgan ist das erste Horn (a) problematisch, da die gesuchten Gründe „kontroverse" Theorien bemühen müssten, wie sie z.B. bei Davidson (1982) vertreten werden würden. Nach Davidson (1982, 326) erfordert eine intentionale Einstellung zu haben, auf personaler Ebene metarepräsentationale Meinungen (*beliefs*) über Meinungen zu haben, und Begriffe wie Begriff, Wahrheit, mental-unabhängig, Realität, etc. zu verstehen und holistisch zu verflechten:

> In order to have any propositional attitude at all, it is necessary to have the concept of a belief, to have a belief about some beliefs. […] Much of the concept of belief is that it is the concept of a state of an organism which can be true or false, correct or incorrect. To have the concept of belief is therefore to have the concept of objective truth. […] I have the idea of an objective reality which is independent of my belief (Davidson 1982, 326).

Mit diesem *ontologischen* Repräsentationskriterium im Sinne einer „Idee einer objektiven Realität" wären intentionale Einstellungen auf perzeptueller Ebene ausgeschlossen und nur Menschen vorbehalten. Wie wir gesehen haben, steht Morgan zwar verwandten Theorien wie denen von Strawson (2002) und Evans (1985) aufgeschlossen gegenüber und fordert von mentaler Repräsentation ebenfalls die Attribution mentaler Unabhängigkeit. Er beschränkt diese Theorien jedoch lediglich auf den Status *mentaler* Repräsentation, und daher *mentaler* intentionaler Einstellungen. Aufgrund dieser Annahme ist es deshalb für ihn nicht offenkundig, was die personale Ebene und ihre Fähigkeiten mit intentionalen Einstellungen generell zu tun habe (siehe Zitat oben). Würde man dagegen beide Aspekte nach Option (a) wesentlich verbinden, so wäre das Ergebnis deshalb kontrovers, weil es *revisionistisch* wäre: Nicht nur Pflanzen, sondern auch die meisten Tiere hätten keine intentionalen Einstellungen – eine Position, die keine Mehrheit in der Philosophie und der Wissenschaft fände (vgl. Morgan 2019, 326).

Morgan sieht sich deshalb gezwungen, das zweite Horn des Dilemmas zu wählen, und damit auch Pflanzen und ähnlich einfachen Systemen intentionale Einstellungen zuzuschreiben. Wenn wir jedoch Morgan und Option (b) folgen, dann geraten wir in zwei Probleme, die ich im Folgenden ausbuchstabieren möchte:

Das Präsentationsproblem: Selbst im elaboriertesten Tracking-Modell basaler Intentionalität bleibt offen, wie bloße (distal-spezifische) Informationen in Form einer Objekt-Aspekt-Struktur eines Gehalts einem Subjekt *präsentiert* (vermittelt) werden, wie also die Attribution und die Veridikalitätsbedingungen fundierende *Präsentationsstruktur* in deskriptiven Einstellungen realisiert ist.

Das Subjektivitätsproblem: Selbst im elaboriertesten Tracking-Modell wird nicht hinreichend klar, wie sich im Zuge der Wahrnehmungskonstanten ein genuines und einheitliches *Subjekt* einer Repräsentation als egozentrischer Null- und Bezugspunkt bildet, wenn dieser weder mit dem Akteur des Verhaltens noch dem Träger des Gehalts konzeptuell identisch sein kann.

Wenn diese Probleme gewichtig sind und Subjekt und Präsentationsstruktur nicht exklusiv phänomenologisch, sondern primär als funktionale Momente des intentionalen Modus eingeführt worden und damit naturalistisch zu fundieren sind (siehe Kapitel B.III.3.4 und III.3.5), scheinen Tracking-Theorien den intentionalen Modus nicht adäquat erklären zu können. Wenn der intentionale Modus Einstellungen fundiert und Einstellung wiederum intrinsische repräsentationale Zustände (siehe A.III.3.4), dann steht und fällt die Antwort auf die Status-Frage mit der Lösung beider Problematiken.

III.1.2.2 Das Präsentationsproblem für das Tracking-Paradigma

Ich beginne mit dem *Präsentationsproblem*. Es soll zu sehen sein, wie (1) das Tracking-Paradigma die Präsentationsstruktur und ihre Vermittlung von Gehalten unspezifisch als *funktional-kausale Verfügbarkeit* interpretiert. Dieses Versäumnis soll dann (2) auch durch die *fehlende Präsentationsstruktur im konstantem Tracking-Modell* demonstriert werden, und schließlich (3) seine Ursache in der *Projektion der Präsentationsstruktur* aus den propositionalen Gehalten der theoretischen Betrachter angezeigt werden.

(1) Ich beginne mit **der Interpretation der Präsentationsstruktur als funktional-kausale Verfügbarkeit** und zitiere zur Erinnerung des Wortlauts noch

einmal Morgans Plädoyer für intentionale Einstellungen auf basaler Ebene am Beispiel circadianer Uhren:

> [T]heir content has a "state-to-world" or *thetic* direction of fit that is widely thought to partly individuate belief-like attitudes (Searle 1983). The job of a circadian clock is to reflect *that* the world is a particular way. This content is not merely available to be interpreted by intrepid chronobiologists, it plays a crucial role in explaining why plants behave the way they do. If plant clocks didn't accurately reflect the day-night cycle, plants would shrivel and be eaten (Morgan 2019, 322-323).

Morgans Argument erfordert zwei Schritte (siehe Morgan 2019, 323):

(a) Nehmen wir einmal mit Morgan an, die Pflanze sei wirklich repräsentational. *Ex hypothesi* besitzt sie nach seiner Beschreibung eine deskriptive oder assertorische Einstellung (*belief-like attitude*).[257] Diese setzt dem Zitat nach eine Präsentationsstruktur und deren „ist"- bzw. „dass"-Moment der *Gegebenheit* voraus („to reflect *that* the world is a particular way").[258] Denn diese „Reflexion" einer Tatsache ist nicht nur statistisch gemeint, sondern hat Veridikalitätsbedingungen („accurately reflect"). Wir haben bereits dafür argumentiert, dass Erfüllungbedingungen, wollen sie Veridikalitätsbedingungen sein, irgendwie *vermittelt* oder *gegeben* sein müssen, um Gehalte zu spezifizieren (siehe Kapitel B.III.3.4). Unter anderem dadurch wird die Funktion der Präsentationsstruktur hergeleitet. Denn unzählige Erfüllungsbedingungen müssen der Fall sein, aber nur wenige können Gehalte sein, weshalb jene als Gehalte in einem intentionalen Sinn *für* das jeweilige Subjekt *präsentiert* sind, damit Spezifizität und auch Irrtum garantiert ist. Dadurch ist der Gehalt intrinsisch (mereologisch) eingebettet, die Pflanze selbst unterhält (nach Fodors FD) eine funktional-kausale Relation zum Gehalt. Auch wenn Morgan die Präsentationsstruktur nicht eigens thematisiert, muss er sie in Anspruch nehmen („to reflect *that* the world is a particular way"). Das ist der erste Schritt in Richtung intentionaler Einstellung,

(b) Morgan gibt in einem zweiten Schritt zumindest folgendes Analogon der Präsentationsstruktur: Im Lichte seines Tracking-Paradigmas besteht diese darin, dass ein Sachverhalt als Gehalt in zweierlei Weise *für* ein Subjekt^{M} vermittelt ist: Insofern er, *erstens*, als „Kontroll"-Struktur kausal auf das Verhalten des Organis-

257 „So it seems that circadian clocks in plants play the kind of functional role that is commonly thought to individuate belief-like attitudes" (Morgan 2019, 324).

258 Siehe noch einmal Searle als Bezugspunkt für dieses *dass*-Moment: „The content of the visual experience, like the content of the belief, is always equivalent to a whole proposition. Visual experience is never simply *of* an object, but rather it must always be *that* such and such is the case. [...] From the point of view of Intentionality, all seeing is seeing *that:* whenever it is true to say that *x* sees it must be true that *x* sees that such and such is the case" (Searle 1983, 40).

mus wirkt (Repräsentation *für* ein kausales *Ziel*) und, *zweitens*, die Bedingungen begünstigt, die dieses Verhalten förderlich machen (Repräsentation *für* einen praktischen *Zweck*). Morgan betont daher, dass der Gehalt *für*... (die Gegebenheit oder Vermittlung) nicht auf eine Interpretierbarkeit durch Chronobiologen reduzierbar sei („This content is not merely available to be interpreted by intrepid chronobiologists"), sondern der Adressat das Konsumentensystem ist. Morgan deutet also die Präsentation eines Gehalts im Sinne einer zweifachen, kausal-funktionalen Verfügbarkeit im „für"-Moment der Repräsentation *für*..., gerade in Hinblick auf die ethologische Begründung. Morgan reduziert also die Präsentation eines Gehalts *für* das System auf eine *kausal-praktische* „Vermittlung", die lediglich in einer materiell-mereologischen *Verfügbarkeit* („available") besteht und damit die Erklärungskraft des Gehalts begründet („a crucial role in explaining why plants behave the way they do").

Diese Deutung der Präsentationsstruktur stützt sich nicht nur auf Fodor, sondern auch auf Millikan (1989). Ihr Modell wird selbst von den Kritikern der Tracking-Theorien als Referenz für die in intentionalen Einstellungen angelegte „triadische" Relation (Kriegel 2012) – p repräsentiert F(x) für S – hervorgehoben, die in der materiell-mereologischen Definition von Subjektivität zumindest kaschiert ist, wenn Gehalt p lediglich als Teil eines Lebewesens unbestimmt gelassen wird, obwohl ja die Variation der Einstellungen eine Differenz von Gehalten und ihren Adressaten fordert.

> Discussion of the representation-to component of representation is all but non-existent in the literature surrounding the mental representation orthodoxy. [...] With the exception of Ruth Millikan [...] I am not aware of any other comment by a proponent of extant theories of mental representation that addresses, or even acknowledges, the three-place representation relation (Kriegel 2012, 132).

Millikan identifiziert das Subjekt der Repräsentation *für*... mit dem *Konsumenten*. Sie geht dabei zunächst von der Status-Frage im Lichte praktischer Normen aus und fragt, was es heißt, eine Repräsentation *als* Repräsentation zu gebrauchen („to use a thing *as* a representation", Millikan 1989, 285). Millikans Deutung des intentionalen Modus als Beziehung zu diesem Gehalt geht dann von zwei Bedingungen aus: a) von einer „Vermittlung" (*profer*) der Repräsentation (des Gehalts)[259], die dann b) ein „Verstehen" (*understand*) seitens des Subjekts erfordere – eine Bedingung, die stark an Davidsons Forderung erinnert: „[T]he part of the system which consumes representation must understand the representations proffered to it" (Millikan 1989,

259 „Consider the magnetosome. It *tells* which is he direction of oxygen free water" (Millikan 1989, 296).

286). Auch Millikan begründet diese Anforderung damit, dass jeder Tracking-Zustand eine übermäßige Fülle statistischer Informationen (à la Dretske) trage, und verortet sie im Subjekt qua Konsument:

> This information could still not serve the system *as* information, unless the signs were understood by the system, and, furthermore, understood as bearers of whatever specific information they, in fact, bear. [...] So there must be something about the consumer that *constitutes* its taking the signs to indicate, say, *p*, *q*, and *r* rather than *s*, *t*, and *u* (Millikan 1989, 286).

Damit ist klar, dass Millikan ein bloßes Tragen von Information für unzureichend erachtet und nicht nur eine Vermittlung der Information, sondern auch ihr „Verstehen" (*understanding, taking*) einfordert. Für diese Anforderung setzt Millikan dann *robuste* Fähigkeiten voraus, die von einer Form von Wiedererkennung („acts of identifying") ausgehen, die vom Sensorischen in Gestalt assoziativer, modulübergreifender Koordinierung bis hin zu anspruchsvoller, kognitiver Identifizierung von Vorstellungszielen mit Wahrnehmungszielen reichen (Millikan 1989, 297, vgl. auch Millikan 1984, 95 und Millikan 2004, 171). Dieses selbstreflexive „Wissen, was unsere Repräsentation repräsentieren", würde, so Millikan, dem magnetotaktischen Bakterium „nicht wirklich" zukommen (Millikan 1989, 297).

Dieses Urteil überrascht, denn warum tritt Millikan dann für repräsentationalen Status von Magnetotaxis und Bienentänzen ein (Millikan 1989, 288, 290; Millikan 2009, 406)? Sie scheint Bedingung a) bereits als hinreichend für repräsentationalen Status zu betrachten, solange der Konsument mit dieser Verfügbarmachung den Gehalt gebrauchen kann („What the magentosom represents is only what its *consumer* requires that it correspond to in ordert to perform *their* tasks", Millikan 1989, 290). Dafür spricht nicht nur ihre anschließende Begründung der Intentionalität von Bakterien und Bienen im Lichte der ethologischen Theorie, sondern auch ihre Voraussetzung, die identifizierten Elemente im Verstehen des Gehalts seien bereits Repräsentationen.[260] Damit fordert (b) eine Meta-Repräsentation von Repräsentationen, wie sie auch in Davidsons Theorie in Anschlag gebracht wird. Millikan scheint es mit (b) um das Wissen um die Repräsentationalität eines Zustands als solchen und klarere Identifikationsbedingungen ihrer Gehalte zu gehen, da sie im Folgenden den Gehalt des Bakteriums im Sinne des Gebrauchskriteriums bestimmt. Millikan geht folglich mit (a) davon aus, dass die Vermittlung von Gehalten (*profer*) eine funktional-kausale Vermittlungsrelation zum Subjekt^{M} ist, die in einer unbestimmten Verfügbarkeit für den Konsumenten besteht. In diesem Sinne findet (b) zwar auf einer anderen Ebene statt, entspricht

260 „[T]he consumer device *takes* the represented elements to be the same, thus identifying their representational values" (Millikan 1989, 296).

aber im Kern ebenfalls einer *Gebrauchsrelation*, die lediglich klarere Identifikationsbedingungen besitzt.[261]

> The suggestion is that a key aspect of a representation's functional role is its availability for consumption by certain downstream modules. [...] One might thus suggest that an internal state represents *to* the subject when it is readily available for use *by* the subject, and that personal-level representations enjoy heightened or sharpened availability (Kriegel 2012, 135).

Diese Deutung wird dadurch unterstützt, dass Millikan an anderer Stelle auf die Egozentrik von Repräsentation eingeht, diese aber dort allein als Aspekt von *de se* -Gehalten in Gestalt von „ego-implicit-representations" des Lebewesens diskutiert, d.h. in Bezug auf die bereits von Morgan aufgeführten Koordinationsleistungen zwischen den eigenen Körpergliedern und den *affordances* räumlich situierter Körper in einem gemeinsamen Kontext (siehe Millikan 2004, 179). Da diese *de se* -Gehalte in ihrem deflationären Modell nicht notwendig sind für Repräsentation überhaupt, gibt es für sie auch „egoless representations" basaler Organismen. Wir haben bereits klargemacht, dass Subjekte-als-Subjekte *a priori* Subjekten-als-Objekten in Gestalt des repräsentierten eigenen Körpers durch *de se* Wahrnehmungen vorausgehen. Eine Identifikation des minimalen Subjekts mit dem Körper bzw. einer Körper-Repräsentation ist daher problematisch.

Der intentionale Modus, die Repräsentation *für...*, bedeutet also im Lichte der Tracking-Theorien eine Relation funktional-kausaler *Verfügbarkeit* („availability"), die in informationstheoretischen Tracking-Versionen eine Vermittlung von Information beinhaltet. Das Tragen der Information durch statistische Eigenschaften genügt nicht, der Träger des Gehalts muss zugleich auch eine Vermittlungsstruktur realisieren, in der die Information verfügbar gemacht wird. Ziel und Zweck dieser Verfügbarkeit ist der Konsument, sei es ein Teil-System oder, metonymisch, der Organismus (das Subjekt^{M}) im Ganzen.

Doch dieses Modell der Tracking-Theorie wird seinem *explanandum*, der intentionalen Einstellung des Lebewesens aus zwei Gründen nicht gerecht:

Erstens haben wir bereits mit Bezug auf die *Bifunktionalität* (Kapitel A.II.2) argumentiert, dass die Repräsentation und damit die Präsentationsstruktur nicht durch praktische Vermittlung eines Gehalts gedeckt sind: *Dass* die Welt *für* die Pflanze vermeintlich soundso *ist*, ist keine praktische Information. Sie enthält *per se* nichts, was die Pflanze anleitet, dieses oder jenes zu tun. Umgekehrt gilt: Die Nor-

---

261 Das scheint Wittgensteins (2003, [§ 198, 219]) Idee zu entsprechen, dass sich basale semantische Verhältnisse in Form von Regeln bereits in einem abgerichteten, „blinden" Folgen realisieren, während wir auf einer anderen Stufe der „Deutung" diese Regeln eigens explizieren und somit, im Sinne von Millikan, „verstehen" können.

malbedingung, die den Zweck oft genug erfüllt, muss nicht repräsentational vermittelt sein. In diesem Sinne ist es höchst zweifelhaft, wie der *praktische* Gebrauch die Vermittlung eines Gehalts hinreichend konstituiert. Es scheint gerade andersherum zu sein: Der praktische Gebrauch eines Gehalts als solchen setzt bereits eine nicht-praktische Vermittlung des Gehalts voraus, also eine Vermittlung eines Gehalts *für* ein Subjekt (im präsentationalen Sinne) *kraft* der dann ein kausaler Effekt (Ziel) und dessen praktischer Zweck erreicht werden kann. Daher ist die Gegebenheit dessen, dass die Dinge sich irgendwie für ein Subjekt ausnehmen („*that* the world is a particular way", Morgan 2019, 323), in Bezug auf Akkuratesse und Irrtum nicht mit einer praktische Handlungsanweisung bzw. ihrer Ursache identisch, sondern muss *konzeptuell* von ersterer verschieden sein, um ihre Ursache sein zu können. In diesem Sinne *besteht* die Gegebenheit eines Gehalts *stets*, und nur kraft dieser okkurenten Struktur ist dem Tier auch ein Objekt unter bestimmten Aspekten vermittelt. Die Gegebenheit ist auch dann realisiert, wenn das dabei vermittelte Objekt nicht existiert und damit auch nicht praktisch verfügbar ist. Nur kraft dieser Gegebenheit, kann also überhaupt *etwas* ausgeübt werden, das fehlgehen kann. Dieser Punkt scheint mir in Kriegels Kritik an Millikan angezeigt zu sein:

> [H]aving a functional role is a *dispositional* property, but being a representation-to seems to be an *occurent*, hence non-dispositional property. Thus, for a state to be available to certain modules, it need not actually be *availed of* by them. But my visual experience's representing of the laptop *to me* is not just a matter of things *possibly* happening. Something does actually happen when my experience represents the laptop *to me*. [...] Functional role semanticists assume that a representation acquires its representational content in virtue of its functional role. But this quite obviously puts the cart before the horse. More plausibly, a representation acquires the functional role it does precisely because of the representational content it has (Kriegel 2012, 135).

Die Tracking-Theorien versäumen also, die naturalistischen, stets okkurenten Mechanismen anzugeben, welche die *Ausübung* der Funktion, sei diese erfolgreich oder nicht, erst fundieren. Auch wenn kein Gebrauch stattfindet oder die Repräsentation irrtümlich ist, ist ein Objekt durch bestimmte Attribute spezifiziert und einem Subjekt vermittelt.

Zweitens ist in diesem Sinne auch das „thetische" Moment („*thetic* direction of fit", Morgan 2019, 323) der vermeintlich deskriptiven Einstellung der Tracking-Mechanismen („*that* the world is a particular way") fragwürdig und unbestimmt. Denn zunächst ist die deskriptive Einstellung, die ein Lebewesen zu einem Gehalt einnimmt, und die es von einer direktiven Einstellung unterscheidet, in keiner Weise identisch mit dem Gebrauch einer Repräsentation als solcher, sondern betrifft die Binnenorganisation der Repräsentation selbst. Um es in Bezug auf eine Meinung (*belief*) ausdrücken: Halte ich etwas für wahr und handle dementsprechend, dann fällt ersterer Zustand nicht mit letzterer Tätigkeit zusammen. Die Verfügbarkeit meiner Meinung für mein Handeln ersetzt nicht die deskriptive Einstellung zu einem Gehalt, sondern das Handeln setzt diese gerade voraus, wenn es diese Repräsentation sein soll, die das Handeln leitet. Darüber hinaus muss für Morgan, wenn er repräsentationalen Status ausgehend vom Überlebenswert *für* die Pflanze begründet, die dabei von ihm in Anspruch genommene Searle'sche „Passung" (*fit*) keineswegs spezifisch für repräsentationale Zustände sein. Die Pflanze kann, um ihre praktischen Standards zu erfüllen, in einer Weise mit der Welt „zusammenstimmen" (*fit*), die keineswegs eine Proposition („dass, ...") als Relat, geschweige denn ihre „thetische" Affirmation seitens einer deskriptiven Einstellung erfordert. Vielmehr kann sie lediglich in einer bestimmten kausalen Disposition der Rezeptoren für einen kausalen Effekt in Bezug auf die Stimulationsbedingungen bestehen. Diese Unklarheit geht auch darauf zurück, dass Searle selbst nicht sagt, was es genau bedeutet, dass eine *Repräsentation* zur Welt „passt" – er geht lediglich auf den Unterschied der Passungs*richtung* ein (siehe Searle 1983, 8). Das zeigt abermals, dass Searles Verständnis des „psychologischen Modus" („in which one has that representative content") die Präsentationsstruktur in Form des Gehalt-Habens voraussetzt und nur die Verschiedenheit der Modi im Blick hat. Er überspringt diesen Schritt und geht mit der „Passung" externalistisch allein auf die Beziehung des Gehalts zur Welt ein. [262]

Morgans wiederholte Wortwahl, nach der der Pflanzenzustand (das Subjekt^{M}) die Gegebenheit „reflektiert", demonstriert diese konzeptuelle Verlegenheit. Es bleibt offen, wie *die Pflanze* zu einem *Gehalt* steht, wie sie diesen Gehalt „hat" (Searle), damit er in eine deskriptive Einstellung eingebettet wird. Morgan bemüht also einen propositionalen Gehalt in seiner weiten, rein attributiven Bedeutung (x ist F), ohne zugleich die Präsentationsstruktur dieser Attribution zu fundieren. Er spricht von einer „thetischen" Fähigkeit der Pflanze, die „direction of fit" zu bestimmen, ohne dass die Mechanismen klar wären, die die Pflanze bzw. ihre circadianen Uhren dafür aufbringen müssen. Zumindest verstehen wir allein aus dem kausalen Effekt des Schwingungsmusters auf das Pflanzenverhalten noch nicht spezifisch, wie diese „Reflexion" einer Tatsache eine *deskriptive* Einstellung der Pflanze fundieren soll.

(2) Um die Unklarheit des intentionalen Modus in Tracking-Theorien überhaupt zu demonstrieren, muss die **fehlende Präsentationsstruktur im konstantem**

262 Searle (1983, 21) kritisiert zwar die Gebrauchsthese als unklar oder regressbehaftet, lässt aber ebenfalls im Unklaren, wie der *psychologische* Modus sich prinzipiell zu seinem Gehalt verhält. Er begreift Intentionalität bekanntlich als irreduzible „Erdgeschoss-Eigenschaft" des Mentalen (Searle 1983, 26).

Tracking-Modell ausgewiesen werden. Ich werde dazu das Gedankenexperiment einer *Kugelrekonstruiermaschine* vorstellen. Das konstante Tracking-Modell beschreibt zwar eine abstrahierende Differenzierung zwischen Mustern mit Informationen proximaler und distaler Herkunft innerhalb des Systems (Abstraktionsprinzip), doch dabei werden die zwei miteinander verflochtenen Problematiken der Präsentation und der Subjektivität übersehen. Der repräsentationale *Zustand* des Lebewesens bleibt bei Burge unterbelichtet, allein der abstrahierende *Prozess* der Informationsverarbeitung wird beschrieben, doch nicht wie diese Information dann einem Subjekt vermittelt werden. Die „Janusköpfigkeit" der Repräsentation (McGinn) bleibt unvollständig beschrieben. Betrachten wir zur Erhärtung dieser These noch einmal genauer Burges Kernpassage zur Objektivierung:

> If a perceptual system is to form accurate representation as of the environment, it must operate through processes that highlight those aspects of the [sensory information] registration that tend to be signs of specific attributes in the environment. That is, the perceptual system must distinguish specific patterns in the sensory registration that are likely to be adventitious in the context, or idiosyncratic to the subject, from patterns that tend to correlate with specific attributes that are independent of the idiosyncrasies of a particular causal transaction (Burge 2010, 400).

Aufmerksamkeit verdient zunächst die Formulierung im ersten Satz des Zitats: „aspects of the [sensory information] registration that tend to be signs of specific attributes in the environment". Wir können diese „Zeichen" der „Umwelteigenschaften" entweder mit Burge als genuine Repräsentationen auffassen, da sein nicht-reduktiver Ansatz diesen Begriff als *explanandum* voraussetzt und lediglich seine Einbettung in den richtigen Kontext (Wahrnehmungskonstanten) verlangt. Oder wir verstehen sie als „natürliche Zeichen" wie Grice (1957), Dretske (1988) und Millikan (1989), um die nicht-intentionale Eigenschaft des Musters, (statistische/kausale) Informationen zu tragen, hervorzugeben. Da der zweite, erläuternde Satz letztere Deutung nahelegt („patterns in the sensory registration"), gehe ich von einer rein informationstheoretischen Lesart aus, zumal Burge selbst, wie mehrfach hervorgehoben, als Tracking-Theoretiker die distal-spezifischen Muster ebenfalls als (kausale) *Korrelate* versteht. Wir haben folglich einen Zustand, der innerhalb des Subjekts^{M} (des Organismus) auftritt und dabei gewisse statistische Eigenschaften in Bezug auf distale Bedingungen hat. Diese Aktivitätsmuster scheinen nun distal-*spezifisch* zu sein, weil sie dem Abstraktionsprinzip zufolge durch Objektivierung andere, ambiguierende Informationen (statistische Eigenschaften) ausblenden oder degradieren.

Doch inwiefern sind sie nicht nur distal-spezifische Korrelationen, sondern distal-spezifische *Gehalte*? Diese Frage bleibt von Burge unbeantwortet. Nach Burge handelt es sich um „patterns that tend to correlate with specific attributes that are independent of the idiosyncrasies of a particular causal transaction" (siehe Zitat Burge). Aber damit bilden sie nur wieder Korrelationen zwischen system-internen und system-externen Bedingungen im mereologischen Sinne. Auch wenn ein Zustand Informationen trägt und dies funktional tut, bleibt offen, wie die Information strukturiert sein muss, damit sie in Form eines *Objekts* mit seinen jeweiligen *Attributen* auch vermittelt wird, wie also die repräsentationsspezifische Verfügbarkeit des Gehalts *als Gehalt* (und nicht allein seines Effekts auf Konsumenten) erklärt wird. Damit bleibt Burges konstantes Tracking unvollständig.

Diese Leerstelle mit Bezug auf den intentionalen Modus in der elaboriertesten Tracking-Theorie kann anhand einer Analogie mit einer imaginären *Kugelrekonstruiermaschine* veranschaulicht werden: Man stelle sich analog zum proximalen Input und seiner Muster einen system-internen Behälter *s* von Kugel-Fragmenten unterschiedlicher Größe, Gestalt und Farbe vor, die anschließend von einer Kugelrekonstruiermaschine sortiert und zu zusammengehörigen Kugeln zusammengesetzt werden. Alle Kugelteile in *s* kommen aus unterschiedlichen Kanälen, Kanal *F* und Kanal *Q*, wobei Q sich in der Maschine selbst befindet und Kugelteile in s einspeist, F allerdings von außen in die Maschine führt und damit „distale" Kugeln betrifft. Aufgabe des Kugelrekonstruiersystems ist es, die unterschiedlichen Kugelfragmente wie Puzzleteile aus dem Input zu filtern, damit am Ende die intakten Kugeln aus F in einem entsprechenden Behälter p und die intakten Kugeln aus Q in einem entsprechenden Behälter q landen. Der Inputbehälter s lässt es unterbestimmt, ob bestimmte Kugeln von F bzw. Determinanten von F (F1, F2, ...) oder Q stammen, da s so verfasst ist, dass die Kugeln, um in s zu landen, in Kugelteile zersplittert werden. Das System „weiß" natürlich nicht, wie die Kugeln aus F aussehen, es „wettet" nur mithilfe von Heuristiken, dass die produzierte Zusammensetzung richtig ist, wobei unzählige Kombinationen möglich sind (siehe Rahmenproblem). Diese Heuristiken sind Sortiersysteme, nach denen Kugelfragmente ausgesiebt und zugeordnet werden.

Burges Objektivierungsmechanismus operiert nun analog zu diesem Kugelrekonstruktionssystem: So wie dieses Kugelteile nach intrinsischen Eigenschaften (Farbe, Größe) sortiert und einander zuordnet, so filtert das System Muster nach ihren verschiedenen statistischen Eigenschaften (distal, proximal). Die Kugelrekonstruiermaschine sortiert Kugelfragmente aus, der Objektivierungsmechanismus filtert Aktivitätsmuster nach ihrer Provenienz. Die Kugeln, als vervollständigte Gestalten der zusammengefügten Teile, können den rekonstruierenden Aspekt illustrieren: Die Gestalt fällt nicht mit den Teilen zusammen, ist etwas Anderes und „Neues", so wie das Modell, das die distalen Eigenschaften repräsentiert, nicht mit proximalen Stimulationen *tout court* zusammenfällt. Überdies ist eine Kugel keine Invarianz ihrer Teile und lässt sich nicht quantitativ aus den Teilen als Mittelwert austarieren. Wir können noch hinzufügen, dass die fertigen Kugeln im Behälter p in einer Art *perception box* einen bewährten kausalen Effekt zeitigen, dessen Ziel die mit der Maschine verbundenen Zwecke in Bezug auf F (oder eine ko-instanziierten Eigenschaft G) oft genug erfüllt hat, z.B. eine Ausrichtung des Trägers der Maschine in eine bestimmte Richtung F1 auslösen, die mit den Kugeln in p belastbar korreliert.

Natürlich unterschlägt diese Analogie die Komplexität des objektivierenden Filterungsvorgangs. Sie soll aber lediglich auf einen zentralen Aspekt aufmerksam machen: Wie müssen die im System befindlichen getrennten Muster zueinander arrangiert sein, damit die einen ein „ist" bzw. „dass" eines Gehalts und die anderen ein Subjekt, das zu diesem Gehalt steht, realisieren? Wie sind die Muster (oder analog die Kugeln in p) in ihren Zusammenhang eingebettet, dass sie auf eine repräsentationale Weise vermittelt sind? Wenn die Analogie stimmig ist, dann scheint Burges Objektivierungsmechanismus, wie andere Tracking-Modelle auch, lediglich die *Spezifizität* der Perspektivität erklären zu können– welche Informationen (analog: welche Kugelteile) werden wie privilegiert? Selbst wenn wir dies dem Konstanz-Modell zubilligen[263], bleibt der Aspekt der Repräsentation *für*... im Dunklen, welcher jedoch die Voraussetzung für die der Spezifizierung zugrundeliegende Attributionsstruktur des produzierten Gehalts und damit für seine Veridikalitätsbedingungen bildet. Denn die bei Burge als distal-spezifisch heraussortierte Muster unterscheiden sich in ihrer Natur keineswegs von den proximalspezifischen Mustern, beides sind kausale Korrelate, die ein Entsprechungsverhältnis mit der Umwelt (*mapping*) etablieren sollen. Wie die Kugeln am Ende des Sortierprozesses unterscheiden sie sich lediglich in ihrer Provenienz. Sie sind wie unterschiedliche große und gefärbte Kugeln, deren intrinsische Beschaffenheit ihre Herkunft „reflektiert".[264] Aber wie fungieren sie dabei als *Objekte* unterschiedlicher Einstellungen?

---

263 Die tiefergehende Problematik der Spezifizität, wie selbst das produzierte Muster überhaupt seine unzähligen anderen (wenn auch irrelevanten) Informationen *abblenden* kann, um Feinkörnigkeit zu erreichen, blende ich hier aus, halte sie aber für genauso problematisch für die Informationstheorie der Intentionalität. Diese Problematik hängt mit der Vermittlung zusammen, wenn diese *eo ipso* genau die Funktion hat, unzählige Erfüllungsbedingungen von Veridikalitätsbedingungen zu unterscheiden.

264 Das Gedankenexperiment könnte eine weitere Komplikation zeigen, die darin besteht, dass die Rekonstruktion bei Burge nicht die *informationellen*, sondern, wie die Maschine, nur die intrinsischen Eigenschaften „vermittelt" und „bearbeitet". Dann wäre von einer *Informations*verarbeitung nicht die Rede, auch dann nicht, wenn es die informationellen Eigenschaften sind, die erklären, warum sich der Vorgang praktisch bewährt hat. Die Rede von „Information über..." legt nahe, dass der Informationsträger vom System schon in Hinsicht auf sein Korrelat hin verarbeitet wird. Doch diese Referenz ist nicht der Fall und beruht auf einer Projektion, wie wir gleich sehen.

Neben dem unabdingbaren Kontrastierungsprozess, den Burge beschreibt, scheint das Verhältnis der subjektiven Aspekte zu den objektiven Aspekten im produzierten Repräsentationszustand daher unterbelichtet zu bleiben. Damit tragen die produzierten Muster zwar distal-spezifische Informationen, so wie die Kugeln richtig zusammengesetzt sind, und sie treten in der *perception box* des Gehirns auf, wie die Kugeln im Behälter p sind. Sie sind, wie bei den anderen Tracking-Versionen, lediglich kausal-funktional verfügbar, sie kommen materiell-mereologisch vor. Aber wie vermitteln beide darüber hinaus ein *Objekt*, das soundso *ist*, auch wenn es nicht existiert.? Und was ist es, *dem* diese Vermittlung eines Gehalts zukommt – eine Vermittlung *für*... die nicht auf kausale Ziele und praktische Zwecke reduzierbar ist? Das Gedankenexperiment der Kugelrekonstruiermaschine illustriert diese problematischen Lücken in der Tracking-Theorie mentaler Repräsentation.

Sind die hier vorgebrachten Zweifel berechtigt, dann scheinen in Burges Version und damit der Tracking-Theorie insgesamt Gehalte *fragmentarisch* zu bleiben, da ihre Einbettung in einen intentionalen Modus, den Gehalt zu „haben“ (Searle), überhaupt nicht thematisiert und so auch nicht aufgeklärt wird. Um Platons Seelenmetapher vom trojanischen Pferd wieder aufzugreifen (siehe Kapitel A.III.3.3.5): Die informationellen Muster und vermeintlichen „Gehalte“ liegen im Subjekt qua Träger irgendwie verstreut herum und ihre Einheit und Zugeordnetheit, die jeden repräsentationalen Zustand auszeichnet, bleibt unbegründet. Burges Modell und andere Tracking-Theorien erklären lediglich, warum ein Zustand eine Information trägt, wie er (bestimmte) statistische Eigenschaften erlangt, und wie er privilegiert wird. Das (präsentationale) *Format* des resultativen Zustands, welches die Attributionsstruktur der Repräsentation (Objekt-Subjekt) fundiert, bleibt unklar zugunsten des Filterungsprozesses. Burges *Verfahrens*begriff der Repräsentation lässt also den repräsentationalen *Zustand* mit Gehaltstruktur, Subjekt und Einstellung im Dunkeln. Kurzum: *Invarianz* eines distal-spezifischen Musters durch Selektionsprozesse (ausgehend von Unterbestimmtheit) zu demonstrieren, zeigt *per se* noch nicht hinreichend den repräsentationalen Status dieses invarianten Musters. Die konstruierte Kugel, die die invariante Einheit ihrer anfangs verstreuten und variablen Teile ist, gibt uns damit noch keinen Hinweis darauf, dass sie uns ihre Herkunft (F) oder sonst etwas vermittelt und veridisches Format aufweist. Sie steht für sich selbst (als Kugel) und nicht repräsentational für etwas anderes. Dasselbe lässt sich nun von Burges Tracking-Zustand behaupten, sodass der repräsentationale Status nicht nur nicht begründet, sondern sogar unterwandert wird.

(3) Was führt zu diesem blinden Fleck und seiner verheerenden Konsequenz? Damit kommen wir zu der Ursache, die in der **Projektion der Präsentationsstruktur** liegt. Die Tracking-Theoretiker beanspruchen die Präsentationsstruktur meist in Gestalt einer logischen Proposition dass F (x) oder x ist F. Mit diesen Pro-

positionen werden die (informationellen) Zustände als Gehalte charakterisiert. Wir erinnern uns „that the formulation in terms of that-clauses makes information *truth-evaluable*" (Ryder 2009, 254). Klar ist jedoch auch: Eine statistische Eigenschaft eines Zustands hat *per se* kein intentionales „dass" oder „ist". Sie spiegelt nur eine Frequenz der Häufigkeit oder eine Propensität (eine Verwirklichungstendenz) in Bezug auf andere Zustände wider. Sie ist völlig *anonym.* Eine solche Eigenschaft instanziiert damit, um Siegels (2011) Beispiel von Bläuebedingungen (siehe Kapitel A.III.3.4) abwandelnd aufzugreifen, nichts anderes als die Neigung einer farbigen Oberfläche, blau zu werden. Damit wird noch nichts gegeben oder vermittelt, wenn Vermittlung im repräsentationalen Sinne nicht auf kausal-funktionale Verfügbarkeit reduziert werden kann: Das mit einer externen Bedingung ko-okkurente und reguläre Auftreten einer internen Bedingung, sei diese Bläue oder ein neuronales Muster, konstituiert noch kein Objekt für ein Subjekt – auch dann nicht, wenn dieses anonyme Auftreten normalerweise das Auftreten eines förderlichen Verhaltens zeitigt.

Wenn die bisherige Diagnose richtig ist und eine solche intrinsische Präsentationsstruktur informationstheoretisch nicht begründet wird, dann liegt folgende Schlussfolgerung nahe: Selbst restriktive Tracking-Theorien scheinen propositional-attributive Strukturen ihrer Beschreibungsgehalte in die zu beschreibenden, nicht-propositionalen Zustände der Information *hineinzuprojizieren.* Diese Projektion geschieht durch hybride Konzepte wie „informationeller Gehalt", „Information über…" und „Information dass….", die sich in die Beschreibung einschleichen und scheinbar Erklärungskraft leisten. Sie bilden als Quasi- oder Pseudo-Gehalte Analoga zu fregeanischen „Gedanken", welche nach Frege (1918) bereits intentional und intensional sind, *bevor* sie in intentionalen Einstellungen und ihrer „Kraft" eingebettet sind und erst in einem „Fassen des Gedankens" einem Subjekt zugeordnet sind. Das findet sich in Dretskes These wieder, Intentionalität und Intensionalität seien schon perfekt natürliche Eigenschaften, die in der Welt an sich vorkommen würden – schon die Kompassnadel ist für Dretske in sich intentional und intensional (vgl. Dretske 2000, 211). Diese Quasi-Gehalte sind dann nur freischwebende und anonyme Korrespondenzen bzw. Korrelationen, die dann nur noch „gebraucht" (Millikan) bzw. „ausgebeutet" (Dretske) werden müssten. Doch die Rede von „Information über…" legt nahe, dass der Informationsträger vom System schon in Hinsicht auf sein Korrelat hin verarbeitet wird, als wäre also die Information bereits von der Form x ist F und beinhalte überhaupt schon ein Objekt (…), das mit Attributen wie F charakterisiert ist. Das ist nicht der Fall, und selbst wenn es der Fall wäre und ein solches Reich der Quasi-Gehalte existieren würde, müsste die Tracking-Theorie zeigen, wie und warum das System gerade diese Eigenschaften eines Inputs „bearbeitet" und nicht die intrinsischen, unmittelbar kausal wirksamen. Auch die Debatte um die (disjunkte) Unbestimmtheit von Informationen geht davon aus, dass ein Zustand unzählige solcher Zustände „über“ F, G, H, als Eigenschaften einer Entität, trägt. Doch das vermittelt den Anschein, als wären die Informationen bereits klar umrissene Propositionen, von denen das informationsverarbeitende System nur eine und die richtige im Frege’schen Sinne „ergreifen“ müsste. Auch das Disjunktionsproblem setzt eine logische Abgrenzbarkeit von Informationen voraus, die es in Wirklichkeit *für das System* nicht gibt. Damit wird überall die Präsentations- oder Attributionsstruktur schlicht vorausgesetzt und das eigentliche Präsentationsproblem verdeckt.

Diese Projektion auf anonyme Muster scheint ferner auf dem Missverständnis des Begriffs „Existenz“ zu beruhen (siehe Kapitel III.3.4), demnach die sprachlich-logische Form von „ist“ bzw. „dass“, die *unseren* deskriptiven Propositionen zukommt, als Repräsentationen eines „Seins“ bzw. einer „Tatsache“ aufgefasst wird – als wäre jene Form der Gegebenheit eine weitere Eigenschaft der Umwelt, und „Existenz“ also ein reales Prädikat. Man schließt dann aus der Annahme, ein Zustand p korreliere mit der realen Eigenschaft F (einem *Würfel*-Sein), dass p damit auch automatisch mit einem Würfel-*Sein* korreliert, als wäre auch dieses eine reale Eigenschaft, weil der Würfel unabhängig von seinem Repräsentiert-Werden besteht: „Commonly ‚objective‘ would be taken to indicate a property of particulars. ‘Objective particular’ might be taken to mean ‘a particular that *is* objective – independent of any individual’s states of mind“ (Burge 2010, 159; Kursiv, A.W.) Burge behauptet damit keineswegs, *pace* Morgan, dass der Status mentaler Repräsentation an der Repräsentation von *mind-independence* als solcher besteht. Doch indem er „Objektivität“ auf diese Weise versteht, versäumt er zu erklären, wie es gleichwohl unterhalb der kognitiven Schwelle durchaus einen Sinn von „Sein“ gibt, der als „ist“ die Attributionsstruktur (x ist F) mitkonstituiert. Wenn Kant explizit macht, dass wir mit der Kopula einen Sinn von „Sein“ als funktionale Komponente unserer Prädikation einführen, macht er nicht nur auf die Nicht-Realität von „Existenz“ aufmerksam. Er bietet zumindest auch eine intentionale Fähigkeit für Präsentation (x *ist* F) an, die die Attribution (und damit reale Prädikate) allererst fundiert. In allen Tracking-Theorien wird dieser erste (attributive) Sinn von „ist“ übersprungen bzw. impliziert, was zu dem Verdacht führt, dass sie die sprachlich-logische Form der Proposition, mit der man Wahrnehmungsgehalte und ihrem Anspruch auf mental Unabhängiges beschreibt, in diese Gehalte hineinlegen, ohne diesen Sprung zu bedenken.

Nur durch die Anforderung, die ich Präsentationsstruktur nenne, ist die Transformation einer anonymen Information zu einem gehabten Gehalt keine bloße Projektion unserer Urteilstruktur. Der Zustand (der Gehalt) hat dann durch das System selbst eine attributive Struktur (*dass* ..., x *ist* F), die als affirmierte seine Veridikalitätsbedingungen fundiert. Das gilt auch für das Subjekt der genuinen Präsentationsstruktur, welches nicht das betrachtende und hineinprojizierte Subjekt^{R} sein darf, sondern selbst dasjenige ist, was in Differenz zum Objekt steht und eine assertorische Einstellung zum Gehalt unterhält, die Veridikalitätsbedingungen erst konstituiert.

III.1.2.3 Das Subjektivitätsproblem für das Tracking-Paradigma

Wenden wir uns daher dem *Subjektivitätsproblem* zu. Wie der intentionale Modus, so bleibt auch das *Subjekt* der Einstellungen zu Gehalten im Tracking-Modell sehr generell bestimmt, wie die Erörterung von Fodor, Morgan und Millikan gezeigt hat: Es handelt sich dabei lediglich um den *Organismus*, der in einer kausal-funktionalen Beziehung seines Lebenszusammenhangs zu einem seiner internen Teile steht bzw. um einen Teil-Zustand des Organismus, der mit einem anderen Teil-Zustand verbunden ist. Morgan und die Tracking-Theoretiker gehen daher von der impliziten Annahme aus, dass die Beziehung zu einem Gehalt keine *gehaltspezifische* ist, dass sie in einer funktional-kausalen Beziehung R im Sinne Fodors besteht. Anders gesagt: Der Gehalt wird nicht als Gehalt vermittelt, sondern als kausaler Effekt. Zumindest wird diese Beziehung kaum problematisiert oder spezifiziert. Folglich gilt dieses allgemeine Verständnis von (materiell-mereologischer) Subjektivität^{M} für *alle* Organismen mit ihren funktional-kausalen Beziehungen zu ihren Teilen, ohne dass sie dafür Gehalte besitzen müssen. Ich möchte im Folgenden zwei Aspekte des Subjektivitätsproblem für diese Auffassung der repräsentationalen Differenz RD^{M} hervorheben:

(1) *Erstens* soll anhand von einem spezifischeren, und damit verfeinertem Sinne von Subjektivität^{M}, Burges Modell einer individuellen oder akteursbezogenen Ebene, demonstriert werden, dass materielle Subjektivität^{M} generell auf einem zweifachen *Kategorienfehler* gegründet ist: nämlich auf der Konfusion des Subjekts der Repräsentation mit dem Akteur des Verhaltens im Besonderen, und mit dem Träger des Gehalts im Allgemeinen. (2) *Zweitens* soll anhand des bereits angeschnittenen *Vereinheitlichungsproblems* die Problematik des deflationären Subjektverständnissen unterstrichen und die Plausibilität eines alternativen, *präsentationalen* Sinns von Subjekt (Subjekt^{P}), jenseits von Subjekt^{M} und Subjekt^{R} demonstriert werden, der bereits durch die Annahme eines *egozentrischen Einheits- und Nullpunkts der Perspektivität* jeden repräsentationalen Zustands charakterisiert worden ist (siehe Kapitel A.III.3.5).

(1) Ich beginne mit dem **Kategorienfehler** von RD^{M}, das *Subjekt* der Repräsentation auf den *Akteur* des dadurch ausgelösten Verhaltens bzw. den Träger des Gehalts zu reduzieren. Als Alternative soll demonstriert werden, dass beide zwar numerisch identisch aber dennoch wesensverschieden sind.

Um den Fehler aufzuweisen, wird Burges (2010, 369) eigener Vorschlag zur Subjektivität der Repräsentation erörtert und kritisch gewürdigt werden. Denn

Burge bemüht sich um eine Spezifikation, die für die Ganzheitlichkeit des Subjektiven über das sehr generelle Träger-Verständnis hinausgeht, aber dabei noch nicht die personale (kognitive) Ebene bemüht: Burge spricht von der „individuellen" Verhaltensebene, die er von einer „subindividuellen" oder „subsystemischen" Ebene abgrenzt. „Individuum" meint hier „Organismus" und nicht zwingend „Person". Anstelle der anspruchsvollen Unterscheidung personal/subpersonal kann also die Unterscheidung individuell/subindividuell stehen, die auch für Tiere gilt, die keine Personen oder kognitive Akteure sind. Ich möchte daher Burges Modell eine Repräsentation auf *individueller Ebene* (*individual-level representation*) nennen, die die Subjektivität der Repräsentation spezifischer charakterisiert als die bloße mereologische Zugehörigkeit es tut, die auch für die subindividuelle Ebene gilt. Mit seiner Bestimmung von *Wahrnehmung als individueller Zustand* („perception as the individual's") koppelt Burge, im Gegensatz zu Morgan und anderen Tracking-Theoretikern, *sensorische* Zustände im Allgemeinen und Wahrnehmung im Besonderen an Verhalten in einem anspruchsvolleren Sinn (*action*), nämlich als koordinierte, nicht-periphere Reaktion des ganzen Individuums (siehe Burge 2010, 330-332).[265] Nach diesem Verhaltensbegriff sind einzelne Schwingungszustände circadianer Uhren, die über die Pflanze „verteilt" sind (Morgan) daher nicht einmal sensorische Zustände. Sie gehören zwar zum Organismus und sind dessen Zustände in einem allgemeinen materiell-mereologischen Sinn, aber sie sind nicht ganzheitlich auf individueller Ebene, da nicht jeder Organismus eine koordinierte Reaktion an den Tag legt.[266] Der Frosch beim Jagen der Fliege dagegen verhält sich. Repräsentation auf individueller Ebene ist nach Burge damit immer auch die des Akteurs (*agent*).[267] Auch in enaktivistischen Ansätzen der Repräsentation spielt dieser Zusammenhang eine Rolle, wodurch das Subjekt und seine Grenzen („minimal self") mit dem sich wesentlich als Verhaltender selbsterhaltenden Organismus identifiziert wird.[268]

Burge gibt kein explizites Prinzip für diese Kopplung an, doch der Grund scheint darin zu liegen, dass der sensorische (oder repräsentationale) Zustand eine *unmittelbare Leitungsfunktion* für das Verhalten besitzt:

---

265 Wir haben diese Deutung bereits einem genaueren Verhaltensbegriff zugrunde gelegt, um ihn vom deflationären Begriff abzugrenzen, der jegliche lokale *Regung* und innere Aktivität an und in einem Organismus als „Verhalten" versteht (siehe Kapitel A.II.1).

266 Ich halte, *pace* Burge, dies angesichts der Ausrichtung der Pflanze allerdings für einen Grenzfall (siehe Kapitel B.II.4.2).

267 Burge verwendet „Akteur" wie die Mehrheit der Literatur in einem nicht-intellektualistischen Sinne. Diese *agency* erfordert keine Rationalität oder dergleichen, sondern wird allein durch Verhalten definiert.

268 Siehe Schlicht (2018, 2464) für einen Überblick.

> Where a sensory state, non-perceptual or perceptual, can initiate action by the individual, it is attributable to the individual. The biological basic actions – eating, navigating, mating, and so on – support regarding the animal as the agent in fulfilling or failing to fulfill its function. Sensory states that are integral to accounts of initiation of such actions are attributable to the individual. Where sensory states merely regulate internal processes, they are not thus attributable (Burge 2010, 373).

Die Repräsentation ist auf Akteursebene Repräsentation *des* Individuums, weil die dadurch geleitete Aktivität *durch* das Individuum qua Akteur („by the individual") stattfindet, und nicht allein *im* Individuum im materiell-mereologischen Sinne stattfindet. Es ist das Individuum im Sinne einer ganzheitlichen Integration seiner Körperglieder, welches als Akteur das Verhalten vollzieht, und der sensorische Zustand ist durch seine unmittelbare Strukturierung dieser Verhaltensintegration funktional definiert. In diesem enaktivistischen Sinne kann Burge behaupten, dass die subsystemischen Prozesse, die zu diesem Zustand führen (z.B. die neuronalen Aktivitäten auf der Retina oder in der Nase) diese Funktion nicht besitzen und daher nicht *für* das Individuum sind (vgl. Burge 2010, 369). Damit kann Burge eine Reihe von sensorischen Zuständen ausschließen, die zwar *im* Subjekt^{M} als Träger, aber nicht *des Subjekts* sind. Sie haben eine rein lokale und keine ganzheitliche Funktion.[269] Wir können also, um Verwechslungen mit Subjektivität^{M} zu vermeiden, die Repräsentation auf individueller Ebene (*individual level representation*) nach Burge auch eine Repräsentation auf *Akteursebene (agent level representation*) nennen, weil durch letztere das Individuum genauer bestimmt ist, nämlich nicht nur mereologisch als Träger von Zuständen, sondern als Vollzieher von Verhalten.

Dieses Modell ist vorteilhaft. Denn damit müssen Repräsentationen auf individueller Ebene weder das sein, was eine *Person* willentlich und vorsätzlich mit Repräsentationen „macht", z.B. Kopfrechnen oder über Schuhe sprechen, um Ganzheitlichkeit zu begründen – Kriegel (2012, 118) nennt dergleichen den *agency approach* der personal/subpersonal Unterscheidung in einem elaborierteren Sinn von „Agency". Noch müssen sie bewusst sein (*awareness approach*, Kriegel 2012, 120), wenn wir unbewusstes Verhalten als Tatsache anerkennen (siehe Burge 2010, 374; Burge 2005, 72). Diese Repräsentationen sind für Burge durch die individuelle Ebene genuin *psychologisch*, während Morgan dieses Attribut bekanntlich erst auf der personalen Ebene und ihrer *theory of mind* ansiedelt. Wir können damit die intentionale Einstellung, mit der wir (alltags)psychologisch Verhalten erklären, eng an die individuelle Ebene binden und müssen sie nicht einem Teil-Zustand zuschreiben. Diese Bindung der Subjektivität als „proprietary ownership of psycho-

269 „[S]ensory states in subsystems that regulate muscle tone, body temperature, and vascular constriction are never attributable to the individual" (Burge 2010, 372).

logical states“ (Burge 2010, 190) an Verhalten scheint bei Fodor, der im Rahmen der Alltagspsychologie Einstellungen an Verhaltenserklärungen koppelt, zu fehlen, da sich dieser lediglich zu einer kausal-computationalen Relation zum Gehalt verpflichtet, die auch für subsystemische Zustände gilt. Schließlich erlaubt die Bindung an Verhalten zwar das Postulat von Repräsentationen auf nicht-individueller Ebene, doch diese scheinen zumindest in primitiver Intentionalität immer Repräsentationen auf individueller Ebene vorauszusetzen. Die Behauptung, ein Tier hätte „irgendwo“ subindividuelle Repräsentationen, die sich aber nie auf der Verhaltensebene geltend machen und damit keine Wahrnehmungen sind, scheint unplausibel, gerade wenn repräsentationaler Status an Verhaltenserklärungen gekoppelt ist. Subindividuelle Repräsentationen muss es allein durch Erinnerung geben, aber sie scheinen nur im unmittelbaren Vor- oder Nachgang von individuellen Repräsentationen zu existieren.

Gleichwohl bereitet Burges vielversprechender Ansatz eines nicht-intellektualistischen *agency approach* für basale Repräsentation Schwierigkeiten und zwar in zweierlei Hinsicht:

(a) *Zum einen* ist die individuelle Ebene keineswegs spezifisch für *repräsentationale* Zustände. Denn da Verhalten auch auf nicht-repräsentationaler Ebene stattfindet, haben für Burge auch sensitive Zustände wie z.B. der Temperatursinn einer krabbelnden Zecke den Anspruch auf die individuelle Ebene (siehe Burge 2010, 368). Denn auch sie haben eine unmittelbare Leitungsfunktion für Verhalten, die sie nicht-kognitiv und nicht-bewusst ausüben können. Nun sind diese Zustände nach Burges Argumentation für Objektivierung als Status-Bedingung *kategorial* verschieden, doch diese Verschiedenheit lässt die Art ihrer Subjektivität scheinbar unberührt. Hier zeigt sich wieder ein blinder Fleck: Das besondere Haben eines gehaltvollen Zustands scheint bei Burge dasselbe zu sein, wie das allgemeine Haben eines nicht-gehaltvollen Zustands, solange beide *für* das Individuum (qua Akteur) relevant sind. Das gilt auch dann, wenn diese Zustände von demselben Organismus verkörpert werden. Repräsentiert z.B. nach Burge eine Biene eine Blütengestalt visuell, nähert sich aber der Blüte in ihrer Distanz auf nicht-repräsentationale Weise, ist die Biene nach Burges Verständnis von Subjektivität *dasselbe* materielle Subjekt, weil sie sowohl Träger des Gestaltkonstanzzustands als auch Träger des Distanzsinns ist. Selbst wenn für Burge Wahrnehmungen egozentrische Strukturen („egocentric anchors“) aufweisen müssen (siehe Burge 2010, 287, sowie 201, 401, 525), so scheint er diese als nicht wesentlich oder konstitutiv für *repräsentationalen* Status zu sehen, sondern den Eigenheiten der (räumlichen und temporalen) Wahrnehmung sowie ihrer Relevanz für Verhalten zuzuordnen (siehe Burge 2013, 414). Folglich spielt Egozentrik zumindest für die Objektivierungsmechanismen als solche keine prinzipielle und konstitutive Rolle, jedenfalls geht Burge in diesem Kontext nicht darauf ein und lässt die Mechanismen „anonym“. Damit scheint auch

Burges Modell der individuellen Ebene das Haben eines Gehalts wiederum nur kausal-funktional zu verstehen, wenn er keine spezifische repräsentationale Subjektivität einräumen will. Auch hier ist Burge Tracking-Theoretiker. Doch Repräsentation *des* Individuums ist noch nicht Repräsentation *für* das Individuum.

(b) *Zum anderen* muss Burge dieses „Haben" oder „Einnehmen" des Gehalts („proprietary ownership of psychological states", Burge 2010, 190) und damit die intentionale Einstellung, spezifizieren, um seine eigene Differenzierung zwischen der repräsentationalen und der praktischen Funktion von Zuständen nicht zu unterlaufen. Denn das Individuum, das sich verhält, ist der Bifunktionalität nach nicht identisch mit dem Individuum, das repräsentiert oder sensitiv ist. Auch wenn Wahrnehmung in reziproker Dynamik eng mit Verhalten verflochten ist (siehe *action loops,* Clark 1997, 36) *ist* es dadurch noch kein Verhalten (*pace* Noë 2004), wenn diese Identität keine Operationen und Standards eigener Art (wie Veridikalität) mehr zulassen würde. Verhalten ist der Konsument des Gehalts im Sinne von Millikan und als Teil enaktives Sondieren eine wesentliche Erschließung proximaler Effekte. Für die Leitung des Verhaltens durch den repräsentationalen Gehalt ist der bisherige, zweifache Sinn von Repräsentation *für...* notwendig und ausreichend: kausale Effektivität auf ein Ziel (z.B. eine Struktur im sensomotorischen System) und die damit verbundene Förderung eines praktischen Zwecks (z.B. das Erjagen der nahrhaften Fliege). Wenn nun Burge ebenfalls Repräsentation *für* das Individuum auf diesen doppelten Sinn reduziert und damit den Tracking-Theorien folgt, erklärt er nicht, in welcher Hinsicht das Individuum etwas *repräsentiert,* er erklärt nur, wie das Individuum sich aufgrund einer Repräsentation *verhält,* ohne dass dieser Gehalt irgendwie der repräsentationale Zustand des Individuums sein muss. Anders gesagt: Es fehlt ein weiterer Sinn von Repräsentation *für...*der sich spezifisch auf die intentionale Einstellung bezieht, die, als leitende Ursache, dem Verhalten nicht nur vorausgeht, sondern auch von ihm konzeptuell unabhängig ist. Diese Lücke zeigt sich in Burges Verweis auf Evans, der die Zuschreibung rein informationeller Zustände auf individueller Ebene an Selbstbewusstsein und begrifflich-propositionale Einstellung bindet (vgl. Evans 1985, 157, 227):

> I do believe that there are certain notions of proprietary ownership of psychological states that hinge on consciousness. If bees are not conscious, they lack a certain *type* of ownership of their visual states. These remains, however, a functional distinction between, on the one hand, those end products of perceptual systems, perceptions, that are attributable to the whole animal, as actions like eating would be, and, on the other hand, processes like registration of light arrays and digestion that are functionally attributable only to the animal's subsystems (Burge 2010, 190).

Burge lässt damit aber gerade offen, welche alternative „*Art* ihren visuellen Zustand zu besitzen" das nicht-bewusste Lebewesen aufweist, wenn dieser Zustand wie

Verhalten zwar dem ganzen Lebewesen zugeschrieben werden kann – „as actions like eating would be" (Zitat Burge) – , aber für Burge *per definitionem* und *expressis verbis* kein Verhaltenszustand sein kann, d.h. nichts ist, was das Individuum *tut*. Zudem kann ein Tier zumindest *a priori* etwas repräsentieren, ohne dass es (zugleich) etwas tut, was (normalerweise) diese Repräsentation zur Folge hat. Die Art, einen *psychologischen* Zustand „einzunehmen" („proprietary ownership") zu einem Gehalt (Fliegengestalt auf Position (x,y,z)) zu stehen und die Art, danach zu handeln, ist nicht identisch. Die Art der Zuschreibung zum Individuum ist daher eine andere als Burge insinuiert („as actions ...would be"). Diese Erklärungslücke zeigt sich auch in Burges ausführlicherer Diskussion der Egozentrik, auf die er explizit verweist (Burge 2010, 401; siehe Burge 2013, 407-446). Demnach würde sie nicht nur eine Rolle als „Index" (a) in Bezug auf die Eigenheiten räumlicher und temporaler Gehalte, sondern auch in einer tieferen Bedeutung besitzen (b):

> Ego-centric indexes [...] also mark the immediate psychological relevance of perceptual information to the perceiver's *own* use – to the perceiver's own needs, aims, or activities. [...] For a perceptual state to have content, some content must be of possible *immediate use for the perceiver* (Burge 2010, 414; Kursiv, A.W.).

Doch was heißt „immediate use for the perceiver", also für den Wahrnehmenden als Wahrnehmenden? Leider plädiert Burge in der Erläuterung dieses „Gebrauchs" von Gehalten für ein „breites" Verständnis (Burge 2010, 415) und überspringt demnach wieder die Rolle des Wahrnehmenden, die er im Zitat oben fordert. Denn wenn „the relevant use for perceptual content of a perceptual system *must* be for agency" (Burge 2010, 416), dann ist der „umittelbare" Gebrauch des Gehalts eben nicht mehr (präsentational) für das Subjekt als Wahrnehmendes, sondern (praktisch) für das Subjekt als Akteur. Auch diese Passage zeigt, dass Burge hier einem systematischen Kategorienfehler aufsitzt, der aus seiner eigenen Unterscheidung zwischen praktischen und repräsentationalen Funktionen entspringt. Egozentrik ist als *psychologisches* Element eben auch nach Burges Standards keine praktische Tatsache und Funktion. Aus dem richtigen Einwand, eine Wahrnehmung wäre evolutionär nie entstanden ohne ihre Einbettung in praktische Kontexte, folgt nicht, dass die unmittelbare „psychological relevance of perceptual information" sich ebenfalls schon durch praktische Implikationen erklären lässt. Aufgrund dieses Sprungs verpasst Burge die Chance einer Aufklärung unmittelbarer, d.h. repräsentationaler Egozentrik. Der unmittelbare Bezugspunkt des Gehalts ist das Subjekt der Repräsentation, nicht der Vollzieher des Verhaltens. Letzterer interessiert sich nicht für Oberflächeneigenschaften der Dinge, die wir als Orientierungsgröße für sensorische Gehalte eingeführt haben. Veridische Einstellungen betreffen die Wirklichkeit des mit solchen Gehalten Gegebenen, nicht seine praktische Relevanz. Solange

Burge diese Erklärungslücke nicht schließen kann, sind repräsentationalistische Ansätze wie die von Evans im Vorteil, da sie mit Selbstbewusstsein und selbstreflexiven Urteilen über die eigenen Zustände zumindest Elemente einbringen, die der spezifisch *psychologischen* Subjektivität explizit Rechnung tragen, auch wenn damit noch nicht gesagt ist, was das Bewusstsein in die spezifisch repräsentationale Natur des Zustands einbringt.

Diese beiden Punkte stellen also das spezifisch *Psychologische* des repräsentationalen Zustands mit Bezug auf das *Subjekt* in Frage, das Burge mit der Repräsentation auf individueller Ebene verbindet. Das zeigt sich auch an Burges (2010, 369-70) Verteidigung der Wahrnehmungspsychologie gegen John McDowells (1994) bedenkenswerten Vorwurf im Fahrwasser von Evans: McDowell zufolge sind die wissenschaftlich korrekt beschriebenen Mechanismen lediglich neuronale Prozesse auf subsystemischer Ebene, was jedoch einen *Kategorienfehler* nach sich ziehe, wenn Wahrnehmung als *psychologische* immer die des Individuums sei. McDowells Argument scheint ebenfalls die beiden oben dargestellten Argumente gegen Burge zu unterstützen, denen zufolge der kausale Effekt auf das motorische System uns noch nicht berechtigt, von einer Vermittlung eines Gehalts *für den Frosch* (und damit von psychologischen Zuständen) zu sprechen:

> What entitles us to say, not just the visual system informs the frog's motor control of the presence of a bug-like object, but that it gets the message to the *frog*? [...] From the frog's point of view, its eyes enable it simply to pick up the fact that there is a moving speck (with luck, a bug) out there. From the point of view of the frog's "motor control" (to speak in terms of the "sub-personal" metaphor), the presence out there of a moving speck is rather (at most) the best hypothesis the [...] whole system [...] can come up with in order to account for the input of light [...] to the eyes (McDowell 1994, 195-198).

McDowell stellt also nicht nur Burges Schlussfolgerung in Frage, derzufolge wir von einer Repräsentation *des Frosches* sprechen müssen, weil das durch die Repräsentation ausgelöste Verhalten *durch den Frosch* vollzogen wird. Er bezweifelt auch, dass es mit dem informationstheoretischen Modell überhaupt einen perzeptuellen Zustand gäbe, der die distale Umwelt vermittelt, und wirft damit ein Licht auf die Präsentationsstruktur:

> What could an internal information-processing device really tell an animal? [...] What could an information-processing device *really* tell *anything*? [...] It is essential to realize that the answer to this question can be, in fact is, "Nothing", without the slightest threat being posed to the utility, or even the theoretical indispensability, of cognitive science. [...] A subpersonal or "sub-personal" informational system is a physical mechanism connected to its surroundings by transducers that convert physical impacts from outside into events of the sort that the system can work on [...] The system knows nothing even about the character of the immediate

> physical impacts on the input transducers [...] let alone about the nature and layout of the distal environment (McDowell 1994, 198).

Nun hat Burge in seiner Erwiderung sicherlich einen Punkt, wenn er auf den ganzheitlichen, nicht-enzephalozentrischen Ansatz der Psychologie verweist (vgl. Burge 2010, 369; siehe auch Marr 2010, 27). Um das *individual-level* genuin psychologischer Zustände zu verteidigen, bemüht er jedoch auch die Tatsache, dass die perzeptuellen Zustände bewusst sind und Probanden in Experimenten über sie befragt werden (Burge 2010, 369, Burge 2005, 46). Das setzt Subjektivität^{R} und sprachlich-bewusstem Zugang zu Gehalten voraus, den er primitiver Intentionalität nicht zuschreiben möchte. Burge hebt deshalb die erklärungskräftige Rolle von Gehalten in Bezug auf tierisches Verhalten hervor, das gleichermaßen Thema der Wahrnehmungspsychologie ist. Diese Erklärungskraft der Wissenschaft stellt aber McDowells Zitat gerade nicht in Frage, sondern nur die damit verbundene These von Burge und den Tracking-Theoretikern, Repräsentation *für*.. sei identisch mit einem kausalen Effekt des Informationsträgers auf Verhalten. Wir haben bereits erörtert, dass mit diesem Effekt (und schließlich mit praktischer Zweckerfüllung) weder eine präsentationale Struktur eines Objekts für ein Subjekt begründet ist („What could an information-processing device *really* tell *anything*?“, McDowell 1994, 198), noch ein Subjekt erkennbar ist („the message to the *frog*“, McDowell 1994, 195), welches als Empfänger dieser nicht-kausalen Vermittlung fungiert und eine Einstellung einnimmt, *kraft* der er sich dann repräsentational geleitet verhält.

Wenn Burge McDowell nun vorwirft, dieser würde seinerseits mit „Sagen“ oder „Wissen“ Metaphern einführen, deren Realisierungsbedingungen unklar sind (vgl. Burge 2005, 48), hat er sicherlich nicht Unrecht. Wir haben in Bezug auf die Präsentationsstruktur mehrmals angezeigt, dass Gehalte nicht auch noch vermittelt werden, sondern in der Vermittlung (eines Objekts) für ein Subjekt bestehen. McDowell erklärt nicht, was er mit diesem Vermitteln meint, was wohl auf seinen Naiven Realismus zurückzuführen ist (siehe auch McDowell 2013). Im Gegensatz dazu hat diese Untersuchung die Relevanz der Präsentation für Veridikalitätsbedingungen und damit für eine zentrale Annahme jeder Tracking-Theorie herausgestellt. Dennoch werfen McDowells Thesen ein Licht auf Burges wunden Punkt, den er mit seinem Metapher-Gegeneinwand nur selbst offenbart: Eine Repräsentation ist nicht anonym und der Gehalt, d.h. das, was sie über die Umwelt dem Subjekt der Repräsentation vermittelt, lässt sich weder auf die statistisch-externalistische Eigenschaft eines auftretenden Aktivitätsmusters *im* Frosch (als Träger) bzw. in seinem visuellen System noch auf dessen Effekt *für* das Froschverhalten reduzieren. Hier macht McDowell die unvermittelte Relation zwischen einem *Individuum* und Umweltentitäten geltend, die seinen (moderaten) Naiven Realismus auszeichnet. Akzeptiert ein repräsentationaler Ansatz diese Deutungshoheit nicht, muss gelten: Der Frosch qua Subjekt der Repräsentation ist einerseits numerisch identisch mit dem Frosch als Verhaltenen oder Akteur, unter der allgemeinen Annahme von Subjektivität^{M}, dass beide Tätigkeiten dem Frosch als einheitlichem Organismus angehören. Andererseits üben beide Tätigkeiten unterschiedliche Rollen oder Funktionen aus. Doch wie dann, dem repräsentationalen Paradigma nach, *der Frosch* (und kein Teil) einen Wahrnehmungsgehalt hat und sich in einem *repräsentationalen* (und keinem verhaltenden) Zustand befindet („proprietary ownership of psychological states") und dabei deskriptiv-assertorisch zu dem Gehalt eingestellt ist, bleibt bei Burge und den Tracking-Theoretikern offen. Wie es *der Frosch* ist, der etwas genuin repräsentiert, und nicht sein *tectum opticum*, zeigt Burges Begründung der *individual-level representation* durch Verhalten noch nicht. Sie kann nur plausibel machen, dass es der Frosch ist, der sich *verhält*. Burge übersieht die Zweideutigkeit von „Repräsentation-*für*", im Sinne einer Vermittlung eines Gehalts für ein Subjekt oder einer kausal-funktionalen Verfügbarkeit für das Verhalten und seine praktischen Zwecke. Seine Verteidigung des genuin Psychologischen scheint deshalb mit dem intentionalen Modus eines Subjekts eine Erklärungslücke zu offenbaren, die für Naive Realisten wie McDowell ein Einfallstor für ihre These bietet, subpersonale Repräsentationen seien nicht wesentlich für das Wesen des Mentalen, weil sie Präsentation und Subjektivität nicht erklären können.

Damit scheint also das Subjekt der Repräsentation durch die Tracking-Theorien unbestimmt zu bleiben. Wenn dieses in einer primitiven (perzeptuellen) intentionalen Einstellung weder als kausales Ziel, noch als praktischer Zweck fungiert, dann scheint der alternative, *präsentationale* Sinn von „Subjekt" eine andere Funktion zu besitzen. Wie bereits erläutert, bildet das Subjekt der Repräsentation, und damit des intentionalen Modus in Bezug auf Gehalte, den *egozentrischen Einheits- und Nullpunkt* innerhalb des repräsentationalen Zustands. Dieser *präsentationale Sinn* von „Subjekt" soll mit *„Subjekt^{P}"* gekennzeichnet werden, um ihn von dem materiell-mereologischen (Subjekt^{M}) und dem repräsentationalistischen (Subjekt^{R}) abzugrenzen. Er soll die Leerstelle zwischen beiden Extremformen besetzen.

(2) Um die Relevanz und Plausibilität des Subjekts^{P} als egozentrischen Einheits- und Nullpunkt des Gehalts im Feld des Sensorischen zu demonstrieren, soll abschließend die zweite Achillesverse für deflationierte Subjektivität^{M}, das **Vereinheitlichungsproblem**, in den Fokus rücken. Denn wenn das repräsentationale Subjekt weder auf das kausale Ziel noch den praktischen Zweck reduziert werden kann, dann wirft das Modell konstanten Trackings folgende Problematik auf: Wenn in den Objektivierungsmechanismen die proximalen Stimulationsbedingungen sehr variabel sind, dann muss es, komplementär zum Objekt als einheitlichen Pol der Attributionen, einen einheitlichen *Gegenpol* geben, der das Subjekt als Subjekt betrifft und allererst konstituiert. Denn dieser Gegenpol bildet, innerhalb der

Präsentationsstruktur, das Relat der Binnendifferenz zwischen dem, was zum Objekt gehört und dem, was nicht zum Objekt gehört, um Attributionen allererst zu ermöglichen. Die Objektivierung ist ein *Polarisierungsmechanismus*[270] der zwei Pole hat. Der Pol, der nicht das Ziel der Attribute, sondern den egozentrischen Bezugspunkt der Präsentation dieser Attribute bildet und die Einheit des Wahrnehmungszustands bei wechselnden Attributen sichert, scheint das Subjekt als *Subjekt*^{P} zu sein. Betrachten wir dazu noch einmal Burges Passage zur Objektivierung:

> If a perceptual system is to form accurate representation as of the environment, it must operate through processes that highlight those aspects of the [sensory information] registration that tend to be signs of specific attributes in the environment. That is, the perceptual system must distinguish specific patterns in the sensory registration that are likely to be adventitious in the context, or idiosyncratic to the subject, from patterns that tend to correlate with specific attributes that are independent of the idiosyncrasies of a particular causal transaction (Burge 2010, 400).

Wenn Burge annimmt, dass das Resultat dieses Prozesses eine Repräsentation distaler Entitäten ist, der dafür ein Objekt in Aspektgestalt präsentiert und damit bestimmte, invariante Muster arrangiert, die „Zeichen" für Umweltbedingungen sind, dann muss er zugleich für diesen resultativen Zustand einen einheitlichen Gegenpol zum Objekt annehmen, dem die verschiedenen Stimuli einheitlich zugeordnet werden („idiosyncratic to the subject"). Dieser invariante Gegenpol inmitten der variablen proximalen Stimuli bildet das Subjekt, dem diese Muster vermittelt sind. Dieser Gegenpol muss angenommen werden, um das Vereinheitlichungsproblem zu vermeiden: Denn als mitlaufender Hintergrund umspannt und vereinheitlicht er nicht nur alle Bezugsnahmen, sondern zunächst eine (a) eine tieferliegende Ebene, die, wie in Platons Bild vom Trojanischen Pferd, eine verstreute Vielzahl von „idiosyncrasies of a particular causal transaction" bildet. Von dieser Ebene muss dann (b) das System gleichermaßen *abstrahieren*, um sie auf höherer Ebene als *dem Subjekt* zugehörig („idiosyncratic to the subject") polarisierend zuzuordnen. Das Vereinheitlichungsproblem fordert also seinerseits ein Abstraktionsprinzip *nach innen*, das nicht für distal-spezifische, sondern proximal-spezifische Muster gilt. Beide Abstraktionsleistungen sind komplementär.

Burge scheint diese Abstraktionsleistung zu übersehen und springt zwischen den beiden Ebenen (a) und (b), ohne diesen Sprung eigens zu kennzeichnen oder zu begründen. Für ihn scheint es nur ein Vereinheitlichungsproblem in Bezug auf

270 Siehe Kapitel A.III.3.4 und Husserl 1973 [Hua I], 79-83, 100). Der hier beschriebene Mechanismus ist ein informationstheoretisches, naturalistisches Analogon zu Husserls Bewusstseinsakten.

Objekte und ihre Attribute zu geben (distales Abstraktionsprinzip). Doch so unbestimmt verschiedene Stimuli in Bezug auf ihre gemeinsame Ursache sein können, so wenig ist es informationstheoretisch selbstverständlich, dass eine „besondere kausale Transaktion“ auf Ebene (a) mit anderen solchen Transaktionen auf höherer Stufe (b) einem einheitlichen Subjekt zugehört. *Wir* Betrachter ordnen die Stimuli als proximale einander zu, aber diese Zugehörigkeit zur subjektiven Sphäre muss vom *System* erst detektiert werden. So sind zwei proximale Stimuli s1 und s2 auf der Retina noch nicht einer einheitlichen Ebene zugeordnet, sie stehen zunächst für sich und bilden jeweils eine eigene „besondere kausale Transaktion“, von denen die eine Informationen in Bezug auf die andere trägt, aber nicht prozessiert ist, d.h. ihr Zusammenhang noch nicht eigens detektiert ist. Sie sind nur Teil eines Organismus (Subjekt^{M}), aber das ist keine informationstheoretische Tatsache. Dieses Problem verschärft sich sogar, wenn die Stimuli, wie bei Burges Konstanzmechanismen, modulspezifisch drastisch verschiedene sind. Noch drängender wird es, wenn multimodale Stimuli im Spiel sind: Was hat ein idiosynkratisches Kausalereignis in der Hörschnecke mit der Aktivität eines Photorezeptors auf der Retina zu tun? Es ist *für das perzeptuelle System* nicht klar, dass all diese verschiedenen Ereignisse, die in unterschiedlichen Rezeptoren, peripheren Organen und Hirnbereichen auftreten, idiosynkratische sind.

Folglich muss auch hier ein komplementäres, subjektbetreffendes Abstraktionsprinzip am Werk sein. Es bildet ein perzeptuelles Analogon zu Kants „Ich denke“. Denn ohne diesen Vereinheitlichungs- und Abstraktionsschritt von einer Vielzahl proximaler Stimuli zu einem Einheitspol des Gehalts würden absurde Konsequenzen auftreten:

Erstens die Attributionsstruktur würde verunmöglicht, da das kontrastierende Element fehlt, dem die Attribute *nicht* zugeschrieben werden sollen, also die Unterscheidung des *Betreffs*: zwischen dem, was egozentrisch das Lebewesen betrifft – *sein* Verhalten, *seine* Veränderungen – und dem, was veridisch die Umwelt betrifft (siehe Hohwy 2007, 2). Es muss einen einheitlichen Bezugspunkt geben, der es dem System ermöglicht, diese Zuordnungen nicht jedes Mal aufs Neue anzustellen, es muss ein Subjekt als eine *integrierende* Struktur geben, die diese Zuordnung prinzipiell und effektiv vollzieht.[271] Ein einheitliches invariantes Objekt zu konstruieren scheint zu implizieren, dass es in der einheitlichen Wahrnehmung *eines* Individuums fungiert, dass es überhaupt *einem* und *diesem* vermittelt wird und nicht überhaupt keinem oder vielen oder anderen. Das Objekt könnte andernfalls von unzähligen Perspektiven betrachtet werden, in die der Organismus wie in Platons

271 Zu diesem Leitmotiv der Subjektivität von Kant bis in die zeitgenössische Kognitionswissenschaft siehe Kapitel A.III.3.5.

Metapher auseinanderfällt. Oder etwas wäre als soundso repräsentiert, aber für niemanden und anonym (ein Frege'scher „Gedanke"). Beides wäre absurd und führt uns zwangsläufig auf einen Bezugs- und Nullpunkt in jeder Perspektive auf etwas, *für* den dieses etwas repräsentiert wird zurück und damit zu einem jeweiligen *Ego* oder Subjekt. Ohne dieses würde eine Zentrierung fehlen, in der wir die Repräsentation verankern, sowie deren Einheit.

Zweitens, die Repräsentation würde freischweben, ohne einen *Index* im Hier-und-Jetzt des Repräsentierenden zu besitzen. Die Zeitordnung der Repräsentation bzw. des Repräsentierens fällt nicht mit der Zeitordnung des Repräsentierten zusammen. Wenn diese Zeitordnung der Repräsentation nicht die Zeitordnung der Nieren- oder der Zellteilungsaktivität ist und einem anderen Takt folgen muss, stellt sich die Frage nach dem invarianten Pol, dem diese Zeitordnung der Repräsentation zugeschrieben wird. Dieser müsste also das Subjekt im Besonderen und nicht nur der Organismus im Allgemeinen sein.

Drittens, der einheitliche Wahrnehmungszustand *des Individuums* würde bei der synchronen Verschiedenheit der Attribute auseinanderfallen, wenn das System nicht fähig wäre, unterschiedliche Attributionen in dieselbe Präsentationsstruktur einzugliedern – eine Schwierigkeit, die durch das objektivierende Zusammenführen verschiedener proximalen Stimulationen zu einheitlichen Attributen erst aufzutreten scheint. Während ein *linearer* Tracking-Zustand sich auf die „idiosyncracies of a particular causal transaction" (Burge) verlassen kann und daher das Vereinheitlichungsproblem, verschiedene proximale Transaktionen zu einer subjektiven Ebene als Kontrastfolie zu distal-spezifischen Mustern zu integrieren, nicht zwangsläufig aufweist. Es ist daher kein Problem, Sensitivität auf der peripheren Rezeptorebene anzusiedeln, z.B. wenn wir vom Reagieren der Netzhaut sprechen, während wir das Sehen oder Hören von Objekten dem Individuum qua Subjekt zusprechen. Dieses scheint sich erst mit multimodalem, robust-assoziativem Tracking in primitiver Form herauszubilden, ohne dass dabei schon ein objektiver Gegenpol entstehen muss.[272] Der starre Detektor ist deshalb nicht das Subjekt der Detektion.

---

272 Dass wir *bewusste* Sensitivität – „Empfindung" – dem ganzen Lebewesen zuschreiben, bestätigt das Verständnis von Subjekt als integrierendem und zentrierendem Einheitsmoment. Denn das Bewusstsein weist gerade diese „Integrität" und „Globalität" auf (siehe Tononi 2012 und Blanke/Metzinger 2008) und gilt daher als Prototyp von Subjektivität, was auch das in Kapitel A.III.3.3.5 demonstrierte Argument für die Reservation der Ganzheitlichkeit durch die personale Ebene gezeigt hat. Die Entwicklung eines Gehirns (oder einer analogen Struktur) als *integrierendes* (zentrales) Nervensystem scheint deshalb für die Subjekt-Werdung und ihre Integration verschiedener epistemischer Pfade eine entscheidende Rolle zu spielen.

Viertens, und analog zum vorhergegangenen Punkt, der Wahrnehmungszustand des Individuums würde bei diachron wechselnden Attributionen (und damit Gehalten) jedes Mal auseinanderfallen bzw. sich neu bilden.

Fünftens würden nicht nur die wechselnden Informationen einer einzigen Modalität die Einbettung in eine einheitliche Struktur entbehren, sondern vor allem auch die multimodale Wahrnehmung. Da eine Trennung in verschiedene Modalitäten künstlich erscheint bzw. selbst auf basaler Wahrnehmungsebene, Informationen unterschiedlicher Modalitäten zusammenkommen, um Konstanten zu konstituieren, kann eine reine Orientierung am Informationsgehalt nicht erklären, warum ein Tier plausiblerweise ein und dasselbe Subjekt multimodaler Wahrnehmung ist.[273]

Sechstens, es gäbe keinerlei Relevanz von Veridikalität *als solcher* (im Gegensatz zu Brauchbarkeit) und niemanden, für den diese Relevanz gilt. Veridikalität ist nicht einfach eine Eigenschaft von Gehalten schlechthin, sondern erfordert eine gewisse Bindung des Subjekts zu diesen Gehalten (*commitment*). Veridikalität hängt von der Einstellung zu Gehalten ab (siehe Matthen 2010a) und diese Einstellung erfordert ein Subjekt. Im Umkehrschluss sind Gehalte keine freischwebenden und anonymen Propositionen im Sinne von Freges „Gedanken", die dann nachträglich ergriffen oder vermittelt werden. Vielmehr sind sie untrennbar eingebettet in Einstellungen und deren Subjekt. Ihre scheinbar freischwebende „Anonymität" ist eine derivative Abstraktion von dieser Einbettung.

Siebtens, der Wahrnehmungszustand würde ohne einen integrativen Pol nicht nur keine Einheit, sondern auch keinen Stand- oder Nullpunkt aufweisen und sich, wie im Konzept eines Naiven Realismus, im Zuge einer ins Absurde gesteigerten Objektivität in einer Art radikalen *Anonymität* oder *Transparenz* selbst an die Welt „vergessen" und sich in ihr verlieren.

Aus diesen Gründen scheint die Annahme eines egozentrischen Einheits- und Nullpunkts des repräsentationalen Zustands unabdingbar. Deshalb ist die Konstitution repräsentationalen Status durch RD^M unvollständig bzw. unspezifisch. Die Gehalte sind isoliert oder fragmentarisch, solange nicht dieser erklärungskräftige Gegenpol angenommen wird, den wir als „Subjekt" der Repräsentation identifizieren, auf dem die Gehalte in spezifischer Weise bezogen und an dessen Einstellungen sie gebunden sind. Diese präsentationale Subjektivität^P scheint mir deshalb die *conditio sine qua non* jeden repräsentationalen Zustands zu bilden. Sie ist, wie gesagt, nicht repräsentationalistisch, da sie keine Meta-Repräsentation des Subjekts

273 Wie bereits in Kapitel A.III.3.3.5 angezeigt, ist bereits in der antiken Philosophie des Geistes vom Problem multimodaler Wahrnehmung ausgehend ein einheitliches Subjekt als explanatorischer Begriff eingeführt worden.

selbst erfordert. Sie erfordert auch kein Bewusstsein, sondern ist lediglich informationstheoretisch durch die nicht-phänomenal beschriebenen Konstellationen der Wahrnehmungskonstanten und des intentionalen Modus charakterisiert. Ich will nicht behaupten, dass Burges Modell diese Anforderungen an primitive Subjektivität^{P} verunmöglicht. Das konstante Tracking bleibt der Ansatz für eine Weiterentwicklung, wie wir noch sehen werden. Doch es scheint, wie die anderen Tracking-Versionen auch, zu externalistisch auf die Umweltbezogenheit des Systems und seiner „Transzendenz" bezogen zu sein, und deshalb die spezifisch repräsentationale, minimale Selbst- und Rückbezogenheit dieser transzendenten Zustände (Egozentrik) aus dem Auge verloren zu haben. Der perzeptuelle Zustand als Resultat des Objektivierungsprozess bleibt bei Burge auf die dabei entstehenden Objekt-Aspekt-Strukturen abgeblendet und das Subjekt, das diesen Gehalt hat und dabei in einer Binnendifferenz zum Objekt steht, die die Attribution in Bezug auf das Objekt (und nicht das Subjekt) und die Einstellung zum so Präsentierten fundiert, bleibt merkwürdigerweise unterbelichtet. Die Repräsentation bleibt bei Burge und anderen Tracking-Theorien durchgehend „anonym" oder radikal „transparent" – sie ist nicht *für* etwas in einem nicht-praktischen oder nicht-kausalen Sinne. Tracking-Theorien zeichnet eine gewisse *Subjektvergessenheit* aus (siehe Kriegel 2012, 135).

Ich werde später noch zeigen, dass diese „Anonymität" und „Subjektvergessenheit" bereits im repräsentationalen Zustand angelegt ist, insofern das Subjekt als Einheitspol bei aller Veränderung der (perzeptuellen) Gehalte das *invarianteste* Moment des Zustands bleibt und gerade deswegen informationstheoretisch (und im Bewusstsein) meist im Hintergrund bleibt. Die Wahrnehmung, obgleich immer *de se*, betrifft intentional in deskriptiver Einstellung nicht sich selbst, ist nicht wieder Teil ihres Gehalts. Dieses Selbstverständlichste, dass die Repräsentation immer zu einem Subjekt gehört, darf bei der Frage nach der *aboutness* aber gerade nicht übersehen werden oder mit dem unspezifischen Verweis auf das mereologische Vorkommen in einem Organismus deflationiert werden.

Die Subjektvergessenheit scheint nicht nur die Teleosemantik zu betreffen: Selbst mit Bezug auf das Modell eines *minimal phenomenal self* von Blanke und Metzinger (2008) haben wir bereits gesehen, dass dieses Subjekt, das auf einer Repräsentation des eigenen Körpers („body schema") beruht, wiederum ein noch originelleres Subjekt dieser Repräsentation *voraussetzen* muss, da es diese nur auf Basis deskriptiver Einstellungen gibt, die einem Subjektpol zugeordnet sind.[274] Der Versuch der Autoren, dieses Modell dann durch seine Erklärungskraft in Bezug auf

274 Zum unscharfen Begriff „body schema" siehe Gallese/Sinigaglia 2010, 747.

pathologisch bedingte Illusionen dieser Repräsentationen zu legitimieren, läuft dann Gefahr, mit ähnlichen Problemen wie Burge konfrontiert zu sein:

> If [...] it is supposed to be part of the representational content of the body schema that it also labels various body parts as one's own, such a body schema could then contribute to the explanation of these various pathologies. But it would do so then by taking for granted the notion of ownership by a subject, rather than by offering some kind of reductive explanation of the notion (Peacocke 2015, 173).

Und auch in elaborierten Tracking-Versionen wie *Predictive Processing* können wir nach Schlicht (2018) eine Subjektvergessenheit diagnostizieren, die nicht bewusstseinstheoretisch, sondern anhand von Veridikalitätsbedingungen offenbar wird:

> The accuracy conditions of my imagining or remembering a pencil in front of me differ to those for perceiving it precisely because of the particular way the intentional mode partly determines them, whereas the content remains constant. [...] this raises *the question in what way the subject enters the accuracy conditions* and how this should be captured by the predictive coding framework. Consequently, any analysis of perception in terms of predictive coding will remain incomplete if this issue is not settled. Not much has been written about this topic though (Schlicht 2018, 2468; Kursiv, A.W.).

Der einheitliche Gegenpol zum Objekt oder der invariante subjektive Standort oder egozentrische Nullpunkt der Perspektivität im Sehen, Hören, Tasten *des Individuums* bleibt unklar. Es scheint jedoch keine reine Repräsentation *von* etwas, keine rückgebundene Objektivität geben zu können, schon gar nicht in der Wahrnehmung – andernfalls droht der Rückfall in den Relationalismus und seine radikale Transparenz der Wahrnehmung.[275]

An diesem Versäumnis hat sicher die Überlagerung der Subjektivität durch die Träger-Metapher und das teleosemantische, d.h. zweckorientierte Paradigma des Verhaltens ihren Anteil sowie die Verbannung der Egozentrik in das Reich des Bewusstseins und der selbstreflexiven Person. Es wird, aufgrund der Subjekt-Träger-Konfusion, lediglich davon gesprochen, dass ein Zustand Veridikalitätsbedingungen „habe" und damit verschleiert, dass dieses „Haben" nicht nur eine externalististische Außenbeziehung, sondern eine komplexe, prozessuale Vorgeschichte

275 Tracking-Theorien bilden keine Ausnahme bezüglich dieser Subjektvergessenheit. Auch Susanna Schellenberg (2007, 610) spricht zwar von einem „unification problem", meint damit aber die Frage nach dem einheitlichen Objekt einer bewussten Wahrnehmung durch mehrere Perspektiven hindurch. Das hier gemeinte *Vereinheitlichungsproblem* kommt dabei nicht vor, da Schellenberg ein einheitliches *Subjekt* der verschiedenen Perspektiven einfach voraussetzt, obwohl das Objekt allein nicht die Einheit der Wahrnehmung stiftet. Auch hier scheint die implizite Prämisse einer Subjektivität als Trägerschaft im Spiel zu sein.

und internalistische Konstellation eines Subjekts mit Einstellungen umfasst, die es vom Haben intrinsischer Eigenschaften wie das Haben einer Farbe oder einer Intensität unterscheidet. Nur weil (unzählige) informationstragende Zustände einen Effekt auf Verhalten haben, ist damit noch nicht erklärt, *wer* all diese vermeintlichen Repräsentationen in einheitlicher und durchgängiger Weise *einnimmt*. Allein aufgrund der Tatsache, dass sie in einem Träger-System realisiert wird, ist der Information nicht nur kein attributionales Format, sondern auch kein Subjekt, das eine Einstellung zu diesen Quasi-Gehalten unterhält, an sich zugeordnet. Wie kann die Kugelrekonstruiermaschine unterscheiden, welche Fragmente des Inputs „zu ihr" gehören, keine kugelspezifischen Muster bilden? Und inwiefern bildet das Vorkommen der fertig konstruierten Kugeln, die die externen rekonstruieren sollen, in der *perception box* eine Gegebenheit *für die Maschine* (und nicht nur einen lokalen kausalen Effekt auf ein angrenzendes Subsystem)?

Ziehen wir also folgendes Fazit: Wenn die elaborierteste Tracking-Theorie es versäumt, die attributive Struktur des repräsentationalen Zustands und seine spezifische Subjektivität aufzuklären, und die propositionale Form des Urteils eines theoretischen Standpunkts, aus dem sie ihrerseits Informationen und Informationsverarbeitung repräsentiert, mitsamt dem Subjekt des Urteils, in die Informationen und ihre System hineinprojiziert, dann werden wir wieder in das erste Horn von Morgans Dilemma zurückgestoßen (siehe Ende Kapitel B III.1.2.1): Wir müssen dann ein anspruchsvolles kognitives Subjekt^R heranziehen. Doch mit dieser Verzweiflungstat verstoßen wir nicht nur gegen das Autonomieprinzip, wir ermangeln auch ein entsprechendes intrinsisches Subjekt des Gehalts auf perzeptueller, nicht-personaler Ebene. Da wir mit den Tracking-Theorien nicht wissen, was es heißt, eine Einstellung zu einem Gehalt zu unterhalten, wissen wir auch nicht, was es heißt, Subjekt dieser Einstellung zu sein.

Gehen wir also auch diesem Horn von Morgans Dilemma nach und folgen intellektualistischen, neo-kantischen Modellen, welche Vermittlung und Objektivität in der Präsentationsstruktur zwar betreffen, aber im Lichte eines anspruchsvollen konzeptuellen Schemas von Objektivität^R und einer personal-bewussten, kognitiven Ebene von Subjektivität^R mit ihren *begrifflichen* Attributen wie Wirklichkeit, Wahrheit, mentale Unabhängigkeit, etc. verstehen. Da die Tracking-Theorien in ihrer Interpretation von RD Quasi-Gehalte postulieren, weil sie diese, durch ihren Fokus auf die Tracking-*Relation*, nicht recht einbetten können und daher die Relate von RD internalistisch unterbelichten, sind sie übermäßig externalistisch. Wenden wir uns im Folgenden der internalistisch-repräsentationalistischen Interpretation von RD (RD^R) zu.

III.1.3 Die repräsentationalistische Version: Intellektualisierung

Im Folgenden soll die repräsentationalistische Version der repräsentationalen Differenz (RD^R) diskutiert werden. Morgans Konzeption von *mentaler* Repräsentation, die er gegen die Tracking-Theorien in Stellung bringt, ist nicht neu, sondern ruht auf einer reichen philosophischen Tradition von RD^R: Diese versteht „Objektivität" und „Subjektivität" in primitiver Intentionalität im Sinne eines „konzeptuelles Schema" (Strawson 2002, 15), durch das Subjekte die Welt *als mental-unabhängig* verstehen und damit die repräsentationale Differenz *ontologisch* durchdringen können: Sie sind fähig, die Welt *als* wirkliche und ihre eigenen Wahrnehmungen und Begriffe *als* mentale sowie *als* wahr oder falsch zu repräsentieren. Das heißt: Die Präsentation eines Gehalts für... erfolgt nicht mehr nur für einen Organismus, einen Akteur oder ein wahrnehmendes Individuum, sondern für eine kognitiv begabte *Person.*

Was führt zu dieser sehr anspruchsvollen bis intellektualistischen Anforderung an repräsentationalen Status? Um die unterschiedlichen Ausgangsfragen von Tracking-Theorien und Repräsentationalisten in Bezug auf Intentionalität zu überblicken, hilft eine Unterscheidung, die Burge (2010, 156) zu Beginn seiner Diskussion von Strawson und Evans anbietet. Er differenziert dabei zwischen zwei verschiedenen Fragestellungen:

a) Die *Status-Frage* als Angabe konstitutiver Bedingungen für die Repräsentation der physischen Umwelt.
b) Die Frage nach konstitutiven Bedingungen für die begriffliche *Konzeption* mental-unabhängiger Bedingungen *als mental-unabhängig.*

Nach Burge erfordert die Antwort auf letztere Frage zwei Voraussetzungen: einen Begriff des Mentalen, also eine *theory of mind* („a concept of mind") sowie Selbstbewusstsein (vgl. Burge 2010, 157). Damit impliziert die zweite Fragestellung ein repräsentationalistisches Bild von $Subjekt^R$ und $Objekt^R$: Letzteres wird von ersterem als mental-unabhängig repräsentiert. Das Subjekt muss also fähig sein, das Attribut mental-unabhängig zu attribuieren (RD^R). Wir haben diesen Vorschlag nicht nur bei Davidson, sondern auch bei Morgan bereits angetroffen.

Was motiviert nun diese zweite Fragestellung? Folgende Grundmotivation zeichnet sich ab: Die hier besprochenen Philosophen sind in einem generellen Sinne „neo-kantisch" inspiriert. Das soll bedeuten, dass sie „Objektivität" (und damit „Subjektivität") in einem *intersubjektiv belastbaren* Sinne verstehen und damit eine Grundlage für Erkenntnis und Wissenschaft bereiten wollen. Davidson verfolgt dieses Ziel über einen repräsentationalistischen Holismus nicht nur in Bezug auf *Wahrheit.* Er bezieht sich darüber hinaus auch auf propositionale, intersubjektiv-sprachlich zugängliche Veridikalitätsbedingungen. Strawsons und Evans gehen den

Weg zur Wahrheit über ein räumlich-fundiertes „begriffliches Schema" bzw. über eine „elementare Theorie" von einer *Welt* in Gestalt ihrer Unabhängigkeit vom Mentalen. Dieses Mentale soll „objektive Urteile" auf Basis von „Kriterien" (siehe Wittgenstein 2003) zuallererst fundieren.

Die Status-Frage (a) setzt dagegen bei Repräsentation überhaupt und mit der Wahrnehmung auf einer Ebene an. Sie scheint zwar unserem Vorschlag entsprechend zunächst nur eine wesentlich *egozentrische* Form der Objektivität auf sensorischer Ebene zu beanspruchen. Das Autonomieprinzip des Sensorischen (siehe Kapitel B I.4.2) wird aber von dem neo-kantianischen Fokus auf prinzipiell intersubjektiv-zugängliche Gehalte in Frage gestellt. Wir haben bereits gesehen, dass Burges Tracking-Modell von einem materiellen, internen Subjekt^{M} und einem externen Objekt^{M} ausgeht (RD^{M}). Deshalb bildet also die Status-Frage einen starken Gegensatz zu (b). Die Fragestellung (a) ist daher das *ontische* Projekt intentionaler Bezugnahme (die Gerichtetheit auf etwas, die Attribution eines „ist"). Dagegen ist (b) das „ontologische Projekt" (die begriffliche Repräsentation von etwas, als mental-unabhängig) (siehe Akins 1996, 370-371). Im Folgenden ist zu zeigen, dass die Vertreter von RD^{R}, im Gegensatz zu Burge und den Tracking-Theorien, sich zwar einerseits nicht mit RD^{M} zufriedengeben und auf die wesentlichen Implikationen von RD – intentionaler Modus und Subjekt – für repräsentationalen Status hindeuten. Andererseits jedoch betrachten sie diese Implikationen im Licht von Fragestellung (b) und *intellektualisieren* RD.

Da (b) sich also nicht immer direkt mit der Status-Frage beschäftigt, dient RD^{R} im Folgenden einerseits als erhellende *Kontrastfigur*, an der sich andererseits gleichzeitig wichtige Einsichten für die Beantwortung von (a) mit Blick auf ursprüngliche und authentische Formen von Subjektivität und Objektivität gewinnen lassen. Dazu wird zunächst (Kapitel III.1.3.1) am Beispiel Donald Davidsons die Umdeutung der *intentionalen* zu einer *selbstkritischen Einstellung* vorgestellt, die nur dann Gehalte unterhält, wenn sie sie auch als veridisch oder irrtümlich bewerten kann. Diese Umdeutung wird auf das seit René Descartes (2008 [1642]) bestehende Projekt einer *personalen Selbstvergewisserung* zurückgeführt, das von Davidson durch eine sozial-sprachliche Dimension abgesichert wird. Dieses Projekt soll mit Fragestellung (b) identifiziert und mit Blick auf die Status-Frage (a) als zu voraussetzungsreich und unfundiert verworfen werden. Anschließend (Kapitel III.1.3.2) wird mit Blick auf Nicholas Georgalis (2006) zumindest überblickshaft die Frage nach einer Konstitution von Repräsentation durch *Bewusstsein* erörtert. Dabei soll dessen vermeintliche Rolle als *konstitutiver Zugang zu Gehalten* als nicht-konstitutiv für intentionalen Status zurückgewiesen werden. Gleichwohl wird die Bedeutung der Präsentationsstruktur als *common factor* von bewussten und nicht-bewussten Repräsentationen herausgestellt. Anschließend (Kapitel III.1.3.3) werden Strawsons und Evans Verständnis von *Objektivität als Begriff von Wirklichkeit* mit

Hinblick auf Kant kritisch diskutiert. Dabei sollen jedoch auch triftige Hinweise in Bezug auf die Präsentationsstruktur in der Wahrnehmung hervorgehoben werden. Dabei wird zugleich ein Ansatz in der Wahrnehmung selbst für die anschließende innovative Fundierung des intentionalen Modus durch die *präsentationale* Version der repräsentationalistischen Differenz (kurz: RD^P) gefunden, die einen Mittelweg zwischen der deflationären RD^M und der intellektualistischen RD^R darstellt.

III.1.3.1 Intentionale Einstellungen als selbstkritische Einstellungen

Beginnen wir mit der Umdeutung der intentionalen Einstellung als personale Selbstvergewisserung am Beispiel Davidsons. Diese Deutung ist eine unmittelbare Antwort auf die Status-Frage, denn es stellt das „concept of objective reality in the first place“ (Davidson 2004, 3) an die Spitze einer Theorie über gehaltvolle Zustände (*belief*). Davidson präsentiert dafür folgendes Argument (Davidson 2004, 7-10):

P1) Einen Gehalt (als Proposition) zu fassen oder zu haben (*grasp or entertain*) heißt, etwas in bestimmter Weise charakterisieren oder klassifizieren zu können.

P2) Es ist einem System nicht möglich, einen Gehalt zu haben, ohne zu verstehen (*understand*), was es bedeuten würde, wenn er veridisch wäre, d.h. Veridikalitätsbedingungen zu verstehen.

P3) Ohne dieses Verstehen gäbe es keine richtige Antwort auf die Frage, *welcher* Gehalt vom System gefasst oder gehabt wurde.

P4) Gleich welche Einstellung (*attitude*) einem Gehalt gegenübersteht, setzt das immer das Verstehen seiner Veridikalitätsbedingungen voraus.

P5) Das Verstehen der Veridikalitätsbedingungen eines Gehalts setzt das Verstehen von Veridikalität voraus.

P6) Das Verstehen von Veridikalität setzt das Verstehen des Unterschieds von dem, was der Gehalt als seiend vorgibt und dem, was unabhängig davon der Fall ist, voraus.

→ K) Damit ein Lebewesen etwas als etwas repräsentieren kann, muss es einen (rudimentären) Sinn für den Veridikalitätsanspruch (und für dessen Scheitern) der Repräsentation besitzen.[276]

Die Pointe dieses Arguments formuliert Davidson treffend wie folgt:

276 Zu Darstellung und Kritik von Davidsons Argument siehe Glock 2000, 54

> Thought would not be possible for a creature that did not have a grasp of the concept of objective truth, an awareness, no matter how inarticulately held, of the fact that what is thought may be true or false (Davidson 2004, 4).[277]

Die Objektivität eines Gehalts hängt also nicht nur von seinen Veridikalitätsbedingungen ab, sondern auch von deren Metarepräsentation durch ein selbstkritisches Subjekt, wie Davidson an anderer Stelle behauptet:

> Thought, propositional thought, is objective in the sense that it has a content which is true or false [...] Furthermore, this is a fact of which a thinker must be aware; one cannot believe something [the content], or doubt it, without knowing that what one believes or doubts may be either true or false, and in particular, that one may be wrong. Where do we get the idea that we may be mistaken, that things may not be as we think they are? (Davidson 1999, 12).

Davidsons Argument ist anspruchsvoll. Denn es bindet repräsentationalen Status an die Fähigkeit zu einer *theory of mind*, mit der die eigene und andere Perspektive als solche entdeckt und als wahr und falsch klassifiziert wird. Ein wesentliches Merkmal einer *theory of mind* ist die Fähigkeit, das Verhalten eines anderen Akteurs durch Zuschreiben einer falschen Repräsentation vorherzusagen. Das entspricht Davidsons Forderung nach einem Unterscheidenkönnen zwischen der Welt als solcher und wie sie in einem Gehalt repräsentiert wird (P6). Ein Standardverfahren für einen solchen „indicator of meta-representational activity" ist Heinz Wimmers und Joseph Perners (1983) *false belief test*:

> In each sketch subjects observed how a protagonist put an object into a location x and then witnessed that in the absence of the protagonist the object was transferred from x to location v. Since this transfer came as a surprise, they had to assume that the protagonist still believed that the object was in x. Subjects had to indicate where the protagonist will look for the object at his return (Wimmer/Perner 1983, 103).

Wimmer und Perner stellen fest, dass erst eine knappe Mehrheit von Kindern im Alter zwischen 4 und 6 Jahren diesen Test bestehen und dafür sozial-sprachliche Faktoren wie das Erkennen von Täuschungsabsichten oder Wahrhaftigkeit des Protagonisten relevant sind. Auch nach Husserl (1973 [Hua I], 134-139) entspringt das Verstehen des Sinns von „objektive Welt" einem Erfahren-Können „des Anderen" und einem Bezug auf „das andere Ich". Denn nur in einer Bezugnahme auf andere Perspektivität könne ich verstehen, dass es eine Welt unabhängig von meiner Perspektive geben kann. Sie ist als „für jedermann" verstanden. Diese höherstufige, „objektive Transzendenz" der Welt kontrastiert Husserl jedoch, *pace* Davidson, mit

277 Mark Bickhard (1999) präsentiert eine naturalistischere Variante dieses Arguments.

einer ihr vorausgehenden, „primordialen“ oder „immanenten“ Transzendenz, die auf das einzelne Subjekt beschränkt bleibt und bereits in der Wahrnehmung konstituiert ist.

Nehmen wir nun zum Zweck unserer Argumentation an: Davidsons Argument sei in Bezug auf propositionale Einstellungen (*beliefs*) und begriffliche (nicht-sensorische) Repräsentation (*thought*) zutreffend. Meinungen scheinen in einer sprachlichen Praxis eingebettet zu sein. Diese Praxis impliziert *eo ipso* eine selbstreflexive Theorie richtiger und falscher Verwendungsweisen von Propositionen und baut auf gegenseitige Bezugnahme und Erwartungen regelhafter Äußerungen auf. Wenn eine Person Wörter und Begriffe korrekt oder inkorrekt anwendet, also Veridikalitätsbedingungen an diesen Gebrauch knüpft, dann scheint sie holistisch immer auch („unartikulierte“) *Kriterien* oder *Regeln* dafür zu besitzen, dass und in welchen Kontexten diese Wörter richtig und falsch gebraucht werden (siehe Wittgenstein 2003, [§ 376, 385]). Noë hat diese Ebene zweiter Ordnung wie folgt beschrieben:

> [W]hen it comes to language and meaning, we can't make a clean distinction between the first-order linguistic practice and the second-order practice of thinking about our linguistic behavior. The first-order practice contains within it the second-order practice. [...] For to understand a word is to know how to use it, and that means, among other things, knowing how to explain its use to another, how to answer the question *what does this mean* (Noë 2012, 3).

Diese Art sprachlich-sozialer Reflexion auf Korrektheitsbedingungen wird bei Davidson nun auch für Wahrnehmungsgehalte gefordert, deren Bestimmtheit nur in einer *Dreiecksbeziehung* zwischen Objekt und mehreren Betrachtern gesichert werden kann:

> Social interaction, triangulation, also gives us the only account of how experience ("intuition" as Kant called it) gives content to our thoughts. Without other people with whom to share responses to a mutual environment, there is no answer to the question what it is in the world to which we are responding (Davidson 1999, 13).

Wenn wir Davidsons Punkt für prototypische Meinungen zugestehen, dann stellt sich die Frage: Gilt das Argument auch für Wahrnehmungen und repräsentationalen Status überhaupt? Anders gefragt: Muss Repräsentation der Umwelt schlechthin eine metarepräsentationale Fähigkeit nach Davidsons Standards und damit eine *theory of mind* implizieren?

Burge (2010, 270-275) gibt erwartungsgemäß eine negative Antwort. Er verweist *erstens* auf die vorsprachliche, sensorische „Triangulation“ in Wahrnehmungskonstanten und auf ihre Objektivierungsverfahren. *Zweitens* kritisiert er Davidsons Konzept von *mentaler Unabhängigkeit* als zu voraussetzungsreich oder „intellektualistisch“ für primitive Intentionalität. Der erste Punkt hat in Bezug auf die minimal *egozentrische* Verfassung von Repräsentationen einiges Gewicht: Tiere können sich dank Konstanten auf ein und dasselbe Objekt in verschiedenen Näherungsweisen beziehen, *ohne* dabei auf die Bezugsweise anderer Tiere angewiesen zu sein. Man denke an das auf sich gestellte, nicht-kollektive Jagdverhalten eines Frosches oder einer Springspinne. Dem Tier eine eindeutige Referenz auf ein Objekt abzusprechen, nur weil es ohne Sprache auskommt, widerspricht diesem Verhalten und seinem perzeptuellen Mechanismus, die kognitionswissenschaftlich beschrieben werden (siehe Schulte 2012, Neander 2017, Shea 2018).

Was Burges zweiten Einwand betrifft, scheint gerade Prämisse P6 aufschlussreich zu sein. Denn Davidson verlangt, dass wir als genuine intentionale Wesen „appreciate the fact […] that there is a basic difference between what we believe and what is the case“ (Davidson 2004, 4). Das Verständnis der Differenz zwischen dem *Anschein*, den jeder Gehalt („how something seems“) vermittelt und dem, was unabhängig von diesem Anschein, *der Fall ist* („how it is“) scheint der Kern seines Arguments zu sein. An anderer Stelle macht Davidson diese Differenz zur Bedingung für genuine Einstellungen, indem er fordert, dass „the creature commands the subjective-objective-contrast“ (Davidson 1982, 326).

Diese Anforderung von P6 ist sehr voraussetzungsreich: Denn es scheint, dass Davidson ein metarepräsentationales Analogon zur Präsentationsstruktur fordert (siehe auch P1 und P3). Doch er geht dabei den zweiten Schritt vor dem ersten: Denn die Repräsentation erfordert bereits auf der Ebene des *Anscheins* eine genuine intentionale Struktur, die ein Objekt unter Aspektgestalten einem Subjekt präsentiert. Dabei muss das repräsentationale System im Zuge des polarisierenden Objektivierungsprozesses eine präsentationale Differenz zwischen dem Subjekt und dem Objektiv einziehen. Auch und gerade der Anschein stellt etwas dar. Der Anschein impliziert ein „ist“ und ein „dass“ der Attribution, die von einem Subjekt in deskriptiver Einstellung affirmiert wird.

Betrachten wir diesen Einwand anhand einer Gehaltbeschreibung nach Davidsons Maßstab: Sie verbindet einen Gehalt *p* (Dort ist eine Fliegengestalt) und einen meta-repräsentationalen Gehalt p^R (Mein Wahrnehmungseindruck *p* kann falsch sein, die Sache ist anders, als ich wahrnehme) zum Gehalt p und p^R. Nach Davidsons Argument für einen genuinen *belief* gilt: Wenn p, dann p und p^R. Doch p^R muss selbst wiederum p‘s Status einer Repräsentation *voraussetzen*, um in einer Selbstreflexion einen Anschein mit einer anderen Repräsentation, einer Reflexion p^R über diesen Anschein in Beziehung zu setzen. Und diese Voraussetzung muss nicht ihrerseits eine Metareflexion implizieren. Wir können uns ein gewöhnliches, wahrnehmendes Tier (z.B. den Frosch) denken, das lediglich p besitzt und dadurch einen Anschein von der Welt hat. Der Frosch bekommt also den Gehalt p (Dort ist eine Fliegengestalt) vermittelt – auch wenn dieser Gehalt falsch ist. Gehalt p genügt für repräsentationalen Status. Es ist unklar, warum die Repräsentation zweiter Stufe die Repräsentation erster Stufe überhaupt begründen muss:

> Indeed, the ability to detect its own mistakes seems to require some sort of metarepresentational ability, and it is unclear why we should require metarepresentations in order to possess first-order representations (Artiga 2022, 663).

Das gewöhnliche Tier muss nicht, um diesen Anschein zu haben, auf einer Meta-Ebene mit p^R verstehen, dass die Welt anders sein kann, als es mit p den Anschein hat. Es muss nicht eigens repräsentieren, dass das von p Repräsentierte unabhängig von p bestehen und so beschaffen sein kann, dass es sich irren kann. Das gewöhnliche Tier hat schlicht eine bestimmte Ansicht von der Welt, die sein Verhalten leitet: Die Welt selbst und *nicht* seine Wahrnehmungen sehen für das Tier in einer perzeptuellen Weise aus. Es ist lediglich unfähig, diesen Schein kritisch zu hinterfragen und damit *als* Anschein zu entlarven, weil es wohl über keine *theory of mind* verfügt.[278] Diese fehlende Differenzierung beider Ebenen muss selbst für begriffliche Repräsentationen jenseits der Wahrnehmung gelten und entspricht einer repräsentationalen Arbeitsteilung.[279] Schließlich besteht nicht nur keine Notwendigkeit, dass jede Repräsentation eine Meta-Repräsentation erfordert, sie kann es auch nicht, wenn wir mit Davidson nicht in einen *infiniten Regress* von Repräsentation und Meta-Repräsentation geraten möchten.

Ziehen wir daher folgendes Fazit: Davidsons Argument beruht ebenfalls auf einer Projektion. Es spiegelt den *repräsentationalistischen* Sinn von „Objektivität“ und „Existenz“ – nach der eine Repräsentation für ein Subjekt nur dann objektiv (intentional) ist, wenn es fähig ist, seinem Objekt auch die Attribute wirklich bzw. mental-unabhängig oder seinem Gehalt die Attribute wahr bzw. falsch zuzuschreiben – in den *präsentationalen* Sinn von „Objektivität“ zurück, der jedoch allererst jede Attribution fundiert. Dieser intellektualisierende Fehlschluss untergräbt damit auch die konzeptuellen Grundlagen von Davidsons *belief*-Verständnis in Bezug auf selbstkritische Personen und ist in einem negativen Sinne zirkulär. Die „emergence of thought“ und die Begründung von „rational animals“ stehen damit auf unsicherem Fundament. Damit ist Davidsons Projekt nicht illegitim, seine An-

278 Wir haben mit Wimmer und Perner (1983) die hohe Hürde dieser Fähigkeit gesehen. Es ist umstritten, ob selbst intelligente Tiere wie Affen falsche Repräsentationen als solche zuschreiben und verstehen können (siehe Call/Tomasello 2008). Die Ausrichtung auf *Wahrheit* als solcher scheint ein wesentlich menschlicher Zug zu sein.

279 Man denke an die Ponzo-Täuschung (Kapitel B.II.4.2): Der Betrachter kann *wissen*, dass seine Wahrnehmung falsch ist, und doch gibt diese, unabhängig von der kognitiven Kontrollinstanz, autonom und beharrlich einen perzeptuellen Anschein von den Oberflächeneigenschaften des Wahrgenommen.

wendbarkeit auf Tiere jedoch zweifelhaft. Die Motivation seines Holismus scheint folgende zu sein: Davidson Konzept von Objektivität steht im Gefolge von Descartes und Kant unter dem Leitstern einer *personalen Selbstvergewisserung* mit Hinblick auf Wahrheit. Das Davidson'sche Subjekt ist wie Macbeth, der seine eigene Wahrnehmung kritisch hinterfragen kann („Is this a dagger which I see before me?"), weil er weiß, dass er mentale Zustände hat und dass sie ihn täuschen können („or art thou but A dagger of the mind, a false creation"). Dieses Streben ist bei Davidson jedoch nur auf sozialem Wege und über die Sprache realisierbar. Mentale Subjekte sind *rationale* Subjekte, die Frage Davidsons gilt Bedingungen von „rational animals" und „rationality" (Davidson 1982, 327). Das Rationale schlägt sich wiederum in einer Form von „Bewusstsein" („awareness") nieder: nicht in einer phänomenal-zugangsprivilegierten Version[280], sondern im Sinne einer kritischen Einstellung zu sich selbst und zu seinen Ansichten von der Welt. Da diese Dimension schließlich eine *theory of mind* anderer Personen erfordert, ist Rationalität an „soziale Interaktionen" (Davidson 1999, 13) gebunden. In diesem Gedankengang erhält der Begriff „propositionale Einstellung" einen anderen, selbstkritischen Sinn als ihn die naturalisierende Fundierung des intentionalen Modus fordert. Auch Strawson und Evans verlangen, wie wir noch sehen werden, im Horizont dieser Selbstvergewisserung metarepräsentationale „Kriterien" für Objektivität. Sie gehen dabei aber stärker von den Fähigkeiten des einzelnen Individuums aus, was sie wieder näher an die Status-Frage heranrückt, da primitive Wahrnehmung eine individuelle, wesentlich egozentrische Perspektive bildet, die keine Intersubjektivität erfordert. Die natürliche Kandidatin für eine egozentrische Fundierung des intentionalen Modus ist dann aber zunächst das Bewusstsein.

III.1.3.2 Bewusste Subjektivität als konstitutiver Zugang zu Gehalten

Bevor ich auf weitere Vertreter des Repräsentationalismus eingehe, möchte ich ganz allgemein und ohne Anspruch auf Vollständigkeit die These einer konstitutiven Rolle des (phänomenalen) Bewusstseins für die Konstitution von Subjektivität erörtern. Denn sie bildet oft eine nicht wiederum repräsentationale Hintergrundannahme von RD^R, die dem wissenschaftlich-intersubjektiven „ontologischen Projekt" zugrunde liegt. Dem Bewusstsein wird vor allem die Rolle zugeschrieben, die Einheit des $Subjekts^R$ auf personaler Ebene, die Bestimmtheit der Gehalte und damit repräsentationalen Status sicherzustellen. Dahinter steckt der Slogan der *phänomenalen Theorie der Intentionalität* [PIT] (siehe Mendelovici/Bourget 2014; Mendelovici 2018): „The guiding idea behind the phenomenal intentionality research

280 Davidson meint auf „Selbstbewusstsein" verzichten zu können (vgl. Davidson 1982, 326).

program is that consciousness is the source of all intentionality" (Mendelovici/ Bourget 2014, 330).[281]

Die Details dieser Position können hier genauso wenig gewürdigt werden, wie eine ausführliche Behandlung des Zusammenhangs von Bewusstsein und Repräsentation, da dergleichen den Umfang dieser Untersuchung sprengen würde. Ich gehe dabei von der Intuition und wissenschaftlichen Studien aus, nach denen es nicht-bewusste Repräsentation gibt (siehe Prinz 2010 für einen Überblick), und dass wir prototypisch auch aus der Dritten-Person-Perspektive Repräsentationen mit Erklärungskraft zuschreiben können. Meine These ist, dass die Präsentationsstruktur zwar der Ort für Bewusstsein in mentalen Repräsentationen ist, da die Vermittlung und Gegebenheit der eigenen Gehalte zumindest in Introspektion phänomenologisch evident ist. Sie lässt sich aber nicht auf ihre bewusste Form reduzieren, sondern fungiert als *common factor* von bewussten und nicht-bewussten Repräsentationen.

Nicolas Georgalis (2006) ist ein exemplarischer Vertreter der PIT-Theorie. Ihm zufolge bedeutet die triadische Struktur der Repräsentation nichts weniger als „die fundamentale Tatsache der Repräsentation". Sie gliedert sich wie folgt: „For any item r to represent a particular item t, there must be an agent s *to whom* r represents t" (Georgalis 2006, 126). Damit ist richtigerweise die Rolle der Repräsentation *für*... und die Frage nach deren Subjektivität herausgestellt. Nach Georgalis sei diese „dritte Variable" entscheidend für jede Intentionalitätstheorie. Seinem phänomenalen Modell zufolge ist das Subjekt der Repräsentation *notwendigerweise* bewusst (sog. „strong phenomenal intentionality theory", Mendelovici/Bourget 2014, 330) und das hat folgenden Grund: Wir hätten bisher keine Alternative zum introspektiven Zugang, jene Tatsache in „demselben Maß an Gewissheit" sicherzustellen (Georgalis 2006, 128). Wir würden nie „auf dieselbe Weise wissen", dass einige unserer informationellen Zustände *unsere Repräsentationen* seien (Georgalis 2006, 132) und, notwendigerweise, dass diese Zustände Repräsentationen *dieses Objekts* sind und damit Gehalt-Bestimmtheit sicherstellen („particularity requirement", Georgalis 2006, 121; siehe dazu auch Brewer 2017, 218). Wie Evans (1982) und McDowell (1994) zieht auch Georgalis deshalb naturalistische, informationszentrierte Theorien ganz generell in Zweifel und argumentiert dafür (ähnlich wie McDowell) wie folgt: Kaffee im Magen würde z.B. in meinem Gehirn einen Zustand auslösen, der damit Informationen in Bezug auf Kaffee im Magen trägt. Nun sei ein Kognitionswissenschaftler nicht berechtigt, so Georgalis, aus der Repräsentation des Kaffees im Hirnzustand *für* ihn zu folgern, dass *ich* eine Repräsentation des

281 Siehe auch, in verschiedenen Ausprägungen: Brentano 1874; Husserl (1962 [Hua IX]), Searle 1983, Strawson 2004; Georgalis 2006.

Kaffees hätte, dass die Information in der Hirnaktivität etwas Bestimmtes *für mich* repräsentieren würde (vgl. Georgalis 2006, 131). Georgalis überträgt dieses Argument nun auf Erklärungen aus der Dritten-Person-Perspektive: Eine Schlange hätte durch ihre Sensitivität für Wärme und Bewegung externer Beutetiere entsprechende interne, korrelierende Zustände. Wie im Kaffeebeispiel wären wir aber nicht berechtigt, so Georgalis, daraus zu schließen, irgendetwas würde *für* die Schlange repräsentiert werden:

> While there is no doubt that we are genuine representers, one may doubt that snakes are. Yet, since the informational content that resulted from my drinking hot coffee represents nothing *to me*, there certainly is no reason to think that indicated snake's informational content, as such, represents anything *to it* (Georgalis 2006, 132).

Wenn also Repräsentation-für sich nur „zweifelsfrei" (*no doubt*) im Bewusstsein gegeben ist, so Georgalis Argument, dann scheint Bewusstsein für Repräsentation-für auch konstitutiv zu sein. Wie ist dieses Argument zu bewerten? Insofern auch nach Georgalis Repräsentation-für eine notwendige Bedingung für repräsentationalen Status ist, scheint Georgalis Reserviertheit gegenüber einer unbegründeten Projektion von der Struktur unserer bewussten Repräsentationalität auf die vermeintliche der Schlange sicherlich fundiert zu sein. Dennoch scheint es zweifelhaft, ob er daraus eine konstitutive Bedeutung von Bewusstsein ableiten kann:

Erstens ist die Generalisierung des Kaffeefalls auf die Schlange ein Strohmann: Durch die Bindung an Verhalten und an seine Erklärung muss für viele Tracking-Theorien der Hirnzustand durch Kaffee keine Repräsentation sein (siehe z.B. Burge 2022, 70). Naturalistische Intentionalitätstheorien schließen also, entgegen Georgalis Behauptung, nicht generell von informationellen auf repräsentationalen Gehalt. In einer Diskussion der liberaleren Theorien Dretskes und Millikans gibt Georgalis zwar zu, dass es restringierende Faktoren auch dort gäbe, behauptet dann allerdings radikal, dass wir sogar die Funktionalität der Repräsentation in die Tiere hineinprojizieren (vgl. Georgalis 2006, 144-152). Das scheint angesichts des Fähigkeitscharakters tierischer Aktivität fragwürdig.

Zweitens ist Georgalis' Behauptung, die Frage nach der Bestimmtheit („particularity") von Gehalten würde von naturalistischen Theorien „ignoriert" (Georgalis 2006. 122), schlicht unzutreffend. Denn die Gehaltfrage und die etwaige (horizontale und vertikale) Unbestimmtheit ist *die* Problematik der Teleosemantik. Gleichwohl hat Georgalis einen Punkt: Ich habe bereits darauf hingewiesen (siehe Kapitel B.II.3.1), dass die Frage, *welcher* Gehalt ein Tracking-Zustand hat, voraussetzt, dass die Tracking-Relation überhaupt *einen* Gehalt und damit dessen Bestimmtheit sichern kann. Wir haben am Beispiel der Kugelrekonstruiermaschine angedeutet, dass selbst konstantes Tracking möglichweise Schwierigkeiten hat, selbst bei einer erfolgreichen Abstraktion distal-spezifischer Muster, weitere Informationen (bezüglich lokal angrenzender Bedingungen) aus dem Gehalt herauszuhalten.

Drittens können Georgalis' epistemische Kategorien der „Gewissheit" bzw. des „Zweifels" keine rein introspektiven sein. Vor allem dann nicht, wenn Georgalis diese in Vergleich setzt mit dem epistemischen Gewicht objektiver Theorien der Dritten-Person-Perspektive und wenn er Repräsentation nicht radikal von wissenschaftlichen Erklärungen trennen will (siehe Georgalis 2006, 163). Dieser Vergleich legt die Achillesferse der phänomenalen Intentionalitätstheorien frei (siehe Mendelovici/Bourget 2014, 331): Beide epistemischen Kategorien sind eingebettet in einen wissenschaftlichen Anspruch auf Wahrheit, die allerdings keine rein introspektive sein kann. Vielmehr soll Wahrheit für alle Repräsentierenden („there is no doubt that we are genuine representers", Georgalis 2006, 132) Geltung besitzen. Doch diese universelle Behauptung kann nicht allein introspektiv vermittelt werden, die Repräsentierenden müssen *sprachliche Referenz* auf diese Zustände investieren. Dadurch stellt sich dann die Frage, wie wir uns mit der von Georgalis geforderten Gewissheit auf die Repräsentationen *anderer* (bewusster) Lebewesen beziehen können, zu denen wir doch *eo ipso* gerade keinen introspektiven Zugang haben. Die Kriterien für Gewissheit bzw. für Zweifel müssen also andere sein, als sie uns die Introspektion bietet, wenn Wahrheit und ihre Gewissheit nicht solipsistische Gewissheit des je Einzelnen bedeutet. Deshalb erklärt Davidson konsequenterweise eine Repräsentation (mit Anspruch auf *Wahrheit*) zur sozialen Tatsache. Ich habe bereits an anderer Stelle ausgeführt: Mit Bezug auf die *explanatorische Rolle* von Intentionalität entfaltet der Begriff des Subjekts sich stärker innerhalb der funktionalen Konstellation des intentionalen Modus und seiner Einstellungen. Einstellungen kann ich mit Bezug auf Veridikalitätsbedingungen anderen Wesen aus der Dritten-Person-Perspektive zuschreiben, ohne introspektiv wissen zu müssen, „wie es ist", diese Gehalte phänomenal oder selbstbewusst zu unterhalten. Wir plausibilieren uns systematisch das Verhalten anderer, indem wir dem jeweiligen Akteur ein ganzes Netz von Wahrnehmungen, Meinungen (*beliefs*), Erwartungen, Erinnerungen, etc. unterstellen, *ohne* dass wir gleichzeitig dafür annehmen, dass der Akteur sich im Verhalten dieser Repräsentationen auch bewusst sein muss. Zudem wird das Vorliegen einer solchen *theory of mind* auch bei höheren Tieren untersucht (siehe Call/Tomasello 2008), ohne gleichzeitig damit auch entscheiden zu müssen, ob sie bewusst sind oder das Bewusstsein anderer Wesen als solches verstehen.

Viertens folgt aus der Annahme eines introspektiven Zugangs auf eigene repräsentationale Zustände noch nicht, dass diese dabei auch ihre eigenen *konstitutiven* Bedingungen introspektiv zugänglich machen würden (siehe auch Burge 2010, 130). Selbst wenn wir die relevanten Momente repräsentationaler Zustände phänomenal beschreiben können, steht mit diesem Resultat noch nicht fest, wo dieses herrührt. Es ist aber anzunehmen, dass sich dieses Resultat auf den Bereich der belebten und physischen Natur und damit auch auf die Ebene der nicht-intentionalen Fähigkeiten zurückverfolgen lässt. Diese Fähigkeiten finden sich aber nicht nur bei Schlangen, sondern auch beim Menschen. Das zumindest müssen wir konzedieren, wenn wir diese natürlichen Wurzeln weder leugnen noch ignorieren wollen. Georgalis' introspektives Evidenzkriterium scheint uns diese Systematizität aber nicht nur nicht offen zu lassen, sondern zu versperren.[282]

Fünftens und schließlich bedeutet der bewusste *Zugang* und die sprachlich-intersubjektive *Referenz* (mitsamt ihren impliziten Anwendungskriterien von „Gewissheit") auf eigene Wahrnehmungszustände *per se* noch nicht, dass Bewusstsein für diese Zustände in ihrer repräsentationalen Natur auch konstitutiv ist. Denn Georgalis gibt meines Wissens bezeichnenderweise nirgends an, wie und warum das Bewusstsein die Subjektivität, ihre Einheit und Egozentrik konstituiert. Er argumentiert nur dafür, dass Subjektivität bewusst ist, weil wir uns der Repräsentationen nur durch den bewussten Zugang sicher sein können. Die Bedingungen des Zugangs zu etwas auf seine Realisierungsbedingungen zu übertragen, scheint jedoch sehr fragwürdig. Es bleibt daher offen, welche Eigenschaft am Bewusstsein notwendigerweise konstitutiv ist für Repräsentation schlechthin.

Mit diesen Argumenten soll Bewusstsein nicht ausgeschlossen werden für primitive Subjektivität. Gerade der zweite Einwand gegen Georgalis könnte dazu führen, dass Bewusstsein zumindest eine herausragend *prototypische* Rolle gewinnt: Wenn selbst elaborierte informationelle Tracking-Modelle nicht zeigen können, wie die Transitivität von Informationen ausgeschaltet werden kann, um die intransitive Spezifität von Gehalten zu erreichen, dann ist ihre phänomenologische Gewissheit, zusammen mit der Annahme von Veridikalitätsbedingungen, eine weitere epistemische Stütze. Dennoch scheint PIT zu überziehen, wenn wir die Argumente im Ganzen abwägen.

Ich plädiere deshalb für folgenden *Mittelweg*: Die Präsentation des Gehalts *für* ein Wahrnehmungssubjekt kann bewusste Präsentation sein und ist es in einigen Fällen auch. Der Begriff der „Präsentation" soll in dieser Arbeit gerade bewusstseinstheoretische und naturalistische Gehalt-Theorien verbinden können. Sein Synonym „Gegebenheit" stammt ursprünglich aus bewusstseinsorientierteren Theorien (siehe Zahavi 2005). Selbst wenn wir nicht genau „wissen", was Bewusstsein ist und doch gleichzeitig die wissenschaftlich gestützte Intuition für den Unterschied zwischen bewussten und unbewussten (bzw. weniger bewussten) Re-

---

282 In diesem Sinne plädiert auch Husserl (1962 [Hua IX], 38, 44) einmal für eine „apriorische Psychologie", die, wie bei Kant, ihr Ideal in der personalen Selbstvergewisserung eines introspektiven Ichs findet, das alle Einsichten *a posteriori*, „empirische[n] Zufälligkeiten" der „naiv-natürlichen" Wissenschaften, fernhalten will.

präsentationen nicht aufgeben wollen, muss mit der Status-Frage sichergestellt werden, dass es zwischen beiden eine Art *common factor* gibt, auf dessen Basis dieser Unterschied möglich ist. In beiden Fällen ist einem Subjekt ein Objekt vermittelt, denn es würde zu einer Art „Bewusstseins-Disjunktivismus" führen, wenn ein bewusstes Subjekt eine genuine Repräsentation besitzt, im unbewussten Fall jedoch in einen völlig anderen Zustand springen würde. Dieser Disjunktivismus könnte dann auch zwischen zwei verschiedenen Lebewesen bzw. Menschen bestehen, wenn phänomenales Bewusstsein in sich *je meines* ist, sowie eine Qualität und keine (multipel realisierbare) Funktion ist. Dagegen soll die Annahme der Vermittlung von Gehalten als Teil genuiner Repräsentation diese drohende Kluft überbrücken.

Veranschaulichen wir diese Überbrückungsleistung anhand von John Kevin O'Regans und Alva Noës (2001) Beschreibung eines Autofahrers, dessen Bewusstsein im Sinne von Aufmerksamkeit (*attention*) einem bestimmten Ausschnitt einer Verkehrsituation gilt und der dennoch, so nicht nur unsere Intuition, von einem komplexe Reizbombardement in Beschlag genommen, die Situation *korrekt wahrnimmt* und kraft dieser Wahrnehmung das Auto steuert:

> Suppose you are driving your car and at the same time talking to a friend. As you talk, the vista in front of you is impinging upon your eyes. The sky is blue, the car ahead of you is red, there is oncoming traffic, and so on [...] But, since you are talking to your friend, you do not attend to most of these things. You do not notice that the car ahead is red, you do not think about the sky being blue; you just drive and talk to your friend (O'Regan/Noë 2001, 943-944).

Angesichts dieser unproblematischen Situation scheint es kontraintuitiv, revisionistisch und weitaus weniger erklärungskräftig, würden wir annehmen, bei einem plötzlichen Bewusstwerden der vorher unbewussten Wahrnehmung wäre diese zumindest in ihrer *repräsentationalen* Natur eine völlig andere oder würde erst im Zuge der Aufmerksamkeit eine Repräsentation der Umwelt. Die Beschreibung (und der Autofahrer) würde dann zwischen einer Repräsentation und einer Nicht-Repräsentation springen, weil die introspektive Gewissheit, was er wahrnimmt (Georgalis), in einem Fall nicht mehr gegeben wäre: Würde der Autofahrer gefragt, was er wahrnähme, er könnte es mit weniger Gewissheit erfassen oder sagen als der Beobachter, der aus dem Fahrverhalten Schlüsse auf den mentalen Zustand des Fahrers zöge.

Obwohl der Autofahrer korrekt wahrzunehmen scheint, müssten wir nach PIT abstreiten, dass er eine Repräsentation seiner Umwelt besitzt. Selbst eine gradualistische These, die diese widersprüchliche Konsequenz vermeidet und bei Unaufmerksamkeit schlicht auf einer weniger bewussten Repräsentation insistiert, müsste zeigen, was es am Bewusstsein ist, das in beiden Fällen die Repräsentation konstitutiv begleitet. Aufgrund dieser Unklarheit benötigen wir einen *common factor*, der in dem intentionalen Modus liegt. Auch durch Bewusstsein können wir zweifellos diese Einheit des repräsentationalen Subjekts, für das die Vermittlung von Gehalten erfolgt, annehmen, auch wenn daraus nicht die Notwendigkeit von Bewusstsein folgt. Subjektivität hat in beiden möglichen Zuständen des Autofahrers erkennbar eine *integrierende* und *zentrierende* Funktion – eine Stärke von Kants Subjektbegriff und eine zentrale, *formale* Anforderung an „Subjekt" als funktionales Schema aller Repräsentation (siehe Schlicht 2018, 2455 und allgemein Kapitel A.III.3.5). Präsentation und Subjektivität kann auch in einem „gelassenen Naturalismus" eine Überbrückungsfunktion besitzen. Mit diesem *common factor* wird Bewusstsein gerade nicht ausgeschlossen. Stattdessen wird ein möglicher Ort angezeigt, an dem Bewusstsein als phänomenale Gegebenheitsweise von Gehalten (und nicht-repräsentationalen Qualitäten) innerhalb des repräsentationalen Zustands angesiedelt ist.

III.1.3.3 Objektivität als Begriff von Wirklichkeit

Wenden wir uns nun den Neo-Kantianern Strawson und Evans[283] zu. Nach Burge betrifft Strawsons Projekt (2002) die zweite Fragestellung (b), die Frage nach einer begrifflichen „Konzeption" von Objektivität. Folgende Eingangspassage von Strawsons Werk scheint diese Interpretation zu bekräftigen:

> We think of the world as containing particular things some of which are independent of ourselves; we think of the world's history as made up of particular episodes in which we may or may not have a part; and we think of these particular things and events as included in the topics of our common discourse, as things about which we can talk to each other. These are remarks about the way we think of the world, about our conceptual scheme. A more recognizably philosophical, though no clearer, way of expressing them would be to say that our ontology comprises objective particulars (Strawson 2002, 15).

Bereits diese Ausgangsfrage markiert die kognitive Stufe, von der aus sie gestellt ist: Strawson geht es um ein *begriffliches Schema* eines *Denkenden*, das eine basale *Ontologie* umfasst, die sich primär auf *objektive Einzeldinge* stützt. Dieser Konzeption entspricht Davidsons „concept of objective reality in the first place" (Davidson 2004, 3). Strawson ist demnach ein klassischer Vertreter des „ontologischen Projekts" (Akins 1996) im Gefolge von Kant, das von dem „ontischen Projekt" der Status-Frage unterschieden worden ist. Dabei geht Strawson von der repräsentationalen Differenz aus zwischen „experiences or states of consciousness of one's

283 Ich beschränke hier Evans auf seinen Kommentar (1985) zu Strawson und auf die gemeinsame repräsentationalistische Tendenz beider Denker, Wahrnehmung äußerer Einzeldinge metarepräsentational abzusichern.

own, and those particulars which are not experiences or states of consciousness of one's own, or of anyone else's either, though they may be objects of such experiences" (Strawson 2002, 61). Dass die Objektivität der Einzeldinge hier nicht allein ihr mental-unabhängiges Vorkommen (objektiv^{M}), sondern das Attribut einer Repräsentation dieser Einzeldinge *als mental-unabhängig* („objektiv^{R}") meint, scheint folgende Spezifizierung der Frage nach dem konzeptuellen Schema nahezulegen:

> The limit I want to impose in my general question is this: that I intend it as a question about the conditions of the possibility of identifying thought about particulars distinguished by the thinker from himself and from his own experiences or states of mind, and regarded as actual or possible *objects* of those experiences (Strawson 2002, 61).

Strawsons Fokus liegt daher auf dem „consciousness of a being who has use for the distinction between himself and his states on the one hand, and something not himself, or a state of himself, of which he has experience on the other" (Strawson 2002, 69). Sein begriffliches Schema für die repräsentationale Differenz nimmt also die kantische Warte eines selbst-reflexiven Bewusstseins ein (siehe Strawson 2002, 81-82), das nicht nur auf sich selbst und auf seine eigenen Zustände referiert, sondern diese auch *als* mentale Zustände erfassen kann. Diese mentalen Zustände könnten überdies auch noch anderen Individuen („anyone else's") zugeschrieben werden. Damit steht die Frage nach der basalen Bezugnahme bereits im Kontext einer *theory of mind* über die ein denk- und sprachbegabter Mensch („thinker") verfügt.

Strawson versteht also objektive^{R} Entitäten im Lichte der Fähigkeiten eines selbstbewussten, kognitiven Subjekts^{R}. Einschlägige Passagen zu Strawsons Fundierung des konzeptuellen Schemas in *räumlicher Lokalisierung materieller Körper* scheinen immer an kognitive-selbstreflexive Zustände gebunden, die bereits „Kriterien", z.B. für Verschiedenheit (*distinctness*) und Wiedererkennung (*reidentification*) investieren können (Strawson 2002, 203, 55, 72). Sein expliziter Verweis auf die Ausgangsposition eines selbstbewussten, nach Selbstgewissheit strebenden Subjekts bei Kant (vgl. Strawson 2002, 62) ist daher eine konsequente Referenz auf das historische Vorbild. Die personale Selbstvergewisserung bezieht sich hier, anders als bei Davidsons kritischer Subjektivität, auf die Frage nach einer *individuellen Selbstorientierung*, in der das konzeptuelle Schema einen einheitlichen Rahmen bietet „in which we ourselves have a known place" (Strawson 2002, 118). Die Einheit der Subjektivität^{R} bei Strawson ist damit bei allem kognitiven Überbau wesentlich perzeptueller und näher bei Kants „Anschauung". Darin liegt Strawsons besondere Stellung.

Burge kritisiert Strawsons Objektivitätsverständnis als zu intellektualistisch und führt in Bezug auf die Status-Frage an:

> Commonly "objective" would be taken to indicate a property of particulars. "Objective particular" might be taken to mean a particular that *is* objective – independent of any individual's states of mind (Burge 2010, 159; Kursiv, A.W.).

Diese Standard-Auffassung bekräftigt Morgans Interpretation von Burges Objektivitätsbegriff: Objektivierung betrifft zunächst und lediglich das, was objektiv (bzw. mental-unabhängig) materiell vorkommt (objektiv^{M}), es handelt sich um eine „Eigenschaft des Einzeldings", so Burge, die nicht wiederum als solche repräsentiert wird (objektiv^{R}).

Dennoch verlieren wir durch diesen scharfen Kontrast zwischen objektiv^{M} und objektiv^{R} einen wahren Kern in Strawsons Argument, der von Burge übersehen wird, weil er von Strawson und seinen Mitstreitern über Gebühr intellektualisiert wird. Dieser wahre Kern und seine Verdeckung wird in Evans Kommentar (1985, 249-290) von Strawsons begrifflichem Schema und seiner räumlichen Ausformung („a known place") deutlich. Evans betont, dass es in Strawsons Objektivitätsverständnis nicht um intersubjektive Übereinkunft geht, sondern vielmehr um das Verhältnis eines Subjekts zu seinem Objekt und zu dessen „existence unperceived" (Evans 1985, 251):

> The idea which *does* concern Strawson is the idea of an experience's being *of* something distinct, and therefore the idea of something which is capable of existing independently of any experience of it (Evans 1985, 251).

Dabei betont auch Evans die repräsentationale Differenz:

> The notion of objectivity arises as a result of conceiving a situation in which a subject has experience as involving a duality: on the one hand, there is *that of which there is an experience* (part of the world) and, on the other, there is *the experience of it* (an event in the subject's biography). [...] And, if the situation does comprise these two elements, they are not unconnected [...] Thus unconnected, the one could not be regarded as an experience *of* the other (Evans 1985, 277).

Wir sehen im ersten Zitat zunächst denselben Fehlschluss, der bereits bei Strawson am Werk ist. Dass die intentionale Eigenschaft eines mentalen Zustands, sich auf etwas von sich Verschiedenes zu beziehen („an experience's being *of* something distinct"), impliziere, dass dieser Zustand dieses Objekt als mental-unabhängig auffassen muss („therefore the idea of something which is capable of existing independently of any experience of it"). Dieser Fehlschluss setzt sich in Morgans Begriff von Objektivität^{R} fort.

Dass eine derartige Intellektualisierung von Objektivität dennoch einen wahren Kern enthält, zeigt die Charakterisierung des Objekts in Evans ersten Zitat („*of* something distinct"). Dieser wahre Kern betrifft die Präsentationsstruktur der Attribution, die einem Subjekt^{P} ein Objekt^{P} in seiner Verschiedenheit vermittelt. Diese Struktur umfasst die Voraussetzungen von Attribution und damit Veridikalität überhaupt. Sie geht folglich Attributen wie: ist mental-unabhängig (oder auch extern) und deren Veridikalitätsbedingungen zwangsläufig voraus. Jedes Repräsentationssystem muss einen Sinn haben für „the distinction between himself and his states on the one hand, and something not himself, or a state of himself, of which he has experience on the other" (Strawson 2002, 69).

Auch Evans Motivation der Strawson'schen Fragestellung in dessen Gedankenexperiment rückt diesen *ontischen* Aspekt von intentionaler Referenz in den Fokus:

> We can imagine a series of judgments "Warm now", "Buzzing now", made by a subject in response to changes in his sensory state, which have *no objective significance* at all. But we can imagine a similar series of judgments, prompted by the same changes in the subject's sensory state, which do have such significance: "Now *it's* warm", "Now *there's* a buzzing sound" – comments upon a changing *world*. What is involved in this change of significance? (Evans 1985, 249; Kursiv, A.W.)

Evans weist in diesem Gedankenexperiment darauf hin, dass erst die *präsentationale* Struktur der „Aussagen" in Form von Existenzaussagen („it's", „there's") den proximalen, idiosynkratischen Stimulationszuständen („changes in his sensory state") repräsentationalen Status („objective significance") verleiht. Der Bezug auf „objective significance" entspricht Kants erstem, logischem oder ursprünglicher: *präsentational-attributivem* Sinn von „ist", der die Gegebenheit eines Objekts betrifft (siehe Kant 1956 [1781] [B626] und Kapitel A.III.3.4). Wie auch Strawson hat Evans jedoch Sympathie für die Verbindung zwischen Objektivität und räumlicher Repräsentation im Gefolge von Kants Schritt von „Empfindung" hin zur räumlichen „Anschauung" – ein Schritt, der den zweiten, den *räumlich-wirklichen* Sinnes von „ist" („Position eines Dinges, oder gewisser Bestimmungen an sich selbst") erst konstituiert.[284] Ich übergehe diesen Schritt und stellte nur fest: Die präsentationale Struktur („there's a buzzing sound" als Alterität von Objekt und Subjekt) geht einer bestimmten Art der Repräsentation („there's a buzzing sound" als räumliche Lokalisierung) als ihrer konstitutive Bedingung voraus.

Um den Unterschied zwischen den auf bloße Sensitivität bezogenen („Buzzing now") und den objektiv-repräsentationalen Urteilen mitsamt Präsentationsstruktur („Now there's a buzzing sound") zu systematisieren, greift Evans auf die von John

284 „In particular, if 'Now it's warm' is interpreted as a report on the world prompted by experience, must it be tantamount to: 'Now it's warm here'? The connection between space and objectivity lies so deep in our conceptual scheme that many philosophers pass from 'objective' to 'outer' without even noticing the question they beg" (Evans 1985, 249; siehe auch Strawson 2002, 64).

Locke (1996 [1690]) eingeführte Unterscheidung zwischen *primären* und *sekundären* Eigenschaften, wobei letztere als „sensorische Eigenschaften“ lediglich „dispositions to affect sensitive beings with certain experiences“ (Evans 1985, 268) bilden. Evans betont jedoch, dass zumindest die materiellen Körper und ihre Eigenschaften wie Position, Gestalt, Größe und Bewegung, ferner Masse, Gewicht, Härte zu den primären Eigenschaften gehören. Thomas Reid – auf den Evans verweist (vgl. Evans 1985, 271) – hat bekanntermaßen den Unterschied zwischen primären und sekundären Eigenschaften und ihren entsprechenden sensorischen Zuständen (*sensations)* phänomenologisch begründet:

> [T]here appears to be a real foundation for the distinction; and it is this—that our senses give us a direct and a distinct notion of the primary qualities, and inform us what they are in themselves. But of the secondary qualities, our senses give us only a relative and obscure notion. They inform us only, that they are qualities that affect us in a certain manner—that is, produce in us a certain sensation; but as to what they are in themselves, our senses leave us in the dark (Reid 1863, 313).[285]

Wir haben diese *transzendente Referenz* schon früh Merkmal der Objektivität intentionaler Zustände herausgestellt. Matthen (2021) hat sie – mit Verweis auf Reid und im Gefolge der Kantischen These räumlicher Objektivität – exemplarisch am Tastsinn („dual structure of touch“) explizit dargestellt und folgende Unterscheidung zwischen „haptischen Wahrnehmungen“ (*H-perceptions*) und „taktilen Empfindungen“ (*T-sensations*) getroffen (Matthen 2021, 198): Nur erstere sind perzeptuell in dem Sinne, dass sie eine nicht-begriffliche „awareness of something distinct from the subject herself or her body“ (Matthen 2021, 199) implizieren. Taktile Empfindungen dagegen sind allein durch ihre internen, bewussten *Qualia* (siehe Nagel 1974) definiert, nicht durch die Bezogenheit auf etwas anderes, und daher „immanent“ (Matthen 2021, 203). Dagegen können haptische Wahrnehmungen nur als die Empfindung intentional überschreitende individuiert werden: „The content of these haptic states is not defined by their phenomenal feel, but rather by the shape that is revealed. H-content is *transcendent*“(Matthen 2021, 203). Die Unterscheidung ist sowohl für Matthen als auch für Evan in der epistemischen Lücke zwischen proximalen und distalen Eigenschaften begründet:

> Certainly, to deny that these primary properties are *sensory* is not at all that they are *sensible* or *observable* [...] The point is rather that it is not possible to distil the concept of hardness solely out of the experiences of the deformation of the skin which is brought into contact with a hard object (Evans 1985, 269).

285 Zu Reids Unterscheidung siehe auch Smith (2002, 70, 170).

So wenig wir aus den bloßen *Qualia* einer taktilen Empfindung einer Druckeinwirkung auf die Haut introspektiv eine externe, harte Oberfläche „herausdestillieren" können, so informationstheoretisch beschränkt (*reiz-gebunden* in meiner Terminologie) bleibt die Funktion der entsprechenden taktilen Rezeptoren. Deren Stimulationsbedingungen werden nicht ohne weitere Mechanismen auf distalspezifische Informationen bezüglich der Oberfläche eines *anderen* Körpers und seiner Härte-*Eigenschaft* überschritten.

Ich möchte nun im weiteren Fortgang dieser Untersuchung die These begründen, dass im Rückbezug auf die Wahrnehmungskonstanz, aber aus dem alternativen Blickwinkel des Präsentations- und Subjektivitätsproblems, der Schlüssel zur ursprünglichen Fundierung von RD als *präsentationale* RD (RD^P) liegt. Denn wenn wir Matthens Definition von Wahrnehmung durch die RD („awareness of something distinct from the subject herself or her body") modifizieren und sowohl auf unbewusste Wahrnehmungskonstanten übertragen als auch Räumlichkeit und *mind independence* (Objektivität^R) einklammern können, dann können wir mit RD von der Verbindung eines präsentationalen Subjekts^P mit einem entsprechenden, präsentierten Objekt^P ausgehen, die überhaupt erst die Veridikalitätsbedingungen konstituiert („The qualities that H presents are attributed to things […] and not to the experience itself", Matthen 2021, 199). In dieser präsentationalen Version von RD (RD^P) wird das Objekt als *subjekt*-unabhängig, in einer Differenz zum Subjekt, diesem Subjekt vermittelt bzw. *präsentiert*. Es wird also, im Gegensatz zu Davidson, Evans und Strawson, nicht als *mental*-unabhängig, in einer Differenz zum Mentalen überhaupt, von einer um ihre mentalen Zustände wissende Person *repräsentiert* (RD^R). Mit Bezug auf solche intellektualistischen Verkennungen der Wahrnehmung stellt auch Burge klar:

> There is no such thing as a perceptual representation of a perception, in the same perceptual system, as a seeming or as false. […] Perception does not represent appearances. Fundamentally, it represents environmental conditions that matter to the individual's basic activities […] Perception does not represent proximal stimulation. […] Perception does not represent metaconditions such as truth, accuracy, objectivity, mind-independence (Burge 2010, 285-286).

Wenn wir also nun nicht von einem Horn in Morgans Dilemma (Präsentations- und Vereinheitlichungsproblem) in das andere Horn (Repräsentationalismus) und zurück gestoßen werden, scheint nur folgende Frage einen *Mittel- und Ausweg* zu bieten: Kann die Wahrnehmungskonstanz selbst, in Abgrenzung zum Projekt personaler Selbstvergewisserung und ohne Rekurs auf Bewusstsein, kognitive-repräsentationalistische oder sprachlich-soziale Fähigkeiten eines Subjekts^R, jene präsentationale Struktur und damit die repräsentationale Differenz in primärer Form begründen?

III.2 Objekt, Subjekt und Einstellung: Ein neuer Anlauf für eine Naturalisierung

Im Folgenden möchte ich mithilfe eines eigenen Vorschlags aus Morgans Dilemma ausbrechen und zumindest einen Ansatz für die Fundierung des intentionalen Modus und damit von repräsentationalen Status entwickeln.

Das erste Kapitel (III.2.1) entfaltet eine präsentationale Interpretation der repräsentationalen Differenz RD^P. Dabei soll im Ausgang der oben geklärten Struktur der Wahrnehmungskonstanten ein neuer Vorschlag zur Fundierung der Präsentationsstruktur in Bezug auf ursprüngliche **Objektivität** entwickelt werden. Dieser Vorschlag geht mit dem Mechanismus der *Extrapolation* über bloße Invarianz des distal-spezifischen Zustands hinaus und bietet eine naturalistische Fundierung der Differenz zwischen $Objekt^P$ und $Subjekt^P$ und damit der *Transzendenz* (*aboutness*) an, die das Herzstück von repräsentationalem Status bildet.

Im Anschluss daran werde ich im zweiten Kapitel (III.2.2) mit dem, was ich *sensomotorische Intimität* nenne, ein entsprechendes Verfahren für die Konstitution einer präsentationalen und damit ursprünglichen **Subjektivität** vorstellen. Dieses Konzept von $Subjekt^P$ soll den egozentrischen Einheits- und Nullpunkt der Repräsentation fundieren, ein Fundament, das in der Literatur bisher nur in Ansätzen vorhanden ist. Dabei soll gezeigt werden, wie sich zwar auf Basis des enaktiven Subjekts als Akteur (*agent-level*) das Subjekt *als Subjekt* und seine Ganzheitlichkeit herausbildet, es sich dabei aber genuin von dieser Ebene emanzipiert. Mit diesem Schritt ist das eigenständige $Subjekt^P$ noch kein Subjekt selbstkritischer Metakognition (eine Person) und doch bereits mehr als ein materiell-mereologisches Subjekt (ein Organismus).

Schließlich wird in Kapitel III.2.3 die ursprüngliche **intentionale Einstellung** eines $Subjekts^P$ naturalistisch durch ein *Prinzip stimmiger Übergänge* fundiert. Damit soll *Wirklichkeit* weder als Gehalt (bzw. Attribut) noch als reales Prädikat, sondern als Ordnungsprinzip oder Arrangement von Gehalten ausgewiesen werden. Da dieses Arrangement bereits auf perzeptueller Ebene demonstriert wird, ist Wirklichkeit nicht zwingend erst ein begriffliches Schema einer denkenden Person („concept of objective reality"). Das Prinzip stimmiger Übergänge soll der *Kausalität* der Wahrnehmung Rechnung tragen, da notwendigerweise nur kausale Entitäten in ihrer *Plastizität* verschiedene proximale Pfade zu sich anlegen (siehe Kapitel A.III.3.1). Damit wird der Zusammenhang zwischen Kausalität und einem ersten Sinn für Wirklichkeit aufgezeigt.

III.2.1 Präsentation als Extrapolation

Im Folgenden soll über das Verständnis von primitiver Objektivierung als einer reinen Informationsselektion und Invarianz-Rekonstruktion im Lichte des Tracking-Paradigmas hinausgegangen werden. Wir haben mit Bezug auf Burge und das Präsentationsproblem gezeigt, dass für die Genese eines intentionalen Objekts – eines *Wovon* und *Worüber* der Repräsentation –nicht allein die Bildung eines invarianten Musters hinreichend ist. Diese Information bleibt, auch als *funktionale* Information, was sie ist und wofür sie gebraucht wird: Information und damit eine lediglich statistische Eigenschaft eines Zustands. Von einer Vermittlung oder Gegebenheit von etwas für ein Subjekt, und damit von einer attributiven Struktur, ist dieser Zustand noch einen Schritt entfernt. Dieser Präsentationsschritt wird vom repräsentationalistischen Modell nicht eigens nachvollzogen, sondern vielmehr vorausgesetzt. Der Mechanismus der *Extrapolation* soll diesen Schritt nachvollziehen und so eine Theorie primitiver Objektivität anbieten, die einen Mittelweg zwischen dem unzureichenden Tracking-Modell und dem intellektualisierten Repräsentationalismus in der Status-Frage einschlägt.

Da diese Theorie eine Kontextualisierung des proximalen Stimulus und seiner zeitlichen Einbettung verlangt, werde ich in einem ersten Schritt (1) Husserls Begriff der *Horizontintentionalität* erörtern und seine Einsichten und Grenzen für den Status primitiver Objektivität aufzeigen. Darauf aufbauend soll anschließend (2) mit dem Begriff der *Extrapolation* ein neuer Vorschlag für eine naturalistisch kompatible Fundierung der Präsentationsstruktur und damit für *aboutness* entwickelt werden.

(1) Ich beginne mit Husserls Begriff des intentionalen ***Horizonts***, der für den erneuten Blick auf Wahrnehmungskonstanten den nötigen Perspektivwechsel einleitet. Ich gehe mit Husserl vom Beispiel einer Gestalt-Konstanz aus, an der er (a) in einem ersten Schritt die *Synthesis* als Grundzug des intentionalen Bewusstseins aufzeigen will:

> Nehme ich z.B. das Wahrnehmen dieses Würfels zum Thema der Beschreibung, so sehe ich in der reinen Reflexion, daß *dieser* Würfel kontinuierlich als gegenständliche Einheit gegeben ist in einer vielgestaltigen wandelbaren Mannigfaltigkeit bestimmter zugehöriger Erscheinungsweisen. Diese sind in ihrem Ablauf nicht ein zusammenhangloses Nacheinander von Erlebnissen. Sie verlaufen vielmehr in der Einheit einer Synthesis, dergemäß in ihnen ein und dasselbe als Erscheinendes bewußt wird (Husserl 1973 [Hua I], 77-78).

Diese einheitsstiftende Synthesis ist im Allgemeinen für den Bezug auf ein *etwas* (ein Objekt) verantwortlich. Denn dieses kann nur in einheitlicher oder in „identifizierter“ Gestalt ein referentieller Bezugspunkt oder ein referentielles Thema sein:

> Ein Allgemeinstes bleibt aber für jederlei Bewußtsein überhaupt als Bewußtsein von etwas. Dieses Etwas, der in ihm jeweils *intentionale Gegenstand als solcher* ist bewußt als identische Einheit noetisch-noematisch wechselnder Bewußtseinsweisen, ob nun anschaulicher oder unanschaulicher [...] Erst die Aufhellung der Eigenheit der Synthesis macht die Aufweisung des cogito, des intentionalen Erlebnisses, als Bewußtsein-von [...] fruchtbar (Husserl 1973 [Hua I], 79).

Damit hebt Husserl explizit die „Synthesis" des Bewusstseins als Schlüssel zur *aboutness* hervor. Er tut das jedoch, ähnlich wie Burge, durch den Aspekt der Einheit und der Invarianz. Außerdem sieht sie in diesem Selektionsprozess eine notwendige und hinreichende Bedingung für Intentionalität.

Nach einem Zwischenschritt, einer Erinnerung an die stets *zeitliche* Verfassung dieser Synthesis (Husserl 1973 [Hua I], 79-81)[286], geht Husserl dann in (b) einem nächsten Schritt zur „Horizontintentionalität" über: Der vereinheitlichte Gegenstand ist wesentlich nie nur in dem Aspekt gegeben, in welchem er aktuell gerade erscheint. Er ist darüber hinaus auch von einem zeitlichen Horizont möglicher, „mitgemeinter" Aspekte umgeben, die als „Potentialitäten" vorgezeichnet sind und vom Wahrnehmenden aktualisiert werden können:

> Z.B. zu jeder äußeren Wahrnehmung gehört die Verweisung von den *eigentlich wahrgenommenen Seiten* des Wahrnehmungsgegenstands auf die *mitgemeinten*, noch nicht wahrgenommenen, sondern nur erwartungsgemäß und zunächst in unanschaulicher Leere antizipierten Seiten – als die nunmehr wahrnehmungsmäßig *kommenden*, eine stetige *Protention*, die mit jeder Wahrnehmungsphase neuen Sinn hat (Husserl 1973 [Hua I], 82).

Sehe ich einen Würfel, so bin ich, durch Nähertreten, Augen – und Kopfbewegung, usw., auf weitere Weisen des Ansichtigwerdens verwiesen. Hier ist eine „Stimmigkeit" von Verweisungsmöglichkeiten in einem zeitlichen Horizont am Werk. Aufs Engste verknüpft mit diesen Verweisungen sind für Husserl die enaktivistischen Möglichkeiten des Subjekts und seines Möglichkeitsbewusstseins („Ich kann"), durch kinästhetische Akte wie Nähertreten, Umwenden etc. die entsprechenden Potentialitäten zu aktualisieren. Entscheidend ist also: Das aktual Gegebene darf nicht die Tatsache verschleiern, dass es von einem verborgenen Zeithorizont bereits erprobter („Retention") und deshalb auch von einer unklaren Zukunft vorsichtig vorfühlender („Protention") Realisierungsmöglichkeiten umgeben ist. Es ist zu beachten, dass Retention bzw. Protention nicht mit Erinnerung oder Antizipation im gewöhnlich repräsentationalen Sinne zu identifizieren sind (siehe Lloyd 2004, 266 und Zahavi 2005, 68). Sie bilden fortlaufende Dynamiken des Absinkens, Behaltens und Streckens und damit erst die Struktur, in der Datierungen indexikalisch ein-

286 Siehe Zahavi (2005, 55) und Lloyd (2004, 262) zu Husserls Zeitbegriff.

getragen sind, an deren Markierungen sich dann das (episodische) Erinnern und Vorausschauen entlangführen kann. Wenn ich mich erinnere, dann läuft das Jetzt der erinnerten Episode durch einen zeitlichen Horizont.

Der Ausdruck „Horizont“ soll daher ein Feld und seine bewegliche Grenze anzeigen, die einerseits mit jeder Attribution (und ihrer Bestätigung) immer schon gezogen wird und die Bestimmtheit des Objekts zeitigt. Andererseits verschiebt sich *dadurch zugleich* diese Grenze beständig in Richtung möglicher, zukünftiger Attributionswechsel und Attributionsbestätigung. Die Folge davon ist, dass sie Bestimmtheit immer auch ein Stück „offen lässt“:

> Die Horizonte sind vorgezeichnete Potentialitäten. [...] Die Vorzeichnung selbst ist zwar allzeit unvollkommen, aber in ihrer *Unbestimmtheit* doch von einer *Struktur der Bestimmtheit.* Z.B. der Würfel läßt nach den unsichten Seiten doch vielerlei offen, und doch ist er schon als Würfel, und dann in Sonderheit als farbig, rauh und dgl., im voraus *aufgefaßt*, wobei aber jede diese Bestimmungen stets doch Besonderheiten offen läßt. Dieses Offenlassen ist vor den wirklichen Näherbestimmungen, die vielleicht nie erfolgen, ein im jeweiligen Bewusstsein selbst beschlossenes Moment, eben das, was den *Horizont* ausmacht (Husserl 1973 [Hua I], 82-83).

An anderer Stelle konkretisiert Husserl diese eigentümliche Gegenläufigkeit des Gegenstandshorizonts als „Spielraum von Möglichkeiten“ (Husserl 1972, 28) wie folgt: Die Gegenstände seien „nicht ein völlig leeres Etwas, irgendein Datum [...] noch ohne jeden Sinn“ (Husserl 1972, 34). Das Gegebene stehe in diesem Sinne einerseits in einem „Modus der Bekanntheit“, d.h. es ist „insoweit von vornherein bekannt, daß es überhaupt ein Etwas mit Bestimmungen ist; es ist bewußt in der leeren *Form der Bestimmbarkeit,* also mit einem Leerhorizont von Bestimmungen [...] ausgestattet „ (Husserl 1972, 34).

Damit können wir die Präsentationsstruktur und ihre attributive Verfassung als das Grundständigste und „Bekannteste“ verstehen, das einem Subjekt durch Gehalte vermittelt wird: Das Subjekt wird immer, sofern es sich in einem repräsentationalen Zustand befindet, mit einem „Etwas mit Bestimmungen“, d.h. mit einem Objekt in Aspektgestalt konfrontiert. Andererseits ist diese Alterität nie statisch: Es geht mit ihr eine für das Objekt charakteristische, ständige Offenheit für Attributionen („Bestimmungen“) und für das Noch-Ausstehen der aktualen Attributionen einher. Damit tritt vor allem ein Aspekt der „Unbekanntheit“ in Erscheinung. Gemeint ist der *„Leerhorizont einer bekannten Unbekanntheit,* der zu beschreiben ist als der Universalhorizont ‚Gegenstand‘ mit besonderen Einzeichnungen oder Vorzeichnungen“ (Husserl 1972, 35). Die Bestimmtheit von Gehalten tritt daher zusammen mit einer Uneinholbarkeit vollständiger Bestimmtheit im Wahrnehmungsverlauf auf. Dies kommt im Bild des sich stets mitbewegenden Horizonts zum Ausdruck. Die „Antizipation“ bildet deshalb für Husserl keinen akzidentellen, sondern einen wesentlichen „Modus der Intentionalität", mit dem sie *per se* „über einen Kern der Gegebenheit hinausmeinenden" Moment verfügt (Husserl 1972, 3428). Die „Sinnestranszendenz" zielt in diesem Modell auf „Potentialität möglicher neuer Einzelrealen" bzw. auf unbekannte Merkmale des „schon auftretenden Realen" (Husserl 1972, 30). Sie beruht nicht auf einer „aktiven", personalen Konstruktion von Verweisungen, sondern auf einer vor-personalen, präreflexiven „passiven Genesis" (Husserl 1973 [Hua I], 113).

Diese Analyse bereichert zweifellos auch das naturalistische Verständnis von Wahrnehmungskonstanten in Hinblick auf ihre objektivierende Generalisierung proximal unterbestimmender und flüchtig-variabler Inputs. Die Koordinationsleistung scheint *mutatis mutandis* bei tierischer Wahrnehmungskonstanz ebenfalls der Fall zu sein. Denn ohne solche geordneten Verweisungen und ihre Synthesen könnte es überhaupt keine konstante Wahrnehmung trotz proximaler Verschiedenheit geben. Bewegt sich ein Tier links um einen Würfel herum, dann verändert sich die Art und Weise, wie der Würfel das System proximal affiziert. Aber die gesehene Würfelgestalt bleibt dieselbe, weil sich das System durch Heuristiken auf geordnete, bereits erprobte Bahnen potenzieller Fortführungen bewegt, die die Wahrnehmung des Würfels retentional-protentional vorzeichnen. Doch diese *Zeitstruktur* und ihre Verweisung von Möglichkeiten bleibt bei Burges Beschreibung der Objektivierung leider abwesend. Auch das Tracking-Paradigma tendiert im Allgemeinen zu einer *aktualistischen* Betrachtung von repräsentationalistischen Zuständen. Es ignoriert außerdem fast systematisch deren interne zeitliche Struktur jenseits von Ko-Instanziierung und Evolution. Auch Burge hat zwar auf die Notwendigkeit einer derivativen, temporalen Repräsentation im Umfeld von Konstanzen hingewiesen, die zumindest auf einen nicht-repräsentationalen, primitiven Zeitsinn für die eigenen Zustände aufbauen kann, „an aboriginal self-sustaining rhythm in the physical structures of very primitive organisms" (Burge 2010, 524). Doch auf die spezifische zeitliche Verfassung und Genese der Objektivierung oder Konstanz geht auch Burge nicht ein.

Husserls Pionierleistungen sind jedoch nicht nur phänomenologisch interessant, sondern auch und gerade von naturalistischen Theorien gewürdigt. Jelle Bruineberg (2017) ein enaktivistischer Vertreter des *Predictive Processing*, zitiert in Bezug auf perzeptuelle Disambiguierungsmechanismen folgenden experimentellen Befund (siehe Reafferenzprinzip, Kapitel B.II.5.1)

> in which a man with paralyzed eye muscles tries to look to the right. While the eye does not move (the pattern on the retina stays the same), for the man the world appears to move to the right. The anticipated change in sensory input creates an experience in which the world seems to rotate in the direction of the anticipated glance (Bruineberg 2017, 13).

Bruineberg verweist anschließend auf den „horizon of action possiblities“, der letztlich, Husserl indirekt zitierend, in einem „I can“ verwurzelt sei (Bruineberg 2017, 14). Denn die Verweisungen und ihre Aktualisierung seien aufs Engste mit dem enaktiven Aspekt des kinematischen Wahrnehmens (Augen- und Handbewegung, etc.) und damit mit dem Körper verwoben. (Ich komme auf dieses enaktivisch mitkonstituierte, „primitive Selbst“ im nächsten Kapitel zurück). Ferner bereichert Husserls Modell auch das Verständnis der Bestimmtheit von Gehalten (Gehaltfrage) – das zentrale Thema teleosemantischer Tracking-Theorien – wenn dazu auch der geordnete Übergang der Attributionen und Objekte gehört, der ohne eine Art Horizontintentionalität in keinem System möglich scheint.

Gleichwohl ist für unsere Fragestellung Husserls Analyse nur modifiziert anwendbar: Denn wie die zitierten Passagen zeigen, impliziert Husserl in der Einheitlichkeit des synthetischen Etwas nicht nur seine Gegebenheit. Er setzt auch eine „Form von Bestimmbarkeit“ und „einen Kern der Gegebenheit“ gerade voraus und investiert damit bereits die gesuchte Präsentationsstruktur (die Gegebenheit *von* etwas *für* ein Subjekt) als „bekannte Zielform“ von Attribution. Husserl 1973 [Hua I], 113). Einerseits kann hier zwar, aufgrund meiner mangelnden Einsicht in die Fülle von Husserls Spätwerk und Nachlass, insbesondere die Studien zur „passiven Genesis“, eine eigene Antwort Husserls auf die Konstitution der Präsentationsstruktur nicht ausgeschlossen werden. Husserl spricht selbst davon, dass die „Zielform“ auf „eine *Urstiftung* dieser Form“ zurückweise (Husserl 1973 [Hua I], 113), die wiederum in der „Assoziation“ als „Grundform“ der Intentionalität beschlossen liege. Andererseits will Husserl diese Urstiftung jedoch ausdrücklich zugleich von einer „naturalistischen Verzerrung“ fernhalten und in einem „Reich des *eingeborenen* Apriori“ des „reinen ego“ bewahren, dessen Erkennen dann folgerichtig einem „transzendentalen Idealismus“ zugeordnet wird (siehe auch Husserl 1973 [Hua I], 64). Da wir in dieser Untersuchung von einer Naturalisierung des Geistes und den bisherigen Tracking-Theorien ausgehen und daher kontingente Tatsachen und Mechanismen der Präsentationsstruktur *a posteriori* gelten lassen, kann hier nicht mehr rein phänomenologisch vorgegangen werden.[287]

(2) Diese Mechanismen sollen deshalb im Folgenden in Gestalt der konstituierenden ***Extrapolation*** von Objekten („Gegenständen“) aus nicht-objektiven, proximalen Stimuli beschrieben werden. Gleichwohl werden wir dabei Konstellationen aus Husserls Horizontbegriff, seines „Offenbleibens“ und der zeitlichen Struktur entlehnen und analogisierend modifizieren. Im Ausgang von der informations-

287 Es ist zwar nicht auszuschließen, dass die Naturalisierung nach ihren jetzigen Standards diese Vorgegebenheit des Intentionalen nicht überholen kann. Dennoch könnte, *pace* Husserl, die Gegebenheit eines Gegenstands für ein Subjekt eine natürliche und keine transzendentale „Urstiftung“ sein.

theoretisch beschriebenen Wahrnehmungskonstanz soll das Ziel verfolgt werden, die Präsentationsstruktur aufzuhellen.

Der Terminus „Extrapolation“ hat dabei zwei Aspekte: Einerseits soll er, seinem Wortsinn entsprechend, die Transzendenz des Objektpols und seine Genese anzeigen. Denn „Pol“, verstanden als „Einheit“ oder „Invarianz“, drückt die präsentationale Differenz als eine Konstellation informationstheoretisch-funktionaler Gegenüberstellung, Entzweiung oder Verschiebung aufgrund einer Polarisierung aus, die die Objektbildung realisiert (Extra-Polation). Anderseits soll der Begriff „Pol“ die für diese Bildung konstitutive *zeitliche* und quasi-antizipatorische Struktur anzeigen (Extrapolation). Letztere „Extrapolation“ weicht jedoch von der Standardbedeutung ab, da sie keine Schätzung oder Hochrechnung, die ihrerseits durch Veridikalitätsbedingungen definiert wäre, sondern die Konstitution eines Objekts meint, dem dann erst Attribute wie zeitliche Datierungen zugeschrieben werden können. Ich werde beide Aspekte von Extrapolation auch unter dem Terminus *Vorbehalt* explizieren. Der Vorgang soll durch folgendes Modell illustriert werden, die Verschiebungen in Abbildung B.5 sind bewusst und sollen grob zeitliche Differenzen andeuten:

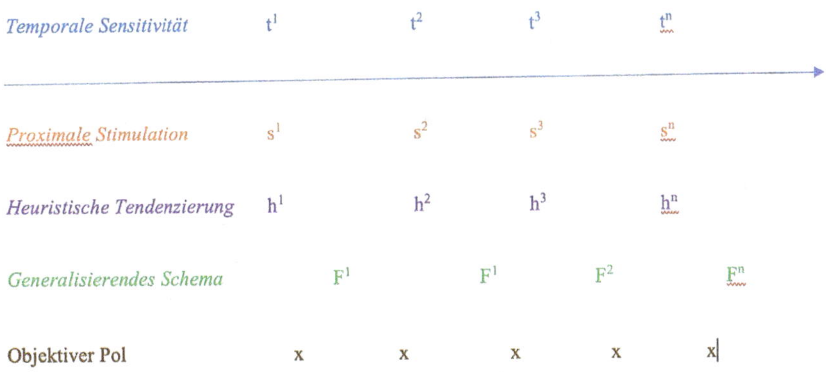

Abbildung B.5: Die Grundvariablen der Extrapolation eines Objekts x

Dieses Modell entspricht auf den Ebenen *s*, *h*, und *F* der bisherigen und bekannten Beschreibung der Objektivierung in Wahrnehmungskonstanten: Es tritt zunächst eine proximale Stimulation s^1 auf. Da diese in Bezug auf eine distale Größe unterbestimmt bleibt bzw. dieselbe Repräsentation mit vielen möglichen proximalen Stimulationen wie s^2 und s^3 kompatibel ist, generiert der Objektivierungsmechanismus ein generalisierendes Schema F (siehe Kapitel A.III.3.3 und B.II.3.4). Das generalisierende Schema verkörpert ein bestimmtes Muster und enthält distal-spezifische Informationen. Um die Unterbestimmtheit in Bezug auf die Determinablen von F zu lösen, greift eine heuristische Tendenzierung: Beim Auftreten von s^1 ist die proximale Stimulation derart in den Prozessverlauf eingebettet, dass dieses Auftreten eine heuristische Tendenzierung aktiviert, kraft der F^1 gebildet wird (und nicht F^2), mittels der überhaupt also ein bestimmtes Schema und damit eine bestimmte Tendenz der Spezifikation (die Aspektgestalt) gebildet wird. F ist also das Produkt aus s und h: Ein proximales Muster wird durch eine heuristische Regularität einem distal-spezifischen Muster zugeordnet. Eine Determinante wie F^1 kann sich aus der komplexen Kombination von Determinanten von s und h entweder kontinuierlich behaupten, oder wird, wie im Übergang Moment t^3 deutlich, durchgestrichen und durch F^2 abgelöst. So kann zum Beispiel ein scharfer Helligkeitskontrast s^3, der in Kombination mit einem internalisierten Indikator h^3 steht, dem zufolge scharfe Kontraste mit einem Wechsel von Reflektanz- statt Beleuchtungseigenschaften einhergehen, dadurch letztlich ein anderes Farbschema generieren.[288]

Da es nun für diesen Prozess relevant ist, welche Arten von proximaler Stimulation aufeinander folgen, um dementsprechende Heuristiken greifen zu lassen, soll noch die basale temporale Sensitivität für die entsprechende Zeitfolge proximaler Stimulation (z.B. die Folge von s^1, s^2 und s^3, usw.) bzw. des generalisierenden Schemas (z.B. die kontinuierliche Folge von F^1, F^1, F^1, usw.) in Gestalt eines Taktes von Zeitpunkten t^1, t^2, t^3, usw. angezeigt werden. Diese temporale Sensitivität operiert, wie bereits in Bezug auf circadiane Uhren demonstriert wurde, nicht-repräsentational.[289] Eine Sensitivität für verschiedene Zeitfolgen und -phasen manifestiert sich besonders in der Lösung auditorischer Unterbestimmtheit, so bei der auditiven Lokalisierung aufgrund von interauralen Laufzeitdifferenzen: Der Schall trifft, je nach Richtung der Quelle, in jeweils unterschiedlichen Laufzeiten auf die Rezeptoren im linken bzw. im rechten Ohr. Diese Differenzen ergeben sich durch den räumlichen Abstand der Ohren zueinander. Das auditorische System hat sich diese Differenzen heuristisch zunutze gemacht und eine Sensitivität für die minimalen Taktunterschiede entwickelt, die sich dabei einstellen (siehe Burge 2010, 420, 427). Dieser Sinn scheint aber im Prinzip für alle Wahrnehmungsmodalitäten zu gelten:

---

288 Dieses Modell ist natürlich zu Darstellungszwecken sehr vereinfachend, insofern bei Wahrnehmung unter situativen Realbedingungen diese Variablen wesentlich vielfältiger sind und komplexe Ebenen mit dynamischen Rückkopplungen aufweisen.

289 „The computational structure of both spatial and temporal sensitivity ante-dates, or at least is independent of, perceptual representation. For example, with phase sensitivity, there is a non-representational correspondence already in place between structures in primitive organisms and environmental temporal structures. [...] So an aboriginal self-sustaining rhythm in the physical structures of very primitive organisms provide temporal sensitivity" (Burge 2010, 524-525.).

Ohne primitiven Sinn für die Folgeordnung von Inputs und Outputs scheint mir keine *konstante* Repräsentation denkbar. Der Begriff impliziert *eo ipso* eine Differenzierung zwischen proximalen und distal-spezifischen Mustern hinsichtlich ihrer zeitlichen Ordnung. Aufgrund des Vereinheitlichungsproblems ordnet das System sowohl Aspekte von t als auch von s einem invarianten, egozentrischen Einheits- und Nullpunkt des Subjekts zu. Dieser wird hier vorausgesetzt und im nächsten Kapitel erläutert.

Zu beachten ist nun der neu eingeführte objektive Pol *x*, der hier nicht mehr nur als die Invarianz in den generalisierenden Schemata verstanden werden soll. Er zeigt nun das intentionale *Etwas*, das Objekt als Gegebenes und Ziel von Attribution an. Denn die generalisierenden Schemata F sind an sich noch nicht einem Objekt zugeordnet. Sie bilden nur invariante Muster.

Wie kommt es nun auf Basis dieses nicht-repräsentationalen Modells zu einer Bildung von x als Objekt und damit zu der repräsentationalen Transzendenz oder *aboutness* des Zustands, kraft der F als Schema zuallererst zu einem Attribut werden kann? Als „Form der Bestimmtheit" bleibt der Objektpol x (in der allgemeinen Aspektgestalt F) dabei durchgehend derselbe. Zwei Bedingungen müssen erfüllt werden:

(a) Die *erste* Bedingung der Objektbildung liegt in dem zeitlichen Horizont, der notwendigerweise bereits die Einbettung der proximalen Aktivität strukturiert. Diesen Horizont nenne ich schlicht den ***proximalen Horizont*** der unterbestimmten Stimuli. Die proximale Aktivität tritt im Prozess der Objektivierung nicht isoliert auf. Der Husserl'sche Horizontbegriff erhellt nicht erst die bereits gegebenen Objekte in ihren aktualen und potenziellen Seiten („Innenhorizont") oder deren weitere Umgebung anderer Objekte („Außenhorizont"). Vielmehr entfaltet er seine Erklärungskraft *mutatis mutandis* schon auf tieferer Ebene: Die *Unterbestimmtheit* des Reizes selbst schafft einen Horizont offener Möglichkeiten. Ein beliebiger, nichtlinearer proximaler Reiz wie s^1 ist (nach PRA) von einem Hof informationeller Alternativen umgeben, die Möglichkeiten der Generalisierung dieses Reizes durch F (oder anderer Schemata) bilden. Das Auftreten von s^1 wirft einen Horizont auf, der sich aus den Determinablen F^1, F^2, F^3...F^n zusammensetzt. Da das Verhältnis zwischen s^1 und F^1 (oder F^2) nicht linear ist, s^1 einen offenen Horizont möglicher Generalisierung durch F-Determinanten besitzt, kann das System s^1 und irgendeine Determinante von F nicht *gleichsetzen*. Vielmehr muss es beide durch eine *Verschiebung* differenzieren. F darf also nicht in s^1 aufgehen. Denn seine Determinanten sind synchron mit mehreren Stimuli kompatibel und sollen trotz dieser Variation diachron konstant gehalten sein. Umgekehrt darf s^1 nicht auf F reduziert werden, da eine beliebige Determinante von s unter alternativen Affektionsbedingungen, etwa bei anderen proximalen Stimuli im Fortgang und anderen Formen von h, zu wieder anderen Schemata (G, H, etc.) führt. Die Husserl'schen „Vorzeichnungen" können hier mit den internalisierten Heuristiken identifiziert werden. Sie bilden den „Spielraum von Möglichkeiten" der Generalisierung proximaler Reize. Die temporale Sensitivität, die für nicht-repräsentationale Formen von „Retention" und „Protention" von Mustern verantwortlich ist, bildet auch hier eine notwendige Voraussetzung.[290] Die Extrapolation des Objekts geschieht also nur innerhalb des Horizonts proximaler Stimulation. Dieser zeitliche Horizont und seine Differenz zum generalisierenden Schema ist damit die erste Bedingung für Präsentation.

(b) Auf dieser „offenen" Horizontlinie bildet sich nun durch eine *zweite* Bedingung in Form eines zeitlich-informationstheoretischen „Kunstgriffs" oder „Tricks" des Objektivierungsmechanismus der intentionale Objektpol mit seiner extrapolierenden Funktion, den ich ***Vorbehalt*** nenne. Der Terminus soll sowohl die retentional-protentional Natur des Objekts als auch die „Skepsis" des Systems gegenüber einer endgültigen Festlegung seiner Attribute anzeigen. Objekte sind daher immer „offen", da ihre Attribution durch den Wechsel der proximalen Stimuli und die Vielzahl der Alternativen stets revidiert werden können oder erneut bestätigt werden müssen. Das System ist durch den proximalen Horizont der Unterbestimmtheit beständig darauf programmiert, dass das generierte F^1 aus s^1 (Reiz) und h^1 (Heuristik) durch die temporale Ordnung von s^1 und s^2 (also z.B. ein plötzlicher Intensitätswechsel oder andere proximale Faktoren wie propriozeptive Inputs) korrigiert oder bestätigt wird. Dadurch können s und F, wie oben beschrieben, nicht aufeinander rückführbar seien. Um diese *präsentationale Differenz* auch zu gewährleisten, stellt das System das Schema F nun in die Beziehung eines ständigen „Vorbehalts" gegenüber der proximalen Stimulation s – eine Verschiebung, die sich in der Bildung eines neuen Faktors, eines Pols x manifestiert (Extrapolation). Dieser Pol x wird als ein dritter Faktor vom Objektivierungsprozess eingeführt und bildet das *Objekt*. Wenn x in dieser Rolle als Objekt und damit als funktionales (referentielles) Schema der Repräsentation fungiert, und damit auch den objektiven Pol bilden soll, hat es folgende Funktion: Es muss als ein einheitliches Muster auftreten, das eine *Irreduzibilität* sowohl in Bezug auf die proximalen Stimulationsbedingungen auf primärer Ebene als auch auf die generalisierenden Schemata auf sekundärer Ebene bewahrt.

Die Irreduzibilität gilt primär den Stimulationsbedingungen deshalb, weil die Gegebenheit des Objekts (und damit die Referenz) eine Differenz zu den Stimulationsbedingungen ausdrückt: Was für ein System „ist", fällt *a priori* nicht mit der

290 Naturalisierte Anwendungen von Husserls Horizont- und Zeitbegriff auf explizit nicht-repräsentationale Strukturen sind zumindest möglich und werden systematisch unternommen, siehe Dainton 2017 für einen Überblick sowie Lloyd 2004, 262 und Hohwy 2007, 5, 9.

Weise zusammen, wie das System affiziert wird. Nur durch diese strikte Irreduzibilität und Entzweiung kann garantiert werden, dass das *Wovon* (das Objekt als Thema oder Referenzpunkt) der Repräsentation nicht diese selbst betrifft, oder besser: dass die Repräsentation überhaupt „etwas“ betrifft und damit die für die *aboutness* typische Transzendenz *auf* etwas aufweist.

Sekundär in Bezug auf das generalisierende Schema ist diese Irreduzibilität deshalb, weil das extrapolierte „Etwas“ (das Objekt als Referenzpunkt) zwar immer einem Attribut zugeordnet ist, also kein *bare particular* bildet und eine „Form der Bestimmtheit“ (Husserl) durch Spezifikation aufweist. Gleichwohl aber fällt das Objekt nie mit dem jeweils zugewiesenen Attribut zusammen, da das Objekt immer offen ist für weitere Attribute gleicher oder unterschiedlicher Art und deren Invarianz bildet. Erst durch diesen uneinholbaren Abstand oder Vorbehalt wird das generalisierende Schema zu einem Attribut *von* x.

Wie kristallisiert sich dieses „etwas“, das Objekt, in seiner Differenz zum Proximalen und der Gegebenheit nun durch den Vorbehalt heraus? Dieser hat zwei, miteinander verbundene zusammenhängende Aspekte, einen zeitlichen (b1) und einen informationstheoretischen (b2), durch welche der terminologische Terminus „Vorbehalt“ seinen Sinn erhält.

(b1) Der *zeitliche* Aspekt des Vorbehalts liegt in der Produktion eines dritten Musters (des Objektpols), dessen zeitliche Ordnung eine andere ist als die der proximalen Affektionsbedingungen (siehe die Verschiebungen in Grafik B.5).[291] Beide, x und s, haben demnach, ausgehend von der temporären Sensitivität t, zwei verschiedene, de-synchronisierte Takte ihrer Aktivität. Der vereinheitliche und konstante Objektpol zeichnet sich durch eine komplexe *Vorschaltung* oder einen *Vorlauf* gegenüber der Zeitfolge der proximalen Stimulation aus. Dieses „Vorlaufen“ ist wiederum einerseits protentional zu verstehen. Das gilt vor allem dann, wenn der konstante Objekt-Takt sich langsamer (mit niedriger Frequenz) entfaltet als der der proximalen Stimulation, und, auf diese Weise mit diesem zeitlich de-synchronisiert, immer aussteht. Die proximale Aktivität läuft im System viel schneller (mit höherer Frequenz) ab als die komplexe generalisierende Schematisierung, die aus ihr (top-down) erfolgt. Wenn x nicht mit der proximalen Stimulation zusammenfallen darf, dann steht x protentional beständig aus, bleibt „offen“.

Andererseits führt aber gerade diese Anschlussfähigkeit dazu, dass, wenn x in dieser protentionalen Stellung nicht abhandenkommen soll, x auf einer weiteren

291 Damit ist noch nicht die Zeitordnung als Attribut eines Gegenstandes, z.B. die Zeit eines bewegten Fliegenkörpers oder eines Balzrufes gemeint, wie *sein* Dauern im sukzessiven Wechsel anderer Elemente, sondern eine Differenz, die eine solche Attribution überhaupt erst ermöglicht. Diese Takte verlaufen lediglich selbst in der Zeit, sind zeitlich, aber damit noch keine Repräsentation von Zeit. Das Objekt als solches ist *a priori* nicht ein antizipiertes oder erinnertes.

Ebene wieder retentional *vorgezogen* werden muss. Dadurch wird es möglich, etwas anzusetzen, das einerseits (offenes) Ziel von generalisierenden Schemata wird, andererseits aber schon immer diesem Prozess schleifenartig als bereits Schematisiertes vorausgehen können muss. Mit einer solchen „Verzögerungstechnik" seitens des dadurch sich bildenden repräsentationalen Systems stellt sich die Horizontstruktur von Bestimmtheit und Unbestimmtheit ein. Nur dank ihrer komplexen Rückkopplungsdynamik (*temporal feedback*) können wir davon ausgehen, dass der Objektpol den proximalen Stimuli beständig vorausläuft, somit in Bezug auf diese irreduzibel oder uneinholbar, und damit *transzendent* bleibt. Das Objekt ist durch die protentional-retentionale Verschiebung oder Entzweiung stets ein „Mehr" gegenüber der aktualen Stimulation und zu dem generalisierenden Schema und damit ergibt sich seine Alterität zum Subjekt, was eine Voraussetzung für Attribution bildet. Als ein solcher „Vorläufer" im doppelten, retentional-protentionalen Sinn, bildet der Objektpol also eine *temporale Projektion*, die sein transzendierendes Hinausgehen über die proximale Stimulation, seine Gegebenheit, und damit die Transzendenz fundieren soll. *Aboutness* basiert demnach auf zeitlicher Ordnung.

Diese Rückkopplungsdynamik scheint zumindest im Prinzip naturalisierbar zu sein: Barry Dainton (2017) weist im Überblick auf mögliche neurowissenschaftliche Fundierungsversuche der Husserl'schen Zeitdynamik hin, die eine mögliche Verankerung der hier vertretenen Extrapolationstheorie sein könnten. So erkennt Dan Lloyd (2004, 267) zwar den Zusammenhang von Zeitlichkeit und Transzendenz im Lichte von Husserls Horizontbegriff, scheint aber wie dieser aus phänomenologischer Warte die Gegebenheit („sensory presentations") vorauszusetzen, und am zweiten Sinn von „ist" im Sinne von „wirklich" (*real, reality*) interessiert zu sein (Lloyd 2004, 258-261). Gleichwohl verweist er jedoch auf ein *simple recurrent network* (Lloyd 2004, 281), das zumindest eine neuronale Grundlage für die komplexere, weil versetzte Rückkopplungsdynamik stellen könnte:

> [T]the network responds not just to the currently present stimulus, but also to its own most recent internal state. Because that *echo* dates from one cycle ago, the next internal states can enfold both present and past information. Then that new internal state, combining present and just prior information, *itself recycles*; therefore, the successive state carries *forward information* from two cycles previous. And so on. In principle, this *neuronal hall of mirrors* can keep a pattern alive indefinitely (Lloyd 2004, 282, Kursiv, A.W.).

(b2) Der *informationstheoretische* Aspekt des Vorbehalts soll die Funktion dieser komplexen zeitlichen Differenz oder Verzögerung erhellen. Der Objektpol ist nicht ohne Funktion, die ein wesentliches Relat der Präsentationsstruktur ist. Dem Objektivierungsmodell der Repräsentation zufolge zwingt die Unterbestimmtheit einer Stimulation s das System dazu, eigene, d.h. nicht-proximale Konfigurationen in Form von generalisierenden Schemata F zu konstruieren, die die distale Ursache rekonstruieren sollen. Das Problem ist aber: Das System hat für eine rein induktive *bottom-up*-Rekonstruktion schlicht keine Zeit. Durch seine kausale Herkunft aus sensorischen Medien wie Licht, Schall oder Druck ist das Reizmuster schneller im System einkodiert, zugleich jedoch flüchtig und unterbestimmt. Soll also zu einem Zeitpunkt t^1 auf Basis der gegebenen proximalen Information s^1, die dem System zur Verfügung steht, eruiert werden, wie die distalen Dinge jenseits von s^1 liegen, muss mithilfe der Heuristik eine Repräsentation als Modell dessen dienen, was sein *könnte*. Zu beachten ist hier natürlich, dass dieser ***Potentialis*** aller Repräsentation dem System selbst auf dieser Stufe noch nicht zur Verfügung steht, er beschreibt nur die Unterbestimmtheit. Das System repräsentiert nicht seine eigenen Bedingungen. Die deskriptive Repräsentation der Wahrnehmung vermittelt nur das, was *ist*. Im Lichte des Unterbestimmtheitsproblems und des funktionalen Charakteristikums von rekonstruierenden Modellen ist die basale Repräsentation ein Modell. Dieses generalisierende Modell hat als solches die wesentliche Funktion, *vorzugreifen* und sich nicht auf das *hic et nunc* des gerade gegebenen und unzuverlässigen Reizes reduzieren zu lassen. Der Vorbehalt, den dieses „als-ob" des gegebenen Objektpols artikuliert, erlaubt dem System, kraft des zeitlichen Rückkopplungsmechanismus die Funktion ausüben, der proximalen Stimulation durch den Pol gleichsam *top down* zuvorzukommen und dem generalisierenden Schema in dessen Gefolge einen informationstheoretischen „Vorsprung" einzuräumen. Dieser Vorsprung gehört ganz wesentlich zur Funktionalität des *Modells*. Nur durch diese funktionale Komponente des Objektpols können generalisierende Schemata bereits einer proximalen Stimulation vorgreifen und auf weitere Reize oder bestimmte Reizabfolgen eingestellt sein. Dieses *top down* -Verfahren der modellierenden Schemata erlaubt ihnen, die „kombinatorische Explosion" (Dennett) der beständig auf das System einprasselnden und fluktuierenden proximalen Stimulation einzuhegen und so elegant wie zeitsparend zu reduzieren. In der Zuordnung zum beständig projektierten Objektpol liegt ihre attributive Rolle. Andernfalls hätten die Schemata keinen Bezugspunkt, da sie nicht den proximalen Stimuli zugewiesen werden können. Insofern die Attribute F jedoch gleichwohl nie mit dem Objekt x zusammenfallen, das Objekt also ebenfalls den Attributen geringfügig vorausgeht, weist auch x einen zeitlichen und informationstheoretischen Vorbehalt gegenüber F auf.

Auch zu diesem Aspekt des Vorbehalts findet sich ein interessantes empirisches Beispiel bei O'Regan und Noë (2001, 956): Sehbinderten oder Personen mit verbundenen Augen wird ein Photorezeptor an einem Finger angebracht, der mit einem Piepton auf Lichteffekte seitens der Umwelt reagiert. Aufgrund verschiedener Bewegungen und ihres regelhaften Zusammenhangs mit der Art und Weise der Reaktion des Detektors (*sensorimotor contingencies*) werden die Probanden fähig, diese Stimulationsbedingungen in Bezug auf die räumliche Positionen der Lichtquellen zu *transzendieren*, der Mechanismus funktioniert also wie ein Blindenstock:

> First, users of such a device rapidly say that they do not notice vibrations on their skin or hear sounds, rather they "sense" the presence of objects outside of them. Note also that at a given moment during exploration of the environment, subjects may be receiving no beep or vibration whatsoever, and yet "feel" the presence of an object before them. In other words, the experience of perception derives from the *potential* to obtain changes in sensation, not from the sensations themselves. Note also that the exact nature or body location of the stimulation (beep or vibration) has no bearing on perception of the stimulus – the vibration can be applied on the finger or anywhere else on the body (O'Regan/Noë 2001, 956).

O'Regan und Noë selbst wollen zwar mit diesen Befunden lediglich die Rolle der Veränderung für die Bildung „sensorimotorischer Invarianz" hervorheben. „Das Gefühl der Präsenz" reduzieren sie recht vage wieder auf das generelle „implizite Wissen" der sensomotorischen Regularien, die zu dieser Invarianz führen (O'Regan/Noë 2001, 963). Aber in dieser Invarianz liegt, wie dieses Kapitel zeigen soll, nicht nur eine Einheit, sondern ein „Mehr" der *aboutness*, das durch die Extrapolation ausgedrückt wird. Interessant ist deshalb an diesem Befund nicht nur die Tatsache der Transzendenz der Stimulation als solcher und ihrer Variation in Bezug auf ihre lokalen, idiosynkratischen Eigenschaften („the exact nature or body location of the stimulation", Zitat oben). Es kommt vor allem darauf an, dass ein die Transzendenz fundierendes *temporale* Verhältnis des Vorbehalts sich im Wechsel proximaler Stimulation herauskristallisiert.[292] Die *Gegebenheit von etwas* (die Präsenz eines Objekts) besteht daher, analog zur temporalen Projektion in b1), zugleich in einer *informationstheoretischen Projektion* in die protentional vorgefühlten Potentialitäten proximaler Veränderungen („the *potential* to obtain changes in sensation", Zitat oben). Anders gesagt: Der objektive Pol ist nicht nur eine Invarianz von Input-Mustern, er *durchzieht* (zeitlich und informationstheoretisch) einen Horizont noch *kommender* Möglichkeiten. Das „ist" der Präsentations- und Attributionsstruktur geht also auf eine Art von unaufbrauchbarer „Reserve" informationstheoretischer Veränderungspotentiale und repräsentiert daher die irreduzible Vorgängigkeit und Plastizität der Entitäten. Mit Intentionalität lebt ein System fortwährend in die von ihm unabhängige und offene Welt hinein. Es hat die Welt wesentlich in einem zeitlichen Sinne vor sich.

Damit bildet sich die eigentümliche, dreiteilige Konstellation des intentionalen Modus (Objekt + Attribut + Subjekt) heraus, wobei die ersten beiden Glieder den Gehalt formen, der Entität-Tokens in ihren Typen repräsentiert. Die Gegebenheit

---

292 Der einzelne Piepton in diesem künstlichen Setting hebt diese zeitliche Struktur erhellend hervor, die im beständigen proximalen Input sonst unscheinbar bleibt.

des Objektpols und seine komplexe Extrapolation durch zeitlichen und informationstheoretischen Vorbehalt stellt sich nicht nur als eine Sparsamkeitsmaßnahme sensorischer Systeme heraus. Sie entspringt auch der Notwendigkeit, *primär* die irreduzible Differenz und Vorgängigkeit zu unterbestimmten und flüchtigen Affektionsbedingungen zu wahren und offenzuhalten. Lediglich *sekundär* hat sie im Verhältnis von Attributen und Objekten eine modifizierte Form dieses Vorbehalts im Zuge der primären Differenz zu realisieren.

In dieser Differenz, so die These der hier erst skizzenhaft dargelegten und auszubauenden Fundierung der Objektivität durch Extrapolation, liegt die Präsentationsstruktur der Vermittlung eines Objekts (in Aspektgestalt) für ein Subjekt. Objektivierungsmechanismen sortieren nicht nur Informationen nach distaler und proximaler Herkunft. Sie fundieren durch die Extrapolationsmechanismen erst die Distalität, d.h. die Transzendenz repräsentationaler Objekte und damit die Zuordnung von Attributen zu dem, was in erster Linie „ist", also mit einer charakterisierenden Spezifizierung versehen wird. Erst die Extrapolation strukturiert informationelle Muster so, dass sie diesen Aspekt der Gegebenheit, den weltbezogenen Moment der Repräsentation, realisieren können. Die präsentationale Gegebenheit von Objekten, die die Vorgängigkeit von Entitäten repräsentiert, ist daher in einem systematischen Sinne zeitlich zu verstehen. Auch in dieser Hinsicht geht die Tatsache, dass ein Objekt für ein Subjekt *ist* – ganz gleich, ob das Objekt dabei auch noch existiert oder nicht – nie darin auf, wie eine Entität den Organismus stimuliert.

III.2.2 Subjektivität als sensomotorische Intimität

Wir haben früher herausgearbeitet, dass das Tracking-Paradigma die intentionale Einstellung und dessen Subjekt unbestimmt lässt oder sogar kategorial fehldeutet. Das Subjekt als Subjekt der Repräsentation ist weder nur der Organismus noch der Akteur. Repräsentation *für...* bezieht sich auf den Organismus qua Bezugs- und Nullpunkt der Repräsentation. Die Relevanz des Gehalts als Gehalt und seine Vermittlung ist keine Relation kausal-funktionaler Verfügbarkeit. Der Gehalt betrifft die Oberflächeneigenschaften der Dinge und ihre Darstellung. Wie muss das entsprechende präsentationale Subjekt (S^P) beschaffen sein? Wir haben gezeigt: Es kann weder nur der Organismus bzw. praktische Akteur (S^M) sein noch ein repräsentationalistisches Subjekt (S^R) mit Bewusstsein und kognitiver Selbstreflexion. S^P ist nicht Teil der Veridikalitätsbedingungen, sondern konstituiert durch seine Stellung im intentionalen Modus diese Bedingungen erst mit. Wenn wir nun den Zusammenhang zwischen Verhaltenssubjekt und Repräsentationssubjekt wahren wollen, und zugleich die genuin repräsentationale Rolle des Subjekts nicht aus dem

Blick verlieren, dann stellt sich die Frage: Wie kommen wir von der primitiven, nicht-repräsentationalen „Ganzheitlichkeit" des Subjekts qua Subjekt^{M} zum Bezugs- und Nullpunkt des Subjekts qua Subjekt^{P}? Welche Art von Integrationsstruktur ist für diesen Schritt wesentlich? Wie bekommen wir also das „body-as-subject" (Gallese/Sinigaglia 2010, 748), ohne es mit dem „body-as-object" zu verwechseln?

Um auf diese Frage nach dem ursprünglichen Subjekt eine Antwort zu finden, muss im Folgenden der andere Pol der objektivierenden Polarisierung, aus der die Präsentationsstruktur hervorgeht, betrachtet werden. Dabei möchte ich, inspiriert vom *Enaktivismus* und *Predictive Processing*, ein bisher eher sporadisch entwickeltes Modell dessen ins Treffen führen, wie S^{P} aus dem Subjekt als Akteur hervorgehen kann und eng mit ihm verkoppelt bleibt, ohne mit ihm strikt identisch zu sein, sondern ein eigenartiges, informationstheoretisches und funktionales Moment der Repräsentationsfunktion bleibt. Dieses Modell möchte ich als *sensomotorische Intimität der Subjektivität* bezeichnen. Ich werde dazu drei konstitutive Bedingungen vorstellen, deren Verknüpfung zur Subjektbildung in der Literatur meines Wissens in dieser Form nur von O'Regan und Noë (2001) angedeutet und von Jakob Hohwy (2007) erkannt werden, aber sonst nicht weiterentwickelt sind (siehe Bruineberg 2017, 12; Schlicht 2018, 2448, 2471). Die (1) erste Bedingung betrifft die konstitutive Rolle der *sensomotorischen Kontingenzen* („sensorimotor contingencies"): Durch die reguläre Verknüpfung von endogenen Körperbewegungen und den daraus folgenden Stimulationsveränderungen (z.B. beim Bewegen der Augen oder des Kopfes) vollzieht sich eine Integration und Zentrierung verschiedener proximaler Stimulationen am Körper zu einem einheitlichem Identitätspol. Dessen Bildung soll dann (2) durch eine zweite Bedingung, ein nicht-repräsentationales *forward model*, erhellt werden, mit dem das Lebewesen zwischen den aus „aktiver" Eigenbewegung resultierenden proximalen Informationen einerseits und den durch externe „passive" Einwirkungen verursachten Informationen andererseits differenzieren kann. Schließlich (3) markiert eine dritte Bedingung das *informationstheoretische Gefälle* zwischen den aktiv und passiv entstandenen Informationen, die Grenze zwischen dem Selbst und dem Nicht-Selbst. Dieses primitive Selbst tritt auf diese Weise in die präsentationale Differenz ein.

(1) Beginnen wir mit den **sensomotorischen Kontingenzen** als erste Voraussetzung und Grundlage basaler Subjektivität. Das verlangt eine kurze Hinführung: Wir haben das Subjekt in seiner minimalen Form als egozentrischen Einheits- und Nullpunkt innerhalb der Präsentationsstruktur charakterisiert. In diesem Sinne entspricht es der *Ganzheitlichkeit* („whole animal attributability", Burge 2010, 369.; „global ownership", Blanke/Metzinger 2008, 7), die aber mit Hinblick auf das Vereinheitlichungsproblem weder materiell-mereologisch nur den Organismus schlechthin, noch repräsentationalistisch den Organismus als Objekt einer propriozeptiven („body schema") oder räumlich lokalisierenden *de se* -Repräsentation

noch die selbstbewusste Person als Objekt selbstkritischer Reflexion („conceptual scheme") meinen kann. Der Organismus qua Subjekt ist immer und zunächst Bezugspunkt eines Gehalts in seiner Vermittlung innerhalb einer Einstellung. Dieser Bezugspunkt wurde im Zuge der Objektivierungsmechanismen dahingehend akut, weil die proximalen Informationen ihrerseits vielfältig sind und eine Vereinheitlichung zu einem Pol bedürfen, der mit distal-spezifischen Informationen kontrastiert und mit der oben beschriebenen Extrapolation in eine transzendente Konstellation mit einem Objekt gebracht werden kann. Mit diesem Vereinheitlichungsproblem haben wir einen Ansatz der *Integration* proximaler Informationen zu einem invarianten Subjektpol vorgeschlagen. Dieser Ansatz scheint den Vorteil zu besitzen, dass er keine spezielle Repräsentation (z.B. Propriozeption und dessen Subjekt) voraussetzt und auf Basis einer Wahrnehmungskonstante in *einer* Sinnesmodalität möglich ist, wenn damit bereits repräsentationaler Status realisiert werden soll. Wir fragen also: Wenn wir von einer einzigen Modalität und ihrer Wahrnehmungskonstanz ausgehen, durch welche Prinzipien und Mechanismen bildet sich ausgehend vom sich verhaltenden Organismus die einheitliche oder globale Struktur dieser Modalität und wodurch weist diese einen egozentrischen Einheits- und Nullpunkt der Vermittlung von Gehalten auf, den wir das Subjekt nennen?

Eine Antwort darauf findet sich in den von der Literatur weitgehenden anerkannten sensomotorischen Kontingenzen (*sensorimotor contingencies*) im Wahrnehmungsprozess (siehe O'Regan/Noë 2001). Diese sind bereits in Gestalt von Heuristiken vorgestellt worden, die in den Objektivierungsprozess einfließen und ihn wesentlich mitgestalten (siehe Kapitel B.II.4.2). Sie scheinen aber zugleich der Schlüssel zur Genese primitiver Subjektivität zu sein, die als Kontrastebene zum Objekt der Objektivierung fungiert. Denn wenn wir die proximalen Stimulationen und ihre weitere quantitative Transformation in Richtung der integrierenden Struktur des Gehirns betrachten, dann sind sie bezüglich ihrer Herkunft zunächst einmal *nivelliert*:

> From the point of view of the brain, there is nothing that in itself differentiates nervous influx coming from retinal, haptic, proprioceptive, olfactory, and other senses, and there is nothing to discriminate motor neurons that are connected to extraocular muscles, skeletal muscles, or any other structures. Even if the size, the shape, the firing patterns, or the places where the neurons are localized in the cortex differ, this does not in itself confer them with any particular visual, olfactory, motor, or other perceptual quality (O'Regan/Noë 2001, 941).

Damit ist eine Art „subjekthungriges Problem" definiert, an das eine Differenzierungsleistung ansetzen muss. Um eine Modalisierung und damit bestimmte Produzentensysteme und ihre Funktionalität zu erreichen, filtert und privilegiert das System nun bestimmte „Ko-Inzidenzen" zwischen motorischen Veränderungen (z.B. Augen- Hand- und Kopfbewegungen) und Wechselfällen proximaler Stimulation (z.B. in der Netzhaut). Dadurch ergeben sich regelhafte Invarianzen, die eine koordinierende Integration von Aktivitäten zu bestimmten Modulen ermöglichen. Diese Zusammenhänge zeigen deutlich einen ersten Übergang von einem Organismus qua Verhaltenssubjekt zu einer modulspezifischen Einheitsstruktur informationeller Verarbeitung. Die simple Gleichsetzung des Organismus mit dem Subjekt wird durch einen Mechanismus unterbunden, der eine *Integration* sehr verschiedener proximaler Bedingungen (in den Rezeptoren der Muskeln, Sehnen, Gleichgewichtsorgane, der Retina, etc.) erlaubt und damit eine Art *Zentrierung* oder Sammlung vielfältiger und zahlreicher Teile eines Organismus zu einem Identitätspol, dem Subjekt des praktischen Knowhows („one's knowledge of the sensorimotor contingencies", O'Regan/Noë 2001, 961), ermöglicht.

O'Regan und Noë heben diesen Zusammenhang nicht explizit hervor, das Subjekt selbst wird vorausgesetzt. Sie verweisen aber auf die Frage nach dem *phänomenalen* (bewussten) Charakter einer Erfahrung, „wie es sich anfühlt" z.B. einen Porsche zu fahren, und lenken dabei den Fokus weg von mysteriösen *Qualia* des Bewusstseins auf die sensomotorischen Kontingenzen:

> [O]ne can speak of the qualitative character of driving a Porsche, but this must be understood not in terms of the occurrence of a sensation-like quale in the mind, but rather, in terms of one's comfortable exercise of one's knowledge of the sensorimotor contingencies governing the behavior of the car (O'Regan/Noë 2001, 961).

Die „bequeme Ausübung" (*comfortable exercise*) dieses praktischen Knowhows wird nun am Beispiel des Sehens einer roten Oberfläche verallgemeinert:

> What is it like for you to see this red wall? [...] It consists in the (implicit) knowledge associated with seeing redness: the knowledge that if you were to move your eyes, there would be changes in the incoming information that are typical of sampling with the eye; typical of the nonhomogeneous way the retina samples color; knowledge that if you were to move your eyes around, there might be changes in the incoming information typical of what happens when illumination is uneven, and so on (O'Regan/Noë 2001, 961).

Die „bequeme Ausübung" in Bezug auf die praktisch verkörperten sensomotorischen Zusammenhänge bildet nun ein von den Autoren nicht weiter ausgeführtes Indiz für primitive Subjektivität jenseits bloßer Invarianz. Sie hat nicht nur den Vorteil, dass sie uns ihre Fundierung in einer nicht rein introspektiven, naturalisierbaren Form andeutet. Jedes perzeptuelle System eines Tieres, das sich in seiner Umwelt bewegt und z.B. Oberflächenstrukturen sehen oder berühren kann („exploratory activity", O'Regan/Noë 2001, 940), muss gerade durch Wahrnehmungskonstanten in dieser Weise für solche Kontingenzen sensitiv sein: Es zeigt sich nicht überrascht oder verhält sich abweichend, wenn sich die proximale Stimulation durch die eigenen leiblichen Bewegungen verändert. Das „Wissen" (*knowlegde*) um diese Regularien besteht den Autoren zufolge in praktisch erprobter und verkörperter Form, nicht in Repräsentationen (siehe auch Noë 2021). Deshalb können wir solches Knowhow um mögliche Eventualitäten („if you were to move your eyes, there would be changes in the incoming information") nicht als kontrafaktische Überlegungen, sondern, wie oben dargelegt, als horizontale Verweisungen in ihrer *Potentialis*-Struktur verstehen. Das „Bequeme" an dieser Verweisungskompetenz bietet uns vor allem gerade in seiner Unscheinbarkeit und Selbstverständlichkeit einen Ansatz, wie *mineness* (Egozentrik) sensomotorisch und informationstheoretisch in einem weiteren Schritt erhellt werden kann.

(2) Dieser Schritt besteht nun darin, die „Bequemlichkeit" als eine Form informationstheoretischer „Vertrautheit" (*familiarity*) zu sehen, wie sie Hohwy (2007) in seinem innovativen Vorschlag als ***forward model*** für basale Subjektivität versteht. Da die „Vertrautheit" sowohl die enge und verlässliche informationelle Kopplung von selbstinitiierten Körperbewegungen und ihrer sensorischen Konsequenzen einerseits als auch den Zusammenhang dieser Kopplung mit der „Innerlichkeit" mentaler Subjektivität auf basaler Stufe andererseits ausdrücken soll, wähle ich dafür, in Ermangelung eines besseren Begriffs aus der Literatur und mit der Gefahr einer ungewollten Assoziation mit Geschlechtsverkehr, den Terminus der *sensomotorischen Intimität.* „Intimität" oder „Immanenz" des Subjekts bildet dasjenige Verhältnis, das der „Extrapolation" und der „Transzendenz" des Objekts gegenübersteht, und soll als eine weder zwingend bewusst noch reflexive „Innerlichkeit" sich von der bloß materiell-mereologischen Systeminternalität der Tracking-Theorien abheben.

Wie vollzieht sich diese Intimität? Wenn wir die von O'Regan und Noë angeführte Erfahrung aufgreifen, dann kann die „bequeme Ausübung" nicht mehr nur in der integrierten Vielfalt der sensomotorischen Verhältnisse bestehen, die um ein konstantes Objekt herum angelegt sind. Vielmehr muss sie eine noch ursprünglichere Ebene betreffen. Diese besteht darin, dass das System in der oben beschriebenen Situation nivellierter Informationen überhaupt zwischen den aus motorischer, *„aktiver" Eigenbewegung* resultierenden proximalen Informationen einerseits und den mit von außen herbeigeführte *„passiven" Einwirkungen* verbundenen Informationen andererseits unterscheiden kann. Erst dadurch *ist* das Tier nicht nur sein Körper (bzw. Organismus) in Aktion, sondern scheint auch erst einen primitiven *Sinn* für sich selbst in Gestalt seines Körpers in Aktion zu bekommen. In dieser Weise verstehen die Kognitionswissenschaftler Vittorio Gallese und Corrado Sinigaglia im Fahrwasser von Husserl den lebendigen Körper nicht nur als etwas „that is always already given to us, but it is primarily given to us as 'source' or 'power' for action, i.e., as the variety of motor potentialities" (Gallese/ Sinigaglia 2010, 746).

Erst durch diese basale und vielleicht basalste Form des sensomotorischen Grundzusammenhangs liegt eine Anforderung an Verhalten im Sinne selbstinitiierter *agency*, wie Hohwy herausstellt:

> In order to track one's causal doings in the world and to track what other people and external events do to one's body, individuals have a need to accurately distinguish self–initiated movement from externally initiated movement (Hohwy 2007, 3; siehe auch Bruineberg 2017, 12).

Die Genese des präsentationalen Subjekts^{P} artikuliert daher ein Prinzip auf höherer Stufe, das bereits im mereologischen Subjekt^{M} zu finden ist: Jeder Organismus zeichnet sich durch die Integration dessen aus, was zu seinem Lebenszusammenhang gehört und was nicht. Wir haben diese Differenzierungproblematik ebenfalls schon in Gestalt der „Proto-Objektivierung" in Reafferenz-Mechanismen betrachtet, die bereits in sehr einfachen Organismus vorkommen. Für Hohwy können gerade diese Mechanismen eine bereits empirisch erprobte Differenzierungsleistung darstellen:

> Efference copies of motor commands can be used in forward modelling of the movement. This allows accurate prediction of the re-afferent sensory (e.g., visual and proprioceptive) consequences of action. These predictions can be compared (i) to the intended state, and (ii) to the actual sensory consequences of the movement. Good predictions cancel out or attenuate the other input and produces less error signal than bad predictions (Hohwy 2007, 3; siehe auch Fuchs 2016, 74).

Durch dieses Prinzip eines *forward model* erhält das System einen basalen Sinn für Eigenbewegungen, die sich als invariantes Muster in bestätigter Stetigkeit herauskristallisieren.

> [T]he experience of the body as an experiencing body pertains to the practical possibilities for action that constitute that body not as a body among others but as one's own body. This sense of body not only precedes, but [...] also makes the attribution of sense of agency and/or sense of ownership possible (Gallese/Sinigaglia 2010, 748).

Doch wie genau gelingt diese Unterscheidung zwischen der Stimulation durch Eigenbewegungen und der durch Umwelteffekte?

(3) Mit dem Konzept des **informationstheoretischen Gefälles** zwischen Information passiver und aktiver Provenienz kann der Mechanismus des *forward models* erklärt werden. Dazu wieder Hohwy, der aus der Invarianz „aktiver" Muster folgende bemerkenswerte Schlussfolgerung zieht:

> When predicted signals are attenuated, only the discrepancy between the prediction and the input is sent forward as an error signal, so when things go well the incoming signal will not be informationally salient, relative to less well predicted signals. Counterintuitively, then, the immediate conscious sense of being in control during agency transpires as the feeling of *not* having to perform active on-line control of what we predict well (Hohwy 2007, 4).

In dieser Diskrepanz liegt die Wurzel für primitive Subjektivität:

> Here we have a candidate for the cognitive mechanism that gives rise to mineness. In terms of conscious experience, mineness is the feeling of already being familiar with the movement's sensory consequences when they actually occur, we are so to speak already 'at home' in the movement because the incoming signals are predicted [...] In contrast, externally initiated movement cannot be predicted in the same way and we cannot be 'at home' in them in the same way (Hohwy 2007, 4).[293]

Ich möchte hier mit Blick auf die Proximalität Hohwys Argument konkretisieren und die „von außen initiierte Bewegung" lediglich in Gestalt ihrer lokalen proximalen Effekte verstehen. Denn das System hat unmittelbar nur diese Reize, es hat auf dieser Stufe noch keine Repräsentation distaler Bewegung als deren Ursachen. Diese Vorsicht wurde schon in Bezug auf das Reafferenzprinzip ins Treffen geführt. Außerdem würde eine solche Repräsentation wieder ein Subjekt voraussetzen, was Hohwys Fundierung desselben untergraben würde. Durch die Reduktion auf die proximale Ebene können wir die entscheidende Diskriminationsleistung, die für die Subjekt-Bildung nötig ist, wie folgt beschreiben: Durch den von Hohwy beschriebenen Kontrast kann das System Informationen seitens der *Aktivität*, die vom Organismus als Akteur stammen, von Informationen seitens der *Passivität* differenzieren, welche die proximale Stimulation seitens Umwelteinwirkungen betreffen. Dieser Kontrast ergibt sich aus einem *informationstheoretischen Gefälle* zwischen beiden Informationsquellen: zwischen der engen („intimen") Kopplung von Motor-Impulsen und ihren sensorischen Effekten einerseits und der loseren Verbindung der von außen kommenden Einwirkungen mit den durch diese verursachten sensorischen Reaktionen andererseits. Die Art der Information, die beispielsweise aus der Korrelation zwischen einer selbstinitiierten Kopfbewegung nach links und der entsprechenden Veränderung z.B. auf der Retina, der Haut oder im Corti-Organ der Hörschnecke resultiert, ist wesentlich belastbarer und rascher zu prozessieren als die zwischen exogenen Einwirkungen und der entsprechenden sensorischen Responsivität. Letztere zeigt eine weitaus größere „Unberechenbarkeit", d.h. eine Diskrepanz zwischen den ständigen Protentionen und ihrer Erfüllung im *forward model*.

293 Siehe dazu auch Bruineberg 2017 und Schlicht 2018.

Damit wird die sensorische Responsivität für äußere Einwirkungen diskriminierbar: Durch die informationstheoretischen Diskrepanzen fällt das Subjekt nie mit der Ebene exogener, proximaler Stimulation und ihrer Vielfalt zusammen, sondern bleibt eine davon kontrastierte Instanz und ein exzentrischer Pol. Erst durch diesen Kontrast kann das System die Vereinheitlichungsproblematik lösen, indem es die Ebene proximaler Stimulation erstmalig zusammenfasst, der dann Informationen auf distal-spezifischer Ebene gegenübergestellt werden können. Die *Egozentrik*, die mit diesem Gefälle und der damit verbundenen Instanz- oder Polbildung gebildet wird, ist daher auf die „Vertrautheit" zurückzuführen, das heißt in Hohwys Worten: „mineness is then the feeling of familiarity with the incoming signal constituted by its attenuation" (Hohwy 2007, 6).

Wir haben diesen Modus bereits oben in Gestalt der noch unerörterten „comfortable exercise of knowledge" (O'Regan/Noë) kennengelernt. Mit der Sicherheit, die mit der Invarianzbildung in Bezug auf Eigenmotorik und ihrer Konsequenzen verbunden ist, können wir „Vertrautheit" auch mit „global ownership" bzw. „global control" (Blanke/Metzinger 2008) auf ursprünglicher Stufe identifizieren („sense of being in control during agency", Hohwy 2007, 4). Der beschriebene Mechanismus liefert die bisher fehlende spezifische Begründung dafür, warum wir *eine Repräsentation* dem jeweiligen Tier im Ganzen zuschreiben bzw. einem Selbst in introspektiver Betrachtung. Denn die sensomotorische Intimität betrifft die Integration alle für die jeweilige Wahrnehmung relevanten Sensoren und die damit gekoppelten Verhaltensweisen und Regungen. Der Mechanismus schafft damit einen Modus, in welcher das Tier ganz und sicher „bei sich" ist, ohne sich zugleich in die Vielfalt des Proximalen („the idiosyncrasies of a particular causal transaction", Burge 2010, 400) zu verlieren. In dieser „Intimität" des Bei-Sich-Seins, das wesentlich immer einen uneinholbaren Kontrast und einen Zusammenhang zwischen dem Subjekt und der proximalen Ebene bildet, bildet sich das Subjekt heraus. Daran wird auch ersichtlich, wie Subjektivität die Voraussetzung für Objektivität bildet und unabhängig von repräsentationalem Status besteht.[294]

Wir haben damit ein Analogon zur Extrapolation: Sowie die Attribute nie mit dem Objekt zusammenfallen, die es charakterisieren, so fällt auch die proximale Vielfalt nie mit dem Subjekt zusammen, das sie vereinheitlicht. Obwohl beide stark

294 Wir können von einem rein sensitiven Organismus ausgehen, dessen System ebenso einen Kontrast zwischen einer proximalen Ebene und einem invarianten Pol einzieht, um eine Differenz zwischen *sich* und seinen verschiedenen Stimulationsweisen (bzw. bewussten „Empfindungen") zu gewinnen. So erfolgt Riechen als olfaktorisches Tracking im Rahmen einer komplexen Integration von Körperbewegungen, was ein aktives „Schnuppern" durch Nase (oder Fühler) und andere Glieder erfordert. „Riechen" schreiben wir einem sensitiven *Subjekt* und nicht einem Körperteil zu. Dasselbe bei Schmerz und Schmerzverhalten. Primitive Subjektivität besteht früher als Objektivität.

aufeinander abgestimmt sind, behält das Subjekt stets einem temporalen Vorsprung (oder „Vorbehalt") durch sein geringeres Maß an Unberechenbarkeit. Das Subjekt bildet dadurch stets ein „Mehr" oder ein „Ganzes" gegenüber den einzelnen Weisen, wie es affiziert werden kann, und wird, wie sein objektiver Gegenpol, durch diese zeitlich-informationelle Verschiebung ebenfalls entrückt. Nur läuft diese Entrückung in die gegenläufige Richtung, da das Objekt informationstheoretisch die Rolle maximaler *Unberechenbarkeit* (und damit das „ist") besetzt, während das Subjekt maximale *Berechenbarkeit* („Intimität") und somit das geringste Maß an solcher Offenheit für potenzielle Diskrepanzen aufweist. Es bildet ein Residuum des Systems. Durch beide Extrapolationen öffnet sich die präsentationale Differenz und damit die Voraussetzung für Attribution, Einstellungen und Veridikalitätsbedingungen.

Wie bereits schon ausgeführt, müssen wir die anspruchsvollen Termini des *Predictive Processing* nicht wörtlich nehmen. Sie entsprechen kognitionswissenschaftlicher Praxis. Der basalen temporalen Struktur dieser „Modelle" und „Voraussagen" entspricht in der hier vertretenen Lesart und Neuinterpretation Hohwys die der zeitlich-sensitiven Fähigkeiten, wie sie im letzten Kapitel dargelegt worden sind, sowie die des Reafferenzprinzips. „Gefühl" („feeling", „experience") kann als Sensitivität („sense") wiedergegeben werden. Hohwys systematische Klassifikation der Vorhersagen durch „Korrektheit" und „Irrtum" (passim), erweckt den Eindruck zumindest (implizit) repräsentationalistischer Status-Bedingungen. Da diese jedoch wieder ein Subjekt voraussetzen, läuft Hohwys Modell Gefahr, einen infiniten Regress zu produzieren. Das hier beschriebene Verständnis von Subjekt^{P} ist konstitutiv für repräsentationalen Status, indem es erst *dasjenige* bestimmt, was sich auf etwas anderes beziehen kann.

Konkretisieren wir schließlich diese Subjektivität noch näher. Wir können mit unserer Deutung von Hohwys Modell die Metapher der „Vertrautheit" in Gestalt einer „Abschwächung" von Information in dem beschriebenen Gefälle als eine Form informationstheoretischer Priorisierung verstehen, die in zweifacher Weise das Subjekt als eine funktionale Hintergrundbedingung etabliert:

Erstens, durch die flüssige, störungsfreie Information in Bezug auf Eigenbewegung bleibt der invariante Subjektpol im Vergleich zum Objekt und seinen Attributen informationstheoretisch geradezu unsichtbar, d.h. seine Informationen werden in ihrer Relevanz stark abgeschwächt („attenuated", Hohwy 2007, 4). Damit können wir die diagnostizierte „Subjektvergessenheit" oder „Anonymität" im Subjektivitätsproblem der Tracking-Theorien (siehe Kapitel B.III.1.2.3) nicht nur als bloße Nachlässigkeit beklagen, sondern auch erklären. Sie lässt sich als Abschwächung auf einen systeminternen Mechanismus zurückführen, der die Unscheinbarkeit des Subjekts positiv als *Transparenz* der Repräsentationen zugunsten der Präsentation von Objekten bewirkt. Thomas Fuchs (2016) hat dies die „Selbstverborgenheit des Eigenleibes“ genannt, und dabei das Reafferenzprinzip als einen verantwortlichen Mechanismus herausgestellt:

> In der Wahrnehmung werden die vermittelnden sensomotorischen Prozesse für das Wahrgenommene *transparent*. [...] In diesem Sinn lässt sich der Körper mit seinen Empfindungen und Bewegungen auch als das Medium auffassen, *durch das hindurch* wir die Welt wahrnehmen, das aber selbst in den Hintergrund tritt. Bereits auf *physiologischer* Ebene tragen verschiedene Mechanismen zu dieser Selbstverborgenheit des Körpers in der Wahrnehmung bei: So wird die Eigenmotorik der Blickbewegung durch sogenannte *Efferenzkopien* oder *Reafferenzen* in der Sensorik mitberücksichtigt und ausgeglichen (Fuchs 2016, 73-74).

Die Transparenz betrifft aber nicht nur den je eigenen Körper, sondern bereits das Subjekt überhaupt, das als invariante Instanz noch weit weniger informationstheoretisch privilegiert wird als die verschiedenen und zahlreichen Körperbewegungen. Die Augen- oder Handbewegung und ihre sensorischen Korrelate haben als propriozeptiver Input im Wahrnehmungsprozess noch weitaus mehr Gewicht als die Tatsache, dass diese Bewegung und ihre engen sensorischen Korrelate auf tieferer Ebene, wie viele andere unzählige Bewegungen auch, *zum Subjekt* (und nicht zum Objekt) gehören. Fuchs hebt zurecht die „mediale“ Bedeutung des Subjekts hervor. Wir können mit dem hier beschriebenen Mechanismus also sagen: Während die Extrapolation des Objekts dessen *Transzendenz* operational bewirkt, ist die sensomotorische Intimität für die *Transparenz* des Subjekts verantwortlich. Wäre das nicht der Fall, dann wäre eine Repräsentation nie über etwas anderes, da sich das Subjekt ständig selbst im Weg stehen würde. [295]

Zweitens bildet in diesem Sinne die intime Vertrautheit des Systems mit sich und seinen Bewegungen den Garanten dafür, dass der Gegenpol auch als solcher kontrastiv abgrenzbar wird, also ein Hintergrund entsteht, vor dem jede mögliche Änderung und Konstanz der Objekte und ihrer Attribute differenzierbar wird. Hohwy kann daher sein *forward model* der Subjektivität perfekt in das „inverse Problem“ der Wahrnehmung integrieren (Hohwy 2007, 6). Schlicht (2018) hat mit Bezug auf Subjektivität im *Predictive Processing* diese „vertraute“ Hintergrundbedingung der Wahrnehmung zurecht die *Standardeinstellung* („default mode“) genannt und damit das minimale Subjekt der Repräsentation identifiziert, das nicht wieder selbst repräsentiert – wenngleich er diese Idee nicht weiter ausführt:

> After all, the mode of perceiving provides information about the scene in front of *me* relative to *me* without saying anything about me. That is, from the perspective of the model, all infor-

295 Damit soll auch die Transparenz von Intentionalität repräsentational erklärt werden, die meist von Naiven Realisten als Rechtfertigung für die vermeintliche Unmittelbarkeit direkter Erfahrung angeführt wird (siehe Martin 2002).

mation that is used in order to minimize prediction error, is information relative to the model itself. Since the model is generated by the perceiver's brain, it will be its default mode to take the perceiving organism – about which it has information – as the reference point of all expected and incoming information (Schlicht 2018, 2471).

Durch eine solche Einstellung fällt gerade der Subjektpol nicht einer völligen Transparenz anheim, sondern bildet gerade *den* Bezugspunkt („reference point") aller Gehalte. In diesem Sinne bleibt das Subjekt vom Objekt differenziert und bleibt doch auf es bezogen, womit die Transzendenz wie Rückbezogenheit in der Präsentationsstruktur verständlicher wird (siehe Kapitel A.III.3.4). Damit soll sich informationstheoretisch der rein repräsentationale Sinn der Egozentrik sowohl als indexikalischer *Nullpunkt* als auch als reflexiver *Bezugspunkt* der Präsentationsstruktur und aller darin vermittelten Gehalte entfalten.[296]

III.2.3 Deskriptive Einstellungen als Stimmigkeit

Zum Abschluss dieser Untersuchung bleibt nach der Fundierung der Präsentationsstruktur hinsichtlich Objektpol und Subjektpol nur noch die der Einstellung. Da Wahrnehmung die basale Version von Intentionalität ist, beschränke ich mich auf die deskriptive bzw. assertorische Form der Einstellung der Wahrnehmung, und behandele Abweichungen in Gestalt von Störungen und visueller Imagination nur als Kontrastfiguren. Auch wenn die Präsentationsstruktur für Gehalte generell gilt, sind diese doch in ihrer Realisierung stets in Einstellungen eingebettet. Damit gehen wir vom ersten Sinn von „ist" oder „existiert" (Präsentation) zum zweiten Sinn über, von der Gegebenheit von Objekten in ihrer Aspektgestalt zu ihrer *Wirklichkeit* und damit zur *Veridikalität* der entsprechenden perzeptuellen Zustände.

Wir haben bereits festgehalten: Wirklichkeit ist in der Wahrnehmung noch kein reales (sachliches) Attribut, das einem Objekt zugeschrieben wird und es dabei in seiner Beschaffenheit charakterisiert. Es ist ein Moment der intentionalen Einstellung, die einen Gehalt und seine Attribute assertorisch bestimmt. Sieht ein Frosch eine Fliegengestalt, dann ist in seiner intentionalen Einstellung zu seinem Gehalt dieser im Modus der Wirklichkeit vermittelt. Doch dadurch metarepräsentiert er nicht wiederum diesen Gehalt *als wirklich* im Rahmen von Fähigkeiten kritischer Selbstbefragung, wie sie ein Davidson'scher Macbeth („Is this a dagger

296 Durch die verschiedenen Grade des informationstheoretischen Gefälles haben wir zudem ein Werkzeug an der Hand, durch die wir erklären können, wie manche mentalen Zustände stärker das Subjekt in den Hintergrund schieben (z.B. beim *Flow*-Erleben) oder Ansätze entwickeln, in denen es selbstreflexiv Thema wird.

which I see before me, The handle toward my hand?") oder denkende Personen bei Strawson und Evans zur Schau stellen. Wirklichkeit ist daher auf basaler, perzeptueller Ebene kein Attribut. Es ist nicht etwas, was eine wahrgenommene Entität hinsichtlich ihrer Beschaffenheit noch charakterisiert.

Doch wie lässt es sich systematisch erklären, dass die Dolchgestalt in der Wahrnehmung für Macbeth oder die Fliegengestalt für den Frosch „wirklich da" ist? Wie kommt ein basaler Sinn für Wirklichkeit auf Ebene der Wahrnehmungskonstanten zustande? Sind wir bisher der Frage nachgegangen, wie einem Subjekt ein Objekt überhaupt vermittelt wird und wie beide Pole konstituiert sind, so geht es jetzt also darum, in welcher Art und Weise diese Vermittlung *konfiguriert* oder eingestellt ist, wie sich also das Subjekt in Bezug auf seine bereits präsentierten Gehalte *einbringt*.[297] Was für eine Art von Mechanismus ist die Einstellung?

Als Antwort soll folgende These vertreten werden: Die deskriptive oder assertorische Einstellung ist ein bestimmtes *Arrangement* vermittelter Gehalte. Andere, höherstufige Einstellungen wie Imagination oder, auf kognitiver Ebene, Modi des Hoffens, Wünschens, der Fiktion, etc. bauen auf diesem Arrangement auf und modifizieren es. Um eine Naturalisierung von Wirklichkeit zu erreichen, soll dargestellt werden, dass das Arrangement der Gehalte im deskriptiven Modus auf einem Mechanismus basiert, der nach einem Prinzip *stimmiger Übergänge* operiert. Die wesentliche „Verpflichtung" *(commitment)* gegenüber Gehalten, die Zustände mit Veridikalitätsbedingungen wie Wahrnehmungen und Meinungen auszeichnet, gilt diesem Prinzip. Diese These soll sich als spezifisch repräsentationaler herausstellen als die dominierende Ansicht in diesem wenig erforschten Forschungsbereich, derzufolge Wirklichkeitssinn der Wahrnehmung mit einer spezifischen Form räumlicher und affordanzbezogener Wahrnehmung identisch sei (siehe Matthen 2005; 2010a; Ferretti 2016).

Ich möchte daher im Folgenden zeigen: (1) *Erstens,* Matthens (2010a) These, Wirklichkeit sei keine Sache der Gehalte, sondern der intentionalen Einstellung, passt nicht zu ihrer Begründung durch indexikalische Elemente von Gehalten. Demgegenüber möchte ich die alternative These von *Wirklichkeit als Arrangement von Gehalten* ins Treffen führen. (2) *Zweitens* soll *Wirklichkeit als nicht-praktische Kategorie* demonstriert werden. Matthens Modell, welches im Gegensatz dazu den Sinn für Wirklichkeit mit a) Indexikalität und b) *affordances* identifiziert, sucht mit a) zwar an richtiger Stelle, verfehlt aber mit der Engführung von a) auf b) die eigentliche Pointe, wenn Wirklichkeit bzw. Veridikalität eine repräsentationale und

297 „The accuracy conditions of my imagining or remembering a pencil in front of me differ to those for perceiving it precisely because of the particular way the intentional mode partly determines them [...] this raises the question in what way the subject enters the accuracy conditions" (Schlicht 2018, 2468).

keine praktische Kategorie bildet. (3) *Drittens* und schließlich soll mit dem *Prinzip stimmiger Übergänge* eine alternative, repräsentationsspezifischere Fundierung des Wirklichkeitssinns angeboten werden, die der Plastizität repräsentierter Entitäten und im Besonderen der *kausalen* Plastizität von wahrgenommenen Oberflächeneigenschaften verpflichtet ist. In der indirekten Erschließung ihrer kausalen Grundlage realisiert sich Wirklichkeit in basaler Intentionalität.

(1) Beginnen wir mit der Interpretation der **Wirklichkeit als Arrangement von Gehalten**. Matthen (2010a) vertritt die dazu gegenläufige These, Wirklichkeit in Gestalt von *real presence* sei eine Frage der Einstellung, nicht der Gehalte. Wir haben bereits früher (Kapitel A.III.3.4) Matthens Unterscheidung zwischen Wirklichkeit und Unwirklichkeit vorgestellt. Hier noch einmal die entsprechende Textpassage:

> When I look down at my hands right now, it looks as if they are working on a black computer keyboard. There is something about my visual state that makes it seem as if the keyboard is really there, and that it is really black. My visual state would be inaccurate, or false, if this were not the case. When I am relaxing in an armchair, I can close my eyes and summon up a fairly detailed and vivid image of my hands on a black keyboard. This state of visual imaging is different from my present visual state. It does *not* make it seem as if the keyboard is really there, or that it ever was, or that it is really black (Matthen 2010a, 107).

Wirklichkeit (*real* presence) sei deshalb eine Frage der Einstellung, so Matthens, weil Gehalte deskriptiver Modi sich nicht von Gehalten nicht-deskriptiver Modi unterscheiden würden, z.B. wenn wir visuelle Wahrnehmungen mit visuellen Vorstellungen vergleichen:

> The content of these visual experiences is imagistic i.e. it is just like an ordinary visual experience, except insofar as it does not purport to present a real situation. It is not clear how a visual image of what is real could differ from one of a visually similar scene that is not real. Therefore the difference is not a difference of content. [...] The Feeling of Presence is supposed to be a difference of force (Matthen 2010a, 118).

Matthen versteht das, was in dieser Weise „präsent" ist, als hinreichend „wirklich" und „tatsächlich" („really there", „really black", „real life objects", „actual") und verbindet dieses *commitment* mit Veridikalität (Matthen 2010a, 107-109). Ihn interessiert primär „the feel of an experience that is informative about the real world" (Matthen 2010a, 118). Daraus folgt auch, wie wir mit Blick auf die Präsentationsstruktur bereits demonstriert haben (siehe Kapitel A.III.3.4), dass es einen alternativen, nicht-wirklichen Sinn von „Präsenz" geben muss, den wir als Vermittlung oder Gegebenheit („Existenz“ im ersten Sinne) identifiziert haben – in beiden Modi ist einem Subjekt ein Gehalt, ein Objekt, das irgendwie ist, vermittelt.[298]

Meine Position zu Matthens These ist differenziert. Ich teile *einerseits* seine Annahme, der Präsentationsmodus von Wirklichkeit („a feeling of presence“) gehe auf eine Einstellung („attitudinal force“) zurück. Das entspricht nicht nur der zentralen Annahme, Wirklichkeit sei kein Attribut, sondern auch der naturalistischen Grundrichtung, sich nicht nur an phänomenologische Befunde zu halten. Der Sinn für Wirklichkeit ist nicht auf ein „Gefühl“ beschränkt, sondern betrifft eine Einstellung zu Gehalten, die nach Matthen zwar introspektiv zugänglich, aber einen „subpersonalen“ und „semantischen“ Einflussfaktor auf Gehalte bildet, der sich bereits in räumlicher Wahrnehmung realisiert (Matthen 2010a, 114; siehe auch Ferretti 2016). Die Einstellung bestimmt wesentlich die Veridikalitätsbedingungen mit, die wir anderen Lebewesen nicht-introspektiv und aus der Dritten-Person-Perspektive zuschreiben. Die schwarze Tastatur in Matthens Beispiel ist für mich auch dann „wirklich da“, wenn ich beim Schreiben dieser Zeilen ihrer nicht bewusst bin – eine Einstellung der Imagination würde mich wohl keinen Finger rühren lassen. Der Dolch ist auch für Macbeth im Modus wirklicher Präsenz gegeben, wenn wir als Zuschauer nur durch seine Worte verstehen, dass er diese perzeptuelle Wirklichkeit anzweifelt.

Ich denke *andererseits*, dass aus der Bindung an Einstellungen, *pace* Matthen, nicht folgt, die Gehalte assertorischer Einstellungen seien dieselben wie in anderen Einstellungen. „Wirklichkeit“ zeichnet auch die Gehalte aus, sie ist nicht nur eine Frage der Einstellung. Wir sagen von dem, was in Wahrnehmung oder Meinung gegeben ist, dass es selbst als wirklich gegeben („really there“) erscheint, dass uns etwas in der Weise der Wirklichkeit gegeben ist. Wir sagen also von *Gehalten* (Objekten in Aspektgestalt), dass sie wirklich oder nicht-wirklich sind. Die Tastatur vor mir ist es, die für mich wirklich da ist, und die vorbeirauschende Fliegengestalt ist es, die für den Frosch wirklich gegeben ist (auch wenn beides nicht existieren würde). Gleichwohl muss das Subjekt Gehalte nicht *als wirklich* metarepräsentieren, wenn sie ihm wirklich gegeben sind. Die Wirklichkeit bleibt ein Teil des intentionalen Modus. Da Gehalte nicht unabhängig von ihrer Vermittlung bestehen und diese je nach Einstellung konfiguriert ist, modifiziert darin die Einstellung die konkreten Gehalte einer Wahrnehmung. Der Modus der Deskription und damit der Wirklichkeit ist daher nicht etwas, was scheinbar Einstellungs-neutralen Gehalten erst zukommt, sondern Gehalte sind stets und je nach Einstellung anders geordnet.

---

298 Auch Bildwahrnehmung weist als Repräsentation die repräsentationale Differenz ($RD^{P)}$ auf: „Vision represents depicted objects as not really present; nonetheless, it represents them as independent of the subject“ (Matthen 2010a, 119).

Diese These lässt sich bereits anhand Matthens Kontrastierung zwischen einer Bildbetrachtung (Vorstellungsmodus) und einer Wahrnehmung illustrieren. Zunächst vertritt Matthen die These, beide Szenen und damit die Gehalte seien identisch:

> The real life objects you see seem spatially connected to you in space; the objects you see in pictures do not. Imagine a picture (or a screen TV) on the wall, representing people you know sitting in a room. Contrast this with a window in the wall through which you can view people sitting in the room next door. The two scenes could be the same (Matthen 2010a, 115).

Doch Matthens darauffolgende Unterscheidung beider Modi durch räumlich-praktische (Dis)konnektivität passt nicht zu seiner These, weil er auf verschiedene *Informationen* abhebt:

> When you view the pictured scene, the people look disconnected from you spatially. […] There is nothing about the picture that tells you where the people are, or even if they are anywhere. […] When you actually look at the same scene, the answer is obvious: the people are *there*. You know how to get to them: you know where they are relative to yourself; you can assign them egocentric coordinates. In the case of depicted objects, they could be anywhere, indeed they could be nowhere. You have no idea how to get to depicted objects – the picture simply does not and cannot give you the information; it does not even purport to do so (Matthen 2010a, 115).

Matthen zieht daraus den entscheidenden Schluss: „The Feeling of Presence, which defines normal scene vision, is, among other things, a visual feeling of spatial connection. Pictorial vision is characterized by a feeling of spatial disconnection" (Matthen 2010a, 115).

Der Unterschied ist zwar richtig gefasst: Die bildlich repräsentierten Objekte erscheinen in diverser Aspektgestalt, sind aber aus einem gemeinsamen räumlichen Kontext herausgenommen. Ich kann das Bild und seine Oberfläche berühren, es ist wirklich. Aber die Objekte, die es darstellt, sind nicht auf diese Weise nahbar. Wenn ich das Bild sehe, dann ordne ich dem dabei visuell Präsentierten diverse Attribute zu: Jemand sitzt beim Fenster, trägt einen blauen Schal, ist in ein Buch vertieft, etc.. Ohne diese Attributionen (x als F, G, H) könnte ich kein *etwas* visuell imaginieren, ich würde nur das Bild und kein Abgebildetes repräsentieren. Doch diese Attributionen werden vom kognitiven System gleichsam isoliert und scharf abgegrenzt von Attributionen räumlicher Verbindungen zum Betrachtenden. Ich kann jemanden sehen, der tatsächlich einen Schal (und keinen Fantasie-Schal) trägt, ihn aber dennoch als nicht wirklich repräsentieren, weil, so Matthens Pointe, ich keine Informationen über seine Erreichbarkeit habe.

Doch gerade aufgrund dieser Unterschiede der Attributskonfigurationen mit Blick auf räumliche (Dis)konnektivität ist es schwer verständlich, warum „Wirklichkeit" dann keinen Unterschied der Gehalte bedeutet, wie Matthen behauptet. Denn Matthens These im Zitat oben, beide Szenen könnten identisch sein und sich doch im Modus unterscheiden, scheint auf einer recht künstlichen Abstraktion der Gehalte zu basieren, weil sie mit verschieden großen Kontexten operiert: In der Bildbetrachtung sieht die wahrnehmende Person sowohl das Bild als auch das Abgebildete, sie nimmt die Übergänge zwischen Wand, Bilderrahmen und Bildoberfläche wahr, repräsentiert visuell die verschiedenen Relationen der Figuren im Bild im Vergleich zum Raum, der zur ganzen perzeptuellen „Szene" dazugehört. Aber auch wenn wir dieses Ganze ausblenden könnten und annehmen, die Person hätte nicht mehr in ihrem Blickfeld als das, was das Fenster bzw. Bild einfasst, zeigt auch dies nicht, warum hier die Gehalte dieselben sein sollen. Denn Matthen appelliert gerade an die verschiedenen *räumlichen* Relationen, um den Wirklichkeitssinn abzugrenzen. Bei letzterem besteht ein egozentrisches *de se* -Element („egocentric coordinates"), das den je eigenen und bewegten Körper in das einbettet, was ich abkürzend eine Konfiguration der *Erreichbarkeit* oder *Nahbarkeit* zu den *de re* gesehenen Objekten nennen möchte („You know how to get to them"). Diese Dimension räumlicher Affordanz rechnet Matthen der verhaltenssteuernden Funktion der Wahrnehmung zu: „Motion-guiding vision locates objects in egocentric terms: it gives us information not so much about objective spatial location, but about location relative to our own bodies and our own motions"(Matthen 2010a, 120). Doch diese Lokalisierung und ihre Information ist eindeutig eine Sache der Gehalte, nicht der Modi. Die Sache selbst sieht im Wahrnehmen nach Matthens Erreichbarkeitskriterium anders aus, sie ist anders charakterisiert.

Matthen kann damit zwar eine Antwort geben, inwiefern das Subjekt in die Gehalte eintritt. Dennoch markiert auch diese Form der Wahrnehmung einen Unterschied in Gehalten, insofern Elemente eingebracht werden, die das gesehene Objekt in Bezug auf den eigenen Körper repräsentieren („locates objects") muss. Der eigene Körper ist damit *Teil der wahrgenommenen Szene*. Auch die egozentrische Lokalisierung ist eine Lokalisierung und damit ein räumlicher Wahrnehmungsgehalt. Gerade der eigene Körper muss in diese Lokalisierung einbezogen werden, wenn die Wahrnehmung auch *de se* und nicht allein *de re* sein soll. Andernfalls wüsste das System nie, worauf im Raum es ein gesehenes Objekt zurückbeziehen muss, und was eigentlich wo lokalisiert ist, damit es einen Weg zur Entität repräsentieren kann. Auch Matthens Beschreibung der Indexikalität bestätigt nur diese Lesart: „[T]he ability to interact with objects by locating them in egocentric space is indicative of a demonstrative element in visual content, and the Feeling of Presence is a consequence of this demonstrative element" (Matthen 2010a, 121). Auch hier ist das demonstrative Element explizit „ein Element im visuellen Gehalt", selbst wenn es ursprünglich vom Subjekt eingebracht wird. Damit kann Matthen schwerlich behaupten, die Gehalte seien dieselben. Eigenartig mutet es dann auch an, wenn

Matthen von einem „feeling of spatial connection" (Matthen 2010a, 115) spricht. Denn „Räumliche Verbindung" entspricht keinem „Gefühl", d.h. einer Einstellung, sondern primär einer *Repräsentation* der räumlichen Relationen zwischen dem eigenen Körper als räumlichen (geometrischen) Nullpunkt, den zu erreichenden Objekten und den Pfaden, der jenen zu diesen führt: „The Feeling of Presence is a matter of objects being visually locatable relative to the perceiver" (Matthen 2010a, 121). Da jedoch diese Repräsentation und *de se* – Lokalisierung wiederum im Modus der Wirklichkeit gegeben werden muss, kann Erreichbarkeit an sich nicht das Gefühl von Wirklichkeit fundieren, sondern setzt es voraus.

Wir können für die hier vertretene Hauptthese also folgern: Wirklichkeit ist weder ein Attribut oder Gehalt noch allein Sache verschiedenen Einstellung zu vermeintlich identischen Gehalten. Wenn die räumliche Konnektivität ausschlaggebend ist für die Wirklichkeit, dann ist letztere eine Frage der Konfiguration von Attributen. Da diese Konfigurationen einzelne Gehalte bilden, die sich wieder zu größeren Konfigurationen oder Szenen bilden, liegt Wirklichkeit im *Arrangement* von Gehalten.

(2) Um dieses Arrangement näher zu erörtern, kommen wir zum zweiten Punkt, der **Wirklichkeit als nicht-praktische Kategorie** herausstellen soll. Matthen kann im Prinzip These (1) und damit eine Verschiedenheit wirklicher Gehalte durch *de se* – Attribute akzeptieren, da das Arrangement der Gehalte immerhin *auch* im Subjekt und seiner assertorischen Einstellung verwurzelt ist. Diese Einstellung und ihr Gefühl der Präsenz wurde als Erreichbarkeit identifiziert. Damit scheint eine Antwort auf die Frage gegeben zu sein, inwiefern sich das Subjekt einbringt. Erreichbarkeit ist daher zweidimensional: Sie betrifft sowohl einen objektiv räumlichen Kontext (Oberflächeneigenschaften) als auch eine subjektive Affordanz (Tiefeneigenschaft).

Matthens Vorschlag hat zwar einige Vorzüge: Dass die Konstellation der Erreichbarkeit mit dem Wirklichkeitssinn auf Wahrnehmungsebene zusammenhängt, scheint durch den Kontrast mit der Bildwahrnehmung deutlich geworden. Zudem ist sie auch bei Tieren realisierbar: Wahrgenommene Objekte sind immer auch durch ihre Erreichbarkeit für diverse Verhaltensweisen (Finden, Essen, Jagen, Paaren, Abwehren, etc.) vorselektiert, gerade wenn diese Objekte nur deswegen konstant Repräsentierte sind, weil sie aus verschiedenen Blickwinkeln und Körperpositionen erfasst werden müssen. Diese Konstellation weisen Fantasien bzw. auf Bildern gesehene Objekte gerade nicht ohne Brüche auf. Ihre Horizonte legen von vornherein keine potenziellen Verweisungen auf die Enthüllung verdeckter Seiten an (vgl. Matthen 2010a, 116-117). Erreichbarkeit und ihre entsprechende Lokalisierung bilden keine repräsentationalistische Kompetenz: Das Tier muss nicht erst Bilder als Bilder sehen können und Bilder von Wirklichkeit unterscheiden können, um einen perzeptuellen Sinn für Wirklichkeit zu haben.

Nun stellt sich jedoch jenseits dieser Vorzüge die Frage, in welchem Verhältnis Wirklichkeitssinn und Erreichbarkeit zueinanderstehen. Gehen beide nur (notwendigerweise) miteinander einher oder bedeuten sie dasselbe? Matthen plädiert für letzteres und definiert den Wirklichkeitssinn als egozentrische Lokalisierung, schließlich geht es ihm um die Erklärung der „Bedeutung" des Wirklichkeitssinns, *was* dieser eigentlich sei (Matthen 2010a, 108). Doch ich denke, dass Matthen damit einen richtigen Befund fehlinterpretiert oder zumindest unterbestimmt lässt. Wirklichkeit ist an sich keine praktisch-räumliche Kategorie.

Um diese These zu erhärten, betrachten wir dazu, was Matthen einer alternativen, sparsameren Theorie des indexikalischen Elements entgegnet, die von einer *kausalen* Relation zwischen dem genuin Wahrgenommenen und dem Wahrnehmenden ausgeht (Matthen 2010a, 122).[299] Er entwirft dazu zunächst folgendes Szenario, in welchem zwei verschiedene, aber optisch identische blaue Kugel-Token (S_1 und S_2) jeweils in einem abgedunkelten Zimmer betrachtet werden. Die jeweiligen entsprechenden Betrachter B_1 und B_2 befinden sich dabei aber trotz dieser optisch identischen Bedingungen sehr weit voneinander entfernt in verschiedenen Zimmern. Nach Matthen hätten die beiden Betrachter zwar *denselben* visuellen Eindruck von blauen Kugeln vor ihnen, d.h. sie haben den *de dicto* - Gehalt dort ist eine blaue Kugel vor mir. Gleichzeitig, so Matthen, würden sich die beiden Betrachter *de re* auf jeweils unterschiedliche Kugeln (S_1 und S_2) beziehen. Was erklärt diese Tatsache? Die Antwort der kausalen Theorie nach Paul Grice (Grice 1961), so Matthen, sei simpel: B_1 beziehe sich auf S_1 und nicht auf S_2, weil nur S_1 und nicht S_2 die Wahrnehmung von B_1 verursachen könne. Dasselbe gelte, *mutatis mutandis*, für B_2 und S_2. Doch für Matthen wird dabei gerade Entscheidendes übersehen:

> True, but this tells us nothing about the significance of each visual state for the perceiver – given that our visual experiences are qualitatively similar, the question is: how can your experience afford you a capacity with regard to S_1 that my experience does not give me, and how does mine give me a corresponding capacity with regard to S_2 that is not available to you? Grice's distinction does not answer this question; indeed, no merely relational fact about a perceiver can explain how he comes to have a substantive capacity. […] Thus, I will take it that a visual experience is about S_1 rather than about S_2 only if this experience enhances the perceiver's capacities with respect to S_1, but not with respect to S_2 (Matthen 2010a, 122).

Für Matthen sind also die jeweiligen Kausalrelationen noch zu unbestimmt oder zu anonym um die Repräsentation *für..* („the significance of each visual state for the perceiver") zu definieren. Auf Basis seines Begriffs der Erreichbarkeit vermisst er zurecht ein *de se* - Element in Grices reiner *de re* - Relation kausaler Effektivität,

299 Matthen verweist auf Grice 1961; siehe auch Stampe 1977; Searle 1983, 161; Neander 2017.

welches er mit einer spezifischen „Fähigkeit des Wahrnehmenden" identifiziert. Matthen buchstabiert diese Fähigkeit durch eine „motion guiding" – Komponente aus:

> Changes in S_1 result in your body being differently poised with respect to it were you to try to grasp or move towards it; changes in S_2 do not have this result. Let us call this the *visual-interaction-relative-to-* S_1 relation, or I (S_1) for short. Note that this relation is not merely a matter of the perceiver being affected by S_1; it is that the perceiver is capable, in virtue of I (S_1), of acting on S_1, and of adjusting his or her own orientation to respond to changes in S_1's position (Matthen 2010a, 123).

Hier vollzieht Matthen nun einen Sprung von der Ebene der *Wahrnehmung* und Fähigkeit des Wahrnehmenden zur Ebene *praktischer* Interaktion. Matthens Vorwurf, die Kausaltheorie würde uns „nichts über die Bedeutung der einzelnen Sehzustände für den Wahrnehmenden" (Matthen 2010a, 122) vermitteln, unterstellt ohne weitere Begründung, dass diese Relevanz eine *praktische* sein muss. Doch die Ausgangsfrage betrifft die Kugel als Gegenstand *perzeptueller* Referenz, die, wie wir gesehen haben, einen Rückbezug auf ein Subjekt qua Wahrnehmendes impliziert. Welche Kugel ein Wahrnehmender wahrnimmt, ist *a priori* keine praktische Frage: Die *de re* - Komponente bezieht sich auf das Wahrgenommene S_1 in seiner Singularität und als Token wahrnehmbarer Typen. Der Erfolg dieser Referenz auf S_1 hängt zudem nicht davon ab, was jemand mit S_1 anstellen kann. Eher scheint es umgekehrt zu sein, wie wir bereits gegen die enaktiv-ökologische Reduktion des Wahrgenommen auf Affordanzen gezeigt haben (siehe Kapitel B.II.4.1): Dass ein Organismus qua Verhaltender mit der Kugel S_1 umgehen kann, setzt normalerweise auch voraus, dass er sie qua Subjekt S_1 repräsentieren kann, also auch über eine Einstellung im Modus der Wirklichkeit zu Gehalten über ihre Oberflächeneigenschaften wie ihre Position und Größe verfügt. Und hierfür scheint Kausalität die bessere Kandidatin zu sein, weil sie über das Sensorische eine systematischere Beziehung der Oberflächeneigenschaft mit dem Wahrnehmungszustand etabliert. Doch Matthen versteht S_1 nicht mehr als Oberflächeneigenschaft (die blaue Kugel), sondern reduziert sie auf ihre Tiefeneigenschaft, d.h. auf ihre Disposition zur „Interaktion" (Erreichbarkeit).

Wenn diese Reduktion nicht möglich ist, dann muss die Fähigkeit, die Matthen zurecht sucht, bereits die der Wahrnehmung als solcher sein. Schließlich scheint das, was für „Referenz" gilt, gerade auch für „Wirklichkeit" bzw. „Präsenz" zu gelten, wenn Wahrnehmung sich auf Oberflächeneigenschaften bezieht. Im „Gefühl der Präsenz" scheint die Wirklichkeit des Wahrgenommenen zwar an Erreichbarkeit oder Nahbarkeit geknüpft, doch die Bindung (*commitment*) eines Subjekts an das, *was der Fall ist*, wie sie veridische Einstellungen an den Tag legen, scheint nicht ohne Weiteres in der Disposition des Organismus zum Verhalten (*acting*) aufgehen zu können. Wirklichkeit ist daher auf der perzeptuellen Ebene primär eine *repräsentationale* Kategorie, sie beschreibt eine verbindliche *deskriptive* Einstellung zu Gehalten, die dem Organismus qua Subjekt vermitteln, was wirklich *ist*. Sie ist nicht allein eine *präskriptive* Vorgabe, die dem Organismus qua Akteur anzeigt, was *zu tun* ist. Auch die Affordanzen müssen in irgendeiner Form als wirklich vermittelt sein, weshalb Erreichbarkeit an sich (und damit eine praktische Tiefeneigenschaft) nicht mit Wirklichkeit zusammenfällt. Es scheint daher, dass Erreichbarkeit nur eine besondere Ausprägung eines allgemeineren Prinzips ist, zu dem der Weg durch Matthens Modell zwar geebnet aber noch nicht begangen ist.

(3) Kommen wir damit zum letzten Punkt, dem **Prinzip stimmiger Übergänge**, und damit zu einem alternativen und neuen Vorschlag, demzufolge die Pointe basaler Wirklichkeit auf tieferer Ebene zu suchen ist, welche zugleich den genuin repräsentationalen Aspekt assertorischer Einstellungen besser einfängt. Der Schlüssel dazu liegt wieder in der *Rolle* oder *Funktion* des Wirklichkeitssinns in der Wahrnehmung. Wir haben gesehen, dass Matthen Wirklichkeit vor allem in einer praktisch-räumlichen Funktionalität verortet. Diese Funktionalität ist sicherlich nicht falsch, wird aber der repräsentationalen Spezifizität von Wahrnehmungswirklichkeit nicht völlig gerecht. Matthens richtiger Befund muss also uminterpretiert werden, und zwar mit zwei genuin perzeptuellen Kategorien. Zunächst durch (a) *horizontale Stimmigkeit* als Mechanismus für Wirklichkeit auf basaler Stufe. Anschließend mit (b) der Funktion dieses Mechanismus, die in der Erschließung der wesentlichen *Plastizität* wahrnehmbarer Entitäten (siehe Kapitel A.III.3.1) in Form ihrer *Kausalität* liegt. Stimmigkeit und Plastizität gelten für alle assertorischen Einstellungen, während die kausale Komponente typisch für die Wahrnehmung und damit konstitutiv für repräsentationalen Status ist.

(a) In Bezug auf *horizontale Stimmigkeit* müssen wir zunächst eine differenziertere Position finden, die der oben genannten Analyse im ersten Punkt Rechnung trägt und Wirklichkeit weder rein als Sache der Einstellung noch als Attribut identifiziert: Wirklichkeit ist zwar auf basaler Ebene kein Attribut, betrifft aber die Gehalte in Bezug auf das Arrangement ihrer jeweiligen Attribute. Dieses Arrangement wurzelt wesentlich im *Horizont* des Gehalts, d.h. in der Attributskonfiguration und damit der Art und Weise, nach welchem Prinzip Attribute innerhalb dieses Horizonts angeordnet sind. Und dieses Prinzip hat Einfluss darauf, welche Attribute in einem Gehalt wie miteinander vermittelt werden. Wirklichkeit ist also eine Eigenschaft der Gehalthorizonte und selbst kein Attribut der Objekte in diesem Horizont. Die auf diese Weise eingestellten Zustände haben erst kraft dieser Eigenschaft Veridikalitätsbedingungen und präsentieren Gehalte im Modus der Wirklichkeit („feeling of presence“) bzw. in assertorischer Einstellung. Wie kommt diese Einstellung nun zustande?

Das perzeptuelle System operiert in Bezug auf das Arrangement von Gehalten nach einem *Prinzip stimmiger Übergänge* der Attribute. Daraus erfolgt die deskriptive Einstellung und die Bildung von Veridikalitätsbedingungen. Nehmen wir dazu nochmal Matthens richtige Analyse, die eine „spatial connection" in der Wahrnehmung und eine „strange disconnection" (Matthen 2010a, 116) im Bild-Sehen (oder in der Vorstellung) freilegt. In meiner Analyse sind diese Verbindungen nicht spezifisch räumlich. Das heißt: das Wahrnehmungssystem orientiert sich, *pace* Matthen, in Bezug auf die Wirklichkeit des Repräsentierten, primär nicht an lokalisierbaren Übergängen. Es orientiert sich vielmehr an der Stimmigkeit der Attributskonfigurationen im szenischen Gehalt überhaupt. Räumliche Diskonnektivität ist daher nur ein besonderer Fall eines allgemeinen Prinzips. Der fehlende Zugriff z.B. auf verdeckte Seiten des Objekts im Bild-Sehen vereitelt nicht erst die „Erwartungen" des Wahrnehmungssystems (Matthen 2010a, 116; siehe auch Siegel 2006, 358) in Bezug auf fehlende räumliche Erreichbarkeit. Vielmehr betreffen diese Protensionen der Wahrnehmungen *wesentlich* die Art und Weise, wie sich eine Sache in ihren Oberflächeneigenschaften zeigt und repräsentiert wird. Auf diese Protensionen ist die Wahrnehmung als Wahrnehmung funktional gepolt. Aufgrund der Horizontintentionalität und ihrer heuristischen Tendenzierungen registriert das perzeptuelle System nun beim Bild-Sehen eine starke *Unstimmigkeit* innerhalb der internalisierten und gewohnten Verweisungen, wenn z.B. eine repräsentierte Oberfläche, samt Gestalt und räumlicher Beziehungen, bei entsprechender Änderung der Perspektive nicht in protentional antizipierten proximalen Konstellationen übergeht und eine bis dahin verborgene Seite offenbart. Dass dieser fehlende Übergang innerhalb der Horizontintentionalität hier räumlicher Natur ist, scheint plausibel. Doch es ist nicht das Räumliche als solches und noch weniger die praktische Tiefeneigenschaft der Erreichbarkeit *per se*, die den Gehalt unwirklich scheinen lässt, sondern schlicht und einfach das Durchkreuzen gewohnter Heuristiken anhand von proximalen Horizonten. Das zeigt sich nicht zuletzt an Gegenbeispielen, die Matthens These in Frage stellen: Wir nehmen Sterne oder andere Himmelserscheinungen als wirklich war, obwohl hier die Erreichbarkeit nie gewährleistet ist. Die Wirklichkeit dieses Wahrgenommenen beruht auf einer Einbettung in reguläre Verläufe vertrauter Szenen. Werden diese stimmigen Übergänge durch „sonderbare" Erscheinungen gestört, wird auch der Wirklichkeitsmodus beeinträchtigt, was meist enaktiv herbeigeführte Veränderungen der Reizlage (z.B. durch Kopfbewegungen) zur Folge hat.

Die assertorische Einstellung operiert also bei einem fehlenden Übergang nicht nach dem Prinzip: Hier ist etwas unerreichbar, deshalb ist es nicht wirklich. Vielmehr scheint die Leitlinie zu sein: Hier stimmt etwas nicht, deshalb ist es nicht wirklich. Und diese Stimmigkeit betrifft die gesamte Szene, die sich aus einer Komplexion von Gehalten zusammensetzt. Durch die Differenzierung zwischen

Innen- und Außenhorizont der jeweiligen Objekte können Ausschnitte als wirkliche intakt bleiben. Wir können uns vorstellen: Für eine Biene, die normalerweise einen dreidimensionalen Körper als von bestimmter Farbe und Gestalt auch bei wechselnden Orientierungen und Lichtverhältnissen im Anflug konstant repräsentieren kann (Innenhorizont), würde sich letztlich durch unstimmige Übergänge der Farbverhältnisse bei wechselnder Beleuchtung (Außenhorizont) die vermeintliche Blüte nicht als eine solche herausstellen. (Sie ist, aus der Sicht des Betrachters, eine zweidimensionale Attrappe). Wenn dieser Außenhorizont nicht berücksichtigt wäre, würde die Biene eine deskriptive Einstellung gegenüber dem Gestaltgehalt einnehmen und kraft dieser Einstellung die Attrappe anfliegen, da in Bezug auf die Gestalt Stimmigkeit gewährleistet ist. Da jedoch bei einer funktionstüchtigen Biene das visuelle System beide Horizonte (Gestalt und Farbe im Beleuchtungskontext) berücksichtigen muss, um eine Blüte akkurat wahrzunehmen, würde diese Unstimmigkeit dazu führen, dass die Gestalt nicht im Modus der Wirklichkeit vermittelt wird. Die gesunde Biene würde sich also nicht auf Veridikalitätsbedingungen verpflichten und damit zumindest keine Blüte in ihrem Aussehen (Körper, Gestalt und Farbe) perzeptuell repräsentieren. Ist dagegen ein höherentwickeltes System fähig, die verschiedenen Horizonte zu trennen, dann ist Fantasie und Fiktion möglich. So kann ein bildsehendes Subjekt aufgrund der Stimmigkeiten innerhalb der globalen Unstimmigkeit erst zwischen den gesehenen, wirklichen Objekten (dem Bild an der Wand im Raum) und den abgebildeten Objekten (die Person mit dem Schal) differenzieren. Dasselbe beim Sehen eines Films: Uns sind innerhalb des Filmhorizonts Objekte als wirklich vermittelt, aber die Trennung dieses Innenhorizonts des Films von seinem Außenhorizont – dem Kinosaal oder Zimmer, in welchem wir uns wahrnehmen – durch die Leinwand bewirkt, dass wir uns selbst nicht *de se* dem Filmgeschehen zurechnen und uns stattdessen als Zuschauer erfahren. Momente, in denen diese Trennlinie durch filmische Mittel gezielt geschwächt oder aufgehoben werden würde, gehen dabei nicht spezifisch auf eine Illusion räumlicher Erreichbarkeit, sondern auf das Imitieren vertrauter perzeptueller Übergänge in realen Handlungssituationen zurück: Man stelle sich vor, eine Filmfigur würde plötzlich in die Kamera blicken oder sogar einem Zuschauer in Blick und Geste folgen. Das damit einhergehende Entsetzen wäre Ausdruck einer Überraschung durch einen plötzlichen Einbruch des Wirklichen. Dafür spielen zwar Affordanzen eine notwendige Rolle, aber, *pace* Matthen, nicht zwingend Erreichbarkeit, da die Filmfigur nicht lokalisiert ist und unerreichbar bleibt. Bestimmte Kameraeinstellungen können diese die gewohnten Übergänge durchkreuzenden Sprünge durch die Horizonte gezielt durch Begrenzung oder Veränderung der Bildausschnitte herbeiführen und greifen damit auch auf vertraute Seherfahrungen im gewöhnlichen Wahrnehmungskontext zurück, um reale Präsenz zu erzeugen. Dafür ist nicht unbedingt das kognitive Verstehen von Filmen oder Bildern nötig: Wir können dieselben Effekte experimentell nutzen, um anhand von Überraschungsverhalten die Wahrnehmungshorizonte von Tieren und damit ihren Wirklichkeitssinn zu erkunden. Forschung zur Virtuellen Realität (VR) hebt ebenfalls auf die immersive Konstruktion oder illusorische Dekonstruktion von „Präsenz“ ab (siehe Pouke et al. 2022).

Egozentrisch-räumliche Informationen sind in diesen (fehlenden) Übergängen oft ein ausschlaggebender Faktor, aber sie bilden nicht das leitende *Prinzip* des Mechanismus, der für assertorische Einstellungen zuständig ist. Das Prinzip stimmiger Übergänge entspricht dem „Prinzip durchgängiger Bestimmtheit“ (Buchheim 2024), welches die Potenz der Entitäten zur paritätischen Determination veridischer Repräsentationen charakterisiert (siehe Kapitel A.III.3.1). Es verlangt von der Plastizität der Entitäten eine zusammenhängende „Stetigkeit“, die auch bei räumlicher Ko-Existenz mit dem Wahrnehmenden gegeben sein muss. Die Einstellung der Wirklichkeit und das entsprechende „Gefühl der Präsenz“ bleibt aus oder verschwindet, wenn diese Stetigkeit nicht oder nicht mehr gegeben ist. Man denke an *mouches volantes*, jene flüchtigen Schlieren im bewussten Gesichtsfeld, die nicht Reflektanzeigenschaften bewegter Körper repräsentieren, sondern Trübungen im Glaskörper entsprechen, die sich dann mit den Augenbewegungen mitbewegen. Das visuelle System blendet diese mit der Zeit aus, weil sie nicht den gängigen Heuristiken von Gesehenem entsprechen: Denn dieses bewegt sich normalerweise nicht mit den Augenbewegungen mit. Diese Ausblendung zeigt, wie etwas nicht nur seinen Wirklichkeits- sondern auch seinen Objektstatus einbüßt.[300] Dieser Fall zeigt auch, dass nicht nur Subjektivität, sondern auch deskriptive Einstellungen und damit Wirklichkeit stark mit Vertrautheit und aktivem Umgang verflochten sind.

Assertorische Einstellungen im Sinne von RD^P sind also vor-repräsentationale Dispositionen in Bezug auf horizontale Stimmigkeit. Damit ist der Wirklichkeitssinn in zwei Hinsichten repräsentationsspezifischer als Matthens räumlich-praktisches Prinzip der Erreichbarkeit:

Der *erste* Aspekt betrifft die Übereinstimmung mit anderen assertorischen Einstellungen wie Meinungen, die ebenfalls der Stimmigkeit verpflichtet sind: Zum einen, was begriffliche *Kohärenz* und *Klarheit* betrifft, zum anderen was die Stimmigkeit *logischer Übergänge* betrifft. Das, was wir meinen, hat seine Stelle in einem solchen logischen Raum der Gründe, in dem wir idealerweise wissen müssen, wie wir durch Schlussfolgerungen lückenlos von einer Stelle zur anderen schreiten können. Die Verbindlichkeit gegenüber einem Gehalt und damit auch sein Veridikalitätsanspruch steigt mit dem Grade, in dem diese Übergänge gewährleistet

300 Siehe auch Siegel (2006, 369) für ein ähnliches Beispiel anhand einer Puppe, die sich mit dem Blickfeld bewegt.

sind, und der Gehalt, der einmal im Modus des Vermutens unterhalten wurde, geht in die Einstellung des Meinens über. Das Prinzip stimmiger Übergänge kann also generell für Einstellungen geltend gemacht werden, auch da, wo das Wirkliche (z.B. das Gemeinte) überhaupt nicht räumlich lokalisiert ist. Der Blick auf solche anspruchsvolleren Formen von Intentionalität ist deshalb bedeutend, weil mit der Frage nach dem „Ursprung des Geistes“ Status-Bedingungen aufgezeigt werden sollen, die mit der Wahrnehmung autonom realisiert sind und sich dann *mutatis mutandis* in höherstufigen Repräsentationssystemen wiederfinden, die auf diesen primitiven Bedingungen aufbauen. Erst auf dieser Stufe könnte sich dann erst das repräsentationalistische Modell (RD^R) als erklärungskräftig erweisen. Denn nicht zuletzt könnte gerade die regelmäßige Störung stimmiger Übergänge in der Wahrnehmung zu einem *kognitions*hungrigen Problem und entsprechenden Lösungsmechanismen geführt haben, kraft denen Lebewesen dann metarepräsentationale Attribute entwickelt haben, die im Sinne Davidsons selbstkritischen Einstellungen bilden und die Wahrnehmung explizit auf ihre Akkuratesse überwachen. [301]

Der *zweite* Aspekt berührt die Rolle des Subjekts in diesem Mechanismus. In dem dargelegten Sinne hat die Wirklichkeit für ein Lebewesen in der *Befremdung* aufgrund von Unstimmigkeiten („strange disconnection“) seinen konzeptuellen Gegenpart. Wenn wir die Vertrautheit mit der subjektiven Egozentrik identifiziert haben, dann wirken sich Unstimmigkeiten auf diese Vertrautheit aus. In Hohwys Modell geht mit einer starken Diskrepanz zwischen Erwartungen und darauffolgenden Stimuli ebenfalls ein Zustand von „Verwirrung und Entfremdung“ (Hohwy 2007, 8) einher. Anders als Matthens Vorschlag bildet dann den Kontrast zur Wirklichkeit weder kognitives Bild-Sehen oder Imagination noch die praktische Unerreichbarkeit, sondern ein spezifisch perzeptuelles Phänomen, das in jedem Lebewesen mit Wahrnehmungskonstanten plausibel ist. Das Prinzip stimmiger Übergänge wirkt sich daher stärker auf das Subjekt als Subjekt aus, und erklärt daher, was Wirklichkeit mit dem Wahrnehmungssubjekt als solchem zu tun hat. Auch das für die VR-Forschung wesentliche Präsenzgefühl des Subjekts, des „sense of being there“ (Pouke et al. 2022, 257), realisiert sich nicht allein mit Blick auf die Affordanzen räumlicher Umgebung, sondern muss bereits schon das spezifische Aussehen der Dinge (ihre Oberflächeneigenschaften) betreffen. Die dabei durch VR herbeizuführende „Immersion“ in dieses Erscheinungsgeschehen entspricht mit dem Modell der sensomotorischen Intimität dem Grad der Transparenz des Sub-

301 Davidson (1986, 326) hat bekanntlich die Fähigkeit zur „Überraschung“ als konstitutiv für einen genuinen *believer* angesehen. Er sieht sie allerdings als Einsicht in den eigenen Irrtum an. „Überraschung“ kennzeichnet hier und für RD^P die abrupte Nicht-Erfüllung protentionaler Verweisungen innerhalb von Wahrnehmungskonstanten.

jekts. Ohne auf diesen Zusammenhang näher eingehen zu können, lässt sich vermuten, dass der Grad der Stimmigkeit (und damit der Wirklichkeit) mit dem Grad der Transparenz eng abgestimmt ist: Umso stimmiger bzw. unstimmiger die Übergänge im Wahrnehmungshorizont, umso stärker bzw. schwächer ist das Gefühl des Subjekts, in den Hintergrund zu treten und „da draußen" zu sein. Wirklichkeit ist damit nicht nur ein Arrangement von Gehalten, sondern konfiguriert auch eine bestimmte Polarität von Subjekt und Objekt. Das heißt, sie verändert die Präsentationsstruktur dahingehend, dass der Betreff mal mehr oder mal weniger dem Objekt zugeordnet wird, was sich auf die Transzendenz der Wahrnehmung auswirkt.

(b) Wir haben bisher das Prinzip der Erreichbarkeit durch das Prinzip stimmiger Übergänge ersetzt. Letztlich ist aber diese Umdeutung nur durch eine Angabe der *Funktion* legitimiert, die dieses Prinzip und sein Mechanismus für das jeweilige Lebewesen ausübt. Diese Funktion kann nur dann genuin repräsentational sein, wenn die Wirklichkeit den Status des Wahrgenommenen in allgemeiner Hinsicht als Entität und in besonderer Hinsicht als Wahrgenommenes bzw. Sensorisches betrifft. Die allgemeine Hinsicht ist *Plastizität* (siehe Kapitel A.III.3.1), die besondere im Wahrnehmungsfall *kausale* Plastizität. Das Prinzip stimmiger Übergänge hat die Funktion, die kausale Plastizität des Objekts und damit seine Wirklichkeit zu erschließen (nicht als solche zu repräsentieren). Diese Funktion realisiert sich in Wahrnehmungskonstanten dadurch, dass dieselbe distale Ursache durch verschiedene und unterbestimmte proximale Affektionsbedingungen hindurch repräsentiert wird. Sensorische Entitäten sind kausal wirksam, das Wahrgenommene ist nicht nur eine Oberflächeneigenschaft, sondern auch die Ursache der Wahrnehmung. Wenn daher das System einen „Sinn" dafür hat, dass dasjenige, was es repräsentiert, die Ursache dieser Repräsentation ist, dann scheint es einen Sinn für die Wirklichkeit des Wahrgenommenen zu haben.

Dieser Sinn für die Kausalität des Wahrgenommenen ist von Searles These abzugrenzen, nach der Kausalität als Teil der Veridikalitätsbedingungen fungiert:

> Redness is not a feature of my visual experience but part of the conditions of satisfaction; the experience is *of* something red, but is not itself a red experience. But causation is part of the content of my experience. [...] The experience of something red, when satisfied, is not literally *red*, but it is literally *caused*. And the paradoxical aspect of the asymmetry is this: on my account the concept of reality is a causal concept. Part of our notion of the way the world really is, is that its being the way it is causes us to perceive it as being that way. Causes are part of reality and yet the concept of reality is itself a causal concept (Searle 1983, 131).

Damit redet Searle wieder einer repräsentationalistischen Deutung des Wirklichkeitssinns das Wort, indem die Begriff <u>Kausalität</u> bzw. <u>verursacht</u> gleichermaßen wie das Attribut <u>rot</u> „Teil des Gehalts" ist. Muss das System die Tiefeneigenschaft des

Wahrgenommenen, die Disposition, eine Wahrnehmung zu verursachen, eigens repräsentieren, um die assertorische Einstellung der Wahrnehmung zu fundieren? Das impliziert nicht nur den Begriff von Ursache-Effekt-Beziehungen, sondern auch von Wahrnehmungen als Wahrnehmungen, wodurch eine *doppelte* Referenz entsteht: Eine die sich nach außen auf ein distales Objekt richtet und eine andere, die sich nach innen auf die eigene Wahrnehmung bezieht.

> If I have a visual experience of a yellow object and that experience is satisfied, then though that experience is not literally *yellow* it is literally *caused.* Furthermore, it is experienced *as* caused, whether it is satisfied or not; but it is not experienced *as* yellow, rather it is experienced as *of* something yellow (Searle 1983, 74).

Um den Repräsentationalismus auszuräumen und die Funktionalität der Stimmigkeit in Bezug auf Kausalität ins rechte Licht zu rücken, sollen Ansätze wie der von Searle als zu anspruchsvoll und als unnötig aufwendig zurückgewiesen werden. Das betrifft alle Theorien, die einen basalen Sinn für die stets kausale Wirklichkeit des Wahrgenommenen erst mit einer „selbstreferentiellen" Repräsentation der Kausalität der Wahrnehmung durch das Wahrnehmungssystem selbst realisiert sehen, sei es durch die Kategorisierung der je eigenen Wahrnehmung *als verursacht* (Searle 1983) oder durch die Repräsentation von Konsequenzbeziehungen (Siegel 2006):

> [W]hen S has an experience of object-seeing, the contents of the experience typically include contents of these forms: There is an x such if I change my perspective on x, then x will not thereby move, and x is F.; There is something perspectivally connected to this experience that is F (Siegel 2006, 365).

Beide vermeintlichen Gehalte der Wahrnehmung nehmen repräsentationalistisch die Hintergrundbedingungen der Gehalte in die spezifischen Gehalte mit ein und überdeterminieren damit den Wahrnehmungsgehalt durch eine Metarepräsentation. Doch der Wahrnehmungsgehalt repräsentiert sparsamerweise nur Oberflächeneigenschaften, nicht die Tiefeneigenschaft dieser Oberflächeneigenschaften, eine Ursache zu sein. Die Wahrnehmung nimmt keine Wahrnehmungen und keine Ursachen als solche wahr. Aus der Tatsache, dass Wahrnehmungen wesentlich sensorisch und damit kausal *sind,* folgt nicht, dass eine Wahrnehmung diese Tatsache nochmals eigens repräsentieren muss. Solche Ansätze sind daher zurecht als zu intellektualistisch kritisiert worden (siehe Siegel 2006, 382-384 für Einwände). Gehen wir vom Prinzip sparsam dosierter Erklärungskraft aus, dann wird repräsentationale Entdeckung der Kausalrelation selbst (eine Tiefeneigenschaft) größtenteils als ein Kriterium für intelligentes Problemlösungsverhalten betrachtet, wo rein perzeptuelle Kategorien nicht mehr ausreichen. Diese Fähigkeit kommt aber dem bloßen Sehen noch nicht zu.[302]

Mit dem Prinzip stimmiger Übergänge gibt eine einfachere Lösung, wie das System dieser Wirklichkeitstauglichkeit Rechnung tragen kann, eine Lösung, die dem Prinzip stimmiger Übergänge entspricht. *Pace* Searle und Siegel wird nicht die eigene Wahrnehmung selbstreferentiell und kognitiv anspruchsvoll als kausaler Effekt bestimmter Ursachen kategorisiert, sondern lediglich der eigene Körper als soundso situiert repräsentiert. Der Einbezug von *de se* – Attributen in das Arrangement der Gehalte bilden daher die Art und Weise, wie ohne eine Repräsentation der Kausalität die kausalen Implikationen der Wahrnehmung vom System eingefangen werden können. Das System muss sparsamerweise nur den raumzeitlichen Kontext repräsentieren, in dem sich sowohl die verursachende Entität als auch der Körper des Lebewesens (und damit das Wahrnehmende) befindet. Dass in diesem Kontext visuelle, haptische und auditorische Wahrnehmungskonstanten, indem sie Verhaltensweisen steuern, dann auf Bewegungen hin zu verdeckten oder unerforschten Seiten der kausal wirksamen Entität verweisen, ist nur ein Beleg dafür, wie das System sich und seine peripheren Organe enaktiv in eine unmittelbare Situation *kausaler Empfänglichkeit* manövriert. Wird die Stimmigkeit beispielsweise auf visueller Ebene brüchig oder nicht-stetig, d.h. Erwartungen bei Übergängen bleiben unerfüllt, oder greift ein Tier multimodal nach dem Gesehenen, um haptisch die kausale Plastizität zu erschließen, dann geht es dem robusten Wahrnehmungssystem selbst nicht um Greif- oder Erreichbarkeit, sondern um einen (indirekten, nicht-repräsentationalistischen) „Realitätscheck" durch den unmittelbareren taktilen Kontakt zur kausalen Wirksamkeit eines Wahrnehmbaren. Dadurch wird ein Horizont mit stimmigen Übergängen gezogen, der um das Objekt liegt, ein Ring oder eine Schlinge, die im Erfolgsfall die entsprechende plastische Entität *de re* „einfängt". Denn diese kann nur in ihrer kausalen Form die paritätische Ko-Ursache veridischer Wahrnehmungsgehalte sein. Kausalität wirkt sich also auf die Veridikalitätsbedingungen der Wahrnehmung als Hintergrundbedingung aus, indem ihr im Schlepptau von Horizonten mit *de se* - Attributen Rechnung getragen wird, ohne dass sie dafür selbst repräsentiert sein muss. Sie fungiert als stiller Garant für die Wirklichkeit des Gehalts. Solange die Gehalte in den ihnen vom System vorgegebenen, stimmigen Horizonten „geschlossen" sind, kann die Einstellung zu diesen Gehalten als assertorische oder deskriptive bezeichnet werden. Aus ihr gehen dann verbindliche Zustände mit Veridikalitätsbedingungen und damit genuin repräsentationaler Status hervor.

302 Siehe Schulte 2012, 492 zum kognitiven Schlussfolgern auf Ursachen am Beispiel von Krähen.

C Rückschau und Ausblick

Rückschau und Ausblick

Diese Untersuchung hat den Versuch unternommen, eine umfassende und systematische Darstellung des Intentionalitätsphänomens aus dem Blickwinkel eines „gelassenen Naturalismus“ zu geben. Dabei wurde ein integrierender Ansatz verfolgt, der sowohl empirische als auch phänomenologische Funde berücksichtigt hat. Es wurde ein breites Spektrum von Beispielfällen ausgeschöpft und diese kritisch auf die jeweilige Natur der zugrundeliegenden Fähigkeiten befragt. Dabei waren es gerade die Grenzfälle, die „controversial cases“ (Artiga) und „repräsentational hungry cases“ (Clark und Toribio), die interessant und ausschlaggebend waren: Repräsentiert der Stichling rotgefärbte Oberflächen oder reagiert er nur auf ihre Effekte? Bezieht sich die Digitalkamera, indem sie verzerrende Beleuchtungseffekte durch Weißabgleich herausfiltert, auf Farben? Was gewinnen wir, wenn wir einem Jucken die Repräsentation einer Entzündungsreaktion zuschreiben? Welche Dimension geht uns möglicherweise auf, wenn wir einem Thermostat keine veridischen Zustände zuschreiben?

Die Breite der Fälle und die jeweilige Erörterung der Mechanismen sollte nicht nur die für die heutige Philosophie des Geistes wesentliche Berücksichtigung des Empirischen abbilden. Die Vielfalt demonstriert aber auch und vor allem die systematische und umfassende Erklärungskraft des Repräsentationsbegriffs, dessen bequeme Zuschreibung auf alle Arten von Organismen und Artefakten einen schärferen Blick auf die zugrundeliegenden Fähigkeiten geradezu provoziert. Ein Ziel dieser Arbeit war es, diesen Fokus schärfer zu stellen und eine Position zu vertreten, die in der Literatur immer noch eine randstehende ist und dabei die Mitte zwischen drei Extremen reklamiert.

Das eine Extrem liegt in einer Deflationierung des Repräsentationsbegriffs, wie sie besonders durch die linearen Versionen der Tracking-Theorien befördert wurde. Ein zentrales Ziel dieser Arbeit war es, die Schwelle für Repräsentation höher zu setzen, indem auf die Komplexität hingewiesen wurde, mit der ein System konfrontiert ist, wenn es sich auf distale Umweltbedingungen beziehen und in Form von Gehalten mit Veridikalitätsbedingungen darstellen soll. Diese Schwelle liegt darin, dass die Natur konservativ und sparsam verfährt und alle belastbaren Relationen, die deshalb nicht eigens Ziel informationeller Verarbeitung sein müssen, aus dem System heraushält und in die jeweilige Umwelt auslagert. Diese Auslagerungsstrategie, die in dieser Untersuchung in vielen Fällen vermeintlich repräsentationalen Status als Projektion entlarvt hat, verlagert die Erklärungskraft auf idiosynkratischen Stimulationsbedingungen und ihre belastbare Korrelation mit ethologischen Normalbedingungen. Sie zeigt, dass viele Verhaltensweisen allein durch die Art der körpereigenen Stimulation und nicht durch die umweltspezifische

https://doi.org/10.1515/9783111380551-010

Simulation befähigt werden. Diese Auslagerungsstrategie wurde in dieser Untersuchung daher radikaler gefasst als einige prominente Vertreter der *Situated Cognition* (Kirsh/Maglio 1994; Clark 1997) sie verstehen, da sie nicht eine Entlastung oder Stützung (*scaffolding*) repräsentationaler Tätigkeiten, sondern ihre Eliminierung impliziert. Gleichwohl wurde sie nicht für basale Intentionalität schlechthin angewendet (*pace* Hutto/Myin 2013), um einen Naiven Realismus zu vermeiden und die repräsentationshungrigen Probleme bereits in der Wahrnehmung nicht außer Acht zu lassen.

Das zweite Extrem liegt in einer Intellektualisierung mentaler Repräsentation. Dazu zählt einmal die Rückversicherung oder Kontrolle der je eigenen mentalen Zustände durch eine selbstreflexive wie selbstkritische Instanz, die Repräsentation als solche begreifen kann und nach ihrem epistemischen Status wie Anschein oder Wahrheit kategorisiert. Es sollte nicht nur gezeigt werden, dass diese Ansätze Repräsentation intellektualisieren und Tieren lediglich eine irgendwie geartete „blinde" oder „instinktive" Diskriminationsleistung zubilligen. Wesentlich war vor allem das Aufdecken der reichen Voraussetzungen, die dabei implizit schon eingewoben waren, wie die Kategorisierung der Wahrnehmung als Anschein, die den repräsentationalen Status des Scheins und seiner Irrtümlichkeit bereits voraussetzt.

Das dritte Extrem ist der Anti-Repräsentationalismus in Gestalt von Disjunktivismus und Enaktivismus, der von der Spreizung des Repräsentationsbegriffs profitiert. Dass sein Relationalismus in Gestalt des Enaktivismus und der *ecological cognition* heute die Überhand in der Philosophie des Geistes und der Kognitionswissenschaft gewinnen und somit eine Konterrevolution zur repräsentationalistischen Überwindung des Behaviorismus erreichen könnte, liegt vor allem am Repräsentationalismus selbst und seiner Trivialisierung oder Intellektualisierung eines Erklärungsparadigma, das in richtiger Anwendung ein unabdingbares Erklärungsinstrument darstellt.

Diese Untersuchung hat den Versuch gemacht, mit Kriterien für diese richtige Anwendung des Repräsentationsbegriffs aus diesem unfruchtbaren Dreiecksverhältnis auszubrechen. Eine mittlere Position wurde in ihren Ansätzen aufgegriffen und systematisch angelegt. Als Reform bisheriger Modelle hat sie nicht nur ihre Mängel benannt, sondern auch fruchtbare Anleihen gemacht. So wurde grundsätzlich das Tracking-Paradigma in der Version konstanten Trackings als notwendige und lehrreiche Grundlage beibehalten und damit die Naturalisierung des Geistes durch anerkannte Begriffe wie Kausalität, Informationsverarbeitung, Verhalten und Funktion affirmiert. Gleichzeitig wurden gerade Erkenntnisse und Fingerzeige sowohl der repräsentationalistischen als auch anti-repräsentationalistischen Theorien verwendet und neu angeeignet.

Gerade die Präsentationsstruktur könnte die Chance haben, als ein verbindender Faktor in der sonst so disparat auseinanderliegenden Debatte zwischen Naturalisierung und Phänomenologie zu dienen. Ihr Fundierungsversuch durch *Extrapolation* hat ebenfalls zum Ziel, Einsichten von phänomenologischer und von kognitionswissenschaftlicher Seite fruchtbar zu verbinden. Gerade die in analytischen Strömungen noch zu wenig bedachte und dabei philosophiegeschichtlich von Augustinus bis Heidegger doch bereits systematisch erkundete Relevanz der Zeitlichkeit für Repräsentation kann einen verbindenden Ansatz schaffen, der auch in dieser Arbeit erst skizzenhaft angelegt ist und noch weiter geprüft und entwickelt werden muss.

Der hier vertretene Begriff minimaler Subjektivität bildet ein anderes Beispiel: Auch wenn Verhalten wesentlich früher als Repräsentation auftritt und konzeptuell wie normativ anderen Standards folgt, ist doch der enge Zusammenhang unbestreitbar. Indem Subjektivität als *sensomotorische Intimität* charakterisiert wurde, soll sich auch hier die Annahme bewahrheiten, dass es in den Debatten zwischen Repräsentationalismus und Enaktivismus wesentlich weniger Trennlinien gibt als die sich öffentlichkeitswirksam selbst als „radikal" bezeichnenden Beiträge (Chemero 2009; Hutto/Myin 2013) vermuten lassen. So fordert Randall Beer stellvertretend für viele einen Paradigmenwechsel „from accurately representing an environment to continuously engaging that environment with a body so as to stabilize appropriate co-ordinated patterns of behavior" (Beer 2000, 97; siehe auch Varela et al. 1991, 173 und Shani 2006, 90). Ich sehe darin keinen *prinzipiellen* Gegensatz, der einen solchen Wechsel nötig machen sollte, und komplementäre Ansätze einer „action-oriented representation" gibt es durchaus (siehe Clark 1997; Wheeler 2005). Eine fruchtbare Verbindung beider Ansätze gilt aber nur solange wie in der engen Zusammenarbeit beider Funktionen die jeweilige Arbeitsteilung in Gestalt der Bifunktionalität sichergestellt ist und beides nicht in diffuse und meist nur evozierte Begriffe wie *interaction* oder *coupling* verschwimmt, die mittlerweile vom Anti-Repräsentationalismus genauso ubiquitär und vage gebraucht werden wie der Gegenbegriff, von dem sie sich lossagen wollen. Eine Revolution, mit der eine neue Kraft die bisherige völlig von ihrer Erklärungshoheit verdrängt, scheint weniger Vorteile zu bieten als eine geistphilosophische Doppelherrschaft.

Schließlich soll das *Prinzip stimmiger Übergänge*, welches das Phänomen der Wirklichkeit in der deskriptiven Einstellung der Wahrnehmung zu stützen versucht, die Brücke schlagen zu höherstufigen Vermögen wie der Vorstellung, der Bildwahrnehmung und der Meinung, die alle um dieses Element herumgruppiert sind, welches Veridikalitätsbedingungen mitkonstituiert.

Es ist schließlich die leitende Hoffnung dieser Arbeit, nicht nur einen Beitrag zur anfangs gestellten Frage nach der „emergence of mind on the planet" (O'Brien/Opie 2004, 2) zu leisten und die erstaunlichen und lehrreichen Fähigkeiten von tierischer Wahrnehmung für diesen Ursprung des Mentalen geltend zu machen. Vielmehr und vor allem liegt es mir daran zu zeigen, dass in den Prinzipien und Mechanismen der Wahrnehmung der Schlüssel zum Verständnis des Geistigen überhaupt liegt und sich die Problemlagen und Lösungsstrategien in Fähigkeiten des Denkens, des Erinnerns, des Schlussfolgerns und der Sprache wiederfinden.

Der Beginn der Repräsentation bedeutet daher nicht nur seine Emanzipation von einer nicht-repräsentationalen Ebene, sondern auch seine Rolle als Ausgangspunkt für höherstufige Vermögen. Das betrifft vor allem das Anwendungsgebiet der Prinzipien *Unterbestimmtheit* (bzw. *inverse Probleme), Objektivierung* und *Heuristik* sowie die neu eingeführten Termini *Extrapolation, sensorische Intimität* und das Prinzip *stimmiger Übergänge.* Betrachten wir dazu abschließend ihre Rolle in nicht-sensorischen Repräsentationen, deren generalisierende Attribute Begriffe und deren Repräsentata nicht-kausale Tiefeneigenschaften sind. Ich konzentriere mich dabei auf „Intelligenz" im Sinne von *strategischer* oder *folgernder* Repräsentation, ohne dabei Vollständigkeit zu beanspruchen. [303] Dabei kann nur ein Ausblick gegeben werden, wie sich in dieser Untersuchung gewonnene Erkenntnisse auch in kognitiver Repräsentation fruchtbar machen lassen.

Ein Beispiel früher Strategie im Tierreich wäre neben der Ratte und ihrer „kognitiven Karte" die bereits genannte Fähigkeit zum Routenplanen (*route planing*) von *Portia,* einer Gattung von Springspinnen (siehe Harland/Jackson 2000; Burge 2010, 515-16): Um ihre Beute anzuspringen, kann die Spinne auch ohne Sichtkontakt zu ihrem Ziel einen indirekten Weg zu diesem entwerfen, der sie durch einen Such-Raum über Umwege zur Beute führt, um diese beispielsweise von hinten oder von oben überraschen zu können. Von einem Startpunkt der Spinne aus sind unzählige viele Möglichkeiten der Fortführung denkbar, wodurch der Weg zum Ziel durch den jeweiligen Input unterbestimmt ist. Hier ist keine direkte kausale Verbindung zwischen Start und Ziel gegeben, weshalb Antizipation nötig ist (siehe Kapitel B.II.2.4). *Portia* legt dabei eine erstaunliche Flexibilität für verschiedene Routen an den Tag, um ihre Jagdstrategie zu erfüllen oder zu ändern, die stark für heuristische Kompetenzen spricht. Hier scheinen generalisierende Attribute wie <u>Strecke</u> (und damit <u>Distanz</u>) und <u>Streckenverlauf</u>, ferner <u>Ziel</u> und <u>Wege zum Ziel</u> im Spiel, die auf vollwertig antizipierender „Projektion" eines Objekts als beweglicher Zielpunkt mit einem beweglichen Koordinatennetz möglicher Wege zum Ziele beruhen. Das Ziel erlaubt als *plastisches* mehrere epistemische Pfade und seine Repräsentation beruht auf einer *Stimmigkeit* in der Antizipation und Erfüllung der einzelnen Schritte.

303 Für Überblick, Kontroversen und offene Fragen zu tierischer Intelligenz, siehe: Allen/Hauser 1991, Bekoff et al. 2002, Newen/Bartels 2007, Reznikova 2007.

Anschaulich sind auch die Beispiele aus dem Bereich künstlicher Intelligenz. Wir haben in Kapitel A.III.3.3 bereits die „CAPTCHA" genannten Touring-Tests skizziert, die die Objektivierungsfähigkeit und Kontext-Sensitivität des Benutzers eruieren. Auch bei Schachcomputern, die aufgrund ihrer prototypischen Stellung im Bereich künstlicher Repräsentationalität auch als „Drosophila der KI" bezeichnet werden, erhellen sich die Fähigkeiten durch den Einsatz von Heuristiken anhand eines inversen Problems: Das formale System des Schachspiels ist, anders als Algorithmen, „nicht-deterministisch" (Haugeland 1985, 82), weil aus einem einzigen Zug nicht zwingend ein und nur ein anderer folgt, sondern sehr viele (ca. 30) Züge allein möglich, d.h. *legal* sind – von der Zahl der regellosen Züge ganz zu schweigen. Wird nur eine dieser Zug-Möglichkeiten angesetzt, ergibt sich sofort wieder eine neue Verästelungen von Möglichkeiten, usw. Gerade einen solch komplexen „Such-Baum" (*search tree*) oder „Such-Raum" (*search space*) unter Zeitdruck zu reduzieren und durch ihn hindurch ein Ziel (rational, sparsam) zu erreichen, bilden seit den Pionierarbeiten von Allen Newell und Herbert Simon *den* Kompetenzbereich von genuiner Intelligenz und entsprechender KI-Forschung (vgl. Newell/Simon 1972; siehe auch Haugeland 1985, 82 und Bermudez 2010, 150). Hier ist die Objektivierung Teil von Intelligenz qua Strategie. Auch Dennett (1987, 24; 2009, 340) diskutiert den Schachcomputer als prototypisches Beispiel. Dessen Tätigkeit verstehen wir nach Dennett nur im Lichte des intentionalen Standpunkts und unterstellen ihr „Rationalität", insofern wir einmal in der Vorhersage der Züge von internalisierten Spielregeln ausgehen und nicht von den komplizierten Algorithmen ihrer Ausführung oder gar von dem elektronischen Träger-Prozess im Prozessor des Computers. Die Unterstellung von „Rationalität" scheint aber vor allem deshalb sinnvoll, weil wir nicht nur die Fähigkeit sehr vieler *legaler* Züge, die der Computer machen könnte, einplanen müssen. Wir müssen jene wiederum auf einige wenige „erzwungene Züge" (*forced moves*) einschränken können, die der Computer einschlagen *muss*, um seine Züge vorherzusagen und dadurch gegen ihn bestehen zu können. Dennett interpretiert diesen Fall deshalb so, dass wir dabei den Schachcomputer *selbst* als „rationalen Akteur" sehen:

> Consider chess-playing computers [...] just think of them as rational agents who *want* to win, and who *know* the rules and principles of chess and the positions of the pieces on the board. Instantly your problem of predicting and interpreting their behavior is made vastly easier than it would be if you tried to use the physical or the design stance (Dennett 2009, 340).[304]

---

304 In Bezug auf Dennetts eher breiten Rationalitätsbegriff spricht Millikan (2000, 57-58) spezifischer von "real rationality patterns", die nicht jedem Lebewesen bzw. System zukommen und Dispositionen bilden, auf "a wide variety of environmental situations with a wide variety of context-sensitive responses" reagieren zu können.

Wir nehmen diese Haltung aufgrund der Probleme und Lösungsprinzipien an, um überhaupt mit dem Computer umgehen zu können, tun dies also, bevor wir uns damit theoretisch beschäftigen, ob er als genuiner „Akteur" originär (mental) oder nur derivativ die Spielregeln repräsentiert. Es scheint vielmehr plausibel zu sein, auch im Falle der strategischen Repräsentation von einer extrapolierenden „Projektion" zu sprechen, deren Objektpol durch den „Such"-Raum potenzieller Möglichkeiten hindurchreicht und zeitsparend eine Modellierung angebrachter Spielzüge in kurzer Zeit ermöglicht. Auch scheint das Computerprogramm eine minimale Differenzierungsleistung zwischen den von ihm realisierten Zügen einerseits und denen des Gegners andererseits beherrschen zu müssen, wodurch es einen Sinn für *agency* entwickelt.

Angesichts der hohen Virtuosität und Robustheit, mit der der Schachcomputer Regeln ausführt, gegnerische Strategien antizipiert und dabei elegant und effektiv selbst Großmeister besiegt, wäre es eine anmaßende, wenn nicht gar falsche Behauptung, er selbst *könne* „eigentlich" kein Schach und *kenne* die Regeln nicht. Daraus würde folgen, niemand hätte je mit einem Computer wirklich *Schach* gespielt. Diese These ist nach Ramsey (2007, 112) derart kontraintuitiv, dass die Beweislast bei demjenigen liegt, der sie vertritt. Dagegen stellt das „Wollen" des Computers, *pace* Dennett, eine andere Problematik dar, die mit Lebewesen und ihren Zwecken zu tun hat, weshalb der Schachcomputer einen Mechanismus verkörpert, der bei der Springspinne in einen ganz anderen Prozess, nämlich in einen Lebenszusammenhang und dessen Biografie, eingebettet ist. Der Computer ist deshalb zwar ein repräsentationaler Mechanismus, der Spielziele (als operationale Endpunkte) setzt. Aber er ist kein Akteur, der Zwecke hat, weshalb für ihn nichts *relevant* ist. Als Artefakt verkörpert er und andere KIs bisher nur ein bestimmtes Programm, das auf einen Zweck für menschliche Benutzer abgestellt ist, und nur in Verbindung mit deren Leben einen sinnvollen und relevanzgeladenen *Kontext* ergibt und darin z.B. als Spiel, als Rechnung oder als Antwort auf eine Frage erscheint. Nur in diesem Kontext ist der Computer eine Repräsentation. Durch das Einbinden in diesen Kontext können *wir* mit dem Computer genuin Schach spielen oder sprechen. Aber der Computer hat selbst keinen Standpunkt, von dem aus *er* wiederum mit uns Schach spielt oder spricht, weil es ihm um nichts geht, das ihn betrifft. Und ohne Relevanzsensitivität und Kontext seinerseits wird nur mit ihm gespielt oder mit ihm gesprochen, ohne dass *er selbst* irgendwie davon betroffen oder gemeint ist (siehe auch Kapitel A.II.1). Und wenn für ihn nichts relevant ist, wie soll er jemals wissen, worauf es in einer gegebenen Situation, in einem offenen Kontext je *ankommt* (siehe Captcha-Test)? Und wenn das nicht gelingen kann, wie soll er dann je *spielen* oder *sprechen*? Ohne Relevanz- und Kontextsensitivität gibt es daher keine echte Intelligenz und damit auch keine starke KI (siehe *frame problem*, Kapitel A.III.3.3). Dagegen ist das Leben eines Lebewesens wie das der Spinne frei von dieser

Einseitigkeit und externen Ergänzung seines ontologischen Status. Das Lebewesen ist ein Akteur, es entfaltet von sich und seiner Art aus einen (minimalen) Kontext, in welchem es Zwecke hat, während die KI nur Ziele hat, wie jeder andere Mechanismus auch. Der Schachcomputer kann kraft multipler Realisierbarkeit denselben Objektivitätsmechanismus und seine Operationalität realisieren, aber nicht den erforderlichen Kontext und seine Relevanz, der ihm eine Funktion zuweist.

Dennoch kann der Computer uns ein Modell für das sein, was die Springspinne im Original verkörpert. In beiden Fällen nehmen wir mit Blick auf die rein repräsentationalen Mechanismen generalisierende Muster an. Die souveräne Freiheit zur Variierbarkeit scheint nur dann möglich zu sein, wenn das Ziel und die Regeln seiner Erreichbarkeit repräsentational *gesetzt* und kraft dieses Modells die Wege dorthin bzw. die Spielzüge variierbar sind. Dadurch werden auch „Umwege" möglich und nachvollziehbar. Dieses Verfahren, ausstehende Ziele als solche zu *setzen* und verschiedene Wege und Realisierungspotentiale dorthin zu antizipieren, scheint der Kern der Intelligenz als *Strategie* zu sein. Auf wiederum einer tieferen Ebene lassen sich diese einmal festgelegten Vorzeichnungen oder Tendenzen (*bias*) aufgrund plötzlicher Änderungen durch helfende Heuristiken (*cues*) wieder variieren oder einen Strategiewechsel vollziehen. Diese Sub-Ebene kann als *Taktik* angesehen werden. Strategie und Taktik folgen dem Prinzip: „Welche Schritte sind zu antizipieren, damit ein vorgestelltes Ziel erreicht werden kann?". Das erfordert die basal *logische* Kompetenz der Schlussfolgerung (Wenn-dann) als Strukturmoment jedes Planens. Dadurch werden die Muster rationaler Zugfolgen zum Spielziel bzw. effektiver Wege zur Beute generiert und die erforderlichen Pfade unter Zeitdruck und Informationsmangel durch algorithmisches Durchrechnen und heuristisches Schätzen („Durchspielen", „Überschlagen") antizipiert. Vorausschauend auch Umwege zu antizipieren und nicht blind nach dem Trial-and-Error-Verfahren „drauflos" zu agieren, zeigt strategische Zielsetzung und variierende Taktik der Erreichbarkeit, und damit Intelligenz an:

> [P]lanned detours differ [from trial-and-error] because the solution is derived before execution of the behavior. Deriving a solution before execution of behavior comes especially close to what would be called "thinking" in lay terms (Wilcox/Jackson 2002, 31).

An diesem nur oberflächlich dargestelltem Punkt sollte ein bescheidener Ansatz dafür demonstriert werden, wie die am Beispiel der Wahrnehmung diskutierten Probleme und Lösungsmechanismen auch für kognitive Phänomene fruchtbar gemacht werden können. Zumindest ist damit ein Ausblick auf die weiterführenden Anwendungen der hier dargelegten Konstitutiva basaler Intentionalität skizziert. Die globale und systematische Bedeutung diese Konstitutiva für mentale Repräsentation schlechthin scheint die hier vertretene Grundhaltung zu bestätigen, die

Grenzlinie für die Darstellung der Welt schärfer und damit erklärungskräftiger zu ziehen, damit das repräsentationale Paradigma auch weiterhin maßgeblich bleibt.

Bibliografie

Adams, Frederick (2018). Cognition wars. In: *Studies in History and Philosophy of Science* Vol. 68, 20-30.
Adams, Zed/Maher, Chauncey (2017). Constancy Mechanisms and the Normativity of Perception. In: Adams, Zed/Browning, Jacob (Hrsg.) *Giving a damn: essays in dialogue with John Haugeland.* Cambridge, MA: MIT Press, 243-268.
Aizawa, Kenneth/ Adams, Frederik (2005). Defending Non-Derived Content. In: *Philosophical Psychology* Vol. 18, 661-669.
Akins, Kathleen (1996). Of Sensory Systems and the „Aboutness" of Mental States. In: *The Journal of Philosophy*, Vol. 93/7, 337-372.
Allen, Colin /Hauser, Marc (1991). Concept attribution in non-human animals: Theoretical and methodological problems in ascribing complex mental processes. In: *Philosophy of Science*, Vol. 58, 221–240.
Aristoteles (1998). *Kategorien.* Rath, Ingo (Hrsg., Übers.). Stuttgart: Reclam.
Aristoteles (2016). *De Anima/Über die Seele.* Buchheim, Thomas (Hrsg., Übers.). Darmstadt: WBG.
Artiga, Marc (2014). Reliable Misrepresentation and Teleosemantics. In: *Disputatio*, Vol. 5/37, 266-281.
Artiga, Marc (2015). Review: Millikan and her Critics. In: *Mind*, Vol. 124, 679-683.
Artiga, Marc (2016). Liberal Representationalism: A Deflationist Defense. In: *Dialectica* Vol. 70, 407-430.
Artiga, Marc (2021). Beyond black dots and nutritious things: A solution to the indeterminacy problem. In: *Mind & Language*, Vol. 36, 471-490 .
Artiga, Marc (2022). Strong Liberal Representationalism. In: *Philosophy and Cognitive Science*, Vol. 21, 645-667 (ggf. geänderte Seitenzahlen, A.W.).
Artiga, Marc/Sebastián, Miguel Ángel (2020). Informational Theories of Content and Mental Representation. In: *Review of Philosophy and Psychology* Vol, 11, 613-627.
Baker, Lynn (1991). Dretske on the explanatory Role of Belief. In: *Philosphical. Studies* Vol. 63, 99-111.
Barnes, Dylan/ Hofacer, Rylon/Zaman, Ashiq /Rennaker, Robert/Wilson, Donald (2008). Olfactory perceptual stability and discrimination. In: *Nature Neuroscience*, Vol. 11/12, 1378-1380.
Batty, Clare (2010). A Representational Account of Olfactory Experience. In: *Canadian Journal of Philosophy*, Vol. 40/4, 511-538.
Bechtel, William (1998). Representations and Cognitive Explanations. In: *Cognitive Science* Vol. 22, 295-318.
Beer, Randall (2000). Dynamical approaches to cognitive science. In: *Trends in Cognitive Science.* Vol.4, 91–99.
Bennett, Maxwell/Hacker, Peter (2003). *Philosophical Foundations of Neuroscience.* Blackwell.
Bekoff, Marc/Colin, Allen/ Burghardt, Gordon (Hrsg.) (2002). *The Cognitive Animal. Empirical and theoretical Perspectives on Animal Cognition.* Cambridge, MA: MIT Press.
Bermudez, José (2010). *Cognitive Science.* Cambridge: Cambridge University Press.
Bickhard, Mark (1999). Interaction and Representation. In: *Theory and Psychology*, Vol. 9, 435-458.
Blanke, Olaf/Metzinger, Thomas (2008). Full-body illusions and minimal phenomenal selfhood. In: *Trends in Cognitive Science*, Vol. 13/1, 7-13.
Boring, Edwin (1946). The Perception of Objects. In: *American Journal of Physics* Vol. 14, 99-107.
Borst, Alexander (2014). Neural Circuits for Elementary Motion Detection. In: *Journal for Neurogenetics*, Vol. 28, 361-373.
Bregman, Albert (1990). *Auditory Scene Analysis.* Cambridge, MA: MIT Press.
Brentano, Franz (1874). *Psychologie vom empirischen Standpunkt.* Leipzig: Dunker & Humblot.
Brewer, Bill (2017). The Object View of Perception. In: *Topoi*, Vol. 36, 215-227.

https://doi.org/10.1515/9783111380551-011

Brooks, Randall (1991). Intelligence without representation. In: *Artificial Intelligence* Vol. 47, 139-159.

Brownell, Philip/Farley, Roger (1979). Prey-Localizing Behaviour of the Nocturnal Desert Scorpion, Paruroctonus Mesaensis: Orientation To Substrate Vibrations. In: *Animal Behavior* Vol. 27, 185-193.

Bruineberg, Jelle (2017). Active Inference and the Primacy of the 'I can'". In: Metzinger Thomas/ Windt, Jennifer (Hrsg.) *Open MIND.* MIND Group, Frankfurt am Main. https://open-mind.net.

Bruineberg, Jelle/Kiverstein, Julian/Rietveld, Erik (2018). The anticipating brain is not a scientist: the free-energy principle from an ecological-enactive perspective. In: *Synthese*, Vol. 195, 2417-2444.

Buchheim, Thomas (2006). *Unser Verlangen nach Freiheit. Kein Traum, sondern Drama mit Zukunft.* Hamburg: Meiner.

Buchheim, Thomas (2024). Realismus diesseits von alt und neu: Überlegungen zur ontologischen Statur des Realen. In: Benoist, Jocelyn/Gabriel, Markus/Rometsch, Jens (Hrsg.), *Idealismus und Realismus in der gegenwärtigen Philosophie.* Tübingen: Mohr Siebeck.

Burge, Tyler (2005). Disjunctivism and Perceptual Psychology. In: *Philosophical Topics* Vol.33/1, 1-78.

Burge, Tyler (2007). *Foundations of Mind.* Oxford: Oxford University Press.

Burge, Tyler (2010). *Origins of Objectivity.* Oxford: Oxford University Press.

Burge, Tyler (2013). *Cognition Through Understanding.* Oxford: Oxford University Press.

Burge, Tyler (2014). Perception. Where Mind begins. In: *Philosophy,* Vol. 89/3, 385-403.

Burge, Tyler (2018). Iconic Representation: Maps, Pictures, and Perception. In: Wuppuluri, Shyam /Doria, Francisco (Hrsg.). *The Map and the Territory. Exploring the Foundations of Science, Thought and Reality.* Cham: Springer, 79-100.

Burge, Tyler (2019). Perception: Ground of Empirical Objectivity. In: Limbeck-Lilienau, Christoph/ Stadler, Friedrich (Hrsg.) *The philosophy of perception. Proceedings of the 40th International Wittgenstein Symposium*. Berlin: De Gruyter, 3-22.

Burge, Tyler (2022). *Perception. First Form of Mind.* Oxford: Oxford University Press.

Byrne, Alex / Logue Heather (Hrsg.) (2009). *Disjunctivism: Contemporary Readings.* Cambridge, MA: MIT Press.

Call, Joseph/Tomasello, Michael (2008). Does the chimpanzee have a theory of mind? 30 years later. In: *Trends in Cognitive Sciences*, Vol. 12, 187-192.

Calvo, Paco/Baluška, František/Sims, Andrew (2016). „Feature Detection" vs. „Predictive Coding." Models of Plant Behavior. In: *Frontiers in Psychology.* 7, 1-11.

Calvo, Paco/Friston, Karl (2017). Predicting Green: really radical (plant) predictive processing. In: *Journal of the Royal Society Interface* Vol. 14, 1-11.

Calvo, Paco/Keijzer, Fred (2011). Plants: Adaptive behavior, root-brains, and minimal cognition. In: *Adaptive Behavior* Vol. 19/3, 155-171.

Cantwell-Smith, Brian (1996). *On the Origin of Objects.* Cambridge, MA: MIT Press.

Cardé, Ring/Willis, Mark (2008). Navigational Strategies used by insects to find distant, wind-borne sources of odor. In: *Journal of Chemical Ecology* Vol. 34, 854-866.

Carvalho, Felipe (2014). Olfactory Objects. In: *Disputatio,* Vol. 6/38, 45-66.

Chemero, Anthony (2000). Anti-Representationalism and the Dynamic Stance. In: *Philosophy of Science* Vol. 67, 625-647.

Chemero, Anthony (2009). *Radical embodied cognitive science.* Cambridge, MA: MIT Press.

Chisholm, Roderick (1957). *Perceiving. A philosophical study.* Ithaca: Cornell University Press.

Chomsky, Noam (2009). *Cartesian Linguistics. A Chapter in the History of Rationalist Thought.* Cambridge: Cambridge University Press.

Churchland, Paul (1981). Eliminative Materialism and The Propositional Attitudes. In: *The Journal of Philosophy*, Vol. 78/2, 67-90.
Clapin, Hugh (2002). *Philosophy of Mental Representation*. Oxford: Clarendon Press.
Clark, Andy (1997). *Being there: putting brain, body, and world together again.* Cambridge, MA: MIT Press.
Clark, Andy (2008). *Supersizing the Mind. Embodiment, Action, and Cognitive Extension.* Oxford: Oxford University Press.
Clark, Andy (2015a). Radical predictive processing. In: *Southern Journal of Philosophy*, Vol. 53, 3-27.
Clark, Andy (2015b). Predicting Peace. The End of the Representation Wars. In: Metzinger Thomas /Windt, Jennifer (Hrsg.) *Open MIND.* MIND Group, Frankfurt am Main, 10 https://open-mind.net.
Clark, Andy (2016). *Surfing Uncertainty. Prediction, Action and the Embodied Mind.* Oxford: Oxford University Press.
Clark, Andy/Toribio, Josefa (1994). Doing without representing. In: *Synthese* Vol. 101, 401-431.
Clark, Austin (1993). Mice, Shrews, and Misrepresentation. In: *The Journal of Philosophy*, Vol. 90/6, 290-310.
Cleland, Thomas/Linster, Christiane (2005). Computation in the Olfactory System. In: *Chemical Senses*, Vol. 30/801-813.
Cohen, Jonathan (2015). Perceptual Constancy. In: Matthen, Mohan (Hrsg.). *The Oxford Handbook of Philosophy of Perception.* Oxford: Oxford University Press, 621-639.
Cohen, Yale/Andersen, Richard (2002). Common reference frame for movement plans in the posterior parietal cortex. In: *Nature Review Neuroscience*, Vol 3, 553–562.
Crane, Tim (2001a). *Elements of Mind. An Introduction to the Philosophy of Mind.* Oxford: Oxford University Press.
Crane, Tim (2001b). Intentional Objects. In: *Ratio* Vol. 14, 336-349.
Crane, Tim (2009). Intentionalism. In: Beckermann, Ansgar/McLaughlin Brian/Walter, Sven (Hrsg.). *The Oxford Handbook to the Philosophy of Mind.* Oxford: Oxford University Press, 474-493.
Cummins, Robert (1989). *Meaning and Mental Representation*, Cambridge, MA: MIT Press.
Cummins, Robert (1991). Mental Meaning in Psychological Explanation. In: McLaughlin, Brian (Hrsg.). *Dretske and his critics*, Cambridge, MA: Blackwell, 102-117.
Cummins, Robert (1996). *Representations, Targets and Attitudes.* Cambridge, MA: MIT Press.
Cummins, Robert (2010). *The World in the Head.* Oxford University Press.
Cummins, Robert/Poirier, Pierre (2004). Representation and indication. In: Clapin, Hugh/Staines, Philip/Slezak, Peter (Hrsg.). *Representation in Mind: new approaches to mental representation.* Amsterdam: Elsevier, 21-40.
Dainton, Barry (2017). Husserl, the Brain and Cognitive Science. In: Zalta, Edward (Hrsg.), The *Stanford Encyclopedia of Philosophy.* https://plato.stanford.edu/entries/consciousness-temporal/husserl-cogsci.html (Abgerufen am 26.8.2022).
Davidson, Donald (1982). Rational Animals. In: *Dialectica*, Vol. 36/4, 317-327.
Davidson, Donald (1991). What is present to the Mind? In: *Philosophical Issues*, Vol. 1,197-213.
Davidson, Donald (1999). The Emergence of Thought. In: *Erkenntnis*, Vol. 51, 7-17.
Davidson, Donald (2001). *Essays on Actions and Events.* Oxford: Clarendon Press.
Davidson, Donald (2004). *Problems of Rationality.* Oxford: Clarendon Press.
DeBose, Jennifer/Nevitt, Gabrielle (2008). The use of Odors at Different Spatial Scales: Comparing Birds with Fish. In: *Journal of Chemical Ecology*, Vol. 34, 867-881.
Dennett, Daniel (1981). *Brainstorms.* Cambridge, MA: MIT Press.
Dennett, Daniel (1986). *Content and Consciousness.* London: Taylor & Francis.

Dennett, Daniel (1987). *The Intentional Stance.* Cambridge, MA: MIT Press.

Dennett Daniel (1991a). Real Patterns. In: *The Journal of Philosophy,* Vol. 88/1, 27-51.

Dennett, Daniel (1991b). Ways of Establishing Harmony. In: McLaughlin, Brian (Hrsg.). *Dretske and his critics*, Cambridge, MA: Blackwell, 119-130.

Dennett, Daniel (1991c). *Consciousness Explained.* Boston: Little Brown.

Dennett, Daniel (1998). *Brainchildren. Essays on Designing Minds.* Cambridge: MIT Press.

Dennett, Daniel (2009). Intentional System Theory. In: Beckermann, Ansgar/McLaughlin Brian/Walter, Sven (Hrsg.). *The Oxford Handbook to the Philosophy of Mind.* Oxford: Oxford University Press, 339-350.

Dennett, Daniel/Haugeland, John (2004). „Intentionality“ in: Gregory, Richard (Hrgs.) *The Oxford Companion to the Mind.* Oxford: Oxford University Press, 481-484.

Deroy, Ophelia (2013). Object-Sensitivity versus cognitive penetrability of perception. In: *Philosophical Studies,* Vol. 162, 87-107.

Descartes, René (2008 [1642]) *Meditationes de prima philosophia. Meditationen über die Grundlagen der Philosophie*. Hamburg: Meiner.

Dretske, Fred (1981). *Knowledge and the flow of information.* London: Blackwell.

Dretske, Fred (1986). *Misrepresentation.* In: Bogdan, Radu (Hrsg.). *Belief: Form, Content, and Function.* New York: Oxford University Press, 17-36.

Dretske, Fred (1988). *Explaining Behavior.* Cambridge, MA: MIT Press.

Dretske, Fred (1991a). How Beliefs Explain. Reply to Baker. In: *Philosophical Studies*, Vol. 63, 113-117.

Dretske, Fred (1991b). Explanation and Meaning. In: McLaughlin, Brian (Hrsg.). *Dretske and his critics*, Cambridge, MA: Blackwell, 210-215.

Dretske, Fred (1995). *Naturalizing the mind.* Cambridge, MA: MIT Press.

Dretske, Fred (2000). *Perception, Knowledge, and Belief. Selected Essays*. Cambridge: Cambridge University Press.

Eliasmith, Chris (2005). A new perspective on representational problems. In: *Journal of Cognitive Science,* Vol. 6, 97-123.

Erhard, Christopher (2014). *Denken über nichts – Intentionalität und Nicht-Existenz bei Husserl.* Berlin: De Gruyter.

Evans, Gareth (1982). *The varieties of reference.* Oxford: Clarendon Press.

Evans, Gareth (1985). *Collected papers.* Oxford: Clarendon Press.

Ferretti, Gabrielle (2018). Visual Feeling of Presence. In: *Pacific Philosophical Quarterly,* Vol 99, 112-136.

Facchin, Marco (2021). Structural representations do not meet the job description challenge. In: *Synthese,* Vol. 199, 5479-5508.

Fodor, Jerry (1983). *Modularity of Mind: An Essay on Faculty Psychology.* Cambridge, MA: MIT Press.

Fodor, Jerry (1984). Observation Reconsidered. In: *Philosophy of Science,* Vol. 51/1, 23-43.

Fodor, Jerry (1986). Why Paramecia Don't Have Mental Representations. In: *Midwest Studies in Philosophy* Vol. 10/1, 3-23.

Fodor, Jerry (1987). *Psychosemantics.* Cambridge, MA: MIT Press.

Fodor, Jerry (1990). *A Theory of Content and Other Essays.* Cambridge, MA: MIT Press.

Fodor, Jerry (2008). *LOT 2. Language of Thought Revisited.* Cambridge, MA: MIT Press.

Fodor, Jerry/Pylyshyn, Zenon (1988). Connectionism and cognitive architecture. In: *Cognition* Vol. 28, 3-71.

Francken, Jolien/Slors, Frank (2018). Neuroscience and everyday life: Facing the translation problem. In: *Brain and Cognition*, Vol. 120, 67-74.

Freeman, Walter/Skarda, Christine (1990). Representations: who needs them? In: McGaugh, James/Weinberger, Norman/Lynch, Gary (Hrsg.). *Brain Organization and Memory,* New York: Guilford Press, 375-380.

Frege, Gottlob (1892). Über Sinn und Bedeutung. In: *Zeitschrift für Philosophie und philosophische Kritik* NF 100, 25-50.

Frege, Gottlob (1918). Der Gedanke. Eine logische Untersuchung. In: *Beiträge zur Philosophie des deutschen Idealismus* Vol 2., 58-77.

Frege, Gottlob (1983); Hermes, Hans/Kambartel, Friedrich/Kaulbach, Friedrich (Hrsg.). *Nachgelassene Schriften.* Hamburg: Meiner.

Frisby, John / Stone, James (2010). *Seeing: the computational approach to biological vision.* Cambridge, MA: MIT Press.

Friston, Karl (2005). A theory of cortical responses. In: *Philosophical Transaction of the Royal Society B,* Vol. 360, 815-836.

Friston, Karl (2009). The free-energy principle. In: *Trends in Cognitive Science,* Vol. 13/7.

Fröhlich, Werner (2010). *Wörterbuch Psychologie.* München: DTV.

Fuchs, Thomas (2016). In Kontakt mit der Wirklichkeit: Wahrnehmung als Interaktion. In: Schlette, Magnus/Fuchs, Thomas/Kirchner, Anna Maria (Hrsg.). *Anthropologie der Wahrnehmung.* Heidelberg: Winter, 65-95.

Gabriel, Markus (2016). *Sinn und Existenz: eine realistische Ontologie.* Frankfurt am Main: Suhrkamp.

Gallagher, Shaun (2008). Are Minimal Representations Still Representations? In: *International Journal of Philosophical Studies* Vol. 16/3, 351-369.

Gallese, Vittorio/Sinigaglia, Corrado (2010). The bodily self as power for action. In: *Neuropsychologia,* Vol. 48, 746-755.

Gallistel, Charles (1990). *The Organization of Learning.* Cambridge, MA: MIT Press.

Ganson, Todd (2020). A role for representations in inflexible behavior. In: *Biology & Philosophy,* Vol. 35, 1-18.

Ganson, Todd (2021). An Alternative to the Causal Theory of Perception. In: *Australasian Journal of Philosophy,* Vol. 99/4, 683-695.

Ganson, Todd/Bronner, Ben/Kerr, Alex (2014). Burge's Defense of Perceptual Content. In: *Philosophy and Phenomenological Research* Vol. LXXXVIII/3, 556-573.

Garson, Justin (2018). Review of Karen Neander's A Mark of the Mental. In Defense of Informational Teleosemantics. In: *Philosophy of Science,* Vol. 85, 726-734.

Georgalis, Nicholas (2006). *The Primacy of the Subjective.* Cambridge, MA: MIT Press.

Gibson, James (1979) [2015]. *The Ecological Approach to Visual Perception.* New York, London: Taylor & Francis.

Gładziejewski, Paweł (2015). Explaining Cognitive Phenomena with Internal Representations. In: *Studies in Logic, Grammar and Rhetoric,* Vol. 40, 63-90.

Gładziejewski, Paweł (2016). Action guidance is not enough, representations need correspondence too: A plea for a two-factor theory of representation. In: *New Ideas in Psychology,* Vol. 40/1, 3-25.

Gładziejewski, Paweł/ Miłkowski, Marcin (2017). Structural representations: causally relevant and different from detectors. In: *Biology & Philosophy,* Vol. 32, 337-355.

Glock, Hans Johann (2000). Animals, Thoughts and Concepts. In: *Synthese,* Vol. 123/1, 35-64.

Glock, Hans Johann (2020). Minds, Brains, and Capacities: Situated Cognition and Neo-Aristotelianism. In: *Frontiers in Psychology,* Vol. 11, 1-14.

Godfrey-Smith, Peter (1989). Misinformation. In: *Canadian Journal of Philosophy,* Vol. 19/4, 533-550.

Godfrey-Smith, Peter (1992). Indication and adaption. In: *Synthese* Vol. 92, 283-312.

Godfrey-Smith, Peter (1998). *Complexity and the Function of Mind in Nature.* Cambridge: Cambridge University Press.

Godfrey-Smith, Peter (2004). On Folk Psychology and Mental Representation. In: Clapin, Hugh/Staines, Philip/Slezak, Peter (Hrsg.). *Representation in Mind: new approaches to mental representation.* Amsterdam: Elsevier, 147-162.

Goerlitz, Holger/Hübner, Mathias/Wiegrebe, Lutz (2008). Comparing passive and active hearing: spectral analysis of transient sounds in bats. In: *The Journal of Experimental Biology*, Vol. 211, 1850-1858.

Green, E. J. (2017). Psychosemantics and the Rich/Thin Debate. In: *Philos. Persp*. Vol, 31, 153-186.

Grice, Herbert (1957). Meaning. In: *Philosophical Review* Vol 66, 377-388.

Grice, Herbert (1961). The causal theory of perception. In: *Proceedings of the Aristotelean Society*, Vol. 35, 121-168.

Grush, Rick (1997). The architecture of representation. In: *Philosophical Psychology* Vol. 10/1, 5-25.

Kahneman, Daniel/Tversky, Amos (1972). Subjective probability: A judgment of representativeness. In: *Cognitive Psychology* Vol. 3/3, 430-454.

Harland, Duane /Jackson, Robert (2000). „Eight-legged Cats" and how they see – A review of recent research on jumping spiders. In: *Climbebasia* Vol. 16, 231-240.

Hartley, Tom/Lever, Colin/Burgess, Neil/O'Keefe, John (2014). Space in the brain: how the hippocampal formation supports spatial cognition. In. *Philosophical Transactions of the Royal Society* Vol 369, 1-18.

Haugeland, John (1985). *Artificial Intelligence – the very idea.* Cambridge, MA: MIT Press.

Haugeland, John (1991). Representational genera. In: Ramsey, William/Stich, Stephen/Rumelhart, David (Hrsg.). *Philosophy and Connectionist Theory.* Hillsdale: Lawrence Erlbaum, 61-90.

Heck, Richard (2000). Nonconceptual Content and the „Space of Reasons". In: *The Philosophical Review*, Vol. 109/4, 483-523.

Heidegger, Martin (1985) [GA 61]). Phänomenologische Interpretationen zu Aristoteles. Einführung in die phänomenologische Forschung. In: Bröcker, W./Bröcker-Oltmanns (Hrsg.). *Heidegger-Gesamtausgabe, Band 61.* Frankfurt am Main: Klostermann.

Heidegger, Martin (2006). *Sein und Zeit.* Tübingen: Max Niemeyer.

von Helmholtz, Hermann (1909). *Handbuch der physiologischen Optik.* Hamburg: Voss.

Hempel de Ibarra, N./Vorobyev, M./Menzel, R. (2014). Mechanisms, functions and ecology of colour vision in the honeybee. In: *Journal of Comparative Physiology*, Vol. 200, 411-433.

Hinton, J.M. (1973). *Experiences: An Inquiry into Some Ambiguities.* Cambridge: Cambridge University Press.

Hofmann, Frank/Schulte, Peter (2014). The Structuring Causes of Behavior. Has Dretske Saved Mental Causation. In: *Acta Analytica* Vol. 29, 267-284.

Hohwy, Jakob (2007). The sense of self in the phenomenology of agency and of perception. In: *Psyche*, Vol. 13/1, 1-20.

Hohwy, Jakob (2013). *The Predictive Mind.* Oxford: Oxford University Press.

von Holst, Erich/Mittelstaedt, Horst (1950). Das Reafferenzprinzip. In: *Die Naturwissenschaften*, Vol. 20, 464-476.

Howard, Ian (2012). *Perceiving in Depth. Volumes I-III.* Oxford University Press.

Hubel, David /Wiesel, Thorsten (1962). Receptive Fields, binocular interaction, and functional architecture in the cat's visual cortex. In: *Journal of Physiology* Vol. 160, 106-154.

Husserl, Edmund (1962) [Hua IX]. *Phänomenologische Psychologie.* Biemel, Walter (Hrsg.) Den Haag: Martinus Nijhoff.

Husserl, Edmund (1966) [Hua XI]. *Analysen zur passiven Synthesis.* Fleischer, Margot (Hrsg.). Den Haag: Martinus Nijhoff.

Husserl, Edmund (1972). *Erfahrung und Urteil.* Landgrebe, Ludwig (Hrsg.) Hamburg: Meiner.

Husserl, Edmund (1973) [Hua I]. *Cartesianische Mediationen und Pariser Vorträge.* Strasser, Stefan (Hrsg.). Den Haag: Martinus Nijhoff.

Husserl, Edmund (1984 [Hua XIX/1]). *Logische Untersuchungen.* Panzer, Ursula (Hrsg.) Den Haag: Martinus Nijhoff.

Huston, Stephen/Krapp, Holger (2008). Visuomotor Transformation in the Fly Gaze Stabilization System. In: *PLoS Biology* Vol.6/7, 1468-1478.

Hutto, Daniel/Satne, Glenda (2015). The Natural Origins of Content. In: *Philosophia*, Vol. 43, 521-536.

Hutto, Daniel/Myin, Erik (2013). *Radicalizing enactivism: basic minds without content.* Cambridge, MA: MIT Press.

Hutto, Daniel/Myin, Erik (2017). *Evolving enactivism. Basic mind meets content.* Cambridge, MA: MIT Press.

Ingold, Tim (2008). Binding against boundaries: entanglements of life in an open world. In: *Environment and Planning,* Vol. 40, 1796-1810.

Ivanov, Ivan (2021). Sensing mind-independence. In: *Synthese,* Vol. 199, 14931-14949.

Jackson, Frank/Pettit, Philip (1990). Causation in the Philosophy of Mind. In: *Philosophical and Phenomenological Research*, Vol. 50, 195-214.

Jackson, Frank/Pettit, Philip (1992). In Defense of Explanatory Ecumenicalism. In: *Economy and Philosophy,*Vol. 8, 1-21.

Jacob, Pierre (1997). *What Minds Can Do: Intentionality in a non-intentional world.* Cambridge: Cambridge University Press.

Jacob, Pierre (2019). Intentionality. In: Zalta, Edward (Hrsg.), The *Stanford Encyclopedia of Philosophy.*https://plato.stanford.edu/entries/intentionality/ (Abgerufen: 17.11.2021).

Jacobs, Lucia/Arter, Jennifer/Cook, Amy/Sulloway Frank (2015). Olfactory Orientation and Navigation in Humans. In: *PLoS ONE* Vol. 10/6, 1-13.

Jacobson, Anne (2003). Mental representations: what philosophy leaves out and neuroscience puts in. In: *Philosophical Psychology,* Vol. 16/2, 189-203s.

Johnson-Laird, Philip (1983). *Mental Models. Toward a Cognitive Science of Language, Inference, and Consciousness.* Cambridge, MA: Harvard University Press.

Kant, Immanuel 1956 [1781]. *Kritik der reinen Vernunft*. Hamburg: Meiner.

Katz, David (1911). Die Erscheinungsweisen der Farben und ihre Beeinflussung durch die individuelle Erfahrung. In: *Zeitschrift für Psychologie*, Ergänzungsband 7.

Kirsh, David/Maglio, Paul (1994). On Distinguishing Epistemic from Pragmatic Action. In: *Cognitive Science,* Vol. 18/4, 513-549.

Kiverstein, Julian/Rietveld, Erik (2018). Reconceiving representation-hungry cognition: an ecological-enactive proposal. In: *Adaptive Behavior,* Vol. 26/4, 147-163.

Kriegel, Uriah (2007). Intentional Inexistence and Phenomenal Intentionality. In: *Philosophical Perspectives* Vol. 21, 307-340.

Kriegel, Uriah (2008). Real Narrow Content. In: *Mind & Language* Vol 3.,304-328.

Kriegel, Uriah (2012). Personal-level representation. In: Miguens, Sofia/Preyer, Gerhard (Hrsg.). *Consciousness and Subjectivity.* Berlin: De Gruyter, 109-141.

Kripke, Saul (1980). *Naming and Necessity.* Cambridge: Cambridge University Press.

Lettwin J.Y./Maturana, H.R./McCulloch, W.S./Pitts, W.H. (1959). What the Frog's Eye Tells the Frog's Brain. In: *Proceedings of the IRE*, 1940-1951.

Lloyd, Dan (2004). *Radiant Cool. A Novel Theory of Consciousness.* Cambridge, MA: MIT Press.
Locke, John (1996) [1690]. *An Essay Concerning Human Understanding.* Wrinkler, Kenneth (Hrsg.). Indianapolis/Cambrige: Hackett.
Lorenz, Konrad (1978). *Vergleichende Verhaltensforschung. Grundlagen der Ethologie.* Wien: Springer.
Mackie, Penelope (2020). Perception, Mind-Independence, and Berkeley. In: *Australasian Journal of Philosophy,* Vol. 98/3, 449-464.
Matthen, Mohan (2005). *Seeing, doing and knowing: a philosophical theory of sense-perception.* Oxford: Oxford University Press.
Matthen, Mohan (2010a). Two visual systems and the feeling of presence. In: Gangopadhyay, Nivedita/Madary, Michael/Spicer, Finn (Hrsg.). *Perception, Action, and Consciousness: Sensorimotor Dynamics and Two Visual Systems.* Oxford: Oxford University Press, 107-124.
Matthen, Mohan (2010b). On the Diversity of Auditory Objects. In: *Review of Philosphical Psychology,* Vol 1, 63-89.
Matthen, Mohan (2021). The dual structure of touch: The body versus peripersonal space. In: de Vignemont, Frédérique/Serino, Andrea/Wong, Hong Yu/Farnè, Alessandro (Hrsg.). *The World at Our Fingertips: A Multidisciplinary Exploration of Peripersonal Space.* Oxford: Oxford University Press, 191-211.
Marr, David (2010). *Vision.* Cambridge, MA: MIT Press.
Martin, Michael (2002). The Transparency of Experience. In: *Mind and Language* Vol. 17, 387-425.
Martin, Michael (2004). The Limits of Self-Awareness. In: *Philosophical Studies* Vol. 120, 37-89.
Martin, Michael (2009). The Reality of Appearances. In. Byrne, Alex / Logue Heather (Hrsg.). *Disjunctivism: Contemporary Readings.* Cambridge, MA: MIT Press, 91-116.
Martin, Michael (2010). What's in a look. In: Nanay, Bruce (Hrsg.) *Perceiving the world.* Oxford: Oxford University Press, 160-225.
McDowell, John (1994). The content of perceptual experience. In: *Philosophical Quarterly* Vol. 44, 190-205.
McDowell, John (2013). Perceptual Experience: Both Relational and Contentful. In: *European Journal of Philosophy* Vol. 21, S. 144-157.
McClamrock, Ron (1995). *Existential cognition: computational minds in the world.* Chicago: University of Chicago Press.
McGinn, Colin (1989). *Mental Content.* New York: Blackwell.
McGinn, Colin (1997). Consciousness and Content. In: Block, Ned/Flanagan, Owen/Guzeldere, Guven. *The nature of consciousness.* Cambridge: MIT Press, 293-307.
McLaughlin, Brian (Hrsg.) (1991). *Dretske and his critics*, Cambridge, MA: Blackwell.
Mendelovici, Angela (2013). Reliable misrepresentation and tracking theories of mental representation. In: *Philosophical Studies,* Vol. 165, 421-443.
Mendelovici, Angela (2018). *The Phenomenal Basis of Intentionality.* Oxford: Oxford University Press.
Mendelovici, Angela/Bourget, David (2014). Naturalizing Intentionality: Tracking Theories Versus Phenomenal Intentionality Theories. In: *Philosophical Compass,* Vol. 9/5, 325-337.
Mendelovici, Angela/Bourget, David (2019). Book Review: A Mark of the Mental. In: *Philosophical Review,* Vol. 128/3, 378-385.
Menzel R, Greggers U, Smith A, Berger S, Brandt R, Brunke S, Bundrock G, Hülse S, Plümpe T, Schaupp F, Schüttler E, Stach S, Stindt J, Stollhoff N, Watzl S. (2008). Honey bees navigate according to a map-like spatial memory. In: *Proceedings of the National Academy of the Sciences of the United States of America,* Vol. 102, 3040-3045.

Metzinger, Thomas (2007). Self models. In: *Scholarpedia,* Vol. 2/10, 4174 http://www.scholarpedia.org/article/Self_models (Zuletzt abgerufen, 7.9.2022).
Metzinger, Thomas (Hrsg.) (2010). *Grundkurs Philosophie des Geistes Band 3. Intentionalität und mentale Repräsentation.* Paderborn: Mentis.
Millar, Becky (2019). Smelling Objects. In: *Synthese,* Vol. 196, 4279-4303.
Millikan, Ruth (1984). *Language, thought, and other biological categories: new foundations of realism.* Cambridge, MA: MIT Press.
Millikan, Ruth (1989). Biosemantics. In: *The Journal of Philosophy,* Vol. 86/6, 281-297.
Millikan, Ruth (1991). Speaking Up for Darwin. In: Loewer Barry/Rey, Georges (Hrsg.). *Meaning in Mind. Fodor and his Critics.* London: Blackwell, 151-164.
Millikan, Ruth (2004). *Varieties of Meaning.* Cambridge, MA: MIT Press.
Millikan, Ruth (2009). Biosemantics. In: Beckermann, Ansgar/McLaughlin Brian/Walter, Sven (Hrsg.). *The Oxford Handbook to the Philosophy of Mind.* Oxford: Oxford University Press, 394-406.
Montague, Michelle (2010). Recent Work on Intentionality. In: *Analytica* Reviews Vol. 70, 765-782.
Morgan, Alex (2014). Representations gone mental. In: *Synthese,* Vol. 191, 213-244.
Morgan, Alex (2018). Mindless Accuracy. on the ubiquity of content in nature. In: *Synthese* Vol. 195, 5403-5429.
Morgan, Alex (2019). Pictures, Plants, and Propositions. In: *Minds and Machines,* Vol. 29, 309-329.
Morgan, Alex/Piccinini, Gualtiero (2018). Towards a Cognitive Neuroscience of Intentionality. In: *Minds and Machines* Vol. 28, 119-139.
Nagel, Thomas (1974). What it is like to be a bat? In: *Philosophical Review,* Vol. 83, 435-450.
Nanay, Bruce (2015). Perceptual Representation/Perceptual Content. In: Matthen, Mohan (Hrsg.). *The Oxford Handbook of Philosophy of Perception.* Oxford: Oxford University Press, 153-167.
Neander, Karen (1995). Misrepresenting and malfunctioning. In: *Philosophical Studies,* Vol. 79, 109-141.
Neander, Karen (2006). Content for Cognitive Science. In: Macdonald, Graham/Papineau, David (Hrsg.). *Teleosemantics.* Oxford: Oxford University Press, 167-194.
Neander, Karen (2013). Toward an informational teleosemantics. In: Ryder, Dan/Kingsbury, Justine/Williford, Kenneth (Hrsg.). *Millikan and Her Critics.* Hoboken, NJ: Wiley-Blackwell, 21-36.
Neander, Karen (2017). *A Mark of the Mental. In Defense of Informational Teleosemantics.* Cambridge, MA: MIT Press.
Neander, Karen /Schulte, Peter (2021) Teleological Theories of Mental Content. In: Zalta, Edward (Hrsg.). The *Stanford Encyclopedia of Philosophy.* https://plato.stanford.edu/entries/content-teleological (Abgerufen: 23.3.2022).
Ney, Alyssa (2020). The Fundamentality of Physics: Completeness or Maximality? In: Bennett, Karen/Zimmermann, D.W. (Hrsg.). *Oxford Studies of Metaphysics, Vol. 12.* Oxford: Oxford University Press.
Newell, Allen/Simon, Herbert (1972). *Human Problem Solving.* Englewoods Cliffs, NJ: Prentice-Hall.
Newen, Albert (2015). Understanding Others. The Person Model Theory. In: Metzinger Thomas/Windt, Jennifer (Hrsg.) *Open MIND.* MIND Group, Frankfurt am Main, 1021-1048. https://open-mind.net.
Newen, Albert/ Bartels, Andreas (2007). Animal Minds and the Possession of Concepts. In: *Philosophical Psychology* Vol. 20/3, 283-308.
Noë, Alva (2004). *Action in Perception.* Cambridge, MA: MIT Press.
Noë, Alva (2012). *Varieties of presence.* Cambridge, MA: Harvard University Press.
Noë, Alva (2021). The enactive approach: a briefer statement, with some remarks on „radical enactivism“. In: *Phenomenology and the Cognitive Sciences,* Vol. 20, 957-970.
Novoplansky, Ariel (2016). Future perception in plants. In: Nadin, Mihai (Hrsg.). *Anticipation across disciplines.* Cham: Springer, 57–70.

Nudds, Matthew (2015). Audition. In: In: Matthen, Mohan (Hrsg.). *The Oxford Handbook of Philosophy of Perception.* Oxford: Oxford University Press, 274-293.

O'Brien, Gerard/Opie, John (2004). Notes Toward a Structuralist Theory of Mental Representation. In: Clapin, Hugh/Staines, Philip/Slezak, Peter (Hrsg.). *Representation in Mind: new approaches to mental representation.* Amsterdam: Elsevier, 1-20.

O'Brien Gerard/Opie, John (2015). Intentionality Lite or Analog Content? A Response to Hutto and Satne. In: *Philosophia* Vol. 43, 723-729.

O'Brien, Gerard (2015). How does mind matter? Solving the content causation problem. In: Metzinger, Thomas/Windt, Jennifer (Hrsg.) *Open MIND.* MIND Group, Frankfurt am Main. https://open-mind.net.

O'Keefe, John/Dostrovsky, Jonathan (1971). The hippocampus as a spatial map. Preliminary evidence from unit activity in the freely-moving rat. In: *Brain Research* Vol. 34, 171-175.

O'Regan, John Kevin/Noë, Alva (2001). A sensorimotor account of vision and visual consciousness. In: *Behavioral and Brain Sciences,* Vol. 24, 939-1031.

O'Reilly, Randall/Munakata, Yuko (2000). *Computational explorations in cognitive neuroscience: understanding the mind by simulating the brain.* Cambridge, MA: MIT Press.

Olin, Lauren (2016). Burge on perception and sensation. In: *Synthese* Vol. 193, 1479-1508.

Quine, Willard (1960). *Word and Object.* Oxford: Oxford University Press.

Orlandi, Nico (2014). *The innocent eye.* Oxford: Oxford University Press.

Palmer, Stephen (1999). *Vision. From Photons to Phenomenology.* Cambridge, MA: MIT Press.

Palmer, Stephen (2018). Grundaspekte kognitiver Repräsentation. In Schlicht, Tobias/Smortchkova, Joulia (Hrsg.). *Mentale Repräsentationen.* Berlin: Suhrkamp, 45-113.

Papineau, David (1984). Representation and Explanation. In: *Philosophy of Science*, Vol. 51/4, 550-572.

Peacocke, Christopher (2015). Perception and the First Person. In: Matthen, Mohan (Hrsg.). *The Oxford Handbook of Philosophy of Perception.* Oxford: Oxford University Press, 169-180.

Philipps, Ben (2017). The Shifting Border Between Perception and Cognition. In: *Nous,* OO:OO, 1-31.

Piccinini, Gualtiero /Craver, Carl (2011). Integrating Psychology and neuroscience: functional analyses as mechanisms sketches. In: *Synthese*, Vol. 183, 283-311.

Pietroski, Paul (1992). Intentionality and Teleological Error. In: *Philos. Quarterly,* Vol. 73, 267-282.

Platon (1970). *Werke in acht Bänden. Band. 6, Theaitetos, Sophist, der Staatsmann.* Eigler, Gunther (Hrsg.). Darmstadt: Wissenschaftliche Buchgesellschaft.

Pouke, Matti/Ylipulli, Johanna/Uotila, Elmeri/Sitomaniemi, Anna-Kaisa/Pouke, Sakaria/Ojala, Timo (2022). A Qualitative Case Study on Deconstructing Presence for Young Adults and Older Adults. *PRESENCE: Virtual and Augmented Reality* Vol. 31, 257–281.

Price, Carolyn (2001). *Functions in Mind: A Theory of Intentional Content.* Oxford: Clarendon Press.

Prinz, Jesse (2010). When is Perception conscious? In: Nanay, Bruce (Hrsg.) *Perceiving the world.* Oxford: Oxford University Press, 310-332.

Putnam, Hilary (1975). *Mind, Language and Reality.* Cambridge: Cambridge University Press.

Pylyshyn, Zenon (1985). *Computation and cognition: toward a foundation of cognitive science.* Cambridge, MA: MIT Press.

Ramsey, William (2007). *Representation Reconsidered.* Cambridge: Cambridge University Press.

Ramsey, William (2016). Untangling two questions about mental representation. In: *New Ideas in Psychology,* Vol. 40, 3-12.

Recanati, François (2007). *Perspectival thought.* Oxford: Oxford University Press.

Reid, Thomas (1863). *The works of Thomas Reid.* Hamilton, William (Hrsg.) Thin.

Rescorla, Michael (2009). Cognitive Maps and the Language of Thought. In: *British Journal of Philosophy and Science,* Vol. 60, 377-407.
Rescorla, Michael (2013). Millikan on Honeybee Navigation and Communication. In Ryder, Dan/ Kingsbury, Justine/Williford, Kenneth (Hrsg.). *Millikan and Her Critics.* Hoboken, NJ: Wiley-Blackwell, 87-106.
Rescorla, Michael (2018). Maps in the head? In: Andrews, Kristin/Beck. Jacob (Hrsg.). *The Routledge Handbook of Philosophy of Animal Minds.* London: Routledge, 34-45.
Reznikova, Zhanna (2007). *Animal Intelligence. From Individual to Social Cognition.* Cambridge: Cambridge University Press.
Ristau, Carolyn (1991). Aspects of the Cognitive Ethology of an Injury-feigning Bird, the Piping Plover. In: Ristau, Carolyn (Hrsg.), *Cognitive Ethology: The Minds of Other Animals: Essays in Honor of Donald R. Griffin*. New York: Lawrence Erlbaum, 91–126.
Robbins, Philip/Aydede, Murat (2009). A short primer on situated cognition. In: Robbins, Philip/ Aydede, Murat (Hrsg.). *The Cambridge Handbook of Situated Cognition.* Cambridge: Cambridge University Press, 3-10.
Rogers, Brian (2021). Optic Flow: Perceiving and Acting in a 3-D World. In: *i-Perception,* Vol. 12/1, 1-25.
Rock, Irvin (1983). *The Logic of Perception.* Cambridge, MA: MIT Press.
Roy, Jean-Michel (2015). Anti-Cartesianism and Anti-Brentanism: The Problem of Anti-Representationalist Intentionalism. In: *Southern Journal of Philosophy* Vol. 53.
Ryder, Dan (2009). Problems of Representation. In: Robins, Sarah/Symons, John/Calvo, Paco (Hrsg.). *The Routledge Companion to Philosophy of Psychology.* London: Routledge, 233-279.
Ryle, Gilbert (1973). Intentionality-Theory and the Nature of Thinking. In: *Revue Internationale de Philosophie,* 255-265.
Schlicht, Tobias (2018). Experiencing organisms: from minenness to subject of experience. In: *Philosophical Studies,* Vol. 175, 2447-2474.
Schlicht, Tobias/Smortchkova, Joulia (Hrsg.). *Mentale Repräsentationen.* Berlin: Suhrkamp.
Schlicht, Tobias/Starzak, Tobias (2021). Prospects of enactivist approaches to intentionality and cognition. In: *Synthese,* Vol. 198, 89-113.
Schulte, Peter (2012). How Frogs See the World. Putting Millikan's Teleosemantic to the Test. In: *Philosophia*, Vol. 40, 483-496.
Schulte, Peter (2015). Perceptual representations: a teleosemantic answer to the breadth-of-application problem. In: *Biology & Philosophy* Vol. 30, 119-136.
Schulte, Peter (2018). Perceiving the world outside: how to solve the distality problem for informational teleosemantics. In: *Philosphical Quarterly,* Vol. 68/271, 349-369.
Schulte, Peter (2019). Challenging Liberal Representationalism: A Reply to Artiga. In: *Dialectica*, Vol. 73, 331-348.
Schulte, Peter (2021). The nature of perceptual constancies. In: *Philosophy and Phenomenological Research*, Vol. 103, 3-20.
Schulte, Peter (2022). Constancy Mechanism and Distal Content: A Reply to Garson. In: *The Philosophical Quarterly,* Vol. 72/1, 229-237.
Schwartz J.L./Grimault, N./Hupé, J.M., Brian C., Moore, J., Pressnitzer, D. (2012). Multistability in Perception: binding sensory modalities, an overview. In: *Philosophical Transactions of the Royal Society,* Vol. 367, 896-905.
Seager, William (2000). Real Patterns and Surface Metaphysics. In: Ross, Don (Hrsg.). *Dennett's philosophy: a comprehensive assessment.* Cambridge, MA: MIT Press, 95-130.

Searle, John (1983). *Intentionality: An Essay in the Philosophy of Mind.* Cambridge: Cambridge University Press.

Searle, John (1992). *Die Wiederentdeckung des Geistes.* München: Artemis & Winkler.

Searle, John (2006). Social Ontology. Some Basic Principles. In: *Revista de sociologia*, Vol. 80, 51-71.

Segundo-Ortin, Miguel/Hutto, Daniel (2021). Similarity-based cognition: radical enactivism meets cognitive neuroscience. In: *Synthese,* Vol. 198, 5-23.

Shahmoradi, Ayoob (2016). Why do we need perceptual content? In: *Philosophical Psychology,* Vol. 29/5, 776-788.

Shani, Itay (2006). Narcissistic sensations and intentional directedness: how second-order cybernetics helps dissolve the tension between the egocentric character of sensory. In: *Cybernetics & Human Knowing* Vol. 13, 87-110.

Shakespeare, William (2008). *The Oxford Shakespeare – Macbeth.* Oxford: Oxford University Press.

Shannon, Claude/Weaver, Warren (1949). *A Mathematical Theory of Communication.* Champaign: University of Illinois Press.

Shea, Nicholas (2007). Consumers Need Information: Supplementing Teleosemantics with an Input Condition. In: *Philosophy and Phenomenological Research,* Vol. 75/2, 404-435.

Shea, Nicholas (2013a). Millikan's Isomorphism Requirement. In: Ryder, Dan/Kingsbury, Justine/Williford, Kenneth (Hrsg.). *Millikan and Her Critics.* Hoboken, NJ: Wiley-Blackwell, 63-86.

Shea, Nicholas (2013b). Naturalizing representational content. In: *Philosophy Compass* Vol. 8/5, 496–509.

Shea, Nicholas (2018). *Representation in Cognitive Science.* Oxford: Oxford University Press.

Shepard, Roger/Chipman, Susan (1970). Second-Order Isomorphism of Internal Representations: Shapes of States. In: *Cognitive Psychology,* Vol. 1, 1-17.

Siegel, Susanna (2006). Subject and Object in the Content of Visual Experience. In: *Philosophical Review,* Vol. 115, 355-388.

Siegel, Susanna (2011). *The contents of visual experience.* Oxford: Oxford University Press.

Sims, Matthew (2019). Minimal Perception: Responding to the challenges of perceptual constancy and veridicality with plants. In: *Philosophical Psychology,* Vol. 32/7, 1024-1048.

Skyrms, Brian (2010). *Signals.* Oxford: Oxford University Press.

Smith, Arthur D. (2002). *The problem of perception.* Cambridge, MA: Harvard University Press.

Sober, Eliot (1984). *The nature of selection.* Chicago: Chicago University Press.

Srinivasan, Mandyam (1992). Distance Perception in Insects. In: *Current Directions in Psychological Science,* Vol. 1/1, 22-26.

Stampe, Dennis (1977). Toward a causal theory of linguistic representation. In: *Midwest Studies,* Vol. 2, 81-102.

Sterelny, Kim (1995). Basic Minds. In: *Philosophical Perspectives* Vol. 9, 251-270.

Sterelny, Kim (2003). *Thought in an hostile world. The evolution of human cognition.* Oxford: Blackwell.

Sterelny, Kim (2015). Content, Control and Display: The Natural Origins of Content. In: *Philosophia* Vol. 43, 549-564.

Stich, Stephen (1983). *From Folk Psychology to Cognitive Science: a case against belief.* Cambridge, MA: MIT Press.

Strawson, Galen (2004). Real Intentionality. In: *Phenomenology and the Cognitive Sciences* Vol. 3, 287-313.

Strawson, Peter (2002). *Individuals.* London: Routledge.

Sturgeon, Scott (1998). Visual Experience. In: *Proceedings in the Aristotelean Society,* Vol. 98, 179-200.

Swoyer, Chris (1991). Structural Representation and Surrogative Reasoning. In: *Synthese* Vol. 87, 449-508.
Szanto, Thomas (2012). *Bewusstsein, Intentionalität und Mentale Repräsentation. Husserl und die analytische Philosophie des Geistes.* Berlin: De Gruyter.
Taylor-Clarke, Marisa/Jacobsen, Pamela/Haggard, Patrick (2004), Keeping the world a constant-size: object-constancy in human touch. In: *Nature Neuroscience Vol.*7/3, 219-220.
Titchener, Edward (1910). *Textbook of Psychology.* London: Macmillan.
Tononi, Giulio (2012). Integrated Information Theory of Consciousness. An updated account. In: *Archives Italiennes de Biologie* Vol 50, 290-326.
Treisman, Anne (1998). Feature Binding, Attention and Object Perception. In: *Philosophical Translations: Biological Sciences*, Vol. 353, 1295-1306.
Tye, Michael (2000). *Consciousness, Color, and Content.* Cambridge, MA: MIT Press.
van Es, Thomas/Myin, Erik (2020). Predictive Processing and Representation: How Less Can Be More. In: Gouveia, Steven/Mendonça, Dina/Curado, Manuel (Hrsg.). *The Science and Philosophy of Predictive Processing.* London: Bloomsbury.
Van Gelder, Timothy (1995). What Might Cognition Be, If not Computation. In: *Journal of Philosophy*, Vol. 92/7, 345-381.
Varela, Francisco/Thompson, Evan/Rosch, Eleanor (1991). *The embodied mind: cognitive science and human experience.* Cambridge, MA: MIT Press.
Vetter, Petra/Newen, Albert (2014). Varieties of cognitive penetration in visual perception. In. *Consciousness and Cognition*, Vol. 27, 62-75.
Vickers, Neil (2000). Mechanism of Animal Navigation in Odor Plume. In: *Biological Bulletin*, Vol. 198/2, 203-212.
Vishwanath, Dhanraj (2011). Information in Surface and Depth Perception: Reconciling Pictures and Reality. In: Albertazzi, Liliana/van Tonder, Gert/Vishwanath, Dhanraj (Hrsg.). *Perception Beyond Inference. The Information Content of Visual Processes*. Cambridge, MA: MIT Press, 201-240.
Wachowitz, S./Ewert, Jörg-Peter (1996). A key by which the toad's visual system gets access to the domain of prey." In: *Physiology & Behavior*, Vol. 60, 877-887.
Warren, William (2012). Does this computational theory solve the right problem? Marr, Gibson, and the goal of vision. In: *Perception* Vol. 41/9, 1053-1060.
Wehner, Rüdiger (2008). The Desert Ant's Navigational Toolkit: Procedural Rather than Positional Knowledge. In: *Navigation. Journal of the Institute of Navigation*, Vol. 55, 101-114.
Wheeler, Michael (2005). *Reconstructing the cognitive world: the next step.* Cambridge, MA: MIT Press.
Wheeler, Michael (2008). Minimal Representing: A Reponse to Gallagher. In: *International Journal of Philosophical Studies*, Vol. 16/3, 371-376.
Wiese, Wanja / Metzinger, Thomas (2017). Vanilla PP for Philosophers. A Primer on Predictive Processing. In: In: Metzinger Thomas/Windt, Jennifer (Hrsg.) *Open MIND.* MIND Group, Frankfurt am Main. https://open-mind.net.
Wiese, Wanja /Friston, Karl (2021). Explaining the Continuity between Life and Mind. Is There a Continuity between Autopoietic Intentionality and Representationality? In: *Philosophies*, Vol. 6/18, 1-17.
Wimsatt, William (2016). Reductionism and its heuristics: Making methodological reductionism honest. In: *Synthese*, Vol. 151, 445-475.
Wilcox, Stim /Jackson, Robert (2002). Jumping Spider Tricksters: Deceit, Predation, and Cognition. In: Bekoff et al. 2002, 1-16.

Williams, Daniel (2018). *The Mind as a Predictive Modelling Engine: Generative Models, Structural Similarity, and Mental Representation.* Dissertation. University of Cambridge. https://www.repository.cam.ac.uk/bitstream/handle/1810/286067/Daniel%20Williams%20PhD%20Thesis.pdf?sequence=1 (Zuletzt abgerufen am 26.8.2023).

Williams, Daniel / Colling, Lincoln (2018). From symbols to icon: the return of resemblance in the cognitive neuroscience revolution. In: *Synthese*, Vol. 195, 1941-1967.

Wimmer, Heinz/Perner, Josef (1983). Beliefs about Beliefs: Representation and constraining function of wrong beliefs in young children's understanding of deception. In: *Cognition*, Vol. 13, 103-128.

Winkler, István/Schröger, Erich (2015). Auditory perceptual objects as generative models: Setting the stage for communication by sound. In: *Brain & Language*, Vol. 148, 1-22.

Wittgenstein, Ludwig (20w03). *Philosophische Untersuchungen.* Frankfurt am Main: Suhrkamp.

Wittlinger, Matthias/Wehner, Rüdiger/Wolf, Harald (2007). The desert ant odometer: a stride integrator that accounts for stride length and walking speed. In: *The Journal of Experimental Biology*, Vol. 210, 198-207.

Wuppuluri, Shyam /Doria, Francisco (Hrsg.) (2018). *The Map and the Territory. Exploring the Foundations of Science, Thought and Reality.* Cham: Springer.

Yan, C./Wang, R./ Qu, J./Chen, G. (2016). Locating and navigation mechanism based on place-cell and grid-cell models. In: *Cognitive Neurodynamics*, Vol. 10, 353-360.

Zahavi, Dan (2005). *Subjectivity and selfhood: Investigating the first-person perspective.* Cambridge, MA: MIT Press.

Register

www.ingramcontent.com/pod-product-compliance
Lightning Source LLC
LaVergne TN
LVHW010546300926
849162LV00002B/252